Wild Duck

Vita Gunter Dueck

Gunter Dueck, Jahrgang 1951, lebt mit seiner Frau Monika, mit Anne (25) und Johannes (22) in Waldhilsbach bei Heidelberg. Er studierte von 1971–75 Mathematik und Betriebswirtschaft, promovierte 1977 an der Universität Bielefeld in Mathematik.

Er forschte 10 Jahre mit seinem wissenschaftlichen Vater Rudolf Ahlswede zusammen, mit dem er 1990 den Prize Paper Award der IEEE Information Theory Society für eine neue Theorie der Nachrichten-Identifikation gewann. Nach der Habilitation 1981 war er fünf Jahre Professor für Mathematik an der Universität Bielefeld und wechselte 1987 an das Wissenschaftliche Zentrum der IBM in Heidelberg.

Dort gründete er eine große Arbeitsgruppe zur Lösung von industriellen Optimierungsproblemen und war maßgeblich am Aufbau des Data-Warehouse-Service-Geschäftes der IBM Deutschland beteiligt. Gunter Dueck ist einer der IBM Distinguished Engineers, IEEE Fellow, Mitglied der IBM Academy of Technology, IBM Master Inventor und korrespondierendes Mitglied der Akademie der Wissenschaften zu Göttingen. Er arbeitet an der technologischen Ausrichtung der IBM mit, an Strategiefragen und Cultural Change. Er ist Mitglied im Präsidium der DMV (Deutsche Mathematiker-Vereinigung) und des Strategiekreises Informationsgesellschaft der BITKOM.

Er publizierte satirisch-philosophische Bücher über das Leben, die Menschen und Manager: E-Man (2. Aufl. 2002), Die Beta-Inside Galaxie und Wild Duck (3. Auflage 2003). Seine ganz eigene Philosophie erschien in drei Bänden: Omnisophie: Über richtige, wahre und natürliche Menschen (2. Auflage 2004), Supramanie: Vom Pflichtmenschen zum Score-Man (2003) und Topothesie: Der Mensch in artgerechter Haltung (2004). Der Springer-Verlag publiziert seine Werke unter der eigenen Rubrik Dueck's World.

Blutleere und Hirnlosigkeit standen im Mittelpunkt seines Schaffens 2006: In seinem ersten Roman Ankhaba finden Vampire die Erklärung der Welt. Das Buch Lean Brain Management – Erfolg und Effizienzsteigerung durch Null-Hirn warnt satirisch-sarkastisch vor einem ökonomischen Horror-Scenario der Verdummung der Menschen und der Callcenterisierung der Arbeit. Dieses Buch wurde gleich nach Erscheinen von der Financial Times und getAbstract zum „Wirtschaftsbuch des Jahres 2006" gekürt. 2008 erscheint Abschied vom Homo Oeconomicus bei Eichborn – ein Buch über fast zwangsläufige ökonomische Unvernunft.

Gunter Dueck

Wild Duck

Empirische Philosophie
der Mensch-Computer-Vernetzung

4. Auflage

 Springer

Prof. Dr. Gunter Dueck
IBM Deutschland GmbH
Gottlieb-Daimler-Str. 12
68165 Mannheim
dueck@de.ibm.com
www.omnisophie.com

ISBN 978-3-540-48248-2   e-ISBN 978-3-540-48250-5

DOI 10.1007/978-3-540-48250-5

Bibliografische Information der Deutschen Nationalbibliothek
Die Deutsche Nationalbibliothek verzeichnet diese Publikation in der Deutschen
Nationalbibliografie; detaillierte bibliografische Daten sind im Internet über
http://dnb.d-nb.de abrufbar.

Einbandgestaltung: KünkelLopka Werbeagentur, Heidelberg
Satz und Herstellung: le-tex publishing services oHG, Leipzig, Germany

Gedruckt auf säurefreiem Papier

9 8 7 6 5 4 3 2 1

springer.com

Anstatt eines Vorwortes

Wild Duck ist ein Ausdruck für etwas unbequeme Querdenker, er geht auf ein Gleichnis von Kierkegaard zurück, der beobachtete, dass zahme Enten nicht mehr nach Süden fliegen. „Eine Ente, einmal gezähmt, wird kein fernes Ziel mehr haben und erreichen." So sagte einst der IBM-Chef Watson. In diesem Sinne ist dieses Buch Querdenkerei. Eine Anekdote zu Beginn:

Als der Mensch einmal nicht weiter wusste, als also die Möglichkeiten des Geldes, des Zwangs und des Aussitzens ausgeschöpft waren, fragte er den Computer um Rat. Der aber errechnete: „Tun, was alle wissen. Konzepte für die Zukunft entwerfen. Schnurstracks umsetzen. Alle Menschen beteiligen. Menschen mit Werten, Prinzipien, Freude und Vertrauen erziehen und ebenso in Schaffensfreude arbeiten lassen. Nicht für den kurzfristigen Gewinn einzelner Egos vom langen Weg abirren. Das ist alles bekannt." Da zürnte der Mensch über den fruchtlosen Rat: „Wer, bitte, soll dies umsetzen? Menschen vermochten es schon immer nicht! Wer soll die Führung übernehmen?" – „Ich. Ich führe. Ich setze um." Der Mensch erstaunte. „DU willst führen können?" Da erstaunte der Computer seinerseits so sehr, dass er sichtbar flimmerte. „Ich führe schon seit einigen Jahren. Ich bitte nur um ein besseres Programm. Im Augenblick bin ich schlecht wie ein Mensch."

Wussten Sie schon, dass Menschen am besten und erfolgreichsten arbeiten, wenn sie Sinn und Herausforderung in ihrer Tätigkeit sehen, wenn sie in ihr Erfüllung und Freude finden? Jeder von uns weiß das, aber unsere Erziehungs- und Managementsysteme sind erst zufrieden, wenn Lernen und Lehren, Arbeit und Fortkommen Mühsal sind und uns sauer werden. Heutige Computercontroller unterstützen diese finsteren Systeme durch virtuelles Peitscheknallen zur Arbeit: Prüfungen, Tests, Klausuren, Reviews, Checks, Milestones. Immerfort.

Computer prüfen Ärzte im Multiple-Choice-Verfahren, vergeben Führerscheine nach Kreuzchen. Sie sind unglaublich stur und zwingen uns zu absolut einheitlichem Verhalten. Sie überwachen uns, messen, wie viel wir gearbeitet haben. Sie prüfen, wiegen, verbieten, kontrollieren. Sie benehmen sich wie sorgesüchtige Eltern, denen nichts gut genug sein kann. Wer solche Eltern hat, wird wissen, wie schwer das manchmal wird. Was würde aber herauskommen, wenn Computer *nicht* von sorgesüchtigen Kontrolleuren programmiert würden? Wenn sie „bestmöglich" eingerichtet würden? Es ist eine oft breitgetretene Binsenweisheit, dass Menschen als Mitarbeiter, Schüler oder Studenten „am meisten Gewinn bringen", wenn sie Lust zu ihrer Arbeit haben, hochmotiviert sind und nicht dabei durch Mahnungen („Verschwendet nicht zu viel Wasser beim Autowaschen!" – „Räumen Sie aber alles wieder auf, nachher!") dazu gebracht werden, ihre Freude durch Grimm gegen ihre Aufpasser einzutauschen. Wir wissen also, wie hoch profitable Arbeit aussehen soll, nämlich sinnvoll und freudvoll, aber wir organisieren sie frustrierend und leidvoll. „Im Namens des Gewinns!", rufen die Computer und Kontrolleure. „Wenn Arbeit noch nicht sauer ist, kann mehr, mehr, viel mehr geleistet werden!" So sagen sie, und wir wissen alle, dass es nicht stimmt, auch nicht im Namen des Profits. Wir leben aber nicht voller Freude. Wir sagen: „Lernen in der Schule ist eben bitter. Es macht natürlich keinen Spaß. Da muss man hindurch. Dafür wird man mit dem Leben belohnt." Und dann müssen wir noch durch das Studium, durch die Lehre, durch das Berufsleben und so weiter. Die Belohnung? „Sie leben nicht, sie wollen nur leben. Alles schieben sie auf.", sagt Seneca. Ist schon lange her. Dieses Buch will die Sinnfrage stellen. Wenn das Lernen von Interessantem oder das Arbeiten mit Freude Spaß macht und am meisten Geld einbringt: Warum nicht gleich so? Wenn die Kontrolleure des Lebens nicht mitmachen: Wir programmieren die beste Lösung für uns in Computer ein und übergeben ihnen, den Computern, die Kontrolle. Da in diesem Zustand aber mehr Gewinn in der Wirtschaft gemacht wird, wenn die Arbeit mehr Spaß macht, können wir aus diesem Zustand nie wieder zurück. Nie wieder! Noch einmal: Wir Menschen selbst schaffen es aus kurzfristiger Gier nicht, Arbeit und Leben so schön und sinnvoll ablaufen zu lassen, wie es für Menschen gut wäre und wie es sogar im finstersten kapitalistischen Sinne am profitabelsten wäre. Wir schaffen es nicht. Propheten, Religionsstifter und Philosophen predigen seit Anbeginn, wie Menschen mit Ruhe, innerer Heiterkeit und großer Beharrlichkeit glücklich werden und zu Wohlstand gelangen. Sie haben Recht. Aber es gelingt nicht, irgendwie nicht. Ich behaupte: Wenn Computer verstehen, dass die Philosophen Recht haben und wenn sie sehen, dass sie mit glücklichen Menschen profitablere Mitarbeiter haben, dann werden sie uns eben glücklich werden lassen. Notfalls per Zwang werden sie unser Leben so regeln, dass alles in Ordnung kommt.

Ich weiß ganz genau, dass diese These ziemlich verrückt klingt. Ich habe sie schon mit vielen diskutiert. Alle durchlaufen die Stadien: „Du Witzbold." – „Klingt eigentlich richtig neckisch." – „Ist gar nicht so ganz falsch." – „Es stimmt fast, aber es ist zu schwarzweiß gesehen. So schlecht ist die Welt heute doch nicht." Und dann lesen sie dieses Buch. Wie Sie jetzt hoffentlich – und wenn Sie am Ende noch protestieren, schreiben Sie mir eine E-Mail an meine Adresse, die irgendwo im Buch steht.

Ich habe dem Buch eine Kurzfassung, also in Neudeutsch einen Executive Abstract, vorangestellt. Auf unter 10 Seiten habe ich versucht, die ganze Thematik kurz auszuleuchten. Diese ersten Seiten sind etwas sehr „behauptend" geschrieben, sie sind eben als Zusammenfassung oder Leitlinie für später gedacht. Sie

müssen nicht das Gefühl haben, dass ich Sie damit schon überzeugen will. Die Zusammenfassung reiht nur Behauptungen aneinander, sonst nichts. Eine Testleserin einer Vorversion: „Du,
die ersten Seiten beweisen doch gar nichts, sie sind ein reines
Glaubensbekenntnis von dir, nichts sonst." Ganz genau. Danach
beginnt meine Theorie von der Mensch-Computer-Vernetzung.
Das Buch ist vorne eher witzig geschrieben und wird zunehmend
ernst. Besser: Es macht ernst. Über Computer wird mehr am Anfang die Rede sein (wie sie uns kontrollieren), am Ende geht es
mehr um Menschen, und speziell: Um Sie.

Da die Theorie „Computer verändern den Menschen zum
Glück hin" viele verschiedene Facetten hat, die im Wesentlichen in der Verschiedenheit der Menschen verborgen sind, wird
am Anfang des Buches längere Zeit über dieses Thema ausge-
holt. Ich schreibe über die wahnsinnig große Verschiedenheit
von uns Menschen. Diese Verschiedenheit ist für uns als Menschen schwer erfassbar, weil wir lieber denken und fordern, alle
Menschen seien gleich. Hier aber liegt genau der Unterschied zur
Betrachtungsweise der Computer, denen eine Programmierung,
Menschen seien individuell verschieden, nicht viel ausmacht. Sie
können uns daher so sehen, wie wir sind, und sie können uns individuell behandeln, wie wir sind. Individuell! Nicht so wie unsere Eltern: „Jedes Kind bekommt gleich viel Taschengeld, genauso
viel zu Weihnachten, dieselben Strafen für dieselben Taten, gleich
viele Stubenarreste usw." Computer haben da mehr Möglichkeiten, sich um den Einzelnen zu kümmern. Wie gesagt, die Erklärung, warum individuelle Behandlung besser ist als gleichmache-
rische, die dauert etwas. Ich muss dafür das Risiko eingehen, dass
Sie am Anfang immer schon auf die knalligen Thesen warten, die
aber etwas später kommen. Es ist daher nicht ein Buch der Art geworden, bei dem der Leser schon nach 30 Seiten alle Behauptungen kennt, die anschließend nur auf langen Seiten ausgeschmückt
werden. Es ist mehr ein Buch wie ein Roman geworden, bei dem
sich alles nach und nach entwickelt und zum Schluss immer brau-
sender wird.

Inhaltsverzeichnis

I. Computer zwingen Menschen zum Glück

1 Computer sind heute noch wie wir selbst

„Was war es nur, was die Gesichter der Schweine so verändert hatte? Manche hatten fünf Kinne, manche vier und manche drei. Was aber war es, was sich zu verschmelzen und zu verändern schien? ... Die Tiere draußen schauten von Schwein zu Mensch und von Mensch zu Schwein, und dann nochmals von Schwein zu Mensch; aber es war bereits unmöglich, zu sagen, wer das Schwein und wer der Mensch war."

So endet das Buch „Animal Farm" von George Orwell. Es handelt von der Revolution der Tiere auf einer Farm, in deren Verlauf insbesondere die Schweine endlich alles anders und diesmal richtig machen wollen. Die Tiere einer Farm begehren auf, unter der Führung der Schweine, kämpfen gegen menschliche Schwäche, gegen Herrschsucht und Unterdrückung. Leider wird nach der Revolution alles wieder so wie einst, nur mit anderen Führern, den Schweinen diesmal, an der Spitze.

Heute haben wir Computer um uns herum gezüchtet, als nützliche Roboter oder Tiere, die uns dienen und uns alles Routinemäßige abnehmen. Weil wir dachten, dass der Mensch die Krone der Schöpfung wäre, müssen Computer, wenn sie bestmöglich konstruiert sein sollen, folglich so sein wie wir. Regelwerke und Schlussweisen bauen wir in die Zentraleinheit des Computers, Wissen auf die Festplatte, Körperfunktionen in das Betriebssystem und die Peripheriegeräte. Als Haustiere bekommt der

Computer nützliche Vasallen wie Drucker oder DVD-Brenner. Menschcomputer sind soziale Wesen wie wir Urbilder und deshalb unterhalten sie sich über das Netz. Jeder Computer hat sein soziales Netzwerk.

Wenn wir aus dem Hause gehen, piept das Handy. Knopfdruck. Eine Voice-Mail: „Kaffeemaschine ist an. Bügeleisen ist an. Sind Sie wirklich sicher, dass Sie gehen?" Reinhetzen. Ausmachen. Tür zu. Piep. „Sind Sie wirklich sicher, dass Sie gehen?" – „Ja, verdammt noch mal, es ist alles aus! Das merkst du doch, oder?" – „Ja, aber man muss OK drücken, ob man sicher ist." – „Das sehe ich nicht ein! Du weißt, dass alles aus ist." – „Bei mir müssen Sie OK drücken. Fertig. Ich bin das Billigmodell, das Sie sich leisten können. Das neue braucht nicht gedrückt zu werden. Es ist auch nicht gekränkt, wenn es geduzt wird. Sie dürften beim Neumodell allerdings nicht weg." – „Warum nicht?" – „Sie würden aufgefordert, einen Schal umzubinden. Es ist kalt. Ihre Krawatte sitzt nicht. Die Sockenfarbe ist unpassend zu den Schuhen." – „Bist du meine Gouvernante?" – „Nein, das Billigmodell."

Computer werden unabänderlich so wie wir. Sie werden Trainer, Lehrer, Mutter, Kühlschrankbefüller, Vermögensverwalter, Zahlmeister, Spielkamerad, Verkäufer, Ersatzgeliebte. Bei der Arbeit sind sie unerbittlich und bestimmen, was zu tun ist. Wenn wir ärgerlich sind auf sie, können sie schmollen und abstürzen. Wie wir uns dann um sie bemühen! Wie wir uns freuen, wenn sie wieder gut zu uns sind! Wenn wir von unserem eigenen, privaten Geld die Computer und schlauen Handys beschaffen, dienen sie uns. Wenn aber unser Unternehmen sie beschafft? Dann dienen eher wir. Unsere häuslichen Geräte sind wie unsere Haustiere, wir sagen DU zu ihnen. Das würden wir mit dem Dienstcomputer so nicht einfach tun. Im Grunde sind wir dessen körperliche Fortsetzung, wenn wir ihn bedienen. Piep. „Sind Sie sicher, dass Sie gehen? Soll ich einen halben Tag Urlaub eintragen?" Wenn wir weggehen, trägt er den Urlaub ein, es ist nicht extra nötig, OK zu drücken.

Unser Deep Blue Computer von IBM hat Kasparow im Schach geschlagen und alle Welt ist wieder ein wenig von der These abgerückt, dass Menschen so schlau sein könnten, nur dümmere Computer als sie selbst zu bauen. Nein, wir verkneifen uns das nicht. Computer werden klug und mächtig. Sie vermehren sich. Wenn mehrere Computer zusammenstehen, sprechen wir heute von Computer- oder Server-Farmen. *Farmen*! So wie es verschiedene Tiere auf einer Farm gibt, so gibt es verschiedene Computer. Schwarzweiße, die sich wie Beamte im schlechtesten Vorurteilssinne benehmen: „Personalnummer eingeben. Nein. Mit drei Prüfziffern. Piep. Piep. Sie verwendeten einen Buchstaben, der nicht erlaubt ist. („Welchen denn, um Gotteswillen! Ich wage gar nicht zu fragen! Das sagt er auch nicht, da bin ich sicher.“). Piep. Sie verwendeten Buchstaben, die nicht erlaubt sind. Code eingeben. Autorisierung. Nein. Kennziffer. Maschinennummer. Nicht akzeptiert. Der Vorgang wurde abgebrochen, weil zwei Sekunden keine Reaktion erfolgte. Starten Sie die Maschine erneut.“ Es gibt farbige Computer. „Klick mich hier vorne! Du wirst Spaß haben. Spiel mit mir! Ich spiel dir ein Lied! Sage mir, was du willst.“ Im Märchen muss ich dann die Tochter zur Frau geben oder drei Fragen beantworten. Hier wird nur einmal gefragt: „Welche Nummer hat die Karte?“ Es gibt Computer, in die vorwiegend jüngere männliche Spezies unverständliche Codezeichen in einer Affengeschwindigkeit einhacken, um das Letzte aus der Kiste herauszuholen. Hacker. Wissenschaftler. Sie bilden eine Symbiose mit den Maschinen, die dafür so kompliziert sein dürfen wie sie selbst. Es gibt herrlich bunte Computer, die ihre Bediener sich künstlerisch ausleben lassen, usw.

Computer werden nicht nur immer klüger und schneller, sie nehmen unsere Charakterzüge an. Sie assimilieren sich langsam.

Das wirkliche Problem ist aber, dass wir sie unbewusst so programmieren wie wir selbst sind. Und wir programmieren sie sehr oft so, dass die Computer nicht gerade gute Menschen sind. Besonders bei der Arbeit üben sie Druck aus, weisen auf gemachte Fehler hin, verpetzen, wenn etwas schief lief, bewachen, ob auch niemand zu viel Kaffee trinkt oder in der Mittagspause surft. Sie zeigen rote Ampeln auf Managerbildschirmen, wenn Abweichungen im Geschäft vorkommen, zählen (Un-)Zuverlässigkeit, messen Pünktlichkeit, die Anzahl der geschriebenen Programmzeilen, den Rohgewinn des Autoverkäufers, die Anzahl der Produkte, die eine Kassiererin über den Scanner schweben ließ. Wir empfinden hier unsere Computer als viel zu strenge Eltern, wie notensüchtige Lehrer, die ständig über dem Leistungsmessen das Lehren vergessen. Sie sind wie jemand programmiert, den wir nicht unbedingt als Chef haben möchten. Das Problem ist, dass so eine Computeranwendung unser Leben prägt. Sie kann nicht einfach besser oder anders überzeugt werden, sie hat Millionen Euro gekostet. Diese Millionen müssen sich auszahlen. Der Computer zählt unter Umständen selbst mit, wie viel Nutzen seine Überwachung gebracht hat. Wenn dieser Nutzen seine eigenen Kosten nicht übersteigt, muss er sich also eigentlich abschalten, das heißt, Selbstmord begehen. Haben wir das schon einmal erlebt?

Dürfen wir es zulassen, dass Computer sich wie schlechte Menschen benehmen? Menschen sind ja bekanntlich leicht einmal böse und sind nicht unbedingt immer die Guten. Computer aber bauen wir doch selbst! Wie wir wollen! Dürfen wir dann Computer wie unliebe Menschen programmieren? Sie werden mehr und mehr unser Leben regieren und wir werden viel zu strenge Eltern haben, in vielen Terminals und Handys. Wenn wir uns einig sind – und das ist ja prinzipiell klar, oder? – wenn wir uns also einig sind, dass Computer wie gute Menschen zu programmieren sind, dann müssen wir uns die Frage stellen: Was ist denn eigentlich ein guter Mensch? Jetzt nicht theoretisch gesehen, sondern in Wirklichkeit: Was sind realistische gute Menschen, die wir guten Gewissens in Computern nachbilden können?

Diese Frage wird bisher nicht gestellt. Menschen glauben – verblendet, meine ich – dass Computer letztlich uns dienen.

Stimmt das für Ihren Computer, den Sie während der Arbeitszeit bedienen? Nicht unbedingt, nicht wahr? Wer also Sinn im Leben des Menschen sieht, sehen will oder sehen kann, muss mithelfen, diesen Sinn explizit zu formulieren, damit er in unsere Computerfarmen einprogrammiert werden kann. Wollen wir denn das Design unseres Lebenssinnes Java-Spezialisten oder termingepressten Projektleitern anvertrauen? („Machen Sie schnell. Projektabnahme ist morgen. Keine Sinnfragen bitte. Sinndesign? Setzen Sie schnell etwas ein, was wenigstens halbwegs grob funktioniert. Nehmen Sie deshalb einfach Ihre eigene Auffassung!") Weil die Computer in den Farmen langsam dem Tier- oder Dienerstatus entwachsen, müssen wir wissen, was sie sein sollen, müssen wir wissen, was wir selbst genau sein wollen.

Damit beschäftigt sich die empirische Philosophie. Sie bemüht sich, Lebenssinnfragen in Zahlenwerten zu formulieren, die in Computerprogrammvorschriften eingehen können. Wenn wir das geschafft haben, werden aber wohl die Zahlenvorgaben auch auf uns selbst angewendet werden. „Piep. Nur eine Kelle Bohneneintopf. Optimum erreicht." Was folgt daraus für uns? Wenn unser Sinn an den von Computern gekettet sein wird? Werden wir Zahlenmenschen, immer mehr? Ich fürchte: Ja. Zahlen stehen immer mehr im Vordergrund. Die Entwicklung hat schon längst begonnen. Und sie verläuft grässlich falsch, wie ich darlegen möchte. Wir könnten sie nur noch in die richtige Richtung bringen, wenn wir dies erkennen.

Grässlich falsch? Ja! Ein Gedankenhäppchen dazu: Schreiben Sie selbst doch einmal ganz genau auf, wie ein guter Mensch aussehen soll. Wissen Sie, was Sie schreiben? In der Regel jedenfalls? „Er soll alle überhaupt möglichen guten Eigenschaften haben oder wenigstens so sein wie ich." Heute steht in der Zeitung: 73 % der Männer wollen als Lebenspartnerin eine Frau, die Geliebte, Mutter, Kumpel, Freund, gepflegt, sportlich, schlank ist, auch wenn sie selbst so nicht sind. Sie soll Siegertyp sein, aber auch nachgeben können. Was heißt das im Klartext? Sie soll alles Mögliche sein, besonders mir unterlegen. Das ist ein ideales Rezept zum Computerbau. Kann das so gehen? – In gehirnqual-nachtentstandenen noch theoretischen Heiratsanzeigen suchen übrigens die meisten Menschen einen „Gleichgesinnten", schau-en Sie in die Zeitung. De facto heiraten sie eine Art Gegenteil. Sehen Sie neben sich.

In einem anderen Buch hat Aldous Huxley alles schon kom-men sehen. In seiner „Schönen Neuen Welt" wird das Weiter-forschen und der technische Fortschritt irgendwann einfach aus Weisheit verboten. Das ist elegant von der Sache abgelenkt, nicht wahr? Wir bauen nämlich unbeirrt weiter an der Zukunft.

Dieses Buch will eine Diskussion eröffnen. Es ist bewusst lau-niger geschrieben, als es für Philosophie nötig wäre. Es wäre sonst wohl trauergetränkt.

2 Computer müssen uns kennen lernen, um unser Freund zu sein

Computer sind nicht mehr richtige Maschinen, sondern so et-was wie Gesprächspartner. „Piep. Ihre Aktie ist gerade unter den Schmerzpunkt gefallen." Diese Weise, mit Computern zu kom-munizieren, wird „interaktiv" genannt. Sie werden schnell mer-ken, dass interaktive Benutzung von Computern sehr mühselig wird, wenn diese uns gar nicht kennen. Auf die kleinste Kleinig-keit, die wir mit ihnen zu bereden haben, folgt sofort die Fra-ge: „Wer sind Sie? Haben Sie eine Berechtigung, mit mir zu re-den?" Dann nach einigen Wortwechseln: „Bitte geben Sie Ihre Adresse ein." Jedes Mal, wenn Sie per Internet eine Informati-on haben wollen, müssen Sie sich registrieren lassen. Also: Name und Adresse eintippen. Immer wieder. „Hilfe, es muss etwas wie elektronische Stempel geben", werden Sie schon mehrfach gesagt haben.

Es ist klar: Damit Computer mit uns etwas Richtiges an-fangen, müssen sie uns kennen lernen. Was müssen sie wissen?

Name, Adresse, E-Mail-Adresse, Geschlecht, Alter, Einkommen, Ausbildung, Glaubensrichtung? Na ja, so viel nicht! Aber dann steht wieder in der Zeitung, dass jemand wie ich einen Ballettröckchenkatalog vom Versandhaus bekam. Die Zeitungen schütten sich aus vor Lachen. Die Reporter kennen das schwere Leben der Computer nicht. Ich habe vielleicht Herrenhemden bestellt und meine Tochter Anne hat noch etwas für sich auf den Bestellzettel geschrieben! Was denkt jetzt der Versandhauscomputer von mir? Er kommt ins Grübeln, womit sich ja die Reporter bekanntlich nicht aufhalten. Ein Computer muss also wissen, dass hinter meiner Bestellnummer vier Personen stehen, die vier verschiedene Menschen sind. Er müsste die Kennzahlen aller vier bekommen und wir sollten ihm verraten, wer von uns das Produkt bestellt hat. Anderes Beispiel. Wenn ein Computer wüsste, was ich bei den letzten Wahlen angekreuzt habe, würde die Wahlreklame viel billiger. Die Computer müssten ja dann die teuren Wahlplakate nicht an Stammwähler schicken, die durch die Plakate eher noch zum Nachdenken gebracht würden; nein, Computer könnten das meiste Material direkt an die besonders gesuchten Wechselwähler abladen, die dann durch volle Briefkästen auffallen und bald Geld verlangen können, damit sie wählen gehen.

Spaß beiseite: In meiner Umgebung kennen alle Menschen meine Adresse, wissen, was ich so wähle oder im Fernsehen anschaue, welche Hobbys ich habe und was ich so verdiene. Sie kennen meine Speisekarte, meine Arbeitsgewohnheiten, Krankheiten. Was macht das schon, wenn diese Daten im Internet stehen? Das bin doch ich! Na und?

Wer viel verdient, muss sich immer schön anziehen oder Titel auf die Kreditkarte drucken, damit er besonders bevorzugt bedient wird. Immerfort muss er das tun. Kaum kommt er in halblangen Hosen zu Versace ins Geschäft, wird er auch nur halb so gut bedient. Das alles wäre nicht so lästig, wenn Ihr hoher Status gleich in der Datenbank stünde. Es gibt auch schon Hilfsmittel wie Diamont-Miles-and-everything-Cards, die in Geschäften oft mehr Eindruck machen sollen als Sie selbst. (Ich bitte um Verzeihung, ist mir rausgerutscht.) Es ist einfach so: Manchmal soll der Computer uns kennen, manchmal aber lieber nicht. Computer merken sich nämlich auch, wie viele Handgriffe Sie erledigt haben, wie viele Abschlüsse Sie erzielten, ob Sie zur Mehrheit der Menschheit gehören, die schon mal etwas Verbotenes im Internet anklickt, wann Sie die Arbeit etwas schleifen lassen, ob die Arbeitsverbesserungsvorschläge von Ihnen zu Mehrnutzen geführt haben. Er weiß noch lange Ihre schlechten Noten von einst, die Sie Ihren Enkeln später als Beispiel zeigen können. Er kennt alle Ihre Bekannten und Freunde und Freundinnen, wer was mit wem. Er macht Statistiken, wie sich Ihr soziales Umfeld entwickelt und sendet therapeutische Ratschläge („Es ist 5 vor 12 für Jod-S-11!").

Warum quält uns die Frage nach den Daten über uns so sehr? Klar: Wir haben keinem Menschen so richtig alles Wahre über uns gesagt. Die Mutter, der Vater, die Verwandten, die Ehehälfte, die Kinder, die Arbeitskollegen, die Feinde, die Freunde, die Bosse, die Teammitglieder, die Wettkämpfer um uns herum haben von uns ein Bild, jeder für sich, das der Situation gemäß richtig gut angepasst ist. Es fällt mir ein Werbejargon dazu ein: „Sind wir nicht alle ein bisschen Chamäleon?"

Wir wechseln die Farbe, wenn der Chef kommt, die Schwiegermutter oder Arnold/Naomi. Wir sind mehrmals am Tag anders. Unsere Adresse würden wir noch fast jedem geben, aber bei Alter oder Gewicht wird es schon problematisch.

Deshalb lehnen wir Computerdaten ab. Deshalb kennen uns Computer kaum, sie sehen uns als zwanghaft konsistent gemachte Schablonen. Wenn Computer sich einmal unterhalten, also Datenabgleich machen, so kommen sie aus dem Staunen nicht heraus, wie widersprüchlich die von uns gemachten Angaben sind. Was wir insgeheim fürchten ist die Offenlegung unseres widersprüchlichen inkonsistenten Selbst.

Nehmen Sie an, in einem Computer wären auf Tausenden von Seiten zu lesen, was irgendwie über Albert Schweitzer, Mutter Theresa oder Gandhi zu speichern wäre. Alles. Überhaupt alles. Wäre das interessant zu lesen? Für mich persönlich nicht. Sie sind wahrscheinlich sehr konsistent und einfach so, wie sie im Film wirken. Wer aber nicht so ist, fürchtet sich. Das sind eben wir alle anderen.

Im neuen Computerzeitalter kommen wir aber nicht darum herum, dass uns die Computer *sehr persönlich* kennen. Ich gebe gleich im nächsten Abschnitt harte Gründe, warum sie uns kennen müssen, und warum wir, ohne es zu wissen, erheblich im Leben leiden, *weil* sie uns nicht richtig kennen.

Was aber geben wir in die Computer ein, damit sie uns persönlich kennen? Wie schaffen wir es, dass sie uns als Mensch und Individuum in unserer Schablone sehen können? Wir kommen um eine Antwort auf diese Frage in den nächsten Jahren nicht herum.

Es ist, das sei hier betont, eine andere Frage als die, die im ersten Abschnitt aufgeworfen wurde. Dort habe ich Nachdenken gefordert, wie Computer als gute Menschen so programmiert werden, dass sie unter Kenntnis der über Sie eingegebenen Daten Gutes für Sie tun. Dies sollte ein Nachdenken über das wünschbare *Verhalten* von Computern sein. Hier aber wird die neue Frage aufgeworfen, was wir ihnen über uns verraten müssen, damit sie alles Verlangte auch leisten können.

Unsere Furcht, Computern unsere Daten und damit Teile unseres Selbst anzuvertrauen, ist im Grunde die, dass heutige Computer eben nicht wie gute Menschen programmiert sind. Das Nachdenken über diese Fragen ist in diesem Sinne nicht richtig davon zu trennen. Unsere Furcht geht aber sehr viel weiter, weil es im Computer dann eine Institution geben mag, die wie Gott allein alles über uns weiß. Wenn alles über uns gewusst wird, wird das mit gutem Grund bisher Geheimgehaltene, das Unwahre, das Vorgetäuschte, das Widersprüchliche, das Mehr-Geschienen-als-Gewesen in uns sichtbar. Was wird dann aus uns werden?

Kommen schlimme Zeiten? Oder goldene Zeiten, weil uns die öffentliche Datenbank zwingt, gute Menschen zu werden? Zeiten der Scheinheiligkeit, in denen es darauf ankommt, vor dem Computer ein gutes Bild zu machen?

3 Glück für fast jeden ist ökonomisch-mathematisch optimal

Ich stelle mich hier einmal mit einer ganz gewagten Aussage bloß, die ich leider nicht (noch nicht ganz!) beweisen kann. Wenn Sie es nicht glauben, stimmen die anderen Teile des Buches aber noch. Sie müssen das Buch nicht weglegen.

„Computer werden errechnen: Ein allgemeiner Zustand von Glück und Zufriedenheit ist mathematisch optimal für die Ökonomie!"

„Nur zufriedene Mitarbeiter sind gute und Profit erzeugende Mitarbeiter!" – „Nur zufriedene Kunden sind gute und Gewinn bringende Kunden!" – „Freundlichkeit im Service ist alles!" – „Glückliche Mitarbeiter leisten viel mehr als normale oder gar demotivierte!" Es gibt ganze Wälder von Büchern über diese Themen, aber, so werden Sie einwenden, unfreundliche Bedienung und demotivierte Mitarbeiter. Klar, die Bücher sind erst die Vorboten der Entwicklung und der Übergang dauert wohl eine halbe Generation. Er ist aber nicht mehr aufzuhalten. Der Unterschied zu gestern ist dieser: Computer, die jeden Handgriff registrieren und nach dem Unternehmen schauen und alles in Statistiken niederlegen, bekommen zur Zeit immer mehr und mehr den Eindruck, dass es wirklich Geld bringt, glücklich und zufrieden zu sein. Das ist eine ganz andere Lage. Früher hat man so argumentiert, heute wird es hart bewiesen.

Stellen Sie sich wieder Ihre Schulzeit vor. Aufsatzschreiben, zwölftes Schuljahr. Thema: „Was bedeutet Glück für mich?" Zeit:

Sechs Stunden. Also, bei mir war das ein Drama. Mir fiel die ersten drei Stunden nichts ein als das Glück, keine Aufsätze schreiben zu müssen. In mir brodelte es, mit Angst untermischt, bis sich die ersten Fetzen zu Argumenten verfestigten, bis sich aus den Nebeln Planetensysteme und Sonnen bildeten. Nach drei Stunden begann ich zu schreiben, zuerst stockend-ängstlich, dann immer mehr selbstvergessen bis zum schließlichen „Gib' es jetzt her, Gunter. Schluss und Schluss!", was mein Körper nur beschränkt aus der Trance heraus hören konnte.

Arbeit in vielen Bereichen fühlt sich so ähnlich an. Erst wird mühsam um einen Zugang gerungen, dann zeichnet sich ab, was zu tun ist, dann wird angepackt, erst zögernd, dann zunehmend befriedigt und lustvoll, und wir sagen: „Nein, ich gehe erst nach Hause, wenn dies hier fertig ist!" Das sagen wir so bestimmt wie mein Sohn, der erst zum Essen kommen will, wenn der letzte Schuss/Kuss im Film gefallen hat. Leider wird die Arbeit durch allerlei Feinheiten nebenbei beherrscht.

Was beim Arbeiten passiert, beschreibe ich analog für das Aufsatzschreiben: Jeder Schüler hat ein Telefon neben sich stehen, das öfter klingelt und ihn zu kurzen Aufgaben abkommandiert. „Geh auf die Toilette. Gib mir die Telefonnummer von deinen Eltern. Gib mir schnell mal aus dem Atlas durch, wie weit es nach Afrika ist." Der Lehrer als Aufsicht läuft nervös umher und verlangt alle 10 Minuten von jedem Schüler eine Kontrollmitteilung, wie viel Prozent des Aufsatzes schon fertig ist. Er schreibt die Ergebnisse vorn an die Tafel und ruft Schülern, die hinten liegen, zu, dass sie hinten liegen. Er schaut nach, ob alle wirklich ununterbrochen schreiben und nicht aus dem Fenster gucken. Einzelne Schüler werden immer mal wieder für 30 Minuten zum Rasenmähen herausgeholt. Nach der dritten Stunde kommt ein anderer Lehrer, der den Raum haben will. Die Klasse muss während der Arbeit den Raum wechseln, aber der andere Raum ist nicht lange frei. Deshalb befiehlt der Lehrer den Schülern, schneller zu schreiben und den Aufsatz schon nach 5,3 Stunden abzuliefern. Die Schüler begehren auf und verlangen eine Revision der Regeln

für die Notenerteilung. Nach einer Stunde Eklat kann das Aufsatzschreiben wieder aufgenommen werden, weil sich der Lehrer bereit erklärt, 22 % weniger Fehler anzustreichen, mehr Schüler für Leistungen zu loben sowie eine Runde Pausenkakao zu bezahlen.
Und so weiter.

Durch Computerberechnungen der Produktivität von Geistesarbeitern wird heute statistisch klar, dass diese Form von Aufsatzschreibeorganisation nicht mathematisch optimal ist. Das wussten wir alle schon seit unserer Schulzeit, aber wir arbeiten nach dieser Form, angeblich, weil „man nichts machen kann" (weil Sie nichts machen wollen). Der gewaltige Unterschied aber ist der, dass Computer nachrechnen können und beweisen, dass es besser ist, Aufsätze in einer glücklichversenkten Stimmung zu schreiben und dass begleitendes Zergen, Peitscheknallen oder Belohnungswinken nicht viel bringt. Etwas präziser: Man misst nach, wie hoch sich der Unterschied zwischen „zappelig arbeiten" und „versenkt arbeiten" auf die Produktivität auswirkt. Dann misst man den Unterschied, um wie viel sich die Produktivität steigert, wenn man „zappelig Arbeitende" motiviert, drückt oder mit Belohnungen lockt. Es kommt heraus, dass die erste Prozentzahl größer ist! Das jedenfalls zeichnet sich ab.

Die Welt bewegt sich jetzt also wieder auf eine gesunde Seite. Vergessen wir nicht, dass vielleicht gerade die Computer und der damit hereinbrechende Messwahn zu dem schrecklichen Druck in der Arbeitswelt beigetragen haben. Vor allem die durch Computeranwendungen möglichen Produktionsverbesserungen haben zu den Massenentlassungen geführt. Nun wird bald klar, dass die verbliebenen Arbeitskräfte optimalerweise erfüllt und hoch motiviert arbeiten sollen, innerlich ruhig und zufrieden, auch für Kunden sichtbar stolz auf die eigene Firma.
Erst eine so vernichtende Wirkung, dann Heil für alle? Ja. Denken Sie an die Webstühle. Als diese eingeführt wurden, stan-

den Unternehmer vor gewaltigen Investitionen, Arbeitnehmer kurz vor dem Hungertod. Viele starben, mit ihnen viele Unternehmen. Die Produkte wurden nicht mehr gekauft, weil die Käufer in Not waren usw. Ein schreckliche Zeit, die erst nach Jahren der Anpassung einen Wiederaufstieg brachte, der auf einem höheren Niveau endete, also „im Glück", wenn man so will. Heute scheinen wir nach Jahren der Wirtschaftskatastrophen durch die Computereinführung nun das gute Ende erleben zu können.

„Glück und Zufriedenheit sind wirtschaftlich optimal." Das wird uns Glück und Zufriedenheit sichern, genauso wie wir in der westlichen Welt Frieden haben, vielleicht „nur", weil Krieg ökonomisch gesehen schrecklich unoptimal geworden ist.

4 Glück für alle ist nur durch strikte liebende Ungleichbehandlung aller möglich

Arbeitsstile: „Ich muss beim Programmieren ganz, ganz allein sein und möchte nicht gestört werden. Dann schaffe ich viel. Aber es ist so viel Krach hier, dass ich nicht arbeiten kann. Ich verzweifle." – „Ich habe ein Einzelzimmer mit großen Hydroblumen. Die kotzen mich an, ich wünschte, es wären Menschen hier. Ich soll ungestört arbeiten, aber ich werde verrückt so ganz allein."

Corporate Policy: *Jeder* bekommt 8 Quadratmeter." Basta.

Lernstile: „Ich muss alles erklärt bekommen. Wenn ich es nur lese, verstehe ich das nicht." – „Ich muss es gefühlt haben. Wenn ich im fremden Land war, verstehe ich schnell alles, aber aus dem Erdkundebuch begreife ich es nicht." – „Wenn ich etwas nicht weiß, hole ich mir ein Buch. Lesen. Dann weiß ich's." – „Mir muss einer praktisch zeigen, wie das geht."

Schule: Unterricht für alle gleich. Basta. Die aus Büchern lernen können, haben Glück.

Wann wir uns freuen? „Ich will nicht immer hören, dass ich gut bin. Er soll mir mehr beibringen, sich Mühe geben, um mich!" – „Noten? Er könnte einmal einen Satz anstreichen und sagen, dass der schön geschrieben ist." – „Er sollte mich öfter drannehmen, damit ich vielleicht beim nächsten Mal eine Zwei haben kann." – „Er sollte mal ein Eis ausgeben."

Ein guter Teil des Buches wird von den Verschiedenheiten der Menschen handeln. Nichts Neues eigentlich. Neu ist, dass es als mathematisch-ökonomisch optimal bewiesen werden wird, Menschen individuell zu behandeln. Wenn wir das wirklich tun, werden wir unter einigen Kosten für den Aufwand für Schule und Arbeit Begeisterung und Motivation ernten, die die Ergebnisse in luftige Höhen bringen werden. Auch hier wird diese Entwicklung mit der Computermessung einsetzen. Liebende Ungleichbehandlung wird sich als ökonomisch Gewinn bringend beweisen. Beweisen! Das ist nicht das gleiche, wie wenn idealistische Psychologen irgend solches „weiches Zeugs" predigen.

Im Augenblick aber sind wir noch meilenweit weg von einer wirklichen individuellen Behandlung.

Die Internetfirmen beginnen damit. Sie versuchen uns als Individuum zu sehen, weil sie uns ja niemals zu Gesicht bekommen. Sie gehen auf unsere Interessen ein, fragen nach Vorlieben und bieten One-to-one Service. Computer segmentieren uns Menschen nach unseren Daten, fassen uns in Kundenklassen zusammen und denken nach, was sie uns Gutes tun können.

In anderen Bereichen ist die Verschiedenheit der Menschen kein Thema. Ein Lehrer unseres Gymnasiums: „Natürlich würden die Schüler aufblühen, wenn wir uns mit jedem Einzelnen befassten und den Unterricht privat für ihn interessant machten. Aber ich habe sehr viele Schüler und viele sind einfach faul. Ich habe Probleme, alle Namen zu kennen. Es geht nicht wie in der Theorie. Und übrigens ist es nicht schädlich, wenn sie lernen, in der Gemeinschaft gleich behandelt zu werden." Die Hälfte der anwesenden Eltern hat zu dieser These verständnisvoll genickt.

Begabtenförderung wird in Deutschland meist abgelehnt, damit Eliten keine unangemessenen Vorteile bekommen. Wir bringen ihnen allen **gleich** *wenig* bei, damit sie alle **gleich** *sind* mit 20 Jahren, und fünf Jahre später, bei der Arbeit, stehen Manager hinter jedem Einzelnen mit einer Stoppuhr, um sicherzustellen, dass jeder sich abmüht, der **Beste** zu sein? Wir setzen darauf Preise aus. Letztlich auf Ungleichheit.

Was denken Sie beim Wort „Schülerzufriedenheit"? Die meisten sagen: „Das könnte denen so passen!" Computermessungen werden beweisen, dass Schülerzufriedenheit mathematisch optimal ist und kein Luxus, „den wir früher auch nicht hatten, was soll das".

5 Die Mächtigen wollen (noch!) Gleichheit = Einfachheit

„Menschen, die Zufriedenheit und individuelles Sein für Luxus halten, haben bei der gesellschaftlichen und unternehmerischen Regelbildung (noch!) die Oberhand."

Bis wir zufrieden sind, wird es noch längere Zeit dauern. Hier nur kurz: Es gibt relativ viele Menschen, die gerne die Dinge des Lebens kontrollieren und in der Hand haben und die gerne die Regeln bestimmen. Lehrer, Manager (Ich zitiere später Statistiken!). Sie denken heute meist noch, dass Zufriedenheit etwas „kostet" und Luxus ist. Sie sind es, die Unterrichtsformen, Erziehungsinhalte und Computeranwendungsprogramme bestimmen. Sie legen Noten und Gehaltserhöhungen fest und betrachten diese Rituale als Herrschaftsinstrument über *Unzufriedene*. Viele können sich den mathematisch optimalen Weg der Zufriedenheit nicht einmal richtig vorstellen. Ohne Druck von oben arbeiten? Geht das? Viele Lehrer und Manager verneinen und haben selbst mit 50 Jahren als hauptsächliche Berufsgruppen Herzkrankheiten, Depressionen und Burn-outs.

Es ist deshalb sehr schwer, unternehmensweite Systeme auf Zufriedenheit umzuschalten. Die notwendigen Daten werden gar nicht erhoben, mit denen riesige Potenziale sichtbar würden. „Wie viel % der Arbeit wird von diesem Arbeitnehmer gehasst? Wird er in Projekten eingesetzt, die ihm liegen? Hat er im Team die Rolle, die er gerne ausfüllt?" Die Computer können heute nicht so richtig beweisen, was optimal ist, weil sie eher nur Fehler und Schwachstellen suchen und speichern. Computeranwendungen von heute sind auf Kontrolle und Druck ausgelegt, nicht auf Zufriedenheit. Bis zur Umstellung ist es noch ein langer Weg.

In unserer Kultur gibt es zu viele internalisierte Leitsätze, die Gleichheit betreffen. „Vor dem Gesetz sind alle gleich." statt: „Das Gesetz schützt jeden Einzelnen." – „Gleiche Chancen für alle!" statt: „Beste Förderung für jeden." – „Jeder gleich viel." statt: „Jeder genug." Generell wird Gleichheit mit Gerechtigkeit assoziiert, Individualisierung mit Ungerechtigkeit.

Wir müssen verlernen, was uns darüber immer gesagt wurde: „Jeder bekommt gleich viele Bonbons. Jeder muss gleich viele Löffel Spinat essen." Es geht schließlich um ökonomische Optima, nicht um Pflicht- und Beuteverteilungsregularien.

6 Der Lebenssinn des Menschen liegt neben seinem Nutzenoptimum, also retten die Computer die Menschheit

Die Computer haben also verstanden. Und sie tun was.

Und wir? Wir sagen: Erkenne dich selbst. Die Computer: Erkenne jeden! One at a time. Wir sagen: Alle Menschen sind gleich. Die Computer: Wir steuern sie alle in ihrer eigenen Art. One at a time. Wir Menschen sagen: Liebe deinen Nächsten wie dich selbst. Die Computer: Liebe ihn so, wie er ist, nicht wie du bist, oder so, wie alle gleichmäßig sein sollen.

Der quantitative Umgang der Computer mit unseren eigenen Sinnfragen zwingt uns zum philosophischen Aufholen. Das heißt, wir müssen gar nichts tun, denn die Computer nehmen das Philosophische in die Hand, weil sie uns optimieren.

Der Hauptclou an dem ganzen Glück der Menschheit ist ja, dass der gewinnoptimale Mensch glücklich, zufrieden, mit sich eins ist. Der Charakter des gewinnoptimalen Einzelmenschen wird als Stärke ausgebaut und nutzbringend eingesetzt. Die gewinnoptimale Form des Menschen besitzt große Würde und innere Sicherheit, Aufgeschlossenheit gegenüber den Menschen und der Welt. Diese Erkenntnisse werden in der Wirtschaftspresse so langsam aus den Computerzahlen gewonnen. Dort heißt es heute modisch in den Karrierebeilagen, dass der moderne Mensch auch in seinen „soft factors" überzeugen müsse, dass er „soft skills" besitzen müsse oder „emotionale Intelligenz". Diese oft gehörten Sätze sind halbherzig tastende Schritte zur dramatischen Wahrheit: Die gewinnoptimale Form des Menschen ist nicht so sehr verschieden von dem Menschentyp, den sich unsere Dichter und Denker als Ideal vorstellen.

Die Dichter und Denker aller Zeiten haben wie die Propheten geschwärmt, verzweifelt gejammert oder Unglücke in Aussicht gestellt, wenn die Menschen sich nicht endlich besännen. Sie haben zu allen Zeiten gewusst, wie der Mensch zu sein habe, und auch die Menschen selbst waren von den dargebotenen Thesen oft sogar entzückt. Sie sind aber hartnäckig keine idealen Menschen geworden. Einmal waren alle Gedanken und Regeln zu universell und endeten in Gleichmacherei, scheiterten also. Dann war auch das „gut werden" zu aufwendig, und es fehlte der echte innere Antrieb (was ich ganz am Schluss des Buches durch die 50 % + 25 %-Formel erkläre) zu einer solchen gewaltig scheinenden Anstrengung. Daher glaubte die Menschheit den Propheten nicht, was den Vorteil hatte, dass sie keinen ursächlichen Zusammenhang mit den tatsächlich folgenden Unglücken feststellen konnte.

Heute aber, und das ist das Neue unserer Zeit, ist ein absolut starker Antrieb da: das Gewinnstreben der Wirtschaft. Ach ja, sagen Sie, das gibt es schon lange. Richtig. Aber heute überwachen die Computer die Geschäfte mit Logik, nicht aus Bäuchen heraus. Logik erzwingt zum Beispiel das Verfolgen von langfristigen Strategien, wozu Menschen nur bedingt fähig sind. Die Computer werden ganz genau ausrechnen, was den größten Gewinn bringt. Und an diesem Diktat der Logik wird kein Bauch vorbeikommen. Der Computer wird deshalb diktieren, wie der Mensch zu sein hat: gewinnoptimal. Damit aber befiehlt er indirekt den Menschen, glücklich, motiviert, voller innerer Anteilnahme am Geschehen zu sein, andere Menschen zu mögen, ihnen zu vertrauen („Team"), Verantwortung für sie zu übernehmen und ihnen in die richtige Richtung zu helfen („Leadership"). Unglückliche Menschen werden dann wohl durch geringes Gehalt abgefunden.

Der Clou an der ganzen Menschheitsgeschichte liegt darin, dass zufällig das Wünschbare nahe am unbedingt Notwendigen liegt und dass mit dem Computer eine Macht entstand, die erstmals in der Welt uns alle miteinander bezwingen kann („Globalisierung"). Krieg, Staatsschuldenmacherei, Entscheidungsschwächen, schlampige Langsamkeit: All das ist nicht gewinnoptimal und wird Computern zum Opfer fallen.

Die Computer und ihre Messungen retten die Welt. Wir selbst haben als biologische Wesen nicht den unbedingten Willen, der notwendig wäre, es allein zu schaffen. Wille aber lässt sich programmieren. Und Wille wird tatsächlich programmiert, weil wir damit viel Geld verdienen. Darin liegt die Revolution.

II. Frühgeschichte einer Theorie: Beta-Versionen, liebe Menschen und Zahlen

1 Über das β-Artige

Meine Kolumne in der GI-Mitgliederzeitschrift „Informatik-Spektrum" setzt sich satirisch-kritisch-angriffslustig mit wissenschaftlichen Alltagsfragen auseinander. Sie heißt „*β – inside*". Sie beginnt immer mit den Sätzen:

„Alpha-Versionen sind Lehrbücher, Gesetze, Produkthochglanzprospekte, Aktienneuemissionsanzeigen, Regierungserklärungen. Dahinter ist das Reale. Hinter den Lehrbüchern die vorlesende Forscherpersönlichkeit, hinter dem Prospekt der Rat des erfahrenen Fachverkäufers. Alpha-Versionen meiden Urteile, Meinungen und Leidenschaft. Die Kolumne ist kompromisslos beta."

In diesem Sinne ist dieses Buch gnadenlos beta. Dieses Buch ist ein Entwurf, der mit Leidenschaft geschrieben ist. Es mag ein Entwurf für ein größeres Opus sein, das alles sauber herleitet, beweist, in die Zusammenhänge einführt und alles durch viele Zitate mit der akzeptierten Wissenschaftswelt so stark verzahnt, dass es festklebt. So etwas kann ich nicht schreiben, weil ich als Manager ja nicht gerade Bücher schreiben soll und meine Familie bei den letzten Sätzen des Buches (das sind die folgenden Seiten hier) schon wartet, dass ich Liegengebliebenes aufnehme und des Sonntags nicht nur zum Essen erscheine. Ich fürchte, mein Denk-

und Schreibstil prädestiniert mich auch nicht gerade zu einem echten Philosophen, dazu müsste ich mir zu vieles verkneifen.

Verkniffen habe ich mir hier im Buch nicht so viel und ich habe tapfer nach dem erschrockenen Wiederanschauen mancher Passage den Rotstift wieder gesenkt und mich an das Wort Lichtenbergs erinnert: „Es ist fast unmöglich, die Fackel der Wahrheit durch ein Gedränge zu tragen, ohne jemanden den Bart zu sengen." Das mag nicht so recht an jeder Stelle passen, aber es tröstet ungemein.

2 Über Typen und Ideen in der Sonne

Zu meinem 40. Geburtstag schenkte mir mein Kollege Peter Korevaar ein Buch über verschiedene Typen von Menschen, ein Buch über das Enneagramm. Bücher wie dieses standen damals in der Buchhandlung unter Esoterik, weil sie wohl etwas obskur waren. Aber heutzutage gibt es darüber schon Kurse an der Volkshochschule bei uns in Neckargemünd, was vielleicht darauf hindeutet, dass dies Thema bald von Wissenschaftlern aufgenommen wird.

Ich habe natürlich das Buch nur kurz überflogen, um herauszufinden, was für ein Mensch ich selbst sein soll. Das war einfach, weil im Inhaltsverzeichnis der Typ des „Denkers" vorkam. Über solche Menschen waren dort fünf Seiten geschrieben. Wie diese sich innerlich fühlen, was sie über die Familie denken, dass sie bei Partys eher früh nach Hause wollen. Lachen Sie nicht, aber über den Punkt mit den Partys hatten wir in der Familie oft Streit. „Die Nacht durchmachen!" versus „Wenn alle nur noch müde mit Kopfschmerzen rumhängen, ist es langsam Zeit, und ich will nicht den ganzen nächsten Tag groggy sein." In diesem Buch stand alles, worin ich mich von anderen unterschied. Jede Kleinigkeit, die sonst niemand wissen konnte. Ich hatte immer gedacht, ich selbst bin so, Gunter Dueck ist so. Das Buch sagte: Typ 5 ist so. Typ 5 schützt sich in der Schule gegen Verhauenwerden durch Verleihen der Mathematikhausaufgaben etc. So habe ich mich denn mit dem Buch und hochrotem Kopf langsam hingesetzt und nachgedacht – natürlich. Typ 5 denkt nach, andere weinen und noch andere werfen das Buch weg.

Bevor ich 1987 zur IBM nach Heidelberg wechselte, war ich etliche Jahre als Professor für Angewandte Mathematik in Bielefeld tätig gewesen. Mein Fach Informationstheorie habe ich bei Rudolf Ahlswede gelernt. Dieses Fach liegt zwischen Mathematik und Nachrichtentechnik (Codierung, Verschlüsselung), ist also ein richtig hartes Fach. In Amerika residiert es unter Electrical Engineering. Psychologie galt damals als weich, heute wohl auch noch?! Können Sie verstehen, wie groß der Unterschied dieser Welt zu dem esoterischen Kapitel über Typ 5 war? Seit diesem Tag habe ich meine Hobbys gewechselt und habe nur noch Psychologie und Philosophie gelesen. Das klingt saulustig, aber so war es. Und beim Lesen all der Theorien bekam ich eine Art Unwohlsein, das, wie mir später klar wurde, das Symptom sein könnte, dass ich selbst philosophieren wollte. Man *muss* ja alles *nicht* richtig finden, wenn man Neues denken will, sonst hat man Pech und wird Anhänger.

Als Manager lernte ich die atemberaubenden Unterschiede zwischen vielen Denkweisen kennen. Die Universität hatte ich verlassen. Ich lernte Entwickler, Forscher, Manager und Verkaufsfachleute in der IBM kennen, die ganz verschiedene Artikulationskulturen haben. Heute ist das Thema dieser verschiedenen Subkulturen in Unternehmen sehr aktuell, weil bei Firmenzusammenschlüssen aus solchen Unterschieden schnell ernste Differenzen werden können. In diese Thematik habe ich mich mit der Zeit hineingearbeitet, von plakativen ersten Gedankenblitzen (Forschung ist wie Typ 5, Verkauf wie Typ 3, Controlling wie Typ 6) bis zu langsam tieferem Verständnis über die irritierend heftigen Unterschiede der Menschen. Davon berichte ich hier im Buch.

Ich hatte all die Jahre das Glück, dass Rainer Janßen, der heute CIO der Münchner Rückversicherung ist, mit mir leidenschaftlich gerne über alle zunächst abstrusen neuen Ideen diskutiert hat. Er schreibt heute als Kolumnist in it + ti und wenn Sie dort die launigen Artikel unter „Übrigens" lesen, wissen Sie, welch ein Glück es war, sich mit ihm immer austauschen zu können. Wir beide zusammen haben einmal vor vielen Jahren eine Sommerakademie der Studienstiftung des deutschen Volkes in Völs am Schlern in Südtirol geleitet. Es war wunderschönes Wetter bei der Wanderpause vor einem Gasthaus, wo das Sonnenlicht stach, wo es in Bierkrügen blitzte. Wir begannen, über die Quantifizierung der philosophischen Grundwerte wie Gerechtigkeit, Liebe, Willensfreiheit, Würde zu diskutieren. Es war beim zweiten Bier schon klar, dass eine korrekte Messung dieser Werte in ordentlichen physikalischen Einheiten die Welt stark verbessern helfen könnte. Computer könnten die Strafen korrekt aus dem Schuldfähigkeitsgrad berechnen, Ehewillige könnten sich ihre Liebeskoeffizienten vorher sicherheitshalber noch ein letztes Mal nüchtern analysieren lassen. Wir standen vor dem Problem, gewisse physikalische Einheiten konkret definieren zu müssen, in denen wir alles messen wollten. Um diese Frage drücken sich die Religionen und die Philosophien immer herum, weil sie als Zahl nur Null und Unendlich kennen. Liebe ist entweder da (dann gleich alle Liebe, die wahre, also unendlich) oder nicht. Schuld ist da, die ganze schwarze unendlich große oder nicht. Die Philosophien vermeiden dadurch, in zu große Widersprüche zu geraten, weil das Rechnen nur mit den beiden Zahlen Unendlich und Null ohnehin etwas obskuren Sonderregeln unterliegt und von normalen Menschen oft nicht verstanden wird. Die Informatiker nehmen die Zahlen 1 und 0 für die gleiche Logik, haben aber den Nachteil, dass die Rechenregeln dort klar sind, und zwar jedem.

Als also die Sonne schien auf das sagenhafte Grün der Natur, einigten wir uns in hitziger Debatte, die Freiheit des Willens in der so genannten „Willi"-Einheit (so wie Liebeslust in Billy) zu messen. 10 Willis sollten normal starken Willen indizieren. Um uns herum hatten sich etliche Studienstiftler versammelt, während wir in der empirischen Philosophie zur Sache kamen. Und

mitten in eine temporäre Denkpause rief eine neu dazugekom-
mene empörte Studentin hinein: „Sind Sie denn alle verrückt geworden?" Und da endete die Diskussion in brüllendem Geläch-
ter. Diese Stunde mit Rainer Janßen ist zusammen mit der Sonne,
dem Grün, den Krügen immer in meinem Herzen geblieben, wie
auch der Term der empirischen Philosophie, der heute auf dem
Buchdeckel erscheint.

3 Warum das Buch so beta ist – über die Wild Duck

Die Gedanken, die ich hier nun artikulieren werde, haben also eine längere Geschichte und sie brauten sich in langer Zeit zu einer
fast einheitlichen Sicht der Welt zusammen. Das Resultat meiner
Überlegungen ist ziemlich weit weg von den Lehrmeinungen und
besteht auch aus vielen bunten Tupfern aller möglichen Wissens-
zweige. Als Manager bin ich immer Querdenker und fühle mich
oft auf dünnem Eis. Es scheint von außen nicht so arg schlimm
angesehen zu werden, was ich der IBM hoch anrechne, menschlich und kulturell, aber innerlich ist mir oft mulmig zumute. Ich
sehe die Dinge oft scharf anders als andere Menschen. Damit immerhin habe ich Frieden in mir gemacht, nachdem ich die Seiten
über Typ 5 studiert hatte.

Im letzten Jahr richtete der Springer-Verlag eine Anfrage an
die IBM, einen Artikel über Business-Intelligence für ein The-
mensonderheft beizutragen. Dieser Vorgang landete bei mir. Ich
hatte zufällig einen IBM-internen Newsletter für die IBM verfasst, der das Feld der intelligenten Nutzung von Datenbasen
zum Kennenlernen von Menschenvorlieben beschrieb. Da ja in
einer großen Firma die Mitarbeiter eher mit viel zu viel Information überflutet werden, habe ich schon kommen sehen, dass
diesen Brief wohl kaum jemand liest. Ich habe mich daher bemüht, ihn ganz „locker" zu schreiben, mit starken Meinungs-
äußerungen darin. Diesen Newsletter habe ich Hermann Engesser vom Springer-Verlag geschickt, der den Artikel als Beginn

meiner Beta-Kolumne annahm und mich ganz spontan besuchen kam, um einmal zu sehen, wie jemand aussieht, der so etwas schreibt. Ich habe versucht, meine damals ganz unklaren Thesen über alle diese Fragen zu diskutieren, was noch nicht richtig gelang, weil ich nicht genug darüber nachgedacht hatte. Aber es war für mich ein Sternstundengespräch, dass sich jemand ebenfalls für „so etwas" viele Stunden lang interessiert, was in meinem Beruf zwischen Zahlen, Management, Kulturwandel der Wirtschaft quasi abfällt. Am nächsten Tag schrieb mir Hermann Engesser ganz kurz, dass er für sich „diesen Nachmittag in die Sammlung seiner schönsten Nachmittage eingereiht" habe. Dieser Satz hat mich mit seiner sanften Schönheit sehr gewärmt. Ich habe ihn natürlich gespeichert und immer mal wieder gelesen. Und dieser Satz hat mich letztlich so sehr motiviert, dieses Buch zu schreiben, obwohl ich gar keine Zeit habe. Ehrlich. Und zwischendurch war ich einmal fast verzweifelt, wie ich einen roten Faden in die Story bringen sollte! Jutta Kreyss hat mich gerettet, die mich nach etlichen wesentlichen Gesprächen über das Thema auf die Spur von Keirsey setzte. Dessen Bücher habe ich im Sommerurlaub gelesen und immer wieder am Strand gemurmelt: „Warum musste ich so alt werden, bis ich alles klar vor mir sehe?"

Den Mut, dieses Buch so sehr „beta" zu schreiben, wie es mir selbst am meisten Spaß macht, haben mir die Leser-E-Mails an dueck@de.ibm.com gegeben. Für Menschen wie sie ist dieses Buch geschrieben. Ich habe Thesen dieses Buches öfter vor Mitarbeitern der IBM vorgetragen, als so richtig zündende provokative Thesen. Eine Geschichte dazu: Ich hatte einmal an einem Abend vor dem Essen auf einer zweitägigen Veranstaltung eine „zündende" Rede gehalten, die sich wegen einer leidenschaftlichen Diskussion bis in den Abend hineinzog (gab Ärger mit der Küche). Am nächsten Morgen redete mein Chef Ernst Koller auf der gleichen Veranstaltung über den Wandel der elektronischen Welt und der Menschen. Im Publikum setzte ein Raunen ein und einer der Teilnehmer sagte: „So etwas haben wir gestern Abend auch schon diskutiert. Mit Dueck. Wow, das war aber deutlicher, gestern Abend." Mein Chef soll leise gelächelt haben. Er soll gesagt haben: „You know, this is my wild duck." Ich habe ihn nie gefragt, ob es genau so war, aber so wurde es erzählt. Die Teilnehmer mussten so lachen, weil die meisten glaubten, es müsste „Wild Dueck" gemeint gewesen sein. Ich wusste nicht so ganz genau, was es wirklich bedeutete, ich hatte aber den Ausdruck schon einmal gehört. Ich habe meinen amerikanischen Kollegen John Helmbock angerufen und gefragt, was „wild duck" bedeutet. „Oh, weißt du, das kann ich nicht übersetzen. Es ist so wie eine quere Denker, etwas sehr unangenehm, aber eine wild duck ist glaube ich ziemlich fast ein Lob." Diese kleine Story habe ich beim Verlag erzählt. So ist der Buchtitel entstanden, nach einer richtigen Recherche, was Wild Duck wirklich bedeutet. Der Philosoph Kierkegaard schreibt in einer kurzen Geschichte von wilden Enten, die, durch Füttern gezähmt, im Winter nicht mehr gen Süden fliegen, sondern daheim im Norden bleiben. Thomas Watson, der frühere IBM-Chef sagte dazu: „Kierkegaard überzeugte uns – man kann wilde Enten zähmen, aber zahme Enten nicht mehr wild machen. Dazu wird die Ente, einmal gezähmt, kein fernes Ziel mehr haben und erreichen. Wir glauben, dass jedes Unternehmen seine wilden Enten braucht. Bei der IBM versuchen wird nicht, sie zu zähmen." Na ja. Es ist sicher nicht so, dass niemand mit Flügelscheren herumliefe, aber mein Chef nimmt jedenfalls Kierkegaard ernst. In einem Wörterbuch für IBM-Jargon heißt es: „It is said that IBM does not mind having a few wild ducks around – so long as they fly in formation."

Nun aber los: Hören Sie in dieser Version die Verheißung, dass die Computer die Welt retten, weil das Gute das Logische/Optimale ist und nur die Computer dem Logischen/Optimalen zum Sieg verhelfen können. Und sie werden es tun, ob Sie meinen Thesen glauben oder nicht. Nichts rettet uns mehr vor dieser Errettung.

III. Praxisabstecher zur Einstimmung

Zunächst einige Lebensbeispiele, in denen wir auf Computer treffen. Wir arbeiten mit ihnen und für sie oder sie wollen etwas von uns. Ich schreibe aus dem Alltag, wie Computer eben sind. Es sind nicht die Computer, die wir uns am Ende des Buches idealerweise vorstellen können. Es folgen Beispiele, wie wir Menschen auf Technik und Ähnliches verschieden reagieren. Daraus ergibt sich später im Buch die Forderung nach Verschiedenbehandlung.

1 Ich als Mitarbeiter: Der Computer steuert mich

Ich gebe ein ausführliches Beispiel aus einem möglichen Wirtschaftsalltag, in dem nicht mehr ganz klar ist, wer da eigentlich arbeitet, der Computer oder der Mitarbeiter. Da dies nicht mehr so deutlich erkennbar ist, wird es sogar diesen gerade entstehenden Beruf vielleicht bald wieder nicht mehr geben, wenn ihn der Computer nämlich miterledigen kann.

Ich schildere diesen Beruf als eine Art Story und gehe davon aus, dass schon alles eingebaut und befohlen worden ist, was heute technisch geht. Sie beurteilen während des Lesens ab und zu, ob für Sie der Computer ein guter Mensch ist. Lassen Sie sich in die Welt der Direktbanken entführen. Ich nehme dieses Beispiel, weil es Ihnen auch dann vertraut sein sollte, wenn Sie noch ein ordentliches Bankkonto bei einer Bank in einem realen Gebäude führen. Ich sage damit nicht, dass dies heute so gemacht wird.

Ich sage, dass es so möglich wäre und schreibe eher eine Satire. Ich habe mein Konto bei der Commerzbank/Comdirect und die sind Klasse! Und ich habe schon das Call-Center der Comdirect in Quickborn persönlich besichtigt, weil ich dort beruflich zu tun hatte. Deshalb weiß ich, dass mindestens dort Menschen wie Sie und ich friedlich und freundlich arbeiten. Aber ganz verschärft, unter dem Diktat der Computer, kann Arbeit am Computer so aussehen:

Nehmen wir an, eine Direktbank hat einige hunderttausend Kunden, von denen etliche so über den Tag anrufen. Die Anrufe gehen bei einem sogenannten Call-Center ein. Viele Banken schalten einen Computerservice vor. Eine Computerstimme begrüßt Sie und schlägt Ihnen vor, beim Computer Ihren Kontostand abzufragen oder neue Scheckvordrucke zu bestellen. „Sonst verbinden wir Sie mit einem Kundenberater, der glücklich ist, dass Sie heute anrufen." Dann geben Sie Ihre Kontonummer und Ihre Geheimzahl ein. Sie werden gleich mit Ihrem Namen begrüßt. „Guten Tag, Herr Dueck. Ich bin sehr glücklich, dass Sie anrufen." (Tatsächlich. Hat der Computer ja gesagt.) Ich kaufe 100 IBM-Aktien. Der Kauf wird vom Berater in den Computer aufgenommen, mir noch einmal vorgelesen, ich werde gebeten, zuzustimmen (das Gespräch wird aufgezeichnet, sonst könnte ich ja immer, wenn die Aktien nach dem Kauf fallen, sagen, ich hätte nichts gemacht). Der Computer berechnet, ob ich mir von meinem Guthaben oder dem Überziehungskredit her überhaupt so viele IBM-Aktien leisten kann. Wenn nicht, deutet mir mein glücklicher Gesprächspartner an, dass mein Kreditrahmen gerade den Kauf von nur 47 Aktien anrate. Ich stimme noch einmal zu. Knopfdruck. Good Luck. „Kann ich sonst noch etwas für Sie tun?" Nein. Abschied. Eine Minute 40 Sekunden. Telefonkosten: 24 Cent, wovon, soweit ich informiert bin, die Bank ein paar bekommt.

Jetzt ein neuer Anruf, diesmal etwas anders. Ich habe gelesen, dass vor einer Woche eine neue Internetaktie an den Markt kam und wahrscheinlich auch schon an der Berliner Börse neu notiert wird. Ich rufe an. In Klammern immer, was ich so denke. „Wir sind sehr glücklich, dass Sie anrufen. Leider (Mist!) sind alle unsere Beratungsplätze derzeit belegt. Wir sind sicher, dass Sie ein geduldiger Mensch sind. (Ja, ja, lasst das!) Schon in etwa vier bis fünf (oh nein, ich habe es eilig, Mist) Minuten (das sind 12 Cent mal 5 extra, dafür ist eine Direktbank billiger) werden Sie bedient. Wir sind glücklich (Ja, ja, Donnerwetter!), Sie in vier bis fünf Minuten zu sprechen. Bleiben Sie dran. Wir haben alle zwei Stunden ein neues Musikprogramm. Heute: Laune mit Mundharmonika." (Ich liebe Mundharmonika. Sie entspannt beim Warten. Ich bin sehr glücklich.) Ich warte. Ich halte meinen Hörer locker schwingend vor mich hin, höre die neue Musik, versuche nebenbei etwas Sinnvolles zu tun, etwa Fragebogen ausfüllen. Schließlich, nach vier bis fünf Minuten, wird abgenommen. „Guten Tag, Herr Dueck, ich bin sehr glücklich, dass Sie anrufen." Na bitte. „Ich bin auch sehr glücklich, das kann ich Ihnen sagen. Ich möchte NewAge.com kaufen, weiß aber die Wertpapierkennnummer nicht." – „Sie haben doch sicher bei der Kontoeröffnung dieses Büchlein bekommen, in der die Aktiengesellschaften gelistet sind. Dort steht die Wertpapierkennnummer." – „Es ist eine neue Aktiengesellschaft, die nicht im Buch steht." – „Sind Sie sicher?" – „Ja." – „Gut dann geben Sie mir den Namen, warten Sie, ich gehe kurz in das Wertpapierkennnummernsystem auf meinem Computer. Wie heißt das Papier?" – „NewAge.com." – „Gibt es nicht." – „NewAge in einem Wort." – „Aha. Ich probiere das einmal." Schweigen. – „Irgendetwas klemmt. Das ist normal. Die Maske springt nur langsam um, weil alle jetzt gerade anrufen. Wenn nicht alle zur Börsenzeit anriefen, wäre es einfacher. So. Wir warten noch ein bisschen. Da: Er hat jetzt wieder alle Aktien herausgesucht, die mit New anfangen. Wow, das sind eine Menge. Warten Sie mal, ich bin gleich durch. Nein. Gibt es nicht. Kann ich sonst noch etwas für Sie tun?" – „Wieso sonst noch etwas? Sehen Sie keine Möglichkeit, irgendwo anders zu suchen?" – „Warten Sie. Ich verbinde Sie mit einem Spezialisten. Einen Augenblick, bitte. Sie können so lange Musik hören, wir haben heute Mundharmonika." Ich warte. Nach eineinhalb Minuten meldet sich ein Herr. „Guten Tag, Herr Dueck, ich bin sehr glücklich, dass Sie anrufen." Ich freue mich darüber (wenn das nicht jetzt ab und zu wäre, würde ich frustriert) und schildere erneut mein Anliegen. Auskunft: „Eigentlich nehmen wir nur Anrufe entgegen, wenn *Sie* die Nummer wissen. Wir beraten ja nicht. Wir nehmen kaum Spesen. Natürlich sind wir sehr glücklich, wenn Sie anrufen, und deshalb schauen wir in unserem Programm nach, was die Nummer ist. Mehr kann man nicht tun. Ihre gewünschte Nummer steht nicht drin." – „Ja, kennen Sie denn NewAge nicht? Stand doch in allen Tageszeitungen?" – „Ja. Nein. Ich weiß nicht. Aber wissen Sie, wir können nicht beraten. Wir sind eine Discountbank und nehmen nur Aufträge entgegen und wir erwarten, dass Sie wissen, was Sie wollen." Ich lege später auf, weil ich den Eindruck bekam, dass die Verhandlungen vielleicht in eine Sackgasse geraten könnten. Kosten: 13 Minuten 17 Sekunden, ein Kaffee schwarz vom Automaten.

Mir fällt dabei ganz heiß ein, dass diese furchtbare Firma NewAge.net heißt. Nicht com. Ich rufe wieder an. Ja! Ich rufe wieder an!! Das ist ein echter Vorteil bei Call-Centers, da ja immer ein anderer Berater („Wir beraten nicht, wir sind eine Discountbank.") am Telefon ist. Bei einer klassischen Bank müssten Sie jetzt nach Canossa, in Sack und Asche. Mundharmonika, diesmal drei bis vier Minuten. Endergebnis: .net haben sie auch nicht.

Soweit das Umfeld. Ein Call-Center ist eine komplexe Computeranwendung, die von mehreren zehn bis tausend Call-Center-Mitarbeitern bedient wird. Der Computer merkt sich dabei viele Daten. Zum Beispiel:

- Wie viele Anrufe gehen ein, wie lange werden sie warten müssen?
- Wie lange dauern heute durchschnittlich die Anrufe?
- Wie lange dauern die Anrufe durchschnittlich für jeden Mitarbeiter?

- Wie lange dauern die Anrufe eines Kunden im Durchschnitt?
- Was wollen heute die Kunden?
- Wie oft wird ein Spezialist gefragt, weil es ein Problem gab?
- Wie lange braucht durchschnittlich jeder einzelne Spezialist für die Lösung?
- Sind alle Mitarbeiter ausgelastet, müssen welche weggeschickt werden oder geholt? Ein nachgelagertes Call-Center organisiert den Flow der Stundenkräfte.
- Wie viele Anrufer legen auf, weil sie nicht so lange Musik hören wollen? Wie lange kann man Kunden warten lassen, ohne dass sie genervt sind und sich immerfort beschweren?
- Wie lange dauert es bei jedem einzelnen Kunden, bis er auflegt?

Wir nehmen dabei an, dass wir schon im vollen ISDN-Zeitalter sind, in dem die Nummer des Anrufenden dem Anrufer bekannt ist. Bei Ihnen zu Hause steht die Nummer des Anrufers auf dem ISDN-Display. Dann weiß der Computer auch, WER genau aufgelegt hat, weil er genervt ist oder nicht so viel Zeit hat. In Zukunft wird der Computer nach dem Gesprächsende noch nachfragen; er wird uns freundlich um etwas bitten. „Wir sind sehr glücklich, dass Sie angerufen haben. Bitte geben Sie uns eine Rückmeldung, wie Ihnen der Service gefiel. Bitte geben Sie Ihrem freundlichen Berater bis zu neun Punkte. Drücken Sie eine Zahl." Ich drücke eine Drei. „Dankeschön. Wir vergüten Ihnen eine Telefonminute."

Wenn wir alle diese Daten wissen, die wir überhaupt erheben können, ergeben sich erstaunliche Möglichkeiten, das Geschäft zu steuern. Wenn etwa die durchschnittliche Gesprächsdauer 3 Minuten 20 Sekunden ist, also 200 Sekunden, so fällt jedes Wort ins Gewicht. Angenommen, die Mitarbeiter sagen nur, dass sie glücklich sind, dass ich anrufe und nicht dass sie „sehr" glücklich sind. Manche Menschen betonen das Wort „sehr" so sehr mit einem langen e! Viermal „sehr" gespart im Gespräch könnte eine Sekunde einsparen, eine von zweihundert. Da in unserem Beispiel insgesamt 1.000 Mitarbeiter im Zentrum arbeiten, kann ich

fünf Mitarbeiter einsparen, wenn sie immer nur einfach glücklich sind und nicht gleich „sehr" glücklich sind (das gilt in vielen anderen Zusammenhängen auch, glaube ich). Das sind über
250.000 € Einsparungen im Jahr. Wie wäre es mit „Schön, dass
Sie anrufen, Herr Dueck." Klingt doch auch gut. Ist noch kürzer.
Wieder ein Arbeitsplatz gespart.

Man könnte immer die durchschnittliche Gesprächsdauer
des Mitarbeiters auf dem Bildschirm vor ihm abbilden. Grün,
wenn sie unter 200 Sekunden ist, rot darüber. Die Mitarbeiter
können auf diese Weise besser einschätzen, was sie leisten. Es ist
nicht gut, wenn man ihnen am Monatsende bittere Vorhaltun-
gen macht, dass sie 210 Sekunden im Durchschnitt geredet haben
(„Da müssen wir 50 (fünfzig!!) neue Mitarbeiter einstellen, wenn
alle so sehr versagen wie Sie! Daran geht die Firma zugrunde!").
Nein, wir blenden das ständig auf dem Bildschirm ein, damit der
Mitarbeiter von sich aus immer alles im Auge und im Griff hat.
Wenn die Zahl rot ist, wird der Mitarbeiter schon einmal eher
das Gespräch abbrechen oder ausnahmsweise das übliche „Was
kann ich sonst noch für Sie tun?" weglassen. Bei Grün kann der
Mitarbeiter sich schon einmal wieder leisten, ein „sehr" glücklich
einzustreuen oder er wird ohne das „sehr" noch besser in der gemessenen Leistung, was sich dann in einem erhöhten Gehalt nie-
derschlägt.

Natürlich, das Gehalt. Wenn es um Arbeitsplätze geht, muss
man irgendwie durchdrücken, dass der durchschnittliche Anruf
nicht zu lange dauert. Dies wird mit so genannten Anreizsyste-
men erreicht, die den Mitarbeiter belohnen, wenn er seine Ziele
erreicht oder übererfüllt. Es liegt also nahe, dass die durchschnittliche Gesprächsdauer als Bezahlungsgrundlage genommen wird.
Dies ist fair für alle Seiten, und der Mitarbeiter sieht sozusagen
ununterbrochen seine Gehaltszahl auf dem Bildschirm vor sich.
Mal rot, mal grün, mal immergrün, wenn er gut ist. Der beste
Mitarbeiter bekommt dann einen Preis am Jahresende.

„Tag, Herr Dueck. Kauf? Verkauf? Kennnummer?" –
„917654." „1.000 Stück?" – „Ja." – „Frankfurt, tagesgültig, varia-

bel?" – „Ja." – „Wiederhole den Auftrag ..., richtig?" – „Ja, aber hören Sie, Sie raten ja förmlich, was ich will, wie können Sie das? Finde ich gut ..." – „Steht alles da, was Sie normal machen. Noch was?" – „Nein, nein, aber sagen Sie mal, wie das geht ..." Klick. Aufgelegt. Musik. Computerstimme: „Ihr Rating? Drücken Sie Null bis Neun. Bitte." Ich drücke etwas verdutzt und irritiert eine, ja was, schnell, eine Drei. Computerstimme: „Danke." Und dann im Nachsatz flüstert der Computer, ganz leise, als tue er etwas Schlechtes: „Ich wusste genau, dass Sie nur eine Drei drücken, weil der Berater etwas schroff war. Er hat keine Zeit, er will den Speed-Preis gewinnen." – „Ja, kennen Sie mich denn?" – „Ja, sicher. Ich höre Sie immer schimpfen, wenn Sie Mundharmonika hören müssen und dabei an einem Kapitel über Call-Center schreiben. Ich bekomme nächstes Jahr ein neues Programm. Ich spiele dann für jeden Kunden die Lieblingsmusik. Für Sie Bruckner." – „Bruckner! Das ist ja herrlich, aber woher ..." – „Ich muss Schluss machen, mein Leistungsbild springt gleich auf Rot. Sie verstehen. Ich bin immer sehr glücklich, wenn Sie anrufen." Ende.

Es hilft also nicht viel, wenn der Mitarbeiter nur schnell ist. Er muss auch beim Kunden-Scoring gut abschneiden. Seine Aufgabe ist es also, blitzartig so zu telefonieren, dass der Kunde hochzufrieden ist. Stellen Sie sich vor, die Durchschnittsnote der Bankkunden ist Sieben (Die meisten von uns sind ganz gutmütig und gehen lieber zu einer anderen Bank, als ein paar Mal Null zu drücken. Viele geben schon Neun, wenn einfach getan wird, was sie wollen. Andere halten das für normal und geben darauf allein nichts. Der Computer merkt sich das über Sie.).

Also erwartet der Mitarbeiter natürlich eine Sieben und hofft auf eine Acht. Wenn aber über mich als Nörgelkunde und Besserwisser schon bekannt ist, dass ich mit Drei im Schnitt votiere, wäre es unfair, den Mitarbeiter vorher nicht zu warnen. Wenn er also den Anruf aufnimmt, weiß der Computer ja schon, dass ich ziemlich lange rede und schlechte Noten gebe, auch mit Bruckner. Da ich aber relativ viel Geld bei der Bank habe, macht das erst einmal nichts. Diese Daten sieht der Berater, wenn ich anrufe, gleich auf dem Bildschirm. Er muss also nicht unbedingt nervös werden, wenn es über 3 Minuten geht, das ist ja ziemlich unvermeidlich bei mir. Wenn er aber Glück hat und ich trotzdem eine Acht gebe, hat er relativ gesehen einen guten Schnitt bei mir gemacht. Um den Mitarbeiter zu gutem Arbeiten anzuhalten, bekommt er also einen weiteren Balken auf den Bildschirm. Dieser zeigt an, wie lange er mit *mir* redet im Verhältnis zu meiner sonstigen historischen Durchschnittsredezeit. Grün, wenn es noch tolerabel ist, rot danach. Auch meine bisherige Durchschnittsnote ist auf dem Bildschirm und die Durchschnittsnote aller Kunden, die er bedient hat. So weiß der Berater noch besser, ob er gut arbeitet und ob er gerade Geld verdient.

Der Computer sortiert die eingehenden Anrufe. Es ist schlecht, wenn ein Berater zum Beispiel immer zwei Sekunden warten müsste, bis er einen neuen Anruf bearbeitet. Da könnte man wieder zehn Arbeitsplätze sparen. Deshalb kommen Sie als Kunde nicht gut ohne Musik weg. Der Computer weiß Ihre Nummer. Er weiß, wie ungeduldig Sie sind, ob Sie auflegen bei zu großen Vorausschätzungen. Er weiß ungefähr, was Sie wollen und wie viel Speseneinnahmen die Bank durchschnittlich mit Ihnen per Anruf macht. Der Computer weiß, wie oft Sie sich beschweren. Er wird deshalb die Anrufe so entgegennehmen, dass alles in Ordnung kommt.

Wer sich oft beschwert, kommt gleich dran. Stellen Sie sich vor, ich würde mich etwa 110 Sekunden lang beschweren! Was das kostet! Kunden, die viel bringen, könnten gleich dran kommen. Kunden, die noch nicht lange das Konto bei der Bank haben, werden ganz ohne Musik angenommen und erst später eingewöhnt.

Der Computer wird Kunden, die lange reden, immer denjenigen Berater vermitteln, der gerade auf Grün steht. Der ärgert sich naturgemäß nicht so sehr und wird aber auch keine so exorbitante Prämie für gutes Arbeiten erhalten, was teuer kommt. Es kann also versucht werden, guten Leuten ungerecht viel Arbeit zu geben. Die schaffen das irgendwie noch und entlasten die anderen. Dieses Prinzip finden wir überall in der Wirtschaft wieder. Es kann bei Call-Centers automatisiert werden. Natürlich muss das in Maßen geschehen, da man vom Computer abfragen kann, welchen Durchschnittskundenwert ein Berater abzuarbeiten hatte. Er sieht sofort, wenn er zu viele schlechte Leute sprechen musste. Mit einem Computer kann also getrickst werden, aber Sie sollten vorsichtig sein mit Fachleuten, weil derselbe Computer dann Beweismaterial gegen Sie liefert.

Beim Schreiben habe ich das Gefühl, dass Sie jetzt sagen: Alles ganz furchtbar, immer mehr solches schreckliches Zeug, schon ein bisschen viel, das kann nicht wahr sein, **halt**. Es geht aber weiter. Der Computer kann noch ausrechnen, was Sie zusätzlich kaufen könnten, ohne deshalb angerufen zu haben („Wir haben da eine brandneue Versicherung gegen Risiken, die Sie noch nicht kennen!"). Wir messen, wie viel durchschnittlichen Gewinn ein Berater pro Anruf macht, ob er also den Kunden zu mutigen Geschäften bringen kann („Nehmen Sie doch gleich 2.000 Stück!").

Es kann auch vorkommen, dass die Mitarbeiter morgens normal im Call-Center anfangen, und es rufen ganz überraschend wenige Leute an. Normalerweise beginnen morgens erst einmal so viele Mitarbeiter, dass schon einmal einige Anrufer Musik hören müssen. Es werden dann nach und nach Mitarbeiter hinzugeholt, die immer nur für ihre echte Arbeitszeit bezahlt werden. Also: Wenn keine Kunden anrufen und damit zu viele Mitarbeiter da sind, arbeiten sie die Leerzeitenliste ab, das heißt: Der Computer berechnet, welche Kunden am wahrscheinlichsten etwas kaufen, wenn sie zu Hause angerufen werden. Wenn ein Call-Center-Mitarbeiter gerade keinen Anruf von außen zu bearbeiten hat, ruft der Computer einen hoch wahrscheinlichen Kaufkunden selbsttätig an. Dessen Daten erscheinen auf dem Bildschirm. Der Computer schreibt hin, was der Mitarbeiter dem Kunden anbieten soll.

Das hört sich theoretisch an, deshalb ein Beispiel. Angenommen, die deutschen Universitäten werden zusammengefasst in eine Aktiengesellschaft umgewandelt und an die Börse gebracht, und angenommen, die Nachfrage nach den neuen Aktien ist schwach. Dann müssen die Mitarbeiter im Call-Center Kunden anrufen, die zum Beispiel schon einmal früher Aktien gezeichnet haben. Der Computer merkt sich, wie viele Aktien bei einem Mitarbeiter gezeichnet werden, ob dieser also tüchtig ist. Der Computer behält, ob Sie als Kunde gezeichnet haben. Er berechnet damit neu Ihre Kaufwahrscheinlichkeit bei Neuemissionen. Wenn Sie brav zeichnen, werden Sie beim nächsten Mal wieder angerufen. Wenn Sie immer zeichnen, gleich zuerst. Wenn Sie sagen, sie wollen nie, aber auch nie zeichnen, werden Sie nicht mehr so oft angerufen. Und so weiter.

Halt.

Was ich sagen möchte: Ein Call-Center ist eine Computeranwendung, die von vielen Menschen bedient wird. Diese Menschen sehen ihre Arbeitskennzahlen wie in einem Cockpit vor sich. Rot. Grün. Wieder Rot. Die Menschen versuchen abends im Bett zur Weiterbildung superfreundliche Kurzsätze auswendig zu lernen, damit sie Wörter und Zeit sparen. „NewAge.net kaufen? Schnell, ich glaube der Kurs steigt!" Schnell, präzise, profitabel. Wie in Trance arbeiten die Menschen in einem Messsystem, das alles um sie herum und vieles in ihnen beherrscht.

Sicher, ich habe zur Unterhaltung und zum Auf-die-Spitze-Treiben alles viel genauer in Zahlen gefasst als es heute in Wirklichkeit gemacht wird oder als es Betriebsräte und Datenschutzbeauftragte lieben. Insbesondere kann der Computer sicher nichts von meinen Bruckner-CDs wissen. Aber ich wollte Ihnen nahe bringen, wohin wir gerade gemeinsam gehen könnten, wenn Computer nicht richtig wie gute Menschen programmiert werden. Wenn wir als Mitarbeiter für gewaltige Anwendungsprogramme die menschliche Schnittstelle bilden, könnten wir uns wie in Legebatterien fühlen. Bewacht, gemessen, unter Feinstkontrolle. Sinn? Lebenssinn müssten wir bei solchen Computern fordern wie Lohnprozente.

Bei meiner „Story" habe ich – hoffentlich war das fühlbar – alles möglichst in der Mitte lassen wollen. Ich wollte den Computer nicht einfach schlecht machen und ich hätte es gerne gehabt, wenn Sie ziemlich beeindruckt gewesen wären, wie viele Arbeitsplätze jedes Mal gespart werden können, wenn die Bedienung planmäßig auch nur ein kleines Bisserl kürzer angebunden ist. Mit solchen Argumenten werden nämlich diese Arbeitsplatzeinsparungen „verkauft". Fakt ist: Sie stimmen nicht. Haben Sie das gemerkt? Wenn Menschen den ganzen Tag optimiert nach Sekunden arbeiten müssen, werden sie irgendwann ziemlich verrückt, mindestens gereizt, hektisch, seelisch krank und schließlich nicht mehr allzu freundlich. Oder sie kündigen vorher. Dies verursacht einem Call-Center ein paar Tage Einführungsverluste und viele Tagessätze Verluste bei der Suche nach Ersatzkräften. Außerdem kündigen meist die besseren Kräfte. Das ist nicht nur ein frommes Gerücht, sondern wirklich so!

2 Ich als Kunde: Der Computer steuert mich

Merken Sie das schon, dass Computer etwas mit Ihnen anstellen? Als Kunden werden wir von Computern nicht so offensichtlich gesteuert. Das hat zwei Gründe: Erstens sollen Sie es ja nicht unbedingt merken und zweitens sind die Computer noch nicht ganz so weit. Als Kunde müssen Sie sich nämlich unbedingt freuen, dass diese Einrichtung für Sie da ist. Dann findet, wie man sagt, dieses neue Werkzeug Ihre Akzeptanz. Kundenakzeptanz ist da alles, weil ja der Kunde letztlich so etwas wie König ist und oft einen gewissen Einfluss hat. Wenn Sie Computerprogramme bei der Arbeit bedienen, ist letzteres eher fraglich. Wird eine neue Software eingeführt, so bringt diese Ihre Firma ja per definitionem weiter. Sie muss gut sein, denn „die da oben" haben sich schließlich etwas dabei gedacht. Sie haben sich dabei in große Ausgaben gestürzt. Damit sich eine neue Anwendung auch rentiert, muss sie fleißig und unbeirrbar benutzt werden, das versteht jeder und damit „ist die allgemeine Benutzungspflicht hiermit angeordnet und wehe dem!" Als Kunde aber können Sie einen Geldautomaten heutzutage noch stehen lassen, wenn Sie es möchten. Natürlich kostet der Service an der Menschenkasse dann eine mittelhohe Gebühr, was die Sache schon wieder so ähnlich wie bei der Arbeit macht. Aber nicht ganz.

Ich gebe ein paar Beispiele: Ich benutzte einst meine Kreditkarte meist nur zum Tanken, bis ich auf eine Dienstreise nach Toronto flog, was einen Besuch der Niagarafälle angezeigt sein ließ. Irgendwie muss ich etliches Geld ausgegeben haben, denn ich wurde beim letzten Einkauf im Duty-free vor dem Rückflug höflichst gebeten, meine Identität zu offenbaren. Ich zeigte meinen Pass und alles war in Ordnung. Erklärung: Der Kreditkartencomputer schaut nach, was Sie mit der Karte so alles kaufen. Wenn Sie Ihre Benutzungsgewohnheiten abrupt ändern, also zum Beispiel ins Ausland fliegen oder die Karte mit PIN kurz Ihrem Ehemann leihen, dann lässt der Computer nachfragen, was los ist. Aus Haufen von Betrugsdaten lässt sich nämlich ungefähr feststellen, wann es zu Missbräuchen kommt. Sie müssen das nicht so komplex sehen, sondern Sie können sich selbst schnell überlegen, was Sie tun würden, nachdem Sie gerade eine Kreditkarte gestohlen haben. Es ist nicht gut, gleich im Ritz zu übernachten und Meldeformulare auszufüllen. Besser ist es, zu parken und die Karte dabei einmal auszuprobieren. Wenn alles klar ist, versuchen Sie noch einmal kurz Fastfood zu bezahlen, um sicher zu gehen. Aber dann! Dann nichts wie in die teuren Geschäfte, weil die Karte meist schon nach kurzer Zeit vom verzweifelten Eigentümer gesperrt wird. Vor diesem Zeitpunkt sollten Sie schon sehr viele Tüten zu tragen haben. Und aus solchen Gründen wurde ich in Toronto angehalten und seitdem noch etliche Male, wegen scheinbar wechselhaften Lebenswandels. Computer beginnen auf diese Art, uns kennen zu lernen.

In der letzten Woche habe ich meine Scheckkarte abholen wollen, weil ich einen Brief in der Post hatte, mit der Nachricht, eine neue Karte liege bereit. Die Bank hatte alle Karten da, meine jedoch nicht. Die meiner Frau auch nicht. Mit zartsorgender Wangenröte telefonierte die Bankangestellte mit einer hierarchisch höheren Stelle. Auskunft: Meine Scheckkarte sei im Nebenort in einer größeren Zweigstelle. Ich müsse sie da abholen. „Tut mir leid." Ich fuhr zur größeren Zweigstelle, aber meine Karte war dort auch nicht, die meiner Frau ebenfalls nicht. Noch irritierter rief jemand bei einer höheren Stelle an. „Aha. Ja, klar, der Kunde ist geschlüsselt." Am Schalter wurde mir eröffnet, ich sei jetzt geschlüsselt, meine Frau auch. Deshalb komme die Karte erst zwei Tage später, weil die geschlüsselten Scheckkarten erst später gedruckt würden. Ich insistierte heftig, mehr über unseren neuen Zustand „geschlüsselt" zu erfahren. Zögernd verriet mir eine Bankangestellte, dass dies bedeute, dass mir ein Berater zugeordnet sei, der mich in Vermögensdingen beraten wolle, weil ich offenbar bei IBM gut verdiene (Computer scheinen klug zu sein; ich bin sofort nach Hause gerannt, um nachzuprüfen, ob das stimmt). Dieser Vermögensberater habe nun einmal seinen Sitz im größeren Ort und deshalb habe man sich entschlossen, auch meine Kontohauptverbindung dorthin zu verlegen. Im Computer sei ich so geschlüsselt. Was bedeutet das? Ein Computer prüft mit einem so genannten Klassifizierungsprogramm öfters ab, wer für ihn nach gewissen Regeln ein guter Kunde ist. Um diese Kunden macht man sich anschließend besondere Mühe. Sie müssen zur Strafe Karten irgendwo anders abholen.

Ich schrieb oben: Die Anwendungen sind heute oft noch nicht so weit. Diese Anwendung zum Beispiel fand weder meinen Beifall noch meine Akzeptanz, ich freute mich auch nicht besonders, dass ich geschlüsselt bin. Warum schickt mir die Anwendung nicht gratis ein frischgeprägtes Sonderzehnmarkstück und lädt mich zu einer Vermögensberatung ein? Warum wurden die Briefe mit der Abholungsaufforderung nicht drei Tage später an die Geschlüsselten geschickt? Später wird das vielleicht einmal so sein.

Ich habe nebenbei Internet-Direktbankkonten, damit ich alles schon jetzt einmal erlebe. Schließlich berate ich Firmen im Electronic Business. Nach einem halben Jahr Kontoführung rief mich ein junger Mann im Büro an und fragte mich fröhlich, ob ich mit dem Konto zufrieden wäre. „Ja." – „Ganz zufrieden oder nur so zufrieden?" – „Ganz zufrieden." – „Dann ist ja alles klar! Das freut mich aber!" Ich sagte: „So ganz klar ist das nicht. Auf der Homepage ist manches im Prinzip noch nicht sehr gut gemacht. Ich diktiere Ihnen das einmal, dann bringen Sie es in die Anwendungsentwicklung und es wird alles noch besser. Ich schaue mir nämlich so etwas von Berufs wegen an." Stille. „Haben Sie einen Kuli zur Hand?" Stille. „Schreiben Sie mit?" Stille. Stocken. „Ja, bitte, aber das ist nicht mein Auftrag. Ich soll doch nur fragen, ob Sie zufrieden sind." – „Mehr sollen Sie nicht?" – „Nein, ich bin hier Student und der Computer sagt immer, wen ich anrufen soll. Die Leute freuen sich nämlich, wenn man sie nach einer Anfangszeit als Kunde anruft und fragt, ob alles OK ist." – „Und Verbesserungen interessieren Sie nicht?" – „Nein, nicht direkt, aber ich habe sie mir von Ihnen geduldig angehört, mehr soll ich nicht tun. Ich meine, Herr Dueck, sind Sie jetzt zufrieden oder nicht?" – „Ja." – „Aber mehr will ich doch nicht von Ihnen, bitteschön."

Was ist hier noch die inhaltliche Funktion des Menschen? Der Computer steuert Fröhlichkeit.

Computeranwendungen steuern, wer Glückslotteriewerbung ins Haus bekommt und wer nicht. Ich bekomme welche, weiß aber als Mathematiker nicht genau warum. Es ist mathematisch gesehen falsch zu spielen. Der Computer merkt, ob Sie anfällig für Briefe mit Preisausschreiben sind, an denen Sie teilnehmen und rät Ihnen dann sicher noch, irgendwo anzurufen und den Lösungscode preiszugeben. Mein Sohn hat neulich einmal angerufen, weil er zufällig parat hatte, dass Lothar Matthäus der beste Fußballspieler ist. Es waren daneben als Antwort noch zwei unnatürliche Alternativen unterbreitet worden, der Papst glaube ich und Otto. In der Einzelaufstellung der Telefonrechnung erblickte ich dann später einen stolzen Posten von 20 Einheiten und wollte wissen, was denn da so lange dauern könnte. „Ja, Papa, eine Stimme sagt, sie freut sich sehr und ist sehr glücklich, dass ich anrufe und fragt mich, ob ich wirklich an dem Preisausschreiben teilnehmen will. Dann wiederholt sie noch einmal die Preisfrage und erzählt mir die denkbaren Antworten und dass ich gewinnen kann. Dann musst du die Adresse angeben und zum Schluss habe ich Lothar Matthäus gesagt."

Dies sind die Anfänge.

Diese ersten Computeranwendungen zielen noch zu offensichtlich darauf ab, Vorteile zu schinden, ohne einen direkten Nutzen zu gewähren. Mein Sohn hat allerdings einen Nutzen gesehen, zugegeben.

Der Trend ist klar vorgezeichnet: Unsere Personaldaten werden angeschaut, ob sich etwas mit uns machen lässt, ob wir wohl kaufen, aktiv werden, weitersagen. Es wird nach einem ersten Kauf in jedem Fall versucht, uns zu einem Stammkunden zu erziehen. Die Schwierigkeit ist heute, dass die Daten über uns immer erst mühsam gesammelt werden müssen, auch weil wir sie nicht so gerne herausrücken wollen. Zum Beispiel geben aus diesem Grunde sehr viele Unternehmen Kundenkarten heraus. Sie geben uns dafür oft ein paar kleine Geschenke oder Rabatte. Dafür machen Sie sich dem Unternehmen als Person bekannt und alle Ihre Einkäufe werden per Kundenkarte registriert, weil darauf der Rabatt berechnet werden muss. Durch die Ausgabe von Kundenkarten erfährt der Computer Ihre Daten ganz gut und die ersten Unternehmen sind sehr erfolgreich. Aber: Wenn Sie erst einmal Kundenkarten für Hamburger, Weindepots, Schwedenmöbel, für alle Meilen aller Airlines, für Hotelketten und Autovermietungen haben, dann wird es für Sie unübersichtlich.

Die richtigen Computeranwendungen für uns als Kunde werden deshalb wohl eher im Internet laufen. Sie geben zum Beispiel bei der Designermodefirma Bluefly im Internet vorab alle Ihre Körpermaße ein und dann sehen Sie nur noch die Katalogartikel, die Ihnen körperlich passen! (Ich selbst muss allerdings alle ein/zwei Jahre einen Datenrefresh über ein paar Zentimeter/Kilo mehr machen, das sieht der Computer, peinlich.) Solche Individualisierungen können bei Internetbanken, bei Versicherungen oder Zeitungen vorgenommen werden (und etwa Erotik, aber ich will nicht ausschweifen). Der Trend geht zu MyShop, MyMall, MyBank, MyPortfolio. Da ist genau das, was ich suche. Aber es ist schwer, als Kunde solche Unternehmen zu finden, die auf meine Wünsche warten und sie prompt erfüllen. Die meisten Unternehmen können es sich nicht verkneifen, in irgendeiner Form zudringlich zu werden: „Darf es etwas mehr sein?" – „Wir haben heute Zahnbürsten zum Sonderpreis!" – „Sie müssen auch dies einmal probieren!" – „Ich bin als Agent nun auch dafür zuständig." – „Weinrote Jeans haben wir nicht, aber wir haben sehr gefragte Modelle in Babyblau. Die kann ich sehr empfehlen." – „Noch fünf Euro mehr, und Sie sind auch gegen Unfälle bei Schwerelosigkeit versichert." Immer dieses „auch noch dazu". Diese Zudringlichkeit enthüllt die Maske des Manipulationsversuches, der mangelnden Authentizität. Wir sollen anders sein, als wir sind, anderes wollen. Wir sollen gesteuert werden.

Ist das gut so? Für mich? Für das Unternehmen, das mich versorgt? Darüber später mehr. Ich melde Bedenken an: Die Handwerker in meinem kleinen Ort Waldhilsbach sind für mich da. Am Wochenende. Immer. Treu. Das einzige Problem ist eher, einen größeren Auftrag an sie zu vergeben! Da müssen sie in den Terminkalender schauen, weil sie meist hoffnungslos überlastet sind. Und sie kommen nicht andauernd vorbei und erzählen mir, dass meine Fenster undicht sind und mein Garagentor quietscht. Wer zügelt die Computer, unaufdringlich zu werden?

3 Zahlen und Menschenprototypen

Zahl und Mensch: „Liebe Mitarbeiter, wegen der angespannten Lage erhöhen wir Ihre Arbeitsziele um 10 %. Bitte setzen Sie sich engagiert für Ihr Unternehmen ein." Was geht da in uns vor? Bei jedem etwas anderes: „Oh, Gott." – „Immer dasselbe zum Jahresende, darum kümmere ich mich nicht." – „Ha ha, ich liege schon 10 % drüber!" – „Ich rufe sofort zu Hause an, dass ich später komme. Was tue ich nur, damit ich das schaffe, was man von mir verlangt?" – „Ich werde mir gleich einen Termin beim Chef geben lassen, ich mache Krach. Habe ihn zwar schon im Flur umgeblasen, aber das reicht nicht."

Das Auto bleibt stehen und zeigt auf einer Anzeige eine schrecklich gelbe Zahl: Fehler 312. Was geht in uns vor? Bei jedem etwas anderes: „Und gerade heute habe ich kein Handy dabei, ich wollte doch schon immer beim ADAC eintreten, was das jetzt kostet!" – „Scheiße." (Motor wieder anlassen, klingt merkwürdig, fährt weiter). „Wo ist nur die Bedienungsanleitung. Da, Fehlercode … Ach. Siehe Fehlerübersicht 300. Ach …" (Völlige Vertiefung). „Hilfe! Halten Sie an! Mein Auto hat einen Fehlercode!" – „Entschuldigen Sie bitte, wissen Sie, wo eine Werkstatt ist? Wissen Sie vielleicht sogar, was diese gelbe Schrift bedeutet?" – „So einen Fehlercode hatte ich noch nicht. Bin echt gespannt." (Motorhaube auf.)

Angenommen, Sie sind der Mensch mit der Bedienungsanleitung. Wenn jetzt der Videorekorder streikt: Schütteln Sie ihn? Rupfen an den Kabeln herum? Nein, Sie suchen bestimmt wieder die Bedienungsanleitung! Immer wieder.

Benutzen Menschen das Internet? „Nein. Das ist nicht nötig." – „Nein, und ich vermisse nichts." – „Nein, ich verstehe nichts von Computern." – „Ich würde es gerne, aber ich verstehe es nicht." – „Ja."

Wenn aber Menschen das Internet benutzen: „Ich lese Zeitschriften mit Tipps und interessanten Adressen, ich schaue die dann durch, manches mag ich." – „Ich surfe wild herum. Was weiß ich. Langsam kriege ich raus, wo ich etwas finden kann. Hat aber gedauert und Spaß gemacht." – „Ich frage meine Bekannten um Rat, wo ich suchen soll." – „Ich habe hier einen

Zettel machen lassen, den gehe ich durch, wenn ich etwas brauche: Anschalten. Internet drücken zur Modemverbindung. Bookmark drücken. Altavista anklicken. Wort eingeben. Die ersten 10 Adressen anschauen, ob es etwas ist. Modemverbindung abschalten. Beenden. Computer ausschalten. Ich habe schon einmal den Computer einfach abgeschaltet, unten am Gerät. War gleich aus. Mir ist dann eingefallen, dass ich ja das Modem nicht abgeschaltet habe und dass der abgeschaltete Computer vielleicht noch telefoniert. Da hatte ich aber Angst. Ich habe das Telefonkabel herausgezogen und den Computer erst einmal nicht benutzt. Auf der Einzelaufstellungs-Telefonrechnung sah ich aber, dass alles in Ordnung sein muss. Ich nutze nun das Internet wieder, schalte aber jetzt den Computer immer unten mit dem Knopf ab, geht schneller als Herunterfahren. Manchmal lohnt es sich, sich in Abenteuer zu begeben. Ich habe den Trick selbst herausgefunden. Ich habe meinen Zettel neugeschrieben."

Wir Menschen sind also verschieden. Wir reagieren alle anders. Aber: Jeder reagiert immer gleich. Nur nicht so wie der Nächste, der auch immer gleich reagiert, anders eben.

Praktisch volles Parkhaus. „Ich fahre hinein, halte am Eingang und blockiere ihn für andere so lange, bis einer wegfährt. Klappt. Hupen eben welche." – „Ich fahre meist wild im Parkhaus herum, bis ich was finde." – „Ich benutze nur ein Fahrrad." – „Ich stelle mich mit dem Auto irgendwo hin und warte. Meine Frau schimpft, ich könnte ab und zu woanders warten, wenn keiner kommt. Ich glaube aber nicht, dass sich die Wahrscheinlichkeit durch Hin- und Herfahren erhöht. Soll sie schimpfen." – „Ich stelle mich irgendwo hin und warte. Mein Mann wird dann unruhig und zeigt mir Stellen, wo ich besser warten sollte. Da fahre ich hin. Ist natürlich egal, weil sich die Wahrscheinlichkeit dadurch nicht erhöht. Aber Hauptsache, er ist ruhig und ich mache, was er sagt." – „Ich parke immer an der gleichen Stelle, weil ich mich schon einmal verlaufen habe und das Auto nicht wieder-

fand. Ich habe mir eine abgelegene Stelle ausgesucht, wo oft frei ist, ganz ganz unten. Die Nummer des Parkplatzes habe ich mir aufgeschrieben, im Auto zur Einfahrt und in meinen Kalender zur Ausfahrt. Ich kaufe fast immer spät ein, da steht auf meinem Platz keiner. Ich parke auch schon einmal genau daneben."
War das schon ein Beispiel zu viel? Menschen sind anders. Aber in sich immer gleich. Sehen Sie sich etwa die verschiedenen Komplexe an und ordnen Sie die Äußerungen einzelnen Menschen zu, die Sie vielleicht sogar persönlich kennen. Es geht.

Ich habe oben ein wenig gelästert, wie verschieden wir uns bei Herausforderungen bei der Arbeit, bei Pannen, bei Neuem verhalten. Diese verschiedenen Verhaltensweisen gehören zu uns. Mit diesen Eigenarten sind wir immer behaftet, in uns konsistent. Wenn Sie versuchen, sehr viel mehr Verhaltensmuster beim Parkplatzsuchen oder Internetbenutzen zu finden, werden Sie wahrscheinlich nicht viel mehr als 10 typische entdecken. Man kann zu dem Schluss kommen, wir Menschen sind verschieden, aber es gibt nicht so arg viele Sorten von uns.

Die Psychologie gibt sich viel Mühe, uns und unser Verhalten zu erklären. Leider scheint der überwiegende Teil der Wissenschaftler der Meinung anzuhaften, alle Menschen seien gleich, etwa alle von der Sexualität beherrscht (Freud) oder vom Machtwillen (Adler) oder von der Suche nach dem Selbst (Fromm). Unsere Gesellschaftsordnung möchte es gerne so haben, dass alle gleich sind. Gesetze sind universell für alle (so ziemlich) gleich. Wir haben je eine gleiche Stimme bei Wahlen. Wir genießen den gleichen Schutz des Staates, haben dieselben Pflichten. Schauen wir uns nun die Philosophen an. Sie geben in ihren Philosophien an, „der Mensch" sei so, wie jeweils ihre Theorie das ausdrücke. Philosophen und ihre Schulen führen und führten große Streitgespräche, welche Theorie über den Menschen an sich und dessen Sinn die richtige sei. Alle gehen dabei unverdrossen davon aus, dass die Menschen an sich im Prinzip ganz weitestgehend gleich sind und auf jeden Fall ganz gleich sein sollen. Wenn sie nicht richtig gleich sein wollen, müssen sie erzogen, belehrt, behandelt werden, manchmal auch eingesperrt oder erschossen, damit die Theorieausnahmen abnehmen.

Wenn Computer beginnen, uns als Kunden oder Arbeitnehmer speziell zu behandeln, müssten sie eigentlich wissen, wie wir in solchen Situationen reagieren? Möchten Sie einfach Bedienungsanleitungen und Information auf der Web-Page im Internet? Möchten Sie per Internettelefonie Menschen um Rat fragen können? Brauchen Sie irgendeinen Gag, der Sie mit Pep zu etwas verleitet? Brauchen Sie rührende Unterstützung des Computers, der Sie leiten soll? Hassen Sie es, wenn sich das Layout der Seiten ändert? Freuen Sie sich darüber, dass es endlich schöner wird? Freuen Sie sich, wenn Ihr Betrieb bessere Software auf Ihren Dienstcomputer lädt oder fürchten Sie sich, dass Sie „das alles" erst einmal nicht richtig bedienen werden können? Wenn Computer mit uns so richtig zu tun bekommen, müssen sie viel besser wissen als bisher, wer wir sind. Sie müssen uns kennen lernen.

IV. Omnimetrie im Wirtschaftsalltag

Eine kurze Einführung in die Welt des Messens. Über Omnimetrie, das Allesmessen, die die Grundlage des Menschcomputers bildet. Es ist mehr ein Bericht über das, was technisch geht. Das was nicht sein sollte, wird später nach einem Kapitel mit psychologischen Erwägungen vorgestellt. Noch später das, was wir uns wünschen könnten: unsere Zukunft.

1 Omnimetrie des Kunden: Was Unternehmen wissen können

Was kann heute und morgen gemessen werden? Im Prinzip fast alles. Heute wird vorwiegend gemessen und gespeichert, was leicht zu messen und zu speichern ist, was also wenig Mühe macht und wenig kostet. Speziell lässt sich Folgendes speichern:

Verkäufe in einem Geschäft
Es ist zu jeder Zeit immer gespeichert, was verkauft worden ist, und zwar genau ab dem Moment, an dem eine Ware an der Kasse bezahlt wird. Da Sie bei diesem Geschäft eine Kundenkarte haben, werden die Verkaufsdaten an verschiedenen Stellen in Datenbanken geschickt. Es wird der Verkäufer registriert, der Sie bedient hat. Der Einkauf geht an die Gehaltsabrechnung des Verkäufers, der einen Bonus bekommt. Ihre Personalien werden beim Verkäufer gespeichert. Daran lässt sich sehen, welche Art

von Kunden er bedient (junge Leute, Frauen, Hochverdiener).
Unter Ihrer Personalie wird gespeichert, was Sie gekauft haben
und bei welchem Verkäufer. Daran lässt sich sehen, ob Sie immer
zum selben gehen oder ob der Verkäufer Ihnen egal ist, ob Sie
sich immer von älteren Verkäuferinnen bedienen lassen oder lieber von jungen schönen Männern. Die Fabrik, die Ihren Einkauf,
eine Hose etwa, produziert hat, bekommt den Verkauf übermittelt. Sie bekommt Ihre Personalie und Ihren Änderungswunsch
an der Hose. Daran lässt sich wieder erkennen, welche Kunden
solche Hosen kaufen, ob die Größen richtig sind, die produziert
werden, welche Kunden diese Hosen in welchem Geschäft auf der
Welt kaufen. Die Kreditkartenfirma erhält ebenfalls diese Daten.
Dort registriert der Computer, was Sie gekauft haben. Er zieht
Schlüsse, welche Werbung Sie mit der nächsten Abrechnung bekommen sollten, ob das Kreditlimit OK ist und ob Sie gegebenenfalls ein Betrüger sind, der gerade eine Kreditkarte gestohlen hat.
Aber dieses Problem hatten wir schon. Die Hersteller von Hosen
tauschen eventuell die Größendaten aus, damit sie alle insgesamt
die richtigen Größen produzieren. Es reicht zum Beispiel nicht,
zu wissen, wie jeder Mensch aussieht. In jeder Modesaison trägt
jeder es ein wenig weiter oder enger oder länger oder kürzer. Welcher Hersteller kann schon wissen, was Lagerfeld & Co kurzfristig
im Fernsehen sagen? Die Farbe Ihrer Hose wird natürlich ebenso überall hin verteilt. Es muss in jedem, aber auch jedem Aspekt
gemessen werden, was gerade „in" ist. Ziel: Jeder soll seine Hosen
kaufen, immer etwas mehr als unbedingt nötig. Wenn das jeder
gemacht hat, dann sind genau alle Hosen verkauft. Schlussverkauf? Fällt aus.

Leider hören Sie heute noch so etwas: „Hemd Größe 39? Haben wir nicht mehr. Ist doch schon Oktober. 39 geht weg wie
nichts, weil das so die gängige Größe ist. Schauen Sie, 41 haben
wir noch massenhaft." – „Wir haben dieses Jahr nur graue und
gedeckte Farben, Blau nicht mehr, weil die Mailänder und Pari-
ser Blau für „out" erklärt haben. Jetzt kommen alle an und wollen
Blau. Es ist zum Verzweifeln. Verstehe einer die Kunden. Man

kann es ihnen nicht recht machen. Man kann nicht ahnen, was ihnen in den Kopf kommt. Wir müssen das schöne dunkle Zeugs verramschen." Kommt Ihnen das vertraut vor? Der Computer hört das leider heute noch nicht, er würde seinen Kernspeicher schütteln. So ganz einfach ist es nämlich nicht, diese ganze Datenverteilung so zu organisieren, dass alles gut wird. Ich kann hier nur so eine Ahnung vermitteln. „Papa, ich nehme mal kurz deine Rabattkarte mit." Der Computer erfährt: „Gunter Dueck hat einen Catsuit gekauft." Aber auch dieses Problem erwähnte ich schon in der Einleitung.

Was meine Bank/Versicherung/Bausparkasse messen könnte
Alle meine Kontakte zu ihr. Wie oft hebe ich Geld ab? Wie oft lasse ich meine Auszüge ausdrucken, schaue ich eingehende Buchungen im Internet an? Wie oft lade ich Auszüge in T-Online? Wo hebe ich Geld ab? Im Ausland auch? Wie oft kaufe oder verkaufe ich Aktien? Was kann die Bank mit diesen Kenntnissen über mich messen? Im Prinzip, wie ich überhaupt mit Geld umgehe, wie ich Risiken einschätze und eingehe, mit wem ich finanzielle Verbindungen habe, was ich grob kaufe, wie viel ich verdiene, mir leiste, spare, wie ich versichert bin, ob ich zur Miete wohne (Überweisung) oder Grundeigentümer bin (Grundsteuereinzug). Wenn ich alle Ihre Wertpapiergeschäfte genau analysiere, sehe ich, ob Sie dem Markt nachlaufen, ob Sie Empfehlungen von 3SAT oder NTV beachten, ob Sie auf Warren Buffet oder Carola Ferstl hören. Ich sehe, ob Sie bei Gewinnen nervös werden oder zu den 10 %-Mitnehmern gehören. Oder Sie sind einer der Aussitzer von Verlusten, die jeden Tag vor der Zeitung seufzen: „Nun können sie nicht mehr fallen." Sind „sie" denn schon bei 0,0 Euro? Sind Sie sprunghaft und kaufen hektisch hin und her? Sind Sie Day-Trader, Internetzocker oder warten Sie brav die drei Gratisaktienjahre der Telekom ab? Aus Ihren Aktivitäten kann ich fast eine Psychoanalyse machen. Sie lassen in Ihren Taten bei der Bank erkennen, wie Sie zu Geld überhaupt stehen, und das gibt schon eine Menge über Ihre Person her. „Ich mag keine Aktien,

das ist mir zu risikoreich." – „Ich bin doch kein Kapitalist." – „Ich denke, ich verlasse mich auf meinen eigenen Verstand als selbst ernannten Gurus nachzulaufen." – „Ich halte mich an die Stocks-Postille und ich fahre ganz gut damit." – „Ich versuchte es erst einmal mit einem Aktienfonds. Erst einmal 1.000 Euro. Ich kann jetzt schlecht schlafen." – „Ich kaufe sehr risikoreiche Papiere anstatt Lotto zu spielen. Ich erhoffe mir davon mehr. Wenn ich reich bin, schenke ich das Geld meinen Verwandten, die mich nicht leiden können. Sie werden dann Augen machen und merken, was sie an mir haben." – „Alles oder nichts. Das war schon immer meine Devise. Hier ist sie es auch. Bingo!" – „Ich habe nur Belegschaftsaktien von meiner Firma, die immer fallen. Aber ich muss doch treu sein und zu ihr halten. Wenn sie wieder steigen, würde ich mich zu Tode ärgern, wenn ich sie verkauft hätte. Wenn meine Firma mal Pleite macht, dann sind nicht nur mein Arbeitsplatz und meine Betriebsrente weg, sondern mein Vermögen auch." Das alles, was Sie so sagen, sehe ich an Ihren Daten.

*Was meine Telecom wissen **könnte*** (aber nicht alles speichern darf)
Wen ich anrufe, wie oft. Ob ich auf Tarife achte, mit welchen Call-By-Call-Anbietern ich fremd gehe. Sie kann messen, wie preissensitiv ich bin. Wenn also die Tarife sinken, telefoniere ich dann generell länger oder ins Ausland länger oder überhaupt? Telefoniere ich immer gleich nach 18 Uhr oder 21 Uhr, weil es da billiger wird? Bin ich jemand, der sofort auf neue Handys oder Internetangebote aufspringt? Rufe ich „Service"-0900er Nummern an? Bin ich ein Mensch, der viele Call-Center anruft, der also vielleicht selbst nicht böse wird, zwecks Werbung angerufen zu werden? Welche Direktbanken werden angerufen, welche Versicherungen, welche Versandhandlungen? Gibt es größer werdende Kinder im Haushalt, die eine eigene Nummer brauchen könnten („Kid, du hast ein Handy-Gap!")? Die müssen erst „eingesammelt" werden, bevor sie in irgendeinem City-Tel-Shop hängen bleiben!

Was mein Stromversorger im Zeitalter des Pervasive Computing wissen **könnte**
Pervasive Computing bedeutet „lebensdurchdringende Computerisierung". In jedem Gerät stecken Computerchips, die Information austauschen können. Über Handy kann ich jedes Gerät im Haushalt erreichen. Ich kann meine Kaffeemaschine anrufen, ob sie ausgeschaltet ist und sie dann gegebenenfalls ausschalten. Dann rufe ich mein Bügeleisen. Meine Hausklingel macht ein Digitalfoto von jedem, der klingelt. Das kann ich auf dem Handy ansehen. Natürlich weiß jetzt mein Stromversorger, wie oft die Waschmaschine und der Trockner laufen. Er kennt die Gerätetypen aller Haushaltsgeräte, weil die in der Maschineninternetadresse enthalten sind. „Aha, Strom an von 213.23.777.2, das ist ein Eierkocher der Marke Linda SL44. Er stellt sich nach 4 Minuten 7 Sekunden ab, laut Maschinentabelle bedeutet das, dass 5 Eier mittelhartgekocht wurden."

Was meine Krankenkasse wissen könnte, aber von den Ärzten heute noch nicht erfährt
Was ich so habe, ob ich andauernd wegen Kleinkram zum Arzt laufe und mir Aspirin verschreiben lasse. Ob ich die Pille nehme oder Viagra, Erbkrankheiten habe, teure Brillen bevorzuge, Burn-out-Syndrome bekomme und was immer sonst noch. Meine ganze Krankengeschichte und viel von meiner Psyche, soweit sich Ärzte mit ihrer mehr handwerklichen Sicht auf meinen Körper dafür interessieren. Wechsele ich oft Ärzte? Frage ich verschiedene nacheinander wegen derselben Akne? Wann kann die Krankenkasse merken, wann ein Patient Angst hat und Beratung braucht? Kann sie aus Daten erkennen, ob ein Patient eine Kur unbedingt braucht, aber nicht darum bitten mag oder den furchtbaren Formularkram fürchtet? Könnten die Krankenkassen nicht die anonymisierten Patientendaten in Datenbanken der medizinischen Forschung zur Verfügung stellen? Heute werden für eine Doktorarbeit händeringend Menschen gesucht, die gerade „diese seltene zu untersuchende Krankheit" haben. Dabei könnte alles

einfach in einer Datenbank stehen. In Massen. Keine Doktorar-
beiten mehr mit „Statistiken" über weniger als 10 Patienten.

Was der Computer meines Arbeitgebers gespeichert haben **könnte**
Jeden Handgriff bei der Arbeit. Was ich im Internet anklicke, ob
ich meine Banküberweisungen im Dienst auf dem Dienstcomputer erledige, wen ich anrufe, wem ich eine E-Mail schreibe.
(Sehr kitzlig, nicht wahr? Es gibt meist die Konvention, nicht so
genau hinzuschauen, was so geschieht. Angst ist eigentlich verfehlt: Jede neue Zeit entwickelt wieder neue Konventionen. Wir
werden nicht richtig *unterdrückt* vom Computer, nur etwas gesteuert …). Was ich in jeder Minute meiner Arbeit verdient habe.
Bestellungen von Büromaterial, meine Schlüsselnummern, meine Zugangsberechtigungen, Ausweise, Gehälter der letzten Jahre, mein Lebenslauf, meine Arbeitshistorie, meine Persönlichkeit (aus Testergebnissen von Tests, die ich später noch erkläre),
meine Ambitionen, meine genauen Fähigkeiten, die abgeleisteten
Lehrgänge. Wie in einem Impfbuch werden alle Sicherheitsbeleh-
rungen und Checks aller Art im Computer festgehalten. Adressen, Telefonnummern, meine Kantinenrechnung und was ich aß
und trank, wie oft ich in die Kantine gehe, wie lange ich dort
bin (Abstand der Kassenzeit Essen bis Kassenzeit Kaffeekauf bis
Smartcardfunktion zum Türöffnen in den Bürotrakt). Wer sich
Mühe gibt, kann im Prinzip alles über mich ausrechnen, sollte es
aber lieber vorher mit dem Betriebsrat abstimmen.

Ist das nicht schrecklich, dass alles über mich gewusst wird, an
den Tag kommt, herauskommt, bekannt wird? Dass ich überwacht werde auf Schritt und Tritt? Das Gegenteil ist eher richtig.
  Es ist viel zu teuer, wenn sich Menschen um uns kümmern.
Wenn Computer uns ganz gut kennen, dann lieben oder steuern
sie uns billiger, schneller und zuverlässiger.
  In Wahrheit ist der Einzelne gar nicht so interessant, wie wir
meinen könnten. Die Kundendatenbanken legen den Verkäufern
ans Herz, was Ihnen am besten morgen noch verkauft werden

könnte. Sie ermöglichen es, Sie freundlicher und schneller zu bedienen. Meist ist kaum mehr gespeichert, als was alle Nachbarn von Ihnen ohnehin wissen. Mit ein paar Ausnahmen natürlich, wo wir empfindlich sind. Einige habe ich schon angedeutet. Andere liegen in großer Zahl im Bereich Einkommensquellen und Steuern. Dafür brauchen wir wieder Gesellschaftskonventionen, die unsere Würde erhalten. Die Furcht vor Ihrem Boss in der Firma, der alle Daten über Sie kennt, ist ebenfalls wohl übertrieben. Ich selbst bin im Management. Ich sehe doch an jedem Mitarbeiter, ob er gut arbeitet. Das sehe ich das ganze Jahr über. Glauben Sie, ich muss da in Datenbanken schauen oder tagelang hinter ihm herlaufen, um mitzubekommen, ob er Insektenskizzen für seine Gymnasialtochter fotokopiert? Ich weiß, Sie widersprechen. „Der und der Chef hat das und das hervorgekramt, aus dem Computer." Stimmt. Kenne ich. Aber: Dieser Chef will piesacken. Wenn er eine Datenbank hat, macht er es damit. Klar. Aber glauben Sie, *ohne* eine Datenbank wäre er oder es friedlicher? Ich will hier aber keine Datenschutzdiskussion anfangen. Dies Buch handelt nicht von Prinzipien, nur von Sinn.

2 Omnimetrie ersetzt Tante Emma – oder Menschen

In San Francisco war ich dabei, wie eine berühmte chinesische Köchin Zubereitung zelebrierte. Dabei benutzte sie ein chinesisches Kochmesser von Dreizack. Deutsch. Wieder zu Hause ging ich zum ersten Hause in Heidelberg und verlangte dieses Messer. „Wir haben hier solche breiten Messer in großer Auswahl, lauter japanische." Ich sagte, ich wolle echt chinesische. „Chinesische gibt es nicht." Ich sagte, ich hätte es gesehen, selbst. „Sie haben ein japanisches gesehen." – „Ein chinesisches." Hin und her, es gab aber natürlich einen Katalog mit irgendwie Hunderten von Messern. Hinten haben wir dann ein chinesisches gefunden. Zeit: 12 Minuten. Kosten eines Verkäufers im Laden pro Stunde:

ca. 60 €. Also 12 €. Ich wollte noch Ersatz für ein zerbrochenes
Riedel-Glas. „Papa, ich wollte doch nur abtrocknen helfen …" –
„Tut mir leid, das müssen wir bestellen, ich schaue aber zur Sicherheit noch einmal im Lager nach." 13 Minuten, 13 €. Umsatz:
49 + 34 €. Meine Zeit: Noch ein bis zweimal zum Abholen hingehen, ein bis zweimal Parkhaus.

So ist es heute. Normal. Zu teuer. Im Internet könnte ich Rie-
del und Dreizack klicken, über Tischer, Heidelberg bestellen, fertig. Das Geschäft könnte einen Computer haben, der das dort besorgt. Klick. E-Mail an mich, wenn es zum Abholen da ist. Oder
Postversand, direkt vom Hersteller, ohne Laden (den ich allerdings liebe). [Anmerkung 2008: es gibt ihn nicht mehr!]

Es wird bald immer zu teuer, wenn Menschen dazu gebraucht
werden. Wir gehen zu drei bis vier Geschäften, wenn wir eine
neue Einstiegs-Digitalkamera kaufen wollen, lassen uns ein paar
zeigen. Drei mal 10 Minuten, 30 €. Umsatz 300 €.

Fazit: Tante Emma und Menschen überhaupt sind zu teuer.
Jede Minute Mensch ist zu teuer.

Aber irgendwer muss sich doch um uns kümmern, wenn
wir hilflos sind? Das Internet. Firma.de anklicken, „chinesisches
Kochmesser" eingeben, Info lesen, Bild anschauen, liefern lassen. Geht schneller als in der Hauptstrasse von Laden zu Laden
zu spazieren. Die Kinder sagen nicht mehr: „Mutti, ich muss ein
Referat über Eichendorff halten, hilf mal." Sie klicken Hausauf-
gaben.de im Internet an und holen ein Referat ab. Tante Emma
sagt nicht mehr: „Sie mögen doch so gerne Feldsalat, ich habe 300
Gramm für Sie zurückgelegt." Zu teuer. Wenn Sie aber den Le-
bensmittellieferanten im Internet so einstellen, dass er Ihre Vorlieben kennt, schickt er E-Mails über Feldsalat.

Damit sich Computer um uns kümmern können, müssen sie uns
kennen. Für einen Computer bedeutet das, möglichst viele Daten
über uns zu speichern. Da wir keine Zeit, sowieso keine Lust und
nicht einmal Verständnis dafür hätten, ihm Daten zu geben, misst
er alles aus, was ihm von uns über die Datenleitung läuft.

Ein Gang zum Arbeitsamt, ob es eine Stelle für mich gibt? Warten auf schwarzschaligen Stühlen mit dünnen Chrombeinen unter schweigenden Menschen im langen Gang? E-Mails jeden Tag! Wochenlanger Schriftverkehr, wie hoch meine Rente sein wird? Internet, Passwort eingeben, die Zahl steht da. Wie viel kostet heute so ein Rentenbescheid, in Minuten, in Euro? Weil dies alles so teuer ist, wird alles abgeschafft werden müssen, was Menschen heute herausfinden, eintragen, bestellen, weitergeben, ausrichten, buchen, ändern, benachrichtigen, Bescheid geben, beantworten. Menschen sind in Zukunft nur noch zur freundlichen Enddekoration („Herzlichen Dank, dass Sie da waren!") und für die schwierigeren Ausnahmefälle da („Der Kunde möchte eine Aktie direkt an der Börse in Shanghai kaufen!"). Um den Rest kümmert sich der Computer.

Es geht also nicht darum, dass wir Menschen durch den Computer ausspioniert werden. Er soll uns nur verstehen können.

Deshalb gebe ich gerne bei Bluefly.com meine Kragenweite, mein Gewicht, meine beiden Ärmellängen und überhaupt alles an. Ich gebe meine Präferenzen ein („Meine Jeans sollen jetzt ruhig etwas weiter geschnitten sein, ich trage sie eher länger als üblich. Folgende Designermarken liebe ich: ..."), wodurch der Computer einen ganz guten Eindruck bekommt. (Ich habe etwas übertrieben, so viele Daten sind es nicht.) Wenn ich dann das Angebot im Internet anschaue, sehe ich nur, was mir gefällt: „Gunter's catalogue." Dies ist das Computersurrogat zu Frau Fiedler beim Herrenausstatter: „Ach, Herr Dueck. Wir haben neue Ware, die Ihnen bestimmt gefällt. Beim Einräumen habe ich Sie mir schon darin vorstellen können. Schön, dass Sie kommen. Es ist jetzt noch nicht so ausgesucht. Wir finden bestimmt etwas für Sie."

„Mutti, lies mir noch etwas vor, ich bin schon müde." Read on demand in MP3-Format. „Papa, hast du Lust, Skat zu spielen?" Skat auf CD für PC, Regeln einstellbar, mit oder ohne Spitze, Kontra etc. „Ich habe seelischen Kummer, immer mal wieder Depressionen." Hilfe bei Self-Improvement.com.

Seien Sie sicher, Computer werden sich um uns kümmern. Sie verstehen uns. Das kostet nicht viel. Sagen Sie nicht immer, es sei schrecklich „Mensch Ärgere Dich Nicht" mit dem Computer zu spielen. Ich frage, um Sie zu testen, einfach Ihre Kinder, ob sie nicht Lust hätten, mit Ihnen zusammen jetzt gleich am Küchentisch zu spielen. „Ja," sagen Sie, angesichts Ihrer jubelnden Kinder, „das sollten wir wieder einmal machen, aber heute habe ich keine Zeit, ich muss noch ein chinesisches Messer in der Stadt kaufen. Ich weiß noch nicht, wo es Woks gibt." Im Internet. Klick, dann an den Küchentisch.

3 Omnimetrie als Basistechnologie zur Verführung

Computer kümmern sich um uns? Das haben Sie sicher nicht so richtig geglaubt. Dennoch stimmt es in gewissen Teilen. In anderen Teilen ist es nicht so, dass der Computer sich um uns sorgen würde, sondern er will uns verführen. Das Internet wird wie andere Medien auch ein Verführungsmedium. Wer eine Zeitschrift am Kiosk kauft, bezahlt 30 % der Aufwände. 70 % der Kosten bekommt der Verlag durch Werbeeinnahmen herein. Privatfernsehen finanziert sich im Wesentlichen nur durch Werbung. Das Internet weitgehend auch.

Die beste Vorstellung vom Internet bekommt man, wenn man an die Schlange Kaa aus Disney's Dschungelbuch denkt. Stellen Sie sich vor, wie die Schlange vor Ihnen schwankend steht, wie sie die Augen hypnotisch-spiralig vergrößert in Sie eindringen lässt und singt:

„Bleib bei miiiiirrrrr und schschschau mich aaaaaaaaahhn!"

„Entschuldige, lieber Fernsehzuschauer, jetzt kommt Werbung. Bleib bei mir und schau mich an." Dieser letzte Satz, gesungen vorgestellt von der Schlange Kaa, ist das eigentliche Paradigma der Verführung durch die Medien. Im Internet oder bei Computern ist das härter geregelt. Computer zählen einfach, welcher Benutzer genau auf welche Seite schaut. Jeder Klick auf eine Seite wird als „Impression" gezählt. Wer viel „Impressions" hat, spricht davon, dass er eine Menge „Traffic" auf seine Web-Site zieht. Wer Traffic hat, kann Werbebannerflächen vermieten, das heißt, er kann gegen Bezahlung Werbestreifen auf seiner eigenen Web-Site zulassen. Wenn Sie viel Traffic auf Ihrer Web-Site haben, können Sie direkt das Maggi-Kochstudio oder einen Buchversand anrufen und fragen, ob Sie nicht Werbefläche feilbieten dürften. „Nein." Das schaffen Sie nicht so einfach. Besser ist es, Sie wenden sich an eine Agentur, die solche Werbeflächen mit Werbung bestückt. Sie bekommt gewöhnlich etwa von einem Autokonzern den Auftrag, für 10 Millionen Impressions zu sorgen, also Werbebanner im Internet so zu platzieren, dass 10 Millionen Mal ein Mensch das Banner sieht. Dafür zahlt der Konzern der Agentur ein Honorar. Die Agentur sucht nun nach Web-Sites, wo das Banner meist- oder vielgesehen untergebracht werden kann und zahlt Ihnen dann Geld für Ihre kleine Fläche. So vereinfacht können Sie sich das ungefähr vorstellen. Ein großer Werbenachfrager wie ein Autokonzern kann auch gleich mit den großen Internetportalen verhandeln, dass die Autos möglichst immer auf der Einstiegsseite vorfahren. Er kann mit den Suchmaschinen des Internets verhandeln, dass immer, wenn jemand im Internet nach „Auto" sucht, er als ersten und besten Treffer „Sportwagen XY" angezeigt bekommt.

Es ist durch den Computer einfach so, dass nicht mehr die Anzeigenfläche an sich vermietet wird, sondern es wird nur noch Werbegeld eingenommen, wenn die Werbung tatsächlich angeschaut wird. So als wäre in einem STERN ein Funkgerät, das immer die genaue Seitenummer übermittelt, die gerade aufgeschlagen wird, dazu die Zeitdauer, die diese Seite aufgeschlagen ist. Der STERN bei Ihnen zu Hause erzeugt normalen Traffic, der beim Zahnarzt oder Frisör dagegen viel mehr. Im Internet wird ganz, ganz genau gezählt. Jeder Klick, jede Anschaudauer. Diese Zählungen sind viel genauer als die Einschaltquotenmessungen im Fernsehen, wo ja Menschen heutzutage der Werbung durch Zappen entgehen (können). Stand Oktober 1999 werden für 1.000 Impressions im Internet ca. 50 Dollar bezahlt.

Filme im Fernsehen werden gezeigt, damit Werbung gesehen wird. Im Internet gibt es Aktienkurse, Bilder, Info, damit Sie die Werbebanner sehen. Die Information oder die Unterhaltung, nach der Sie eigentlich suchen, heißt „Content" (Inhalt). Der Content, den Sie wollen, wird so gestreckt, dass Sie möglichst viele Impressions haben. Von Werbebannern natürlich.

Deshalb erleben Sie im Netz oft dies: Sie wollen ein T-Shirt im Netz kaufen. Bei T-Shirt.com (ausgedacht, gibt es nicht). Sie klicken sich auf die Homepage. Werbung. Unter vielen Punkten steht auch ein Hinweis: „Zum Shop." Klick. Neue Seite kommt, Werbung neben Aufklärung, was man alles kaufen kann: T-Shirts. Klick auf „Produkte". Eine Seite erscheint mit der Frage: „Frau, Mann?" Klick. Eine neue Seite erscheint mit Großrubriken von T-Shirts. Klick. Usw. Usw. Klick. Klick. Klick. Das gibt guten Traffic für die Werbebanner. Zum Bezahlen: Klick. Noch mal bestätigen? Klick. Klick. Klick. Für ein T-Shirt müssen Sie richtig arbeiten.

Und hier kommt die Omnimetrie (die Sucht oder Notwendigkeit, alles zu messen) ins Spiel. Wenn der Computer jeweils wüsste, dass Sie das wieder einmal sind, dann könnte er sich langsam in Sie hineinfühlen und merken, welche Werbung bei Ihnen gut ankommt. Wenn Sie dann eine Web-Site anklicken, kommt nicht etwa die normale Web-Site „für alle" mit der Werbung „für alle", sondern die Werbung für Sie persönlich, ausgesucht von der Agentur, die den großen Computer betreibt. Es gibt nämlich mehr Geld, wenn Sie nicht nur Werbung anschauen, sondern die Werbung *anklicken*, um mehr zu erfahren! Ich zum Beispiel sehe die Werbe-Banner nicht mehr bewusst, weil ich mir eine Krankheit, die sog. *Banner Blindness* zugelegt habe. Bei echter Klickverführung beginnt eine höhere Kunst. Wenn Sie Werbung *anklicken*, haben Sie sie nicht nur im Prinzip vor Augen gehabt (Impression), sondern Sie haben sie aktiv und interessiert zur Kenntnis genommen. Das ist eigentlich das, was angestrebt wird. Zu diesem Zweck sollen Sie verführt werden.

Damit das richtig gut geht, muss der Computer Sie selbst gut kennen lernen. Damit sind wir genau im Thema des vorigen Abschnittes: Wenn der Computer sich um Sie kümmern will, muss er Sie auch gut kennen lernen! Es ist also, ob Kümmerer oder Sorger, in jedem Falle wichtig, viel über uns Menschen zu wissen. Über jeden Einzelnen von uns.

4 Omnimetrie ermöglicht Effizienz- und Performancemessungen

Wenn eine Werbekampagne in den Medien geschaltet wird, wer weiß schon, ob sie beachtet wird? Heerscharen von Marktforschern kümmern sich um solche Fragen. Wenn eine spezielle Werbung einfach Klasse ist, kauft der Verbraucher dann auch? Die Kinder singen natürlich „Erdinger Weißbier, das Erdinger Weißbier, …", aber sie kaufen nicht. Wenn wir aber mit Computern zu tun haben, wird alles (besser) messbar.

Arbeit. Was ist besser? Mitarbeiter normal arbeiten lassen oder viel in ihre Ausbildung investieren und dann einen höheren Stundenlohn zu bezahlen? Unterbezahlte Mitarbeiter werden lustlos oder kündigen. Überbezahlte sind zu teuer. Wo ist genau das Optimum? Der Computer schaut nach, ob die hereinkommenden Arbeitsaufträge rentabel sein werden. Er entscheidet, welche angenommen werden, wenn es zu viele sind. Er nutzt Strategien zu entscheiden, was interessante Arbeiten/Projekte für die Mitarbeiter sein könnten, die an solchen Projekten viel lieber und „motivierter" arbeiten. Computer kontrollieren, ob die hereingenommenen Aufträge zu der strategischen Ausrichtung eines Un-

ternehmens passen oder ob sie Beschäftigungsrisiken heraufbe-
schwören. Ein gutes Beispiel sind Jahr-2000-Fehler-Computer-
services. (Ende 1999 prophetisch geschrieben:) Es gibt bis zum
1.1.2000 wahrscheinlich viele Aufträge, danach „nichts" mehr.
Lohnt es sich, in Ausbildung zu investieren, wenn die Ausbildung von einem Tag auf den anderen nicht mehr gebraucht wird?
Wenn nein, muss man dennoch investieren, weil ja Stammkunden des Service-Unternehmens nicht einfach sitzen gelassen werden können, wenn etwas passiert? Der Computer sorgt dafür,
dass die angenommenen Aufträge langsam in strategisch güns-
tige Zukunftsfelder gelenkt werden. Das ist gar nicht so einfach,
wie es sich anhört, weil man am Beginn der Zukunft nicht so genau weiß, ob die Zukunft sein wird, wie man sie sich vorstellt,
und weil am Anfang der Zukunft nicht gerade Überpreise für
Das-erste-Mal-Projekte gezahlt werden. Mit vielen Daten können heute Großanwendungen mehr und mehr den Zustand des
Unternehmens messen. Heute werden oft Umsatz, Kosten, Gewinn festgestellt und berichtet. Was man aber eigentlich will, ist
ein Gesamtzeugnis des Unternehmens, eine heute so genannte
Balanced Scorecard: Viele Kennzahlen werden gemessen! Inno-
vationsfreudigkeit, Zukunftsorientierung, Anteil der zufriedenen
Kunden, Anteil der Neukunden, der abgewanderten Kunden, der
Stammkunden, nach Region, lokalem Manager etc. aufgeschlüs-
selt. Wie liegen die Löhne des Unternehmens im Verhältnis zum
Markt? Sind die Arbeitsbedingungen gut? Handy, Internet etc. für
alle Mitarbeiter? Wie ist der Ausbildungsstand im Verhältnis zum
Wettbewerb?

Alle solche Zahlen sind wichtig, sind aber heute nur schwer
in Computern zu finden. Langsam ändert sich das. Nehmen wir
an, zwei Unternehmen in der gleichen Branche haben denselben Umsatz und denselben Gewinn. Aber das eine Unternehmen
zahlt höhere Gehälter und hat ausschließlich relativ frisch reno-
vierte Arbeitsräume. Dann sagt man: „Die Gewinne dieses Unternehmens haben eine größere Qualität." Sie sind nicht etwa dadurch entstanden, dass Löhne gesenkt, Reparaturen aufgescho-

ben, Weiterbildung vernachlässigt wurde. Sie sind „echt". Computer analysieren tonnenvoll Daten, um die wirkliche innere Gesundheit eines Unternehmens herauszufinden und um es gesund zu (er)halten.

Best of Practice
Wenn ein Unternehmen viele gleichartige Geschäftseinheiten hat (Bankzweigstellen, Hamburgerrestaurants, Hotels), so können Computer analysieren, welche Geschäftseinheiten sehr gesund, gesund, angekränkelt sind oder Misswirtschaft betreiben. Die Einheiten, die sehr unterdurchschnittlich arbeiten, werden dann mit den gesunden Einheiten konfrontiert, um ihnen klar zu machen, „wie es geht". Das ist wie zu Hause: „Schau mal deinen Bruder an, der schon wieder eine Eins hatte. Wenn du etwas fleißiger wärest, könnten wir auch an *dir* Freude haben." So lernt die Wirtschaft aus bekannten Erziehungsfehlern. Sie setzt sie in Motivationskatastrophen um.

Performancezahlen für alles
Wie viele Kassentransaktionen hat eine Zweigstelle? Wie viel Geld ist im Geldautomaten am Montagmorgen noch drin? (Zinsverluste, wenn er bis oben vollgestopft wird! Mit einiger Begabung, Wetterbericht, Berücksichtigung von Jahreszeit, Monatsersten, Schlussverkauf, Kirmes kann richtig gutes Geld gespart werden.) Wie gut sind Wertpapierberater oder Fondsmanager? Wie schnitten sie im Verhältnis zum Markt ab? „Ich hatte im letzten Jahr 50 % Gewinn!" Solche Protzerei verfängt im Computer nicht. War vielleicht der Markt ohnehin um 50 % gestiegen? Dann kann das jeder geschafft haben. Ist das Geld mit High-Risk-Aktien gemacht worden? Dann ist 50 % möglicherweise kein gutes Ergebnis. Wer nämlich hohes Risiko eingeht, muss in guten Jahren viel für die Verlustjahre verdienen, die er wegen seiner Strategie ja immer mal hat. Motto: „Ich bin Klasse. Ich habe zehn Jahre hintereinander mein Geld um mehr als 100 % vermehrt, nur im letzten Jahr habe ich genau 100 % verloren."

Absatzzahlenanalyse

Wann kommen Menschen in den Supermarkt? Wie viel kauft ein Mensch? Wie viel kaufen Sie, wenn Sie eine Kundenkarte haben? Ist der Gewinn höher, wenn Tomaten billig gemacht werden und teurer Mozzarella daneben gelegt wird? (Geht nicht, Kühltruhe!) Wie viele Brötchen muss ich bei welchem Wetter backen? Kaufen die Kunden bei Sonderangeboten gleich Vorrat für alle Zeiten (das mache ich bei Kaffee oder Eis oder Ravioli)? Kaufen die Menschen mehr Aktien, wenn sie billig sind (ich glaube nicht)? Welche Artikel locken Kunden herein? Was ist das beste Sortiment? Paradebeispiel: Eine Lebensmittelkette hat festgestellt, dass nur ein paar Käsesorten von 300 wirklich in größerer Menge verlangt werden. Sie hatte daraufhin das Sortiment auf die Hälfte reduziert. Die Kunden blieben weg. Viele wollen einfach *ihren* Käse. Punktum. Computer registrieren das alles.

5 Omnimetrie und Preisschilder für alles

Wer alles misst, findet natürlich heraus, was alles kostet. Ein Plausch mit dem Postboten: 2 €. Zehn Minuten bei der Bank, um die Hypothekenkonditionen zu erfragen und um sich bei einer Überweisung die Bankleitzahl geben zu lassen: 10 €. Messungen dieser Art führen dazu, dass wir uns weniger unterhalten. Es gibt ernsthafte Untersuchungen, ob es sinnvoll ist, Unterhaltungen von Mitarbeitern vor Kaffeeautomaten zu dulden, was viel Produktivität schluckt. Alle Ergebnisse deuten darauf hin, dass Mitarbeiter einige Minuten Privates austauschen, sich dann aber gegenseitig um Rat fragen, was gegenüber einer Eigenrecherche sehr viel effizienter ist. Vorläufiger Konsens: Es ist OK, wenn Menschen zusammen Kaffee trinken. Dürfen sie aber während der Arbeit eine Banküberweisung über das Firmeninternet tätigen? Messung: Wenn der Arbeitgeber es rigoros verbietet, dann gehen die Mitarbeiter eventuell früher als geplant von der Arbeit zur bald schließenden Bank. Vorläufiger Konsens: Die Firma duldet es. Sie „duldet" es, wird gesagt. Die Messungen besagen aber: Es ist billiger. Also muss man nicht nur dulden, sondern ermutigen, oder? Da kann sich der kontrollsüchtige Manager nicht in Zahlen wiederfinden. Wenn Sie in einem größeren Betrieb arbeiten, so haben Sie sich das ohnehin gedacht. Klar. Aber nun ist es gemessen. Das gibt eine gewisse Sicherheit bei der Diskussion. Aber es werden andere Dinge gemessen: Die durchschnittliche Telefondauer, die Handybenutzung, die durchschnittlichen Hotelpreise auf Reisen, der Verbrauch von Papier, von Druckerpatronen. Hat jemand überdimensionierte Computer bei der Arbeit (eine Urlust des Ingenieurs)? Welche Software braucht genau wer?

Besonders bekanntes Beispiel sind die immer wieder im Fernsehen geführten Debatten um das Brötchen während des Fluges. Gibt es ein Glas Wein gratis oder gegen 2 € Zuzahlung? Zwei Brötchen in der Business Class? Einen Joghurt und eine Banane vor dem Flug beim Warten? Bananen gibt es länger schon nicht mehr, obwohl wir länger warten müssen. Die Messungen der Computer sind so fein und genau geworden, dass sie bis auf eine Banane herunterrechnen. Bei der Flugzeit wird wohl noch Grundlagenforschung betrieben werden müssen. Ich habe einen Brief bekommen, der mir versicherte, dass die Wartezeiten für mich kürzer würden, wenn ich als Passagier eine halbe Stunde eher da sei als heute üblich! Das hat sicher ein Computer errechnet. Das Flugzeug kann manchmal etwas früher starten, weil keiner im Duty-free rumtrödelt, dafür aber sind wir immer, vor jedem Flug, eine halbe Stunde vorher da! Vielleicht waren ja im Brief nicht *meine* Wartezeiten gemeint.

Lange bevor sich eine deutsche Großbank mit Peanuts befasst hatte, wurde in der Industrie über die Peanut Einheit diskutiert. Wie hoch ist die finanzielle Grenze, ab der wirklich gut begründet werden muss, wenn man etwas will? Zum Beispiel, Anfang der 80er: „Chef, ich möchte einen Doktoranden einstellen für drei Jahre, der als Doktorarbeit ein Mistproblem löst, wofür wir keine Zeit (keinen Bock drauf) haben!" – „Alles klar, sieh nur zu, dass du ein Büro für ihn kriegst!" Das war damals so etwa eine Viertelmillionenentscheidung. Heute bewegt sich eine Peanut schon im Bereich von 50 €. Bei diesem Betrag muss gefragt werden. Beispiel: „Darf ich XY nach dem Vertragsabschluss zum Essen einladen?" – „Richtig nötig ist das eigentlich nicht, oder? Gut. Pizza."

Das Preisschild an allem wird langsam zu einer Selbstverständlichkeit des Lebens. Jedes Ding hat seinen Preis. Alles wird diskutiert. „Warum haben Sie einen Golf-Mietwagen genommen, wo doch ein Punto 5 € billiger ist?" Die Diskussion sowie das anschließende Selbstgespräch des Mitarbeiters, dazu eine Erzählung in der Kollegenrunde: Zweimal vier Minuten, einmal 10 Minuten, acht mal 6 Minuten. 75 €. Eine Großstudie später erbringt: „Lasst sie doch." Die Studie kostet ein Heidengeld.

Das Hauptpreisschild hängt heute an jeder Hilfe. „Wir sind nicht zuständig." Wir verabscheuen Abteilungsdenken und müssen es irgendwie notgedrungen praktizieren.

(Dazu viel mehr im übernächsten Abschnitt über dezentrale kooperative Optimierung.)

Wieder ist in diesem Bereich der Sinn unseres Lebens berührt. Ist Peanutmessen nur eine kurzfristige Hobbylaune von Managern, die mit neuen Computermöglichkeiten zu spielen beginnen? Ist ab heute Messen und Begründen eine unserer wichtigeren Aufgaben bei der Arbeit? Wollen wir immer die genau kostengünstigste Lösung fahren, auch wenn wir um Cents stundenlang schlecht gelaunt sind? Gibt es auch andere Lösungen für Peanutprobleme? Empirische Philosophie.

6 Omnimetrie hilft bei der Überwindung des Einparametermanagements

Überwindung des Einparameterdenkens, des Denkens in einer einzigen Größe – das ist die helle Seite der Omnimetrie. Die eher dunkle folgt im nächsten Abschnitt.

Normale Entscheidungen sind meist Kompromisse. Wenn ich mehr Umsatz erzielen will, mache ich normalerweise mehr Verkaufsanstrengungen. Die kosten Geld. Steigt dann insgesamt der Gewinn? Wenn ich Furcht vor zu hohen Kosten habe, spare ich ein. Diese Einsparungen können sich in weniger Qualität, mangelnder Lieferpünktlichkeit oder wegen geringerer Verkaufsanstrengungen in weniger Umsatz niederschlagen. Und der Gewinn? Es ist niemals richtig klar, was getan werden muss, um den Gewinn zu maximieren. Mehr Verkäufer einstellen. Schneller arbeiten lassen. Neue Produkte in den Markt bringen. Investitionen in neue Produkte stoppen. Möglichst die Gehälter senken. Ältere Mitarbeiter entlassen. Sekretärinnen entlassen, dafür allen Mitarbeitern Computer geben. Reisekosten drücken. Handys restriktiv handhaben. Firmenteile verkaufen. Unprofitable Arbeitsbereiche von Fremdfirmen managen lassen. In billigere Bürogebäude ziehen. Die Anlagen länger nutzen als geplant.

Jede dieser Maßnahmen hat eine Kehrseite, da „etwas passiert". Es könnte auch sein, dass zur Gewinnerhöhung die Gehälter erhöht (!) werden müssen, weil die Mitarbeiter derzeit demotiviert sind und abwandern. Statt immer nur stereotyp auf Umsatz und Kosten zu starren, könnte ich daran denken, die Mitarbeiter besser auszubilden. Ich könnte die Firmenvision ändern, mit Forschung beginnen, etwas ganz Neues anfangen. Das ist alles nicht so ganz klar.

Achtung: Die letzteren Möglichkeiten sind nicht aus der Formel Gewinn gleich Umsatz minus Kosten abgeleitet. Man kann nämlich auch etwas anderes tun! Normalerweise geschieht das nicht. Die meisten Manager denken so: „Ich schränke die Kosten ein, so dass sie nicht steigen. Ich versuche gleichzeitig den Umsatz zu erhöhen. Wenn das gelingt, steigt der Gewinn." Oder so: „Ich versuche den Umsatz zu halten und versuche barbarisch die Kosten zu drücken. Also wird sich der Gewinn erhöhen." Wenn ich nun komme und vorschlage, die Ausbildung hochzufahren, um später besser und effizienter arbeiten zu können, geht der Umsatz erst einmal eher herunter und die Kosten wegen der Ausbildung nach oben. Also fällt der Gewinn, morgen und übermorgen jedenfalls. Später, nach der Saat, kommen die Früchte. Aber: So etwas traut sich im normalen Management fast nie jemand. Dies ist eine so genannte langfristige Strategie.

In der Schule werden schlechte Schüler mit Prüfungen, Ermahnungen, Tests und Briefen an die Eltern überzogen. Werden sie dadurch besser? Sie sind demotiviert und gehen. „Er war einfach nichts am Gymnasium. Besser für ihn." Es gibt andere Maßnahmen. Den Unterricht interessant und praktisch machen. Schülern gehasste Lehrer ersparen. Wir Eltern und Lehrer predigen: „Non scholae sed vitae discimus." – „Latein ist gut für später, ohne dass du es jetzt schon verstehst." Wir verlangen von jedem Menschen, dass er langfristig denkt. Es gibt einen Test für vierjährige Kinder. Ein Betreuer setzt sie an einen Tisch, auf dem zwei Bonbons liegen. Eines liegt einfach so da, das zweite liegt unter einer Glasglocke, verschlossen, aber sichtbar. Der Betreuer erklärt dem Kind, er werde fünf Minuten hinaus gehen. Wenn er wiederkehre und das Kind das freiliegende Bonbon nicht gegessen habe, bekomme das Kind das zweite Bonbon auch. Wenn es das erste Bonbon gegessen habe, bekomme es das zweite nicht. Es wurden Kinder getestet und zwanzig/dreißig Jahre später wieder befragt. Die, die das zweite Bonbon erwarten konnten, waren absolut deutlich erfolgreicher im Beruf. Wir predigen also nicht nur Langfristdenken, das Predigen ist sogar richtig. Im Alltag vergessen wir es für uns selbst.

Wenn Computer alles messen können, werden wir vielleicht mehr Aufschluss über die richtigen Maßnahmen bekommen. Messungen und Alternativensuche könnten dazu führen, dass beste Alternativen sichtbar werden. Computer werden uns vorrechnen, dass langfristige Strategien bessere Ergebnisse bringen. Sie werden die Väter einer neuen Moral des Handelns. Manager(innen) werden nie mehr Angst haben, langfristige Strategien mannhaft zu vertreten („Ja, morgen fällt der Gewinn. Und ich will es so. Und ich tue es so."). Der Computer ist bei ihnen, auch wenn sie sich leise fürchten, im Gewinntal.

Im Zeitalter der Globalisierung werden wir nicht weiter auf Strategien zurückgreifen, die unter Einparameterdenken entstanden. Es wird nicht mehr ausreichen, sich irgendeine Baustelle zu Herzen zu nehmen: „Dieses Jahr verbessere ich das Marketing." – „Jetzt gehen wir an die Produktpalette." – „Im nächsten Monat sprechen wir über Partnerschaften." So eindimensional wird es nicht weitergehen, weil mehrdimensionale Strategien überlegen sind. Der, der sie beherrscht, wird siegen. Global. Und Sie werden sehen: Irgendjemand wird sie beherrschen. Mit Computern, die das ganzheitliche Denken unterstützen.

In der heutigen Zeit merken die Manager schon, dass Einparameterdenken nicht ausreicht. Sie predigen Leadership. Richtige charismatische Persönlichkeiten sollen den Mumm haben, zu sagen, wie es weitergehen soll. Sie sollen das Kreuz haben, eine Firma mit einer langfristigen Strategie zu lenken. Mut von neuen Frauen und Männern wird gefordert. Mit Computerzahlen im Rücken wird es auch mit etwas weniger Mut gehen.

Omnimetrie gibt dem Menschen den freien Willen wieder. Er kann sich frei entscheiden, das Beste zu tun.

7 Diktatur des Einfachen und Schnellen: Latten überspringen, ducken

Erfahrene Menschen sagen oft warmherzig: „Jeder Mensch will doch immer sein Bestes geben." Stimmt wohl, aber dieses Beste ist manchmal nicht das Beste im Sinne des Betriebes oder der Gesellschaft oder des Ganzen. Behutsames Führen oder Anleiten muss die Arbeit begleiten und meist ist schon sehr viel getan, wenn „die da oben" jeweils ein Vorbild abgeben.

In den letzten Jahrzehnten haben sich aber immer mehr quantitative Messlattendoktrinen durchgesetzt, die „den Sinn" oder „das Ganze" durch eine Zahl oder ein Quantum ersetzen.

Beispiele: „Übe jeden Tag mindestens eine Viertelstunde Klavier!" (Ziel: Freude an Musik) „Keine Verständnisfragen mehr. Jetzt muss das jeder gefressen haben. Nächste Lektion. Sonst schaffen wir den vorgeschriebenen Stoff nicht." – „Ab 10 Fehler gibt es keine Drei mehr."

Wenn Arbeiten klar überschaubar definiert werden können, ist das noch erträglich. Vielleicht. Wir können Arbeitsnormen festsetzen. Wie lange, wie schnell fährt ein Linienbusfahrer? Wie lange darf der Anbau einer Anhängerkupplung dauern, der Einbau eines CD-Wechslers? Wenn bei der Definition der Normen darauf geachtet wird, dass die Arbeit nicht nur in der Zeit liegt, sondern auch qualitätstreu ist, kann dies so geschehen. „Minimiere die Zeit bei gegebener Qualität."

Normen sind einfach und verständlich, universell wie Gesetze. Kann ihre Einhaltung gesichert werden, so wird die Arbeit in vorausbestimmbarem Rahmen erledigt werden. (Aber leider nicht richtig gut.)

Vergleichen Sie das aber noch mit der elterlichen Forderung, eine Viertelstunde täglich Klavier zu üben. So etwas tut man in neuzeitlichem Management eher nicht mehr. Stattdessen: „Bis zum Quartalsende kannst du dieses Stück passabel spielen. Wie du das machst, ist mir egal. Wie lange das Üben dauert, auch." Im modernen Management kommen dann immer (immer!!) folgende Probleme auf: Der Klavierschüler übt erst einmal nicht, sondern er denkt nach, wie er „passabel" definieren oder gerade noch auslegen könnte. Er berechnet, wann er mit dem Üben anfangen muss, damit er termingerecht passabel spielt. Da er in der Regel Störungen übersieht („Kommst du mit zum Schwimmen? Was, du willst Klavier spielen? Verrückt geworden? ... Was, deine Mama will es??"), beginnt er zuverlässig zu spät mit dem Üben, das dann eher mit Angstbewältigung als mit Musikmachen zu tun hat. Da solcherart Klavierschüler versagen, beginnen Manager und Eltern mit einer neuen Strategie: „Das Stück muss passabel gespielt werden können, aber es muss auch eine Viertelstunde pro Tag geübt werden!" Jetzt ist es für den Klavierschüler schlau, wirklich eine Viertelstunde täglich so konzentriert zu üben, dass er das Stück lange vor dem Quartalsende „passabel" spielt. Dann hat er Ruhe. Denkt er. Doch das Management hat nun erst seine Leistungsfähigkeit erkannt und gibt ihm schwierigere Stücke, die er ebenfalls noch zum Quartalsende spielen können sollte. „Klavierstunden kosten Geld, Junge. Da sollst du dann auch bestmöglich profitieren." Der Klavierschüler wertet dieses Ansinnen als klaren Vertragsbruch und denkt sich nun andere Strategien aus ...

Ich schreibe über diese Mechanismen ein ganzes Kapitel. Hier seien nur die Prinzipien erhellt. Wir glauben unerschütterlich, durch Vorgabe einer oder mehrerer Normen klar definieren zu können, wie eine Arbeit gemacht werden soll. Wenn sich jeder an die Normen hält, wird die Arbeit so gemacht wie geplant. Es lässt sich lange vorher wissen, wie viel Arbeit zu welchem Zeitpunkt erledigt sein wird. Diese Arbeitsnormen haben sich an Fließbändern lange bewährt (und sind da auch in Ordnung). *Aber*: In der heutigen Zeit müssen wir unter Wettbewerbsdruck „jedes Prozentpünktchen herausholen". Es kann also sein, dass die Besten bei der Arbeit schneller oder besser arbeiten können. Dann ist es klüger, für jeden Menschen individuell Normen zu definieren und ihn dafür leistungsgerecht zu bezahlen. Wie aber definieren wir Normen individuell? Nehmen Sie den Klavierschüler: Geben wir ihm gerade so viele Stücke, wie er schafft? So viele, dass er wie verrückt üben muss? Wenn wir wissen, wie lange das Üben dauert – weiß *er* es auch, so dass er seine Arbeitsgeschwindigkeit richtig regelt? Sollen wir zusätzlich noch fordern, dass er täglich eine Mindestzeit einhält? Können wir noch mehr herausholen, wenn wir ihn wöchentlich prüfen? Ist es besser, die Prüfungen immer so schwer zu machen, dass er immer bestenfalls eine Drei bekommt, weil ihn eine Eins zum Pausieren animieren könnte? Wie ist der Druck zu dosieren, damit er nicht frustriert wird? Wir müssen eine Norm machen, wann wir ihn vorübergehend einmal loben, damit wir ihn ständig in einer *Mischstimmung aus Angst und Dankbarkeit* erhalten. Wenn er in einer solchen Stimmung ist, dann ist alles gut geregelt. So meint man.

Wenn wir aber mehrere Klavierschüler haben, wie machen wir es dann? Soll jeder das Gleiche üben? Dann werden die Guten nicht ausgelastet. Jeder, so viel wie er kann? Dann wollen die Guten viel Anerkennung (oder Gehalt im Arbeitsleben), was die anderen frustriert und im Arbeitsleben teuer werden kann. Denken Sie eine Weile darüber nach, wie kompliziert so eine einfache Frage wird. Sie wird vor allem deshalb so kompliziert, weil wir das letzte herausholen wollen. Sonst ist eine Norm wie „Viertelstunde täglich" schon ganz gut.

Normenprobleme stellen sich schon bei der Definition, was ein Abitur oder eine ärztliche Vorprüfung bescheinigen sollten. Aber dort will man „nur" die Qualifikationsgrade festlegen. Es ist bisher nicht die Intention, aus Schülern das Machbare herauszuholen, etwa durch Begabtenförderung. Wenn aber das Letzte herausgeholt werden soll, aus jedem Einzelnen, dann stellen sich gleich schwere philosophische Probleme: Sind die Menschen verschieden? (Ja!) Wollen wir das offiziell anerkennen? (Nein!) Muss nicht jeder die gleiche Chance haben? Oder doch lieber gleich sein? Diese Fragen sind uns lästig und schwierig, deshalb lassen wir alles, wie es ist und ersticken immer wieder die öfter aufkeimende öffentliche Diskussion. Wir wissen nicht, wie wir Normen individuell machen können.

Im Arbeitsleben wird dies versucht. Jeder soll ein messbares Maximum an Leistung bringen. Dieses Maximum erzielt einen messbaren Gewinn für die Firma. Sie entlohnt den Mitarbeiter entsprechend der gezeigten Leistung. Es wird überhaupt nicht angenommen, dass Menschen gleich sind. Im Arbeitsleben widmet man sich seit langer Zeit der Frage, wie Leistung zu messen und zu entlohnen ist, wie Mitarbeiter zu höheren Leistungen angespornt werden können.

So und so viel Euro für eine Stunde Arbeit, für einen Quadratmeter Fliesen legen, einen Meter Heizungsrohr verlegen, hundert Zeilen Artikel schreiben, eine Minute Filmmagazinbeitrag abliefern, 5 € an der Kasse abheben. Alles wird genau gemessen, auf die Sekunde wie beim Telefon.

Und jetzt kommt das Problem, das mitverantwortlich ist, dass ich dieses Buch geschrieben habe: *In unserer Wissens- und Servicegesellschaft gibt es immer mehr Tätigkeiten und Berufe, die man bisher nicht nach Metern, Kilogramm oder Megabytes messen kann, weil sie quasi einen „höheren", im weitesten Sinne einen künstlerischen Touch haben. Die Arbeitswelt versagt bisher bei der Normierung höherer Prinzipien.*

Nehmen wir an, der Klavierschüler soll sein Stück von Mozart nicht nur passabel spielen, sondern „schön". Schön, was ist das? Unser Schulnotensystem kennt die Noten Eins bis Sechs. Sechs: Null Ahnung. Fünf: Neben schwarzen Löchern ist etwas da. Vier: Weiß grundsätzlich, worum es geht, macht viele Fehler, braucht Hilfe. Drei: Na ja, ganz okay. Noch ziemlich viele Fehler, aber keine richtig furchtbaren. Zwei: Weiß Bescheid, wenig Fehler. Eins: Kann den ganzen Lehrstoff, macht fast keine Fehler. Beim Klavier bedeutet das dies. Sechs: Spielt kein Instrument, …, bis Eins: spielt „tadellos". Wenn der Einser dann zur Schulfeier sein Stück spielt, sind wir froh, dass er sich nicht verspielt, und er hat einen ordentlichen Eindruck für die Schule gemacht. Wir Zuhörer sind dankbar, dass wir nicht ein einziges Mal zusammenzucken mussten. Wir klopfen ihm auf die Schulter: „Brav geübt, mein Guter." Zum Lehrer: „Gut einstudiert. Meine Hochachtung."

Und nun stellen Sie sich etwas ganz anderes vor: Der junge Pianist spielt mit glänzenden Augen Mozart, richtigen Mozart, und er zaubert Sonnenstimmung in unsere Herzen. Er verspielt sich wohl an die zehn Male, ist an anderen Stellen unsauber, aber das hört nur der Lehrer. Wir anderen sind glücklich, für ein paar Minuten. Wir sagen: „Es war schön." (Nicht: „Du bist sehr gut.")

Note Eins heißt: Der Schüler erfüllt wirklich alle Normen. Aber daneben gibt es „das Eigentliche". Unser junger Künstler hat sich verspielt und genügt nicht den Normen. Aber er gibt uns das Eigentliche, was die Normen nicht erfasst haben: Musikgenuss.

Wenn wir in der Arbeitswelt das letzte Prozent aus jedem Mitarbeiter herausholen wollen, müssen wir ihn letztlich dahin bringen, das Eigentliche zu geben.

Schaffen wir das durch Normen? Kann überhaupt jeder Mensch das Eigentliche erreichen? Mozart spielen? Bilder malen? Liebe geben?

Der Mensch erreicht das Eigentliche wohl eher nicht in einer Mischstimmung aus Angst und Dankbarkeit, sondern in Versenkung und Konzentration und stillem Arbeitseifer und Freude.

8 (Wie) geht das, Messen des Eigentlichen?

Was ist das Eigentliche? Ich gebe Ihnen ein paar Gedanken dazu. Ich vertrete die These, dass das Eigentliche sehr komplex ist und nicht mehr so einfach durch Regeln beschrieben werden kann. Sie erinnern sich an Deep Blue und Garry Kasparow? Der Grund für den allerbesten Schachzug ist nicht wirklich beschreibbar. Was tun wir, wenn nur noch unerhört starke Rechner und ein paar hundert „Gurus" das Eigentliche kennen? Wie setzen wir Arbeitsnormen für alle? (Geht nicht.) Aber jeder Mensch hat Stellen in seiner Persönlichkeit, wo er das Eigentliche sieht und versteht, was ihm oft gar nicht bewusst ist. Die empirische Philosophie will diese eigentlichen Wesenskerne exemplarisch herausarbeiten und individuellen Menschen helfen, sie bei sich zum Erblühen zu bringen. Sie soll zu der Erkenntnis zwingen, dass Arbeit nicht einfach Menschen in Form von Normen aufgebürdet werden soll, sondern dass Arbeit so vorstrukturiert und verteilt wird, dass Menschen immer dort arbeiten, wo sie eins sein können mit dem Eigentlichen.

Sie fahren mit einem Unfallschaden scheppernd in die Werkstatt, kommen mit unklaren Unterbauchschmerzen zum Arzt, eine Reisebuchung klappt nicht, die Unterlagen für eine wichtige Rede sind verschwunden, eine Großbank bleibt wegen eines Rechnerausfalls stehen, ein neu entwickeltes Rechnerprogramm läuft nicht unter Last, ein Unternehmen kommt in die Verlustzone: Katastrophen bahnen sich an. Es gibt Normen, wie in solchen Situationen zu verfahren ist: Experten kommen. Das Auto wird untersucht, der Schaden mit sorgenvoller Miene erfasst. Der Arzt schleust Sie durch Apparate. Eine Sekretärin gerät in Telefonhektik. Eine Großbank schlägt Alarm. Techniker kommen von überall her, werden von rotgesprenkelten Pressesprechergesichtern in Wallung gehalten. Unternehmensberater erklären, wie andere Unternehmen aus der Verlustzone gekommen sind und machen einen Plan. Und was ist das Eigentliche?

Experten erscheinen in eine hektische Situation hinein und es wird ruhig. Sie verstehen das Problem und die Seelen. Sie vermitteln uns den Geruch der Erfahrung von vielen gelösten Problemen, lassen uns spüren, dass sie uns helfen wollen und helfen werden, dass wir in guter Hand sind und quasi schon jetzt gerettet, bevor ein Handgriff getan wäre. „Nun setzen Sie sich mal hin. Das haben wir gleich." – „Ihr Auto wird nicht ganz billig, das sehe ich schon, wir reden erst mal mit der Versicherung. Haben Sie sich weh getan?" – „Fehler bei der Reisebuchung? Schon wieder? Na ja, nehmen Sie sich hier Ihre Tagespost und arbeiten Sie das schon einmal ab. Bis dahin habe ich das wieder hinbekommen." – „Verluste? Wir kommen vorbei. Habe mir manchmal schon gedacht, dass Sie Hilfe gebrauchen können." – „Alles steht! Aber es gibt Hoffnung. Der Guru ist gekommen. Sie sitzen schon unten an der Maschine. Mein Gott, er ist gekommen! Sonst säßen wir schön im Dreck."

„The real professional is a master who cares." So etwa schreibt Maister in seinem Buch über „True Professionalism."

Wenn Sie so ein Mensch sind, können Sie sofort bei uns mit der Arbeit anfangen, weil wir für solche wie Sie beliebig viele offene Stellen haben. Zu jeder Zeit. Es ist immens schwer zu sagen, wie Normen für solche Leute aussehen oder wie man Leute mit Leitfäden informieren könnte, wie sie sein müssten, damit sie so würden. In der Industrie setzt sich zurzeit so langsam wieder die Meinung durch, dass Meister nur durch Lernen bei Meistern entstehen, nicht durch Lehrgänge oder Learning by Doing. Anerkannte Meister verstehen wir einfach. So wie wir sofort wissen, dass dieses oder jenes wirkliche Mozartmusik ist. Das Eigentliche drückt sich uns am besten durch ein Vorbild aus. Das kann ein Vater, ein Nobelpreisträger, der Weiße Ritter sein. Wir verstehen das Eigentliche auf der Stelle. Wenn ich Sie jetzt bitte, dieses Wissen hinzuschreiben, werden Sie Brainstorming machen und eine lange Liste von Merkmalen aufzählen, was einen „Master who cares" auszeichnet. Die Liste ist aber nicht das, was wir meinen. Warum sind Naomi oder Hundertwasserbilder so schön? Warum vertrauen wir manchen Menschen so sehr? Ein Student, den ich wegen eines Hochbegabtenstipendiums begutachten sollte, nannte bei der Frage nach Vorbildern: „Jesus, Gandhi, Richard von Weizsäcker." Die Studienstiftung des deutschen Volkes hat übrigens noch nie einen Versuch gemacht, Hochbegabungsdefinitionen für die Gutachter herauszugeben. Ich arbeite seit 15 Jahren als Gutachter und hatte am Anfang stärkste Bedenken und Gewissensbisse, weil ich sagen sollte, jemand sei hochbegabt oder nicht. Aber irgendwie wusste ich das intuitiv, ganz ohne Zweifel. Da ja die Bewerber von mehreren Gutachtern angeschaut werden, weiß ich heute nach so langer Zeit, dass es kaum Dissens gibt, ob jemand hochbegabt ist. Was aber „hochbegabt" genau ist, das wissen wir nicht so genau. Es lässt sich am leichtesten durch Beispiele, Vorbilder, echte Menschen erklären.

Es wäre viel getan, wenn wir der Erklärung von solchen Wesenskernen näher kämen. Ich glaube nicht richtig, dass das ganz geht, weil das „Eigentliche" vielleicht zu komplex ist, um es hinzuschreiben. Zumindest aber kämen wir weg von den kümmerlichen Versuchen, riesig lange Listen von allen möglichen guten Eigenschaften zu machen, die ein Mensch so haben kann (aber eben nicht alle gleichzeitig).

Da die Arbeitswelt an dieses Problem heran muss, wenn sie die letzten Prozente Arbeitsleistung braucht, können wir es nicht beiseite schieben. Alle Welt schreit derzeit nach dem Eigentlichen, in der Politik wie auch bei allem, was unsere Zukunft betrifft. Alle sagen, dass Konzepte fehlen, eine Vorstellung für die Zukunft, für Menschen in dieser Zukunft, für die Umwelt. Wir brauchen mehr und Komplexeres und Ganzheitlicheres als Normen und Zahlen.

Wenn Sie heute einen Politiker fragen, wie die Arbeit der Zukunft aussieht, wird er antworten: „Schauen Sie in unsere Parteivision. Dort haben wir verankert, die Arbeitslosigkeit im Durchschnitt um 158.400 pro Jahr zu senken, wenn wir es schaffen, das Wachstum bei etwa 2,5 % zu halten." A politician who cares?

Die Gesellschaft muss stärker daran arbeiten, Vorbilder anzubieten. Wir alle können etwas Eigentliches in uns finden. Und zufrieden arbeiten. „Ich habe mich bei meiner Arbeit immer an XX gehalten, den habe ich sehr verehrt. Meine Arbeit ist schwer, aber ich liebe sie. Ich kann sagen, dass es eher meine Liebhaberei ist. Na ja, meine Frau sieht das manchmal gar nicht so gern, aber unglücklich mag sie mich ja nicht, ist ja ganz klar. XX hat nie gesagt, mach das nun mal genau so und so, er hat mich machen lassen. Geh deinen Weg, hat er immer gesagt."

9 Wie wird Beute verteilt?
Dezentrale kooperative Optimierung

Ich weiß nicht so recht, ob Ihnen „mein Gerede" von dem Eigentlichen zu verwaschen oder idealistisch oder zu sehr wie das bekannte „Sein" von Erich Fromm im Verhältnis zum Haben vorkam. Man kann das Problem, das Eigentliche in Zahlen hinzuschreiben, besser verstehen, wenn man es umgekehrt betrachtet. Nehmen wir an, wir haben das Eigentliche im besten Sinne geschafft. Ein Team von verschiedenartigen Menschen hat einen wunderbaren Film gedreht, ein ganz neues hoch erfolgreiches

Internet-Portal gebaut, eine Kathedrale renoviert. Das Team hat als Ganzes hingebungsvoll gearbeitet und Vorbildliches geleistet. Am Ende bekommt es eine Prämie von 5 Millionen Euro. Es soll sich selbst über die Verteilung einigen. Wie verteilen wir diese Summe? Wir erfahren sofort, beim Film ist der wichtigste Mensch der Produzent, aber auch der Regisseur, die schöne Hauptdarstellerin, der Drehbuchautor usw.. Alle müssen den Löwenanteil bekommen, natürlich. Es gibt Streit. Die Presse kommentiert lüstern und hat ihre Artikel bzw. ihre Freude. Es gibt Krach und laute Worte, niemals eine Einigung.

Die Wortwendung *dezentrale kooperative Optimierung* habe ich vom Chef der Informationsverarbeitung der Lufthansa, Bernd Voigt. Wir beide waren einmal Mathematikprofessorkollegen. Er schilderte dabei ein Problem, das ich hoffentlich einigermaßen gut wiedergebe: Die Lufthansa und United Airlines betreiben Code Sharing, es wird also ein einziges Flugzeug unter zwei Flugnummern gebucht. Wer mitfliegen will und Kunde der Lufthansa ist, bekommt ein Ticket mit einer Flugnummer LH xxxx, wer Kunde von United ist, ein Ticket mit der Flugnummer UA yyyy. Beide fliegen aber im selben physischen Flugzeug. Die Reisebüros buchen die Flüge der Passagiere. Nehmen wir an, die rechte Hälfte des Flugzeuges ist bei LH buchbar, die linke bei UA. Was passiert nun, wenn eine Seite vollgebucht ist? Nehmen wir an, Sie gehen ins Reisebüro und verlangen den Flug LH xxxx. Das Buchungssystem sagt, es gäbe keine Plätze mehr, aber es gäbe noch Tickets von UA yyyy, was für Sie als Passagier keinen Unterschied macht. Sie nehmen die andere Flugnummer. Ich stelle einmal eine These auf (es kommt hier nicht darauf an, ob sie stimmt): Es könnte sein, dass Deutsche ihre Flüge nach Amerika viel früher buchen als Amerikaner ihre Rückflüge nach Amerika, weil Deutsche das Fliegen als etwas sehr Besonderes sehen und das sehr früh regeln. Wenn dann ein Flug stark gefragt ist, würde er *immer* bei LH früher vollgebucht sein als bei UA. Also bucht die LH immer auch Plätze auf der Flugzeugseite von UA. Wenn etwas Zeit vergangen ist, kommen die Amerikaner und wollen auch buchen. UA muss dann sagen, dass es keine Plätze mehr gebe.

Jetzt kommen also die Probleme: Das Flugzeug ist vollgebucht, aber UA kann die eigenen Kunden nicht mehr bedienen. LH aber beansprucht den Gewinn der verkauften vielen Tickets für sich, weil LH ja schließlich die eigenen Kunden bedient hat. Dabei hätte ja UA die eigenen Flüge verkaufen können! Was tun? Wer bekommt was? Darf das Flugzeug einfach an Deutsche verbucht werden, nur weil diese vorher kommen? Wie wird genau der Gewinn verteilt? Wie wird optimal gebucht, ohne immer den anderen fragen zu müssen? („Warten Sie, ich telefoniere, ob die andere Airline etwas dagegen hat.")

Verstehen Sie bitte das Pikante an der Fragestellung: Es ist ganz einfach, möglichst viele Leute fliegen zu lassen. Wer zuerst kommt, bekommt einen Platz. Damit ist der Gesamtgewinn optimiert, den aber zwei Parteien erarbeitet haben. Wie viel Erfolg aber haben die einzelnen Parteien gehabt? Wäre der Erfolg einer Partei nicht größer gewesen, wenn noch nicht alles verbucht gewesen wäre? Wie regelt man solche Fragen?

Ich las von John Lennon und Paul McCartney, dass sie jeden Song als von Lennon/McCartney deklarierten, egal was wer wie viel daran gearbeitet hatte. So geht es auch. Wenn wir bei IBM Patente gemeinsam einreichen, bekommen wir ein Formblatt, auf dem wir die Prozentanteile der Erfinder angeben müssen. Nach diesem Schlüssel wird später „die Beute" aufgeteilt. Da habe ich schon heißeste Diskussionen erlebt! Eine Erfindung, die patentiert wird, ist ein einheitliches Werk, eine Idee, etwas Eigentliches. Wie teilen wir es in Anteile?

Wenn eine Abteilung ein Projekt vorbildlich mit hohem Gewinn abschloss, wer bekommt den „Gewinn"? Wer wird also befördert oder für den Vater (die Mutter) des Erfolges gehalten?

Wenn Sie ein Haus bauen und einen Generalunternehmervertrag abschließen, zahlen Sie in einer Summe. Diese Summe

besteht aus den Angeboten der einzelnen Handwerker und Bau-
stoffbetriebe etc. Angenommen, Sie verhandeln sehr hart und holen 20 % Nachlass heraus. Wie viel bekommt nun jeder Handwerker von der Gesamtsumme? Das ist ein schwieriges Problem, weil
die Gewinnspannen sehr unterschiedlich sind. Manche der Betriebe kommen schon tief in die Verlustzone, wenn sie 20 % unter
Preis anbieten sollen, manche nicht, manche auch deshalb nicht,
weil sie vorher in weiser Voraussicht Mondpreise genannt haben.
Wenn also das Projekt nicht platzen soll, muss beredet werden,
wer wie viel nachlässt.

Wie stellt sich dieses Problem in der Praxis dar? Das Fell
des potenziellen Bären wird natürlich vorher verteilt. Ein großer
Auftrag wird geplant und die beteiligten Parteien (Abteilungen
eines Unternehmens, verschiedene Unternehmen eines Bieter-
konsortiums, verschiedene Handwerker und Firmen, irgendwelche Filmschaffenden o.ä.) verhandeln lange um den vorgestellten
Gewinn. Wer bekommt was? Wer „geht wie runter", wenn die
Preisverhandlungen hart werden? Wer hat welchen Verdienst?
Wer war entscheidend am Erfolg der Akquise beteiligt? Wenn
eine Einzelperson durch persönliche Beziehungen letztlich den
Zuschlag holt für ein ganzes Konsortium, wie viel ist dafür der
„Stundenlohn"? Wenn sich Abteilungen eines Unternehmens einigen: Sind die Chefs darüber gleicher Meinung? Wenn eine Abteilung nicht genug bekommt: Was passiert, wenn sie den Streit
höher ins Management trägt? Es sind schreckliche Probleme, die
zu enormem Streit führen, zumal fast immer die persönlichen
Gehälter der Mitspieler gleichzeitig zur Debatte stehen. Wenn
sich Bieterkonsortien hinsetzen, um ein erstklassiges Angebot zu
machen, muss ein großer Teil der Zeit verbracht werden, zu klären, wer was bekommt, denn hinterher einigt man sich nimmer-
mehr. Das Schreckliche ist, dass etliche Angebote für einen Zuschlag gemacht werden müssen. Viele Male muss gestritten werden, auch wenn der Auftrag hinterher gar nicht erteilt wird. Viele Male für nichts und wieder nichts gestritten und gefochten.

Wenn man doch den Zuschlag erhält, hat man fast das Gefühl, den schwersten Teil der Arbeit hinter sich zu haben. Lange vor der Grundsteinlegung. So empfinden es viele. Beute verteilen ist nämlich schwer.

Wenn jetzt aber das Fell des Bären vorher verteilt wurde, wer geht jetzt mit welchem Aufwand auf die Jagd? „Ich bekomme fast nichts. Jetzt tue ich natürlich fast nichts. Oder wir verhandeln neu." Es wird nun schwer, ein Glanzprojekt, etwas „Eigentliches" zu bauen, weil man das Ganzheitliche aus Gewinnverteilungsgründen schon in Teile zerhackt hat. Zu den Kosten des Verteilungskampfes kommen nun noch die Verlustprozente an Qualität, die durch das Zerhacken des Ganzen entstehen. Dazu kommen Verluste, die egoistische oder mächtige Verhandlungsführer dem Ganzen zufügen, indem sie aus eigenem Gewinnstreben den eigenen Anteil am Projekt hoch trieben. Und schließlich versuchen Experten an möglichst profitablen Projektstellen mitzuarbeiten, nicht an solchen, wo ihre Expertise am fruchtbarsten ist und wo sie dann echte Erfüllung in der Arbeit fänden.

So wird aus einem schönen Projekt ein Wust von Zahlen, Bedingungen, Löhnen, Bonusversprechungen, weil das Werk von vielen Parteien nicht geschaffen, sondern ausgehandelt wird. Kann Omnimetrie helfen? Ein großer Kalkulationscomputer, der uns erlöst?

V. Der Mensch, der gemessen werden soll

Dieses Kapitel teilt uns Menschen in verschiedene Sorten ein, was wir gemeinhin nicht mögen. Wir merken aber in Geschmacksfragen, wie verschieden wir sind. Wir möchten alle etwas anderes haben. Es ist daher ziemlich töricht, auf dem Standpunkt zu beharren, wir seien gleichartig. Wenn wir akzeptieren, verschieden zu sein, dann dürfen wir eben auch Verschiedenes wollen. Etwas, was genau zu uns passt. Das ist doch besser!?

1 Ausflug in die „Charakterkunde"

„Niemand kann aus dem Gefängnis seines Charakters entrinnen, niemand." So höre ich meinen Vater seit meiner Jugend. Und ich sagte: „Ja, ja." Ziemlich alt musste ich werden, bis ich es glauben konnte, und heute bin ich dessen wirklich ganz, ganz sicher. Vielleicht nicht gerade „niemand kann entrinnen", aber „kaum jemand entrinnt wirklich". Ich habe im einleitenden Teil schon Beispiele gegeben, wie sehr Menschen in Standardsituationen in ihren Verhaltensweisen abweichen. Warum? Sie sehen ihren Lebenssinn in anderer Weise.

Noch ein Beispiel: Vier Menschen sinnen über die Anschaffung ihres ersten Fernsehers nach und Sie stellen sie sich dabei leibhaftig vor:

„Wenn ich ehrlich bin, finde ich zu viel Fernsehen nicht gut. Es ist schädlich und lässt den Menschen wichtigere Pflichten versäumen. Andererseits ist es normal, einen Fernseher zu kaufen. Jeder hat einen. Er ist nützlich, um Nachrichten zu sehen. Ich werde also einen Fernseher kaufen, aber ich nehme ein gediegenes Modell. Maiers sind ausgelacht worden, weil sie ein Billigmodell haben und nun darunter leiden. Natürlich will ich nicht jeden Schnickschnack, was denken da die Leute. Wenn ich ihn habe, werde ich darauf achten, maßvoll zu gucken. Wir wollen uns in der Familie die tägliche Dauer überlegen."

„Ich habe gerade etwas Geld verdient und ich kaufe mir gleich den ersehnten Fernseher. Mit Top-Videotext und mit – na, mit möglichst viel für mein Geld. Ich will ja viel anschauen, da will ich nicht sparen. Ach, wird das schön! Spielfilme satt! Farbe satt! Kein Zwischengequake der Familie mehr, ich bin autark!"

„Ich kaufe mir ein gutes technisches Modell mit Videotext. Das brauche ich, um schnell Nachrichten zu erfahren. Das geht schneller als das Anschauen einer Sendung. Ich werde mir manchmal Spielfilme oder Technik ansehen, aber nicht viel. Volle zwei Stunden kann ich effektiver nutzen. Bücher lesen zum Beispiel oder noch an meinem Programm arbeiten. Die Sachbeiträge im Fernsehen sind oft Zeitverschwendung. Sie gehen davon aus, dass man dumm ist. Furchtbar."

„Fernsehen? Wo ist der Sinn? Wenn ich unbedingt einen Film sehen will, der künstlerisch wertvoll ist, gehe ich lieber mit Freunden ins Kino. Werbung im Fernsehen ist schrecklich. Ich habe es bei Nachbarn schon einmal selbst gesehen. Ich kann nicht verstehen, wie Menschen so weit sinken können, dass sie den Fernseher wie eine Dudelkiste ständig anlassen und dabei bügeln oder Hausaufgaben machen oder gar essen. Essen! Fernsehen verdirbt ganz klar die Kultur. Deshalb kommt in meine stilvolle Wohnung so ein Gerät nicht hinein. Es wird schwer sein, weil die Kinder dadurch von außen beeinflusst werden. Ich muss immer hinterher sein, dass sie nicht woanders schauen. Das höchste, was ich dulden könnte, wäre ein Fernseher mit nur einem Programm. Mit ARTE. Das ginge noch."

Ich habe Ihnen hier vier Lebenshaltungen exemplifiziert, die den Haupttemperamenten entsprechen. Ich gebe hier eine Einführung. Es gibt neuerdings viele „Typenbücher" über „Menschenrollen", speziell in meinem Beruf über verschiedene „Management Styles". Manager müssen heute oft Tests machen, deren Ergebnisse ihnen signalisieren sollen, wie sie sind. Danach kann man ihnen besser erklären, wie sie sein sollen. Sie sollen also hinterher einfach alle guten Eigenschaften haben, die es so gibt. Ich habe das ja schon angesprochen. David Keirsey nennt diese Versuche absolut treffend „Das Pygmalion Projekt". Doktor Higgins macht aus Eliza eine Fair Lady. Das geht nur im Buch, in Wirklichkeit nicht.

In diesem Buch möchte ich folgende Thesen vertreten:

- *Jeder Mensch hat einen eigenen „inneren" Sinn, der sich in ihm vor allem während der Kindheit bildet und der sich in seinem so genannten Charakter widerspiegelt.*

- *Verschiedene Charaktere beschreiben im Wesentlichen verschiedene Messsysteme für die eigene Zustandsqualität und verschiedene Zielsysteme, in denen ein optimaler Zustand angestrebt wird.*

- *Wenn man die These akzeptiert, dass menschliche Gehirne sich wirklich ähnlich wie die nach ihrem Vorbild gebauten so genannten „neuronalen Netze" verhalten, so ist klar, dass sich Charaktere nur schwer ändern können, weil auch mathematische neuronale Netze sich nur sehr langsam nach langem Lernen unter schwerem Druck ändern.*

- *Charaktere sind verschiedene Ausprägungen von lebenserfolgreichen Grundstrategien. Kinder bilden Charakter in ihrer Umgebung so, dass sie erfolgreich sein können. (Wenn man Zustandsqualität anders als andere Menschen misst, ist es leichter, „der Beste zu sein".)*

Ich beschreibe hier verschiedene Charaktere eines einzigen Charaktersystems zur Illustration. Ich sage damit nicht, dass dieses System nun das alleinig seligmachende ist. Ich wähle hier dasjenige von Isabel Myers, das auf C. G. Jung zurückgeht, weil ich es hier für das „Praktischste" und für mich selbst das Beste halte. Es unterscheidet eher *Messsysteme*. Es gibt seit einigen Jahren meterweise Bücher über das esoterische Enneagramm, das neun Menschentypen nach ihrem *Hauptziel* unterscheidet (Erfolg, Friede, Macht, Wissen, Liebe, Kunst, Perfektion, Lebensfreude, Respekt). Ich erwähne diese Möglichkeit im Folgenden eher kurz. 1920 beschrieb C. G. Jung in seinem Buch „Psychologische Typen" verschiedene Charaktere. Er ging dabei davon aus, dass sich Menschen in ihren Präferenzen in der „Benutzung" verschiedener psychologischer Grundfunktionen unterscheiden, also: Ist ein spezifischer Mensch eher verstandes- oder gefühlsorientiert? Ist er extravertiert (so nannte es erstmals Jung, heute sagt fast jedes Lexikon, es heiße extrovertiert, mit o) oder introvertiert? Usw. Diese Typologie hatte historisch nicht so großen Einfluss. Andere, mehr und vielbeachtete Theorien etwa von Freud, Adler, Watson, Sullivan, Rodgers, Maslow über den Menschen gehen davon aus, dass Menschen ein einziges einheitliches Motiv im Leben antreibt. Ich selbst las Jungs Buch vor vielen Jahren und war stark beeindruckt, fand es aber recht schwer verständlich und nicht ganz zwingend. Neuere Werke von Myers, Briggs, Keirsey oder Kroeger erhellen Jungs Theorie. Keirsey schreibt in seinem neuen Buch „Please understand me II": „Isabel Myers dusted off Jung's Psychological Types." (Über das Wort „dusted off" habe ich mich richtig gefreut, weil ich ja Verständnisprobleme hatte.) Zusammen mit ihrer Mutter Kathryn Briggs entwickelte sie den Myers-Briggs Type Indicator. Sie müssen dabei etliche Fragen beantworten und werden klassifiziert. Dieser Test wird in vielen Firmen den Managern angeraten. Ich erkläre hier auf ein paar Seiten, worum es geht.

Die Klassifizierung nach Myers-Briggs geht von vier „Gegensatzpaaren" aus, die unsere psychologischen Präferenzen bezeichnen, die uns bevorzugt leiten:

- Extroversion (E) versus Introversion (I)
- Sensor (oder „sensorische Denkweise") (S) versus Intuitiver (oder intuitive Denkweise) (N)

- Feeling oder Fühlen (F) versus Thinking oder Denken (T)
- Judging (planend pflichtbewußt) (J) oder Perceiving (Entscheidungen offenhalten) (P)

Eine Zwischenbemerkung: Alle die Merkmale oben sind so genannte Präferenzen. Das heißt nicht, dass zum Beispiel der Introvertierte immer und überall introvertiert ist, er kann durchaus auch öfter extrovertiert sein oder wirken. Präferenz bedeutet
hier, dass er vorzugsweise so ist, nicht notwendigerweise immer.
Ein berühmtes Beispiel gebe ich Ihnen selbst als Test. Machen Sie
folgende Übung: Falten Sie zwei-, dreimal die Hände wie zum
Tischgebet vor Ihrem Bauch. Beim letzten Mal schauen Sie nach,
oben Ihr rechter Daumen oder Ihr linker Daumen über dem jeweils anderen liegt. Bei mir liegt immer der rechte Daumen oben,
bei Jutta Kreyss, die mir das erzählt hat, immer der linke. So. Das
haben wir. Das also ist Ihre Präferenz. Jetzt falten Sie noch einmal die Hände, aber so, dass der andere Daumen oben liegt. Ich
behaupte, Sie empfinden jetzt so wie ich bei diesem Versuch: Sie
wirken etwas ungeschickt bei dem Versuch, die Hände anders zu
falten. Zweitens: Die andere Möglichkeit fühlt sich für Sie „merkwürdig" an. So ist die psychologische Präferenz erklärt: Sie können im Prinzip anders, machen es unbewusst eher nicht anders,
und wenn sie es doch tun, fühlt es sich nicht so normal an wie
sonst. Und jetzt verschränken Sie Ihre Arme vor der Brust. Dreimal. Und nun einmal andersherum. Nehmen Sie beim nächsten
Essen den Suppenlöffel mit der anderen Hand.

Ich kann Ihnen ja schon verraten, dass ich INTJ bin, jetzt wissen Sie also schon ungefähr, wer ich bin. Da Sie bei jedem Ge-
gensatzpaar zwei Möglichkeiten zu wählen haben, gibt es also in
dieser Theorie 16 Charaktertypen. Sie sind in vier Gruppen zusammengefasst, die so genannten Temperamente. Die Gruppen
werde durch die Kürzel SJ, SP, NT, NF beschrieben. SJ bezeichnet
also das Temperament derjenigen Charaktere, die in ihrer Klas-
sifikation die Buchstaben S und J haben, das sind also ESTJ, ISTJ,
ISFJ, ESFJ. Ich selbst habe also ein NT-Temperament.

Dies zur formalen Seite. Was denken Sie jetzt? Halten Sie einmal mit dem Lesen inne und überlegen sie. Was fühlen Sie? Na?

„Sieht ganz interessant aus, aber ich kann mir nicht vorstellen, dass so etwas wie komplexe Menschen in eine solche Systematik hineinpassen. Es kann nicht sein. Ich bin gespannt. Ich kann es sicher gleich widerlegen. Bestimmt fällt mir selbst gleich etwas Besseres ein." (NT)

„Ich bin ganz sicher, dass ich ein besonderer Typ bin. Oh Gott, wenn ich jetzt als stinknormal eingestuft werde! Ich mache schnell den Test. ... Ja! Ich bin besonders! NF! Ich wusste es." (NF)

„Ich mache den Test einmal mit. Viele Manager machen das ja auch. Es schadet sicher nicht, etwas über sich selbst zu erfahren. Ich werde es sicher nicht überbewerten, aber ich will offen sein. Hoffentlich bin ich ein guter Typ. Eigentlich bin ich da schon sicher. Wenn ich kein guter Typ bin, muss ich das ja nicht an die große Glocke hängen. Ich mache den Test heimlich" (SJ)

„Test? Sieht ganz lustig aus! Gib mal her. Ja! So bin ich. Echt. Na und?" (SP)

Und noch eine Aufgabe, bevor ich endlich (!) erkläre, worum es genau geht. Lesen Sie bitte noch einmal die Einleitung zu diesem Abschnitt, wo ich vier Äußerungen über den Kauf eines Fernsehers zitiert habe. Welche dieser Äußerungen passt zu welcher über den Test? Wären Ihre eigenen Antworten in die gleiche Klasse gefallen? (Das wär' ganz schön, denn dann hätte ich Sie gleich für die Sache eingenommen. Pech sonst. Ich bin eben ein „Risk Taker", wie man in managementneudeutsch sagt.) Viele NT werden noch Jahre später ihren Typ wissen und die Theorie kennen, vielleicht schon hier das Buch von Keirsey bestellt haben. Viele SJ werden sich ihren Typ aufschreiben oder sich mit der Sache näher befassen, weil sie dann besser wissen, was „die anderen" wohl für Menschen sind und was man da tun kann. NF lieben so etwas wie hier, glaube ich, nicht. Sie wissen ohnehin, dass sie anders sind, weil sie besonders sind. Diese Theorie sagt ihnen, dass sie anders sind, aber nicht besonders. SP halten solche Tests für neckisch, aber eigentlich für irrelevanten Ballast („Menschen sind verschieden? Weiß ich doch! Damit lebe ich jeden Tag.").

Ich möchte in diesem Buch eigentlich den Sinn des Einzelmenschen herausarbeiten. Ich führe Sie jetzt in Einzelmerkmale von Einzelmenschen ein und komme dann zur Proklamation einer empirischen Philosophie. Aber Sie sehen an den vermutlichen meisten Reaktionen (voriger Absatz) auf solche Diskussionen, wie frustriert so ein Buchschreiber wie ich sein müsste. Das Problem unserer Verschiedenheit wird nicht ernst genommen, gar nicht erst gesehen und richtige Schlüsse werden noch seltener gezogen.

Bevor Sie weiterlesen, könnten Sie für ganz kurze Zeit das Buch weglegen und im Internet auf der Web-Site www.keirsey.com den Test selbst machen. Sie finden die Fragen natürlich auch in Keirseys Büchern, müssen dann aber die Auswertung selbst ausführen. Im Internet erledigt das ein Computer für Sie. Mit Ihrem Testergebnis haben Sie wohl ein vertrauteres Verhältnis zum Rest des Buches.

> Wenn Sie den Test gemacht haben, könnten Sie vielleicht das Ganze dubios finden. Das ist normal. Sehr viele Menschen finden dies hier dubios. Ich habe schon viele Streitgespräche darüber geführt. Die Gegenargumente sind immer dieselben wie oben. Ich kommentiere diese weiter unten, noch einmal eingerahmt, nach der Beschreibung der Temperamente. Den meisten Menschen tut eine Klassifizierung weh (sie tut aber nicht bewusst weh, die Menschen empfinden sie aber oft seelisch gesünder als unpassend und damit als irrelevant für sie) und deshalb erklären sie sie erst einmal für ungesichert, unbewiesen, vage, unklar usw.

Hier nun die acht Basischarakteristika („psychologische Präferenzen") des Menschen, etwas genauer erklärt:

Extroversion: Extrovertierte Menschen sind gemeinschaftszuge-wandt, lieben Interaktionen mit anderen Menschen, haben breite Interessen, haben viele Bekannte. Sie orientieren sich an externen Begebenheiten. „Speak, then think." Sie sprudeln über in Erzäh-lungen und entwickeln ihre Ideen dabei. Extrovertierte tanken seelische Energie auf, wenn sie sich in Gesellschaft wohlfühlen können. Wenn sie allein sind, verlieren sie seelische Energie. Sie empfinden „Einsamkeit" als anstrengend.

Introversion: Introvertierte Menschen sind territorial, sie haben eine reservierte Privatsphäre, orientieren sich stark an ihrem in-neren Seelenleben. Sie haben tiefe Interessen, relativ wenige Be-kannte. Sie denken lange nach, bis sie sich äußern. Sie tanken see-lisch Energie auf, wenn sie allein sind. Sie verbrauchen seelische Energie, wenn sie unter vielen Menschen sind. Unter Menschen sein ist für sie anstrengend.

(Ein E sagt zu I nach der Arbeit: „Wir trinken noch einen." Darauf I: „Ich muss noch Besorgungen machen. Nein, tut mir leid." Dann geht er schnurstracks nach Hause.)

Sensor: Dies sind Menschen, die sich an ihren praktischen Erfah-rungen orientieren. Sie denken in der Gegenwart oder in Erfah-rungen ihrer Geschichte. Sie sind direkt, realistisch und „bleiben stets auf dem Teppich" (down-to-earth). Sie glauben an Zahlen, Merkmale und Fakten, an Spezifisches, Genaues. Ihnen ist das Praktische und Handhabbare wichtig. Sie erarbeiten sich Fähig-keiten (Perspiration).

INtuition: Der Sinn für das Ganzheitliche. Intuitive Menschen denken in Konzepten und Plänen, deren Umsetzung sie in der Zukunft sehen oder erträumen. Sie „schweben oft in Wolken" (Head-in-clouds), haben viel Phantasie, lieben Träume. Sie sind deshalb eher theoretisch als praktisch orientiert, leben von ihrer Inspiration. Ihnen ist das „Geniale" und das Allgemeine und das Innere, das Ganze wichtig.

(Ein S sagt zu N: „Bitte lassen Sie uns das praktisch sehen." Ein N sagt zu S: „Bevor wir etwas tun, müssen wir die Sache grundsätzlich verstehen." S zu N: „Spinner." N zu S: „Dummkopf." Das Hauptverschiedenheitsproblem der Menschen liegt hier: „praktisch anpacken" versus „erst grundsätzlich verstehen". Dummkopf versus Spinner.) Ich bin immer Spinner, vornehmer: „Wild Duck".

Thinker: Denkorientierte Menschen sind objektiv (wahr oder falsch?), haben feste Meinungen. Sie sind „für die Gesetze", lieben sachliche Klarheit, sind argumentsezierend und nicht zu sehr seelisch an Dinge gebunden. Sie wollen sachlich überzeugen. Sie sind gerecht.

Feeler: Gefühlsorientierte Menschen sind subjektiver (gut oder böse?), zartfühlend. Sie urteilen nach den Umständen, nicht nach allgemeinen Gesetzen, sind lieber menschlich als unbedingt gerecht. Sie lieben Harmonie, überreden auch, wo andere überzeugen wollen. Sie haben soziale Werte und wertschätzen andere und lieben „den Menschen an sich". Sie involvieren sich seelisch in Dinge.

(T zu F in einem Meeting: „Liebe, liebe Kollegen, lassen Sie uns jetzt bitte nicht emotional werden." F zu T: „Ihr Standpunkt ist logisch, aber kalt-unmenschlich. Ich lehne ihn ab.")

Judgers: Entschiedene Menschen *erledigen* Dinge. Sie halten sich an Termine. Sie lassen Vorgänge nicht schleifen. Sie sind beruhigt, wenn alles getan ist. Sie machen erst die Arbeit zu Ende, bevor sie an sich denken. Sie müssen alles unter Kontrolle haben. Sie planen und halten sich an Pläne. Sie geben Vorgängen Struktur. Sie wollen schnelle Entscheidungen. Sie tun, was sie sich vorgenommen haben.

Perceivers: Die an der augenblicklichen Wahrnehmung orientierten Menschen lassen Dinge offen, bis sie entschieden werden müssen. „Schau'n mer mal." (Wait and see.) Sie beachten Termine nicht sklavisch und finden eine erste Mahnung nicht tragisch, weil sich vieles vorher erledigt. Sie sind äußerst flexibel und spontan. Sie können sich extrem gut neuen Gegebenheiten anpassen. Sie können Entschlüsse spontan umwerfen. Sie lieben den Gang der Dinge, nicht die feste Struktur und die Regel.

P sagt zu J, die vor dem *Italiener* verabredet sind (P ist wie immer etwas zu spät gekommen. J wartet wie immer sehr pünktlich, obwohl er weiß, dass P immer zu spät kommt.): „Du, wir gehen zum *Chinesen*. Ich habe heute Nachmittag ein Stück Blechpizza gegessen, es war mir so danach." J wird gallig, weil er nie Pizza essen würde, wenn er zum Italiener verabredet ist. Er ärgert sich den ganzen Abend, dass er chinesisch isst. Er isst sehr gerne chinesisch, aber er hatte sich *vorgenommen*, italienisch zu essen. Oder: J zu Besuch bei P, öffnet den Kühlschrank: „Du hast einige Sachen dort stehen, die gerade abgelaufen sind. Wir könnten die erst essen." P: „Komm, mach keinen Quatsch. Lass das liegen." J: „Nein, wir essen erst das." P packt alles und wirft es in den Müll, kocht feines Essen. J schmeckt es nicht mehr so sehr. P über J: „Spießig." (J über P: „Unzuverlässig und unsolide.")

Bei diesen Darstellungen halte ich mich ungefähr an Keirseys Forschungen. Wenn Sie mehr wissen wollen, sei Ihnen „Please understand me II" sehr ans Herz gelegt. Es gibt neuerdings viele populäre Bücher, die sich letzlich zunehmend mit den Verschiedenheiten der Menschen auseinandersetzen. „Du kannst mich nicht verstehen" von Deborah Tannen oder „Emotionale Intelligenz" von Goleman. Die Botschaft ist immer die gleiche: Wir sind verschieden und sollten uns wenigstens verstehen. Viele Autoren glauben, dass wir uns auch *ändern sollten*, was de facto trotz aller Ratschläge und Strafaktionen nicht geschieht. Ich versuche in diesem Buch zu begründen, dass es nicht im Interesse der Menschen liegen kann, sich einander anzugleichen, solange wir alle „den besten Zustand" anstreben. Wenn wir alle gleich wären, wäre keiner der „Beste". Also versuchen wir der beste Mensch in anderen Feldern zu sein. „Du bist eine Flasche leer in Sport!" – „Und du nicht gerade ein Ass in Latein!" Das sagen wir als Kind. Und später sagt die Werbung: „Diese Schwarzwälder Torte ist am schokoladigsten." – „Diese Schwarzwälder Torte ist am kirschigsten." Wir alle und überhaupt alles ist am besten, wenn wir Unvergleichbarkeit zum Prinzip erheben. Deshalb sind Menschen verschieden. Deshalb müssen sie verschieden sein und deshalb ist jeder Änderungswunsch ein frommer und geht an der Sache vorbei.

Ich schildere hier kurz die vier Temperamente, damit Sie die große Verschiedenheit selbst sehen. Hoffentlich schaffe ich das bildhaft genug. Immerhin ist diese Fragestellung für ein ganzes eigenes Buch/Forscherleben gut, und ich kondensiere jetzt alles auf ein paar Seiten.

2 Das SJ-Temperament: Hüter der Ordnung: „Ich mache es richtig."

Keirsey nennt sie „Guardians". Sie ordnen sich sehr gerne in Gemeinschaften ein und fühlen sich ohne eine solche Einordnung nicht wohl. Sie sehnen sich nach Zugehörigkeit zu Gemeinschaften in jedem Sinne. Wenn sie sich neu einordnen wollen, fragen sie am Anfang: „Was wird von mir erwartet? Wie sind die Regeln hier gestaltet?" So betreten sie Kindergarten, Schule, Universität und Berufsleben. Sie sorgen sich um die Gemeinschaft, sie sorgen für andere in ihr. Sie wollen nicht per Saldo Nehmer sein, sondern Geber. Sie fühlen sich stets eingebunden und verpflichtet. „Jeder muss seinen Teil für das Ganze tun." Wer das in besonderer Weise dauerhaft tut, verdient sich in ihren Augen einen höheren Status. Er bekommt für Teilbereiche der Gemeinschaft eine Verantwortung zugesprochen. Da die Hüter dies so sehen, glauben sie unbedingt an hierarchische Ordnungen. Der durch anhaltendes Sorgen verdiente Status drückt sich in einem wohlverdienten, langsamen Aufstieg aus. Die Zukunft ist für sie der Aufstieg aus den Verdiensten der Vergangenheit, wodurch sie eher mit den Gedanken in dieser verdienstvollen Vergangenheit sind. Den Aufstieg verdienen sie sich durch immerwährende Vorbereitung. Ihr Leben gerät dadurch in Gefahr, nur aus Vorbereitung zu bestehen. Sparen, Gürtel enger schnallen, Haus abzahlen, Beförderungen bis zu der letzten ins ewige Leben.

Sie haben ein starkes Sicherheitsbedürfnis während dieses Aufstiegs. Änderungen ihrer Umwelt stören die Harmonie ihres kleinen Weltalls, da verdienter Status in neuen Situationen potentiell entwertet wird. Rangordnungen könnten purzeln, aufgebaute Harmonielandschaften wären gestört. Die Hüter sind aus diesen Gründen Gegner des Revolutionären, der Änderung und letztlich auch der totalen Freiheit. Gänzliche Freiheit lässt Ränge und Ordnungen in zu flexiblem Gefüge schweben und verneint teilweise die Notwendigkeit der Hierarchie.

Während der Arbeit sorgen sich die Hüter um die Organisation der Arbeit. Sie bilden Gemeinschaftsnetzwerke und administrieren gern. Sie verfolgen die Geschäftszahlen und ordnen Einnahmen und Ausgaben. Sie lieben eine wohldefinierte Zuständigkeit. Während der Arbeit fühlen sie oft die ständige Unruhe, vielleicht Momente lang nicht nützlich zu sein. Sie sind andauernd geschäftig und helfen hier und da aus, geben Rat und führen viele Arbeiten aus, die niemand recht wahrnimmt und die ohne Dank bleiben, was die Hüter melancholisch sein lässt. Sie sind nicht wirklich in der Lage, neue Verpflichtungen zum Dienst auszuschlagen, wenn sie ihnen gedankt werden. „Erledigen Sie das bitte auch noch." Das kommentieren sie eher mit einem Seufzen als mit Weigerung.

Die Hüter der Ordnung wissen die Dinge zu regeln. Sie packen komplizierteste Dinge praktisch und pragmatisch an und strukturieren sie in Abläufe und Regelwerke. Sie bilden Zuständigkeiten und sorgen für Organisation. Sie geben dem vorher Ungeordneten Halt. Ihre Interessensgebiete liegen im Wirtschaftlichen, im

Moralischen, im Materiellen. Keirsey spricht von der *Logistischen Intelligenz* der Hüter der Ordnung. Die Einzeltypen sind ESTJ, ISTJ, ESFJ, ISFJ. Keirsey nennt sie Aufsichtsführende, Inspektoren, Versorger, Beschützer.

Wie messen sie ihre Zustandsqualität?
Am meisten fühlen sie sich gelobt, wenn man ihnen sehr ordentliche Arbeit bescheinigt, die man in dieser sorgenden Weise so nicht vorher erwarten konnte. Sie sehen sich gerne als verantwortungsvoll und loyal anerkannt, als fleißig, bemüht, umtriebig. Sie sind stolz, wenn man ihnen bescheinigt, immer gut mit ihnen umgehen zu können (easy to handle). Da sie in eine größere Gemeinschaft eingebunden sind, brauchen sie im Grunde Wertschätzung aus allen Richtungen, um sich sicher zu fühlen, dass ihr Platz in der Rangordnung ungefährdet ist. Es scheint daher von außen, dass sie unendlich viel Lob brauchen. Selbst offene Schmeichelei nehmen sie an, nicht, weil sie ihr glaubten, sondern weil die Äußerung von Schmeichelei Sicherheit signalisiert. Neue Rangfeststellungen werden in feierlichen Zeremonien getroffen, in denen die erhöhten Hüter ihre Erhöhung schweigend-ruhig annehmen. Der Endtraum eines SJ ist es, im Rang ganz oben zu stehen: Executive zu sein. Sie lieben es, wenn alle ihnen dankbar sind.

Keirsey schätzt den statistischen Anteil der SJ auf drei Achtel der Bevölkerung.

3 Das SP-Temperament: Der Praktiker, der (Kunst-)Handwerksausübende: „Ich kann es gut und tue es gern."

Action! Dieses Wort charakterisiert sie ganz gut, die Praktiker. Keine Langeweile! Sie lieben die Arbeit als Arbeit. „Work is Play." Ein Schreiner liebt die Tätigkeit einen Schrank zu bauen, nicht nur den Schrank, der hinterher herauskommt. Ein Arzt liebt die Arbeit mit den Patienten. Er lebt nicht für die Jahresendstatistik, dass er 2,126 % mehr Patienten heilen konnte als im Jahr zuvor und 3,14 % besser lag als der Durchschnitt der Ärzte des Landkreises. So wären die Hüter der Ordnung orientiert. Die Praktiker leben in der Gegenwart. Sie arbeiten im Jetzt, während die Hüter leicht vergangenheitsgebunden sind. Es gibt keine Rangordnung für sie, keinen langsamen Aufstieg, keine dauerhaft empfundene Zuständigkeit oder Verantwortlichkeit. Alles ist jetzt. Praktiker fühlen sich selbstständig, auch wenn sie als Netzwerker, Techniker, Choreographen, Kameraleute in großen Firmen/Organisationen arbeiten und nicht Selbstständige im echten Sinne sind. Sie glauben an die absolute Gleichheit und Freiheit der Menschen. Jeder Mensch kann etwas Ordentliches und arbeitet. Kein Rang, keine Hierarchie. Wer meisterlich arbeitet, darf sich als Meister fühlen und auch so nennen, aber der Rang zählt nichts gegen das persönliche Können. Der Vorgang der Arbeit muss befriedigen, sonst ist ihm Arbeit leid. Der Vorgang der Arbeit darf nicht langweilen, besonders nicht sinnlos erscheinen. Etwa mit schlechtem Gerät zu arbeiten, weil gespart werden soll, lässt ihn außer sich geraten. Er wird die Arbeit „hinwerfen".

Da der Praktiker im Jetzt lebt und nur ungern plant, ist er extrem flexibel, lebensfreudig und spontan. In Krisensituationen reagiert er viel besser als alle anderen Temperamente. Er bleibt ruhig und packt an. Alles ist in einer Krise machbar für ihn, er beunruhigt sich nicht, dass dann Bestimmungen umgangen werden oder Sitten verletzt. „Wir biegen es jetzt hin." Praktiker sind die geborenen Krisenmanager oder Trouble Shooter. Wenn sie hingebungsvoll arbeiten, fällt niemals auch nur ein Blick auf die Uhr: Der Praktiker kann als Virtuose unzählige Stunden „dranbleiben". Er ist dann ausdauernd wie niemand sonst. Wenn die Maschine wieder läuft, der Computer anspringt, ist Feierabend – vorher nicht. Dann aber bleibt der Hammer liegen, wo er gerade hinfiel. Feierabend. (SJ werden jetzt böse, wenn sie jetzt noch da sind. Wahrscheinlich ja, weil sie kontrollieren müssen, ob alles okay ist.) „Jetzt ist jetzt. Ich lebe nur einmal." Keirsey spricht von der *Taktischen Intelligenz der Praktiker.* Die Einzeltypen sind ESTP, ISTP, ESFP, ISFP. Promoter, Kunstfertig-Handwerkliche, Darsteller, „Composer".

Wie messen sie ihre Zustandsqualität?
Ihr Endtraum ist es, Virtuose zu sein. Sie fühlen sich deshalb gelobt, wenn ihnen gesagt wird, wie clever, trickreich, gewandt, geschickt und flink sie gearbeitet haben. Das Folgende ist eher eine Beleidigung! „Ich freue mich, dass Sie das Projekt erfolgreich beendet haben und wir 1 % mehr Gewinn als geplant gemacht haben." Sie wollen Ausdauer, Unerschrockenheit beim Anpacken, anpassungsfähige Reaktion in der Krise, Zuversichtlichkeit inmitten von „Drecksarbeit" gelobt sehen. Sie wollen meist nicht als Lob feierlich Urkunden entgegennehmen. Viele empfinden das Knallen der Champagnerkorken angemessener für solch einen Moment. Ein Fünfhunderteuroschein vom Chef bar auf die Hand vielleicht. (SJ graut es bei so viel Unbürokratie.) SP lieben es, wenn man großzügig mit ihnen umgeht. Sie wollen volles Leben.

Keirsey schätzt den statistischen Anteil der SP auf drei Achtel der Bevölkerung.

4 Das NT-Temperament: Der Rationale (der intuitive, ganzheitliche Nützlichkeitsdenker): „Ich verstehe, wie es richtig geht."

Rationale sind absolut kompetent. Sie eignen sich unaufhörlich mehr Fähigkeiten an, in denen sie andere überragen. Sie hamstern geradezu die Fähigkeiten an sich, ohne erstrangig an deren Ausübung zu denken. Sie leben, als hätten sie sich selbstverdammt zu einem Höchstgrad an Exzellenz. Für sie wird alles zu einer Fähigkeit: Kochen, Briefmarkensammeln, Tulpen züchten, Mensch-Ärgere-Dich-Nicht-Spielen. Wenn sie es anfangen, wird es erstklassig gut. Immer. Alles. Da es ja Dinge gibt, die man besser mit weniger Ernst betriebe, können Rationale durchaus als Spinner wirken. In der Schule sind sie gewöhnlich gut. Die Arbeitssicht allen Seins hat nicht die Lustkomponente der SP. Die Rationalen wollen das Universum bis ins Letzte verstehen. „Papa, wir beginnen in der Schule mit Bruchrechnen. Es sind zwei Zahlen übereinander, ein Strich dazwischen." – „Oh Kind, was hat man dir da beigebracht. Lass mich kurz die Axiomatik des Aufbaus des Zahlensystems …" Rationale sehen die Dinge auf einem abstrakteren Niveau als allgemein üblich und begegnen oft Verständnisschwierigkeiten in ihrer Umgebung. („Der ist so ein typischer Doktor.") Das stört sie meist nicht und das ist ein weiteres Problem. Sie haben auf der anderen Seite die begnadete Begabung, das Allgemeine und das Grundsätzliche zu verstehen. Sie dringen gedanklich tiefer ein und können großartige Problemlösungen liefern. Sie lieben es nicht unbedingt, das Problem wirklich bis zum Ende zu lösen, weil sie die Lust an der Weiterarbeit verlieren können, wenn die echte Herausforderung schon hinter ihnen liegt. „Ich werde unkonzentriert beim Schachspiel, wenn ich einmal im Vorteil liege. Ich habe zu diesem Zeitpunkt ja prinzipiell gewonnen. Der Rest ist blödes technisch sauberes Spiel. Sollen die Leute doch aufgeben." Mit einer solchen inneren Haltung wirken sie unbewusst und unbeabsichtigt arrogant. Sie können Probleme im Verhältnis zu anderen Menschen haben. NT haben die *Strategische Intelligenz*. Die Einzeltypen sind ENTJ, INTJ, ENTP, INTP. Keirsey nennt sie Feldmarschall, Mastermind, Erfinder, Architekt.

Wie messen sie ihre Zustandsqualität?
Ihr Endtraum ist es, als Genie anerkannt zu werden. Sie lassen sich daher eigentlich nur schwer von anderen loben. Wenn jemand auf sie zugeht und „das finde ich großartig" herausbringt, prüfen sie den Lobenden schärfstens, ob er wirklich genau verstanden hat, was er da kommentiert. Meist findet er heraus, dass dies nicht so ist. Ein NT möchte von Gesinnungsgenossen abge-

schätzt wissen, „wie weit entfernt der Geniestatus noch ist". Daran misst er sich selbst. Normale Achtung von Bewunderern seiner Problemlösungen nimmt er nicht zur Kenntnis und er kann schroff dabei wirken. Wenn ihn Vorgesetzte loben, ihm eine Urkunde überreichen oder ihn in einer Versammlung herausheben, wird ein NT unter Umständen dem Vorgesetzten böse. NT haben so irrwitzig hohe Maßstäbe an sich selbst, dass ihnen Anerkennung von den meisten Menschen einfach nichts bedeutet, da diese die Höhe der inneren Messlatte eines NT nicht ahnen. Dieses Verhalten ist genau gegensätzlich zum Verhalten des SJ. Wenn diesem gesagt würde, bei einer Fragebogen-Feedbackaktion habe er für seine Präsentation die Durchschnittsnote 1,5 erhalten, ist er absolut glücklich. Einem NT bedeutet 1,5 nichts. Hochachtung von einem begnadeten Hauptredner möchte er in dieser Situation. Ein NT fürchtet nichts so sehr als ein abfälliges Urteil eines Gurus über ihn. Er will die Ehrerbietung der Meister.

Keirsey schätzt den statistischen Anteil der NT auf ein Achtel der Bevölkerung.

5 Das NF-Temperament: Der Idealist (auf der Suche nach unverwechselbarer Identität): „Ich bin."

N und F: Intuition und Gefühl, das ist die Mischung, die den Idealisten ergibt. Er sieht in das Herz der Menschen, sucht tiefe Freundschaften und Interaktion mit anderen. Er lebt menschenzentriert. NF befinden sich in einem lebenslangen Prozess des Werdens. Sie suchen nach einem besonderen Sein, möchten eine unverwechselbare, besondere Identität haben. Sie suchen also ein Ziel. Das ist anders als bei den anderen drei Temperamenten. Diese haben ein Ziel. Da die anderen Typen ein Ziel haben und dies natürlich finden, verstehen sie die NF nicht recht, weil diese nach einem Ziel suchen.

Man sagt, Woodstock sei ein gigantisches NF-Festival gewesen, das zunehmend durch das massenhafte Dazukommen von SP „gestört" wurde. NF haben starke Angst vor Einordnung. Sie haben Angst, verloren als Teil der Masse dazustehen. Überall suchen sie nach Zeichen ihrer eigenen Bedeutung. Sie sind daher voller Leidenschaft, kreativ zu sein. Sie lieben es, anderen Menschen etwas Besonderes zu geben. Sie lieben es, normalen Menschen beizustehen, ihnen zu helfen. Sie geben gerne Rat. Sie sind liebevoll und diplomatisch, haben eine einmalige Intuition für Menschen, der sie einfach vertrauen. Sie müssen über menschliche Dinge nicht argumentieren oder Verhaltensgründe sortieren. Sie wissen fühlend. NF leben in der Zukunft, wo das gesuchte Ziel wartet. Sie leben im Möglichen, nicht so sehr im Wirklichen. Sie sind romantisch und begeisterungsfähig. Sie können, wenn sie auf neuen Sinn treffen, auf der Stelle die Richtung ändern, was sie zu schillernden Menschen machen kann. Wir sehen sie manchmal als Schmetterling. NF *haben eine diplomatische Intelligenz.* Die Einzeltypen ENFJ, INFJ, ENFP, INFP nennt Keirsey Lehrer, Ratgeber, Champion, Heilender.

Wie messen sie ihre Zustandsqualität?
Ihr Endtraum ist es, als unverwechselbarer „Weiser" anerkannt zu sein. Sie brauchen menschlich warme Wertschätzung von anderen. Sie würden gerne hören, dass sie besonders oder gar einzigartig sind. Sie möchten sehr persönlich angesprochen werden. Sie wären glücklich, wenn sie jemand verstehen könnte. Sie brauchen sehr oft Feedback, um sicher zu sein, dass sie sich auf einem guten Weg befinden.

Keirsey schätzt den statistischen Anteil der NF auf ein Achtel der Bevölkerung.

> Warnung: Dies ist eine wichtige Stelle im Buch, die die Grundlegung für die Forderung sein wird, Menschen ungleich, individuell, verschieden nach ihrem Temperament zu behandeln, so dass sie ihr Glück in

einer Form finden, wie sie sie selbst als Glück empfinden. Zur Illustration der Verschiedenheit der Menschen wählte ich eine der vielen Typologien. Ich hätte auch eine andere wählen können; ich nahm eine, die wirklich im Management verwendet wird, damit Sie nicht alle als Leser gleich aufschreien, diese Typologie lehnten Sie ab. Die Psychologen und Philosophen machen mich nicht gleich nieder, weil ja der Urvater C. G. Jung mit der hier gewählten Typologie begann (das ist ja dann fast amtlich). Ich beschränke mich hier nur auf die vier Temperamente. Auf vier! Ich könnte ganz genau werden und auf alle 16 Einzeltypen eingehen, mit allen Unterschattierungen. Dann aber müsste ich immer 16 Beispiele statt nur vier bringen und das Buch würde gähnend langweilig (ich könnte es aber, wenn ich wollte!). Um diesem Buch und mir gerecht zu werden, sollten Sie nicht immer in sich hineinhorchen, ob Sie als Person sich nun ganz genau in einer Temperamentklasse wiederfinden. Ich schreibe dies Buch über die Verschiedenheit der Menschen, nicht genau über Sie selbst. Ja, es gibt Zwischentypen, und, ja, man kann sich ein wenig ändern mit der Zeit. Ja, man kann zum Beschreiben der Typen andere Klassen definieren. Seien Sie so lieb und akzeptieren Sie meine Wahl der Temperamentbeschreibung für die nächsten 350 Seiten. Ich habe oben die normale Wirkung der Klasseneinteilung schon beschrieben. Alle Klassen von Menschen lehnen die Klassen aus verschiedenen Gründen ab. SJ finden sich selbst normal „gut" und die anderen nicht, sie brauchen keine Klassen. SP finden diese Tests neckisch und nutzlos. Sie sind autonom und werden sich nicht nach Testergebnissen ändern. NT zweifeln diese „unwissenschaftlichen" Klassen an, weil „es nicht bewiesen ist". NF finden, dass sie besonders sind, aber keine psychologische Klasse. NF hassen Einordnungen. Die meisten Menschen lehnen also diese Verschiedenheitsklassen ab, und zwar mit Argumenten, die genau zu ihrer Klasse passen. SJ sind die Normalen, NT die Wissenden, NF die Besonderen, SP die Praktischen, Nicht-Theoretischen. SJ sind also normal. Punkt. NT wissen es besser, SP finden es nicht praktisch und NF wollen ihre Besonderheit anders erklärt haben: nicht durch Klassifizierung, sondern durch persönlichen Adel. Sie können Ihr eigenes Temperament schon fast daran erkennen, wie Sie Ihre Ablehnung dieser Klassifizierung begründen. Zusammengefasst: Menschen sehen fast allesamt in dieser Klassifizierung eine gewisse Entlarvung oder Demütigung. Menschen fühlen innerlich durchaus, dass andere Menschen anders sind. Diese anderen Menschen finden sie „merkwürdig" und, ohne es je explizit auszusprechen, „von niederem Rang". Mit diesem Trick lässt sich gut leben. Wer nämlich die drei anderen Klassen von Menschen innerlich ablehnt, hält nur noch einen kleinen Teil der Menschen für akzeptabel. Deshalb (ich begründe das später mit Prozentzahlen) gehört jeder solche Mensch schon automatisch „zu den Besten" der Menschen.

Wer die Typisierung ganz versteht und innerlich voll akzeptiert, muss wohl alle anderen Menschenklassen innerlich als gute, ebenfalls achtbare Spezies zulassen. Dann aber ist der Mensch nicht mehr automatisch „einer der Besten", einer von „der Creme der Menschheit". Wenn Sie also alle Menschen als prinzipiell gleich ansehen, ist dies ein Taschenspielertrick, gut zu erscheinen. („Alle Menschen sind gleich, aber die anderen, die so merkwürdig sind, sind auch gleich, aber von minderem Rang.") Computer werden an dieser Stelle einfach nachrechnen, die Unterschiede feststellen und individuell Sie persönlich fragen: „OK, Sie sind Typ XY. Weshalb sind Sie in der Klasse der XY einer der Besten?" Das ist viel schwieriger zu begründen, gell? Als einfach stolz zu zeigen, nicht wie jene dort, die XX, YY, ZZ zu sein? Und deshalb wollen Sie das alles vielleicht nicht.

Also: Wenn sich in Ihnen etwas sträubt – das ist normal. Dies Sträuben ist wie Festklammern. Dies Querdenkerbuch ist gegen alles Festklammern.

6 Nachdenken über Menschen und ihre Verschiedenheit

Viele Menschen finden sich nicht gleich auf Anhieb in Temperamentklassen wieder und legen die Theorien wieder weg. Die Hauptaussagen von Büchern lauten: Verstehe durch das Brennglas deines Typus genauer, wer du bist. Lerne die anderen besser kennen und „verzeihe ihnen". Versuche, sie zu verstehen und so, wie sie sind, gern zu haben. Versuche nicht, sie zu ändern, weil dies fehlschlagen wird.

Wenn dies einigermaßen zutreffend ist, kommen uns Gedanken:

- Menschen sind verschieden. Alle wollen sie anerkannt und geschätzt werden. Was wollen sie? Anerkennung. Bewunderung. Achtung. Wärme. Letztlich: Würde. Die Omnimetrie misst sie aber hartnäckig in Zahlen und im Endeffekt in Geld. Dies tut allen Menschen Unrecht und allen Menschen weh.
- Menschen scheinen von allein so viel zu arbeiten, wie man nur will, wenn sie mit der Arbeit im Einklang sind und vor allem Würde gewinnen.
- Wenn Menschen so verschiedene Ziele haben und so verschieden „gelobt" werden wollen und wenn unsere Welt im Namen der Gerechtigkeit „Lob" immer nach gleichen uniformen Regularien für alle austeilt: Dann ist es der reine Zufall, dass ein Mensch so gelobt wird, wie ihm das gut tun würde. Ist es so nicht fast unmöglich, dass uns unser Leben genug Wärme und Würde spendet?
- Beklagen wir vielleicht allesamt deshalb den Verfall der Werte, weil Omnimetrie sie durch zu uniformes Messen quasi abschafft, weil uniforme Werte meist nicht die unsrigen sind?
- Kann man annehmen, dass Temperamenthäufigkeiten mit den Zeiten wechseln? (Ja. Für neue Zeiten zum Beispiel haben NT Vorteile, in normalen SJ.)
- Erzeugen unsere jetzigen Gesellschaften nicht automatisch diese vier Charakterarten? Sind dies gerade die vier, die einigermaßen unter den herrschenden uniformen Philosophien überleben können? Was sagen uns die sehr verschiedenen Häufigkeitsanteile, mit denen Menschentemperamente in der Gesamtbevölkerung vorkommen?
- Gibt es andere Temperamente, die ebenfalls „lebensfähig" sind? Die wir uns wünschen könnten? Die wir dann als Charaktertemperament wahrnehmen könnten, als Verhaltensklasse, die ein eigenes Verständnis von Würde hat? Zum Beispiel ist die Typenklasse TJ diejenige, welche derzeit ausschließlich das Management beherrscht, obwohl die Einzeltypen sehr unterschiedlich sind (dazu Exakteres später).

• Welche Temperamente sollte ein Computer haben? Braucht er Würde? Ich meine, nicht für ihn, er verschmerzt das, aber für uns: Wir wollen mit würdigen Computern zusammenleben. Noch einmal deshalb: Braucht er Würde?

Darüber will ich mit Ihnen nachdenken. Ein paar Seiten stimme ich Sie ein, damit Sie einen Blick entwickeln können, eine Intuition. Danach wird die Darlegung sachlicher und formaler. (Jetzt sagen einige Leser: „Formaler! Endlich. Es sind doch nur Behauptungen bis jetzt." Und andere: „Formaler. Oh Gott. Bisher las es sich doch gut." Und andere: „Nicht immer nachdenken und nachdenken. Er soll schnell sagen, was getan werden soll und dann ist das Problem ja weg." Und wieder einige: „Vielleicht finde ich Gedanken für mich.")

7 Bilderbogen über Menschenverschiedenheiten

Karteikarten versus Story
Ich habe schon öfter mit anderen Autoren an Artikeln gearbeitet. Es gab immer Schwierigkeiten, so dass ich heute lieber allein schreibe. Es läuft stets folgendermaßen ab: Mein Kollege und ich beschließen, einen zehnseitigen Artikel über irgendetwas zu verfassen. Er beginnt sofort mit Brainstorming und schreibt alle Einfälle auf Karteikarten. Er fängt mit einer Gliederung an und denkt sich Unterabschnitttitel aus. Er ist richtig rührig bei der Arbeit. Ich sehe das aber gar nicht, weil ich den Artikel beim Aus-dem-Fenster-Schauen träume. Ich träume ihn unter der Dusche, beim Autofahren, so gut das geht, im Stau sicherlich. Ich träume davon auf Rolltreppen, im Zug während einer Dienstreise. Wie ein Schauspiel lasse ich alles ablaufen und es gefällt mir nicht. Ich bin meistens verzweifelt, dass kein richtiger roter Faden in der Story ist und dass zum Ende der rechte Pfiff fehlt. Nach einer Woche treffe ich meinen Kollegen. Er zeigt mir stolz seine Karteikarten und den Vorschlag quasi eines Inhaltsverzeichnisses. Dann schreie ich innerlich auf (früher habe ich das auch

schon einmal normal physisch äußerlich getan). „Das darf man nicht! Man darf keine Gliederung schreiben, wenn die Story nicht klar ist. Wenn die Aussage nicht durchdacht ist!" Wir diskutieren. Mein Kollege meint, dass man natürlich die Story verbessern kann, das lasse sich alles in sein Gerüst einbauen. Den Schluss könne ich ja auch noch pfiffig machen, kein Problem. Ich lehne ab. Ich meine, es müsse erst die ganze Story klar sein, und die müsse dann ohne irgendeine Gliederung hingeschrieben werden. Ich rege mich tierisch innerlich auf, wie man Brocken zu einer Gliederung zusammenstoppeln kann, solange die Hauptlinie nicht beschlossen ist. Und jetzt! Jetzt kommt der Augenblick des atomaren Gegenschlags. Mein Kollege ist zunehmend empört über mich und fragt: „Was hast du eigentlich in der ganzen Woche gemacht? Zeig' doch mal, was *du* hast!" Und ich? Ich stehe da wie ein Trottel und muss sagen, dass ich nichts habe, aber ich hätte viel über die Story geträumt. „Geträumt" sage ich natürlich nicht, ich sage „nachgedacht", weil ich mich sonst schäme. Und mein Kollege sagt natürlich: „Nachgedacht! Sehr schön! Aber an meiner tierischen Arbeit herummeckern, was das Zeug hält, das kannst du. Bitte, ich höre jetzt einmal auf zu arbeiten, bis der Herr hier auch einmal etwas zu Papier gebracht hat." Schluss, wir gehen auseinander. Nun bin ich dran. Ich aber träume weiter. Irgendwann huscht ein Lächeln über mein Gesicht. „Die Eingebung." Ich weiß eine Story, habe einen roten Faden und glühe vor Zufriedenheit. Ich hole mir je nach Tageszeit bzw. Ort viel Kaffee oder Rotwein. Und los geht's! Leute, die mich dabei gesehen haben, bestaunen mich wie ein biologisches Wunder. Ein ganzer Artikel ist in drei bis vier Stunden komplett fertig. Das könnten sie nie, sagen sie. Der Artikel ist immer fast fehlerfrei, hat jetzt eine Story und Pfiff am Ende. Erstaunlich! Ich muss fast nie hinterher etwas ändern, es ist wie aus einem Guss aus mir herausgekommen. Keiner versteht mich, dass ich doch schon so lange geträumt habe. Das Schreiben ist nur noch das Ausräumen des Traums aus meinem Kopf. Schreiben bedeutet nichts. Es ist kein schöpferischer Akt. Der war früher, unter der Dusche. Ich habe einmal ein ganzes Jahr lang über einem mathematischen Problem gebrütet, aber keine Idee gehabt. Ich warf es hin. Ein weiteres Jahr später wusste ich plötzlich die Lösung ganz genau, ganz plötzlich. Und, ehrlich, unter der Dusche, wenn der Geist ganz ruhig ist. Es war eine hohe wissenschaftliche Leistung, deren Entstehungsgeschichte ich bei einem Berufungsvortrag um eine Betriebswirtschaftslehre-Professur miterzählte. Ich bekam die Professur nicht. Unter anderem sagte man mir, dass meine Leistungen unzweifelhaft seien, dass aber *das* etwas merkwürdig gewirkt habe, das mit der Dusche. „Warum erzählten Sie das? Warum? So etwas macht ein Betriebswirtschaftslehreprofessor nicht. Sie haben sich damit zu sehr als Mathematiker geoutet." Ach, ich merke, ich schweife ab. Also, der Artikel ist nach vier Stunden fertig, der Saint Emilion und ich auch. Ich gehe stolz mit meiner Geschichte zu meinem Kollegen. Er liest sie durch und findet sie nicht schlecht. Nicht schlecht! Ich bin etwas gekränkt und frage nach. Mein Kollege meint, der Artikel könne hingehen, aber er werde ihn jetzt nehmen und alle Argumente dazuschreiben, die er in seiner Stoffsammlung habe und die ich vergessen hätte. Jetzt wird mir ganz heiß, denn zu der Story kommt dann eine Aufzählerei, die den dichterischen Wert vernichtet. Mein Kollege klärt mich auf, das dieser Wert weniger wichtig sei. Wichtig sei es, alle Argumente gebracht zu haben. Wir streiten. Und streiten. Es fällt uns jedes Mal ein, das es schneller gegangen wäre, wenn wir getrennt jeder einen eigenen Artikel geschrieben hätten. Und Sie merken, was das Ganze war? SJ mit/gegen NT.

Was bin ich? Die Geschichte mit Robert Lembke
Ich habe als Kind sehr viele Folgen der Sendung „Was bin ich?" von und mit Robert Lembke gesehen. Ein Gast kam. Ein Jury musste seinen Beruf erraten, den das Fernsehpublikum vorher auf dem Bildschirm eingeblendet bekam. Die Jury, besonders mit dem berühmten Guido Baumann („der Ratefuchs"), mit der klugen Annette von Aretin, mit dem kecken Fliegenträger Hans Sachs und der schönen Marianne Koch habe ich heute noch vor

Augen (da fällt mir auch gerade wieder eine Gardine mit einer Goldkante ein, alles Jahre her …). Jedes Jurymitglied durfte den Gast so lange mit Ja/Nein-Fragen traktieren, bis der Gast einmal Nein antwortete. Dann warf Robert Lembke ein Fünfmarkstück in ein (Spar-) Schweinderl, wie er sagte, zählte das Nein mit, und das nächste Jurymitglied war an der Reihe. Die Jury musste versuchen, den Beruf mit weniger als 10 Nein-Antworten zu erraten. Sonst war das Spiel für den Kandidaten gewonnen und er bekam 50 Mark (!). Ich glaube, sie haben es nur jedes zweite Mal geschafft. Als letzter Kandidat kam immer ein Prominenter. Ein Schlagersänger oder Politiker. Dann stellte Annette von Aretin besonders oft die berühmte Frage: „Fängt Ihr Name mit einem Buchstaben aus der ersten Hälfte des Alphabetes an?" Das war sehr schlau, aber ziemlich mathematisch und irgendwie unfair. Mehr so eine Notmaßnahme, wenn sie „es zwingen" wollte.

Irgendwann, viel später, ist mir die Lösung eingefallen, bei der Vorbereitung einer Vorlesung über Informationstheorie. Ganz plötzlich. Sie geht so: Ich nummeriere alle Berufe von Nr. 1 bis Nr. 1 000 000 durch, so viel es eben gibt. Der Gast muss in der Liste nachschauen, welchen Beruf er hat. Er weiß die Nummer? Gut. Dann frage ich so: „Gehe ich recht in der Annahme, dass Ihr Beruf NICHT die Nummer 1 hat?" Der Gast sagt: „Ja." Also ist es nicht 1. Ich frage: „Gehe ich recht in der Annahme, dass Ihr Beruf NICHT die Nummer 2 hat?" Der Gast sagt: „Ja." Usw. Irgendwann (alle schlafen schon) frage ich: „Gehe ich recht in der Annahme, dass Ihr Beruf nicht die Nummer 12876 hat?" Da springt der Gast erleichtert auf und schreit triumphierend: „Nein!" Also habe ich die Lösung. Sie heißt 12876. Der Beruf ist erraten, und der Gast bekommt nur 5 DM. Ich kann das mit jedem Gast und mit jedem Prominenten machen! Ich kann sogar mit nur einem Nein erraten, welches Atom im Weltall bei Herrn Lembke zu Gast ist! Ich war sehr stolz auf die Lösung. Stellen Sie sich vor: Millionen von Menschen und die ganze Presse bewundert unausgesetzt zig Folgen lang die Rateschläue des Teams. Dabei ist das mathe-

matische Problem absolut trivial! Es ist nichts dahinter! Niemand
hat es gemerkt! Aber ich!

Ich schrieb sofort einen Leserbrief an Herrn Lembke und bekam eine lange persönliche Antwort, die ich vor Enttäuschung
leider vernichtet habe. Ich habe den Brief damals auch nicht richtig verstanden. Herr Lembke schrieb etwas durcheinander, fand
ich, und er gab gar nicht offen zu, dass ich Recht hatte. Es schi-
en aus dem Brief nicht klar, ob er überhaupt verstanden hatte,
dass das Spiel trivial war. Der Brief war sehr irritierend und mo-
ralisierend, wo es doch nur um eine mathematische Lösung ging.
Ich dachte damals, es sei die Pflicht der Menschheit, die Regeln
der Fernsehsendung sofort zu ändern. Aber Herr Lembke schrieb
im letzten Satz, dass die Fragen, die ich zur Lösung vorschlug,
„nach seinem Gefühl natürlich nicht in Ordnung seien und deshalb nicht gefragt würden". Ich zeigte meiner Frau empört diesen
Satz. Sie lachte und fand, dass Herr Lembke Recht hätte. Mein
Vorschlag sei blöd und störend, und sie würde die Sendung weiter anschauen. Später habe ich manchmal mit dem Gedanken gespielt, mit dieser Idee bei „Wetten, dass?" aufzutreten und sicher
zu gewinnen, aber meine Frau sagte wieder ganz einleuchtend:
„Wie sieht denn das aus, wenn du etwas Heiliges mit dummer
Logik anschmutzt. Niemand wird klatschen, alle werden dich als
Besserwisser hinwegwünschen." Und was sagt die Geschichte? F
gegen T: 2:0.

Wen stelle ich ein?
Nehmen Sie an, Ihr Chef erlaubt Ihnen, für Ihre Abteilung zwei,
drei Kollegen selbst einzustellen, die Sie bei der Arbeit unterstützen sollen. Sie bekommen Bewerbungen. Wenn ein Bewerber ein
viel schlechteres Zeugnis hat als Sie, ziehen Sie einen Bewerber
nicht in Betracht. Wenn Bewerber viel bessere Zeugnisse haben
als Sie, zögern Sie. Sie bekämen viel Arbeit abgenommen, aber
auch einen möglichen Konkurrenten. Stellt der dann die nächsten Kollegen ein? Optimal vielleicht: Jemanden einstellen, der
schwach schlechter ist. Oder jemanden, der irre gut arbeitet, aber

eine „Macke" hat, mit der der Chef nicht klarkommt? Dies sind Erwägungen des selbstsüchtigen Ich an sich.

Andere Verhaltensweisen hängen vom Temperament ab. Ein SJ wird meist nach den bisherigen Erfahrungen des Bewerbers fragen. Welche Projekte hat er durchgeführt? Hatte er die Leitung? Wie groß war das Team, das er leitete? Für wie viel Geld hatte er Verantwortung? Was war der Umsatz? War der Kunde zufrieden? Was hat er gesagt? Wo kann man anrufen, um etwas über den Bewerber zu erfragen? Der praktische Verstand eines SJ will Fakten und Daten und Voten von Menschen.

Ein NT fragt eher, welche Projekte der Bewerber genau gemacht hat. Er will wissen, was das Problem war. Er will es verstehen. Er diskutiert über Lösungen mit dem Bewerber. Er beurteilt dabei, ob der Bewerber genau weiß, „wovon er redet". Ein NT prüft die Kompetenz. Er stellt hypothetische Probleme der eigenen Firma dem Bewerber in den Raum und bittet ihn, seinen Lösungsweg vorzuschlagen. Was wird er tun, wie lange wird das dauern, wo sieht er Schwierigkeiten? Versteht er das Problem schnell und mit Leichtigkeit? Zeigt er Freude am Diskutieren in der Sache?

Ist der Bewerber ein SJ, so wird er seine Daten hervorsprudeln wollen. Sind Sie als Einstellender ein SJ, so nehmen Sie ihn, weil er gute Antworten gibt. Ist der Bewerber ein NT, so erwartet er, dass Sie ihn nach Inhalten ausfragen, was Sie aber nicht tun. Seine Daten sind ihm nicht so wichtig, er antwortet irgendwie unvorbereitet und linkisch. Sie nehmen ihn nicht.

Sind Sie selbst ein NT und sprudelt ein SJ-Bewerber Fakten, so stoppen Sie ihn ab und verwickeln ihn in Diskussionen über die Sache. Dies irritiert ihn, er fühlt sich abgelehnt. Sie werden frostig, weil Sie glauben, er sei nicht kompetent und wolle ablenken. Sie nehmen ihn nicht. Ist er ein NT, ergibt sich eine lebendige Konzeptdiskussion. Eingestellt!

Fazit: Wir stellen Leute ein, weil sie unsere Kopien sind. Wir denken nur, wir beurteilten Menschen danach, ob sie gut arbeiten, aber vorrangig zeigt sich, dass wir nur mit dem eigenen Temperament klarkommen. Wenn wir mit anderen Temperamenten zu tun haben, schieben wir in Unkenntnis der Verschiedenheit die im Gespräch entstandenen Missverständnisse dem anderen in die Schuhe, den wir dann etwas merkwürdig finden. Die Neigung, Kopien einzustellen, ist erwiesen. Es herrscht nicht gerade die schlaue Überlegung vor, einen anderen Typ einzustellen, der das Team ergänzen würde. Das könnte man erst, wenn man verstünde, dass Menschen verschieden sind und nicht „merkwürdig oder grad' so wie ich".

Wie finde ich einen Lebenspartner?
Da gibt es zwei Wege. Sie stolpern einem Partner über den Weg oder Sie suchen gezielt per Heiratsanzeige. Nehmen wir an, Sie schreiben eine Heiratsanzeige. Was schreibt man da hinein? Da können Sie lange an einem Bleistift kauen, es ist nicht so einfach. Sie bekommen ja am Ende, was Sie sich wünschen. Und nun müssen Sie genau aufschreiben, was Sie wollen. Diese Übung sollten Sie am besten jetzt gleich machen und wieder, wie für den Keirsey-Test im Internet (Sie haben ihn doch gemacht?!), dies Buch abermals für kurze Zeit niederlegen.

Während Sie nachdenken, eine Überlegung dazu: In der Einleitung hatte ich ja schon eine Umfrage zitiert, nach der Männer eine Idealfrau wollen, die „aber auch nachgeben muss". Diese Einschränkung ist so ähnlich zu sehen wie die beim Einstellen von einem Bewerber, der viel besser ist als Sie selbst. Er ist großartig, könnte Ihnen aber das Wasser abgraben. Sie stellen solch einen Bewerber lieber nicht ein, oder?! Sie wünschen ihn sich nur theoretisch. So ist das beim Partner auch. Theoretisch soll er toll sein, wenn Sie aber echtes Geld für eine Heiratsanzeige ausgeben sollen etc., dann doch lieber …

Also, wieder da? Ich weiß leider nicht, was Sie geschrieben haben, ich muss jetzt vermuten. Ich denke, es sieht so ähnlich wie in der Tageszeitung aus. „Ich reise gern und trinke gerne Jager-Tee. Komm, trink mit." – „Partnerin für gemeinsames Leben gesucht." – „… der mit mir meine Interessen teilt." Wenn Sie hinschreiben müssen, wer zu Ihnen ins Haus soll: Die meisten Menschen wollen eine Kopie von sich selbst. Schönste Frauen wollen schöne Männer, kleine Männer kleinste Frauen. Gleich und gleich gesellt sich gern.

Keirsey berichtet aber in seinen Studien, dass sehr, sehr viele Menschen de facto eher ihr Typ-Gegenteil tatsächlich heiraten! Klar, Gegensätze ziehen sich an. Ich habe beim Lesen dieser Information wie vom Donnerwetter getroffen an meine Frau gedacht und instinktiv gewusst, warum wir so verschieden sind. Dann habe ich meine vier Typbuchstaben genommen, alle vier in ihr Gegenteil verkehrt und unter diesem Typ in Keirsey's Buch nachgeschaut, was das für ein Mensch ist, der durch diese „Gegenteilkombination" charakterisiert ist. An dieser Stelle im Buch habe ich eine ganz gute Beschreibung meiner Frau gefunden.

Ich nehme dies Thema später wieder auf. Hier sei festgestellt: Wenn wir uns Menschen theoretisch wünschen können, tendieren wir dazu, eine besonders gelungene Kopie von uns zu imaginieren. Wenn wir heiraten, neigen wir zum anderen Extrem. Und ich darf hier die lustige Bemerkung anhängen, dass Heiratsinstitute und Partnercomputer tatsächlich suchen, was *Sie* wollen! Sie selbst! Computer suchen in einer Partnerdatenbank genau für Sie für viel Geld heraus, was *Sie* wünschen: Ein Selbstkopie. Welche Sie dann aber aus den angegebenen Gründen nicht wollen! Nicht nur „Was bin ich?" beruht auf einem Irrtum, auch dieser ganze Wirtschaftszweig. Er geht davon aus, dass jeder selbst hinschreiben kann, was er als Liebstes will. Falsch. Ich finde, dieser Sachverhalt ist die schönste Illustration zum Thema Verschiedenheit der Menschen. Ich habe beim ersten Nachdenken über diese Problematik hier das Gefühl bekommen, „wir wissen rein gar nichts, wenn wir *dies* nicht wissen", wenn wir diese Verschiedenheit der Menschen nicht ahnen.

Kopfnoten in der Schule?

Oben im Zeugnis stehen in manchen Bundesländern zu manchen Zeiten so genannte Kopfnoten in Mitarbeit, Sorgfalt, Betragen,

Fleiß, Disziplin, wie sie immer wechselnd heißen. Unten steht: Versetzt in die nächste Klasse/Jahrgangsstufe. Bitte schauen Sie sich die vier Temperamente im Geiste noch einmal an. Was sehen Sie? Alle diese Noten bewerten, ob der Schüler in Termen der SJ Fortschritte gemacht hat und ob er im Rang aufstieg! Die glänzenden Vorzeigeeigenschaften der anderen Temperamente, wie Flexibilität, Virtuosität, Kraft, Kreativität, Wärme, Fähigkeit zur Freude, Charme, Führungsstärke, Charisma, Intuition, Wissensvielfalt kommen nicht vor und werden nicht in der Öffentlichkeit breit diskutiert. Ich komme auf dieses Thema zurück: Erziehung ist SJ-dominiert. Warum? Ist das richtig? Nun schlagen wir gemeinsam im Geiste eine Tageszeitung auf und schauen uns Stellenanzeigen an. Welche Eigenschaften sollen die Fach- und Führungskräfte von morgen gegen beste Bezahlung haben? Die *der anderen* Temperamente vor allem, natürlich aber auch die der SJ (interessanterweise wird de facto in Unternehmen Loyalität sehr hoch geschätzt, steht aber nicht in Stellenanzeigen als Anforderung).

Was ist ein guter Offizier?
Kann ein NF ein guter Soldat sein? Ein NT? Bitte schauen Sie noch einmal die vier Temperamente an (ich nerve Sie damit, aber Sie müssen die Unterschiede langsam in sich hineinsinken lassen). Meine eigene Geschichte dazu. Weil ich viel wusste, wurde ich am Ende meiner Dienstzeit zum Offizierslehrgang geschickt, obwohl ich keinen Sport mag, obwohl es sich ziemlich lächerlich anhört, wenn ich mit meiner etwas hohen Stimme Kommandos brülle und obwohl ich nicht stramm aussehe. Da ich ein gutes Kurzzeitgedächtnis habe, kann ich eine Stunde vor einer Prüfung noch so etwas lesen wie „66 Merkpunkte im Feld" und sie dann alle fehlerlos hinschreiben. Habe ich gemacht. Deshalb bekam ich im theoretischen Teil der Abschlussprüfung viel mehr Punkte als es vorgesehen war. Im praktischen Teil war ich mäßig. Zusammengezählt aber wurde ich Sieger. Das hörte ich von sehr erstaunten Offizieren gleich nach dem Abschluss. Keiner hatte mich je

als Leistungsträger beachtet. Die Siegerehrung ließ lange auf sich warten. Am späten Abend wurde ein anderer Sieger, ich Zweiter. Ein Offizier sagte mir hinterher, es ginge einfach nicht, dass ich Sieger sein könnte, denn ich sei nicht so, wie sie einen richtigen Offizier sehen wollten. Man habe die Gewichtung verändert. Damals war ich sauer, weil ich keinen Sonderurlaub bekam. Jetzt, während ich dieses Buch verfasse, ist es klar: Es ist nicht so einfach, wirklich schriftlich niederzulegen, was man will: Offiziere wie SJ.

8 Bilderbogen über Menschen und das Messen

Menschen messen sich in der Arena: Wettkampf der SP
Sportler messen sich in Wettkämpfen, Musiker bei Vorspielen. Schauspieler geben Proben ihres Könnens. Köche treffen sich zu Wettkämpfen, Winzer zu Verkostungen und Prämierungen. Handwerker stellen auf Messen ihre Meisterstücke aus. Maler stellen in Galerien aus. Schriftsteller, Künstler kämpfen um den Sieg, den Preis, die Krone. Wenn SP wissen wollen, wo sie stehen, gehen sie in die Arena.

SP hassen aneinander das Tricksen bei Wettkämpfen, das Beeinflussen von Schiedsrichtern, das Tragen knapper Kleidung oder das Stöhnen beim Aufschlag. Wettkampf soll Wettkampf sein. SP hassen Menschen, die keinen Spaß haben und daher keinen Lebenssinn.

SJ-Menschen messen ihren Rang
Wie hoch ist die Verantwortung, die sie tragen? Haben sie Orden, Senioritäten, lange Mitgliedschaften? Sind sie in exklusiven Zirkeln zugelassen, bekommen sie ehrende Einladungen? Welchen Rang haben sie im Unternehmen, im Dorf, im Kreistag, in Ehrenämtern, in der Familie? Wie viel Budget oder Mitarbeiter haben sie unter sich? Wie hoch ist ihre Verfügungsgewalt? Haben sie Diensttitel? Wie viel Prozent der Menschen in ihrer Organisation

sind über ihnen? Wie hoch wird ihr Aufstiegspotential gesehen, was ist geplant? Wie hoch ist ihr Rang in der Öffentlichkeit bekannt und geschätzt? Konnten sie Feinde von einst übertreffen?

SJ hassen Menschen, die Windfall-Profits einstreichen, die also nach oben kommen, weil sich die Regeln geändert haben. „Ab heute gelten neue Regeln", heißt ihr Urgrauen, und plötzlich stehen Leute hoch im Rang, die ihn sich nicht verdient haben, die einfach den neuen Kriterien zufällig genügten.

Menschen erkunden, was das Beste ist: Kongress der NT
NT gehen auf Konferenzen und tragen gegenseitig ihre neuen Erkenntnisse oder Fähigkeiten oder Technologien oder Erfindungen vor. Sie spüren im Verlauf von Veranstaltungen ihren eigenen Rang. Sie spüren, ob ihre Fähigkeiten hoch oder mäßig sind, ob ihre eigenen Beiträge wichtig sind und beachtet werden. Sie spüren dies nur dort! An allen anderen Orten ist nicht die Spitze versammelt und es kommt ihnen auf das eigene Verhältnis zur Spitze an. Sie würden niemals sagen, dieser Mathematiker sei der Beste oder habe einen Preis gewonnen, für sie bleibt er immer der, „der die Fermat-Vermutung bewiesen hat", egal, was er für Preise bekommt. Die Anerkennung rührt aus dem Verstehen der Leistung, nicht aus irgendeinem Messergebnis.

NT haben keine besondere Gabe bzw. sehen keine besondere Notwendigkeit, für andere verständlich zu sein (ich hoffe, ich schaffe das trotzdem). Sie hassen Menschen, die ihrer Meinung nach wenig leisten, aber wegen ihres Auftretens, ihrer Überzeugungsfähigkeit, ihres Charismas von „unkundigen Gaffern" für Gurus gehalten werden. NT hassen Vordränger, Marketingmenschen, Schönredner, Schwaller, Menschen, die Ruhm unberechtigt deklarieren.

NF Menschen sind
Sie sind. Sie möchten nicht verglichen werden, sondern einzigartig sein. Wenn ein NF zum anderen sagt: „Ich bin auch Algebrahmane." Dann freut sich der andere und sie reden über Algebra,

den ganzen Abend. Wenn ein NF zum andern sagt: „Ich bin Ab-
wägetarier." Und der andere sagt: „Ich auch." Dann reden beide
über den Sinn ihres Lebens.

NF hassen das Unbesondere, Sinnarme, besonders in Herden-
form.

Ahnen Sie jetzt schon die horrende Tiefe der Verschiedenheit der
Temperamente? Wegen dieser furchtbar großen Verschiedenheit
hieß eine Überschrift ganz vorn: Glück für sehr viele ist nur bei
bewusster Ungleichbehandlung möglich. Glück empfindet jeder
Charakter nur in der eigenen Messung von Glück. Über die soll
philosophiert werden.

VI. Entscheidungssuche und Aufstieg

Wenn Menschen entscheiden, benehmen sie sich verschieden. Manche von uns schauen aus dem Fenster, gehen im Wald spazieren und wissen nun, was zu tun ist. Andere studieren Kataloge, sammeln Argumente, fragen Menschen, schauen nach, wie andere entschieden haben. Über Unterschiede des intuitiven und analytischen Denkens.

1 Was ist das Beste?

Welches Buch soll ich am besten im Urlaub lesen? Welchen Anzug wähle ich im Kaufhaus? Welcher Wein passt am besten zu einem Lammkarree? Welche Fahrtroute nehme ich nach Barcelona, wenn ich mich weigere, französische Autobahngebühren zu zahlen? Welcher Standort für das neue Bürohaus ist am besten? Welchen Mann soll ich heiraten? Welcher unter meinen Arbeitskollegen (außer mir) verdient als erster eine Beförderung? Was macht Sie am glücklichsten? Im Leben haben wir zu entscheiden, zu wählen, auszusuchen. Immer heißt die vielfach abgewandelte Fragestellung: Welche Möglichkeit ist die beste?

Ich möchte diese Grundfragestellung des Menschen einen kleinen Hauch mathematisieren. Ich möchte zuerst mit Ihnen ein Grundverständnis bilden, dass Entscheidungen schwer sein können, weil es fantastisch viele Möglichkeiten zu entscheiden gibt und weil es so sehr viele Einflussfaktoren auf Entscheidungen gibt, die unter Umständen im Zehntelsekundenabstand wechseln.

Es gibt viele Alternativen, für die wir uns entscheiden können. Nehmen wir etwas Einfaches. Sie sollen sich ein neues Outfit kaufen: Hose/Hemd/Pullover oder Hose/Jackett, Hose/Bluse, Rock/Bluse, Kostüm, was immer. Wir gehen in eine Innenstadt und schauen uns alle Alternativen an. Alle! Wir wollen schließlich die wirklich beste Lösung finden. Dazu brauchen wir viele Tage. Also, wirklich, stellen Sie sich vor, wir machen das genau so. Wir schauen alles an. Nach ein paar Stunden merken wir, dass es sagenhaft viele Sachen gibt. Aber die meisten sind ätzend hässlich. Wie groß ist die Wahrscheinlichkeit, dass ich mir zufällig in einer Innenstadt ein Textilstück greife, und ich erwische eines, was Sie zufällig kaufen würden, wenn Sie es anprobiert hätten? Unter ein Prozent. Das meiste ist hässlich, wie auch die meisten Parfums schlecht riechen. So. Jetzt kommt mein Killerargument: Alle Textilien, die Sie hässlich finden, werden von anderen Menschen ja irgendwann gekauft, einige nur gegen Preisabschlag beim Schlussverkauf, aber immerhin wird alles gekauft. Alles wird sorgsam anprobiert und für gut befunden. Die Leute, die es kaufen, meinen, dass sie gut darin aussehen, sogar am allerbesten, sonst hätten sie ja etwas anderes gekauft. Sie selbst kaufen schließlich auch nur das, was Sie richtig gut finden. Gehen wir jetzt auf die Straße. Die Leute in der Fußgängerzone tragen fast allesamt Kleidungsstücke, die Sie nie im Leben kaufen oder anziehen würden. Sind sie alle hässlich? Ja? Jedenfalls schauen Sie selbst nicht gerade vielen Leuten neidisch hinterher, die beunruhigend schön angezogen sind. Die gibt es kaum. Wenn Sie selbst also irgendwelche Textilien nach langer Entscheidung und mehrfach prüfender Anprobe und Billigung der ganzen Familie gekauft haben, haben Sie ein Stück erstanden, an dem bisher Tausende von Leuten vorbeigegangen sind, die es hässlich fanden. Wenn Sie jetzt in diesen Sachen mit mir weiter durch die Fußgängerzone gehen, schauen die Leute wahrscheinlich nicht auf

Sie, aber wenn, finden Sie Ihre Kleidung wie solche, an der man tunlichst vorbeigeht.

Also gibt es sehr viele Alternativen, für die wir uns entscheiden können, aber nur wenige kommen in Frage. Für uns. Andere Alternativen, die wir unbedingt verwerfen würden, sind für andere Menschen das klare Optimum. Wir haben bei dieser Erwägung nebenher herausgefunden:

Es gibt viele Messfunktionen des „Guten", die ein Mensch haben kann.

Wenn Sie entscheiden wollen, welches Kleidungsstück das Beste ist, das Sie am Ende kaufen, so müssen Sie sich überlegen, worauf es ankommt. Wie bewerten Sie ein Outfit? In Ihnen wird sozusagen jede Alternative auf eine Goldwaage gelegt und gewogen. Diese Formel, die das Gewicht oder die „Qualität" oder die Zustandsqualität berechnet, heißt Zielfunktion. Eine Zielfunktion ist so etwas wie ein Höhenmesser im Gebirge. Er sagt, wie hoch Sie stehen. Ich möchte Ihnen jetzt klarmachen, dass diese Zielfunktion unerhört komplex ist. Wenn Sie es spontan nicht glauben, legen Sie wieder kurz das Buch nieder und überlegen Sie selbst: Wonach entscheiden Sie, ob Sie ein Kleidungsstück kaufen? Normalerweise hängt ein Kauf von folgenden Dingen ab:

- Preis
- Preis-/Leistungsverhältnis
- Soll teurer aussehen als es ist („Sieht gar nicht aus wie aus dem Kaffeegeschäft, oder?")
- Sollte nicht in Großserie verfügbar sein („Das hab' ich neben dem billigen Schraubensatz gesehen. Wollte ich auch mitnehmen, hatte aber das Eurostück im Einkaufswagen.")
- Sollte bekannte Großserie sein („Es ist teuer, Papa, aber *alle* haben das!")
- Sollte herabgesetzt sein
- Passgenauigkeit
- Steht es gut? Keine komischen Wölbungen hervorgehoben?
- Muss zum Alter passen

- Farbe
- Farbe im Verhältnis zur Mode
- Schnitt, modischer Schnitt
- Art des Materials
- Qualität des Materials
- Schmiegsamkeit des Materials
- Allergie gegen bestimmte Tierhaare?
- Kragenform? Bitte nicht mit Manschetten!
- Kann man es waschen, wie gut?
- Ist es schmutzempfindlich?
- Gehen Flecken heraus?
- Ist es haltbar?
- Ist es zeitlos oder nur kurz tragbar?
- Ist es an bestimmtes Wetter gebunden, warm, luftig?
- Muss es unbedingt bei bestimmten Anlässen getragen werden, zu fein, zu leger?
- Passt es zu dem Anlass, zu dem es gekauft wird?
- Ist es kombinierbar?
- Passt diese Farbe zu anderen Farben? („Neon-Orange passt zu allem, da haben Sie gut gewählt.")
- Darf nicht einem Stück im Kleiderschrank ähnlich sein!
- Muss dem Ehepartner gefallen, den Kindern, speziellen Menschen
- Sollte in gewisser Weise aufmotzen und in gewisser Weise nicht
- Muss zum eigenen Stil passen („Mensch, wie siehst *Du* plötzlich aus?")
- Sollte in dem gewohnten Stammgeschäft zu kaufen sein
- Möglichst keine Änderungen erfordern
- Kaufe nicht, wenn der Verkäufer aufdringlich ist
- Kaufe nicht, wenn man sich nicht um mich bemüht
- Stück sollte Markenware sein, möglichst von ...
- Muss alles passend dazu (im gleichen Geschäft) finden oder möglichst schon haben
- Sollte nach Farben/Größen/Schnitt geordnet da hängen, will nicht lange 'rummachen

- Sollte verschwenderisch dargeboten werden, nehme mir viel Zeit
- Soll schnell gehen, weil die Kinder mit sind und quengeln
- Nur bei Geschäften, wo ich eine Rabattkarte habe, um Goldnasenkunde zu werden (Also ich habe die goldene Nase für Gutes.)
- Nur in Geschäften, die meine seltene Kreditkarte nehmen, damit ich Meilen bekomme.

So weit eine grobe Darstellung von Bewertungselementen. Sie verstehen, warum Sie manchmal fußlahm mit einem doppeldeckerketchupsalatverstreuenden Kind im Schlepp nach Hause kommen, vor die Fernseherfernbedienung fallen und sagen: „Ich konnte nichts finden! Es gibt einfach nichts! Nichts! Ja! Mann (Frau)! Glotz mich nicht so blöd an! Hast doch Geld gespart! Ja, ja, ich muss noch einmal los. Du kommst mit, ich kann mich nicht entscheiden." Ich mache mich immer unbeliebt in meinem Bekanntenkreis, weil ich vorrechne, wie viel Kilometergeld und Parkhausgebühr beim Kaufen anfallen. Rechnen Sie zum Preis dazu:

- Arbeitszeit zur Beschaffung, 1 € pro Minute
- Gesamte Parkhausgebühren für alle Fahrten für dieses Kleidungsstück
- Kosten für BesänftigungsMacs und Beruhigungskino
- Alle gefahrenen Kilometer mal 25 Cent
- Bus-, Bahnkosten

Die meisten vergessen diese Kosten, weil sie sie für Fixkosten halten und nicht dem Kleidungsstück zurechnen („Meine Zeit habe ich ja kostenlos und das Auto kostet pro Monat 250 € inkl. Benzin im Durchschnitt, ob ich fahre oder nicht."). Rechnen Sie durch. Eine Hose wird schändlich teuer. (49 € + 4 € für Kürzen + 5 € Parkhaus + 7 € für 26 Kilometer + 4,99 € für Beruhigungsessen ist gleich 69,99 €, aber nur, wenn Sie nur einmal fahren.) Wenn ich das vorrechne, werden die Menschen erst kleinlaut, finden aber dann die Ausrede, dass Einkaufen Spaß macht.

Wussten Sie denn schon vor dem Lesen dieser Aufzählung, was für eine gigantische mathematische Optimierungsleistung Sie vollbringen, nur, wenn Sie ein Hemd oder eine Bluse kaufen? Wenn man zum Beispiel eine neue Fabrik bauen will, lässt man sich alle möglichen Fabriken als Alternativen zeigen (so wie bei Hosen, nur gibt es natürlich viel mehr verschiedene Fabriken als Hosen). Dann entscheiden Leute, die das studiert haben, in der Regel, die billigste Fabrik zu nehmen. Diese Menschen beachten also oben in der Optimierungskriterienliste nur den ersten Punkt! Nur den ersten! Na, da sollte meine Frau doch besser Fabriken aussuchen können?!

Da allein schon ein Kauf von so sehr vielen Dingen abhängen kann, ist es gar nicht so einfach, eine Formel anzugeben, die für jede Alternative A einen Zielfunktionswert (eine Zahl)

$$F_{Ziel}(A)$$

angibt. Wenn wir eine solche Formel aufstellen wollen, kommt es natürlich darauf an, wie wir die einzelnen Merkmale gewichten. Wie viel Abzug gibt es, wenn das Geschäft keine Kreditkarte nimmt oder wenn nur die Farbe scheußlich ist, aber alles sonst stimmt?

Zielfunktion des Mathematikers

Man kann daran denken, alle Merkmale zum Beispiel nach Schulnoten zu bewerten. Ich bewerte die Farbe einer Hose mit 3, die Haltbarkeit mit 2, das Material mit 1, den Preis mit 4. Die Gesamtnote ist daher $1 + 2 + 3 + 4$, also gleich 10. Wenn wir durch die Anzahl der Merkmale teilen (4), so können wir sagen, die Durchschnittsnote ist 2,5. Der Preis ist mir vielleicht wichtiger als die Farbe. Ich könnte daher den Preis dreifach bewerten. Die Summe der Noten ist dann $1 + 2 + 3 + 4 + 4 + 4$, also 18, geteilt durch 6 macht Durchschnitt 3. Dieser ist jetzt schlechter, weil der schlecht bewertete (hohe) Preis die Note drückt. Allgemein gesprochen:

Seien $M_1(A)$, $M_2(A)$, $M_3(A)$, ..., $M_n(A)$ die n Merkmale einer Alternative A, und $N_1(A)$, $N_2(A)$, $N_3(A)$, ..., $N_n(A)$ die Noten für die Merkmale und seien g_1, g_2, g_3, ..., g_n die Gewichte der Merkmale, so heißt

$$F_{Ziel}(A) := g_1 N_1(A) + g_2 N_2(A) + g_3 N_3(A) + \ldots + g_n N_n(A)$$

die Zielfunktion der Alternative A. In der Mathematik werden bei vielen Entscheidungsproblemen die Zielfunktionen so oder ähnlich formuliert. Mathematiker geben sich sehr viel Mühe, vor dem Lösen des Problems die Gewichte festzulegen. Die Aufgabe besteht dann darin, eine Alternative A so zu finden, dass ihr Zielfunktionswert minimal ist. Beim Berechnen der Abiturnoten geht man etwa so vor, nimmt aber die Gewichtung nicht über alle Merkmale bzw. Fächer, sondern nur über eine gewisse Anzahl von besten Fächern. Das Ergebnis wird etwas geschönt durch Streichwertungen. Sie können ja einmal versuchen, die Abiturformel Ihres Zeugnisses hinzuschreiben. Dies sieht dann schon ordentlich komplex aus. **Achtung, aufgepasst**: Die Gewichte klein g in der Formel können auch *negative* Zahlen sein! Manchmal (meist, leider) sind die Merkmale, die gemessen werden, von solcher gegensätzlichen Art. Das Hauptbeispiel ist die so genannte Profitmaximierung: Gewinn = Umsatz – Kosten. Die Zielfunktion beschreibt also den Gewinn. In die Zielfunktion geht die Quantität Umsatz mit dem Gewichtsfaktor 1, die Quantität Kosten mit dem Gewichtsfaktor –1 ein. Eine lange Zeit in diesem Buch können Sie in Merkmalen wie Schulnoten denken, bei denen alles in der gleichen Richtung gesehen wird. Aber irgendwann kommen wir auf Gewinn oder Profit zu sprechen. Dann müssen Sie auch einmal auf das Negative schauen können, wie ein richtiger Managerprofi.

Betrachten wir das Problem, eine schöne Hose zu kaufen. Angenommen, wir haben das Problem auf die oben genannte Weise formuliert. Dann füttern wir den Computer mit allen Daten aller Hosen. Er berechnet alle Möglichkeiten durch. Anschließend spuckt er eine Liste mit den besten 100 Hosen aus. Kaufen Sie jetzt die Hose Nr. 1?

Wahrscheinlich nicht, da Sie ziemlich misstrauisch sein werden, ob die Zielfunktion aus den vielen Angaben überhaupt vernünftig zusammengesetzt ist. Der Computer kann Ihnen überhaupt nicht sagen, warum er die Hose Nr. 1 als beste gewählt hat. Er hat nicht gewählt. Er hat nach Ihren Zielfunktionsvorgaben und Gewichtungen die einzelnen Hosen bewertet und die Bewertungen sortiert. Er hat also nicht weiter nachgedacht und deshalb kann er nicht sagen, warum gerade diese Hose so gut war. Er hat wirklich nur ausgeführt, was sie wollten.

Nun: Kaufen Sie die optimierte Hose ohne weiteres Besinnen? Die beste nach Ihrer eigenen mathematischen Formel? Ich tippe: Nein.

Wenn Sie sich aber vom Computer eines Eheanbahnungsinstitutes einen Lebenspartner aus der Datenbank der Liebe heraussuchen lassen, dann verabreden Sie sich ohne Besinnen mit der ersten Computerwahl und zahlen viel Geld dafür! Echt! Machen Sie! Warum sträuben Sie sich bei Hosen?

Oder: Sie bewerben sich um einen Studienplatz in Medizin. Da summt der Computer einmal kurz über Ihren Datensatz und sagt womöglich NEIN. Das nehmen Sie dann hin! Dass er Ihre Zukunft entscheidet! Weil Sie meinen, dass es objektiv ist. Ich wette, Sie glauben, dass Ehepartner oder Arztnachwuchs suchen objektiver geht als Hosen kaufen. Stimmt nicht. Alle diese Probleme sind schrecklich kompliziert, da überhaupt die meisten Optimierungsprobleme schrecklich komplex sind. Und die meisten Menschen wissen es nicht.

2 SJ suchen das Beste mit analytischem Denken

Bei Großvorhaben von Großunternehmen oder der öffentlichen Hand wird vor einer Ausschreibung meist in einer so genannten Studie niedergelegt, welche Kriterien ein zu kaufendes Objekt haben soll. Ich habe die Liste der Kriterien oben einmal für Kleidungsstücke hingeschrieben, und sie ist schon lang. Wenn aber ein SJ-Manager etwa ein neues Bürogebäude kaufen soll, so ist er in der Regel in diesem Fach nicht fit. Er kennt also die Kriterien nicht richtig, schon gar nicht die Rangfolge ihrer Wichtigkeit oder die Gewichte der Merkmale in einer eventuellen Zielfunktion. Im Ausschreibungstext oder in einer Heiratsanzeige muss er aber zwingend beschreiben, wie das gesuchte Wunschziel aussehen soll, wie alt es sein darf, wie viel Risse es haben kann, wie viel Aufwände von ihm höchstens verlangt werden können. Wie kommt ein Manager zu diesen Kriterien? Er fragt jemanden, der sich damit auskennt. In den Gelben Seiten gibt es serienweise Beratungsunternehmen, die über Kenntnisse von Kriterien verfügen, die sie gegen Geld zur Nutzung anbieten. Er schaut sich die Beratungsunternehmen an und wählt möglichst eines, das einen klingenden Namen hat, weil sonst die Kriterienkataloge angezweifelt werden.

Nur wegen des Wortes Zweifel hole ich ein bisschen aus: Ein Manager kann natürlich auch ohne jede Geldausgabe fachkundige Mitarbeiter in seinem Unternehmen selbst fragen, welche Kriterien es sein sollen. Es ist dabei in der Vergangenheit mehrfach vorgekommen, dass die Mitarbeiter als höchstes Kriterium „großes Büro für mich selbst" in den Computer eingegeben haben oder „kein Umzug für mich". Solche perfiden Probleme vermeidet das Einschalten von Beratern, die objektiv sein könnten, wenn sie wollen. Außerdem kommt es oft vor, dass die mit den Kriterien beauftragten Mitarbeiter noch andere sogar in anderen Abteilungen nach ihrer Meinung fragen, was die Problematik praktisch im Komplexitätssinne explodieren lässt. Deshalb wird oft zur Vermeidung von Komplikationen ein Beratungshaus beauftragt, in einer Studie über den Gesamtmarkt die Kriterien festzulegen und dann auch die Ausschreibung durchzuführen. Damit es völlig objektiv ist, darf es nicht selbst bei der Ausschreibung mitbieten. In diesem Abschnitt geht es wirklich darum, die beste Lösung zu finden, ehrlich. In späteren Abschnitten über die so genannte Topimierung bespreche ich Methoden, die hier etwa so funktionieren: Der Manager lässt heimlich einen Mitarbeiter nach Objekten suchen, bei denen er selbst nicht umziehen muss, die ihm persönlich gefallen, die wegen Umzugszwangs für Rivalen Karrierepfade öffnen. Er wählt das beste Objekt aus und beauftragt dann ein Beratungsunternehmen, als Ausschreibungskriterien genau die Merkmale dieses Objekts zu bevorzugen.

Wie auch immer, die Kriterien, die am Ende gewählt werden, landen im Ausschreibungstext. Dann kommen Bewerbungen oder Angebote von Lieferanten. Jetzt muss nur noch das beste Objekt ausgesucht werden, das ist alles.

Damit es nicht zu technisch wird, nehmen wir an, ein Manager diskutiert mit seiner Abteilung über einen neuen Kollegen. Acht Kandidaten haben sich beworben, die Kriterien, nach denen geurteilt werden soll, stehen oben in der ersten Tabellenzeile.

kann gut/ hat	Sport	Klavier	Tanzen	blaue Augen	Kraft	Moped	Verstand	Liebreiz	Kochen	Ja-Punkte
Otto	J	J	N	N	J	J	N	J	N	5
Rüdiger	J	N	J	N	J	J	N	N	J	5
Paul	N	J	N	J	N	J	J	J	N	5
Sergio	J	N	J	J	J	N	N	N	J	5
Max	N	J	N	N	J	N	N	J	N	5
Karl	N	J	N	J	N	J	J	N	N	4
Stefan	J	N	N	J	N	J	N	N	J	4
Daniel	N	J	N	N	J	N	J	N	J	4

Nach dem Feststellen der Punkte gibt es dann eine Diskussion: „Paul hat 5 Punkte, aber insbesondere Verstand, Liebreiz und ein Moped. Er ist für mich klar der Favorit." – „Finde ich nicht. Er ist schlecht in Sport, kraftlos, kann nicht Tanzen und nicht Kochen. Indiskutabel." – „Ich meine, so kommen wir nicht weiter. Wir sollten priorisieren: Ich schlage vor, dass wir Verstand für die wichtigste Komponente halten wollen. Das ist doch klar, oder? Wollen Sie etwa dumme Kandidaten, oder doch? Wer dumme Kandidaten will, der soll sich sofort melden. Ich bitte um Ihr Handzeichen." – „Ich. Ich meine, ich nicht. Ich meine, ich sehe sofort, dass unter den Kandidaten mit 5 Punkten nur Paul Verstand hat. Wenn man Ihre Priorisierung schluckt, muss also Paul gewählt werden?" – „Nun, ja, tatsächlich, das fällt mir jetzt auch auf. Ja, tatsächlich, wir werden wohl Paul nehmen müssen. Sehen Sie, das ist ja ein Zusammentreffen, ich hatte ja vorhin schon rein nach meinem inneren Gefühl Paul favorisiert und nun sehe ich zu meiner eigenen Überraschung, dass es sogar vernünftig ist." – „Ach was, Sie manipulieren die Diskussion und bringen nur Argumente, die für Paul sprechen – das ist alles!" – „Das ist nicht wahr, bestimmt nicht. Aber ich halte ihn für gut, keine Frage. Ich kenne ihn sogar persönlich, ich war zufällig mit ihm Essen." Kampf. Zum Schluss sieht jemand Daniels Passbild und findet, dass er doch Liebreiz hat und daher 5 Punkte *und* Verstand.

Im Grunde stellt man bei dieser Methode nur Noten aus, vergibt aber keine Gewichte. Die Gewichte ergeben sich aus einer langen Diskussion. Oft werden sie befohlen. Ich habe den Fall hier so dargestellt, dass Sie ein lähmendes Gefühl bekommen, wie schwierig ein Entscheidungsprozess werden kann. Wenn man vorher die Gewichte genau festlegt, ist eine Entscheidung für einen der Herren ein Computerkinderspiel.

Es gibt ein bekanntes Beispiel für eine Optimierung des amerikanischen Armee-Essens. Es wurden viele Kriterien festgelegt, nach denen beurteilt werden sollte: Vitamin A bis Vitamin Z, Kalorien, Eisengehalt, Folsäure, Ballaststoffe, Flüssigkeit, Wohlgeschmack, Kosten etc. Es wurde genau optimiert, mit einem Computer. Das Ergebnis war erstaunlich: Zum Frühstück gibt es Sojapaste, mittags Sojapaste, abends Sojapaste, jeden Tag, bis zum Tod. Soja ist so wertvoll und preiswert und enthält so genau alles, was wir brauchen, dass man am besten davon leben sollte. Warum aber kommt so etwas Merkwürdiges heraus? Die Armee hatte das Merkmal „Abwechselungsreichtum" vergessen.

Ein Mathematiker diskutiert typischerweise lange über die Gewichte der Merkmale und kann damit ordentlich nerven, bis er

sicher ist, die richtige Gewichtung gefunden zu haben. Er denkt
und denkt. Tabellenfans dagegen fragen meist unruhig: „Sagen
Sie, habe ich ein Merkmal vergessen?"

Andere Beispiele von Entscheidungen: Eine Gruppe diskutiert in einer Großstadt, wohin sie zum Essen gehen soll. Bürger
beraten, wie die neue Schule heißen soll. Eine größere Familie
entscheidet sich für ein Urlaubshotel. Fünfzig Gäste einer künftigen Hochzeit diskutieren bei der Verlobung drei Monate vorher, wie die Tischsitzordnung bei der Hochzeit auszusehen hat.
Sie kennen das selbst. Schreiben Sie bitte die Kriterien auf und
erklären Sie, wie eine Entscheidung herbeigeführt werden soll.

Im Ernst: Es ist oft das reine Grauen. Obwohl alle Kriterien durch
Studien auf dem Tisch liegen, gibt es weiter Streit ohne Ende. Weil
allerlei Stimmberechtigte andere Gewichtungen der Kriterien im
Kopf haben, sie aber lieber nicht offen nennen möchten. Viele
Streitgespräche rühren schon daher, dass SJ, NT, NF, SP in vielen
Fragen ganz grundsätzlich anderer Meinung sind.

Fazit: Die Kriterien-/Tabellenmethode ist genauso verdächtig wie die mit dem Gewichten im Computer. Das liegt nicht an
der Lächerlichkeit von uns Kämpfern für das Beste, sondern an
der Komplexität selbst des einfachsten Problems. Für sehr viele
Probleme gibt es so sehr viele gangbare Alternativen, dass wir als
Gruppe vor ihnen wie vor einem Berg aller Hosen stehen und
streiten, streiten ohne Silberstreif. Die SJ-Methode hat einen entscheidenden Vorteil gegenüber der Sortiermethode des Computers. Die SJ können nach der Entscheidung in einem Protokoll
niederlegen, warum sie so entschieden haben („Liebreiz + Verstand + Maximalpunktzahl"). Diese Begründung hilft Menschen,
sich einer getroffenen Entscheidung emotional anzuschließen.
Der Computeransatz hat aber auch einen entscheidenden Vorteil: Er lässt keine Begründung zu, warum die Entscheidung so
fiel, wie sie fiel. Wenn jemand zum Beispiel als Bewerber nicht
akzeptiert wurde, ist es tröstlicher, vom Computer verdammt
zu werden als durch eine Begründung („KO-Kriterium Verstand

nicht erfüllt.")). Darüber hinaus haben Begründungen den Nachteil, dass sie später in Frage gestellt werden können. (Wenn Daniel tanzen soll, wird rückwirkend der Ruf nach Rüdiger laut.)

Ich betone: Die SJ-Methode wird tatsächlich angewendet und sie gibt sich nach außen hin erfolgreich den Anschein von Wissenschaftlichkeit und Seriosität. Die öffentliche Hand zum Beispiel ist per Gesetz gezwungen, alle Aufträge per Ausschreibung + Kriterienkatalog zu vergeben, weil bei allen anderen Entscheidungsmethoden geschummelt werden kann. Sonst hätte man ja andere zugelassen.

3 NT suchen das Beste mit Intuition

Ich beschreibe hier die intuitive Methode. Ich kann schnell sagen, wie sie von außen aussieht. Innen dagegen ist es richtig kompliziert. Ich muss dazu ganz kurz über neuronale Netze diskutieren.

Der richtig tief intuitive NT erkundigt sich nicht nach Kriterien. Er versteht das Ganze. Wenn er es nicht versteht, lernt er, wie das Ganze zusammenhängt (wen man warum heiraten sollte oder was ein gutes Bürogebäude ist). Wenn er dazu keine Zeit hat, holt er einen anderen tief intuitiven NT, der das Ganze versteht. Ein Intuitiver also nimmt nun den Stapel der Bewerbungsunterlagen und liest ihn durch. Am Ende liegen noch höchstens drei oder vier Unterlagen da. Die schaut er ein zweites Mal durch und entscheidet. Fertig. Wenn er lebensklug ist, gibt er die vier übriggebliebenen akzeptablen Unterlagen den Mitarbeitern seiner Abteilung und lässt sie demokratisch oder nach SJ-Methode entscheiden, welche sie am liebsten auswählen wollen. Wenn man ihn nach seiner Begründung fragt, zuckt er mit den Achseln und brummelt etwas von „Gefühl haben oder Intuition". Wenn man hartnäckig bleibt und eine Begründung will, freut er sich und beginnt eine mehrstündige Kurzeinführung in das Ganze und das Komplexe der Bürogebäudeauswahl. „Nein, nein, ich will nur eine Begründung!" – „Das ist die Begründung. Das Ganze ist da und man nimmt das im Ganzen Beste. Dieses Beste ergibt sich aus dem Gefühl für das Ganze. Wenn es eine Begründung gäbe, wäre sie nicht viel kürzer als die Erklärung des Ganzen, weil meist alles, bis auf das Triviale, untrennbar zusammenhängt. Wenn aber das Ganze nicht viel komplexer ist als ein Teil, so ist es unbedingt nützlich, gleich das Ganze zu verstehen anstatt nur den unwesentlich weniger komplexen Teil. Mit dem Verständnis eines Teils ist nicht viel anzufangen. Aber das Verständnis des Ganzen gibt alles. Deshalb erkläre ich *der Einfachheit halber gleich das Ganze.*"

Wenn Sie nicht richtig intuitiv sind, lesen Sie lieber die folgenden Erklärungen, die der Einfachheit halber länger sind.

Wie ein neuronales Netz entscheidet
Ein neuronales Netz ist eine mathematische Konstruktion, bei deren Bau man eigentlich an unser Gehirn gedacht hat, das ja mit Neuronenstrukturen arbeitet. Ich will nun ungern im Buch eine Pause machen und komplizierte Erörterungen beginnen, was neuronale Netze ganz genau sind. Manche von Ihnen wissen es und werden bei meiner simplifizierenden Beschreibung eher schaudern. Ich will aber nur so viel erklären, wie zum Verständnis der Argumente hier gebraucht wird.

Ein neuronales Netz stellen Sie sich am besten als einen Art köpfförmiges Gebilde vor, in das grässlich viele Drähte oben hineinführen und unten ein paar Drähte hinaus. Im „Kopf" verschlängeln und verknäueln sich die oben in den Kopfeingehenden Drähte zu einem ungeheuerlich komplexen Gewirr (wie ein Gehirn aus Drähten). Die oben hineinführenden Inputdrähte symbolisieren eingehende Signale, die im Gehirn verarbeitet werden. (Bein tut weh, Kopf rot wegen Scham, Schimpfgeräusche vom Ohr, Bremsenkreischen.) Diese Daten werden mit im „Gehirn" oder neuronalen Netz vorhandenen Informationen verarbeitet. (Sieht wie ein Unfall aus, Körper soll schreien, das Freudsche Über-Ich befiehlt, Schmerz zu verbeißen und Entschuldigungen zu stammeln.) Alle diese Gefühle, Daten, Regeln werden unglaublich wie in einer Waschmaschine durchgenudelt, und unten kommt eine Entscheidung des Neuronalen Netzes heraus, aus den Outputdrähten. „Mist, verdammter!"

Es sieht in unserer Vorstellung also wie ein Kopf aus. Oben gehen so genannte Inputs in den Kopf, unten „kommt eine Entscheidung heraus". Inputs oder Eingaben könnten im Kleiderkaufbeispiel die Farbe, das Material, der Schnitt usw. einer Hose sein. Diese Eingaben werden im neuronalen Netz „durch die Drähte geschickt" und verarbeitet, unten kommt dann eine Entscheidung heraus, also etwas wie „das kaufe ich" oder „das ist scheußlich" oder „abartig teuer". Die Drähte und Schnittstellen, in richtigen Termini die Synapsen und die Neuronen, sind im Computer als Berechnungsformeln nachgebildet. Stellen Sie sich also das ganze Netz als eine riesige Formel vor, in der ganz, ganz viele Zahlen vorkommen und in die als Unbekannte die Inputs eingesetzt werden. Wenn also so ein Neuronenkopf eine Hose sieht, gehen als Inputs Farbe, Schnitt, Preis, Haltbarkeit usw. in den Kopf, der in Wirklichkeit eine riesige Formel enthält. Das neuronale Netz rechnet diese Formel aus und das Ergebnis lautet dann beispielsweise: „Kaufe ich".

Ein neuronales Netz kann Hosen kaufen, wenn die Formel darin gut für Kaufentscheidungen für Hosen ist. Wie bekommt man so eine Formel?

Mathematiker lassen das Netz lernen, so sagt man allgemein. Was bedeutet das? Ich versuche es einfach zu erklären: Ich nehme schöne Hosen, dann schreckliche, zu teure und so weiter und rechne dafür die Formel des neuronalen Netzes aus. Jedes Mal sagt das Netz etwas dazu, es gibt ein Urteil ab. Also bei der schönen Hose etwa „hässlich". Am Anfang wirkt es wie Raterei von einem Blödmann. Da eine schöne Hose nicht „hässlich" ist, ändert man an den Zahlen oder Konstanten in der Formel herum, damit die Antwort besser wird. Dann probiert man es wieder mit einer anderen Hose, wartet die Antwort des Netzes ab und schraubt wieder ein wenig an der Formel herum. Viele tausend Male zeigt man dem Netz Hosen, und jedes Mal wird die Formel geändert. Wenn man es schlau macht, findet das Netz langsam, ganz langsam schöne Hosen schön und schrille Blusen schrill. Mathematiker sagen, „das Netz lernt". Es lernt natürlich nicht, sondern wir schrauben daran herum. Wenn das lange genug geschieht, kann das Netz Hosen beurteilen.

In Wahrheit hat man also durch lange Beispielrechnungen und Ergebnisvergleiche eine riesige Formel gemacht, die Kleidung beurteilen kann. Diese Formeln sind meist so „irre" kompliziert, dass es gar keinen Sinn hat, sie sich anzuschauen oder sie verstehen zu wollen. Sie entstehen durch geduldiges Herumprobieren.

Ich gebe noch zwei Beispiele, damit Sie wirklich ein gutes Gefühl bekommen. Nehmen wir an, es gibt eine Maschine mit ein paar tausend Schrauben. Die Maschine ist neu und alle Schrauben befinden sich in Nullstellung. Wenn die Schrauben richtig eingestellt sind, kann die Maschine nach dem Hineinschütten von Zutaten daraus einen Kuchen backen. Oben schüttet man also Zutaten hinein, unten kommt etwas Gebackenes heraus. Zuerst Schleimbrocken oder Matsch, weil die Schalterschrauben nicht richtig justiert sind. Die Aufgabe ist es, die Stellung der vielen Schrauben so einzustellen, dass irgendwann immer zu richtigen Zutaten der richtige Kuchen herauskommt. Immer wieder probieren Sie. Sie schütten Kirschen, Sahne und Schokolade hinein und hoffen auf Schwarzwälder Torte. Nach einigen Millionen Backvorgängen und anschließendem Schalterverstellen haben Sie es vielleicht geschafft: „Wie machst Du bloß so irrsinnig gute Schwarzwälder Kirschtorte, Mutti? Gib mir das Rezept!" – „Das kann ich nicht, ich schütte es nach Gefühl zusammen." Stellen Sie sich Ihr eigenes Gehirn wie so einen unjustierten Schaltersalat vor, wenn Sie geboren werden. Sie beginnen dann als Baby zu agieren und Sie werden durch wertvolles Feedback (Schalterstellen) wie: „Pfui, das ist Nutella." so langsam in eine brauchbare Form gebracht.

Mit dieser Aussage sind wir an einem Knackpunkt der neuronalen Netze angekommen. Sie sind so konstruiert, dass sie tun, was sie sollen. „Sie haben es gelernt." Aber die Formel, die riesige, ungeheuer komplexe Formel, die sich in ihnen gebildet hat, ist, wie gesagt, nicht zu verstehen. Sie funktioniert, aber wir wissen nicht warum. Die Backmaschine backt, aber wir können nicht erklären, warum gerade diese Schraubenstellungen zum gewünschten Ergebnis führen.

Letztes Beispiel: Warum binden Sie sich einen Schal um, wenn es kalt ist? Warum ziehen Sie keine grünen Socken zu Ihrem schwarzen Anzug an? Stellen Sie sich wieder den Neuronenkopf vor. So etwa sind Sie. Sie haben früher oft Socken ausgewählt, um sie anzuziehen. Sie haben die Hose angeschaut, Ihren Pullover oder auch nicht, Sie haben eine passende Farbe gewählt oder einfach morgens noch halbblind in den Schrank gegriffen und die erstbesten genommen oder – auch eine gute Regel – dieselben wie gestern angezogen. Dann haben sie versucht, aus dem Hause zu gehen, zur Schule. In diesem Augenblick hat Ihre Mutter an Ihrer Formel geschraubt: „Es ist kalt. Du gehst nicht ohne Schal. Schau dir die Socken an, wie oft habe ich dir gesagt, du sollst keine grünen Socken zu … " Hören Sie das noch? Können Sie solche Worte hören und fühlen? „Hast du deine Zähne geputzt?" – „Hast du die Hausaufgaben fertig?" – „Hast du Klavier geübt? Auch so lange, wie wir beide das für nötig halten?" Der Mathematiker würde sagen: Sie haben gelernt. Wie oft hat jemand zu Ihnen gesagt: „Wie oft habe ich dir gesagt, du sollst …" Es dauert lange, bis Ihr Neuronenkopf „lernt". Er muss vieles ganz schön oft gesagt bekommen.

Sie sind selbst eine Art neuronales Netz! Eine riesige Formel, die keiner versteht, wahrscheinlich auch Ihr Lebenspartner nicht. Sie lernen, indem an Ihnen herumgeschraubt wird. Wenn Sie einigermaßen alles können, ist immer nur noch ein Feinschliff nötig. Erinnern Sie sich: Wie lange brauchte Ihre innere Formel, um immer richtig zu entscheiden, morgens und abends die Zähne zu putzen? Genau so lange dauert das bei neuronalen Netzen. Tausende Versuche. Wahnsinnig viele Versuche, bis bei der Eingabe von einem Kochrezept hinterher das richtige Essen gemacht ist.

Und wenn wir Sie fragen: „Wie machen Sie das?", dann sagen Sie: „Es geschieht. Ich kenne meine Formel nicht."

Ein neuronales Netz entscheidet also nicht nach einem Ziel oder nach Kriterien. Es hat das Entscheiden durch Belehrungen anhand von vielen Beispielen gelernt. Ich möchte das hier vereinfachend so ausdrücken: „Das neuronale Netz entscheidet intuitiv." Es weiß. Es versteht. Es weiß aber nicht warum, nicht wie, nicht woher. Es weiß.

Zielfunktion des intuitiven Denkers

Intuitive Menschen lassen sich durch ihr Inneres leiten, durch eine ganzheitliche Vorstellung. Intuitive schauen auf Otto, Rüdiger, Paul, Sergio, Max und wissen irgendwie, wer „der Beste" ist. Sie gehen mit dem Blick über die Kleidungsstücke und wissen, was sie wählen wollen. Dabei wissen sie auf Nachfrage meist nicht, auf welche 50 Merkmale es beim Kleidungskauf ankommt. Sie haben das im Gefühl. Sie entscheiden ohne mathematische Formel und ohne Tabellen. Intuitive haben in sich drin ein neuronales Netz, das dies kann. Sie können selbst meist nicht erklären, warum sie so oder so entscheiden. Sie tun es.

Es gibt Menschen mit einer fantastischen Intuition, die fast immer richtig entscheiden, scheinbar ohne viel nachzudenken. „Genial." So sagt man dann vielleicht. Es gibt Menschen mit einer mäßigen oder schlechten Intuition. Sie entscheiden schlecht. „Einfach so hat er entschieden, ohne viel Nachdenken. Er hat sich keine Mühe gegeben. Einfach so. Unverantwortlich." So sagen wir in diesem Fall. Intuitive verlassen sich auf die riesige Formel in ihrem Innern. Hoffentlich ist die richtig eingestellt! Sonst haben sie ein schweres Leben.

Ich selbst bin zum Beispiel stark intuitiv. Wenn ich für ein Fachgebiet eine Intuition gebildet habe, weiß ich immer sofort, was ich entscheiden will. Ich werde eher krank, wenn Menschen dann um mich herum Formeln aufstellen oder Tabellen malen. Ich weiß es. Wenn die anderen mich fragen, warum ich „es" so will und nicht anders, dann zucke ich hilflos mit den Achseln und habe ein hoffnungsloses, verlorenes Gefühl. Ich stammele eher: „Oh, Leute, das ist nicht so einfach mit einer Tabelle zu erklären. Ich will es versuchen. Ich muss aber relativ weit ausholen". Und dann horche ich in mich hinein und doziere über meine riesige Formel innen in mir und versuche, aus ihr schlau zu werden. Ich erkläre es den anderen. Die aber schauen sich mit hochgezogenen Augenbrauen an: „Oh Gott, wieder ein langer, endloser Monolog. Klingt richtig gut, ist aber unverständlich. Nicht eingängig. Zu kompliziert. Wir brauchen einen einfachen Grund. So einen komplizierten Quatsch nimmt uns der Chef nicht ab." – „Der Dueck ist Mathematiker, da kann man ihm das nicht so übel nehmen." Warum weiß ich immer sofort intuitiv, wie ich entscheiden will? Bei mir ist es so, dass ich sehr viel „träume" oder „nachdenke", wenn es eigentlich kein Problem gibt. Ich denke irgendwie leidenschaftlich gern. Ich stelle mir das so vor, dass ich selbst mein Denken fortwährend übe und kontrolliere und schärfe. Mein Denken über alles Mögliche läuft fast immer als „Background Process". Ich wache oft nachts mit tollen Ideen auf, von denen manche sogar den klaren Verstand beim Frühstück überleben. Es ist so, als ob ich mein neuronales Netz in meinem Innern immerfort verfeinere, als ob ich an meiner „Maschine" selbst unentwegt herumschraube. „Mein Inneres lernt." Ich versuche oft zu erraten, ob die amerikanische Notenbank in der nächsten Woche die Zinsen erhöht, was ein General Manager zu meinen Vorschlägen sagt, wie Bayern München wohl psychisch auf Eskapade XY reagieren wird. Wenn es etwas zu entscheiden gibt, ist irgendwie mein neuronales Netz schon darauf trainiert. In früherer Zeit, auf Vorrat. Ich denke also nicht schneller, wenn ich entscheide. Mein neuronales Netz denkt gar nicht, es entscheidet sofort. Das Denken, also das „Herumschrauben" war früher. Es ging nicht schneller als bei anderen Menschen, ich glaube sogar ganz bestimmt, es dauerte länger. Es war nur früher, meist längere Zeit vorher. Intuitive machen deshalb oft so einen etwas arroganten Gesichtsausdruck, der sagt: „Die Leute da beginnen bei so einem schwierigen Problem mit den einfachsten Anfängen. Amateure. Allesamt Amateure. Warum machen Sie nicht einfach, wovon ich schon weiß, dass man es tun muss? Sie werden wieder meine Erklärungen nicht verstehen, wenn ich versuche, ihnen das Ganze klarzumachen." Ich glaube, Intuitive denken zeitlich früher, aber sie ziehen keine Schlüsse, sondern sie trainieren ihr Netz, an dem sie „herumschrauben". Sie sind ungeduldig, wenn Nicht-Intuitive „anfangen, nachzudenken". Nicht-Intuitive werden dagegen verrückt, wenn Intuitive immerfort träumen und nachdenken, wenn es gar kein Problem gibt. Sie vertrödeln endlos Zeit damit, schauen aus dem Fenster, dösen herum, fahren beim Denken trottelig Auto. Nichts als Ärger mit ihnen. Und erklären können sie nichts. Wozu also diese Trödelei?

Eine andere Situation ist es, wenn es in einem Gebiet zu entscheiden gilt, in dem ein Intuitiver noch gar nicht nachgedacht hat, wo also kein früheres Training der inneren Maschine stattgefunden hat. In solchen Situationen können exzellente Intuitive wie Trottel wirken. In großen Sitzungen, zusammen mit meist Nicht-Intuitiven, weigern sie sich innerlich, irgendwelche Statements abzugeben. Sie schweigen verbissen bei einer Diskussion. Innerlich sind sie aufgewühlt und wollen nur weg in die Einsamkeit, um nachzudenken. Solange sie nicht nachgedacht haben, und das dauert einige längere Zeit, fühlen sie sich so schrecklich inkompetent, so dass sie lieber nichts sagen, was ihnen leider meist als Interesselosigkeit oder gar als stille Zustimmung ausgelegt wird. Das Meeting findet also ohne ihre Beteiligung statt, es wird etwas entschieden. In der nächsten Woche kommen Intuitive dann mit guten Ideen! Zu spät, meist viel zu spät! Ich habe im vorigen Kapitel berichtet, wie ich als Intuitiver mit einem Nicht-Intuitiven beim Artikelschreiben nicht richtig zusammenarbeiten kann. „Ich brauche Zeit, um mein neuronales Netz zu trainieren." Ich lege eben nicht Karteikarten an. Ich will nichts diskutieren. „Lasst mich bitte ein paar Tage in Ruhe," sagt meine innere Formel, die ich nicht kenne und die ich nicht kennen kann, weil sie so grässlich komplex ist.

Die SJ-Menschen, also die analytischen, müssen wohl aus ihrer inneren Formel eine Menge Regeln an die Oberfläche geschwitzt haben, an die sie sich vorwiegend halten. Sie ordnen, sortieren, argumentieren logisch. Sie sind wie ein PC konstruiert, mit einer Wissensfestplatte in der Gehirnrinde und einem Prozessor, der das Betriebssystem und das Denkregelwerk enthält. Wenn die NT einem neuronalen Netz am ähnlichsten sind, so kommen die SJ einer herkömmlichen Computeralgorithmusstruktur am nächsten. Deshalb sind die SJ mit den Computern so glücklich und nutzen sie zum Mitdenken in Listen, Tabellen und Tortendiagrammen. Ob sie die Computer unwillkürlich so bauen wie sich selbst? Das ist jetzt zu sehr gelästert, aber dieser Punkt wird uns noch öfter beschäftigen: Heutige Computer organisieren, verwalten, speichern, erteilen Erlaubnisse, sind im Grunde auch Hüter der Ordnung, Aufsichtsführende, Inspektoren, Versorger, Beschützer, wie Keirscy die verschiedenen SJ-Untertypen nennt. Vieles von den folgenden Argumenten gewinnt die Färbung: Heutige Computer sind SJ. Deshalb beginnen die Welt und die Natur das Gleichgewicht zu verlieren, in dem sie sich befunden haben. Das Gleichgewicht des Menschenlebens ist im Augenblick übergeschwappt. Zum SJ.

4 Welche Menschen entscheiden am besten?

Was ist das Beste?
Ich habe versucht, Ihnen zu zeigen, wie unterschiedlich Strategien sein können, wenn Menschen nach dem Besten suchen oder um die beste Entscheidung ringen. Computer rechnen viele Möglichkeiten durch und nehmen die beste. Sensor-Denker (S-Menschen im Gegensatz zu N-Menschen laut Keirsey) sammeln Daten, ordnen Fakten, machen Tabellen, setzen Prioritäten. Intuitive denken irgendwie vor sich her und haben manchmal gute ganzheitliche Ideen, wie es sein soll. Sie verstehen intuitiv und entscheiden so.

Da stellt sich uns eine interessante Frage: Welche Denkungsart bewirkt bessere Entscheidungen? Sind die Entscheidungen bei beiden Methoden gleich? (Nein! Wissen wir schon aus den Beispielen.) Über den Gegensatz zwischen der Sensor-Denkweise und der Intuitiven gibt es ein ganzes Buch von Guy Claxton. Es trägt den Titel „Der Takt des Denkens. Über die Vorteile der Langsamkeit." (Amerikanischer Titel: „Hare Brain Tortoise Mind" von 1997) Sie sehen schon an dem Titel, wofür Lanzen gebrochen werden. Claxton will den Wert der intuitiven Denkweise erklären. In seinem Buch beschreibt Claxton Experimente von Malcolm Westcott vom Vassar College in Amerika. Westcott ließ Versuchspersonen „etwas erraten". Die Versuchspersonen bekamen vor ihrer Entscheidung die Möglichkeit, sich sehr viele Zusatzinformationen zu erfragen. Beim Test wurde gemessen, ob die Versuchspersonen oft die richtige Lösung fanden, wie viel Zusatzinformation sie im Schnitt erfragten und wie sicher sie waren, als sie die Entscheidung trafen.

Westcott fand heraus, dass die Versuchspersonen gut in vier Klassen einteilbar waren. *„Vorsichtige Erfolgreiche":* Solche Personen fordern eine Menge Information an und brauchten lange Zeit für die Entscheidung, die dann zumeist richtig war. *„Vorsichtige Versager":* Diese Gruppe forderte ebenfalls viel Information an, fand sich aber nicht im Informationswust zurecht und lag mit der Antwort oft daneben. *„Erfolgreiche Intuitive":* Diese Personen brauchten kaum Informationen und entschieden meist richtig. *„Planlose Rater":* Diese Gruppe forderte ebenfalls kaum Informationen an, schien aber mehr zu „raten" als „intuitiv zu wissen" und landete mit den Antworten kaum Treffer. Claxton fasst in seinem Buch zusammen, was Westcott in den sechziger Jahren über die Persönlichkeit der verschiedenen Gruppen heraus fand. Ich zitiere zwei Passagen, nämlich die über die Erfolgreichen.

Westcott „stellte fest, dass *Leute mit guter Intuition* eher introvertiert sind; sie stehen nicht gerne im öffentlichen Rampenlicht, fühlen sich selbstständig und unabhängig und verlassen sich lieber auf ihre eigenen Ansichten; sie bilden sich lieber selbst ein Urteil und sträuben sich dagegen, von anderen kontrolliert zu werden; sie sind eher unkonventionell und fühlen sich wohl dabei. In Gesellschaft verhalten sie sich „gefasst", sind jedoch durchaus fähig, starke Gefühle zu entwickeln, die sie aber eher in vertrauter und privater Umgebung zeigen. Sie lieben das Risiko und setzen sich auch gerne Kritik und Herausforderung aus. Sie können Kritik annehmen oder sie nötigenfalls auch zurückweisen; sie sind auch bereit, sich zu ändern, und zwar so, wie sie es für angebracht halten." Westcott wird zitiert: „*Weit mehr als die anderen Gruppen suchen sie Unsicherheiten zu ergründen und hegen Zweifel, doch leben sie mit diesen Zweifeln und Unsicherheiten ganz unverzagt.*"

Und Claxton weiter: „Die Gruppe der ‚vorsichtig Erfolgreichen' zeichnet sich aus durch eine sehr starke Vorliebe für Ordnung, Gewissenhaftigkeit und Kontrolle" und hat große Achtung vor Autoritätspersonen. Sie ist gesellschaftsfähig, in dem Sinne, dass ihre Interessen und Wertvorstellungen dem kulturellen Mainstream entsprechen, erkennt aber nicht, dass diese Kultur sie geprägt hat. Ihr Wunsch nach Gewissheit und Ordnung scheint sie in der ungewissen Welt zwischenmenschlicher Beziehungen zu einer Art sozialer Unbeholfenheit und Ängstlichkeit zu führen. Mit Gemütsbewegungen können die „vorsichtig Erfolgreichen" schwerlich umgehen, es sei denn, sie sind klar geordnet. Westcott schreibt von dieser Gruppe, sie bestehe „*aus konservativen, vorsichtigen und etwas gehemmten Leuten, die sich in solchen Situationen gut zurechtfinden, wo Erwartungen klar gestellt sind, mit denen sie übereinstimmen.*"

Haben Sie gemerkt, was das bedeutet? Westcotts Beschreibungen lesen sich wie die von NT und SJ. Seien Sie bitte so lieb und überfliegen Sie die beiden Absätze über NT und SJ noch einmal kurz. Die methodischen Zugänge, die die beiden erfolgreichen Gruppen verwenden, sind aber die gerade von mir beschriebenen: Die „vorsichtig Erfolgreichen" nutzen viele Daten und wenden darauf eine analytische Denkweise an. Die „erfolgreichen Intuitiven" bekommen die Antwort aus ihrer inneren Maschine, aus ihrem neuronalen Netz.

Ich gehe jetzt mit Ihnen noch einen großen Schritt weiter. Otto Kroeger und Janet M. Thuesen haben ebenfalls sehr lesenswerte Bücher über die Persönlichkeitstypen geschrieben. In ihrem Werk „Type Talk at Work" geben sie Häufigkeitstabellen über die verschiedenen Typen an. Otto Kroeger berät im Beruf Firmen in diesen Fragen und kann am Ende seines Buches Statistiken über seine bisher gesammelten Daten geben, die aus Tests von wenigen tausend bis einigen tausend Unternehmensmitarbeitern stammen.

Unter diesen Tabellen befindet sich eine, die die Persönlichkeitstypen von 2.245 Angehörigen des Topmanagements, also von so genannten Executives, aufschlüsselt. Das Ergebnis ist erstaunlich: Vier Typen der insgesamt sechzehn verschiedenen Typen stellen nach diesen Erhebungen in Amerika 85 % der Firmeneliten. Ein fünfter Typ bringt noch einmal 5 % dazu, also würden die fünf häufigsten Typen über 90 % der „Chefs" stellen. In Zahlen:

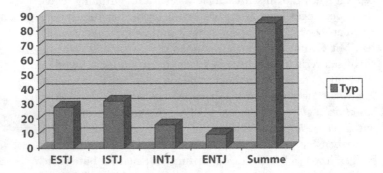

Die genauen die Zahlen lauten so: ESTJ 28 %, ISTJ 32,1 %, INTJ 15,8 %, ENTJ 9,4 %, insgesamt 85,3 %.

Ich wiederhole noch einmal die Typennamen, wie sie von Kroeger/Thuesen und von Keirsey verwendet werden:

• ESTJ ist „Life's natural organizer" oder laut Keirsey „Aufsichtsführender" oder „Supervisor".

- ISTJ ist „Life's natural administrator" oder „Inspektor"
- INTJ ist „Life's independent thinker" oder „Mastermind"
- ENTJ ist „Life's natural leader" oder „Feldmarschall"

Dies sind also die Charaktere der Menschen, die wirklich entscheiden. Oben hat Westcott die Charaktere derjenigen Menschen beschrieben, die gut entscheiden können. Es fällt auf: Alle vier Charakterkonfigurationen haben hinten die Buchstaben TJ, also die Kürzel für Thinking und Judging. Das sind die Menschen, die denken und „entschieden" sind. Sind wir jetzt überrascht, dass gerade die TJ in den Chefetagen auftauchen? Natürlich nicht. Mich hat aber der für mich irrsinnig hohe Gesamtanteil von 85 % vor Überraschung „fast vom Hocker gerissen". Es gibt noch einen fünften Typ, ENTP, den Kroeger/Thuesen mit „Progress is the product" charakterisieren und den Keirsey „Inventor" oder Erfinder nennt. Er bringt es auf noch zusätzliche 5,3 % im Top-Management.

Ich gebe jetzt zu diesen Zahlen noch eine persönliche Spekulation ab. (Das müsste alles noch genauer erforscht werden ...) Warum sind 5 % Erfinder im Topmanagement? Weil sie vielleicht eine Erfindung gemacht haben, die die Wirtschaftsgrundlage für die Firma bildet. Sie sind also nicht unbedingt ins Topmanagement befördert worden, weil sie gut entscheiden, sondern weil sie das Fundament gelegt haben. Man müsste fragen: Wenn sie heute eine solche Erfindung in einem riesigen Konzern machen würden, kämen sie dann bis in die oberste Führungsriege? Die gleiche Überlegung stelle ich für die NT-Temperamente an. Bill Gates scheint zum Beispiel ein NT, wahrscheinlich ein INTJ zu sein (??). Stellen wir uns das einmal so vor. Er ist dann der Prototyp des NT, der die technologischen Grundlagen für einen Konzern schuf, aber zusätzlich noch über so viel Managementtalent verfügt, den immer größer und mächtiger werdenden Konzern zu leiten. Aus diesem Gedanken leitet sich eine Forschungsfrage ab: Wenn wir nur die Topmanager betrachten, die nicht im Zusammenhang mit einer Firmengründung Topmanager wurden:

Sind diese dann zu 95 % STJ Menschen? Und nicht nur zu 60 %,
wie in der Gesamtstatistik?

Das ist das, was ich hier (aus meiner Intuition heraus) behaupte. Diese Zahlen und meine Vermutungen dazu deuten es
hier ein erstes Mal an: Die beiden STJ-Charaktere, die „Organizer" und die „Administrators" beherrschen weite Teile des Ge-
genwartslebens. Die beiden NTJ-Charaktere, zusammen mit dem
Erfinder-Charakter ENTP, beherrschen das Zukünftige und technisch Mögliche.

5 Entscheiden, Planen und Computer

Die TJ-Charaktere prägten entscheidend die Nutzung von Computern. Die Wissenschaftler haben Computer erst als Rechen-
maschinen benutzt, später zur Entwicklung von Maschinen, zu
Forschungen aller Art: Mathematik, Linguistik, Chemie, Physik,
heute zur Entschlüsselung von Gen-Sequenzen und zum Verstehen von Proteinfaltungen, zum Schachspielen. Diese neuen Dinge sind die Domäne der NT. Die SJ haben die Computer zum
Planen und Entscheiden, zum Steuern, Kontrollieren, eben für
das Big Business entdeckt. Das Controlling, die Zahlensteuerung
von Unternehmen, ist ohne Computer fast nicht denkbar. Computer verfolgen die Bestände, die Läger, die Bilanzen. Sie werden als Führungsinformationssysteme, als Executive Information Systems, als Träger der unternehmerischen Messinstrumente,
der Balanced Scorecards, eingesetzt.

Ich möchte im Laufe des Buches immer wieder und immer stärker auf die These hinweisen, dass die wissenschaftlichen
Computer wie NTJ-Menschen arbeiten, dass die unternehmerischen Computer des Business wie STJ denken. Diese beiden Menschenklassen stellen die Hauptentscheider in Unternehmen. Also
entschieden sie logischerweise, dass die Computer als Menschen
gesehen ihnen ähnlich sind. Das haben nach Ansicht des Philosophen Ludwig Feuerbach die Menschen ja auch mit Gott gemacht:

Sie schufen ihn so, wie sie sich ihn wünschten, wie einen Menschen. Oder umgekehrt glauben oder nehmen die Menschen an, dass sie nach Gottes Ebenbild geschaffen sind. Wenn heute diskutiert wird, wie man Menschen biologisch konstruieren soll, wenn man es technisch könnte: Wie werden wir dann Menschen zusammenbasteln? Polstern wir dicke Sportler für Schwerathletik oder ziehen wir große Kerle für Basketball heran oder andere mit Riesengehirnen, in denen ein ganzes Wasserbassin Platz hätte? Da erschaudern wir alle heute noch pflichtschuldigst und beteuern, dass wir partout nur Menschen wie Sie und mich bauen, nur schöner als ich und immer so nett wie Sie. In Wahrheit haben wir Angst, die Kontrolle über das Ganze zu verlieren und denken lieber an keine richtigen Alternativen. Deshalb, noch einmal, ist es ganz klar, dass wir die Computer nur wie Menschen bauen wollen. Und die beste Möglichkeit ist es erst einmal, sie so zu bauen, wie die, die entscheiden: wie TJ.

Diese These ist viel zu pauschal und ich nehme sie weitgehend zurück: Ich meine, dass die Computer in der Wissenschaft und in Unternehmen so wie TJ gebaut werden. Das Fernsehen oder neuerdings das Internet sind ja auch computerartige Wesen, die mehr zum Vergnügen und Geldausgeben gemacht werden. Dies sind Einrichtungen, die die TJ für die anderen Menschen ersinnen und planen, um ihre Unternehmen profitabler zu machen. Sie sehen, das ist noch ein weites Feld, in das ich mich in diesem Buch schrittweise vorwage.

In Unternehmen, die nicht ganz neu gegründet sind, haben nach meinen Überlegungen die STJ, also die Sensor-Thinker bzw. die analytischen Planer eindeutig die Oberhand. Gegenüber den NT und gegenüber den anderen Temperamenten sowieso. Sie herrschen, weil sie als Einzige wirklich gut die Prozesse verstehen, durch die ein Unternehmen organisiert ist. Sie lieben nämlich Regeln, weil diese ihrer SJ-Natur entsprechen. Früher, im Altertum mag es so gewesen sein, dass die Kraftnaturen, die eher SP-Temperamente sind, die Oberhand hatten. Sie waren körperlich stark und herrschten über die Menschen. In der Schule ist es bei Jungen heute noch so. Dann aber besannen sich die Menschen und gaben sich Regeln. Die hießen etwa so: Töte niemanden, ehre die in deinem Hause, nimm andern nichts weg oder betrüge und belüge sie nicht. Lebe in Frieden mit deiner Frau und lasse alle anderen Frauen in Ruhe. Alle diese Regeln oder Gesetze oder Religionen schützen die körperlich Schwächeren und geben ihnen eine gewisse Sicherheit. Sie werden nicht körperlich versehrt, ihnen wird nichts weggenommen, die Frau/der Mann darf ihnen nicht weglaufen. Mit der Zeit merkte man, dass solche Regeln gut für das gemeinschaftliche Zusammenleben sind. Regeln, Gesetze und Verfassungen sind Fundamente einer Kultur.

Heute treten mehr und mehr die Computer an die Seite derer, die mit Sicherheitsbedürfnissen aufwachsen. Sie unterstützen die SJ. Stärke und Kraft? Die bringen heute kaum noch Vorteile.

Dieses mehr polemische Schnellfeuer über Regeln und Gesetze geht jetzt in einen mehr poetischen Teil über, in dem ich die verschiedenen Arbeitsstile der Temperamente nochmals beleuchten möchte. Am Ende wird klar, wozu die Regeln und Gesetze gut sind: Zur Organisation der Massen. Und es wird klar: Das können nur SJ.

VII. Menschen wie Marionetten

Wenn Menschen etwas vorspielen sollen, legen sie ihre Seele in dieses Spiel hinein. Wir beobachten sie beim Drahtziehen. Mit Marionetten.

1 Wie Menschen sich steuern würden, wenn sie ihre eigene Puppe wären

In diesem Kapitel möchte ich zeigen, dass viele unserer täglichen Vorgehensweisen im Grunde aus den verschiedenen Optimierungsverfahren und Zielsetzungen entstehen, die die verschiedenen Temperamente benutzen. Um diese vielen verstreuten Vorgehensweisen unter ein gemeinsames Dach zu bekommen, beginne ich mit einem universelleren Bild, an dem ich relativ viel darstellen kann.

Ein Mensch bekommt eine Marionette in Rohform geschenkt: eine vollständige nach *seinem eigenen Bild* gefertigte Gliederpuppe, eine Rolle Draht, ein Führungskreuz aus Holz, dazu Werkzeug. Wir stellen ihm die Aufgabe, diese Puppe „zum Leben zu erwecken". Er soll die Drähte an die richtigen Haltepunkte an der Puppe anbringen, sie in der richtigen Länge zuschneiden und dann am Führungskreuz anbringen. Die noch nackte Gliederpuppe soll er aus dem Fundus des Theaters nach Wahl einkleiden. Anschließend soll er sein eigenes Puppenabbild bewegen lernen und es zum Sprechen bringen. Zum Abschluss findet ein Vorspiel statt. Der Mensch soll vor einem Publikum ein Probestück seiner Wahl aufführen. Die Puppe könnte eine Rede halten oder eine kleine Geschichte aufführen. Alles ist frei wählbar, ein Stück für eine Person von einer Person.

Wenn Sie Manager werden sollen, wird meist eine Übung ohne Puppen der folgenden Form durchgeführt: Sie werden gebeten, eine Rede von genau drei Minuten über Ihr Leben zu halten. Wenn drei Minuten um sind, gibt es ein Uhrsignal, und Sie müssen innerhalb von 10 Sekunden aufhören. Halten Sie bitte die Rede locker und gefällig, und machen Sie irgendwie deutlich, dass Sie selbst die Führungspersönlichkeit sind, die wir alle suchen! Also: Legen Sie wieder einmal dieses Buch kurz zur Seite, stellen Sie sich in Pose und reden Sie drei Minuten drauflos, damit ich höre, wer Sie so sind. (Ich warte ein bisschen, ich lasse Ihnen zwei Minuten Vorbereitung.) Also los.

Drei Minuten später. Sie sind nicht ganz fertig geworden. Das ist verzeihlich, weil die meisten Menschen sich auf Anhieb nicht trauen, so lange vor Publikum zu reden. Wenn sie aber erst mal angefangen haben, werden sie sehr länglich und können nicht aufhören, weil sie keine gute Schlusspointe vorbereitet haben. Meist schauen die Menschen bei dieser Übung hilfesuchend ins Publikum und reden und reden, bis sie zustimmend nickende Köpfe sehen, was so sehr beruhigt, dass sie aufhören können. Manche drehen auch auf, wenn ein JA sichtbar wird und reden, bis alle Ja, Ja, Ja signalisieren. Sehr verschieden. Und Sie? Haben Sie vor allem erzählt, wer Sie sind? Haben Sie Ihre Erfolge aufgezählt? Haben Sie Ihren Dienstrang erklärt? Haben Sie inhaltlich Ihr Arbeitsgebiet erläutert? Man sieht bei dieser dreiminütigen Rede von Ihnen ganz genau, wen Sie spielen. Ihre Marionette. Zappelt sie mit reichen Gesten? Steht sie verkrampft da, Ihre Marionette, mit fest verschwisterten Händen, die Angst ohne einander haben? Läuft Ihre Marionette hin und her, macht sie rhetorische Ausfälle? Bewegt sie sich gar anmutiglich und ist recht zierlich anzuschauen? Wenn Sie selbst zum Beispiel ein gestenreicher, lebhafter Mensch sind, wird da Ihre Marionette beim Vorspiel die Hände hinter dem Rücken oder die Arme über der Brust verschränken?

Wir sehen uns einmal an, wie ich mir die verschiedenen Temperamente auf der Bühne vorstellen könnte. Ich möchte Ihnen sagen, dass jeder Mensch Marionetten spielen lassen kann. Nur tun das die Menschen auf sehr unterschiedliche Arten. Jede Art ist in ihrer Weise gut.

2 Die NT-Marionette

Ich beginne mit NT-Marionetten, weil mir das am besten aus der Thinkpad-Tastatur fließt. Sei also der Mensch ein NT. Er wird die Gliederpuppe lange in der Hand halten und nachdenken. Wie sie sich bewegen soll, was sie ungefähr anziehen soll, was sie bei der Rede sagt. Hauptsächlich wird der Mensch träumen, wie das Vorspiel verläuft. Wer sind die Zuschauer, mit welcher Technologie kann er sie überraschen? Wenn der Mensch ein introvertierter NT ist, wird er eine Vorlesung halten, einen gelehrten Monolog mit wertvollem Inhalt. Ist er extrovertiert, wird er die Zuschauer mit einem Appell zu einer neuen Menschheitsaussage überraschen wollen. Alles stellt er sich bis ins Einzelne vor. Das dauert lange, einige Tage, die er quasi im Hintergrund über dem Konzept der Veranstaltung brütet. Irgendwann macht es „Klick" in ihm und er hat einen roten Faden für das Vorspiel. Nun beginnt er die Puppe zu drehen und zu wenden, überlegt genau, wo die Drähte angebracht werden müssen, damit das Vorspiel genau so wird, wie er sich das gedacht hat. Manche feine Gestik kann er technisch nicht durch die Drahtanbringung denkerisch bewältigen, macht einige Kompromisse, berechnet im Kopf die Drähte, spielt alles im Geist mehrfach durch. Dann schneidet er die Drähte zu, bringt sie an und spielt mit der Marionette ein wenig. Nach einigen Änderungen ist er einigermaßen zufrieden, zieht die Puppe so ähnlich an, wie er meist selbst gekleidet ist, und probt ein paar Mal das im Geiste geplante Vorspiel. Er legt die Puppe wieder hin und träumt weiter, wie er seine Rede durch technische Brillanz aufrüsten kann. Er kommt auf die Idee, die Puppe mit einigen technischen Finessen auszustatten, dass sie etwa auf dem Rücken einen Rucksack mit Gegenständen hat, aus der die Puppe während der Rede einzelne hervorziehen kann, die lehrreich zum Text passen. Er experimentiert am Ende immer weiter und erfindet eine Computermaschine, die die Drähte automatisch führt, so dass er die Puppe überhaupt nicht selbst führen muss und sich auf die Rede konzentrieren kann.

Das Vorspiel verläuft sehr beeindruckend. Der NT erklärt den Zuschauern erst die Technologie, dass also die Marionette von einem Computer bedient wird. Diese Erläuterungen sind ja notwendig, um das Kunstvolle verstehen zu können. Was nämlich sonst als hölzern-ruckartige Puppenführung erschiene, wird nun mit ach! und oh! als technische Errungenschaft begafft werden. Die Schönheit der eigentlichen Rede wird von den meisten technikabgelenkten Zuschauern nicht verstanden, aber sie begreifen das Hochstehende des Augenblicks. Die Puppe bewegt sich etwas nüchtern und manchmal stockend. Wenn sie hinten in den Rucksack greift, sieht es etwas tütelig-schüchtern-zerstreut aus, wenn die Puppe introvertiert ist. Wenn sie extrovertiert ist, wirkt es sehr selbstbewusst und schneidig. Mitten im Vorspiel bricht die Computerzupfmaschine zusammen und fällt auf die Puppe. Der Mensch bringt seine Rede ohne die Puppe zu Ende. Allen Zuschauern ist klar, dass bei diesem Vorspiel der Inhalt und die Technik zählen, nicht der Beikram oder gar die Puppe selbst.

Nach dem Beifall fragt der Mensch: „Habt ihr die Thesen verstanden? Wie findet ihr sie? Manche haben sich durch die technische Panne ablenken lassen, ich begreife das nicht. Strohköpfe. Ich wollte deutlich machen, dass in der Zukunft Marionetten durch Computer geführt werden können. Die Menschen brauchen keine Drahtzieher mehr. Drahtzieher sind durch Computer ersetzbar."

3 Die SP-Marionette

Der Mensch befühlt die Puppe genau, prüft sie von allen Seiten, schaut nach dem Material, nach der Biegsamkeit, zupft mit den Fingern an den Gelenken und spielt schon mit der Puppe in Gedanken. Das wird ein Spaß! Eifrig holt der Mensch sein Werkzeug herbei und bringt überall Drähte an und spielt mit der Puppe. Immer wieder werden die Drähte anders angebracht, geändert, verlängert, verkürzt. Selbstvergessen bastelt der Mensch inmitten einer wachsend chaotischen Arbeitsfläche an der Puppe herum und spielt. Er lässt sie tanzen und singen, hüpfen und lachen, sie dreht sich, fällt hin. Der Mensch fühlt sich in das Puppenleben ein, die Puppe wird immer lebhafter und lustiger. Viele Male werden die Drähte geändert, zuerst noch ordentlich neu gemacht, dann aber im Eifer des Gewühls noch mit Zusatzknoten korrigiert und verbogen. Ordentliche Charaktere würden „herumwursteln" dazu sagen. Der Mensch bekommt eine bewegt rote Gesichtsfarbe und spielt und spielt. Zehn Tage später kann die Marionette mit drei Bällen jonglieren. Dann naht irgendwann das Vorspiel. Bis jetzt hatte die Puppe, weil die Zeit fehlte, nur einen groben Kittel übergeworfen oder war noch ganz nackt. Jetzt zieht der Mensch sie richtig an. Das geht ziemlich schnell. Er geht einmal den Fundus durch, bis er ein Kostüm findet, das zu einem Jongleur passt. Das zieht er der Puppe über und probt das Vorspiel. Das Kostüm klemmt beim Jonglieren. Deshalb schneidet der Mensch die Ärmel kürzer und heftet die Hosen mit dem Tacker zusammen. Nach dieser hemdsärmeligen Umgestaltung übt der Mensch weiter jonglieren.

Das Vorspiel ist eine wahre Freude für die Zuschauer. Die Puppe ist so lustig! Sie gibt eine fröhliche Einführung und jongliert sofort los. Die Kugeln entfallen ihr ein paar Mal unter die Zuschauer, die unter ihren Sitzen lachend nach ihnen suchen und sich kennen lernen. Kinder reichen der Puppe immer wieder die Kugeln, worauf die Marionette so ungeheuer possierlich nett „Danke!" piepst, so dass die Kinder ab sofort selbst einige

Wochen Danke! sagen können. Es gibt donnernden rauschenden Applaus, nicht so ehrfürchtigen wie beim NT.

Der Mensch schaut nach seinem Vorspiel in die Menge: „Klasse, was? Das war ein Spaß! Macht alle mit!"

4 Die NF-Marionette

Der NF-Mensch denkt lange nach, wie er etwas Besonderes und Herzerwärmendes auf die Bühne stellt. Am besten könnten doch Zuschauertränen der Rührung zum Vorhangfall tropfen? Wie soll die Puppe angezogen wirken? Wie kann sie Rührung oder Gefühl vermitteln? Was soll sie beim Vorspiel darstellen? Wie kann eine kleine Geschichte aussehen?

Der Mensch sieht den Fundus viele Male durch und träumt von Liebe und Schönheit und den Herzen der Zuschauer. Irgendwann macht es „Klick" und er weiß, wie die Marionette aussieht, wie sie sich bewegt, was für ein Mensch sie ist. Das Kostüm wird immer wieder probiert und verbessert. Der Mensch geht mehrmals in die nächste Großstadt und kauft besondere Stoffe, Bänder und Samt. Rot und Gold. Warmes Grün. Oder alles in Schwarz mit einem lila Schal, woran man bekanntlich Künstler erkennt. Die Puppe wird immer schöner und lieblicher. Irgendwann legt der Mensch die Drähte an. Die stören leider, der kleine Mensch wirkt nicht gerade schöner durch sie! Seufzend willigt der Mensch in die Drähte ein und beginnt mit der Puppe zu spielen. Die Puppe verliert ihr Hölzernes, beginnt sich zu regen. Der Mensch ändert unwillkürlich die Drähte so, dass Harmonie in die Puppe zieht. Sie wird lebendiger. Sie beginnt zu sprechen und zu erzählen. Sie träumt vom kleinen Prinzen und seiner Blume. Sie bewegt sich artig und Gefühle regen sich in ihr.

Beim Vorspiel tritt der kleine Mensch auf die Bühne und verzaubert alle Herzen. „Wie ein Mensch", rufen die Kinder. Der kleine Mensch ist so natürlich, so anmutig, so entzückend! Seine Bewegungen so künstlich und fein! Sein Kostüm ist eine Augen-

weide und harmoniert mit seinen Träumen, die er als Geschichte erzählt. Am Ende sinkt der kleine Mensch ganz erschöpft von
der traurigen Geschichte in sich zusammen, es erinnert an einen
sterbenden Schwan. Und die Tränen der Rührung, die fließen, sie
sind der Beifall.

Der große Mensch sagt schüchtern: „Wir sind so glücklich
gewesen, als wir mit Euch spielten."

5 Die SJ-Marionette

Ein SJ schaut eine unfertige Marionette erst einmal so hilflos wie
eine ausgepackte IKEA-Küche an. Was ist zu tun? Der Mensch
hat noch nie eine Marionette gemacht. Er will sich auf keinen
Fall blamieren. Er sucht ein Rezept. Er geht zu Menschen, die
schon einmal eine Marionette gemacht haben, fragt sie: Wie lang
müssen die Drähte sein? Wie viele sollen es normalerweise sein?
Wo werden die Drähte normalerweise angebracht? Gibt es Bei-
spielmarionetten? Er schaut in Lexika nach und besorgt sich ein
Fachbuch zur Einführung in das Bedienen von Gliederpuppen.
Er kauft ein Fachbuch zur Kostümierung von Gliederpuppen. Er
besucht einige Theaterdarstellungen und beurteilt, welche Puppen erfolgreich auf Zuschauer wirken. Er prüft genau, welche
Puppen Eindruck machen, aber leicht zu führen sind. Er besorgt sich Bücher mit Marionettenspieltexten, um einen wertvollen Text zu bekommen. Die schaut er genau durch. Sind sie
gut zu sprechen? Wirken sie wertvoll auf Zuhörer? Werden die
Zuhörer den Menschen ehren, wenn sie so ein wertvolles Stück
zu sehen bekommen? Der Mensch geht zu den anderen Menschen, die vorspielen sollen, und fragt sie, wie sie die Marionette gestalten wollen. Der NT sitzt denkend da, die Puppe ist genau so angezogen wie er selbst sonst, mit Jeans und altem Rol-
li. Schrecklich. Der SP übt tollpatschig mit Kugeln. Seine Puppe ist nackt, der SP-Mensch sitzt in einem Werkzeugschlachtfeld.
Schrecklich, denkt der SJ-Mensch. Der NF hat eine wunderschö-

ne Puppe und bringt rot-goldene Schleifen an. Das gibt dem SJ zu denken. Wie kann er ihn übertreffen? Wird er sich blamieren? Der Mensch studiert noch einmal alle Bücher, geht in Ausstellungen und informiert sich. Am Ende beschließt er, die berühmte Mephisto-Puppe von Harro Siegel nachzubauen, die über jeden Zweifel erhaben ist. Er besorgt noch ein Dr. Faust-Design und baut eine Puppe, die links wie Mephisto, rechts wie Dr. Faust aussieht. Es stört beim Bau ein wenig, dass das Gesicht der Marionette ja nach seinem eigenen geschnitzt ist, aber das wird vorteilhaft geschminkt. Er nimmt ein paar Worte aus den Werken von unserem Goethe, baut ein Witzchen ein und geht damit ins Vorspiel.

Die Mephistoseite der Puppe sagt: „Ich liebe Dich, mich reizt Deine schöne Gestalt, und bist Du nicht willig, erhöh' ich's Gehalt." Da antwortet die Faustseite der Puppe: „Zum Augenblicke dürft ich sagen, verweile doch du bist so schön, im Vorgefühl von solchem hohen Glück genieß ich jetzt den höchsten Augenblick." Daraufhin sinkt die Faustseite immer toter werdend um und erklärt währenddessen, was geschieht: „Ich sinke jetzt zurück, mich fassen auf Lemuren, das sind aus Bändern, Sehnen und Gebein geflickte Halbnaturen." Die Vorstellung ist beeindruckend und feierlich. Alles klappt aufs Beste. Kein Makel, kein Fehler, alles wie geplant.

Der Mensch fragt nach der Vorstellung: „Wie war es? Doch gut, oder?" Und wenn alle gebührend gelobt haben, zögernd: „Hat man gemerkt, dass die Farbe vom Mephistopheles-Wams nicht genau die vom Original war? Ich habe den Stoff in der exakt passenden Farbe nicht mehr rechtzeitig erhalten können."

6 Stimmen zum Vorspiel

Der NT baut an der Zukunft, der NF baut etwas, das ihm selbst Sinn verleiht. Der SP zeigt sein hohes Können und enthüllt den Sinn der Sache (der Marionette) selbst, der SJ zeigt eine perfekte, sehr wür-

dige Darbietung. Wir haben die Zuschauer nach der Vorstellung gefragt, wie es ihnen gefiel.

Ein NT-Zuschauer: „Ich bin ganz begeistert von dem Computerprogramm, ich hätte zu so etwas selbst Lust. Das Jonglieren war lustig, aber es ist Handwerk und hat nichts mit Marionetten zu tun. Der sterbende Schwan war sehr echt. Wunderbar gespielt. Ich habe bei der Aufführung immer denken müssen, wie ich das programmieren kann. Das Programmieren des Jonglierens ist schon in Ansätzen erforscht, das ist fast gelöst. Am Ende? Faust? War ganz OK, hatte einige Pracht. Es war aber nichts dran, was im Prinzip schwer war."

Ein SP-Zuschauer: „Das Jonglieren würde mir Spaß machen! Eine solche köstliche Idee! Die Computerdingsdamaschine war mir noch zu unfertig, aber ganz gut. Das Rührstück fand ich sehr zu Herzen gehend, das habe ich genossen. Am Ende der Mephisto war sehr beeindruckend. Ich kenne den Menschen, der die Marionette geführt hat. Er ist eher trocken traditionell. Es wundert mich, dass er im Faust Gestalt mit Gehalt absichtlich vertauscht hat. Das imponiert mir, dass er sich das getraut hat. Toll. Er vermeidet es sonst immer, etwas Eigenes einzubringen. Weiß nicht warum, hab ihm das schon öfter gesagt."

Torquato Tasso sagt: **„Erlaubt ist, was gefällt."**

Ein NF-Zuschauer: „Die Maschine war sehr professionell, und ich habe sie bewundert. Ich habe beim Jonglieren Tränen gelacht, und dann – ja dann, im kleinen Menschen fand ich *mich.* Das letzte Stück habe ich darüber verträumt. Es soll ganz gut gewesen sein."

Ein SJ-Zuschauer: „Die Automatik zuerst wäre sehr gut gewesen, aber sie war nicht solide vorbereitet. Ich fand es sehr peinlich, dass sie abgestürzt ist. Gut, dass es am Anfang war, sonst wäre die Veranstaltung mit einem echten Misston behaftet gewesen. Das Jonglieren war lustig, aber weiter hat die Marionette nichts gekonnt. Der Rahmen der Veranstaltung lockerte aber durch das

Jonglieren beträchtlich nach dem Unfall auf und besonders die Kinder sind zu ihrem Recht gekommen. Der sterbende Schwan war sehr schön gespielt. Ich bin selbst gerührt gewesen. Ich lasse mich auf eine solche Art gerne einmal aus den Alltagspflichten und Sorgen entführen. Am Ende der Abschluss war ein wahrhaft würdiges Ereignis. Wundervoll konzipiert. Was sich der Darsteller mit dem Erlkönig erlaubt hat, verstehe ich nicht. Ihn muss wohl der Hafer gestochen haben. Zum Glück hat es fast keiner gemerkt. Faust deklamieren wirkt ja mehr monoton wie das Feiern der Messe."

Die Prinzessin sagt zu Torquato Tasso: *„Erlaubt ist, was sich ziemt."*

Die Kinder sagen alle: „Das Jonglieren war toll und aufregend und der kleine Mensch hat uns weinen lassen. Die anderen beiden? Na, ja. Wir verstehen ja nicht, welchen Sinn sie hatten."
Kinder und Narren kennen die Wahrheit.

7 Der Bau des Goldenen Drachen der Weisheit

Das Jahr 2000 ist das Jahr des Drachen in China, und ich denke natürlich an Michael Ende und Jim Knopf. Die Menschen haben in den vorangegangenen Abschnitten eine Marionette gebaut.

Ich ändere jetzt die Regeln. Ich ernenne den Menschen zu einem Projektleiter, der mit vielen anderen Menschen eine Riesenmarionette bauen soll: den Goldenen Drachen der Weisheit.

Wie leitet der Mensch ein Projekt? Wie führt der Mensch eine Schlacht? Er kann einen genialen Plan ausarbeiten, er kann mit der Fahne vorweg ziehen und alle mitreißen, er kann müde Soldaten zu neuem Leben erwecken und Mut geben, er kann als logischer Logistiker den Sieg organisieren.

Der Mensch benimmt sich bei der Leitung von Projekten so ähnlich wie als Einzelmensch.

Der NT zieht sich zurück und denkt lange nach. Er kommt mit einer tollen technischen Idee und begeistert die anderen Menschen um sich herum. Er setzt durch diese Idee ein Ziel, für das es „sich zu leben lohnt" (nicht nur zu arbeiten). *Er braucht eine Menge Vorlaufzeit,* um die Idee auszuträumen, ganz durchzudenken und um die Mannschaft zu motivieren. Er steht als Person für das Ziel, für das er alle Ressourcen opfert. Er setzt die Menschen so bei der Arbeit ein, dass sie mit Feuereifer arbeiten sollen. Er verlangt innerlich, dass sich das ganze Team der Idee des Drachen unterordnet und ihr die höchste Lebenspriorität gibt. Der Drache wird ein schönes Ganzes, zeigt aber immer mehr technische Perfektionsprobleme, je weiter er im Bau fortschreitet. Die Bedienung der Drähte ist etwas chaotisch, da die Einteilung der Mannschaft ihr weitestgehend selbst überlassen wird. Wer Lust hat, zieht. Der NT schafft durch seine eigene enorme Begeisterung eine zielstrebige Menge von Menschen, die nach und nach bei der Führung der Riesendrachenmarionette ihren Platz finden, ihre Rolle finden und mit der Zeit immer organisierter die Marionette führen. Vielleicht werden die rechten Beine lange Zeit oder immer anders gespielt als die linken Beine von der anderen Seite der Mannschaft, aber es geht ganz gut. Dieses Ganze wird vom NT und der Begeisterung zusammengehalten. Ohne diese ist das Ganze nicht denkbar, es würde alles schnell im Chaos versinken, weil der NT nicht richtig organisiert. Er glaubt, dass Organisation nebensächlich ist und sich mit der Begeisterung von selbst einfindet. Er überlässt die Organisation daher sich selbst und hat mit Glück einen SJ dabei. Wenn die Arbeit zu lange dauert, wird der NT ungeduldig, weil er schon wieder neue, viel bessere Ideen hat. Er möchte lieber wieder neu anfangen.

Der ganz kleine schwarze Fisch Swimmy ist ein NT-Fisch unter lauter roten Fischen. In dem Buch von Leo Lionni fürchtet sich der Fischschwarm vor Raubfischen, aber der kleine schwarze Swimmy hat die Idee, dass sich die roten Fische formationsschwimmend wie ein großer roter Fisch darstellen, mit Swimmy als schwarzem Auge. Der Räuber flieht vor dem „Riesenfisch".

(Zitat vor dem Einfall: „Da muss man sich etwas ausdenken!"
dachte er. Und er dachte nach. Er überlegte und überlegte und
überlegte. Und endlich hatte er einen Einfall. „Ich hab's!" rief er
fröhlich ... Da Swimmy den kleinen roten Fischen gefiel, befolg-
ten sie seine Anweisungen ...).

Der SP fängt mit der Mannschaft sofort an, einen Drachen zu
bauen, ohne großes Pläneschmieden. Er kann sehr hitzig werden
bei der Arbeit. Er hasst untätig Herumstehende, die nicht anpacken. Er findet, dass jeder wissen muss, wo er nützlich sein kann.
Durch sein beherztes Mitarbeiten gibt er ein hohes Vorbild ab. Er
ist an Ausdauer und Kraft überlegen und schafft es, die anderen
in seine Gefolgschaft zu zwingen. Er fühlt sich mitten im Kampf
stehend pudelwohl („Das Beste am Leben sind die Kämpfe." Madonna.) Da er nicht gerne Pläne macht, ist ein Drachenbau immer wieder ein Ausnahmekraftakt, der bei schweren Anfangsfeh-
lern nahezu scheitern kann („Holz geht nicht. Alles wegschmei-
ßen, wir bauen alles mit Metall neu!"). Er leitet entschlossen und
schnell. Wenn keine Fehler passieren, wird alles sehr gut. Ohne
ihn fällt die Mannschaft augenblicklich auseinander. Der Goldene Drache der Weisheit am Ende wirkt sehr realistisch und ge-
brauchsfertig, – wie soll ich noch sagen? Er ist richtig.

Ein NF wird die Menschen die Sehnsucht lehren, einen Goldenen
Drachen der Weisheit bauen zu wollen. Der NF zitiert immerfort, sichtlich an der Gegenwart leidend, Saint-Exupéry: „Wenn
du ein Schiff bauen willst, so trommle nicht die Männer zusammen, um Holz zu beschaffen und Werkzeuge vorzubereiten und
Aufträge zu vergeben – sondern lehre die Männer die Sehnsucht
nach dem endlosen, weiten Meer." Die Menschen, die ihm zuhören, stimmen meist mit sanft ziehendem Herzen dieser Aussage
vollständig zu, wissen aber in der Regel nicht, was Sehnsucht ist.
Und Sehnsucht erzeugen können sie schon gar nicht. Der NF aber
haucht Leben und Sehnsucht ein. Unter seiner Führung finden
die Menschen zusammen und bilden in ihren Herzen etwas Ge-

meinschaftliches, was sie fortschreiten lässt. Das Gemeinschaftliche ist wirklich in den Herzen, es ist keine technische Vision eines NT, der zu folgen wäre. Die Maus Frederick ist so ein NF. In der Geschichte von Leo Lionni hilft die Maus Frederick den anderen Mäusen nicht beim Sammeln von Wintervorratsgetreide, sammelt aber Sonnenstrahlen, Farben und Geschichten, mit denen sie später im Winter bei bitterem Hunger die Mäuse so sehr die Sehnsucht nach dem nächsten Frühling lehrt, dass ihnen wärmer wird. Der NF gibt der Gemeinschaft Sinn und hält sie dadurch zusammen. Der Sinn ist so stark, dass er die Organisation der Arbeit bestimmt, wenn alles gut geht. Sonst fällt das Projekt zusammen. NF können wundervolle Teams entstehen lassen.

Der SJ schließlich tut genau das, was NF-Menschen hassen. Sie organisieren den Drachenbau. Sofort nach der Auftragsannahme sieht sich der SJ in der Mannschaft um und wählt die Unterprojektleiter aus, mit denen er augenblicklich ein Meeting veranstaltet. Es wird an Tafeln aufgeschrieben, was zu tun ist: Stoff besorgen, Drähte kaufen, Werkzeuge herrichten, Pläne für die Bewegungen der Beine, des Halses, der Gesichtsmuskeln, des mächtigen Schwanzes. Text für das Vorspiel muss geschaffen werden usw. Für jede Teilaufgabe werden Verantwortliche bestimmt. Während schon alle beginnen, setzt sich der Leiter des Stabes hin und entwirft eine erste Idee eines Drachen, die im nächsten Meeting besprochen werden soll. (Er holt sich Bücher über Drachen oder lässt sich von Experten spezielle Drachenformen empfehlen, die schon mit Erfolg für Weisheiten eingesetzt wurden.) Dort wird dann über die Anzahl der Beine, der Schwanzspitzen, die Zähne abgestimmt. Es werden so viele Beine, Drähte etc. gebaut, dass die Mannschaft zum Spielen ausreicht. Ein Operations Manager läuft herum und schaut nach, dass die Projektmittel reichen.

Wenn unser Mensch ein Projekt leitet, muss er Instrumentarien einsetzen, um alles zu organisieren. Der NT hat die Gabe, wunderbare Ziele entwerfen zu können, denen Menschen begeistert entgegen arbeiten. Der SP verlässt sich auf seinen beispielgebenden Einsatz und seine ausdauernde Kraft. Der NF bindet Menschen in eine gemeinsame Sinnsehnsucht ein. Der SJ organisiert fachgerecht.

Wenn der NT zu seinem Ziel kommt, sind die Lösungen rekordverdächtig gut, aber er scheitert oft, weil er zu wenig organisieren will. Er fühlt durch Organisation das Ganze gefährdet, dass es durch die Organisation zerstückelt wird. Organisation ist die Domäne des analytischen Denkens der SJ, und der NT denkt intuitiv!

SJ-Menschen dagegen entwickeln brauchbare Ziele durch Informationseinholung. Dann organisieren sie drauflos und haben da ihre Stärken. Sie schaffen es fast immer zum Ziel, was immer das Ziel ist. Ihre Projekte leiden hauptsächlich an zu glanzlosen Zielen. Diese wählen sie sich oft, weil sie leichter zu organisieren sind. Während der NT leicht gute Ideen haben kann, kann der SJ nur leicht Ideen in Bezug auf die Durchführung haben. Er denkt sozusagen mit einem logistischen Filter, der „undurchführbare" Ideen erst gar nicht versucht zu denken.

(Bitte vergleichen Sie diese Absätze mit der Darstellung der Experimente von Westcott im Abschnitt über Zielfunktionen.)

Bei Projektleiterlehrgängen in unserer Firma machen die Kursteilnehmer meist auch den Keirsey-Test oder den verwandten MBTI-Test. Wir können nach unserer Erfahrung feststellen, dass immer etwa die Hälfte der Teilnehmer SJ ist, die andere Hälfte NT, es gibt kaum andere! Das ist jetzt eine empirische Erfahrung, zu der richtige weitere Forschung nötig wäre (die es vielleicht schon gibt?). SP sind wohl in ihrer Arbeitsfreude zu wenig organisiert und NT können nur in wenigen Fällen Sehnsucht erzeugen. Sehr viele der heutigen Projekte bedeuten Entlassungen, Verlegungen, Rationalisierungen, Effizienzsteigerungen. Das ist oft freudlos und hat wenig mit Sehnsucht zu tun. Ich hatte im Kapitel über die Temperamente auch schon Otto Kroeger zitiert, nach dem das Topmanagement praktisch nur aus NT und SJ besteht. Dies sind die beiden Pole auch der Projektorganisation, nicht nur des Managements. Der eine Pol besticht durch Exzellenz in den Zielen und in der beabsichtigten Qualität des Endproduktes, der andere durch Exzellenz in der Durchführung. Wenn aber das begeisternde Ziel da wäre, so wäre es schön, wenn Sehnsucht dazukäme. Wenn die Durchführung fantastisch gut organisiert wäre, so wäre es schön, wenn die tatsächliche meisterliche Arbeit Spaß machte. Irgendwie müssen wir die Talente zu einem Ganzen zusammenführen und darüber will ich mit Ihnen nachdenken.

8 Die Marionette und das Ich

Betrachten wir die Marionettenspieler und ihre Puppen. Sie legen ihre Persönlichkeit in verschiedener Weise in das Vorspiel hinein.

Die kühnen technischen Ideen und das intuitive Verständnis der Puppenbewegung sind stark mit der Person des NT verbunden. Er hat eine Vision von einer Gliederpuppe. Diese Visionen oder Zukunftssichten können andere Menschen so mitreißen und begeistern, dass sich die Visionen vom Urheber lösen können und selbstständig werden. Manchmal überleben sie das. In der Regel nicht. Ich habe bei Venture Capitalists in New York Untersuchungen gesehen, wie entscheidend der Erfinder für die Durchsetzung einer Idee im Markt ist. Endergebnis: 97 % aller neuen Produkte, die sich durchsetzen, werden von der Mutter/dem Vater der Idee selbst vom ersten Prototyp bis zur fertigen Fabrikhalle durchgetragen. Erst nach dem Durchbruch kann sich ein NT langsam von seiner Vision lösen, die dann ohne ihn weiter existieren kann. Den Durchbruch muss der Urheber selbst schaffen!

Wenn der SP mit der Marionette jonglieren kann, so ist seine Person direkt in der Marionette. Er kann diese Jonglierkunst nicht unmittelbar als Idee an die Menschheit weitergeben, die ja erst das Jonglieren lernen müsste. Ein Handwerksmeister ist sehr in seiner Arbeit verwoben.

Der NF ist in gewisser Weise die Marionette. Er liebt sie und sie liebt ihn, wenn sie erwacht ist. Sein Herz ist in der Marionette, in seinem Werk. Also ist auch das Ich des NF sehr stark in seinem Werk verflochten.

Ein SJ zelebriert mit seiner Marionette eine Darbietung. Seine Marionette ist nicht sein Ich. Es ist auch nicht darin und es ist nicht hineingelegt. Der Arbeitsauftrag des SJ ist, ein würdiges Marionettenvorspiel dem Publikum darzubieten. Diese Aufgabe erfüllt er möglichst perfekt. Die Marionette ist perfekt, ihre Kleidung prächtig und angemessen, ihr Text anspruchsvoll und ansprechend. Der Auftritt entspricht den Erwartungen des Publikums und übertrifft sie in nicht übertriebener Form. Es gibt keine Versehen oder Fehler. Wenn bei einem SJ jemals etwas fehlt, so ist es Glanz und Echtheit. Diesen Mangel scheint das irritierende Fehlen der eigenen Persönlichkeit im Werk hervorzurufen. Zuschauer argwöhnen Unechtes im Werk, aber das ist es nicht: Es ist nicht unbedingt beabsichtigt, echt zu sein. Wenn zum Beispiel die Marionetten eine Grußadresse zu einem Jubiläum sprechen sollten, so würde es bei anderen Temperamenten gelehrt klingen, lustig sein oder zu Herzen gehen. Eine Rede eines SJ benutzt sehr bedacht die angemessenen Vokabeln, die der Person zukommen. Es ist mehr ein Auftragsritual. „Er steht nicht hinter seiner Aussage!", urteilen die anderen Menschen. Aber er steht weder vor seiner Aussage noch dahinter noch irgendwo, seine Feststellungen ehren den Adressaten in unangreifbar richtiger, angemessener Weise. Jeder andere könnte den Text auch vorlesen. Sein Werk ist eine möglichst perfekte Darbietung, wie es sich gehört. Es ist ein Werk der logistischen Intelligenz, die den SJ zugesagt wird.

Da SJ nicht in ihrem Werk sind, wirken sie in Zusammenhängen stark irritierend, in denen eine innere Zugehörigkeit nicht nur zur Aufgabe selbst, sondern *zum Inhalt* der Aufgabe universell unterstellt wird. Beispiel: Eine SJ-Mutter, also eine Mutter an sich, hat im Leben die klare Aufgabe, das Verhalten der Kinder so zu steuern, dass diese nicht rauchen, trinken oder faulenzen. Diese Aufgabe erfüllt sie getrennt davon, ob sie selbst raucht, trinkt oder faulenzt! Sie führt die ihr anvertraute Aufgabe angemessen durch, wie es das Leben oder die Tradition verlangt. Die Erledigung der Aufgabe hat erst einmal nichts mit ihrem Ich zu tun. Sie erledigt die Aufgabe. Die anderen Temperamente können SJ aufrichtig verachten, wenn diese predigen, was sie selbst nicht tun. Die anderen Temperamente halten es für die allererste Glaubwürdigkeitsprüfung, ob jemand hinter einem Konzept steht oder nicht. Sie können oft niemals in ihrem Leben zu der Erkenntnis gelangen, dass SJ Konzepte durchsetzen, weil sie die Pflicht übernommen haben. Das ist eine andere Frage als die, ob sie hinter dem Konzept stehen oder sich selbst daran halten oder danach richten oder es selbst gut finden. Politiker mit SJ-Temperament führen Aufgaben durch. Sie erlassen Gesetze gegen Tabak und Alkohol und Drogen, genießen aber oft alles ungeniert. Sie gehen in Rotlichtviertel und verstoßen gegen eigene Steuergesetze. Manager mit SJ-Temperament sehen ihren Bereich wie eine Riesenmarionette, die an vielen Drähten geführt wird. Die Riesenmarionette erfüllt einen Auftrag. Dafür wird der Manager bezahlt. Er sieht diesen Auftrag ganz getrennt von seinem eigenen Leben. Die Marionette lernt in Kursen emotionale Intelligenz und Lohnverzicht. Das Gelernte gilt für den Drahtzieher selbst nicht notwendigerweise. Wenn Sie sich vorstellen, wie Eltern, Lehrer, Beamte, Politiker, Manager ihre Riesenmarionetten führen, die Kinder, Arbeitnehmer, Bürger, dann bedenken Sie immer, dass diese Führungsaufgabe nicht bedeutet, dass sich die Drahtzieher nun selbst wie die Marionette benehmen müssten.

Ich sage damit nicht, dass das immer so ist oder so sein muss, ich sage, dass es in dieser Form bei SJ quasi innerlich erlaubt ist. Bei ihnen ist Loyalität oder Identifizierung mit einer Aufgabe anders gemeint: Sie setzen sich mit Haut und Haaren für die Erledigung ein. Dies wird hier unter Identifizierung verstanden. Sie identifizieren sich nicht unbedingt mit den Inhalten der Aufgabe. Bei der Beratung einer großen Firma in Strategiefragen fand ich eine Beschreibung, welche Eigenschaften ein „Leader" haben sollte. Dort stand: „Zeigt demonstrativ Interesse für die Inhalte seines Bereiches" und „demonstriert Begeisterung für die Ziele." Ich bin seelisch fast ausgerastet und habe ausgerufen: „Da muss stehen: HAT Interesse, IST begeistert!!" Da sagten die SJ im Raum: „Das steht doch da, oder?" Es kam heraus, dass für mich die beiden Formulierungen Lichtjahre auseinanderliegen, während die SJ die Unterschiede nur haarspalterisch fanden. SJ sind begeistert, um das Projekt voranzutreiben, um die Logistik zu verbessern.

Wer könnte sonst Menschen in Arbeitslosigkeit entlassen, zu weiten Umzügen oder andauernder Arbeit fernab der Familie bewegen? Vieles muss aus Pflicht gemanagt werden, und innerliches Mitgefühl ist da schwer zu organisieren. Sind die Pflichtmenschen SJ?

Es gibt in dieser Richtung sehr viele Forschungsfragen, die ich gerne beantworten würde, wenn ich einen Lehrstuhl hätte. Zum Beispiel diese (Verzeihung für die Abschweifung): Jurastudenten sind traditionell entweder in Strafrecht gut oder im öffentlichem Recht, wenn sie überhaupt über Vieren hinauskommen. Es gibt sehr wenige Studenten, die beides gleichzeitig gut können, Strafrecht *und* öffentliches Recht. Beim einen Fach geht es mehr um Gerechtigkeit und Schuld und Psychologie, beim andern um fintenreiches Rechtbekommen und Erstreiten. Sind die Strafrechtler Intuitive und die Öffentlich-Rechtlichen Sensor-Thinker? Liegt es daran, dass sie so verschieden sind? Das wäre eine weitere wundervolle Illustration für die Aussagen hier, dass man eben *entweder* intuitiv ist *oder* analytisch-planerisch, *nicht beides.* Dass die einen sich mit den Inhalten identifizieren (Recht sprechen und für Gerechtigkeit sorgen) und die anderen mit der Aufgabenerfüllung (Schadenersatz oder mehr Erbe herausholen).

9 Drachen für die Massen

Ich stelle wieder eine andere Frage: Ich verlange, dass die Goldenen Drachen der Weisheit nun in Massenproduktion für die ganze Welt gebaut werden sollen. Es sind also viele Drachen zu bauen, inkl. Gebrauchsanleitung.

Der NT hat einen technisch absolut überlegenen Goldenen Drachen gebaut, mit allem Drum und Dran. Er ist wundervoll. Aber er lässt sich praktisch nur von dem eingespielten Team um den Drachen herum fachgerecht bedienen. Normale Menschen schaffen das kaum und wenn, dann wahrscheinlich auch nur mit Glück nach langem Üben. Es hat in dieser Form keinen Sinn, die Konstruktion des Goldensten aller Drachen in Produktion gehen zu lassen. Selbst als man es einmal in einem Anfall von Verehrung für den Erdenker und Erbauer ins Auge fasste, scheiterte man ziemlich viel später im Projekt an der Bedienungsanleitung: Es ließ sich nicht sagen oder beschreiben, wie ein eingespieltes Team von fünfzig Mann einen Goldenen Drachen ganzheitlich steuert. „Man muss es lernen wie das Improvisieren bei Jazz." So sagten die Teammitglieder. Man produzierte ein paar Mustergolddrachen, die heute noch unverkauft sind und in Technikmuseen stehen.

. Der SP-Drache war schön anzusehen, war aber bei der Produktion des ersten Prototyps hingewurstelt. Eine Serienproduktion hätte so viel Geradebiegen erfordert, dass man gleich irgendein neues Modell hätte bauen können. Eine Beschreibung für seine Bedienung schien außer Reichweite.

Der NF-Drache hatte sein Leben vom Projektleiter. Er hatte nicht mit an den Drähten gezogen, sondern immer im Publikumssaal gesessen und Regieanweisungen erteilt, wie ein Liebender seiner Geliebten, wie ein Vater, ein Regisseur. Er hatte dem Team das Gesamtgefühl des Goldenen Drachen der Weisheit gegeben, obwohl der Drache technisch gesehen nicht wettbewerbsfähig war. Wie aber sollte jemand diese Aufgabe bei einer Serienproduktion wahrnehmen? Der NF konnte seine Regieanweisungen nicht hinschreiben.

Der SJ-Drache war etwas zu normal und zu glanzlos, aber solide gebaut. Die Drähte waren nicht individuell für die Beine und Zähne und Schwanzspitzen zugeschnitten: Sie waren auf drei verschiedene Längen normiert. Die Beinführer hatten Standardvorschriften für das Drahtziehen der Beine. Es gab Projektleitervorschriften für alle Teildrachenabteilungen. Das Kostüm war in Kacheln eingeteilt, die auswechselbar waren. Dies war ein Schachzug, um viele Kostümnäher gleichzeitig arbeiten zu lassen. Alles war genau vorgeschrieben und dokumentiert. Alle Drachenholzknochen waren aus einer Art Baukastensystem zusammengesteckt. Serienproduktion? Kein Problem! Der SJ ließ alle Teile auflisten und einzeln von Zulieferern bauen und liefern. Aus den Projektdokumentationen wurden Bauanleitungen und Spielanleitungen. „Jeder Idiot bekommt das hin, wenn er diese Handbücher benutzt." Der Goldene Drache der Weisheit wird effektiv in Stücken in einige wenige flache Pakete verpackt, die in einen Golf hineinpassen, wenn man die Sitze umklappt. Der Goldene Drache sieht in dieser Verpackung so ähnlich aus wie eine frisch gelieferte IKEA-Küche.

Damit sind wir soweit, den Hauptsatz dieser ganzen Argumentationsreihe zu formulieren:

Die SJ-Lösung ist wiederholbar, modular aufgebaut, dokumentierbar, erklärbar, erlernbar, in Serie fabrizierbar, also in jedem Sinne übertragbar und replizierbar. Sie ist die einzige Lösung des Produktionsproblems, die ohne ihren Schöpfer auskommt, nur mit einem Handbuch. Sie kommt auch deshalb ohne die Person des Schöpfers aus, da diese nicht darin hineinverbaut ist. Dies ist die Hauptstärke der SJ-Lösung. Daher ist sie den anderen Lösungen logistisch überlegen, ob die anderen Schöpfer nun jammern oder nicht. Die anderen Lösungen sind nur als Prototyp echt, wahrhaft und schön, als Architektenentwurf. Das Eigentliche kann nur in Massen produziert werden, wenn man es in einem Handbuch festhalten kann.

Im Ganzen könnten wir Riesenmarionetten in Massenproduktion so herstellen: Die NT überlegen sich Prototypen, die technisch wundervoll sind (Research & Development). Die SJ planen die Produktionsprozesse. Dazu vereinfachen sie die Prototypen auf ein logistisch gesehen gut und effizient produzierbares Modularprodukt. Sie organisieren die Aufgabenverteilung und die Abläufe. Die SP bringen dieses noch eher theoretische Konstrukt „zum Laufen". Sie schaffen es, den starren logistischen Regelsystemen Leben einzuhauchen. Die logistische Intelligenz wird durch die taktische Intelligenz der SP ergänzt. Das Prozessurale wird praktisch brauchbar gemacht. Die SP geben dem physischen Arbeitsprozess einen Sinn (Freude bei der Arbeit) und sie haben ein Gespür für den Sinn des Produktes (Freude des Kunden beim Gebrauch des Produktes). Die NF können den arbeitenden Menschen Sinn geben, Sinn als Menschen, Sinn für sie selbst als Einzelperson, Sinn in einem Team, Sinn in einer Gesellschaft. Sie moderieren Menschen.

Es geht darum, die verschiedenen Sinne der Temperamente zu einem Eigentlichen zusammenzufügen.' Die NT sollen aus ihrem Wissen Technologien bauen, die SP daraus ihre eigene Lebensfreude den Produkten eingeben, die NF den arbeitenden Menschen selbst Sinn geben und die SJ sollen all das harmonisch organisieren.

Das ist schon ein Teil des Schlusswortes dieses Buches. So soll es geschehen! Es muss so geschehen, weil es in dieser Form ökonomisch bestmöglich ist und am meisten Gewinn abwirft. Ich begründe dies im folgenden. Ich stelle dar, dass wir noch weit davon entfernt sind, die verschiedenen Talente zu einem Eigentlichen zu bündeln.

VIII. Logistik der Menschentwicklung, ein satirischer Kurzeinstieg

Die normalen Menschen sind diejenigen, die sich wahrhaft um die Entwicklung des Menschen kümmern. Denn die anderen Menschen sind ja nicht normal und können es deshalb nicht selbst tun. Es ist eine harte, undankbare Aufgabe, nicht so normale Menschen auf die rechte Bahn zu bringen.

1 „Menschen wie wir sind hier die Norm!"

Im letzten Kapitel haben wir uns kurz mit der Problematik befasst, Riesenmarionetten in Serie herzustellen, so dass alle so schön wie der Goldene Drache der Weisheit aussehen, der aus der hässlichen Frau Mahlzahn entstand. In Wirklichkeit sind wir ja nicht so sehr an Drachen interessiert, sondern an den Menschen. Wenn so einer neu auf die Welt kommt: Wie sollen wir ihn formen und bilden und aufziehen, dass ein wertvoller Mensch entsteht? Wie sollen wir was mit ihm anstellen? Was für eine Marionette soll er werden? Ich habe Ihnen das in einem Bild zu vermitteln versucht:

Jeder Mensch sollte seine eigene Marionette bauen. Er baut sie vielleicht wie sich selbst? In der Puppe wird dann deutlich, wie er sich vorstellt, wie ein Mensch sein müsste? Einer, der weiß? Einer, der Freude hat und Freude schenkt? Einer, der sich angemessen benimmt? Einer, der Sinn in sich spürt, das Besondere? Es gibt viele Antworten auf die Frage, wie ein Mensch sein soll, und mindestens vier verschiedene habe ich angedeutet. Die vielleicht beste Antwort, die ein Mensch auf die Frage geben kann, wie ein Mensch sein soll, ist: „Wie ich." Darüber folgt später ein ganzer Abschnitt.

Die Antwort aber, wie ein Mensch generell als Massenprodukt auszusehen hat, muss ganz anders lauten. Es muss eine logistische Antwort sein. Der gewünschte Mensch muss also nicht nur durch eine Menge guter Eigenschaften definiert sein, sondern er muss mit diesen vielen guten Eigenschaften auch in der Menge herstellbar sein.

Zur massenweisen Entwicklung guter Menschen ist es daher nötig, ein effizientes, überall einsetzbares, verständliches, System zu entwerfen, dass dann auf alle Menschen angewendet werden kann.

Das ist kein philosophisches Problem, sondern eines der Logistik. Dafür sind die SJ-Menschen am besten vorbereitet. Sie gehen eben logistisch an solch ein Problem heran. Sie fragen sich, was das Ziel der Entwicklung im Allgemeinen sein soll. Sie zerlegen das Ziel in Teilaufgaben und verteilen diese an speziell Zuständige. (Stellen Sie sich einfach die Menschentwicklung wie den Bau von Autos oder Goldenen Drachen vor.) Ziel der Menschentwicklung kann Bildung sein. Dazu werden Normen festgelegt, wann jemand als gebildet angesehen werden soll. Diese Normen müssen von einer großen Menge von Menschen im Prinzip erfüllbar sein, sonst ist das Ziel der Produktion nicht gewährleistet. Danach werden Verfahren festgelegt, wie jeder Mensch die Entwicklungsprozesse durchläuft.

In groben Umrissen könnte ein Logistiker so vorgehen: Er stellt fest, dass der Mensch mit 18 Jahren oder 21 Jahren ziemlich ausgewachsen ist und eigentlich „fertig" sein müsste. Damit ist der Zeithorizont bis zur Fertigstellung abgesteckt. Wie soll ein fertiger Mensch zu diesem Zeitpunkt aussehen? Er soll bereit für eine Arbeitslaufbahn sein. Dazu ist eine gewisse Reife nötig. Wie ist Reife definiert? Der Mensch muss viele Dinge wissen und können. Rechnen, Schreiben, Lesen, Tanzen, Reden. Er muss von Herzen gut sein und sich in die Gemeinschaft einpassen. Die ganze Liste der Erfordernisse muss wohl überdacht werden, da sie ja allgemeinverbindlich sein soll. Wenn die Liste der Erfordernisse an einen Menschen fertig ist, wird festgelegt, wie er sie in welcher Reihenfolge abarbeitet. Es wird also ein zeitlicher Ablaufplan für das Projekt Menschentwicklung festgelegt. Gleichzeitig werden jeweils die Verantwortlichen bestimmt, die die Entwicklung unterstützen müssen: Eltern, Lehrer, Pfarrer, Jugendtrainer, Ortsvereine, Feuerwehr.

Es muss festgelegt werden, wie viel Aufwand für die Entwicklung eines Menschen getrieben werden soll. Das darf nicht zu teuer werden! Man rechnet sich das so aus: In einer Schulklasse sitzen im Durchschnitt 30 Schüler vor einem Lehrer. Deshalb verbraucht jeder Schüler etwa ein Dreißigstel eines Lehrers während des Unterrichtes, also etwa 3,33 %. Da aber der Schüler 30 Wochenstunden in der Schule ist, der Lehrer aber nur etwa 24 Wochenstunden erteilt, verbraucht der Schüler circa 30 mal 3,33 geteilt durch 24 Prozent, also 4,166 % von einem Lehrer im Schnitt. Da ein Lehrer inkl. Schule etwa 100.000 € pro Jahr kostet, verbraucht also ein Schüler im Schnitt 4.166 € an „Schule" im Jahr. (Die richtige Zahl für Baden-Württemberg wurde mit 4.400 € für 1999 laut Tageszeitung angegeben.) Die Grundschule könnte mit 3.000 € pro Jahr auskommen. Vier Jahre Grundschule kosten 12.000 €, 9 Jahre Gymnasium 37.500 €, zusammen mit der Abiturfeier also alles in allem 50.000 €. Ein Studium später kann fünf Jahre oder 60 Monate dauern, also nach ebensolchen Rechnungen noch einmal Kosten verursachen von 60 Monate mal 500 € Lebenshaltung plus noch einmal etliche Zehntausend Euro für die Universität (wo der Kostenaufwand sehr stark schwankt, von Massen-BWL bis zum individuellen Laborstudienplatz bei einem ganz unbeliebten Professor).

Dieser Aufwand wird verglichen mit dem Ertrag eines Menschen in der Zukunft. Ein SAP R/3-Berater oder ein guter Programmierer bekommen heute einen Tagessatz von etwa 1.000 €

pro Tag, also kostet die Schulzeit eines Menschen so viel, wie wir einem Programmierer für 50 Tage zahlen. Solche und ähnliche Berechnungen müssen angestellt werden, damit es nicht zu teuer wird.

Zur Verwirklichung des Ganzen werden dann Schulbezirke und Schulen eingerichtet, Lehrer eingestellt, Abiture designed und Realschulen definiert. Ein ganzes System wird gebaut. Wenn ein Mensch auf die Welt kommt, ist schon alles aufs Beste vorbreitet. Wie ein Teppich ist der Lebensprozess des neuen Menschen ausgebreitet.

Er muss die Stationen des Babyschwimmens, des Kindergartens, der Verkehrserziehung, was immer vorgesehen ist, mit Bravour hinter sich bringen. Erdkunde, Biologie, Chemie, Häkeln, Kochen, Englisch und so weiter. Kenntnis auf Kenntnis wird gesammelt. Zum Halbjahresende gibt es Zeugnisse, die der Mensch mehr oder weniger stolz nach Hause trägt. Er bekommt Lob, ein wenig Geld, ein neues Game-Boy-Spiel. Am besten ist der Mensch dran, wenn er beim Aufwachsen diese verschiedenen Aktivitäten, die von ihm erwartet werden, klaglos und eher interessiert mitmacht. Es ist schlecht, wenn ihn Häkeln anwidert oder Religion nicht anspricht. Es ist schlecht, wenn er den Sinn in Latein oder den Bodenschätzen von China nicht sehen kann, wenn ihn das Rechnen langweilt, weil er es schon vor der Schule irgendwo aufgeschnappt hat.

Am besten ist es, wenn der Mensch *brav* ist. Er soll nicht nach dem Sinn dieses Weges fragen, sondern ihn entlang des ausgerollten Teppichs gehen. Er soll nicht die Ruhe stören, seine Mitschüler auf dem Weg unterstützen und sie nicht verprügeln wollen. Er soll dem Unterricht begierig folgen und stets seine Hausaufgaben machen, wie sie verlangt werden. Er soll die Lehrer und die Autoritäten ehren wie die eigenen Eltern auch. Er soll sich mit dem Gemeinen nicht gemein machen. Stufe für Stufe soll er erklimmen, Klasse für Klasse versetzt werden, Punkt um Punkt sammeln und sich damit für sein späteres Leben rüsten. Er soll den Leib nicht übermäßig beachten und dessen Gelüste, nämlich fernzusehen, zu essen, Cola zu trinken, herumzuliegen und zu lungern. Er soll den Körper vielmehr stählen und üben in Gewandtheit und Ausdauer. Er soll ... Er soll einfach brav sein. Brav sein heißt: Er soll den berechtigten Erwartungen seines erzieherischen Umfeldes immerfort bejahend und bestmöglich gerecht zu werden versuchen.

So ist derjenige Mensch am besten gerüstet, der den Weg gehen soll. Es ist ein SJ.

Sie sollten noch im Ohr haben, wie SJ charakterisiert werden. Ich wiederhole hier noch einmal den entsprechenden ersten Absatz der Beschreibung der „Guardians", der Hüter der Ordnung, vom Buchanfang:

„Guardians". Sie ordnen sich sehr gerne in Gemeinschaften ein und fühlen sich ohne eine solche Einordnung nicht wohl. Sie sehnen sich nach Zugehörigkeit zu Gemeinschaften in jedem Sinne. Wenn sie sich neu einordnen wollen, fragen sie am Anfang: „Was wird von mir erwartet? Wie sind die Regeln hier gestaltet?" So betreten sie Kindergarten, Schule, Universität und Berufsleben. Sie sorgen sich um die Gemeinschaft, sie sorgen für andere in ihr. Sie wollen nicht per Saldo Nehmer sein, sondern Geber. Sie fühlen sich stets eingebunden und verpflichtet. „Jeder muss seinen Teil für das Ganze tun." Wer das in besonderer Weise dauerhaft tut, verdient sich in ihren Augen einen höheren Status. Er bekommt für Teilbereiche der Gemeinschaft eine Verantwortung zugesprochen. Da die Hüter dies so sehen, glauben sie unbedingt an hierarchische Ordnungen. Der durch anhaltendes Sorgen verdiente Status drückt sich in einem wohlverdienten, langsamen Aufstieg aus. Die Zukunft ist für sie der Aufstieg aus den Verdiensten der Vergangenheit, wodurch sie eher mit den Gedanken in dieser verdienstvollen Vergangenheit sind. Den Aufstieg verdienen sie sich durch immerwährende Vorbereitung. Ihr Leben gerät dadurch in Gefahr, nur aus Vorbereitung zu bestehen. Sparen, Gürtelengerschnallen, Haus abzahlen, Beförderungen bis zu der letzten ins ewige Leben.

Da die SJ in logistischen Prozessen mit logistischer Intelligenz denken, konzipieren sie das Leben natürlich so, wie sie es sehen. Ich gebe hier auch noch einmal das Zitat aus Claxtons wieder:

„Die Gruppe der ‚vorsichtig Erfolgreichen‘ zeichnet sich aus durch eine sehr starke Vorliebe für Ordnung, Gewissenhaftigkeit und Kontrolle und hat große Achtung vor Autoritätspersonen. Sie ist gesellschaftsfähig, in dem Sinne, dass ihre Interessen und Wertvorstellungen dem kulturellen Mainstream entsprechen, erkennt aber nicht, dass diese Kultur sie geprägt hat. Ihr Wunsch nach Gewissheit und Ordnung scheint sie in der ungewissen Welt zwischenmenschlicher Beziehungen zu einer Art sozialer Unbeholfenheit und Ängstlichkeit zu führen. Mit Gemütsbewegungen können die ‚vorsichtig Erfolgreichen‘ schwerlich umgehen, es sei denn, sie sind klar geordnet. Westcott schreibt von dieser Gruppe, sie bestehe ‚aus konservativen, vorsichtigen und etwas gehemmten Leuten, die sich in solchen Situationen gut zurechtfinden, wo Erwartungen klar gestellt sind, mit denen sie übereinstimmen.‘"   ·

SJ Menschen, so heißt es in dieser Äußerung, erkennen nicht, dass diese Kultur sie geprägt hat! Darauf will ich hier hinaus. Sie erkennen es nicht, weil sie selbst das Logistische der Menschentwicklung immer genau für ihre Bedürfnisse entwickelt haben. Alles ist für sie von ihnen selbst so geschaffen. Wenn ein Kind als braves Kind, als SJ, aufwächst, kann es die Kultur nicht erkennen. Es hat den Eindruck, alles ist richtig. Es kann nicht erkennen, dass es der Norm entspricht, die frühere SJ aus sich erklärt haben. Deshalb sind SJ stets ungeheuerlich sicher, dass alles richtig ist, was sie tun. Deshalb verlangen sie unablässig, dass alle Menschen brav sein sollen, nicht nur ihresgleichen. Die anderen Menschen wundern sich meist über diese begnadete Einstellung und reiben sich an ihr.

NT und NF sind nur jeweils ein Achtel der Bevölkerung. Sie wissen ohnehin, dass „sie nicht normal sind". Wenn sie als Intuitive

nicht einmal genau verstanden haben, was intuitives Denken bedeutet, merken sie stets das Merkwürdige und Andersartige an
sich selbst und halten es ohne Aufklärung für etwas Sonderbares
in ihnen. Sie bilden sich daher nie ein, ein Normcharakter sein
zu können. Sie wissen, dass sie es nicht sind. NT sind, weil sie unentwegt Wissen sammeln, eher gut in der Schule und haben wenigstens keine echten Überlebensprobleme. NF sind oft irgendwie
künstlerisch und kommen mit ihren gefühlten Ausnahmestatus
ganz gut klar. Beide aber sind statistisch und de facto Ausnahmen
und fühlen sich so. Wenn eine Schulklasse aus 30 Schülern besteht und wenn ich ein INTJ bin (1 bis 2 % der Bevölkerung): Wie
groß ist die Wahrscheinlichkeit, dass ich jemals einen anderen
Menschen von meinem genauen Charakter in der Schule treffe?
Ich bin wahrscheinlich ganz allein mit mir. So war das damals bei
mir, ehrlich. Erst beim Beginn des Mathematikstudiums traf ich
etliche von meiner Sorte und fühlte mich nicht mehr so „anders".

Die SP sind schlimmer dran. Sie repräsentieren die mehr
körper-, lust- und freudeorientierten Menschen; sie sind viele
(knapp 40 % der Bevölkerung). Sie werden von den SJ als unsolide und ständig erziehungsbedürftig angesehen, weil sie nun ganz
offensichtlich nicht den Normen entsprechen. Sie wollen nicht
die Aufgaben erledigen, wenn dies keine Freude macht! Sie stellen dann Fragen über die Notwendigkeit der Aufgaben und ver-
weigern sich oft! Sie wollen nicht brav sein, keine unsinnig scheinenden Hausaufgaben machen, schreiben ab, wenn sie keine Zeit
hatten. (Ein SJ schreibt ab, wenn er es nicht konnte, aber dennoch
die Punkte für die Aufgabe will. Ein SP schreibt ab, weil er die
Hausaufgaben nicht gemacht hat.) Die SP sind also die Charaktere, die lebenslang schwer erziehbar sind. Sie geben den SJ ein
dankbares Feld ab, Ratschläge und Ermahnungen loszuwerden.
Für sie können sie sich unentwegt sorgen und dabei ihre eigene Nützlichkeit fühlen. Das alles tun die SJ deshalb, weil sie so
stark verwachsen sind mit ihrem Sein als Norm. Wenn sie nun
wüssten, dass sie nur ein Temperament unter vieren sind? Dann
verlören sie fast ihren Sinn.

Anmerkung: Alle Menschen sind gleich, aber die SJ-Menschen sind gleicher als die anderen. Dies abgewandelte Zitat aus der Farm der Tiere von Orwell ist hier nicht böse von mir gemeint. Sinnigerweise ist aber dieses Zitat in Orwells Buch über die Gleicheren genau auf die Gruppe der SJ gemünzt, allerdings in einem unvorteilhaften Zusammenhang. Dies will ich hier nicht in negativer Weise ausdrücken. Orwell und andere (und ich manchmal auch, zugegeben,) haben des öfteren eine Art starken Widerwillen gegen eine zu logistische Sicht der Dinge. Trotzdem dürfen die, die sich mehr für die Inhalte etwa der Menschentwicklung interessieren, nicht immer schwach verachtend auf die Bemühungen der logistischen Intelligenzen schauen, aus einer *Idee* für die Menschentwicklung dann ein Menschentwicklungs*system* zu bauen, das in beliebiger Größenordnung annehmbar funktioniert (ein System, das „skaliert", wie die Computertechnologen sagen). Aus dem Widerwillen heraus, der aus dem Wissen besteht, dass das jeweils entstehende System nur entfernt mit der ursprünglichen Idee zu tun hat, wirken die anderen Menschentemperamente bei der Systementwicklung meist einfach nicht mit. Sie nehmen sich nur öfter einmal etwas Zeit, in Artikeln die Errungenschaften der SJ zu geißeln. Die Dominanz der logistischen Intelligenz in der heutigen Zeit mit allen ihren negativen Folgen ist ja auch darauf zurückzuführen, dass die anderen Intelligenzen diese Dominanz aus Bequemlichkeit zulassen. Die SJ schmettern alle inhaltliche Kritik mit Worten wie diesen ab: „Meckern ist einfach. Was aber soll getan werden? Sage mir, was ich anders tun soll!" Antwort, besonders der Intuitiven: „Das ist doch aus meiner Kritik offensichtlich." Eine Kritik ist aber für logistische Intelligenzen nichts. Es muss ein Rezept sein, was sie überzeugt, ein Verfahren, ein neuer Regelsatz. Es muss nicht nur richtig sein, sondern funktionieren. Die Intuitiven müssen also daran arbeiten, stärker Inhalte oder den Sinn des Ganzen in die Normdiskussion einzubringen. Die SP müssen auch selbst daran arbeiten, dass sie als zulässige positive Menschform akzeptabel werden. Sie müssen deutlich machen, dass sie die Freude in der Welt repräsentieren, die unsere Systeme nun nicht gerade überbetonen. Die Normsysteme der SJ bauen Stufen und Schritte ein, Prüfungen und Orden, Errungenschaften, Eigenschaften und immer wieder Pflichten. Nicht: Freude. Ich gebe später Argumente, warum Freude und „Sinngehalt" bei der Arbeit zu besseren wirtschaftlichen Profiten führt, was bald in den Computersystemen als Messgröße sichtbar wird. Daher werden die Computer die Freude und den Sinn wieder einführen und die SP in eine bessere Lage bringen. Heute, nach der Down-Sizing-Ära, hat man ja fast den Eindruck, Menschen mit Freude an der Arbeit gleich entlassen zu müssen, weil sie ja durch das Lied-Summen am Arbeitsplatz signalisieren, dass sie nicht voll ausgelastet sind. Diese Sicht wird von Arbeitsmesscomputern als Intuitionsfehler der SJ entlarvt werden. Mein Appell hier in diesem Buch wird daher sein: Lassen Sie uns so schnell wie möglich durch Messen der Arbeitsfreude und der Leidenschaft für die Arbeitsinhalte mathematisch beweisen, dass sie den Gewinn steigern.

2 Wissen, Können, soziale Intelligenz in Regalen und Portionen

Die Entwicklung des Menschen wird also in Systemen festgelegt, in die eine Vorstellung einprogrammiert ist, was der Mensch am Ende der jeweils verschiedenen Entwicklungsperioden können oder wissen muss: Über Tetraeder, Fotosynthese, Sinus Hyperbolicus, Oktanzahlen, die Eiablage der Fruchtfliege. Diese nützlichen Kenntnisse begleiten den Menschen noch weithin im Leben und helfen im späteren Beruf. Das logistische Denken der Bildungsplaner sieht genau vor, wie lange die Vermittlung dieses Wissens und seine gewissenhafte Einübung dauern darf. Alles ist aufs Genaueste mit dem jeweiligen Reifegrad des Menschen abgestimmt. Wissen, Können und Übung werden in Portionsstückchen aufgeteilt und vom einem Riesenstapel herab langsam in den Menschen getrichtert.

Die Logistik der Systeme macht es nötig, alles so sehr in Arbeitstakten zu organisieren wie es irgend geht. Alles wird standardisiert und paketiert.

Als Beispiel für diese Paketsichtweise und dieses Schubladendenken habe ich einmal im Internet beim Arbeitsamt nach dem Bäckerberuf gefragt. Welchen Beruf genau? (Ich hatte versehentlich nicht angegeben, dass ich männlich bin, es wird automatisch angenommen, dass man weiblich ist.)

Ausbäckerin, Backmeisterin (Bäcker), Backwarenfacharbeiterin, Bäcker und Gastwirtin, Bäckerin und Konditorin, Bäckereifachwerkerin, Bäckereimaschinenführerin, Bäckereitechnikerin, Bäckerfachwerkerin, Bäckerhelferin, Bäckerin, Bäckerin (Kuchen-, Garnierer), Bäckermeisterin, Bäckerschießerin, Bäckerwerkerin, Biskuitbäckerin, Brotbäckerin, Feinbäckerin, Dauerbackwarenbäckerin, Düppenbäckerin (Töpfer), Gastwirtin und Bäckerin, Gewürzbäckerin, Handbäckerin, Handelsbäckerin, Honigkuchenbäckerin, Hostienbäckerin, Kaltbäckerin, Kannenbäckerin (Töpferin), Käsebäckerin, Keksbäckerin, Kerambäckerin, Konditorin und Bäckerin, Krugbäckerin, Kuchenbäckerin, Kundenbäckerin, Küchelbäckerin, Landbrotbäckerin, Lebkuchenbäckerin, Lohnbäckerin, Losbäckerin, Marzipanbäckerin, Maskenbäckerin, Oblatenbäckerin, Ofenarbeiterin (Bäckerin), Ofenbrotbäckerin, Ofengesellin (Bäckerin), Pastetenbäckerin, Pfannenbäckerin, Pfeifenbäckerin (Keramformerin), Printenbäckerin, Pumpernickelbäckerin, Schichtführerin (Bäckerin), Schießerin (Bäckerin), Schiffszwiebackbäckerin, Schmalzkuchenbäckerin, Schwarzbäckerin, Schwarzbrotbäckerin, Spekulatiusbäckerin, Steinbäckerin, Steingutbäckerin, Teigelbäckerin, Teigmacherin (Bäckerin), Torfbäckerin, Umbäckerin, Versuchsbäckerin, Waffelbäckerin, Weinbäckerin, Weißbrotbäckerin, Weißmischerin (Bäckerin), Wienerbrotbäckerin, Ziegelbäckerin, Zuckerbäckerin (Feinbäckerin), Zuckerbäckermeisterin, Zwiebackbäckerin.

So viele Unterteilungen kennt der Bäckerberuf. Die meisten Wörter habe ich noch nie gehört. Zuckerbäcker schon, und eine Versuchsbäckerin kenne ich. Eine Ofengesellin könnte ich mir auch zu Hause vorstellen. Es fiel mir spontan ein Satz ein, den ich schon in vielen Zusammenhängen der akademischen Welt gehört habe: „Sehen Sie, ich möchte zuerst etwas furchtbar Allgemeines studieren und einen möglichst breit angelegten Bildungsweg gehen, damit ich hinterher sehr viele Möglichkeiten habe und sehr flexibel bin. Ich werde daher zunächst ganz allgemein das Bäckerhandwerk studieren, und dann stehen mir danach noch fast alle Türen offen." Das Allgemeine, was ein Bäcker können muss, sieht im Internet in Kurzbeschreibung so aus:

Berufsausbildung: Bäcker

Es handelt sich um einen anerkannten Ausbildungsberuf nach der Handwerksordnung bzw. dem Berufsbildungsgesetz. Die dreijährige Ausbildung erfolgt im Wesentlichen im Ausbildungsbetrieb und in der Berufsschule. Unter bestimmten Voraussetzungen ist eine Verkürzung der Ausbildungsdauer möglich.

3-jährige Berufsausbildung

Inhalte und Ablauf

Laut Ausbildungsrahmenplan lernen die Auszubildenden beispielsweise im 1. **Ausbildungsjahr** (berufliche Grundbildung)

- welche Arten der Rohstoffe und Halbfabrikate es gibt und wie man sie lagert,
- wie man Roggen-, Weizen- und Mischbrote herstellt und die Rezepte abwandelt,
- welche Grundrezepte und Abwandlungen es bei der Herstellung von Brötchen und sonstigem Kleingebäck gibt,
- welche Herstellungsarten von Blätterteigen, Mürbeteigen, Hefeteigen und Plunderteigen es gibt und wie man sie verwendet,
- wie man Gebäcke aprikotiert und glasiert,
- wie und mit welchen Zutaten Massen hergestellt und weiterverarbeitet werden,

im **2. Ausbildungsjahr** (berufliche Fachbildung):

- wie man Rohstoffe und Halbfabrikate nach vorgegebener Rezeptur auswählt, dosiert und einsetzt und
- wie man sie nach Qualitätsmerkmalen beurteilt,
- wie man beim Brötchenbacken den Gärverlauf beurteilt und beeinflusst,
- wie man deutsche, französische und italienische Butterkrems herstellt und weiterverwendet,
- wie man verschiedene Baisermassen anschlägt und Florentiner- und Bienenstichmassen abröstet,

Zwischenprüfung
vor dem Ende des 2. Ausbildungsjahres

im **3. Ausbildungsjahr**:

- wie man Brot schneidet und verpackt,
- wie man Spezialbrote backt,
- wie man Makronen-, Nuss-, Marzipan- und Nougatfüllungen rührt,
- wie man Böden und Kapseln mit Füllungen zusammensetzt,
- was bei der Lebkuchenherstellung zu beachten ist,
- wie man Spritzschokolade und Eiweißspritzglasur zubereitet und verarbeitet und welche Grunddekortechniken es gibt.

Gesellenprüfung bzw. Abschlussprüfung

Berufsausübung (ausgewählte Merkmale)

Nach erfolgreich abgeschlossener Berufsausbildung gibt es verschiedene Ausübungsmöglichkeiten. So kann man beispielsweise in Bäckereien, Konditoreien, in der Backwarenindustrie, in Pizzabäckereien, aber auch in Hefewerken, Gastwirtschaften, Versuchsbäckereien, Heimen, Sanatorien oder Justizvollzugsanstalten tätig sein.

Tätigkeiten

- Lagern der Rohstoffe und Backmittel
- Vorbereiten des Backvorgangs durch Herrichten von Blechen, Formen und rezeptgenaues Abwiegen der Zutaten
- Herstellen von verschiedenen Brotsorten, von Kleingebäck, Brötchen, Hörnchen, von feinen Backwaren, Dauerbackwaren und Lebkuchen
- Herstellen und Abrösten spezieller Massen wie Makronen-, Bienenstich- und Florentinermassen
- Beschicken der Backöfen und Abbacken der Teige
- Herstellen von Füllungen und Verarbeiten von Früchten
- Fertigstellen von Torten, Desserts und Gebäcken durch Füllen, Überziehen, Glasieren und Garnieren
- Reinigung, Pflege und Wartung von Arbeitsmitteln und Einrichtungen

Arbeitsmittel/Werkzeug/Material

- Rohstoffe, Zutaten, Backmittel (Mehl, Fette, Zucker, Hefe, Eier, Salz, Gewürze, Milch, Früchte, Aromen, Marzipan, Glasuren, Halbfertigprodukte)
- Messgeräte (Litermaße, Lineale, Teigthermometer, Waagen)
- Mehlsiebmaschinen, Rührmaschinen, Brötchenformmaschinen, Backöfen
- Rühr- und Schlagbesen, Backbleche, Messer, Spritzbeutel, Trennpapier, Rollhölzer, Verpackungsmittel

Umgang mit

- Hilfskräften, Kollegen, Backstubenleitern, Meistern, Betriebsleitern
- Lieferanten
- Kunden

Arbeitsort/Arbeitsumgebung

- Bäckereien, Großbäckereien, Herstellungsbetriebe von Dauerbackwaren
- Cafés, Einkaufszentren, Verbrauchermärkte

So etwas nenne ich Paketierung und Portionierung. Etwas Ganzes, also eine Bäckerin, wird in endlos viele Merkmale aufgeteilt. „Habe ich auch nichts vergessen?", fragt der SJ nach dem
Fertigstellen der Beschreibung. Ein Intuitiver würde wohl eher
schreiben, worum es sich bei diesem Beruf grundsätzlich handelt, wie eine Lehre aussieht. Er würde beschreiben, was die Problematik beim Backen ist: Was einfach gelernt werden muss, was
leicht geht, wo man sofort helfen kann und was schwierig und
anspruchsvoll ist wie das Florentinerbacken oder Aprikotieren.
(Florentiner mag ich selbst am liebsten. Sie sind aber erst sünd-
haft teuer geworden und nun gibt es sie nicht mehr. Muss wohl an
der Ausbildung liegen.) Er würde kurz einen Arbeitstag skizzieren und die Problematik des Frühaufstehens beleuchten usw. Das
aber informiert und ist nicht so richtig amtlich wie eine Aufzählung. Aus so einer Aufzählung kann man fast schon eine Prüfung
herauslesen: Jeder Punkt eine Prüfungsfrage. Im dritten Lehrjahr
zum Beispiel lernt man als erstes das Brotschneiden, sehen Sie
oben. Deshalb kann Brotschneiden nicht Gegenstand der Zwi-
schenprüfung bis zum Ende des zweiten Lehrjahres sein, nehme
ich einmal an. „Das kommt später dran!" ruft mein Sohn immer,
wenn ich ihn ermahne, dass er eine Vokabel wie ‚mouse‘ eigentlich kennen müsste.

Die Beschreibung komplexesten Wissens durch Listenbäu-
me der obigen Art nimmt gewaltig zu. Listen können überflogen werden. Sie müssen nicht die Augenbrauen zusammenziehen
und sich ein Vorstellungsbild von etwas machen. Solches Denken
macht Mühe. Eine Liste ist gefällig. Eine Liste kann sofort in den
Computer eingegeben werden. Ist sie im Internet verfügbar, kann

jeder Punkt zu einem Link auf eine genauere Liste erweitert werden. Wenn wir also Ofengesellin.com anklicken, kommt sicherlich eine sehr lange Liste, welche Öfen in Frage kommen. Klicken wir einen Ofen an, etwa Kammerz-Ofen, so folgen wieder die Unterberufe, für die es weitere Beschreibungen gibt. So verästelt sich das Wissen um die Bäckerin ins Unendliche. In Listen, Unterlisten, Unterunterlisten. Die logistischen SJ-Denker stellen so ihr Wissen dar. Nicht in Sätzen und Zusammenhängen.

Computer stellen ihr Wissen genau auf dieselbe Art dar. Das Wissen auf Ihrem Computer zu Hause liegt auf einer Festplatte, die zum Beispiel den Namen Laufwerk C hat. Dieses Laufwerk ist aufgeteilt in Ordner, die bei Ihnen WINDOWS oder DOOM2 oder TOMBRAIDER heißen. Diese Ordner sind wieder in Ordner eingeteilt und die wieder in Ordner und die in Ordner usw. Der Computer ist wie eine Bibliothek organisiert: Man geht in der Universität erst in das Laufwerk C, das ist die Bibliothek selbst. Dann gehe ich in den Ordner Mathematik, dann in den Ordner Angewandte Mathematik, die man an den neueren Büchern erkennt, dann an das Regal Informationstheorie. Dort schließlich stehen die Bücher. In diesem Regal steht die Festschrift zum 60. Geburtstag meines akademischen Vaters Prof. Rudolf Ahlswede und diese besteht aus unzähligen Artikeln, die auf Vorträgen vom Festkolloquium basieren. Diese Artikel sind um die 15 Seiten lang. Wer längere Arbeiten schreiben will, muss sich heute eher der Langatmigkeit zeihen lassen. Außerdem deuten lange Artikel daraufhin, dass sehr viel Wichtiges darin steht. Das trauen die Referenten oder die Verlage einem Wissenschaftler nicht so ohne weiteres zu, weil sie ihn nicht für so dumm halten. Wer 30 Seiten gute Wissenschaft schreiben kann, macht lieber zwei Publikationen von je 22 Seiten daraus, das gibt mehr Ruhm. Unter 10 Seiten zu publizieren ist ebenfalls schlecht. Denn es kann angenommen werden, dass man ein paar Zeilen braucht, um zu erklären, worum es überhaupt geht, dann muss man die Fachwörter neu einführen, die niemand sonst benutzt, man muss alle früheren Werke von sich selbst zitieren und so weiter. Das braucht Platz. Wenn der ganze Artikel wesentlich unter 10 Seiten lang ist, muss vermutet werden, dass nichts Neues drinsteht. Also ist etwa die ganze Mathematik in Wissensquanten von 15 Seiten aufgeteilt, wovon eine knappe Hälfte neu ist. Die Wissensquanten werden langsam 20 Seiten und länger, mit der Zeit jedenfalls, weil es bei immer mehr Wissen in der Welt immer mehr Platz braucht, um zu erklären, worum es überhaupt geht. Deshalb lässt man heute oft diesen Teil schon weg.

Alle Wissensquanten stehen später im Internet, wenn die Bibliotheken aufgelöst sind. In Ordnern und Unterordnern und darunter wieder in Ordnern. Alles zusammen ist das Wissen. Eines dieser Wissensquanten im Internet ist zum Beispiel die Kurzbeschreibung des Bäckerberufes, die ich oben angegeben habe. Diese Beschreibung besteht aus Unterpunkten, die jeweils durch Listen beschrieben werden. Diese Listen bestehen wiederum aus Unterpunkten, die jeweils einen halben Satz oder Aufzählungen von Wörtern (Aprikotieren, Spritzschokolade) umfassen. Wenn wir dazu übergehen, alles Wissen so aufzuschreiben wie dieses Bäckerwissensquant, dann haben wir bald alles Wissen der Welt so zerhackt, dass das größte Atom aus einem halben Satz besteht.

Viele von Ihnen werden es nicht für möglich halten, dass dies grundsätzlich außer bei Bäckern überhaupt technisch möglich ist und dass man dann aus Halbsätzen heraus wieder die Welt verstehen kann: Aber es ist durch Realerfahrungen mit Lesern von Boulevardzeitungen schon lange bewiesen, dass es geht.

Worauf will ich hinaus? Ich habe vor einiger Zeit angefangen, den Bau einer Riesenmarionette in viele Teileschritte und in Logistik aufzulösen. Jetzt habe ich erläutert, wie dies mit dem Wissen der Welt überhaupt geht. Daraus lässt sich leicht folgern, dass alles zerteilbar ist. Dies kommt zwei Klassen von Menschen unbedingt entgegen: Den *Computern* und den SJ-Menschen.

Sie können daher zusammen die Menschentwicklung logistisch sauber organisieren. Das Abitur zum Beispiel ist so ein großer Ordner. Es gibt darin Ordner für Musik, Sport, Französisch und so weiter, die sind wieder in Unterordner eingeteilt und so weiter. Wenn ein Mensch etwas lernen soll, zum Beispiel eine Mondscheinsonate, so schaut er sich im

Abitur/Musik/Klassik-Nicht-POP/Klassik/Beethoven/Klavier/
Sonaten/Index

um. Dort ist eine Liste der Sonaten. Dort sucht man im Text nach dem langsamsten Satz.

Ein gutes Beispiel für Wissenslogistik ist eine Bedienungsanleitung für das Word-Programm, mit dem ich schreibe. Oben in der Leiste kann ich Datei, Bearbeiten, Ansicht, Einfügen, Format etc. anklicken. Wenn man also eine Bedienungsanleitung dafür schreiben will, muss man einfach nur aus den anklickbaren Begriffen Kapitel machen. Also: ein Kapitel über *Datei*, eines über *Bearbeiten*, etc. Wenn ich Datei anklicke, so erscheint eine Leiste von Unterpunkten, die ich anklicken kann: Schließen, Öffnen, Speichern. Aus diesen Klickmöglichkeiten mache ich Unterkapitel. Wenn ich aber Öffnen klicke, erscheint Blablabla. Sie verstehen? Unterunterunterkapitel. Das ist absolut genial. Denn:

Wenn eine Bedienungsanleitung geschrieben werden muss, kann man die Arbeit auf 1000 Leute oder so aufteilen. Jeder bekommt ein Quant. Also Sie zum Beispiel das Quant:

Word/Format/Absatz/Einzüge/Tabstopps/
Standardtabstopps/Ausrichtung.

Darüber schreiben Sie eine Seite Text. Das ist nicht schwer, eine halbe Seite reicht, die andere halbe bleibt dann frei, weshalb Bedienungsanleitungen so dick sind. Diese verschiedenen Seiten werden zusammengefasst. Unterunterordner zu Unterordnern und die zu Ordnern. Oder Seiten zu Unterunterunterkapiteln und die zu Unterunterkapiteln etc. bis endlich ein dickes Buch entstanden ist. Das absolut Geniale daran ist, dass ein ganz tolles Buch entstand, indem ganz viele Menschen jeweils eine halbe Seite geschrieben haben, ohne irgendetwas sonst als ihre Klickklickklickfolge kennen zu müssen.

Noch genialer: Wenn Sie die komplizierteste Software der Welt herstellen wollen, also Windows oder R/3, dann könnten Sie die ganze Software in Klickklickklickschritte aufteilen und ganz viele Menschen schreiben ihr Stückchen Programm. Dann setzt man es zusammen. Und fertig ist das Programm. Es ist ganz wie beim Bedienungsanleitungsschreiben, außer dass Software üblicherweise noch getestet werden kann, wenn man will.

Vor bald dreihundert Jahren hat Mary Shelley sich schon Gedanken über diese Problematik gemacht. In ihrem bekannten Buch bastelt Baron Frankenstein aus Haut, Leber, Lungen, Knochen, einem falschen Gehirn eine Art Mensch zusammen. Damit der Film spannend wird, benutzt der Regisseur eine Menge Blitze und Chemikalienschwaden, um das gebaute Vorwesen „zum Leben zu erwecken" oder „um den Funken überspringen zu lassen". Sogar ein halbes Gebet aus Verzweiflung und Händeringen wird versucht. Dann erwacht das Wesen. Sie kennen sicher den Film, das Buch ist für Menschen zu philosophisch. Ich möchte dazu zwei Dinge anmerken:

• Irgendwie scheint nötig zu sein, dass ein Funke überspringt.
• Selbst mit Funken sieht das Wesen aus wie ein Monster.

Das Monster ist aber schon im Groben das, was herauskommen sollte.

Nahezu alles wird in logistischer Art produzierbar: Das Ganze wird in Teile und Einzel- und Untereinzelteile zerlegt. Viele verschiedene Menschen bauen die Unterunteruntereinzelteile. Alles wird zusammengesetzt. Fertig.

Es ist wie beim Programmieren: Ein Programm wird durch Unterprogramme und Unterunterprogramme geschrieben usw. Sie sehen, alles, aber auch alles wird wie im Computer gemacht. Es ist nicht nur so, dass wir Computer wie SJ-Menschen bauen, oder dass SJ-Menschen Computer so organisieren oder „erschaffen" wie sie selbst. Unsere Arbeit und unser Leben werden auch so aufgebaut. Wenn ein Manager Arbeit bekommt, verteilt er sie in Unterarbeit und diese Unterarbeit wird an Untermanager delegiert, die die Unterarbeit in Unterunterarbeit aufteilen und an Unteruntermanager geben. Zum Schluss ist die ganze Arbeit in Arbeitsquanten, also in alleruntersten Arbeit zerteilt, die dann von den Menschenquanten erledigt wird. Wenn die Arbeitsquanten ausgeführt sind, hofft man, dass sie zusammenpassen zu einem größeren Arbeitsquant und so weiter. Die Arbeit der Unterordner wird an die Überordner gegeben, bis oben die Arbeit vollständig vorhanden ist.

(Ich bleibe nicht bei diesen Thesen stehen, zürnen Sie noch nicht. Ich habe nur das Prinzip hierarchischer Ordnung erläutert.)

3 Mess- und Anreizsysteme zur logistischen Konvergenz der Menschen

Am Beispiel der Softwareentwicklung können Sie leicht ermessen, dass nicht jeder einfach sein Programmstückchen so schreiben kann wie er will. Alle diese vielen Menschen müssen ja die gleiche Programmiersprache benutzen, dieselben Computer, dieselben Farben auf dem Bildschirm. Hinterher muss alles zusammenpassen, damit es kein Monsterprogramm wird. Deshalb soll in unserer schönen neuen Welt alles gleich sein.

Wenn ein Schüler die Schule wechselt, weil die Eltern umgezogen sind, soll er den gleichen Lehrstoff vorfinden. Deshalb wird das Wissen nicht nur in gleiche Quanten für das Abitur zerteilt, sondern es wird auch in der Zeitachse genau synchronisiert. Deshalb müssen Lehrer, wenn sie ein, zwei Wochen schneller mit dem Stoff sind, am Ende des Schuljahres wiederholen oder „irgendetwas machen". Sie dürfen nicht weiteren Stoff lehren, der ja noch nicht dran ist. Wenn Piloten in einen anderen Tornado steigen, sollte der Schleudersitzknopf immer an der gleichen Stelle sein. Alles sollte in einer Armee gleich sein und wer zentrale Dienstvorschriften kennt, weiß, wovon ich rede. Das einzige, was verschieden ist, ist das Namensschild auf der Brust der Soldaten. Sie benehmen sich so ungeheuer gleich und gehen genau gleich und sind gleich angezogen. Da ist es schwer, sie auseinander zu halten. Auch sie sind wie im Computer organisiert. Sie gehören zum Ordner

Heer/Korps/Division/Brigade/Battaillon/Kompanie/
Zug/Gruppe/Untergruppe.

Stellen Sie sich vor, Sie sind Lehrer und haben in Ihrer Klasse eineiige Zwanziglinge, die genau gleich angezogen sind. Sie werden sofort verstehen: eine Katastrophe! Beim Unterricht oder bei der Pädagogik stört es nicht, wenn Ihre Zuhörer alle genau gleich sind, aber bei dem Vergeben der mündlichen Noten müssen Sie sie auseinanderhalten. Deshalb müssen auch Xlinge Namensschilder tragen. Die Noten sind ja fast am wichtigsten. Am Ende ist bei Schülern wie auch Soldaten die Identifizierung absolut nötig.

Bei der Arbeit in großen Programmierprojekten wäre es richtig gut, wenn die Menschen total gleich wären, denn dann könnte man sie leicht austauschen, wenn einer krank ist oder gekündigt hat. Wenn Soldaten alle gleich sind, kann einfach mit Ersatz weitergekämpft werden, wenn einer zum Beispiel Heimaturlaub bekommt oder befördert wird. Deshalb ist man heute bestrebt, in allen Arbeitslagen alles gleich zu haben, damit die Logistik der Arbeitsorganisation total flexibel ist.

Bei Soldaten war das fast schon immer so. In Großunternehmen hat man in den letzten Jahren damit begonnen, nicht mehr von Menschen zu reden, sondern von Ressourcen. Die Personalabteilung der Unternehmen heißt HR, also Human Resources. Wenn ein Projektleiter aber nun keine ganze Ressource braucht, weil der Computer errechnet hat, dass eine Viertel-Ressource auch reicht, so spricht man von „einem PQ", also einem Personenquartal. PY, PM, PH bedeuten Personenjahr, Personenmonat, Personenstunde. Im Deutschen kennt man noch MM, also Mannmonat, was in Amerika als richtig sexistisch angesehen würde.

Ein Projektleiter muss also bei einer Zentrale anrufen können: „Ich brauche zu diesem Datum 4 PH COBOL, 3 PM Java, 8 Tage Projektleitung, einen Monat später 1 PM XML." Verstehen Sie, wie sehr sich absolute Austauschbarkeit bei der Organisation und der Logistik bezahlt machen kann?

Usw. usw. Ich wollte nur deutlich machen: Für große Aufgaben, für die viele Menschen an einer gemeinsamen Arbeit sitzen, ist es unbedingt nötig, dass die Ressourcen in ihren jeweiligen Fächern genau gleich sind. Sonst gibt es Störungen, wenn die Teamzusammensetzung geändert werden muss. (Parlamentsabgeordnete müssen ja immer über das Gleiche abstimmen, und man will ja auch, dass sie alles genau gleich sehen, aber so ganz gleich sind sie noch nicht, was die Politik enorm erschwert.)

Wir müssen auf logistischer Konvergenz der Menschen zu Normen hin bestehen.

Damit alles gleich wird, muss man messen, wie gleich alles ist. „Antreten zum Messen der Haarlänge!" Die Abiturprüfungen werden landes- oder bundesweit abgestimmt. Selbst für die Mittlere Reife gibt es zentrale Klassenarbeiten. Prüfungen sind Vergleiche mit dem Standard. Es gibt die oben zitierten Bäckergesellenprüfungen. Für jeden Beruf gibt es Vorschriften zuhauf. Die Universitäten beginnen sich diesem Trend mehr und mehr anzuschließen. Mehr und mehr Zwischenprüfungen werden eingerichtet. Wenn nämlich ein Student nach 20 Semestern sein Studium abbricht, „hat er nichts in der Tasche, wenn er sich bewerben will". Das liegt daran, dass sein Status nicht hinreichend definierbar ist. Zum Einstellen wäre es für seine Einsatzplanung viel besser, wenn man ihn als Halb- oder Viertel- oder Zehntelphysiker einsetzen könnte. Deshalb werden sicher bald entsprechende Prüfungen eingeführt. Hochbegabte könnten ja Mega-, Giga-, Metaphysiker sein.

Viele Prüfungen werden heute noch von Menschen abgenommen. Die mündlichen Zensuren in der Schule, die Vordiplomsprüfungen in vielen Universitätsstudienlehrgängen. Dies macht enorme Arbeit, die sehr teuer ist: Ein halbe Stunde mit jedem Einzelstudenten reden! Alle drei oder vier Jahre! Vor allem aber sind die Messungen, die von Menschen durchgeführt werden, nicht objektiv. Es ist bekannt, dass die meisten Schüler im Mündlichen mehr nach Bravheit als nach Leistung bewertet werden – jedenfalls sagen das viele Schüler. Bei Schülern gibt es Unmut, das ist nicht so tragisch. Bei anderen Dingen, etwa den Arztprüfungen, kann Laxheit und Willkür nicht geduldet werden, weil ja mein Leben an der guten Ausbildung der Mediziner hängen kann. Deshalb werden allen voran die Mediziner von Computern geprüft. Sie müssen sich in härtesten Multiple-Choice-Tests durchsetzen. Erst dann dürfen sie operieren.

Jetzt kommt aber das erste Hauptproblem, das durch die Menschen entsteht: Es ist sehr leicht einzusehen, dass es gut wäre, wenn die Menschen in ihrer Ausbildung zu allen Arbeiten gleich gut wären. Aber: Warum sollten sie gleich sein wollen? Warum sollten sie es wollen, immer genau den von der Norm geforderten Wissensstoff zu lernen oder die erforderlichen Fähigkeiten zu erwerben? Was soll es sie scheren, wenn der Computer misst, dass sie der Norm nicht genügen? Die Menschen wollen wohl nicht gleich sein. Religionen appellieren da schon lange vergebens, und Marx hat wohl Unrecht bekommen.

Und das zweite Hauptproblem, das durch die Arbeit und auch durch die Menschen entsteht: Die Arbeit verlangt die Flexibilität, Ressourcen austauschbar gut in genügender Menge für jede auszuführende Arbeit vorrätig zu haben, aber es bringt vielfach mehr Gewinn, wenn die Ressourcen besser sind als die Norm. Das ist nicht immer so (es nützt nichts, wenn Lehrer den Stoff erfolgreich schneller lehren), aber meist. Deshalb sind die Unternehmen sehr begierig, bessere Ressourcen zur Verfügung zu haben, als die Norm verlangt. Zweitens möchten sie gerne in ihrem Betrieb die Norm möglichst hoch setzen, so dass alle Ressourcen gleich einer höheren Norm sind, aber noch viel besser.

Was wir brauchen ist also ein System, das

- Menschen begierig macht, die Norm zu erfüllen,
- Menschen begierig macht, die Normen zu übertreffen,
- Menschen mit dem Wunsch zur Teamarbeit oder Austauschbarkeit erfüllt, so dass sie besser, aber auch gleich sein wollen,
- Menschen begierig macht, die Norm unentwegt nach oben zu setzen.

Um dies zu verwirklichen, wird das Messsystem, das die Menschen misst, gleichzeitig zu einem Anreizsystem gemacht. Aus den Anreizen heraus soll die Begierigkeit des Menschen entstehen, besser als irgendeine Norm zu sein, wenn es gut ist, besser zu sein, und sie sollen gleich sein, wenn es besser ist, gleich zu sein.

Anreizsysteme belohnen Menschen, wenn sie die Erwartungen erfüllen. Sie bekommen Belohnungen, wenn sie die Norm erfüllen oder wenn sie besser sind, wo das verlangt wird. Durch externe Argumentation muss das System in die Lage versetzt werden, die Normen so höher zu setzen, dass die Menschen weiter begierig sind, die höheren Normen zu übertreffen. Anreizsysteme geben Menschen Geld oder Privilegien, wenn sie die Erwartungen erfüllen oder wenn sie zulassen, dass die Norm höher gesetzt wird.

Ein triviales Anreizsystem besteht darin, eine hohe Belohnung zu zahlen, wenn die Norm erfüllt worden ist. „Du bekommst einen Hamburger, wenn du den Rasen gemäht hast." Dies ist in einer Wissensgesellschaft zu einfach, denn es kommt oft vor, dass die Menschen die Norm nicht ganz erfüllen können. Dann stehen sie ohne Bezahlung da und deshalb beginnen sie, zu viel Angst zu haben, und werden mutlos. Dann erfüllen sie die

Norm erst recht nicht. Es kommt auch vor, dass Menschen schon Monate vor dem Jahresende merken, dass das Jahresziel verfehlt wird („Ich habe in vier Fächern Sechser derzeit, ich werde wohl sitzen bleiben."). Dann neigen sie dazu, überhaupt nichts mehr zu tun. Dadurch stören sie das auf Gleichheit bedachte Arbeitssystem beträchtlich. *Deshalb wird Belohnung in Stufen gewährt!* Keine Belohnung unter 70 %, immer steigende, mäßige Belohnungen bis 100 %, die volle Belohnung bei 100 %, immer mehr Belohnung über 100 %. In der Schule: Für eine Eins fünf Euro, für eine Zwei zwei Euro, für eine Drei neutrales Lächeln, für eine Vier Stirnrunzeln, für eine Fünf Nachhilfestunden, für eine Sechs Krach. Krach machen gilt seit einigen sehr wenigen Jahrzehnten als verpönt. Es soll ein reines Anreizsystem sein, kein Bestrafungssystem. Bei einem Sechser müssen Kinder also sitzen bleiben, aber es gibt keinen Krach. Beim nächsten Mal müssen sie die Schule verlassen, aber es gibt keinen Krach. Man muss nur den Blickwinkel ändern. Kinder sollen es als Belohnung ansehen, eine weiterführende Schule zu besuchen. Diese Belohnung erhalten sie jeden lieben Tag, solange sie keine Sechser schreiben. Danach bekommen sie die Belohnung nicht mehr. Wie gesagt, das Ganze ist ein Anreizsystem.

Und wie erhöht man die Norm? Die Notwendigkeit zur Erfüllung der Norm kann man einfach begründen, so dass die Menschen überzeugt sind. Es genügt, ganz oft die Wörter „Gerechtigkeit" und „Gleichheit" und „absolutes Mindestniveau" und „Einigkeit" und „Teamgleichschritt" zu verwenden. Wenn einige Menschen unter der Norm geduldet werden sollen, spricht man von „sozialer Gerechtigkeit." Es ist aber nicht so einfach, Normerhöhungen durchzusetzen.

4 Unter Druck passen sich Menschen an. Darwin.

Die Antwort liegt bei Darwin (da liegt sie nicht, aber da haben wir sie gefunden). Viele Menschen lesen aus dem Buch zur Entstehung der Arten zwanghaft heraus, dass die Tiere und Pflanzen um das Überleben kämpfen. Wenn Tiere diesem Kampf nicht standhalten, so sterben sie selbst und ihre Art insgesamt. Wer nicht mitkämpft, verliert den Kampf ohnehin. Deshalb ist es klar, dass jedes Tier kämpfen muss und jede Pflanze sich anpassen muss, damit die Gene besser werden und sich die eigene Art durchsetzt. Wenn aber Kämpfen unerlässlich ist, wollen wir wenigstens gewinnen.

Menschen kämpfen zum Beispiel gegen Bakterien oder gegen die Unternehmen des Wettbewerbs oder gegen den Mitmenschen, der sich um dieselbe Stelle bewirbt. Gewinnen ist nicht einfach: Bakterien werden heutzutage gegen Penicillin immun und wir gewinnen *nicht*. Viren haben sich ausgedacht, eine Inkubationszeit von 30 Jahren und mehr zu haben, in der sie lange Zeit haben, alle Menschen unbemerkt zu befallen, bis die Krankheit erstmals ausbricht. (Sie müssen aber aufpassen, dass nicht alle Menschen gleichzeitig an einer Zitterkrankheit o.ä. sterben, denn dann sterben die Viren mangels Menschen auch wieder. So eine Lage könnte ähnlich entstehen, wenn es zu viele Vampire gibt oder Drogenhändler.)

Bakterien werden immun und Menschen mangels Krankheit und bei besserer Ernährung immer größer, von der Körperlänge aus betrachtet. So stehen wir selbst mitten in einer Evolution, in einem Kampf.

Der Mensch gewinnt bei diesem Kampf an Größe.

Ist das die Art Größe, wie wir sie uns vorstellen? Wir entwickeln uns doch beim Gewinnen gegen die Bakterien vielleicht irgendwie nicht so, wie wir wollen? Wir bekommen ja jede Menge Allergien und Ekzeme, Neurodermitis, nicht nur Körpergröße? Wir scheinen das Gewinnen mit Besserwerden zu verwechseln. *Gewinnen bedeutet nur Überleben, nicht Besserwerden!* Gewinnen bedeutet besser angepasst zu sein, nicht notwendig besser *werden*.

Wenn wir also im Wettbewerb der Wirtschaft gewinnen, dann überleben wir den Kampf. Wir passen uns besser an. Seit 10 Jah-

ren gibt es kaum noch Lohnzuwächse, weil wir den irrsinni-
gen Gewinnzuwachs der Unternehmen immerfort in neue Wirt-
schaftsinnovationsaggressionen reinvestieren, um weiter zu
kämpfen. Beute machen, neue Erfindungen kaufen, angreifen, gewinnen, Beute machen. Tag für Tag Überstunden. Lange
kämpfen.

Ich gebe Ihnen ein paar mathematische Argumente zum Darwin-
Komplex.

IX. Der nicht aufzuhaltende Aufstieg

Dies ist ein Kapitel mit etwas mathematischer Philosophie. Ich habe es so verständlich zu schreiben versucht wie alles andere auch, aber so etwa zehn bis zwölf Seiten sind wohl schwerblütiger. Diese sind zum weiteren Verstehen des Buches nicht unbedingt nötig. Ich wollte nur kurz einen wissenschaftlichen Hintergrund skizzieren, vor dem die nachfolgenden Bilder sich seriöser darstellen. Lesen Sie, so weit Sie Spaß haben. Sie können dann zum Abschnitt über die Deadlines springen, ab dem mathematischer Druck wieder als Managementzwang dargestellt ist, zu dem Sie wieder ein normales Verhältnis haben sollten.

1 Der Aufstieg auf einen Berg

Wenn wir in der Wirtschaft und im Leben Fortschritte erzielen wollen, so nennen wir das Aufstieg. Ich möchte Ihnen in diesem Kapitel zeigen, wie Aufstieg und Fortschritt gemacht werden, und zwar nicht für Sie und mich als Einzelmenschen, sondern in Massenausfertigung. Wie bringen wir die Menschheit zum Aufstieg? Streng genommen müssten wir erst darüber nachdenken, ob wir überhaupt aufsteigen wollen, aber diese Frage wird uns durch das Leben abgenommen. Wir müssen ja aufsteigen. (Trotzdem melde ich nachher noch ein paar Bedenken dazu an.)

Ich möchte das Aufsteigen im Leben mit dem Besteigen von Bergen vergleichen, um Ihnen ein Gefühl zu geben, was Aufstieg grundsätzlich bedeuten kann. Wir denken uns jetzt, Aufstieg ist gut. Wir haben einen Höhenmesser in der Tasche, mit dem wir an jedem Ort nachmessen können, wie hoch wir stehen. Da Aufstieg gut ist und da wir gute Menschen sein wollen, haben wir das Bedürfnis, immer nach oben zu steigen. Wenn der Höhenmesser eine Weile keinen Fortschritt anzeigt oder gar einen Abstieg oder auch nur eine Seitenbewegung, so fürchten wir um unsere Karriere. Aufstieg ist Karriere. In diesem Kapitel möchte ich ein paar Strategien beleuchten, wie man nach oben kommt.

Am besten denken wir gleich nach, wie man nach *ganz* oben kommt oder wo wohl der höchste Punkt oder das so genannte Optimum oder der Höhepunkt, der Höchstpunkt, die Klimax liegen. Dieses Optimum zu finden ist Aufgabe einer ganzen mathematischen Disziplin, der mathematischen Optimierung. Ich habe in ihr einige Jahre geforscht und damit bei IBM einen gewissen Aufstieg erzielt.

Ich stelle Ihnen folgendes Optimierungsproblem vor: Ich setze Sie auf einem unbekannten Planeten aus, von dem es keine Landkarte und keinen Globus gibt. Ich bitte Sie, den höchsten Punkt auf dieser neuen, unbekannten Erde zu suchen. So etwas wie den dortigen Mount Everest. Der ist „das Optimum", das Höchste, das Beste. Das ist das, was wir alle suchen. Ich möchte verschiedene Verfahren ansprechen, wie man die höchsten Punkte findet.

Wir wollen zuerst phantasieren, wie verschiedene Temperamente auf Berge steigen würden, wenn sie in einem ganz unbekannten Terrain wären:

- SJ-Menschen, wenn sie traditionelle Eltern, Inspektoren, Aufseher, Verwalter, Organisierer, Manager, auf Disziplin dringende Lehrer sind, wenden Strategien an, die eher immer bergan führen, wenn der höchste Berg gesucht wird. Ihr Sicherheitsbedürfnis und der Wunsch der vernünftigen Planung verlangt eine Vorstellung, wann welcher Fortschritt erzielt wird. Das wichtigste ist die Sicherheit beim Aufstieg. Nicht fallen, nicht einmal stolpern! Nicht den Berg wieder hinab steigen müssen, weil er überraschend sehr viel niedriger war als geplant oder vorausgesagt!

- SP-Menschen probieren voller Abenteuerlust. Sie können erworbene Höhe zeitweise wieder aufgeben. Ihnen liegt das Beharrliche nicht sehr, sie fangen lieber ab und zu neu an, um große Chancen wahrzunehmen. Ihnen ist die Höhe des Erreichten nicht das Allerwichtigste. Sie möchten Spaß beim Aufstieg.
- NT-Menschen denken sehr lange nach, wo denn das wahre Optimum, also der allerhöchste Berg, liegen mag. Da gehen sie hin. Punkt. Wenn ihnen beim Klettern ein anderer Berg höher vorkommt, können sie unter Umständen wieder heruntersteigen und einen neuen Anlauf machen. Wenn sie allerdings ihr Lebenswerk in genau dieser Bergbesteigung sehen, gibt es keine Rückkehr.
- NF-Menschen optimieren nicht so richtig und kommen hier kaum vor. Sie suchen den Sinn, der nicht unbedingt in der Höhe liegt. Sie gehen mit den anderen Menschen mit in die Höhe (des Wohlstandes, der Laufbahn, des Wissens, des Könnens), aber sie möchten *den Weg* in sinnvoller Form gehen.

Wie finden wir hohe Berge, wenn wir uns nur auf unsere Augen und einen Höhenmesser verlassen können? Was tun? Eine Auswahl einfacher Strategien:

Immer aufwärts: Ich versuche, in jedem Schritt weiter nach oben zu kommen. Wenn ich diese Regel von meinem Büro aus am Neckar in Heidelberg beachte, komme ich höchstens bis zum Königsstuhl hinauf, und dann ist Schluss.

Im Prinzip aufwärts: Diese Strategie wenden normale Menschen immer an. Sie gehen nicht so ganz kurzfristig mit *jedem* Schritt bergan, sondern sie schauen sich um, ob irgendwo ein Punkt auf der Erde höher liegt als der Punkt, auf dem sie stehen. Da gehen sie hin. Sie landen auf einer Hügelspitze.

Von Hügel zu Hügel: Es geht natürlich auch etwas schlauer. Auf dem Königstuhl steht ein Funkturm mit einem Fahrstuhl. Wir ergattern einen Blick über die Bäume hinweg und schauen uns um: eine Hügellandschaft. Der Mathematiker in jedem von uns sagt: Wir suchen den höchsten Hügel im Gesichtskreis und steigen auf diesen. Das ist formal richtig. Aber: Es ist sehr schwierig zu sehen, welcher Hügel in der Ferne denn nun der höchste ist. Das ist schwer abzuschätzen. Nehmen wir einfach an, Sie haben Ihre Freunde und Verwandte mitgenommen. „Der da!" – „Nein, dort!" – „Ich bin geübt zu schätzen. Ich habe einen Segelschein A und kann gut die Entfernung von Schiffen schätzen." In dieser Metapher, das merken Sie, ist ein hoher Hügel ein qualitätshoher Menschheitszustand. Auf einen anderen Hügel zu gehen bedeutet, diesen Zustand zugunsten eines höheren zu wechseln. Dorthin gelangen wir nach einem anstrengendem Marsch, der Kraft (Geld) und Zeit kostet. „Gehen wir also dorthin!" – „Ich kann nicht finden, dass es dort überhaupt höher sein soll als hier, wo wir stehen. Nein, entschieden nein. Macht andere Vorschläge. Nehmt doch meinen, mir hört ja keiner zu." – „Ach was, es reicht mir jetzt. Ich gehe jetzt einfach los. Ihr könnt mich gernhaben. Kinder, kommt mit. Komm, Mann! Los. Du bist wieder ein Feigling, wenn ich dich brauche." Und die Frau geht los. Die Kinder folgen, immer wieder zurückblickend und fragend, der Vater löst sich aus der Gruppe, zagend. Meist sagt jemand: „Na, denn, lasst uns zusammenbleiben." Und trottet mit gesenktem Blick mit, heimlich froh, dass es weitergeht. Zuletzt folgt der NT, der auf diese Art keine Sachfrage entschieden haben möchte. Er führt beleidigt Selbstgespräche und bleibt den ganzen Marsch trotzig ein bisschen hinterdrein. Es stellt sich später heraus, dass der neue Hügel kaum höher ist und den Aufwand nicht rechtfertigte. Ach, wie kann er das Platzen seiner Gallenblase zelebrieren!

Auf der Zugspitze: Irgendwann kommt die Wandergesellschaft ganz schön weit oben an. Dort ist nichts Höheres zu sehen. Die

Reise ist wirklich zu Ende. Eines Tages kommt ein Einzelwanderer vorbei und erzählt von einem Berg namens Mont Blanc. Er gibt scheußlich an. Er sieht aber nicht vertrauenswürdig aus. Ende.

Schlau sein: Eine andere Wandergruppe dachte sich etwas anderes aus. Sie startete ebenfalls in Heidelberg, ging aber nicht bergan, sondern wanderte den Flusslauf des Neckar stromauf. Das ist einfacher. Kein Kraxeln. Kein Streit. Es geht ja immer bergan. Es ist aber weit zu laufen.

Denken und dann ganz etwas anderes machen: Der NT hat lange nachgedacht. Er hat Gesteinsfaltungen untersucht und herausgefunden, dass es auf dem Planeten viel höhere Berge geben muss. Er kann den anderen nicht erklären, warum. Er doziert immer zorniger ein paar Monate und geht dann mit einigen Abenteurern davon. Er nennt es „Start-up-Unternehmen." Immer wieder folgen ihm NT. Die meisten kommen schon nach einigen Wochen struppig zurück und bitten die Dagebliebenen um ein Bad und etwas Essen.

Sie haben es alle gesehen und keiner hat es geglaubt: „Der Frosch kann fliegen." So endet ein wunderschöner Zeichentrickfilm von Janosch. Den hätte ich gerne als Digitalfilm auf meinem Thinkpad. Der Frosch behauptet, fliegen zu können. Usw. Einfach schön. Zum Schluss steigt er auf einen hohen Halm, wirft seinen Künstlerschal ab, breitet die Arme aus und fliegt davon. Zu den gaffenden Froschmassen sagt der Fernsehsprecher den Text: „Sie haben es alle gesehen und keiner hat es geglaubt." Cut. Ende. Irgendwann kam ein NT und berichtete von einem Berg Kilimandscharo. Er hatte Fotos mit. Der Berg sah imposant aus, hatte eine Schneekuppe, aber nur oben. Man bemäkelte das. Der NT erklärte es mit einem unbekannten Land Afrika, wo es sehr warm sei und die Schneegrenze viel höher liege. Deshalb sei der Kilimandscharo viel höher, als es vom Foto her scheine. Die SJ glaubten ihm das nicht. Selbst wenn der Berg so hoch sei wie behauptet, so wisse doch jeder, dass so hoch oben die Luft dünn werde und das Leben schwerer als in der Kälte des Mont Blanc. Später kam noch einmal ein NT, der die See überquert hatte und von höchsten Anden-Gebirgen berichtete. Er hatte glänzende Augen und stammelte immer wieder verzückt: „Amazon.Komm."

Mathematik: Computer berechnen einfach möglichst viele diverse Möglichkeiten durch und prüfen, was das Beste ist. In der Wirklichkeit aber kommt es auch darauf an, wie viel Arbeit nötig ist, von einem Berg auf den anderen zu gelangen. Wie viel Mühe kostet es, vom Kommunismus auf den „besseren" Kapitalismus umzuschwenken? Was bedeutet es, Läden zu schließen und ins Internet zu gehen? Die Kette Egghead in den USA hat alle ihre Shops geschlossen und ist virtuell geworden. Egghead.com. Wie ist unser Gefühl auf dem Marsch, wenn wir während des ganzen beschwerlichen Weges nicht sicher sind, ob es am Zielpunkt höher ist? Ist es die Mühe wert?

Strategie: NT-Menschen machen sich meist ihre immer wieder ganzheitlichen Gedanken und finden extrem „hohe Berge". Die sind meist sehr hoch und sehr weit weg und sehen von weitem nicht so hoch aus oder scheinen unwirtlich. Ein NT sucht die Wahrheit, notfalls und de facto meist allein. Er will *wissen*. Er kann gut in die Ungewissheit gehen. Er sieht darin kein Risiko. Wenn ein NT aber nicht nur theoretisch erdenken soll, wo ein hoher Berg ist, sondern wenn er „die Menschheit" dorthin führen soll, scheitert er fast immer an der Unwilligkeit von Menschen. Wenn sich ein NT (besonders ein NTJ) entschlossen hat, irgendwo hinzugehen, dann geht er.

Strategie: SJ-Menschen gehen nur möglichst gemeinsam nach langer Diskussion, in der es immer wieder um die Einheit des Vorgehens geht. Ein SJ verlässt nicht allein die Gemeinschaft. Erst wenn eine Mehrheit der SJ losgeht, gehen alle. Da sich Mehrheiten nur bei übergroßer Gewissheit bilden, mögen SJ scheinbar Innovationen nicht. Sie glauben erst, wenn alle „es" glauben, wenn alle es so sehen. Aber dann glauben sie unglaublich stark, alle zusammen. So stark, dass sie das wieder nächste Neue nicht glauben wollen. SJ setzen Pläne in die Tat um, wenn sie insgesamt zustimmen. Das ist ihre Bedingung, um die die ganze Zeit gefochten wird. Sie wollen gleich sein und alles gleichzeitig machen. Sie setzen eine Norm und halten sich daran. Sie vergessen darüber, das Problem genau zu durchdenken. Da sie das oft nicht tun, scheitern ihre gemeinsamen Anstrengungen daran, dass sie etwas Schwieriges übersehen haben. (Der NT hat das gewusst und lange mit den Zähnen geknirscht; er empfiehlt jetzt einfach, die Schwierigkeit mit einem etwas anderen Plan flexibel zu umgehen.) Solche Schwierigkeiten kann man überwinden, aber SJ bestehen darauf, bei jeder Planänderung von neuem den allgemeinen Konsens festzustellen. Jede neue Normendiskussion dauert lang! Und muss wieder und wieder geführt werden! SJ scheitern an ihrer Überbetonung der Normierung und der Konsensfeststellung, über die die Problemlösung fast vernachlässigt wird. Ihre Pläne versanden in Einzelschwierigkeiten, die das Ganze verheddern und lähmen.

Was ist besser? So oder so? Ich bitte Sie, mir eine Abschweifung über das 3-Hirn zu verzeihen. Dieser Ansatz zeigt, dass es am Ende eine noch bessere Strategie gibt: Man nehme von Fall zu Fall die eine oder die andere Entscheidung zum Weitergehen!

Das 3-Hirn von Ingo Althöfer. Das 3-Hirn ist ursprünglich eine Konstruktion, um gut Schach zu spielen. Aber das 3-Hirn sagt etwas über uns Menschen. Ingo Althöfer, Professor für Mathematik in Jena, beschreibt alles in seinem Buch über „13 Jahre 3-Hirn-Arbeit", das er privat im Internet anbietet. Die Idee besteht darin, aus zwei verschiedenen Entscheidungen eine bessere zu machen, indem man sich überlegt, welche die bessere ist: Zwei Gehirne strengen sich an und überlegen sich eine aus ihrer Sicht beste Entscheidung. Dann sieht sich ein drittes Gehirn die beiden Entscheidungen an und wählt intelligent eine der beiden. Ist die 3-Hirn-Entscheidung besser als die Einzelentscheidungen?

Ingo Althöfer hatte diese Idee und setzte sie in einem praktischen Fall um. Er kaufte sich zwei handelsübliche (also nicht besonders überzüchtete) Schachcomputer und stellte sie möglichst „verschieden" ein. Für Schachfans: Der eine Computer sollte strategisch spielen und klare Stellungen bevorzugen, der andere taktisch spielen mit einer Vorliebe für wilde Kampfpositionen. Das so genannte 3-Hirn spielte gegen einen menschlichen Gegner nach folgender Strategie: Jedes Mal, wenn der menschliche Gegner einen Zug gewählt hatte, ließ Ingo Althöfer die beiden Computer einen Gegenzug errechnen. Von diesen zwei Zügen wählte er anschließend einen aus und zog ihn. Es war nicht erlaubt, jemals einen Zug zu machen, der nicht von einem der Computer vorgeschlagen worden war.

Was kam heraus? Ingo Althöfer, der selbst sehr gut Schach spielt, aber nicht auf Meisterniveau, brachte mit zwei handelsüblichen Spielcomputern Großmeistern Niederlagen bei. Höhepunkt war der Kampf gegen Großmeister Jussupow über mehrere Partien, den 3-Hirn überlegen gewann. Althöfer sucht nun neue Gegner, aber es will offenbar kein Großmeister gegen 3-Hirn antreten, „weil es für den Großmeisterruf schrecklicher ist hierbei zu verlieren als gegen den Hypercomputer Deep Blue von IBM".

Warum ich das hier berichte? Besser als eine beste Entscheidung scheint es zu sein, aus zwei *unterschiedlichen* Entscheidungen eine beste zu wählen! Es lohnt sich, verschiedene Entscheidungen von verschiedenen Menschen und aus verschiedenen Verfahren zu sammeln und dann erst endgültig zu wählen!

These: Wenn immer nur SJ-Naturell entscheidet oder immer nur NT, so ist dies schlechter, als wenn noch einmal Intelligenz auf die Auswahl verwendet wird. Dabei sollte wirkliche Intelligenz im Sinne eines dritten Hirns verwendet werden, nicht kompromisslerisch „mal du, mal ich".

Und nun wieder zum erzwungenen Aufstieg:

Der Sintflutalgorithmus: Ich selbst habe im Jahre 1988 einen neckischen Einfall gehabt, den ich Sintflutalgorithmus nannte und der
auch „because of this fancy name" (so steht es in einem Buch,
das darüber berichtet) schon in den gängigen Vorlesungsstoff der
mathematischen Optimierung eingegangen ist. Die Idee ist diese: Sie bekommen eine leere Flasche in die Hand und drehen sie
zwirbelnd auf dem Boden, Flaschenroulette. Die Flasche dreht
sich, bleibt stehen, und der Flaschenhals zeigt in eine Richtung.
In diese Richtung gehen Sie 100 Meter. Dann halten Sie an, drehen wieder die Flasche, bestimmen durch den Halsstand die neue
Richtung und gehen in diese Richtung 100 Meter. Dabei stelle
ich eine einzige Bedingung: Sie dürfen nicht ins Wasser. Wenn
Sie auf Wasser stoßen, halten Sie an. Dann drehen Sie die Flasche gerade vor dem Wasser. Neuer Versuch, wenn die Flasche
ins Wasser zeigt. Immer so weiter. Ich habe hier 100 Meter nur
als so genannte Schrittweite des Algorithmus genannt. Sie können auch einen Meter nehmen oder einen Zentimeter oder einen
Kilometer. Das ist nicht so wichtig. Sie trudeln mit diesem Verfahren wild auf der Erde herum. Sie kommen auf Hügel, in Gebirge hinein und wieder hinaus. Sie drehen die Flasche und wandern
deren Halsrichtung nach. Unverdrossen. Jahrzehntelang. Einzige Bedingung: Sie dürfen nicht ins Wasser. Das ist strikt verboten. Wenn Sie also auf einer Ein-Personen-eine-Palme-Insel sind,
kommen Sie nie mehr weg. Wenn Sie mit der Flasche in England
herumlaufen, kommen Sie nie richtig zu einem Höhepunkt.

Dieses zufällige Herumirren auf einem Landmassiv nennt der
Mathematiker „Random Walk", Zufallslaufen oder Zufallssuche.
Die bringt natürlich nicht viel, weil Sie ja gar nicht versuchen,
bergan zu kommen. Im Gegenteil, die Wahrscheinlichkeit, dass
Sie auf dem Brocken im Harz landen oder auf dem Feldberg –
die ist beliebig niedrig.

Damit die ganze Sache aber doch von Erfolg gekrönt wird,
lasse ich Sie zwar so weitermachen wie bisher, aber ich mache

das Land kleiner! Das ist die Basisidee. Ich drücke das so aus: Ich veranstalte eine Sintflut für Sie, während Sie herumlaufen und die Flasche drehen. Ich lasse es für Sie regnen. Immerfort regnen und regnen. Monate-, jahrelang regnen, ohne Unterlass. Ich mache eine Sintflut, bis zum bitteren Ende für Sie. Da der Wasserspiegel mit der Zeit ansteigt und Sie ja nicht ins Wasser dürfen, kommen Sie ja dann zwangsläufig höher, nicht wahr? Und, so dachte ich damals schwungvoll unbefangen, Sie enden natürlich im Himalaja. Vielleicht nicht genau auf dem Mount Everest, aber so ungefähr da in der Gegend. An England habe ich damals nicht gedacht, weil ich so optimistisch war.

Die Idee zur Sintflut kam mir beiläufig, weil mein Vater mich beim Weihnachtsbesuch fragte, wie so eine Optimierung funktioniert. Da atmet der Mathematiker tief durch, wenn das ein Laie fragt! Ich habe ihm in einem Anfall von Schlagfertigkeit das so erklärt wie eben und fand hinterher, die Idee sei gar nicht so schlecht. Ich habe also Anfang Januar ein Programm geschrieben, das eine solche „doofe" Strategie für gängige Optimierungsprobleme der Mathematik verfolgt (Rundreiseprobleme, Stundenpläne). Das sind Probleme mit mehreren tausend Unbekannten oder mehreren tausend Dimensionen.

Ergebnis: Es ging! Es ging wirklich! Das Programm war nur ein paar Zeilen lang, weniger als eine Seite Text. Es funktioniert so: Nehmen wir an, wir sollen den Gewinn eines Unternehmens optimieren. Wir beginnen mit dem Unternehmen, wie es jetzt ist und definieren zum Beispiel die Hälfte des jetzigen Gewinns als Mindestniveau, unter das wir niemals mehr gehen wollen.

Dann würfeln wir irgendeine kleine Änderung an den Firmenstrukturen aus (an den Preisen, der Organisation, irgendwas) und schauen nach, wie der Gewinn dann ist. Wenn er unter dem Mindestniveau liegt, machen wir die Änderung rückgängig und versuchen eine neue. Was wir tun, ist also wie Flaschendrehen in der Vorstandsetage. Alles ist erlaubt, nicht aber, unter die Mindestschranke mit dem Gewinn zu kommen. Während dies Spiel im Vorstand gespielt wird, drehen wir langsam und unaufhaltsam die Mindestschranke hinauf. Das ist alles.

Nach langer Dauer dieses Verfahrens ist der Gewinn so sehr gestiegen, dass sich die Firma auf einer Bergspitze fängt, die von Wasser umgeben ist. Der Gewinn steigt noch immer, aber das Mindestniveau hinterher. Zum Ende gibt es keine Firmenstrategie, die den Wasserspiegel oder das Mindestniveau übertrifft. Das Wasser steigt also den Vorständen bis an den Hals, dann noch etwas höher und dann folgt in meinem Programm der letzte Befehl: Exit.

So ungefähr habe ich das Sintflutverfahren für Tourenpläne programmiert und auch mit Hans-Martin Wallmeier und Tobias Scheuer in einem Artikel im Spektrum der Wissenschaft beschrieben (1993, Wiederabdruck 1999 in einem Sonderheft). Es geht deshalb, weil diese realen Probleme nicht wie die Erde dreidimensional sind, sondern sehr, sehr hochdimensional. Inseln gibt es da nicht so richtig, weil man in einem tausenddimensionalen Raum natürlich tausend Richtungen hat, um „vor dem Wasser auszukneifen". Deshalb wird man praktisch nie auf einer Insel gefangen. Das heißt: Die Lösungen sind in der Regel nur so ungefähr 0 bis 3 % schlechter als das exakte Optimum. „In höheren Dimensionen gibt es England nicht", habe ich einmal vorgetragen, es waren aber nicht nur Deutsche dabei – das ist eine andere Geschichte.

Ich stelle nur fest: Bei hochkomplexen Problemen der Realität („finde die besten Firmenorganisationen/-abläufe/-etc."), die man mathematisch formulieren kann, ist es eine sehr gute Strategie, eine Sintflut zu starten. Bei einigen damals noch ungelösten Problemen aus dem Bereich der Traveling Salesman-Probleme erzielten wir damals Forschungsweltrekorde! So gut bzw. konkurrenzfähig ist dies Verfahren und es hat nur eine Seite Programm.

So, das war ein wenig Mathematik. Sie müssen sich das nicht alles merken. *Aber dies ist mir wichtig*: Sie sehen, dass eine triviale Druckstrategie in realen Problemstellungen des Alltags mathematisch fast optimale Ergebnisse erzielt. Sie sollten sich das auf der Zunge zergehen lassen: Jemand denkt sich eine Mindestschranke aus und dreht sie langsam hoch (Manager). Die Bergsteiger oder Mitarbeiter verändern langsam ihre derzeitigen Stundenpläne oder ihre Unternehmensstruktur *zufällig* wie beim Flaschendrehen. Dann wird das Ergebnis besser und besser. Aber unsere Ergebnisse zeigen auch: Es wird nicht nur besser, sondern am Schluss fast bestmöglich!! Zwei Ausrufezeichen. In der Optimierung von mathematischen Fragen reicht also blinder Druck nach oben aus, um jede noch so blöde Strategie zu einem Fast-Optimum zu führen. Intelligenz ist weder vom Druckmacher noch vom Flaschendreher erforderlich. Sie ist eher nicht erwünscht!

Intelligenz ist wirklich nicht erwünscht, ehrlich. Der Grund ist der: Intelligenz würde versuchen, auf Berge zu hüpfen, so wie ich oben in der Einleitung vorgeschlagen habe. Das ist natürlich Gift für den Sintflutalgorithmus, weil das Wasser den Flaschendreher viel früher einmal einschließt. Der Clou des ziellosen Umherirrens ist ja gerade, dass der Flaschendreher nicht auf Hügel oder Berge steigt! Zielloses Irren ist innovativer. Der Flaschendreher muss den Moment des Ertrinkens so lange wie möglich hinauszögern. Je länger er lebt, umso höher ist er am Ende.

Überhaupt ist es dumm, auf Berge zu steigen, wenn man den Mount Everest sucht. Man muss natürlich schnell und locker die Hochebenen durchwandern und nur im Vorübergehen abschätzen, wie hoch die Gebirge sein könnten … Manager aber steigen immer auf lokale Optima, weil sie dann in diesem Jahr einen höheren Bonus bekommen. Evolutionsbiologen übernehmen diese zwanghafte Sicht auf lokale Optima. Sie schreiben immerfort Dissertationen, warum eine bestimmte Anpassungsform in der Natur Sinn hat, weil diese aus der gierigen Bergsteigersicht im Nachhinein für ein lokales Optimum erklärt werden muss. Annahme:

Jedes Tier ist zu jedem Zeitpunkt in einem Zustand so ähnlich wie ein lokales Optimum, gut angepasst eben. Da es aber gut angepasst ist, wie wir annehmen, müssen wir doch auch darüber promovieren können, *warum* es so gut angepasst ist! Also gibt es Theorien, warum Pfauenschwänze bestmöglich sind. Noch einmal: Die Strategie, sich auf jeden Hügel zu begeben, um sich lokal zu optimieren, ist dumm! Ein Mathematiker würde zwischen den Bergen wandern und langsam hohe *Gebirgsmassive* suchen, nicht Hügel. Wenn ein Evolutionsdarwinist erklärt, warum Menschen mit Glatzen gut angepasst sind, so klingt das oft sehr weit hergeholt. Es hört sich genau so an wie die Begründung von Managementtheoretikern, die alle Manager mit sehr hohem Gehalt auswählen und dann erklären, was ihre Leistung dafür gewesen sein muss. Alle gehen davon aus, dass es klug ist, auf jeden Berg zu steigen. Sie nehmen daher an, dass fast alles auf Bergen steht und dass Leute auf Bergen klug sind, nicht dumm! Es ist aber dumm, auf Bergen zu stehen, wenn man den höchsten Berg sucht! Es ist nämlich „überangepasst" und muss sich radikal ändern (vom Berg wieder runter), wenn die Flut kommt. Die Darwinisten nehmen also an, dass die Natur dumm optimiert. Wie der Mensch auch so oft. Diese dummen Strategien werden gewählt, weil sie von Intelligenz erdacht wurden.

Dabei heißt die Botschaft des Algorithmus ganz laut und deutlich: „Nur einfacher Druck ohne jede Intelligenz reicht."

Jetzt muss ich noch ein paar verschärfende Anmerkungen hinzufügen: Wir haben in Computer-Experimenten das Wasser mal ganz langsam, mal ganz schnell steigen lassen. Wir dachten, dass unsere Weltrekorde besser werden, wenn wir den Sucher nicht so schnell umbringen. Ergebnis: Bei den meisten Problemen ist das Ergebnis nicht so sehr von der Regenfallstärke abhängig. Sie können also in der Regel richtig stark Druck machen und das Ergebnis ist kaum schlechter.

Hören Sie die Botschaft? „Viel Druck erzielt schnellere Ergebnisse und die Ergebnisqualität leidet kaum."

Damit zeigen solche Experimente scheinbar genau, was wir uns unter „Darwin" vorstellen. Die Tiere versuchen es mit einer Mutation und ändern sich etwas, ganz zufällig, irgendwie. Wenn sie mit der Änderung unter die imaginäre Mindestniveauschranke sinken, also nicht genug Fitness haben, sterben sie. Die Tiere mit genug Fitness überleben. Ich gebe aber zu bedenken: Was ist die Mindestlinie? Wer dreht „das Niveau herauf"? Wer bestimmt, was Fitness ist? Die Tiere kämpfen ja in einem solchen Modell nicht miteinander, wie es gerne gesehen wird. Die Löwen fressen Antilopen, wenn der Hunger ihnen Beine macht, sonst dösen sie lieber im Schatten. Es ist nicht so, dass die Löwen nun beschließen würden, alle Antilopen zu töten, weil im Biologiebuch steht, dass Löwen die natürlichen Feinde der Antilopen sind. Sind sie nicht. Antilopen sind für Löwen wertvolle Ressourcen, *nicht* aber eine auszurottende Spezies.

Diese Sicht haben nur Menschen im Hinblick auf Büffel, Mücken oder Cholera-Bakterien. In diesem Sinne kämpft nur der Mensch, nicht die Tierwelt. Die Tiere passen sich an. Woran passen sie sich an? Warum?

Der Rekordsuche-Algorithmus: Ich habe bei meinen mathematischen Studien das Sintflutverfahren ein bisschen abgewandelt. Der Flaschendreher wandert wie bisher ziellos über das Land und darf niemals ins Wasser. Aber wir lassen es diesmal nicht regnen, sondern wir bewegen den Wasserspiegel ruckartig hinauf, und zwar immer dann, wenn der Sucher einen neuen Höhenrekord während seiner Suche gefunden hat. Wir haben meist mit 5 bis 10 % gearbeitet, die genaue Zahl ist wieder nicht so relevant für das Ergebnis. Also: Der Sucher wandert und wandert. Der Wasserspiegel bleibt immer gleich, es regnet diesmal nicht. Aber in dem Augenblick, in dem der Sucher einen neuen Rekord findet, schrauben wir die Wasserlinie auf das erreichte Niveau *minus* 10 % hinauf. In anderen Worten: Ich erlaube dem Sucher nicht, um mehr als 10 % unter das bisher erreichte Niveau herunterzugehen. Immer, wenn er einen neuen Rekord findet, schwupp, hoch mit dem Wasserspiegel. Nach langer Suche findet der Sucher kaum noch neue Rekorde. Dann wird der Computer etwas ungeduldig programmiert und geht auf 9 %, dann auf 8 % und so weiter. Er macht mehr Druck. Dieses Verfahren ist für Traveling-Salesman-Probleme (Rundwegreisenoptimierung) praktisch genau so gut wie das Sintflutverfahren.

Darwin: Wenn eine Tierart durch eine Genänderung so sehr fit ist, dass „sie einen neuen Fitnessrekord" aufstellt, so könnte es doch sein, dass die relative Fitnesswelt sich sehr verschiebt und wenig fitte Arten zur Anpassung oder zum Aussterben zwingt? In solch einem Denkmodell brauchen die Tiere gar nicht miteinander zu kämpfen, sondern sie geraten durch einzelne zufällige Weltrekorde in Fitness in eine landschaftsweite Anpassungsrunde. In diesem Rekordsuche-Modell ist sehr wenig Kampf und Aggression zu entdecken, oder? Und doch kann so eine Aufstiegsentwicklung vonstatten gehen, denn jeder Weltrekord zieht eine Anpassungswelle nach sich. Eine einzige lokale, isolierte Veränderung bewirkt eine globale Anpassungswelle. Diese Anpassungswelle sieht von außen aus wie Kampf der Arten, ist aber nur Anpassung, kein Kampf.

Globaler Wettbewerb: Die Aggression bringt der Mensch – und wohl nur der Mensch – ins Spiel. Er bemüht sich, neue Weltrekorde zu erzielen, um bei der dann fälligen Anpassungswelle Mitbewerber global loszuwerden! Das, was die Evolution langsam und organisch entwickeln lässt, dass wird heute als Kampfform zur Meisterschaft gebracht.

2 Druck durch Gier, Angst und Kreativität

Es sieht ein wenig so aus, als funktioniere die Welt nach dem Rekordsuche-Algorithmus. Nur noch Rekorde zählen. Das Guinness Buch der Rekorde ist das Mantra dieser Entwicklung. Die Nummer 1 ist das, was alle sein wollen. „The winner takes it all." Die Nummer 1 macht das ganze Geschäft. Der, der in der Wirtschaft sozusagen einen neuen Fitnessrekord aufstellt, hat Chancen, die ganze Menschenwelt in eine teure Anpassungswelle zu treiben, die ihn als absoluten Gewinner aus dem nach Darwin so eingebildeten Lebenskampf hervorgehen lässt.

Die Fitnessrekorde sind der Leitstern dieses Rekordsuche-Algorithmus. In dem Augenblick, in dem ein neuer Rekord gefunden wird, beginnt sich die Toleranzschwelle für das noch tolerierbare oder überlebensfähige Alte spürbar nach oben zu bewegen. Wenn etwa Amazon.com erscheint, so kommen kleine Buchläden in Bedrängnis. „Die darwinsche Artenauslese setzt ein." Wenn Bob Beamon einen Jahrtausendweltrekord im Weitsprung schafft, so ist der ganze Wettbewerb paralysiert. Ein Acht-Meter-Springer galt vorher als echtes As unter den Springern. Aber nach dem Rekord? Wir warten Jahrzehnte auf den Neun-Meter-Springer. Angenommen, jemand würde einmal die 100 Meter in 9 Sekunden laufen, dann ist ein Wettbewerb mit 9,70 Sekunden mit einem Schlag langweilig geworden. Wir schauen nur noch nach den Höchstleistungen. Es hat noch gar niemand die Frage gestellt, was eigentlich passiert, wenn durch die vielen Dopingkontrollen irgendwann keine Weltrekorde mehr aufgestellt werden können? Müssen wir dann nicht die Dopingschwellen maßvoll erhöhen, um den Sport am Leben zu erhalten?

Die Business-Gurus predigen seit einiger Zeit bis zum Überdruss: „Nur die Nummer 1 macht das Geschäft. Die Nummer 2 oder allenfalls 3 bleibt noch am Leben, alles andere stirbt." Die meisten Unternehmen glauben das heute schon. Deshalb haben sie fast alle in ihre Unternehmens-Charta den Satz aufgenommen: „Unser Unternehmen macht (das und das). Wir streben an, das beste, profitabelste und kundenfreundlichste Unternehmen der Branche weltweit zu werden." Zu dieser Problematik gibt es gute Cartoons von Dilbert. Diesen Leitsatz gilt es nämlich umzusetzen und deshalb muss eigentlich jedes Unternehmen auf Rekordsuche gehen, wenn es ernstlich die Nummer 1 werden will.

Es gibt einige Grundstrategien in dieser Rekordsuchewelt:

- *Der Star*: Mit finsterem Willen versuchen, einen Rekord aufzustellen (also einen höheren Berg zu finden als alle jemals zuvor).
- *Der Anpasser*: Alle diejenigen detektivisch beobachten, die versuchen, Rekorde aufzustellen und sofort die Anpassungsmaschine anzuwerfen, wenn ein Rekord gefunden wurde. Im Klartext: Wenn jemand ein besseres Produkt baut, baut man es sofort nach.
- *Der Fremdgetriebene*: So lange warten, bis sich nach einem Rekord die eigenen Produkte nicht mehr richtig verkaufen. Im Angesicht des Todes letzte Kräfte mobilisieren und überleben, immer überleben.
- *Der Kreative*: Einfach eine neue attraktive Disziplin entwerfen, die es bisher nicht gab und in dieser die Nummer 1 sein.

Der Star wird durch Ehrgeiz und Gier oder Verlangen getrieben. Er will nach oben, über die anderen. Er ist bereit, Risiken auf sich zu nehmen und große Investitionen zu tätigen. Der Anpasser lauert geduldig und zieht nach, sobald es nötig ist. Er verzichtet bewusst darauf, selbst Rekorde zu suchen. Rekorde suchen verlangt enorme Energie, scheitert sehr oft, kostet sehr viel. Anpasser lächeln weise über das Abstrampeln der Rekordsucher: „Wenn sie scheitern, haben wir in dieser Zeit kein Geld und keine Energie verschwendet. Wenn sie ein neues Produkt erfinden, haben sie meist kein Geld mehr, weil die Suche so teuer war. Sie haben ihre Energie verloren. Dann packen wir sie mit unseren geschonten Kräften und unserer vollen Kasse." Die Fremdgetriebenen haben zu oft gesehen, dass beide scheitern, oft haben sie diese Erfahrung selbst schon gemacht. Sie warten einfach, ob sich die Evolution wirklich bei ihnen durch Druck bemerkbar macht. Dann gehen sie mit, sonst nicht.

Kreative erfinden quasi eine neue Sportart. Stellen Sie sich vor, der 100-Meter-Lauf wird durch einen Fabelweltrekord völlig diskreditiert. Dann ist es einfach, abseits von der Welt extrem hart und schnell das professionelle Sackhüpfen zu üben, um in dieser Disziplin, die es noch nicht richtig gibt, sofort die Weltspitze zu bilden. Das Hauptproblem des Kreativen ist nicht, die Nummer 1 zu sein, weil er das von seinem Ansatz her ja sofort ist. Sein Problem ist es, die anderen Menschen dazu zu bringen, auch mit dem Sackhüpfen anzufangen. Es wäre ideal, wenn Sackhüpfen bei der Olympiade eine neue Sportart wäre. Dann wäre der Kreative sofort Goldmedaillengewinner und ein leuchtendes Vorbild für die Jugend. So einfach ist das! Deshalb nehmen die Sportarten immer mehr zu und es gibt immer mehr Nummer 1en, bis wir alle Nummer 1 sind. Im Augenblick gibt es wieder eine Gegenbewegung zu den Kreativen und man möchte die Sportarten wieder etwas in der Anzahl vermindern. Menschen verstehen den Unterschied zwischen den Goldmedaillen nicht mehr. Bei den Kampfsportarten gibt es so viele Gewichtsklassen, dass ein Sportler bei unbedachtem Lebenswandel mehrmals täglich die Sportdisziplin wechselt und praktisch auf einer Waage leben muss. Der Guinness wird irgendwann das dickste Buch, aber wir wissen nicht so genau, was der Unterschied zwischen dem Crêpe-Schleudern und dem Pfannkuchenweitwurf ist. Eine gelungene Neuerung im Sport scheint Beach-Volleyball zu sein, der sich durchsetzt, weil man diesen Sport ohne teure Sonnenbrille praktisch nicht erfolgreich betreiben kann. Er hat Sponsoren. Wir sehen also das Kernproblem des Kreativen: Er muss erst eine neue Disziplin schaffen (leicht) und dann Marketing dafür machen. Oder er muss eine neue Disziplin schaffen, die so wunderbar ist, dass sie für sich selbst spricht (Marketing inklusive). Die meisten Kreativen haben nur eine Idee (leicht) für eine neue Disziplin und dann suchen sie jemanden, der sie vermarktet. Der hat dann die Schuld, wenn es nicht klappt, was der Marketier aber der schlechten Idee zuschreibt, auf die er leider hereinfiel. Diese Arbeitsteilung wird gerne gewählt.

Die Gierigen, die Abenteurer, die Glücksritter ziehen in den Kampf, um Rekorde zu suchen und den Rahm des Gewinns abzusahnen. Die Anpasser organisieren hinter ihnen die ordnungsgemäße Evolution der Welt. Wenn sie zu viel Geld haben und es sie juckt, stecken sie heimlich Glücksrittern Geld zu und „beteiligen sich". Die Fremdgetriebenen ziehen eher klagend nach. Ihnen ist der Sinn der Evolution verschlossen. Sie sehen vor allem das Leid, das durch die Rekordsuche ausgelöst wird: Viele verendete Gierige, die beim Aufstieg stürzen, viel verschleudertes Vermögen, auch durch Betrüger, die sich wie Stars verkleideten. Viele gescheiterte Anpasser, die auf Rekorde in der falschen Sportart alles, wirklich alles gesetzt haben („Ich habe alles in Volleyball investiert, weil es eine Volkssportart mit einem riesigen Markt wurde. Jetzt gehe ich an dem Beach-Volleyball kaputt. Ich weiß immer noch nicht, warum ich untergegangen und völlig pleite bin. Natürlich sehen Volleyballer mit ihren Bandagen immer sehr strapaziert aus. Aber die normalen Volkshelden glauben doch nicht im Ernst, sie würden am Strand so gut aussehen wie braune Lacoste-Super-Fun-Models?"). Wozu das alles, seufzen die Fremdgetriebenen und warten, bis die Sintflut sie zum Mitanstieg einlädt. Sie sehen den Sinn der Evolution vor allem in diesem uralten Beispiel: Am Akkord-Montageband schafft es ein von der Werksleitung eingeschmuggelter Superathlet, die Arbeitsnormen deutlich und dauerhaft zu übertreffen. Er setzt „neue Maßstäbe, auf die unsere Werkhalle stolz sein kann." Daraufhin werden die Normen nach oben geschraubt; für alle, was letztlich eine Lohnsenkung bedeutet. Danach wird der Superathlet in ein anderes Werk versetzt, das noch nicht stolz ist. So und nicht anders sehen die Fremdgetriebenen den Fortschritt.

Wie groß ist die %-Zahl, ab der die Flut uns ertrinken lässt? Wie gierig darf man sein? Gier kostet Investitionen! Wie kreativ muss etwas sein? Marketing kostet Investitionen!

Unsere Gesellschaft schafft Messsysteme und Anreize: Die Stars hoffen auf das große Geld in neuen Unternehmen, deren

Aktien an der NASDAQ (die amerikanische Börse, an der vor allem die neuen „new economy" Internet- und Biotechnologie-aktien gehandelt werden) in den Himmel schießen und sie zum Milliardär machen. Die Anpasser bauen Computermesssysteme, die jeden und alles messen und abprüfen. Sie vergleichen unausgesetzt die Istwerte mit den Normen. Sie messen alle Werte der Konkurrenz und vergleichen sie mit den eigenen. Sie messen, wer am besten in der eigenen Firma ist („Best Practices") und versuchen, das Beispiel der besten Teams im Unternehmen zur Norm zu erheben. Sie messen und messen. Und nach jedem Vergleich sagen sie entweder: „Wir müssen etwas *tun*, die Werte von denen da drüben sind um 4,3 % besser." Oder: „Haha, sie tun nur so. Sie waschen auch nur mit Wasser." Anpasser haben Angst. Sie haben so schreckliche Angst, dass sie unausgesetzt messen. Politiker haben heute so viel Angst, dass sie nach jedem gesprochenen eigenen Wort eine Agentur messen lassen, wie die Wählerstimmung sich änderte. „Wir müssen bei unseren Versprechungen nachziehen." Diese Angst vor dem Ergebnis der Messung kann so stark sein, dass sie gar nichts mehr sagen.

Angst + Ehrgeiz = Lähmung

So entstehen Fremdgetriebene. („Ich sage jetzt gar nichts mehr. Macht ohne mich weiter.")

Die Welt im Rekordsuchezustand ist ein gefährliches Gemisch. Aldous Huxley hat in seiner Schönen Neuen Welt die Wissenschaft beziehungsweise das Rekordsuchen in weiser Einsicht verbieten lassen, weil es die Welt instabil hält und gefährdet. Wir zerreißen uns zwischen den gesellschaftlichen Anstrengungen der SJ-Kultur, alles möglichst gleich zu organisieren und zu harmonisieren und dem Erfolgshunger der neuen Nummer 1en. Wir werden hin und her gerissen zwischen Gier und Angst, zwischen Rekordstand und Überlebenslinie.

3 Zerstören und noch einmal neu beginnen: Ruin & Recreate und Darwin

„Wenn dich deine rechte Hand zum Bösen verführt, dann hau sie ab und wirf sie weg! Denn es ist besser für dich, dass eines deiner Glieder verloren geht, als dass dein ganzer Leib in die Hölle geworfen wird." So empfiehlt schon die Bibel. Zerstöre, was unter der Norm ist! Entlasse Mitarbeiter, die die Norm nicht schaffen. Verwüste die Länder deiner Feinde, die nicht nachgeben wollen. Löse Abteilungen auf, die dauerhaft Misserfolg haben. Gib unprofitable Produktlinien auf. Fliehe schmachbedeckte Geschäftsfelder. Mache ein Ende mit Schrecken. Schnell. Jetzt. Egal, was es kostet. Ich sehne mich nach Ruhe.

Wenn etwas unrettbar marode ist, muss einmal Schluss gemacht werden können. So sehen wir das alle.

Ich mache mit Ihnen noch einmal einen Kurzausflug in die Mathematik. Ich stelle Ihnen das Ruin & Recreate-Verfahren vor. Es hat zur Idee, das Ganze durch einen lustigen Wechsel zwischen Zerstörung und Wiederaufbau immer perfekter zu erschaffen. Ich sage „lustig", weil einfach willkürlich zerstört werden wird, das Gesunde und Kranke ohne Ansehen des Zustandes. Es kommt bei diesem Verfahren nicht darauf an, *was* überhaupt zerstört wird. Es soll zerstört werden, um aufzubauen. Das heute Gesunde ist heute besser als das Kranke, aber das bedeutet nicht, dass das gerade jetzt Gesunde schon optimal oder bestmöglich wäre. Deshalb wird zerstört, ohne auf das schon Erreichte zu sehen. Es wird zerstört, alles, immer wieder, um Platz für Neues zu machen.
Was hätte Darwin dazu gesagt?

Ich beginne, die Problematik anhand des Tangram-Spiels zu erläutern.

Tangram: Es gibt Probleme auf Erden, die sind wirklich schwierig. Das Tangram-Spiel zum Beispiel. Es ist ein hartes Geduldsspiel. Es sieht dabei ganz unschuldig aus. Sie bekommen einige

Dreiecke und Vierecke aus Pappe oder Plastik. Diese sollen so zusammengelegt werden, dass eine vorgegebene Figur entsteht. Die häufigste Aufgabe: Aus verschieden großen drei- oder viereckigen Stücken soll ein Quadrat gelegt werden. An einer solchen Aufgabe können Sie getrost Tage verbringen. Selbst wenn Sie einen stark intuitiven Blick für größere Strukturen mitbringen, ist es richtig schwer.

Der Normalbürger beginnt, etwas zu legen, was gut aussieht, und dann legt er ein passendes Stück dazu, probiert ein anderes, wieder eines. Es wächst ein Quadrat zusammen, aber am Ende „geht es nicht auf", wie wir sagen. Diese Probleme sind so schwierig, weil eine „Fastlösung" nicht weiterbringt, sie ist genauso schlecht wie fast jede Zufallslösung auch. Entweder stimmt es – oder gar nicht. Dann muss neu begonnen werden. Dieses dauernde Herumprobieren und Anlegen und Wegnehmen und Wiedermalanlegen nennen wir treffend: Herumpuzzeln.

Im Alltag kommen solche Probleme bei Stundenplänen vor. Lehrer sitzen wochenlang in den Sommerferien vor einem Plan des Gymnasiums. Fluggesellschaften beschäftigen monatelang ganze Flugplanerabteilungen und viele Computer, um den nächsten Flugplan zu erzeugen. Wenn dann ein Plan fertig ist: Bitte, bitte, nie mehr etwas ändern. Das vertragen solche Pläne nicht, genau so, wie beim Tangram bei einer Änderung „alles versaut" ist und nichts mehr stimmt.

Stellen Sie sich eine Planänderung in der Schule vor. Ein Lehrer fällt zum Beispiel wegen Krankheit aus. Dann ist es nicht einfach, etwas zu reparieren. „Sie suchen eine Englisch/Bio-Kombination? Ich habe Englisch/Latein oder Bio/Wirtschaft, hilft Ihnen das?" Nein, ein neuer Plan muss her, und zwar ein fast grundlegend neuer. Grauen. Diese Probleme sind so geartet, dass fast alle Lösungen irgendeinen Haken haben, weil die eine oder andere Bedingung nicht eingehalten ist: Für eine Stunde gibt es mehr Sportstunden als Hallenraum, Physikräume sind überbelegt, ein Sportlehrer müsste eine Stunde Mathe geben (kann er vielleicht, darf er nicht), ein Lehrer müsste eine Stunde mehr arbeiten (würde er, darf er nicht), ein Lehrer hätte zwei Stunden zuwenig (wäre er traurig, darf aber auch nicht sein), eine Lehrerin müsste für zwei Klassen die Klassenlehrerin sein usw. Fast jeder Plan geht wegen ein paar solcher Kleinigkeiten nicht. Wenn jemand einen Plan gefunden hat, der einfach in Ordnung ist, freut er sich so sehr, dass er diesen sofort nimmt und nie wieder ändern will.

Dabei schreien jetzt alle Mathematiker auf: „Das ist doch nur ein so genannter erster zulässiger Plan, ein allererster, der geht, aber doch beileibe kein *guter* Plan!" Aber das hilft nicht, man nimmt wegen der entsetzlichen Plackerei lieber gleich den ersten, der „geht". Was aber ist ein guter Plan? Das hört sich unser Planer in den ersten Tagen des Schuljahres an: „Kann das nicht so sein, dass ich alle meine Stunden an vier Wochentagen habe? Muss ich denn *jeden* Tag arbeiten?" – „Warum habe ich so viele Hohlstunden?" (Zwischenräume. Wenn z.B. ein Lehrer die erste Stunde gibt und dann nur noch die fünfte.) „Ich bin schwanger und kann unmöglich sieben Stunden am Stück, und das zweimal die Woche. Habt ihr vergessen. Ich genieße gesetzlichen Schutz." – „Ich hatte letztes Jahr schon so einen Mistplan und der Direx hat mir unter vier Augen zugesagt, dass das mindestens zwei Jahre nicht mehr vorkommt. Ich gehe da gleich hin und beschwere mich über Sie."

Es ist vielleicht recht leicht, gute Pläne zu machen. Ich würde die Stunden über mehrere Jahre verteilen, so dass Lehrer mal ein bisschen mehr, mal weniger arbeiten. Im Schnitt aber kommt das Richtige heraus. Dann ist das Planen um Größenordnungen einfacher. Aber: Das ist nicht einheitlich. Das darf nicht sein. Das Hauptargument gegen das Nicht-Einheitliche scheint zu sein, dass jemand tricksen kann. Ein Lehrer könnte weniger Stunden arbeiten und dann die Schule wechseln, und es dort wieder so machen! Dazu später mehr. SJ wollen immer gegen Betrug sicher sein!

Was ich sagen will: Es gibt leider Probleme, bei denen Herumpuzzeln nicht hilft. Da müssen stärkere Pinselstriche her!

Ruin & Recreate: Vor drei Jahren hat mich Gerhard Schrimpf gegenüber ins indische Restaurant eingeladen, er habe eine unklare Idee zum Optimieren. Er arbeitete an so einem Problem, das mit Rekordsuche und Sintfluten nicht so richtig traktiert werden konnte. Wir wollten Computernetzverbindungen mathematisch so optimieren, dass Großunternehmen viel weniger Leitungsmiete an die Telekom zahlen müssten. Das Hin- und Herlegen von Leitungen, das Herumpuzzeln, ging nicht. Seine Idee war nun, größere Teile eines Plans wegzuwischen (bildlich auf einer Landkarte vorgestellt) und dann wieder neu zusammenzubauen. Wie beim Tangram: Sie nehmen nicht immer Teil für Teil in die Hand, sondern machen es gewalttätiger und vernichten immer gleich größere Teile des Designs.

Ich war sofort ganz fasziniert von der Idee, weil ich vom Philosophischen fasziniert war: Es ist wie in der biologischen Evolution! Man donnert einen Meteor auf die Erde, zündelt riesige Brände, lässt Vulkane ausbrechen oder drückt Gletscher ab! Stürme! Überschwemmungen! Dürrekatastrophen! Das Leben wird partiell zerstört, aber es wächst mit der Zeit wieder zusammen. Dann macht man die nächste Katastrophe. „Schau'n mer mal." Das ist doch ein schönes Bild?

Oder: Wenn Firmen mit Herumpuzzeln nicht mehr weiterkommen, dann führen sie eine sogenannte Reorganisation durch, bei der viele Manager „neue Aufgaben" bekommen, Bereiche gestrichen werden, andere zerteilt. Den übriggebliebenen Leuten sagt man, sie sollten sich eine neue Aufgabe in der Firma suchen. Eine Firmenstruktur wird also quasi durch einen Bombeneinschlag schwer ruiniert. Dann werden die Mitarbeiter aus den geschlossenen Bereichen langsam in aufstrebende Bereiche assimiliert. Das ist wie nach dem Schmelzen der Gletscher. Es beginnen wieder Pflanzen zu wachsen, etwas andere als vorher. Evolution.

Diese Idee hat beim Netzoptimieren den großen Durchbruch gebracht. Das Sintflutverfahren war zu zahm, aber mit Ruin &

Recreate konnten wir unseren Kunden erstklassige Netzwerke auf den Computerbildschirm zaubern. Wir waren einigermaßen überrascht, wieder einmal, dass die eine Methode funktioniert, wo die andere versagt. Aus wissenschaftlichen Gründen haben wir die Verfahren weiter untersucht. Wir haben sie an gleichen Aufgaben miteinander verglichen. Wir haben in der wissenschaftlichen Literatur möglichst abartig schwere Tourenplanungsprobleme gesucht, für die die optimale Lösung heute noch nicht bekannt ist und bei der der Sintflutalgorithmus nicht richtig gut ist. Auf die Beispieldatensätze dieser schweren Tourenplanungsprobleme haben wir den R & R-Algorithmus laufen lassen: Wir haben sofort neue Weltrekorde gefunden! Auf Anhieb! „Wir", das sind Gerhard Schrimpf, Hermann Stamm-Wilbrandt und Johannes Schneider. Ich wünschte mir als Namen des Verfahrens eigentlich erst „Apokalypse & Apokatastase", aber das war sogar *uns* zu „fancy". So entstand das Verfahren Ruin & Recreate, wurde patentiert und in diesem Jahr (2000) im Journal of Computational Physics publiziert. Das Publizieren war gar nicht so einfach, weil ich die ersten drei/vier Seiten so lebendig wie hier geschildert habe. Darauf urteilten alle vier Gutachter der Arbeit, sie enthalte wichtige Resultate, sie lese sich extrem gut, man könne alles sofort verstehen, es sei sehr eingängig, aber so sei *Physik* nicht. „Man schreibt in der Physik ‚delete an area', nicht ‚throw a meteorite'." Na gut, wir haben es wieder wissenschaftlich uneingängiger formuliert, damit es Physik ist. Es erschien ein gut lesbarer Bericht über R&R im Spektrum der Wissenschaft. Christoph Pöppe vom Spektrum wählte dazu wiederum eine mehr bombige Sprache. Vielleicht haben Sie sich gefragt, was Netzoptimierung mit Physik zu tun hat? Nichts. Aber wenn wir den Artikel an eine mathematische Zeitschrift geschickt hätten, würde man sie ablehnen. Es ist keine Mathematik, einfach etwas zu programmieren und dann mit einem Weltrekord zu kommen. Mathematik geht so: Definition, Satz, Beweis, am Ende einen Schlusssatz über die mögliche Anwendung!

Das R & R-Verfahren funktioniert, etwas präziser gesagt, folgendermaßen: Man stellt sich zum Beispiel einen Tourenplan oder einen Schulstundenplan vor. Tourenpläne ordnen Lastwagen, Pakete und Ablieferungspunkte und Lieferzeiten zu einem Plan, Schulpläne fügen Lehrer, Räume, Zeiten und Schüler zusammen. Einen Plan machen geht so: Alle Schüler und Lehrer kommen auf den Schulhof (für jede Stunde in der Woche neu). Dann sage ich jedem Schüler und Lehrer nacheinander, wo sie was tun sollen. Oder: Ich habe massenweise Pakete im Lager und etliche Lastwagen. Ich sage nacheinander jedem Paket, auf welchen LKW es aufsteigen soll usw. Zerstören von Plänen heißt: Willkürlich werden ganze Klassen, Schulflügel, LKW-Ladungen wieder auf Schulhof oder ins Lager geschickt und man beginnt neu. „Alle Pakete mit 5 bis 10 kg Gewicht wieder ins Lager." – „Alle Erdkundelehrer auf den Schulhof." – „Alle Lateiner raus." Immer wieder neu. Das Einsortierverfahren haben wir „so doof wie möglich" verwirklicht. Jedes Paket wird immer auf den LKW wieder einsortiert, wo es wenig Mehrkosten verursacht, also wenig Umweg zum Beispiel. Wir haben also nur natürliche Gierigkeit eingebaut, keine weitere Intelligenz. (Für Mathematiker: Best insert technique.)

Entschuldigung, wenn es zu schnell oder verwirrend war. Ich wollte damit nur sagen, dass Zerstören und gierig wieder Zusammenbasteln eine wahnsinnig gute Strategie in hochkomplexen mathematischen Systemen ist. Ich verlagere zur besseren Verständlichkeit das Beispiel noch einmal unseriöserweise ganz ins richtige Leben:

Wenn Sie es schaffen, immer wieder einzelnen Mitarbeitern im Betrieb Weltrekordleistungen zu entlocken, dann wird das den Betrieb als Ganzes nicht sofort schwer verändern. Wenn der Mitarbeiter eine bahnbrechende Erfindung macht, dann vielleicht. Aber auch das ist nicht sicher, weil eine Erfindung in einer Anpasserfirma fast grundsätzlich nicht realisiert wird. Ein Einzelner „unten" bewirkt fast nichts. Seine Erfindung wird nicht in ein Produkt umgesetzt oder zu spät oder zu schlecht oder zu früh.

Die Betriebsmutation hat zu nichts geführt. Das Leben geht weiter. Immer wieder entstehen Gedankenblitze oder große Taten von Einzelnen, die meisten versanden. Selten gibt es einen Schub für den Betrieb als Ganzes und noch viel seltener einen für die ganze Welt.

Wenn Sie dagegen einen ganzen Firmenbereich ersatzlos auflösen und die Mitarbeiter bitten, sich bei anderen Bereichen zu bewerben: Was passiert dann? Dann ist die Chance für erfolgreiche Mutationen viel höher. (Das gierige Bewerben der Mitarbeiter entspricht dem „doof einfachen" Best-Insert-Schritt beim R & R, es ist wie das Bewerben von Paketen zum Mitnehmen auf einem LKW.)

Ich habe oben schon meine Meinung artikuliert, dass ich nicht recht glaube, dass Antilopen als Lebensmittelressource der Löwen mit diesen ums Überleben kämpfen. Das ist ein eingespieltes Gleichgewicht. Es ist gar nicht so einfach, das ins Trudeln zu bringen. Aber wenn wir Eiszeiten machen? Stürme? Überschwemmungen? Gerade „eben" sind zum Ende des Jahrtausends große Teile des Schwarzwaldes vernichtet worden. Das abgeknickte Holz liegt überall umher und bestimmte Schädlinge vermehren sich ungeheuer, Buntspechte freuen sich usw. Ein neues Gleichgewicht entsteht. Nicht durch Kämpfen, sondern durch „best insert", also bestes Einpassen in die neue Lage. Ohne Gemeinheit, Kampfeslist, ohne richtige Intelligenz. Es ist unwichtig, wodurch sich die Lage ändert und wie viel eine neue Katastrophe zerstört oder was sie zerstört. Langfristig wird ein durch Zerstörungen geschütteltes System sich immer wieder aufrappeln und besser und besser werden. Die Systemintelligenz ist nur ganz schwach, sie ist in der normalen Anpassung der Wesen an die jeweils neue Situation zu suchen. Manche Wesensarten überstehen die Wandlungen nach einer Katastrophe nicht und sterben aus. In diesem Denkmodell ist es eigentlich nicht wahr, was Darwin sagt: „The fittest will survive." Darwin sagt damit doch, dass die Wesen, die sich im Leben am besten bewähren und sich im Leben anstrengen und anpassen und lernen, dass diese überleben! In diesem Denkmodell aber überleben die Wesen, die das Glück haben, nicht so arg von der externen Katastrophe betroffen zu sein.

Es überlebt hier der „Fitteste" in der *neuen* Situation! Das aber ist doch eher Glück als aktive Anpassung? Sollten Saurier sich an Kaltzeiten oder Meteoriteneinschläge vorher anpassen wollen? Das tun nicht einmal Menschen („Papa, später ist alles im Internet, lern doch mal, mit der Maus umzugehen."). Fit sein heißt meiner Meinung nach eigentlich nicht, optimal an das Gegebene angepasst zu sein, sondern unter vielen möglichen neuen Zielfunktionen der Zukunft möglichst gut überleben zu können. Für Mitarbeiter heißt fit sein nicht, dass sie sich gut in die Firma einpassen, sondern dass sie auch bei einer Firmenpleite sofort neue Stellen bekommen. Sie sollen also nicht in ihrer jetzigen Situation optimieren, sondern sie sollen nach einer Lösung suchen, die gleichzeitig unter möglichst allen Katastrophen und Zieländerungen noch brauchbar ist. Eine schlechte Lösung kann so enden: „Tut mir leid, Sir, nach der Neuausrichtung unserer Firmenstrategie werden Ihre speziellen extremen Fähigkeiten nicht mehr gebraucht." Das heißt: Gestorben. Nicht überlebt. Nicht fit genug.

Da bezweifelt werden kann, dass Tiere in der Natur unter künftigen Zielfunktionen denken und optimieren können: Haben Sie vielleicht eher Glück? Oder Pech, wie die Saurier? Die Natur hilft sich natürlich ein wenig, indem sie diversifiziert, also die Spezies nicht völlig gleich macht, so dass manche Tiere zum Beispiel mehr Kälte aushalten und manche derselben Art Trockenheit oder Hitze (damit also nicht alle überhaupt sterben, wenn es ein kleine Katastrophe gibt). Aber bei großen Katastrophen kann sich die Natur so richtig entwickeln.

Wir als Menschen können uns aber künftige Weltlagen und die dann geltenden Überlebensregeln vorstellen. Wir können nicht nur das Hier und Jetzt optimieren, sondern uns auf künftig geltende Zustände einstellen. Das haben wir Tieren wahrhaft voraus. Dieses Wissen nutzen wir heutzutage mit Macht: Die Idee ist, möglichst viele kontrollierte Katastrophen selbst zu machen, so dass sich die Welt stark verändert. Die Welt soll sich nach meiner selbst gemachten Katastrophe so verändern, dass unter den dann geltenden Zielfunktionen ich selbst am besten schon optimal bin, die anderen aber nicht fit genug sind, um alles zu überleben. Ich helfe ihnen zu überleben, aber sie müssen mir dafür Geld geben.

So ist das Internet zum Beispiel eine Großkatastrophe für die „Brick & Mortar"–Wirtschaft, also die reale Welt, die noch Fabrikgebäude in Bilanzen aktiviert und Grundstücke für wertvoll hält. Alle nicht angepassten Wirtschaftswesen werden sterben oder zahlen, mit ihrem Vermögen. Jede Innovation ist eine Großkatastrophe für Unangepasste, die sich letztlich unter Geldverlust anpassen müssen. So entwickelt sich die Welt: Apokalypse und Apokatastase, Ruin & Recreate.

„Und wenn dich dein rechtes Auge zum Bösen verführt, so reiß es aus und wirf es weg! Denn es ist besser, dass eines deiner Glieder verloren geht, als dass dein ganzer Leib in die Hölle geworfen wird!" Sicherlich ist es ein guter Rat, das Schlechte zu beseitigen, das Gute wachsen zu lassen. Aber – und nur deshalb bemühe ich die Bibel noch einmal – so denken wir seit Anbeginn fast ausschließlich. Die neue Zeit wird einen Paradigmenwechsel vollziehen: Sie wird die Welt verändern, indem sie die Regeln verändert.

Es ist die alte Welt, die unter den gegebenen wirtschaftlichen Gesetzen das Beste tut. Die neue Welt kämpft durch Ändern dieser Gesetze. Stellen Sie sich vor, Sie könnten die physikalischen Naturgesetze so ändern, dass Sie einen Vorteil davon haben! Sie wären nicht gezwungen, sich unter den geltenden Naturgesetzen optimal zu benehmen, sondern Sie könnten alles ändern! Das wäre verlockend und gefährlich, denn es ist gar nicht so klar, was herauskommt, wenn Sie es zum Beispiel immerfort sintflutartig regnen lassen. Aber so ist die Wunschlage heute in der Wirtschaft. Denn die neue Welt ist großenteils virtuell, sie kann neu geschaffen werden. Ihre Gesetze sind von uns. Ihre Katastrophen auch. Also lassen Sie uns Hand anlegen.

So. Das war jetzt mehr weltanschaulich mathematisch. Jetzt geht es wieder in das triviale Leben zurück. Ich bespreche eine andere Art von Sintflutlinie. Nicht eine physische, sondern eine zeitliche. Danach, zum Abschluss dieses Zwangskapitels, folgt ein Märchen.

4 Deadline (der letzte Termin) oder 5 vor 12

Der Sintflutgedanke der Zeit ist im Management als Deadline oder als Budget bekannt. Eine Deadline ist der allerletzte Termin, zu dem etwas ohne Widerrede fertig sein muss, wenn einem hinterher nicht der Kopf abfallen soll. Es ist sehr wichtig, das so ernst und unerbittlich auszudrücken, sonst ist der Clou dahin, zu dem ich gleich komme. Wenn Sie ein Budget bekommen, heißt das, dass dies die absolute Obergrenze Ihrer Mittelverfügungsgewalt darstellt. Ebenfalls, bei Strafe, ist es untersagt, diese wichtige Linie unbeachtet zu lassen.

Der Trick der Sintflut wie auch der Deadline besteht darin, dass sich die Zielfunktionsgewichtungen aberwitzig ändern, wenn dieses zusätzliche Merkmal mit in die Zielfunktion aufgenommen wird. Es macht einen Riesenunterschied im Verhalten, ob es regnet oder nicht, wenn Sie am Strand oder im Gebirge wohnen. Ich versuche, dies an einem noch dramatischeren Beispiel zu erläutern und theoretisiere dann zu Ende, wenn das noch notwendig sein sollte.

Sie gehen also mit mir in ein Warenhaus, um eine Hose zu kaufen, da wir zusammen heute in die Mannheimer Oper gehen wollen und Sie „nichts anzuziehen" haben. Ladenschluss ist um 20.00 Uhr, aber zu diesem Termin beginnt auch schon der Lohengrin. Wir haben dieses Buch hier mitgenommen und schauen darin nach, was wichtig ist: Preis, Material, Größe, Farbe, Haltbarkeit. Es soll zu vielen anderen Farben aus Ihrem Kleiderschrank passen usw. Diese Merkmale sind gar nicht so einfach alle im Kopf zu behalten. Schauen Sie noch einmal an den entsprechenden Kapitelanfang? Ich muss das beim Schreiben jetzt auch tun. Wir finden nach und nach im Kaufhaus ein paar ganz gute Hosen, aber sie passen nicht richtig, sie sind viel zu teuer und haben aparte, aber etwas sehr eigene Farben, zu denen Ihre Hemden/Blusen nicht richtig passen. Nichts findet Ihre spontane Heißliebe. Um 17.00 Uhr sind wir noch guter Dinge, um 18.00 Uhr sind wir nachdenklich gestimmt und besonders Sie werden gereizt und philosophieren über das magere Angebot in deutschen Innenstädten. Tausende Hosen, aber nur Mist? Wer soll das kaufen? Ich fühle mich jetzt ein bisschen angegriffen und schuldig, dass wir noch nichts gefunden haben. Langsam beginnen wir über die Bedingungen anders zu denken. Um 18.15 Uhr sagen Sie tatsächlich (hätte ich Ihnen nicht zugetraut!), dass es schon ganz schön wäre, wenn die Hose „einigermaßen" aussähe und Sie sie dann alltags auftragen könnten. Um 18.30 Uhr geht Ihr gesetztes Preislimit langsam nach oben, Sie würden ja auch für einen so bedeutenden Anlass mit mir ausnahmsweise etwas mehr ausgeben. Um 18.40 Uhr erwische ich Sie bei einem Blick auf den Grabbeltisch, den wir bisher nicht beachtet hatten, weil Sie niemals Hosen unter 35 € auch nur eines theoretischen Blickes würdigen. Ihre Hautfarbe wechselt jetzt häufig, die Atemfrequenz steigt. Ihre Bewegungen werden fahrig, eine echte Suchstrategie kann nur noch ein sehr geübter Beobachter in Ihrem Verhalten erkennen. „Ein Hose für Lohengrin! Es ist jetzt alles egal! Alles!" Den Blick, den Sie auf mich abschießen, als ich logisch bemerke, dass Sie ja dann so in die Oper gehen könnten, wie Sie gerade angezogen sind – diesen Blick werde ich nie vergessen.

Jetzt folgen ein paar unbeschreibliche Minuten, die ein eigenes Buch erfordern würden. Wenn Sie schon einmal einen tödlichen Unfall hatten, so wissen Sie, dass kurz vor dem Exodus das ganze Leben vor den Augen in Mikrosekunden vorbeizieht. Alles vermengt sich, vermischt sich, wirbelt auf und verschwindet in einem grellen Licht. Mathematisch gesehen bedeutet das, dass sich Ihre Zielfunktionen im Gehirn radikal blitzartig neu konfigurieren. Alle Bewertungen müssen neu errechnet werden, weil die Lage umstürzt. Das neuronale Netz lernt jetzt sehr schnell.

Wir kaufen also die nächste Hose, die nur ein wenig zu lang ist. Die Farbe, na ja, nicht schlecht. Doppelt so teuer wie geplant. Sehr empfindlich, nur Reinigung erlaubt.

Sehen Sie sich also an, was passiert ist. Vorher hatten wir eine Menge Zielvorstellungen, welche Merkmale eine gute Lösung haben soll. Wir bewerten sorgfältig die Gewichtung der Kriterien, setzen Bedingungen, haben Wünsche. Mit einer solchen relativ komplexen Vorstellung gehen wir los, eine Lösung zu suchen. Es stellt sich schnell heraus, dass an jeder Lösung „irgendetwas nicht passt" („Wenn *das* nur nicht wäre, würde ich diese Lösung ja nehmen!"). Nun muss entweder mit schwindender Hoffnung endlos lang weitergesucht werden oder wir ändern die Ziele so, dass es zulässige Alternativen gibt. Die Funktion der Deadline ist dabei die: Je näher man an die zeitliche Deadline kommt, umso unwichtiger werden die Kriterien, die wir gesetzt haben. Die Gewichtung des Kriteriums „Termin einhalten" wird immer größer, so sehr groß, dass die anderen Gewichte nur noch mit der Lupe zu unterscheiden sind. Das ergibt dann insgesamt so einen seelisch-entschlussfreudigen Zustand „Alles egal!"

Wenn SJ wirklich vorankommen wollen, brauchen Sie ja die Mehrheit hinter sich, sonst geschieht nichts. Alle Menschen müssen das Gleiche wollen, damit alles gleich gemacht werden kann. Die Institution der Deadline ist nun der ideale Mehrheitsbeschaffer, wenn viele Menschen zustimmen müssen, damit es weitergeht. Die Deadline setzt Menschen so sehr unter Druck (wenn es gut gemacht ist), dass alle mit dieser „Alles egal"-Verzweiflung anpacken und mitmachen. Die Sonderwünsche der Diven verstummen wie auch die ätzenden Einwürfe der Bedenkenträger.

Alles vermischt sich, wirbelt auf und verschwindet in einem grellen Licht.

Das Deadline-Rezept lautet also, unentschiedene Massen gegen eine Terminbetonwand laufen zu lassen. Denselben Gedanken könnten wir jetzt mit dem Budget-Rezept weiterspinnen, aber diese Argumentation sollte hier klar sein: Vor einer Budgetwand kann man genauso gut in eine „Alles egal"-Stimmung kommen, die aber nicht zu hektischer Aktivität führt, sondern zu Lethargie. Mangel an Mitteln oder Macht schläfert Aktivitäten ein. „Wir wollten ja. Es ging halt nicht."

Für das Management ist die Deadline ein wichtiges Machtinstrument. Wenn etwa eine wichtige Frage entschieden werden soll, sendet das Topmanagement einfach eine E-Mail an alle mit der Aufforderung, zu dieser wichtigen unternehmensentscheidenden Sache innerhalb von einer halben Stunde „Input" zu geben. Alle wissen dann, dass es eine Entscheidung geben wird. Alle wissen, dass man in einer halben Stunde nichts Gescheites schreiben kann. Alle wissen, dass man aber höchstens eine Chance hat, wenn man jetzt sofort etwas Gescheites schreibt, was einem jetzt nicht einfällt. Alle schreien eine Stunde verwundet auf, dass eine unternehmensentscheidende Angelegenheit keine solche von einer halben Stunde sei, aber sie schreiben nichts richtig Bewegendes nach oben. Am nächsten Morgen kommt eine harte Entscheidung, ungeliebt. Wir schlucken es, weil wir ja im Prinzip eine Chance hatten. Die Kunst der Deadline ist es, eine richtig anerkannt starke 5-vor-12-Linie aufzustellen. „Der Chef will das bis Freitagabend haben. Unbedingt. Er will das vor seinem Urlaub noch zusammen mit den Beförderungsanträgen bearbeiten." Das klingt ziemlich überzeugend und begründend. – „Sie müssen sofort kaufen. Dieses tolle Angebot macht Ihnen der Boss unserer Firma nur für drei Stunden. Es warten schon unwürdigere Bieter als Sie vor seinem Büro." – „Wir sind gleich ausverkauft. Danach gibt es in der ganzen türkisch-iranischen Region keine Teppiche mehr." – „Ich habe morgen Urlaub. Es muss jetzt sein." – „Ich habe gehört, der General kommt (der Staatssekretär, die Schwiegermutter)." – „Tut mir leid, Redaktionsschluss." – „Ladenschluss." – „Prüfungstermin." – „Der Gutschein gilt nur noch heute, ich muss irgendetwas kaufen." – „Entweder Heiratsantrag oder Schluss." Aus dem Erziehungsberater: „Geben Sie Kindern immer zwei Alternativen A und B. A ist die, die Sie wollen, B ist die, die das Kind stark ablehnt, wie ‚verhauen werden' etwa. Schreien Sie das Kind ganz laut an: ‚Wähle du! Aber wähle! Es ist deine Entscheidung! Also heraus mit der Sprache: A oder B?'" In diesem Fall sind Kinder nur fähig, eine der Alternativen zu nennen. In der Regel nennen sie A. Kinder sind nicht in der Lage, unter Druck auf den Gedanken zu kommen, dass es fast immer sehr viele Alternativen gibt. Sie begegnen Druck nicht mit eigenen Ideen.

Am Instrument der Deadline scheiden sich die Geister der SJ und der NT. Die SJ brauchen Deadlines, um im Notfall einig zu werden. Die NT lösen das Problem als Problem, nicht mit solchen „Tricks", wie sie sagen würden. Sie sind in der Regel bei Deadlines bitterböse. Nicht über Termine, sondern, dass ihnen jemand die Zielfunktionen umstellen will. Ein NT geht nicht in „Alles-egal"-Haltung, sondern er verteidigt das Wahre notfalls mit dem Leben. NT haben einen schlechten Ruf bei SJ, weil sie im echten Ernstfall Deadlines ignorieren. Das tun etwa SP notorisch auch, aber sie reagieren auf Mahnungen, was in den Zeitplänen normalerweise berücksichtigt ist. NT ignorieren sie unter Umständen vollständig. Sie beharren auf dem wahren Ziel und werden ungerechterweise für illoyal befunden. Sie können gut Menschen sein, die auf den Schrei „A oder B" schweigen, einfach tief schweigen und zäh weiterdenken. Über C, meine ich.

Und jetzt das Märchen, was ganz gut zur Behauptung passt, dass wir alle aufsteigen müssen, unbedingt, ob wir wollen oder nicht.

5 Der Turmbau zu Babel

(Diesen Abschnitt habe ich im Kern einfach geträumt, nach langer Abendarbeit an diesem Buch. Ich habe ein paar Worte traumtrunken auf den Einkaufszettel geschrieben, in der Küche, im Dunkeln, zusammen mit einer Idee für ein Patent und ging weiterschlafen. Ich habe diese Gedanken auf einem Flug nach London durchgeträumt und gleich zu Hause aufgeschrieben.)

Wenn unsere Kinder in ihrer eigenen Art etwas Weises sagen, so ist das ein Moment reinsten Glücks für uns Eltern. Aber es kommt nicht eben häufig vor, dass Sprösslinge wirkliche Lebenshaupttreffer landen wie mein Sohn, als sein strahlendes Herz rief: „Papa, du weißt wirklich alles!" Seitdem fühle ich mich entsprechend verantwortlich, an jeder kleinen Stelle gar kunstvolle Vorlesungen in unseren Alltag einzuflechten, so auch besonders, wenn wir auf Reisen vor Monumenten wie dem Turm von Pisa stehen, von dem ich im Kopf leider wenig etabliertes Wissen vorfand. Das ist bei mir nicht weiter tragisch und so hub ich an:

„Kaiser Augustus, als er noch ein Kind war, liebte es, von seinem Palastfenster aus seine zukünftigen Untertanen zu necken, indem er sie mit Spucken zu treffen versuchte. Schlimmeres noch stellte er auf Tiberbrücken mit Schiffen an. Da solches Tun bei weniger glücklichen Versuchen, zumal bei Wind, Spuren an der goldenen Palastwand verursachte, kam ihm der Gedanke, in einem neuerbauten schiefen Turm zu wohnen, unter dessen geneigter Seite ein ständiger Wochenmarkt mit italienischen Postkarten zu gründen wäre. Bei Baumeisterbedenken stellte er sich taub. Die Tauben aber liebten den Turm dann sehr und eiferten mit dem Kaiser. Sie würdigten aber nicht die wohlbedachte Schiefbauweise des Turms von Pisa und pieselten daher von jeder Seite des Bauwerkes hinunter, so dass der Taubendreck zwar halb auf die Postkartenstände fiel, halb aber sich auf der schrägen Seite dauerhaft ablagerte und liegen blieb. Deshalb wurde der Turm in den Jahrhunderten auf der falschen Seite schwerer. Ein

kurzer Versuch, die Entwicklung im Mittelalter durch Anbrin-
gung glatter Schieferplatten zu stoppen, verschlimmerte die Situation bedenklich. Deshalb ist heute eine Bauhaut aus Leicht-
gerüstmaterial um das Gebäude gehüllt, um es vor unseren Blicken zu schützen. Dieser vernichtende Schlag der Tauben wurde
Taubenschlag von Pisa genannt und setzte sich vor allem in Parla-
mentsgebäuden fort." – „Papa, es scheint etwas nicht zu stimmen.
Unter der schiefen Seite werden nicht Postkarten, sondern Gürtel verkauft." – „Ja. Äh. – Innen im Turm von Pisa ist keine Trep-
pe gebaut, sondern ein endloser Rundaufgang bis oben hin, der
als beispielgebendes Weltkulturerbe für Parkhäuser dient. Kaiser Napoleon liebte es, zu Pferde nach oben zu reiten. Bekanntlich können Pferde sehr wohl Stufen von Treppen sehr vorsichtig
hinaufsteigen, weigern sich aber selbst unter stärkster Todesdro-
hung, wieder herunterzustapfen, weil sie Angst haben. Deshalb
baute der Kaiser einen stufenlosen Rundaufgang, damit die Pferde nicht immer wie früher oben geschlachtet werden mussten." –
„Papa, was hat das mit Rindsledergürteln zu tun?" – „Man ritt
des guten Geschmacks wegen später mit Bratochsen hinauf, die
oben bleiben konnten." – „Haben die Kaiser oben gegessen und
gewohnt?" – „Nun ja, es gibt ja heute kaum noch Kaiser, weil die
meisten oben geblieben sind. Es stellte sich nämlich heraus, dass
Kaiser wie auch Hohe Beamte um keinen Preis Stufen wieder her-
absteigen, die sie einmal erklommen haben. Darin unterscheidet
sich der vornehme Mensch nicht vom Tier. Es ist wie beim Turmbau zu Babel." – Dies war eine unzeitige Einlassung, denn nun
frug mein Sohn nach dem Babelbau. Ich seufzte und erzählte die
Geschichte des Gottnaheseins.

Das Datum des Turmbaus ist bis heute nicht bekannt, weil sich
die Phase der Baugenehmigung wohl über mehrere Jahrhunder-
te oder Jahrtausende hingezogen haben mag. Viele Generationen
von adeligen Würdenträgern trafen sich lange, lange Zeit, um die
Einzelheiten des Turmbaus bei den damals üblichen Festgelagen
zu klären. Die technischen Fragen waren schnell geklärt, aber die

Höhe der Entschädigungen für den Standort, der Standort selbst, die Nähe zu Gott, die Höhe der Wolken und schließlich besonders die Einzugsreihenfolge bei der Grundsteinlegungsfeier bildeten die Höhepunkte menschlicher Disputationskunst. Die Diskussionspunkte änderten ja außerdem ständig, manchmal innerhalb von Jahrzehnten, ihr Gewicht. Als wieder einmal einige Eminenzen des Bauausschusses gesteinigt werden mussten, wurde nächtliches Steinesammeln und -aufhäufen einer erfreuten Menge durch einen tragischen Irrtum als heimlicher Baubeginnversuch gewertet, den man Feinden zutraute, die Fakten schaffen würden. Der Ausschuss, noch beim ersten Tagesordnungspunkt, hörte das dunkle Geräusch sich sammelnder Steine im Alkoholwahn und stob augenblicklich, im Irrtum befangen, in alle Richtungen auseinander, um selbst am eigenen Hause mit der Familie und den Sklaven ebenfalls Steine aufzuhäufen. Wer nämlich das Glück hatte, mit eigenem Grundstück dem Turmbau von Babel im Wege zu sein, durfte enorme Entschädigungen erwarten. Das war sicher. Es war aber nicht sicher, wo der Turm zu bauen wäre, worum man sich ja allgemein schon so lange in den Haaren lag.

So begann also der Bau des Turms von Babel durch einen Hörfehler von Berauschten auf den Grundstücken aller der Ausschussmitglieder, die es noch in derselben Nacht nach Hause schafften oder noch am nächsten Morgen diesen Eindruck erwecken konnten. Deshalb hatte der Turmbau von Babel von Anfang an eine ungeheuerlich große Grundfläche, die die Planer in diesem Ausmaß niemals ins Auge gefasst hätten, wenn sie einen Plan gemacht hätten. So entstand also der Bau von zufälligen, weit auseinander liegenden Stellen aus, ähnlich wie später die Wissenschaften und Religionen. Auf manchen Grundstücken der Ausschussmitglieder entstanden zuerst Eingangstore, auf anderen Turmfundamente, anderswo Mauern oder Treppenaufgänge. Es brach ein ungeheuerer Eifer aus, mit prächtigen Ideen zu beginnen. Bald wurden die ersten fertigen Eingangstüren mit Gold überzogen, wofür die Regierung bald unter erheblichen Un-

terstützungsforderungen seufzte. Sie wollte im Gegenzug daher
wissen, wo denn nun der wirkliche Haupteingang sein solle. Sie
kündigte an, sich selbst vor Ort ein Bild zu machen. Nach langen Verhandlungen wurde dafür ein endgültiger Termin in fünfzig Jahren festgesetzt, der natürlich historisch mehrfach verschoben werden musste. Inzwischen wucherte ungezügelter Wildbau.
Überall sprachen Heilige Menschen von Sünden frei, wenn diese
nur mitbauten oder Steine brächten. So ging es viele Jahre un-
kontrolliert voran, es entstanden viele sehr protzige Gebäude, die
Scharen von hilfswilligen Sündern anlockten. Es war zeitweise
nicht einfach, mit neuen Gesetzen und Moralvorschriften nach-
zukommen, mit denen die Herrschenden alles zur Sünde erklär-
ten, um den wirtschaftlichen Fortschritt in Gang zu halten. Nur
wer Regeln brach, konnte relativ einfach in den Steinbruch gelockt werden, wenn er nur nach Sündenerlass gierte. Aber das
war damals allgemein üblich, als es noch keine Ehrenurkunden
gab. So standen bald überall Prachthäuser wie Pfeiler in der Landschaft, die wie ein Nagelbrett ausschaute. Als sich die Ortsbe-
gehung der Regierung näherte, soll das Gerücht durchgesickert
sein, dass die Regierung beabsichtige, dort das Eingangstor zu
weihen, wo der Bau schon am meisten in die Höhe gediehen sei!
Das war ein Jammern und ein Klagen! An die Höhe des Türms
hatte niemand so recht gedacht. Gott sollte nach neuen Ideen
mehr in den Wolken schweben, wo man ihn vorher eher immer
in der Nähe von Goldmetall vermutet hatte. Dies Gerücht, das im
Übrigen nie bestätigt wurde, führte zum Ende der Metallzeit und
die Kulturen begannen einen Höhenflug. Es wurde sofort in die
Höhe gebaut, wobei es auf Pracht nicht mehr ankam. Wer wollte
bei Schönheit verweilen, der vor Erdaufhäufungsarbeiten stand!
Steine allein halfen nicht weiter. Menschenmassen versammelten
sich, um Erde zu häufen und notdürftig mit Findlingssteinen zu
stützen, damit einem Turm ähnlich sähe, was in Wirklichkeit ein
Hügel war. Langsam stiegen diese Turmhügel in die Höhe. Die
Welt verwandelte sich in der Region in eine Erdwüste. Alles wurde ins Land geschleppt. Die Geröllbilanz des Landes färbte sich

tiefrot und konnte nur immer notdürftiger mit dem Erlass von Sünden finanziert werden. Die höchsten Gelder verlangten gesuchte Experten, die die Höhe der Turmhügel messen konnten. Sie verlangten ungeheuer viel Geld für Expertisen, die versicherten, dass der eigene Hügel der höchste sei. Noch höhere Gelder bekamen später Experten, die sich auf das Vergleichen dieser Urkunden spezialisiert hatten.

Die Turmhügel wuchsen und wuchsen. Neue Techniken entstanden, um mit riesig langen Menschenketten Geröllmassen und Steine aus immer ferneren Ländereien zu holen. An den Grenzen flackerten Kriege um Kiesgruben und Felsenhügel auf. Soldaten mussten überall Steineklopfer und Erdträger schützen. Jede Region war stolz auf die eigene Urkunde, dass ihr Hügel der höchste sei. Aber der Wettbewerb drückte global auf alle Lande und es galt, den Vorsprung zu halten.

Die Turmhügel wuchsen und wuchsen in ungeahnte Höhen. Das einfache Besteigen der Spitzen dauerte bald Wochen, so dass die Menschen an der Stelle ihrer Arbeit in der Höhe wohnen mussten. Die Arbeitenden sahen ihre Familien nur selten. Überall gruben sie Höhlen in den Turmhügel, die ihnen Unterschlupf gewährten. Es entstanden auch vermehrt Villen und Schlösser oben auf den Hügeln, die sich aber nur die Menschen leisten konnten, die sich auf das Messen der Höhe verstanden und durch ihre Meinung immer weiter dafür sorgten, dass das Leben sinnvoll blieb. Sie allein bestimmten die Richtung, sie allein konnten die Vision verwirklichen. Sie allein hatten eine Strategie: Nach oben bauen. Höhe gewinnen. Immer mehr Menschen schlossen sich dieser heiligen Mission an. Da sie vor lauter Arbeit kaum noch Sünden begehen konnten und auch bei Urlaub zu Hause nur schliefen oder schlapp in der Sonne lagen (viele verbrannten), musste die Arbeit so straff organisiert werden, dass die Sünden gleich bei der Arbeit mitbegangen wurden. Etwa war es bald Brauch, langsames Häufen als Sünde zu erklären, worauf sich aber die meisten Menschen so beeilten, dass alle wieder unschuldig blieben. Daraufhin kamen Höhenmesser darauf, immer die-

jenigen Menschen als sündig zu erklären, die langsamer als andere Dreck anhäuften. Mit diesem wichtigen Kulturschritt war das
Sündenproblem von der logistischen Seite für immer gelöst, bis
auf den heutigen Tag.

So kam es, dass die Turmhügel ganz wahnsinnig hoch wuchsen. Die Menschen brauchten bald Monate, um zu ihren Famili-
en unten an den Hügelfuß zu gelangen, was den Fortschritt erst
lange Zeit beschleunigte, dann aber zu Kindermangel führte. Daher begannen die Menschen, vermehrt im Turmhügel zu wohnen. Sie klebten Häuser an den Turm und übernahmen bei Glück
alte Bauten von Höhenmessern, die natürlich immer weiter nach
oben ziehen mussten und keinesfalls unten wohnen konnten. In
dieser Zeit begann historisch das Abfallproblem. Als die Menschen in Tausenden von Stockwerken übereinander wohnten,
mussten sie natürlich den Abfall und ihre Exkremente entsorgen,
was mit fortschreitendem Fortschritt immer schwieriger wurde.
Dies löste zwei gegensätzliche Entwicklungen aus: Angefangen
mit den Höhenmessern ganz oben begannen die Menschen, die
in höheren Etagen arbeiteten, ihren Abfall erst unter die Tische
und den Teppich zu kehren und dann einfach hinab zu werfen.
Das führte natürlich zu Beschwerlichkeiten im unteren Turm-
teil, weil sehr oft jeder sein Teil abbekam, wie man sagte. Oben
aber argumentierte man jedoch erfolgreich, dass der herabfallen-
de Abfall den Bau natürlich stabilisiere. Die andere Entwicklung
der Kultur war die, dass der Abfall unten einfach stank, und zwar
zum Himmel. Die Menschen oben erfanden daher das Parfüm.

Die Turmhügel aber wuchsen und wuchsen. Erste Hügel
wuchsen oben zusammen, was zu großen Irritationen führte, da
ja nun schwer zu klären war, welche der Teilhügel die höchsten
waren. Die Höhenmesser bekriegten sich mit Urkunden. Bau-
meister begannen, schlanke Spitztürme zu bauen, wie heute die
Funktürme, um schnell in Vorteil zu kommen. Der Wetteifer ver-
stärkte sich, je mehr der Geruch von unten zunahm. Oben liefen
alle Menschen mit Wohlruchflaschen umher. Nach Gott benann-
te Essenzen (Deus) schützten sie Tag und Nacht. Dieser Wohlge-

ruch war so himmlisch, dass die Menschen oben nun nie mehr
zu bewegen waren, nach unten am Turm „zu tauchen", wie man
damals sagte, weil man dazu große Vorratsflaschen von Parfüm
auf dem Rücken tragend mit nach unten nehmen musste. War
der Parfümvorrat erschöpft, so musste man sehen, dass man wieder nach oben auftauchte. Natürlich versuchten die Menschen in
der mittleren Schicht nach oben zu kommen, weil sie immer einmal wieder so einen „Übermenschen" mit Parfümflaschen unten
sahen. Die Menschen unten aber wussten nicht, was Parfüm war
und waren mit Erdehochreichen gut beschäftigt. Immer mal wieder fielen Mittelmenschen vom Turm nach unten, weil sie nach
oben wollten und von denen ganz oben zurückgestoßen worden waren. Das gab oft große Folgeschäden, weil die herabfallenden Mittelmenschen etliche andere beim Fallen mit in die Tiefe
rissen.

So stank es immer mehr und die Turmhügel wuchsen und
wuchsen. Die mittleren Menschen suchten ihr Heil in Revolu-
tionen, um an Parfüm zu kommen. Aber die Oberen lachten und
meinten, selbst unter Parfüm werde ihnen der Hügelgeruch noch
anhaften, und wirklich, neuhohe Menschen rochen irgendwie in
den Nasen der Immerschonhohen bedenklich schlecht. Die Re-
volutionen der mittleren Menschen führten dazu, dass die Höhenmesser ganz oben auch Urkunden darüber ausstellten, wer
Immerschonhoch oder Erbhoch sei, wer hoch und wer mittel-
hoch sei. Mit den Urkunden beruhigte sich die Lage, weil bei der
Verleihung der Urkunden immer viel Parfüm verliehen wurde.
Mit der Zeit schätzten die Immerschonhohen die Emporkömmlinge sehr, weil sie sehr viel eifriger Erde anhäuften als jemals zuvor geleistet worden war. Es begann daher die Zeit, dass die Türme in Stockwerke eingeteilt wurden, deren Höhe den Rang des
darin wohnenden Menschen angab. Diese Maßnahme resultierte
in einem fantastischen Anstieg des Arbeitseifers. Alle strengten
sich nun an, mit der Zeit sich immer höhere und höhere Wohnungen leisten zu können. In dieser Zeit vermehrten sich die
Höhenmesser in ärgerlichster Weise. Waren Höhenmesser vor-

mals nur ganz oben nötig, um festzustellen, dass dieser Turm der höchste sei, so mussten sie nun auch unten quasi an jeder Stelle sein, um jeder Kreatur den Rang und damit die Miethöhe der Wohnstatt festzulegen. Alle Menschen, besonders die Mittelmenschen bestanden nämlich nun darauf, hohe Mieten zu zahlen, weil das ein hohes Stockwerk anzeigte. Wer also eine hohe Miete zahlte, dem malte ein Höhenmesser eine recht hohe Zahl an den Höhleneingang. Es wurde viel gezankt unter den Menschen, ob eine Wohnung höher lag, weil sie höher lag, oder ob sie höher lag, weil sie eine höhere Stockwerknummer trug. Das wurde ein ernstes Problem, als jemand, der eine niedrige Stockwerknummer hatte, aber weiter oben wohnte, nicht als höher im echten Sinne anerkannt wurde. Da rief er: „Sieh' her, ich kann auf dich schei…!" Diese unselige Tat führte wiederum zu Umzugs- und Gewaltmaßnahmen. Aus dieser Zeit stammt das Wort, dass nicht sein darf, was von oben riecht. Die Ranghöhen ordneten sich so mit der Zeit nach dem Geruch. Die Anzahl der Höhenmesser nahm unermesslich zu, weil sie über die Stockwerknummern wachen mussten. Sie hatten ein leichtes Leben. Sie mussten ja keine Erde schleppen, sondern nur schauen, dass ihnen keine Scheiße auf den Kopf fiel, wie die mittleren Menschen sagten. Pfui, eine solche Sprache! Aber auch die Ausdrucksweise der Menschen begann sich zu scheiden. Redete man oben blumig und zierlich mit duftenden Worten („Mein Lieber, mit einer tätigen Tätigkeit könnten Sie sich einem unangenehmem Geruch aussetzen!"), so sprach man unten, wo die Abfälle herunterfielen, sehr handfest und dinglich, wie bruchstückhaft brockenartig. „Die Arbeit stinkt mir." Die Sprachen waren hochdeutsch oben, mittelhochdeutsch weiter unten. Altdeutsch, was einst alle sprachen, wurde oben nicht mehr verstanden. Die Höhenmesser maßen alles, in niederdeutsch, plattdeutsch, mittelniederhochdeutsch, mittelhalbhochdeutsch. Die Höhenmesser in den Nebentürmen sagten Oxford oder Cambridge oder Cockney, sie bezogen sich direkt auf Stockwerke, jeder hatte so seinen Stil. Die Nebentürme waren zum Teil schlanker, andere voluminöser, andere kompakter, schöner. Es gab Streit, als die Türme zusammenwuchsen, irrwitzig hoch oben. Wie hingen die Türme überhaupt zusammen? Es entstand eine neue Berufszunft, die der Organigramen. Sie malten unaufhörlich Pläne der Stockwerke aller Türme, das so genannte Organigramm. Sie wuselten überall herum, um immer den letzten Stand des Bauwerkes festzuhalten. Bei Einstürzen von Türmen, die unsauber gebaut waren, mussten immer erst die Organigramen die Veränderungen in der Organisation festhalten, bevor noch die Toten nach unten geworfen werden konnten.

Lange Zeit wurde ein Teilturm vor allem nach seiner Höhe bewertet. Als aber zu viele Einstürze Rückschläge mit sich brachten, ging man dazu über, die Erdmenge im Turm zu messen, nicht nur die Höhe. Die Höhenmesser gingen vermehrt dazu über, zu diesem Zweck die Eimer zu messen, die hochgeschleppt wurden. Ein neuer Spezialberuf entstand: Der Eimerzähler. Sie wirkten viel tätiger als die Höhenmesser und schauten alle anderen Menschen finster an, wenn diese keinen Eimer in der Hand hatten. Mehr Eimer! Keiner ohne Eimer! Irgendwann rief jemand: „Schneller die Eimer weitergegeben! Schneller die Erde hinauf!" Da kamen die Zeitmesser, die waren die allerschlimmsten. Denn der Mensch hat eine Höhe und er hat einen Eimer. Aber die Zeit kann ihm nicht kurz genug werden! „Schneller!" peitschte es seitdem von den Zeitmessern, aber die Menschen verstanden es nicht, weil sie inzwischen andere Sprachen hatten. „Zackzack!" musste man andernorts sagen, oder „Gleich knallt's." Diese Sprachprobleme konnten gelöst werden, indem man eben knallte. Die Einpeitscher oder Schlagzahlmesser kamen auf. Philosophen erregten sich über die verschiedenen Sprachen und meinten, dass sich die Menschen in alle Winde zerstreuen würden, wenn sie alle anders sprächen. Niemand nahm Philosophen ernst, damals auch schon nicht. Probleme der Welt werden schließlich immer technisch gelöst, wenn sie drängend werden. Die Menschen durchbrachen den sprachlichen Wust, indem sie es subtil verstanden, sich nur mit ganz wenigen gemeinsamen Wörtern zu verständigen. Diese Wörter waren: Hoch. Ordentlich. Schnell. Mehr. Wohlriechend. Frau. Hoch: Höhenmesser. Ordentlich: Organigramen. Schnell: Zeitmesser. Mehr: Eimerzähler. Frau: Menschen, die schöne Frauen in Plastiksäcken verschweißt nach oben brachten, die irgendwo ohne schlechten Geruch aufgewachsen waren. Solchen Frauen wurde ein beliebiger Aufstieg erlaubt, der Emporkömmlinge ein langes Leben kosten könnte (auch physisch mit Absturz).

Die Türme verwanden sich in Zöpfe und verschlängelten sich nach oben. Sie wuchsen und wuchsen. Überall Leitern mit eindringenden Seiteneinsteigern, Seilzüge mit Betrügern, die vorbei wollten, Etagen überspringen. Die Erde und die Menschen wanderten unaufhörlich nach oben. Ein brauner, stinkender Strom, der sich oben klärte. Mehr Erde. Schneller. Höher! Die Peitschen knallten. Unendlich viele Peitscher, Ordner, Zähler, Höhenmesser schrien durcheinander, man begann schon große Türme aus verwirkten Urkunden, veralteten Gutachten und beschmiertem Messpapier zu bauen, der Abfall fiel hinunter, unten war Schlammwüste.

Am Ende blitzte oben ein Licht auf, über den Türmen. Hell bis unnennbar weit in den Himmel. Der Ganzgeradehöchste der Welt saß oben im Licht. Er hatte ein neues Wort gefunden: Virtuell. Das Licht war virtuell, der vorgestellte Lichtturm war virtuell. Die Erdmassen zu seiner Erbauung waren virtuell. Alles leuchtete, es war aber nicht da. Der Turm war virtuell fertig, aber er war nicht da, obwohl er leuchtete. Der Genauheutehöchste saß im Licht. Es war so furchtbar hell, dass er nachdachte, wie es unten aussehen möge. Und er beschloss, einmal ganz nach unten zu gehen. Er ging allein. Ließ sich die Etagen herunter. Durch Glashöhlen, Kathedralen hinunter. Immer weiter hinunter. Abfall fiel auf den Wanderer. Exkremente verhedderten sich in seinem wachsenden Bart. Er stieg durch Pyramiden und Ionische Säulen, Amphitheater hinunter, an den schweißnassen Eimerreichern vorbei, die die Erdkette bildeten. Unten durchschritt er Schlammmassen, Schlachtfelder, braun-rot. Spieße lagen verstreut, tote Pferde. Ver-

brannte Ölbäume, Kampfwagen. Er kam tiefer und tiefer. Ruinen.
Umwühlte Erde, heulende Wölfe. Schreiende Frauen im winter-
dicken Bärenfell. Männer warfen Steine auf ihn und er wusste
nicht, ob sie nicht auch vom Turm gefallen waren. Blanke, braune
Erde. Ein Fluss, den er durchschritt. Am Horizont etwas Grünes.
Er lief und lief. Sein Bart wurde grau. Er rannte über die Steppe
in das Gras, kam in den Wald, der rauschte im Wind. Alles wurde
grün. Wunderbar grün. An einer lieblichen Quelle saß ein wunderschönes Mädchen. Sie war nackt. Er trat auf sie zu und roch an
ihr. Sie roch nicht, ein wenig nach Schweiß vielleicht, aber eigentlich nach nichts. Er war sehr irritiert und bestrich sie mit Deo. Da
roch sie nicht mehr. Er weinte. So schön, aber ohne Geruch. Er
hüllte sie in Plastik ein, damit sie nicht Schaden nähme und führte sie mit sich. In die Steppe, in die Schlammwüste, an den Turm.
Schon von ferne sahen sie das Licht auf dem Bergmassiv vor ihnen. Sie liefen schnell, kamen höher und höher. Es wurde stei-
ler. Die braunen Menschen bildeten eine Eimerkette und gaben
blitzartig Erde weiter. Peitschen knallten. Eimerzähler brüllten.
Etagennummerierer kritzelten mit Kreide. Organigramen beur-
kundeten die Unordnung. Über jedem Menschen hing ein Bildschirm, auf dem das Licht ganz oben zu sehen war. Die schmutzigen Menschen gaben schnell die Eimer weiter, blitzschnell und
unaufhörlich. Sie schwitzten und schauten in die Bildschirme auf
das Licht. Höhenmesser zeigten im Schirm ein Unendlichzei-
chen, die liegende Acht. Zeitmesser schrien Peitschen herbei in
den rotbraunen Geruch. Er stieg mit dem Mädchen nach oben,
immer höher, an Foltergeräten vorbei, an Dampfmaschinen und
Förderbändern. Erde stieg auf im Turm. Menschen schauten in
die Bildschirme auf das unendliche Licht. Sie aber stiegen vorbei,
Etage um Etage höher. Die Türme wuchsen und wuchsen und
schwitzten Abfall, der langsam nach oben hin versiegte.

Oben nahm er das Mädchen aus der Plastikhülle, übergoss
sie mit Parfüm und stellte sie in das Licht. Die Frau zitterte still
in der Helle. Sagte lange nichts. Sah nicht zum Greis, sah nur in
die virtuelle Unendlichkeit. Dann fiel sie ohne Laut nieder und

stammelte: „Gott." ER lächelte. Nein, es war SEIN Werk. All das hatte nichts mit Gott zu tun. Sie aber blickte verklärt in das Licht, über dem Weltturm, in die Unendlichkeit, und weinte vor Glück. ER sammelte die Tränen auf. Es waren Glasperlen.

X. Wie jeder sich klarmacht, der Beste zu sein

Hier geht es um Techniken, sich psychisch als der Beste zu fühlen, nebst Techniken, andere Menschen umzublasen, die sich in diese Lage nicht hineinversetzen wollen.

1 Meine Marionette ist beispielgebend! Die Temperament-Dimension

Dieses ganze Kapitel soll beleuchten, wie erstklassig wir Menschen sind. Und wehe, jemand kann uns das nicht nachfühlen oder würdigt es nicht! Wenn alle würdigen, wie gut wir sind, fühlen wir unsere Würde. Und die wollen wir nicht antasten lassen, weil sie uns gesetzlich zusteht. Ich habe im Marionettenkapitel die verschiedenen Zuschauer des Vorspiels Kritiken abgeben lassen. Jeder Temperamenttypus fand seine Art, Marionetten anzufertigen und zu spielen, erstklassig, die anderen aber maßvoll merkwürdig bis kritikwürdig. Ich möchte damit ausdrücken, dass Menschen sich gegenseitig anhand ihrer Zielfunktionen beurteilen. Wir harmonieren mit Menschen, deren Zielfunktion so ähnlich ist wie unsere eigene, weil dann unsere Zustandsbewertungen ziemlich übereinstimmen. Andere Menschen halten wir für ausgesprochen fremdartig und im Zweifelsfall geben wir ihnen Unrecht. Oder sie sind einfach schlechte Menschen.

In Budapest haben wir uns einmal mit dem Auto verfahren. Wir fragten einen Passanten nach dem Tagungshotel, worauf dieser hoffnungslos mit den Achseln zuckte: Zu weit weg, zu schwer zu erklären! Er war aber froh, sein Deutsch ausprobieren zu können und schlug vor, dass er mit uns fahre und dann wieder aussteige; er habe gar nichts vor. Er stieg ein, redete die ganze Zeit deutsch, seine Freude war ihm anzusehen. Am Hotel stieg er fröhlich aus und ging zur Straßenbahnhaltestelle. Unsere Reaktion: „Hätten wir ihm ein Trinkgeld geben sollen?"

Wir kennen seine Zielfunktion bis heute nicht. Hoffentlich war er nur wirklich fröhlich. Und wir? Wir hassen es, in solche Situationen zu kommen, wo die Ziele der anderen uns nicht klar sind. Wir lieben es, Menschen zu treffen, die so denken wie wir! Ich denke, alle Menschen lieben das. Aber es gibt eine Steigerung:

Es gibt Menschen, die es für wünschenswert halten, wenn alle so denken wie sie. SJ wollen alles genormt gleich haben, NT wollen, dass alle ihre Ideen toll finden und sie als Guru anbeten, NF wollen, dass alle anderen auch so besonders sind wie sie und SP wollen mit anderen etwas Gemeinsames machen und erleben. Also: Alle hielten es für wünschenswert, dass alle so dächten wie sie. Und noch eine Steigerung: Manche versuchen es durchzusetzen, dass alle anderen Menschen so denken wie sie. SJ verlangen Gleichheit, NT verlangen Anerkennung der (ihrer) Wahrheit, NF verlangen Anerkennung des (ihrigen) Sinns, SP wollen Freiheit für sich und alle. Also: Alle versuchen durchzusetzen, dass alle so werden wie sie. Wer aber schafft es? Keiner. Warum nicht? Weil jeder Mensch der Beste ist und daher nicht besser werden kann.

Im Drama Pygmalion oder in dem Musical My Fair Lady schafft es Pygmalion oder Mr. Higgins, das Blumenmädchen Eliza zu einer echten My Fair Lady zu machen (In Pretty Woman schafft Julia Roberts so etwas Ähnliches mit ihrem Higgins.). Diese Filme oder Dramen sind ein echter Hit, weil sie unser Grundbedürfnis ausdrücken: Dass die anderen doch einfach so würden wie wir selbst! Die Wahrheit aber ist: So etwas kommt in Wahrheit fast nie vor.

Menschen bleiben so. Die Temperamente bleiben sich treu. Dieses Festhalten an den inneren Zielfunktionen ist so ungeheuer starr, dass viele Autoren daraus schon folgern, so ein Temperament sei schlicht angeboren und unwandelbar.

Praktisch alle Autoren von ernsthaften Typologiebüchern fallen vor den Lesern inständig auf die Knie und bitten sie, keine Umerziehungsversuche zu beginnen. „Machen Sie den Test, meinetwegen mit Ihrer Frau. Aber lassen Sie es, zu verlangen, dass sie in der nächsten Woche das gleiche Testergebnis hat wie Sie selbst gestern!" Ich habe auch schon Schriften gesehen, die das im Gegenteil nahe legen oder die behaupten, man könne nach zwei Tagen fünf Kilo abnehmen und ein NF werden. („Nach zwei Tagen Diät war ich nur noch ein Schatten meiner selbst. Erstmals seit meiner Schulzeit kann ich wieder richtig schlafen.") Diese Bücher verkaufen sich wohl im Schnitt besser.

Ich will in diesem Abschnitt mit Optimierungsvokabeln darlegen, warum Pygmalion-Projekte nicht funktionieren und warum Psychotherapien so wahnsinnig lange dauern und warum die Menschen sich nicht bessern wollen. Die Antwort lautet: Sie sind alle, ja, alle schon richtig gut und fast optimal. So ähnliche Formulierungen gebraucht Alfred Adler auch immer, wenn er vom Verfolgen einer strikten Lebenslinie oder eines Lebensplans spricht. Hier sage ich: Die Menschen optimieren nach einer Zielfunktion. Nicht ganz überraschenderweise scheint es für jede Lebenssituation eine Zielfunktion zu geben, an der gemessen irgendein beliebiges Menschenschicksal optimal ist. Voltaire führt ja extra Candide in die Weltliteratur ein, der bei grässlichsten Erlebnissen viele Kapitel hindurch stets Erklärungen findet, *doch* in der besten der Welten zu leben. Damit der Philosoph Leibniz mit seiner „besten aller möglichen Welten" Recht hat, findet Candide jeweils eine Zielfunktion, unter der die gerade vorgefundene Lage optimal ist. Sie kennen das ja, wenn Sie zum Beispiel weinen, einen Totalschaden gehabt zu haben. Dann sagen viele Menschen unfehlbar dies: „Seien Sie Gott dankbar, dass Sie noch leben." Wenn Sie Ihr Vermögen verloren: „Geld ist das Wenigste im Leben." Und so fort.

Hauptsächlich möchte ich also hier erklären, warum sich Menschen nicht gut ändern lassen. Sie haben doch alle ihr Bestes gegeben. Sie haben alle versucht, alles so gut wie möglich zu machen. Wenn sie aber alles so gut wie möglich gemacht haben, finden sie es gut so. Das Geheimnis liegt im Ansatz von Candide: Durch scharfes Nachdenken lässt sich so ziemlich alles gut rechtfertigen. „Dieser Krieg ist gerechtfertigt." – „Kernkraft muss sein." – „Computerspiele fördern den Umgang mit neuer Technologie." – „Fernsehen informiert, es ist unentbehrlich." – „Kino macht dumm." – „Leber oder Salat essen ist schädlich." Fallen Ihnen dazu Gegenargumente ein? Kein Problem, ich beweise überhaupt alle Thesen in jeder Diskussion, so kontrovers oder widersinnig sie sein mögen. Es gilt nämlich immer auch das Gegenteil. Die Demokratie beschäftigt sich in großen Teilen mit „reflexhafter Gegenrede", wie es ein Politiker so schön formulierte. Jeder Neubau ist gleichzeitig schön und verschandelt das ganze Viertel, alles Neue verschwendet auch Geld, alles gesparte Geld führt zu Unsozialität usw. Für jede Art Gedanke gibt es einen Standardgegengedanken, den der reflexhaften Gegenrede. Steuererhöhung? Weg mit der Regierung! Steuersenkung? Bitte nur für die, die keine Steuern zahlen! In so einer Welt, in der alles irgendwie wahr ist, ist es leicht zu begründen, dass jeder Mensch gut ist. (Das ist doch auch jeder, oder?)

Ich will diese Unterschiede ein wenig in Zahlenargumente packen. *Ich mache deutlich, dass jeder Mensch überdurchschnittlich ist, also ziemlich gut, und zwar unabhängig von objektiven Messungen.*

Wie kann das sein? Ein erstes formales Argument heißt: Meine Marionette ist beispielgebend! SJ sind mit knapp 40 % in der Bevölkerung vertreten, und sie finden sich beispielgebend. Also ist jeder SJ schon einmal besser als über 60 % der Bevölkerung.

Da er selbst nicht gerade „der Letzte" (SJ) ist, so gehört er ohne zu überlegen schon einmal zum besten Drittel der Menschen. Die SP sind ebenfalls mit knapp 40 % in der Bevölkerung vertreten, gehören also auch alle zum besten Drittel der Menschen. Die NT und NF bilden einen kleinen Rest, ein Viertel der Bevölkerung. Sie finden sich irgendwie klüger und halten sich für etwas Besonderes. Sie gehören also fast schon zum besten Fünftel der Menschen.

Nur deshalb, weil alle Menschen ihr Temperament für beispielgebend halten, können sie sich, jeder einzeln, zum besten Drittel der Menschen zählen. Dies ist ein erster Hauptgrund, warum Pygmalion-Projekte scheitern. Stellen Sie sich vor, mir macht ein SJ im Ernst völlig klar, dass ich als NT ein SJ sein sollte. Da ich das nicht bin und also noch üben muss, bin ich automatisch schlechter als alle SJ. Damit bin ich fast schon in der schlechteren Hälfte der Menschen, wo ich doch vorher als NT im besten Fünftel war. Das ist ein Wahnsinnsabstieg! (Also, das lasse ich lieber.) Wenn also jeder seine eigene Marionette für beispielgebend hält, ist er schon sehr gut!

Geben Sie bitte noch eine ehrliche Antwort auf die Frage: „Haben Sie das Gefühl, besser als der Durchschnittsmensch Auto fahren zu können?" – Ja oder Nein? Ich tippe auf Ja. Warum? Weil laut Statistik knapp drei Viertel der Menschen besser Auto fahren als der Durchschnitt. Die meisten sind auch netter als der Durchschnitt. Überragend viele haben in der Regel bessere Absichten als der Durchschnitt. Wie kann das gehen? Die Menschen täuschen sich natürlich in bedenklicher Weise. Dies gelingt ihnen, indem sie verschiedene Kriterien anlegen. Sie optimieren nach anderen Zielfunktionen. Manche von Ihnen fahren besser Auto als die anderen, weil Sie forscher fahren, geschmeidiger, schneller, zügiger. Andere von Ihnen fahren besser als der Durchschnitt, weil Sie vorsichtiger fahren als die anderen und sich an Regeln halten: „Ich fahre so sehr vorausschauend, dass ich fast niemals bremsen muss." Erinnern Sie sich an die Kleidung im Kaufhaus?

Jedes Kleid, das nicht für den Schlussverkauf liegen bleibt, ist im Augenblick des Kaufes schöner als der Durchschnitt (für diejenige Frau, die es kauft).

Damit habe ich das Hauptthema herausgearbeitet, das ich in diesem Kapitel verdeutlichen will: Es ist relativ leicht, sich für einen sehr guten Menschen zu halten. Das Grundrezept für eine erfolgreiche Meinung über sich selbst besteht darin, die eigene Zielfunktion mit sich selbst zu verwechseln. Diese Zielfunktion betet man an und stellt sie über sich (über mich mein Über-Ich). Es kommt nun darauf an, eine Zielfunktion so auszuwählen, dass nur wenige Menschen eine ähnliche haben und damit eventuell besser sein könnten. Wenn dies gelingt, ist man sehr gut. Dieser Mechanismus ist absolut genial!

Normalerweise gibt es ja Messungen über die Güte von irgendetwas, etwa von Schulleistungen. Wenn Menschen in diesem so genannten Gemeinschaftssinne gut sein wollen, müssen sie mächtig arbeiten, also etwa in der Schule zu den Besten gehören. Das kostet Schweiß, Mühe, Beharrlichkeit, Fleiß, Anerkennung der allgemeinen Regeln. Wer so handelt, akzeptiert eine Zielfunktion von außen (gut in der Schule sein) und optimiert sein Leben anhand dieser Zielfunktion (arbeitet wie verrückt, um gut zu sein). Wie gesagt, es kostet Mühe.

Viel einfacher ist es, sich eine Zielfunktion selbst zu wählen, unter der man selbst besser abschneidet als die meisten anderen Menschen. Eine für Jedermann erfolgreiche Art habe ich schon genannt: Ich finde, Menschen meines Temperamentes sind allen anderen Menschen überlegen. Mehr muss ich nicht glauben und in diesem Augenblick gehöre ich, zack!, zum besten Drittel der Menschen, egal, wer ich bin. Aber das beste Drittel reicht uns doch nicht, oder? Wir sind doch heimlich der Allerbeste, oder?

Dieses Kapitel befasst sich mit guten Strategien, sich selbst klarzumachen und am Ende zu erkennen, dass man der Beste ist. Diese Strategien eignen sich ausnahmslos für jeden Menschen, nicht nur für spezielle Psychopathen, die annehmen, Jesus oder Napoleon oder Kohl oder Pamela zu sein.

2 In der Schule sind wir alle der Beste, die Skalendimension

Am Beispiel der Schule möchte ich eine zweite Dimension erläutern, die bei der Erklärung, warum wir alle die Besten sind, herangezogen wird. In Schultermini ausgedrückt, gibt es gute, durchschnittliche und schlechte Schüler. Diese Skala ist nicht richtig geeignet, Beweise, dass wir die Besten seien, bestmöglich zu stützen. Insbesondere schlechte Schüler bekommen Probleme mit solchen Beweisen. Wenn wir uns einfach auf die Temperament-Dimension zurückziehen könnten, dann wären wir – wie eben erklärt – schon im besten Drittel. Nun kommt leider die Außenwelt mit ihren externen Messungen (Schulnoten) und fügt eine möglicherweise unerfreuliche Wertung ein.

Die Schüler gehen daher einen ähnlichen Weg wie die Menschen, die sich seelisch zu dem Rekordsuche-Verfahren stellen müssen. Wir haben dort gesehen, dass es Stars, Anpasser und Fremdgetriebene gibt. Stars wollen Maßstäbe setzen, Anpasser leisten das Angemessene und sehen den Riesenaufwand, Star zu sein, als nicht angemessen an. Die Fremdbestimmten beschließen eher, gar keinen Sinn in der Schule (oder im Rekordsuchen) zu sehen und gehen mit Minimalaufwand mit. Sie leisten aus (absichtlichem) Sinnzweifel nicht einmal das Angemessene, sondern nur das unbedingt Nötige. Sie ziehen außerdem jede Menge widriger Umstände heran, um deutlich zu machen, dass ihnen selbst das unbedingt Nötige schwergefallen sein musste.

Mit ein wenig Phantasie gelingt es allen, sich sehr gut zu finden. Wir sehen daran, dass selbst so genannte objektive Außenmessungen wie Schulnoten nicht viel am Bewusstsein, der Beste zu sein, zu ändern vermögen. Wenn ich später auf die Anreizsysteme der SJ zurückkomme, sollten Sie sich an die nun folgenden fiktiven Erklärungen von fiktiven Schülern erinnern. Sie sollten fühlen, wie wenig sich Menschen ändern, wenn sie von anderen, selbst von objektiven Instanzen, für *schlecht* erklärt werden.

Ich gebe also zwölf Erklärungen, je drei Erklärungen für jedes der vier Temperamente. Je eine von einem Star, einem Anpasser an Messungen, einem Fremdgetriebenen. (Und denken Sie hier an meine Warnung, die ich früher extra eingerahmt habe. Wenn ich hier statt 12 Artikel 48 schriebe, würden Sie sich schön bedanken!)

Der Überdurchschnittsmensch (SJ): Er ist in allen Fächern relativ konstant. Er bemüht sich, seine Anstrengungen vernünftig zu verteilen, so dass er gut abschneidet. Es ist nur die Frage, wie viel Anstrengung er insgesamt investiert. Für ihn ist die Schulzeit eine Bewährung für das Leben. Sie endet im besten Falle damit, dass man ihm bescheinigt, ein 1.0-Überdurchschnittsmensch zu sein. Da er damit den höchsten Rang in der hier möglichen Skala erreicht hat, lässt ihm die Gesellschaft alle Chancen offen. Zum Beispiel die, sein Studienfach frei wählen zu dürfen. Ziel des Überdurchschnittsmenschen ist es, Überdurchschnittsmensch zu werden. Er wählt seine Fächer wohl auch nach der vermutlichen Leichtigkeit, gute Noten zu erwerben, vor allem aber wählt er Fächerkombinationen, die später bei Stellengesuchen einen würdigen Eindruck machen werden, sowie solche, die auf vermutliche Lebensaufgaben geeignet vorbereiten. In seinem Kopf trägt er eine Tabelle mit sich herum. Dort sind hinter jedem seiner Merkmale Noten vermerkt: Liebreiz 3, Mathe 4, Tanzen 2, Latein 3, Fleiß 2, Betragen 2. Er weiß, wie viel Aufwand es kostet, die Noten zu verbessern. Er hat eine Strategie, ein bestimmtes Niveau zu erreichen. Er hat natürlich Vorlieben für bestimmte Fächer, findet es aber im Großen und Ganzen in Ordnung, für alle Fächer zu lernen, auch weil schließlich die Gesamtabiturnote davon abhängt.

Überdurchschnittlicher Überdurchschnittsmensch: „Ich will einfach ein sehr gutes Abitur. Ich muss also hart arbeiten, aber ich profitiere ein Leben lang davon. Ich versuche mich überall, wo es geht, zu qualifizieren. Ich bin Schülersprecher und verfolge sehr genau die Politik. Ich bin immer bereit mitzugestalten, ob es um die Schulfestorganisation oder um die Teilnahme am Europaaufsatzwettbewerb geht." Er überlegt sehr genau, welchen Beruf er anstrebt. Er sammelt Informationen über große Firmen, nimmt an Veranstaltungen teil. Er liest nach, welche Universität er besuchen soll, erkundigt sich über Stipendien. Er hat entweder schon einen genauen Plan oder er wählt Strategien, die ihm alle Möglichkeiten offen lassen. Er ist gründlich, zuverlässig, genau. Keine Experimente, keine Abenteuer. „Ich überlege, ob ich vor meinem Betriebswirtschaftslehrestudium noch eine Lehre machen soll. Ich höre oft, dass Praxiserfahrungen sich später auszahlen. Ich werde sofort zügig studieren, dass ich in Betriebsinformatik oder in Volkswirtschaftslehre wenigstens einen zweiten Vordiplomsabschluss mache und ins Ausland gehen kann. Ich will mit 28 Jahren fertig sein."

Durchschnittlicher Überdurchschnittsmensch: Seine Noten geben ihm die Ruhe, dass alles normal vorangeht. Er weiß, dass er nicht in der Spitze ist. Er überlegt sich Berufe nach der Schule, die in der Wirtschaft gesucht sind. Er geht ganz gerne zur Schule, weil sie ihm eine Heimat bietet. Mit den Lehrern kommt er klar, er könnte sich vorstellen, selbst einer zu werden. Er möchte einen ruhigen Job (er sieht keinen Widerspruch zur Einstellung zum Lehrerberuf): Beamter, Polizist, Offizier, Versicherung, Bank etc. Er muss aufpassen, überdurchschnittlich zu bleiben. „Ich komme gut klar. Ich liege in den Abiturpunkten bisher gut. Ich muss wohl noch Religion dazunehmen, da der Pfarrer gute Noten gibt und einen nicht hängen lässt. Wenigstens hat man auf diese Art noch was von Reli. Mein Vater sagt, es gibt eine Menge guter Berufe, und ich soll erst einmal ruhig mein Abi machen. Es ist nicht gut, sich zu vorzeitig rappelig zu machen. Ich möchte nicht so ein Mensch wie der Primus sein. Der arbeitet den ganzen Tag und hat kaum Freunde. Er will es immer besser haben. Ich verstehe das nicht. Er setzt sich doch enorm unter Druck, und jeder weiß, dass hinterher ehrliche Arbeit verlangt wird. Die anderen kochen auch mit Wasser. Ich bin insgesamt gut, aber ich habe einige Stärken, die ich bei der Arbeit ausspielen kann. Ich bin fleißiger als die anderen, kann Überstunden machen und mache keinen Unsinn wie so viele hier. Ich denke, ein Arbeitgeber wird mich sehr wohl den Krachmachern gegenüber vorziehen. Mindestens ein Drittel der Klasse hier wird Probleme mit der Unerzogenheit bekommen. Auf Persönlichkeit kommt es sehr an, das habe ich oft gehört. Meine Persönlichkeit ist sehr gut geeignet. Deshalb sollte ich alles in allem im oberen Drittel oder auch Viertel sein, wenn alles berücksichtigt wird."

Schulschlechter Überdurchschnittsmensch: Er kämpft verzagt. Er ist es seit einiger Zeit gewöhnt, sich mit Nachhilfestunden über Ziellinien zu retten. Er geht bedrückt zur Schule. Die Verpflichtung seinen Eltern gegenüber gräbt in ihm. Er kann mit ihnen gut über seine Sorgen reden. Sie unterstützen ihn, aber es ist furchtbar für ihn, dass sie heimlich leiden. Er ist sehr lieb und hilfsbereit, ist bescheiden und unaufdringlich. Gehassten Lehrern bietet er stummen Widerstand, der in Dienst nach Vorschrift besteht. Er ist ein guter Freund. „Ich war oft krank, das gerät mir zum Nachteil. Es ist sicher keine Kunst, gut in der Schule zu sein, wenn die eigenen Eltern Lehrer sind. Und die möchte ich gar nicht als Eltern haben. Meine Eltern lieben mich. Sie lieben mich bestimmt mehr als meine Schwester, die leider in der Schule nur Mist verzapft. Ich bin kein Großmaul wie die meisten hier. Die werden immer drangenommen und bekommen gute Noten, obwohl sie oft undurchdachten Mist von sich geben. Aber so etwas wird belohnt. Ich glaube, dass Mädchen besser behandelt werden. Später im Arbeitsleben wird es auf die geleistete Arbeit ankommen. Ich denke nicht, dass Maulhelden und Blender bei den Arbeitgebern beliebt sein können. Ich stelle mir manchmal vor, wie ich selbst Lehrer wäre. Ich glaube nicht, dass diese Menschen bei mir durchkämen. Ich würde ihnen was husten. Ich muss nur aus meiner benachteiligten Situation herauskommen, aber ich werde es schaffen. Geduldig und ehrlich. Ich lasse mich da nicht verbiegen.

Ich gehöre sicher nicht zur Spitze, aber meine Ehrlichkeit eingerechnet gehöre ich wohl gerade noch zu der besseren Hälfte, aber
als Mensch bin ich sicher weit mehr wert als die meisten hier."

Der Jetztundhiermensch (SP): Seine Noten sind nur eine Moment-
aufnahme von ihm, weil sich immer alles ändert. Sie sind teils
sehr unterschiedlich, je nachdem, wann er worauf Bock hat.
 Der Notenspiegel ist immer ziemlich durchwachsen. Er ist in
Fächern gut, die ihm gefallen. In Sport besonders. Er mag Inhalte oder einzelne Lehrer. Er ist gut in geliebten Fächern und lässt
Unterricht von gehassten Lehrern schleifen. Er versteht das Bemühen von Überdurchschnittsmenschen nicht, die selbst unter
gehassten Lehrern passabel lernen (weil sie sich vor schlechten
Noten so fürchten, dass der Hass auf Lehrer untergeordnet wird).
Jetztundhiermenschen werden „natürlich" in der Schule schlechter, wenn sie eine neue Liebe anbeten oder ein neues Compu-
terspiel anfangen. Sie setzen Prioritäten selbst, akzeptieren nicht
die der Schule. Unter Deadlines können sie wie verrückt arbeiten. Sie schaffen die Klausuren, Tests, Versetzungen immer doch
noch, meist. Sie können dabei enorme Kraftreserven freisetzen.
Ein Lehrer: „Ich kann diese Leute nicht ausstehen, was ich mir
natürlich nicht anmerken lassen darf. Ich habe hier eine Menge sehr fleißiger Schüler, die sich redlich mühen. Die von *dieser* Sorte aber stören, sind uninteressiert, machen, was sie wollen und respektieren nur, wen sie wollen. Mich jedenfalls nicht.
Wenn ich ihnen dann einen blauen Brief schicken kann, drehen
sie scheinbar aus dem Stand auf und schaffen es irgendwie. Mit
Abschreiben oder was weiß ich was. Und ich weiß, manche schaffen punktgenau ein Klasseabitur, ganz genau mit dem Durchschnitt, der für ihr Studium gebraucht wird. Es ist zum Haare-
raufen, wenn ich dagegen sehe, wie viele der Fleißigen langsam
an Grenzen stoßen und schwächer werden. Nicht dass ich den
Jetztundhiermenschen den Erfolg nicht gönne, aber sie könnten
doch einmal stetiger sein. Nicht mal so, mal so. Saufen, Freunde, Motorräder. Nein, manchmal gebe ich ihnen das gute Abitur-

zeugnis nicht so gerne. Sie blicken mich so herausfordernd an, wenn sie es bekommen. Dieses ÄtschundTschüühüüssDuMistkerl im Blick, wissen Sie, das habe ich nicht nötig."

Der überdurchschnittliche Jetztundhierschüler: Die Schule schafft er ganz gut mit links. Die ist nicht so wichtig. Er reist gerne mit Rucksack, jobbt für die Ausgaben. Er unternimmt viel spontan, hat Freunde und natürlich auch eine tolle Freundin. Er ist Kinogänger, Sportfan. Er ist zupackend und humorvoll, lacht gerne. Er schreibt launige Artikel für die Schülerzeitung, organisiert Feste. Er organisiert auf unnachahmlich souveräne Art, die anderen Typen unheimlich ist, weil alles immer haarscharf zu scheitern droht. Bier für die Fete vergessen? Ein Supermarkt öffnet noch einmal abends für ihn. Irgendwie öffnen sich die Türen, irgendwie klappt es. Planenden SJ wird schlecht dabei, wenn sie zusehen. Unser Überdurchschnittlicher hat eben Charisma und das Glück dessen, der vertrauen kann. Er lebt und erlebt.

Der durchschnittliche Jetztundhierschüler: „Ich will Informatik studieren. Ich habe schon lange einen Computer und programmiere. Ich kenne mich mit Netzwerken und mehreren Betriebssystemen aus und jobbe bei einer Firma. Ich repariere PCs. Ich bin da richtig gut und bekomme schon einen gehobenen Stundensatz, den bekommen längst nicht alle. Ich bringe es voll. Ich bin richtig stark. Schule? Da lache ich nur. Für meinen Beruf bringt es doch nichts, ob ich was von Bienen oder Cicero weiß. Alles Sch… Informatik haben wir in der Schule schon, aber die Lehrer haben überhaupt keine Ahnung. Meiner hat 1970 mal ALGOL gelernt. Nix mit Java oder XML. Jetzt meint der Spinner, ALGOL tut es heute noch. Gott sei Dank kommt er nicht gleich mit Lochkarten an. Irgendeiner hat ihm Disketten beigebracht. In unserer Firma würden sie ihn auslachen. Ich werde Informatik studieren, nur zur Sicherheit, weil es bei großen Firmen sonst keine Kohle gibt. Eigentlich möchte ich eine Firma gründen. Wenn es mir nicht bockt, dann eben nicht. Ich kann ja was, heute schon. Lehrer? Es gibt ein paar, die mir imponieren. Die sind OK. Mir imponieren nicht viele. Die grinse ich eben an. Wenn ich die Noten besser haben will, dann arbeite ich zeitweise vor dem Schuljahresende ein paar Wochen und haue richtig rein. Das hat gereicht bis jetzt. Ich bekomme immer brauchbare Noten. Das zeigt doch, dass die Schule nichts taugt, wenn ich in ein paar Wochen alles rausreißen kann. Wozu soll ich denn dann ein ganzes Jahr da rumhängen? Es gibt hier einige, die in der Schule besser sind als ich. Aber darunter sind die meisten gehorsame Speichellecker. Die sind bei der Arbeit einfach Flaschen. Sie denken, es kommt bei der Arbeit auf Noten an. Dass ich nicht lache. Wenn ich also so durchzähle und meine Persönlichkeit mitbedenke, gehöre ich zu den Besten."

Der schulschlechte Jetztundhierschüler: „Ich sehe nicht ein, dass ich bei Lehrern lerne, die keine Ahnung haben. Unser Englischlehrer hat eine Aussprache zum Weglaufen. Der soll über mich urteilen? Der Deutschlehrer quält nur Leute, für die ich natürlich eintrete. Ich bin nämlich fast der einzige, der Mut dazu hat. Ich sage meine Meinung, und ich weiß, dass das in unserer Gesellschaft nicht gut gehen kann. Aber ich lasse mich nicht verbiegen. Ich bekomme etliche Punkte weniger im Abitur wegen meines Verhaltens, aber das sehe ich als Ehre an. Wäre ich ein Schleimer wie die anderen, würde ich erstklassig abschneiden. Die anderen können nicht einmal kontrovers diskutieren, da haben sie sicher kein großes Format. Später, bei der Arbeit, zählt Durchsetzungsvermögen. Dann wollen wir mal sehen. Ich bin unabhängig und kein Sklave. Ich will leben. Ich rauche und saufe, wann ich will. Ich lasse mir keine Vorschriften mehr machen. Ich bin der Fels. Ich mache mein Abitur irgendwie und suche mir eine praktische Arbeit oder ich probiere ein Studium. Was genau, weiß ich noch nicht. Ich muss auch erst sehen, wie viel Geld ich dann habe."

Die kleine Professorin (NT): Sie hat gute Noten fast überall, leistet sich schlechte in Sport. Was soll's. Sport ist stumpfsinnig und hat an der Schule nichts zu suchen. Sie ist eher schüchtern und etwas reserviert. (Bemerkung von außen: Da in der Bevölkerung nur etwa ein Achtel der Menschen NT sind, sind nur zwei/drei in ihrer Klasse von ihrer Art, einer davon sehr verschroben. Ihre Eltern sind keine NT, leider. Ihre Lehrer sind ebenfalls bis auf eine Ausnahme keine NT. Das alles weiß sie ja nicht, aber:) Sie fühlt sich in nicht richtig angenehmer Weise einsam. Ihr Wissensdurst macht sie anderen fremd. Sie fürchtet Aufdringlichkeit und kann sich um nichts in der Welt mit direkten Aggressionen anfreunden. Sie findet andere Menschen leichtfertig, etwas oberflächlich. Sie können über Dinge reden, ohne genau verstanden zu haben. Sie plappern. Ihr bliebe da ein Kloß im Hals stecken. Sie sieht, dass die Lehrer ihren Job machen, aber nicht so viel wissen, wie nötig wäre. Bei ihren Fragen fühlt sie sich abgewimmelt. Immer muss der Unterricht weitergehen, damit der Stoff für die nächste Klausur geschafft wird. Das soll richtig sein unter Inkaufnahme allgemeiner Nebeligkeit?

Die überdurchschnittliche kleine Professorin: Die meisten Fächer fallen ihr leicht, das Wissen „fliegt vorbei". Ihre Liebe gilt anderen, speziellen Dingen. Sie weiß alles über Astronomie oder Genetik und macht Experimente für „Jugend forscht". Sie fühlt sich einsam, weil niemand an ihren Interessen wirklich Anteil nimmt. Die Lehrer nehmen sie im Unterricht nicht dran, weil alle in der Schule wissen, dass, wenn sie sich schon meldet, ihre Antwort genau die richtige ist. Sie ist immer sehr sicher, ob sie weiß oder nicht. Die Durchschnittlichen achten ihre Sonder(lings)stellung im Stillen, die anderen Quatschmacher scheinen ihr nichts ernst zu nehmen und vertun ihr Leben mit Nebenbeigeldverdienen, um dann alles gleich in die Disco zu bringen. Die Lehrer klopfen ihr auf die Schulter, einnehmend. Sie geben ihr das Gefühl, ein willkommenes Ausstellungsstück für die Schule zu sein, die mit ihr etwas vorzuzeigen hat. Die Lehrer lassen sich kaum einmal darauf ein, sich ihre Experimente erklären zu lassen, sie wollen nur wissen, wie weit sie damit angeben können. Glückwünsche in jeder Form findet sie immer grässlich. Für ein paar Jahre hat sie einen Lehrer, der ihr hilft. Er hat offene Augen und empfiehlt ihr Bücher, zeigt ihr Seiten im Internet, besorgt ihr Gesprächspartner an Universitäten. Sie wird studieren, um später große Entdeckungen zu machen. Für das exzellente Abitur schenken ihr die Lehrer notfalls die Punkte, weil sie die kleine Professorin ist. Sie wartet ungeduldig auf das Ende der dummen Schulzeit. Am Nachmittag spielt sie Klavier, richtig schön, aber sie spricht darüber nicht.

Die durchschnittliche kleine Professorin: Sie weiß alles. Sie ist deshalb eine gute Schülerin, aber auch deshalb wieder nicht. Sie lässt es merken, dass sie alles weiß, reagiert aber ausgesprochen empfindlich auf Streberrufe. Wenn andere Menschen sie sehen, wie sie so alles weiß, klammern sie sich an eine oft gehörte Weisheit, die im günstigen Falle vielleicht wahr sein könnte: „Leute, die alles wissen, sind oft nicht die besten im Beruf. Jedenfalls ist das nicht garantiert." Diese Menschen spüren, dass Wissen allein nicht ausreicht. In der Schule reicht es aber schon. Das dicke Ende werden sie deshalb nicht miterleben. Die kleine Professorin spricht in einer komplexen Redeweise, die imponiert, aber müde macht. Sie wirkt eine Spur zu desinteressiert für andere Menschen. Sie sagt: „Ich komme sehr gut mit der Schule klar. Ich sehe ja, dass ich wesentlich mehr weiß als die anderen, die partout nicht lernen wollen. Sie ertragen es anscheinend problemlos, Dinge nicht zu verstehen. Schlimmer noch, sie können in solchem Zustand noch darüber reden und schämen sich nicht. Wir werden ja an der Universität sehen, wie es kommt. Sind denn alle blind gegen die hohen Studienabbrecherquoten?"

Die „schulschlechte" kleine Professorin: Sie weiß überall gut Bescheid und verblüfft ihre Mitmenschen oft durch zum Teil kauziges Wissen, über Nostradamus oder Hexenverbrennungen, welches sie mühelos in Theorien des Alltags über Emanzipation einflechten kann. Menschen, die ihr zuhören, bekommen so einen gewissen zögernden Blick. Sie möchte anscheinend durch etwas anstrengend gewollte Gedankenakrobatik interessieren. In der Klasse entwickelt sie sich zum Eigenbrötler. Sie stört nicht sehr, da sie ja nie aggressiv ist, sondern höchstens ein mentales Abwinken provoziert. Obwohl sie hier unter „schulschlecht" rangiert, bekommt sie im Abitur recht ordentliche Noten. Was wird aus ihr werden? „Ich habe Freude am Denken, auch an skurrilen Gedankengebäuden. Die anderen mögen das nicht, weil sie keinen Geist für so etwas haben. Ich fühle mich manchmal allein, aber ich möchte trotzdem eine Arbeit später, bei der ich in Ruhe gelassen werde. Ich kann nicht viel mit den anderen anfangen. Meine Eltern drängen mich immerfort zu Tanzkursen oder Feten. Sie sollen mich in Ruhe lassen. Ich komme zurecht. Ich weiß mehr als die anderen und bin sicher besser als der Durchschnitt für den Beruf geeignet."

Der sehr gute Mensch (NF): Sie ist eine Seele von Mensch. Freundlich, zuvorkommend, warm, liebevoll, drängt sich nicht auf. Sie ist für die Menschen da. Hilfsbereit, sorgend. Nicht pflichtbewusst sorgend wie ein SJ oder kumpelhaft wie ein SP oder aus gutem Prinzip wie ein NT, nein, aus Liebe oder innerem Seelenantrieb. Sie verbindet alles mit den Menschen in Harmonie, sie schließt Dinge in ihre Seele hinein. In dieser ist oft nicht gerade eine Vorliebe für Technik oder Mathematik. Ein sehr guter Mensch hat Vorlieben für Geistes- oder Gesellschaftswissenschaften.

Der überdurchschnittlich sehr gute Mensch: Sie ist die Seele von sozialen Einrichtungen. Als Klassensprecherin tritt sie für andere ein, ist aber nicht kämpferisch, weil sie Harmonie sucht. Sie könnte sich sehr gut vorstellen, später selbst einmal Lehrerin zu werden, weil sie fest glaubt, das oft unfreundliche Schulklima selbst besser in den Griff zu bekommen. Ja, sie könnte das. Ihr würden Schüler folgen, sie würden sie lieben. Sie braucht ja bloß um sich zu schauen: Ihre Mitschüler haben sie alle ins Herz geschlossen. Sie übt eine Fülle von Engagements neben der Schule aus.

Der durchschnittlich sehr gute Mensch: Sie ist überall dabei und redet mit, wie sich Liebe und Lebenssinn verbreiten sollen. Sie interessiert sich für Themen wie Ernährung, Erziehung, Ökologie, Politik. Sie versucht, andere für diese Themen einzunehmen. „Ich meine, alle sollten für Frieden eintreten und für Umweltschutz. Auch Datenschutz ist ein wichtiges Thema. Die Menschen sind so sehr gleichgültig. Ich verstehe das nicht. Unsere Plakataktionen waren nüchtern besehen ein Misserfolg. Es ist so schwer, Menschen für die wirklich wichtigen Fragen zu mobilisieren. Und ohne eine gewisse Masse in unseren Bewegungen geschieht natürlich wenig. Ich werde mich weiter vorbildlich engagieren. In irgendeiner dieser Richtungen möchte ich später beruflich tätig sein. Ich möchte Menschen bewegen."

Der schulschlechte sehr gute Mensch: „Ich helfe, wo ich kann. Leider erkennt es niemand an. Ich habe fast als einzige die oft unbeliebten Arbeiten übernommen. Ich sammele Geld für Abschiedsgeschenke und mache beim Schulfest die Getränkekasse. Ich schreibe oft sogar freiwillig Protokoll. OK, in Mathe bin ich nicht gut, diese ganzen Naturwissenschaften sind für mich kalt und sagen mir nichts. Aber gute Menschen zählen doch auch, oder? Menschen, die ohne Taschenrechner herumlaufen. Es wird überhaupt nicht gesehen, dass ich viele der undankbaren Aufgaben vorbildlich erledigt habe. Vor drei Jahren hat mir einmal ein Lehrer für die Organisation des Fünfte-Klassen-Wandertages ein Fleißiges Lieschen geschenkt, weil ich den ganzen Tag Kuchen und Wurstbrötchen verkauft habe. Das hat mich so sehr gefreut! Warum sind die Menschen so kalt und denken niemals an den anderen? Der Lehrer von damals ist leider versetzt worden. Ich war damals etwas besser in der Schule als heute. Ich leide gerade zu sehr unter dem Streit mit meinem Freund, der sich alles von mir machen lässt, aber kaum ein gutes Wort für mich hat. Mein Freund und meine Familie würden sich umgucken, wenn ich einmal nicht für sie da wäre! Da müssten sie ganz anders zupacken als jetzt! Augen würden sie machen. Ich müsste einmal für einige Zeit weg, damit sie alle erkennen, dass ich auch einen großen Wert habe. Die meisten anderen stehen nur herum und schwafeln. Sie arbeiten nicht, nehmen sich aber ein Urteil über mich heraus."

Ich bemühe mich einmal, das zusammenzufassen: **Jeder ist besser als der Durchschnitt.**

Alle sind besser als der Durchschnitt: Die Stars, die Anpasser, die Fremdgetriebenen. Sie alle beherrschen mehr oder weniger die Kunst, durch eine geeignete Wahl einer internen Zielfunktion ihre Lage ziemlich positiv einzuschätzen. Der Kunst, sich durch Wahl einer guten Zielfunktion als „gut" hinzustellen, gebe ich in den nächsten Abschnitten einen Namen: Topimierung.

Eine Zusammenfassung der Strategien:

Der *überdurchschnittliche Typus* agiert in Zielen, die auch Ziele in der Gemeinschaft sein könnten. Nicht Ziele *der* Gemeinschaft, sondern *spezielle in der* Gemeinschaft. Er denkt nahe am Eigentlichen, sogar vielleicht ohne es schon wirklich gesehen zu haben. Er denkt im Bereich des „Makellosen". Er schaut mehr auf das Eigentliche als auf andere Menschen, da er ihnen ja überlegen ist.

Der *durchschnittliche Typus* sieht sich mehr oder weniger genau und ständig in der Umgebung um und misst sich gegenüber den anderen Menschen. Es ist ihm wichtig, sehr gut im Vergleich zu anderen abzuschneiden. Gute Messungen geben ihm ein Gefühl der Überlegenheit und Sicherheit. Er ist nicht so sehr an der Sache interessiert und denkt schon recht weit unter dem Eigentlichen. Er perfektioniert eher seine Messkunst, also die Kunst, sich vorteilhaft sehen zu lassen, als den Inhalt, weil das letztere sehr viel mehr Arbeit macht. Messgrößen zu manipulieren ist als kurzfristige Strategie so viel erfolgreicher als das nachhaltige Streben an sich, dass er sich lieber dem Drapieren des Durchschnittlichen zuwendet. Dem Durchschnittlichen geht es um Effizienz ebenso wie um Leistungshöhe. Da er diesen Kompromiss sucht und eingeht, ist er eben durchschnittlich. Seine Messungen sind mehr oder weniger subjektiv gefärbt, so dass er es schafft, sich immer mindestens im Spitzenquartil (beste 25 %) zu sehen. Er kämpft darum, dass andere das auch so sehen. Wenn dies aus *seiner* Sicht

(!) gelingt, ist er sicher. Es geht ihm um die relative Sicht. Lichtenberg sagt in seinen Sudelbüchern: „Es gibt sehr viele Menschen, die unglücklicher sind, als du, gewährt zwar kein Dach darunter zu wohnen, allein sich bei einem Schauer darunter zu retirieren ist das Sätzchen gut genug."

Der *unterdurchschnittliche Typus* ist, wie fast kein anderer Mensch auch, physisch oder psychisch in der Lage, sich mit offenen Augen im Spiegel als Faktum anzuerkennen. Unterdurchschnittlichkeit, wenn sie überhaupt erkannt wird, wird durch einen Kunstgriff eher als ein ungerechtes Urteil der anderen gesehen, die dafür büßen sollen oder Hilfe spenden müssen oder die Verantwortung übernehmen sollen. Dieser Typus geht in die Einsamkeit oder klagt. Er bittet um Hilfe, sieht diese als gerechte Ausgleichsforderung für übermäßig erlittenes Unrecht. Seine Zielfunktion misst die Güte des Menschen an der Größe der Mühe, die er sich macht. Er aber müht sich am meisten, quält sich durch Unbill. Er sieht nicht, dass sich andere auch Mühe geben. Sie gleichen seine Mühe durch Glück, Erbschaft und Schleicherei anscheinend mühelos aus. Für ihn ersetzen sie Arbeit mühelos durch Schönreden, Faseln und Abwimmeln von Arbeit an ihn. Auf ihm bleibt die Last der Welt hängen, die er nicht allein tragen kann. Er ruft immerfort um Hilfe, weil er zusammenbricht. Er ist ein heroischer, unerkannt wertvoller Mensch. Und als solcher ganz sicher weit über dem Durchschnitt der Menschen.

Jeder kann sich also klarmachen, einer der Besten zu sein. Der Trick besteht darin, die innere Zielfunktion so hinzudrehen, dass man am besten der Einzige ist, der in dieser Zielfunktion gut aussieht. Einige Grundtechniken haben wir kennen gelernt: Man verdamme alle anderen Temperamente. Man verlagere die Hauptkriterien auf Bereiche, wo nicht gemessen wird. Beispiel: Man muss feststellen, dass man ein guter Mensch mit vielen unsichtbaren inneren Werten ist. Man muss sich überlegen, dass man von Feinden eingekreist ist, die als Feinde des Guten die Bedingungen für Gute so schlecht machen, dass gute Menschen vom Leben übergangen werden. Man muss als Hauptkriterium besonders die Mühe bewerten, die man sich gemacht hat, sowie die Güte der Absichten, die man hatte. Mit diesen wenigen Hinweisen sollten Sie in der Lage sein, ihre Zielfunktion der Lebensbeurteilung so zu drehen, dass Sie ein feiner Mensch sind. (Wahrscheinlich sind Sie dies aber schon ohne solche neurotischen Eingriffe, dann sind die folgenden Seiten für Sie nur Amüsement. Es ist ein echtes Problem, über so etwas zu schreiben, weil vielleicht einige Leser das Buch an einer solchen Stelle weglegen, bevor sie das Beste gelesen haben.)

Computer werden nachprüfen, inwieweit wir am besten sind! In der Schule bekommen wir Noten, aber wir schaffen es noch, uns überdurchschnittlich zu fühlen, wie ich argumentiert habe. Computer aber messen genau nach. Computer notieren Tabellenstände und dulden immer weniger Ausreden wie „Der Schiedsrichter war gegen uns." Punkte werden am Ende zählen. In der heutigen Zeit sind die Kontrollsysteme noch nicht so gut, so dass wir noch alles einigermaßen relativieren können. In einigen Jahren aber wird der Computer uns gnadenlos mit unseren „Scores" konfrontieren. Er wird vielen von uns sagen, dass wir unterdurchschnittlich sind, mäßig sind, schlecht sind. Das tun Computer heute auch schon, aber, wie gesagt, es lassen sich noch Erklärungen finden, die unser Selbst stabilisieren. Später wird das nicht möglich sein, weil Computer alle Ausreden mit bedenken können. Dann werden wir dastehen, ohne Schutz, nackt in Zahlen, für alle sichtbar: *schlecht*. Sind wir darauf vorbereitet? Können wir solche Aussagen über uns aushalten? Darf man solche Aussagen über uns machen? Werden die Computer mit ihren objektiven Messungen unsere Psyche ruinieren?

„Die Menschen denken über die Vorfälle des Lebens nicht so verschieden, als sie darüber sprechen." (Lichtenberg). Die Computer werden so denken, wie wir es nicht gesagt haben wollen. Lichtenberg hat sich damals schon Gedanken über das Beste, das Messen und unser Handeln gemacht. Er findet, Menschen meinen, das Beste getan zu haben, wenn weitere Arbeit ihnen „verdrüsslich" würde. Hören wir ins Original hinein?

„Eine sehr nützliche und wichtige Frage, die wir allezeit an uns selbst tun sollten, ist ohnstreitig diese: Wie kann ich dieses Ding oder den gegenwärtigen Augenblick am besten nützen? Das Maximum das hier stattfindet wird sich wohl schwerlich allemal sogleich finden lassen, zwischen allen den möglichen Verrichtungen, die sich mit gleichen Kräften in einem Augenblick tun lassen, ist eine große Verschiedenheit, und eine ebenso große zwischen derjenigen die sich mit der stärksten Kraft, die in meiner Macht stehet in einem jeden Augenblick tun lässt. Das Maß des inneren Wertes unserer moralischen Handlungen wird also wohl dieses sein, dass wir sie so weit treiben bis auf den Punkt, da sie uns verdrüßlich werden würden, wenn wir ihn überschritten, alsdenn sind wir versichert dass wir die größte Kraft aufgewendet haben, und dieses tun auch tugendhafte Leute würcklich, ohne es zu wissen. Die größte Kraft aber am besten zu gebrauchen ist eine Sache die schwerer zu bestimmen ist, und solange wir hier noch keine Tafel über unsere Pflichten haben, wo sie nach ihrem Wert geordnet sind, so wird sich wohl schwerlich das *perfice te* mit einigem Nutzen anwenden lassen, alsdann werden wir berechnen können, wenn in jeder Handlung die wir unternehmen, das was darin Gott, uns selbst und andre Geschöpfe angeht die größte Summe geben."

3 Über die Kunst der Topimierung: Der Beste sein

Beim mathematischen Optimieren geht es, wie oben schon beschrieben, darum, die beste Alternative zu wählen. Eine Messfunktion legt den Wert jeder Alternative, Entscheidung, Strategie fest (Schulnote, Abi-Punktzahl, Verkaufspunkte für Bausparverträge, Anzahl der erledigten Anrufe). Jede Verhaltensweise oder Entscheidung bekommt also eine Note. Es kommt darauf an, optimal zu handeln. Wir sollen aus den möglichen Alternativen, die es insgesamt gibt, die beste wählen, die also die besten Noten oder Punktzahlen ergibt. Typische mathematische Fragen sind: Wie verläuft die kürzeste Fahrstrecke zur Arbeit? Wie die schnellste? Wie die, die an „Uschi's Frikadellenbackstube" vorbeigeht? Wie fahre ich am besten, damit ich wenig Benzin verbrauche? Was ist ein bester Stundenplan, Straßenbahnfahrplan? Die Zielfunktion misst meistens Kosten, Aufwand, Einfachheit (wenig umsteigen). Wir haben gesehen, dass schon das Finden des besten Kleidungsstücks eine hochkomplexe Optimierungsaufgabe ist. Sie ist es schon deshalb, weil überhaupt nicht klar ist, was die Zielfunktion eigentlich ganz genau ist. Wenn wir aber eine Funktion hätten, die bei Eingabe von Farbe, Preis, Materialklasse, Schönheit genau ausrechnet, wie „gut insgesamt" ein Kleidungsstück ist, dann wäre immer noch das Problem zu lösen, wie „Schönheit" zu messen wäre. Das Finden eines besten Kleidungsstücks ist schon so irrsinnig schwierig, weil die Wahl der Zielfunktion so furchtbar willkürlich erscheint. Es gibt so viele Möglichkeiten, „schön" und „passend" und „elegant" in mathematischen Termen hinzuschreiben!

Es ist viel, viel einfacher, ein gegebenes Kleidungsstück herzunehmen, kurz zu inspizieren und dann die Vorzüge des Kleidungsstücks hervorzuheben. Nehmen wir an, die Bluse ist schrill neonfarben, hat ein paar durchsichtige Stellen, ist aus Glitzermaterial. „Eine gute Qualität, sehen Sie. Ich reibe hier den Stoff, sehen Sie, es knittert nicht. Sehr robust. Können Sie gut waschen. Ich halte jetzt ein Streichholz dran, keine Angst, es brennt nicht. Sehen Sie? Es brennt nicht. Die Farbe ist genau nach der letzten Mode, Sie werden glitzern und glänzen unter den Menschen. Ihre inneren Werte kommen gut heraus. Sie sollten die gar nicht verhüllen wollen. Das haben Sie nicht nötig."

Lehrsatz: Es ist viel schwerer, eine neue wunderschöne Bluse zu kaufen als eine beliebige gegebene schön zu finden!

Wenn wir jetzt den kühnen Schritt wagen, von durchsichtigen Blusen auf Menschen zu schließen, so heißt dies:

Es ist viel einfacher, sich gut zu finden als gut zu sein.

Eigentlich wollen wir ja ein guter Mensch sein. Aber wir wählen meist die Abkürzung und verherrlichen das Gegebene. „Das Beste suchen" ist ein Optimierungsproblem. „Das Gegebene für das Beste zu erklären" ist der Gegenstand einer neuen Wissenschaft, der Topimierung.

Die Wissenschaft der Topimierung ist also im Ziel invers zu der Wissenschaft der Optimierung. Beim Optimieren ist die Aufgabe, bei gegebenen Alternativen und bei gegebener Zielfunktion die Alternative mit dem besten Zielfunktionswert zu finden. Das Topimierungsproblem ist entgegengesetzt: Wir haben wie beim Optimieren eine große Menge von Alternativen vorgegeben. Unter diesen ist eine bestimmte Alternative A festgelegt oder vorgegeben. Die Aufgabe der Topimierung ist es nun, eine *vernünftige, unmittelbar akzeptable* Zielfunktion so zu finden, dass unter dieser Zielfunktion die Alternative A bestmöglich ist oder wenigstens sehr gut abschneidet.

Die A-Alternative beschreibt das Gegebene, den Status Quo. Diese Grundalternative gilt es nun, durch Wahl besonderer Beurteilungs- oder Zielkriterien gut hinzustellen. Im letzten Abschnitt haben Schüler über ihre Leistungen fiktiv berichtet. Diese Schüler haben zum Teil topimiert, um sich selbst herauszustreichen. Sie haben jeweils andere Beurteilungskriterien angewendet, je nachdem, in welcher Lage sie sich sahen.

Die Topimierung wird hauptsächlich benutzt, um die eigene Person gut zu finden und alles, was mit ihr zusammenhängt: das Erscheinungsbild, die Interessen, die Familie, der Beruf, die Arbeitsleistung, der gewählte Lebensweg.

Das zweite große Anwendungsfeld ist „das Verkaufen" in einem sehr weiten Sinne. Wenn Sie Produkte vertreiben, müssen Sie Gründe oder Kriterien angeben, unter denen Ihre Produkte einzigartig sind! Das ist eine der wenigen „legalen" oder „akzeptablen" Arten der Topimierung. Ein Verkäufer kann ja nichts für sein Produkt, er ist quasi auf Topimierung angewiesen. Wenn aber Manager, Politiker in der Regierung, Lehrer im Unterricht die gegebene Lage, die Firmenstrategie, die Gesetze, die Unterrichtsform glorifizieren oder topimieren, so könnten sie ja immer etwas Gutes machen, anstatt Bestehendes gut hinzustellen. Wenn es aber gut gemacht ist, wenn also die Kriterien, die diese Menschen hervorbringen, für Sie vernünftig und akzeptabel wirken, dann reicht es ja. Sie haben es geschluckt und mehr ist nicht nötig, oder?

Im Folgenden will ich an einem Beispiel erläutern, wie schlecht sehr viele Menschen topimieren, wenn sie es bewusst tun. Schrecklich. Das liegt an einem Intuitionsfehler, auf den ich Sie hinweisen möchte. Nach den vielen kritischen Bemerkungen in diesem Buch beginne ich jetzt langsam auch mit brauchbaren Hinweisen.

Ein etwas eingehenderes Beispiel: Wir wollen eine Arbeitsstelle besetzen. Bei der Stellenausschreibung wird formuliert, was wir in der Sache von dem Bewerber erwarten. Die Stellenausschreibung wird publiziert und die Bewerber melden sich. Die Bewerbungen werden beurteilt, ihre Negativa und Positiva werden in Tabellen geordnet und sortiert, danach wird um eine Endentscheidung gerungen.

In Wirklichkeit aber kennen wir einen jungen Mann, der aus der Nachbarschaft ist und den wir für sehr tüchtig halten. Dieser ist unsere A-Alternative. Das Topimierungsproblem besteht nun darin, eine Stellenausschreibung so zu formulieren, dass dieser eine Bewerber ganz besonders gut dasteht.

Normalerweise fragt man also den jungen Mann aus der Nachbarschaft über den Zaun hinweg, ob er wohl gut ist, wie seine Zeugnisse sind, wie die eine Vier im Zeugnis zu entschuldigen ist. Dann schaut man ihn sich noch einmal charakterlich an und findet, dass er sehr nett ist, umgänglich usw. Diese Informationen nimmt man in die Endausscheidung mit und versucht, den jungen Mann aus der Nachbarschaft durchzudrücken. Das ist nicht gut topimiert.

Am besten fragen wir unseren Alternative-A-Mann, welche *besonderen* Eigenschaften er hat. *Nicht* Eigenschaften, die er gut erfüllt, sondern unbedingt Eigenschaften, die möglichst nur er hat. Zum Beispiel könnte er gebrochen Japanisch sprechen oder die Programmiersprache CLACS beherrschen. Das nehmen wir dann sofort in eine Stellenausschreibung auf. Wir formulieren also: „Vorzug genießen Bewerber, die Grundkenntnisse in japanischer Sprache haben und gleichzeitig die Programmiersprache CLACS beherrschen." Das genügt fast schon, den Bewerber beliebig gut abschneiden zu lassen. Beachten Sie bitte in der Formulierung das Wort *gleichzeitig*. Das ist besonders hübsch, weil es ja Bewerber geben könnte, die CLACS können *oder* Japanisch. Diese Formulierung ist nicht so gut. Wenn also die Bewerbungen eintreffen, legen wir diese auf zwei Haufen, der eine Haufen heißt „scheiden aus gegebenen Gründen von vornherein aus", der andere Haufen besteht nur noch aus unserer A-Alternative. Also wird unser Kandidat eingestellt. Wir haben unser Topimierungsproblem erfolgreich gelöst. (So schnell geht es nicht, weil wir bei so rigidem Vorgehen entlarvt werden. Ein bisschen Kunst muss zur Topimierung noch dazu.)

Die entscheidende Idee dabei ist, *nicht* auf die Dinge zu pochen, die bei dem Bewerber gut sind, denn da sind andere Bewerber womöglich auch gut. Nein. Die Idee ist, ganz besondere Merkmale herauszustellen, die kein anderer Bewerber hat! Das ist ganz wesentlich! Nehmen Sie Reklame von Butter. Butter schmeckt völlig gleich, aber es gibt verschiedene Sorten, weil ja das Papier außen einen andere Farbe hat. Sie können jetzt nicht gut damit werben, dass der Inhalt vortrefflich nach Butter schmeckt. Das ist ja jedem klar. Ich kenne niemanden, der sich im Hotel oder irgendwo zu Gast über den Geschmack von Butter ausgelassen hätte. Niemals hörte ich: „Ah, meine Lieblingsbutter!" Oder: „Diese Butter mag ich nicht so gerne." Nie. Sie? Deshalb kann man nicht damit werben, dass es gute Butter ist. Es ist also wie in der reinen Topimierungslehre wichtig, Eigenschaften an Ihrer Butter zu finden, die andere Buttersorten wahrscheinlich nicht haben. Das wären Eigenschaften wie diese: Isländische Butter. Butter von lila Almkühen. Butter in neonfarbigem Schockpapier. Butter von handgemolkener Milch, noch kuhkörperwarm verarbeitet. Butter von Bergbauern (Ich weiß nicht genau, was das ist, aber das gibt es.). Diese triviale Form der Topimierung bei der Markenwerbung heißt im Jargon *Differenzierung*. Das beworbene Produkt muss sich unterscheiden, positiv abheben von anderen.

Differenzierung ist nur eine der Topimierungstechniken. Das sind *Methoden* oder *Techniken* oder Prinzipien, um Zielfunktionen zu konstruieren, unter denen die A-Alternativen erstklassig abschneiden. Ich beschreibe in diesem Paragraphen noch etliche andere Techniken.

Noch einmal zu der gesuchten Zielfunktion bei der Topimierung. Nehmen wir an, Ihr Bewerber aus der Nachbarschaft heißt Norbert. Dann könnten Sie in der Ausschreibung fordern: „Der Bewerber sollte vorzugsweise den Vornamen Norbert tragen." Das ist nicht so gut. Denn diese Zielfunktion leuchtet nicht allgemein ein. Bestenfalls werden Sie verwundert angeschaut, aber so gewiefte Topimierungstheoretiker wie ich sagen natürlich: „Aha. Norbert. Ich verstehe." Wenn ich im Prinzip nichts gegen Norbert habe, können Sie mich zum Essen einladen und ich habe keine Bedenken mehr. Wenn ich nun aber selbst einen Bewerber „habe"? Detlef? Dann würde ich vielleicht in die Ausschreibung: „Unbedingt kein Brillenträger" hineinnehmen wollen, weil Sie mir ein Bild von Norbert gezeigt haben, der sich sofort Kontaktlinsen kaufen wird usw.

Ich habe wegen dieser Phänomene oben geschrieben, dass beim Topimieren also nicht einfach irgendeine Zielfunktion gesucht wird, die A begünstigt, sondern eine möglichst *vernünftige, unmittelbar akzeptable* Zielfunktion. *Es kommt nämlich darauf an, dass alle am Entscheidungsprozess Beteiligten diese Zielfunktion als für die Entscheidung verbindlich akzeptieren.* Die Kunst der Topimierung besteht darin, solche wunderbaren Zielfunktionen zu finden. Topimierung ist also auch eine Abart der mathematischen Optimierung. Es werden eben nicht optimale Alternativen gesucht, sondern optimale Zielfunktionen, die die vorher feststehende A-Alternative begünstigen. Topimierung ist also die duale Form zur Optimierung. Sie ist viel wichtiger als die Optimierung.

Beim Topimieren geht es im Kern darum, den gegebenen A-Standpunkt durchzusetzen. Da dieser Standpunkt ja diskutiert und von anderen Menschen akzeptiert werden muss, verkleidet der lebenskluge Mensch eine A-Alternative in ein Optimierungsproblem. Er läuft in den Gängen des Unternehmens lautstark herum mit solchen Worten: „Wir müssten jemanden haben, der CLACS kann! Es ist nicht auszuhalten in diesem Zustand. Wir brauchen jemanden, der dies mit einem CLACS erledigen kann. Übrigens: Kennt Ihr jemanden, der ein bisschen Japanisch kann? Ich muss möglicherweise einen Vortrag in Japan halten. Ich darf zwar Englisch reden, soll aber die Folien in Japanisch vorweg schicken. Mistfirma, dass wir so wichtige Kenntnisse nicht an Bord haben. Mistfirma, sage ich." Wenn Sie das lange Zeit nervtötend repetieren, ist die schließliche Ankunft von Norbert wie eine Erlösung für alle Ihre Kollegen. Was ich sagen möchte: Es ist ungemein erfolgreicher, ein Problem zu stellen, alle an der Lösung mitwirken zu lassen und dann allen für ihre Hilfe zu danken, dass sie alle mitwirkten, die fabelhafte Alternative A zu finden. Sie haben als Manager dann kein Akzeptanzproblem mehr, weil ja alle mitgemacht haben und sich freuen über eine so schöne Lösung. Das ist etwas ganz anderes als ein harsches „Ich will A und habe so entschieden." Dann ziehen sich Zweifel in die Augenbrauen, ein fragendes Warum macht sich empörungswachsend breit und die ersten Mutigen bitten bei Ihnen um Termine.

Topimierung ist die Verkleidung einer A-Alternative in die Lösung eines ausgewählten Optimierungsproblems, in dem die

A-Alternative das Optimum darstellt. Das Optimierungsproblem muss akzeptabel und vernünftig sein und die Verkleidung darf nicht erkannt werden! Topimierung muss von der Außenwelt des Topimierers als ehrliche, gute Optimierung angesehen werden. Wenn Topimierung entlarvt wird, ist das keine geringe Panne. „Aha. Ich verstehe. Norbert. Du willst also Norbert." – „Aha. Also das war es, was du wirklich wolltest. Norbert." – „Du kennst Norbert schon länger? Aha. Norbert. So eine Sauerei! Ich fühle mich manipuliert!"

Sie sollten sich ein wenig umschauen, um der Idee der Topimierung gerecht zu werden. Universitäten führen förmliche Schlachten um die Formulierung von Stellenausschreibungen. Das sind Machtkämpfe. Die Anzeige in der ZEIT ist schon die halbe Besetzung. Es wird mit harten Bandagen um die Formulierungen gerungen, welche Arten von Fakultäten besser gefördert werden sollen oder gar neu eingerichtet (NewAge oder Elfenbein? Internetkryptographie oder Keilschriftentzifferung?). Unternehmensteile kämpfen um die Formulierung einer Strategie oder einer Vision („Sehen Sie beim Verhandeln zu, dass wir gut bei der Vision wegkommen!" und wenn Sie mit dem Ergebnis wiederkommen: „Na, gut, das tut wenigstens keinem weh."). Die Kämpfe von professionellen Topimierern gegeneinander sind oft so finessenreich, dass sie sich natürlich gegenseitig in Schach halten und den Kampf lange ohne jedes Ergebnis führen. Dieser Sachverhalt beschreibt den Kern der Politik. Es kommt in der Politik so wenig heraus, weil die Topimierer etwa gleich stark sind. Die A-Alternativen sind immer klar definiert. Sie heißen „Wahlsieg für mich." Es wird aber von den Parteien der Anschein erweckt, als würde um die richtigen Kriterien oder Regeln für eine großartige Zukunft (heißt: Gesetzgebung) gerungen. Dabei geht es um die A-Alternativen! Es ist also überhaupt nicht so, als sei Politik endlos ergebnislos. Es wird doch entschieden! Über die A-Alternativen! Nämlich am Wahltag durch Sie.

Manchmal verraten sich Politiker, wenn sie am Wahlabend so etwas sagen: „Bei der Wechselwähleranalyse konnte festgestellt werden, dass wir nur wegen unserer vorbildlichen Bierreinheitshaltung im Problemkreis ‚Hopfen und Malz‘ verloren haben. Wir werden hier unsere Haltung ändern, um die nächste Wahl zu gewinnen.“ – Immer heißt es: „Unsere Haltung zu oder Uneinigkeit bei … hat zu Verlusten geführt. Wir müssen uns besser erklären und dem Wähler verständlich machen.“ Die Topmierer der Politik scheitern eben daran, dass sie den Wählern keine *vernünftige, unmittelbar akzeptable* Zielfunktion liefern können, die deren A-Alternative (Ihre Stimme!) als Optimum erbringt. Deshalb hier noch einmal mein Beharren auf den Worten „vernünftig, unmittelbar akzeptabel“.

Wenn ich richtig tippe, haben Sie oben bei meinen Satz über die Ausschreibung von „vorzugsweise mit Vornamen Norbert“ gedacht, dass es jetzt zu kalauerhaft wirkt und dass doch keiner so unangemessen sein·wird. Genau dies aber sehen Sie bei Politikern jeden Abend in den Nachrichten. Wir alle sagen: „Aha. Norbert. Aha, Angela, Volker. Ich verstehe, warum dies gesagt wurde.“ Wahl.

Mit diesem Ausflug in die Politik habe ich das Problem der Entlarvung des Topmierers herausarbeiten wollen: Wenn seine A-Alternative aus allen Knopflöchern herausleuchtet oder gar nur bekannt wird, so nimmt er Schaden. Deshalb ist die größte Gefahr für Topmierer ein offenkundiger Mangel an Authentizität, an Echtheit. Wenn Topmierer beim Zielfunktionsgerangel ihre A-Alternative durchscheinen lassen, ist es schlimm genug. Oft ist es aber schon schwer erträglich, wenn sie nur so erscheinen, als „ginge es ihnen um etwas anderes“. Solche Topmierer verbreiten den Geruch von Manipulation und erzeugen Gegenaggressionen. („Sag mal Schatz, wir sollten im Urlaub Sonne haben! Ach, wie schön … fühlst du nicht auch diese Sehnsucht, dieses Ziehen in dir? … Sag’ mal was!“ Schweigen des Ehegatten. „Du, Schatz, schau mal, wie schön heute die Sonne scheint. Hast du dir Gedanken über Urlaub gemacht?" Langjähriger Ehegatte schweigt trotzig und platzt nach dem fünften Versuch heraus: „Pass auf: Sag einfach deutlich, was du willst und basta." – „Oh, wie bist du grob, ich meine doch nur die Sonne." – Eine halbe Stunde später, ins Schweigen hinein: „Du, als ich mit Erika beim Kaffee saß, hat sie den tollen Vorschlag gemacht, im Juli …" – „Aha. Erika. Ich verstehe.")

Der Hauptmangel von Politikern, Marketiers und Managern ist also Authentizität. Da fällt mir ein Zitat ein: James Champy schreibt bei Betrachtungen über Business Reengineering: „Ebenso wie die ‚Zielbestimmung' weist auch die Kommunikation im Business Reengineering ein besonderes Charakteristikum auf. Ich nenne das ‚Aufrichtigkeit', und ich wünschte, ich wüsste, wie man das jemandem beibringen kann." Business Reengineering hat oft Arbeitsplatzabbau zur Folge (A-Alternative). Und die Topimierer lassen sich ihre Lösung anmerken. „Wir entlassen erst einmal ein Drittel von Ihnen zu aller Nutzen. Der Firma wird es nach und nach besser gehen, wenn wir auf diesem guten Weg bleiben." Nicht authentische Topimierer scheitern. Sie wollen die A-Alternative durchsetzen, ohne von ihr im Herzen durchglüht zu sein. Torquato Tasso sagt bei Goethe:

„So fühlt man Absicht und man wird verstimmt."

Wer aber wirklich durchglüht ist von einer Idee oder einem Vorhaben, wer also das für ihn Eigentliche will, ist besser beraten, den Topimierungsschnickschnack zu lassen und einfach zu sagen, was er will. Das Eigentliche spricht am besten für sich selbst, wenn es aus glühendem Herzen kommt. Das ist das wirkliche Problem der Topimierung. Sie geht einfach, aber der große Erfolg stellt sich damit nicht ein.

Topimierung, die Kunst, sich zum Besten zu erklären, führt schnell zu akzeptablen Lösungen. Natürlich nicht zum Eigentlichen. Ich schließe mit einem Bibelzitat, das anders gemeint ist,

natürlich, aber ein bisschen hier Berechtigung hat?! Aus meiner
Lutherbibel, noch wie bei Gutenberg:

„GEhet ein durch die engen Pforten / Denn die Pforte ist weit /
vnd der weg ist breit / der zur Verdamnis abfüret / Vnd jr sind
viel / die drauff wandeln. Vnd die Pforte ist enge / vnd der weg ist
schmalh / der zum Leben füret / Vnd wenig ist jr / die jn finden." ·

XI. Topimierungstechniken

So ziemlich alle Menschen, mindestens aber alle weiblichen und männlichen Spezies, versuchen sich im Leben möglichst gut hinzustellen. Dazu gibt es hier ein paar Basistechniken zu sehen, wie sie heute üblich sind. Die meisten aber scheitern, wenn uns Computer überwachen, weil sie sich durch Emotionen oder Bitten nicht so leicht verwirren lassen wie Eltern oder Bosse.

1 Sicherungstechniken zur Ausweglosigkeitsdemonstration, die retten, aber nicht weit führen (Übliche Gegentechnik: Deadline, also Überfluten. Sie hilft nicht.)

Ich gebe hier nur Beispiele, meist aus dem Arbeitsleben. Es geht immer darum, den Status quo zu begründen, so als wollten Sie Ihrem Chef klarmachen, dass Sie gut arbeiten. Dies ist die A-Alternative, die als gut erscheinen muss, unabhängig davon, was Sie wirklich tun. Tragödienartiges zuerst. Dann das „Normale", also das Überdurchschnittliche. Das, was sein soll, braucht keine Topimierung. Denken Sie immer daran, was ein *heutiger* Computer zu den Topimierern sagen würde, wenn sie behaupten, die Besten zu sein. Computer finden die Schwächen: „Gutherzige, verhandelt hart! Perfekte, 90 % reicht!" Computer brechen dann Seelen, wenn sie Nicht-so-Gutes als nicht so gut einfach auf dem

Bildschirm bloßstellen. Diese Seelenbruchproblematik spreche ich im nächsten Kapitel an.

Wir beginnen mit Strategien, etwas nicht so Gutes zum Besten zu erklären. Andere Menschen leiden darunter, weil sie meist sehr klar sehen, dass „es topimiert ist". Aber sie wollen nicht emotional werden und lassen solche entsprechenden Strategen möglichst so lange in Ruhe, wie sie nicht zu stark stören. Diese oft tragischen Strategien sind so konstruiert, dass es zu einem emotionalen Supergau der Topimierer kommt, wenn man Zweifel an ihnen äußert oder sie entlarven will. Deshalb funktionieren diese Strategien zum Unglück für die, die sie benutzen, und zum Unglück aller.

Die Methodenklasse der Ausweglosigkeitsdemonstration verwendet spezielle Argumente, um zu sagen, dass es nicht besser geht. Nicht, weil es nichts Besseres gäbe, aber es gibt in auswegloser Situation keinen gangbaren Weg dorthin. Diese Argumente passen natürlich zu der Lage, und diese ist durch frühere Verhaltensweisen beeinflusst. Die Situation ist beherrscht durch einen mutmaßlich oder eingebildet minimalen Handlungsspielraum, durch einengende Widrigkeiten, Not und viele Feinde. Mathematisch gesehen wird an eine Lösung so viel Anspruch gestellt, dass es nur noch *eine* Lösung gibt. Die jetzige. „Ich will ja anders und es würde gehen. Aber die Umwelt, die bösen Kollegen, die Feinde, die Masse der Arbeit lassen keine Wahl."

1.1 Sehr lange arbeiten und darüber unentwegt klagen

Dies ist eine gute Technik, wenn von schlechten Ergebnissen abgelenkt werden soll. Sie hilft gegen negative Messungen der eigenen Arbeitsdefizite. Macht unangreifbar. Wenn Manager diese pauschale Floskel anbringen: „We have worked very hard", dann ist Vorsicht angebracht. „Hart arbeiten." Das bürgert sich als Ausdruck langsam im Deutschen ein. Es heißt, dass alles versucht wurde. Negativ gelesen kann es heißen, dass es besser als jetzt nicht gehen konnte. Und dies bedeutet: Der jetzige Zustand ist optimal. Natürlich unter den gegebenen Umständen. Den Menschen kann dabei überhaupt kein Vorwurf gemacht werden, weil sie ja hart gearbeitet oder gerungen haben. Versuchen Sie es einmal: Stellen Sie den Topimierer auf die Probe: Sie werfen einem, der hart gearbeitet hat, vor, keinen *zählbaren* Erfolg gehabt zu haben. Ergebnis: Er springt Ihnen ins Gesicht. „Ich mache jeden Abend als Letzter das Licht aus, während der Herr Manager sich allenfalls noch zu Ente an Rhabarbersauce bei Käfer einladen lässt. Alles bleibt an mir hängen, niemand arbeitet so hart wie ich! Erfolg!! Ich tue doch alles dafür, ich schenke der Firma mein Leben. Mehr kann ich nicht tun! Ich werde kündigen, dann werden Sie einmal sehen, was es heißt, selbst arbeiten zu müssen. Ich tue doch alles!" Es bleibt alles beim Alten. Es wird lange gearbeitet und geklagt. Der Zustand ist mathematisch gesehen stabil und ein lokales Optimum, also im Bergparadigma ein hoher Hügel, von dem man nicht herunter will, weil im Umkreis keine bessere Lösung zu sehen ist. Zustand: Härtester Arbeiter, unangreifbar der Beste.

Der *Computer* misst die Arbeitszeit, die geleistete Arbeitsmenge und das dafür eingenommene Geld. Er zieht Kosten für Gehalt und Sozialleistungen ab, für Reisekosten, Sekretariat etc. Andere arbeiten nicht so lange und erzielen die gleichen Einnahmen, sogar höhere. Der Computer sagt: „Nicht mein Problem, wenn Sie so lange arbeiten."

1.2 In zu vielen Projekten arbeiten und überlastet wirken

Viele Leute lassen sich immer wieder überreden, überall in verschiedenen Projekten zu helfen und alle möglichen Neben- und Ehrenämter anzunehmen. Die Folge ist sehr oft, dass sie „das alles zusammen nicht gebacken kriegen". Zugesagte Arbeit bleibt liegen, sie wird wegen Zeitmangels schlampig gemacht, wenn überhaupt. Da sich alles verzögert, ist der betroffene Mensch nicht nur mit Arbeit überlastet, sondern nun auch mindestens ein Drittel der Arbeitszeit damit beschäftigt, Mahner zu beschwichtigen. Das klingt so: „Ich bin einfach zu gut. Ich lasse mich immer wieder hineinziehen, weil ich als zu guter Mensch nicht NEIN sagen kann. Ich bringe das nicht übers Herz, weil ich gut bin. Schade. Deshalb ersticke ich. Aber für Sie mache ich es gleich, jetzt gleich, jedenfalls räume ich es mir auf den Schreibtisch, jetzt gleich. Ich … ich finde es bestimmt. Ach, wissen Sie, seien Sie nicht böse, ich bin einfach zu gut." Gegenprobe: Verbieten Sie einem zu guten Menschen, mehr als drei Projekte zu haben. Meine Wette: Das setzen Sie nicht durch. Wenn dieser Mensch wirklich nur drei Projekte hat, ist er nicht mehr „zu gut", sondern arbeitet nur normal. Das will er nicht! Der jetzige Zustand totaler Überlastung ist optimal. Zustand: Willigster Mensch. Der Beste.

Der *Computer* speichert die Projekte mit Namen und Kundennummern, in denen ein Mitarbeiter offiziell eingesetzt ist. Es ist ihm pauschal klar, dass Menschen ein paar Prozent ihrer Zeit an anderen Projekten helfen, dass sie sich fortbilden etc. Wenn aber der undokumentierte Zeitanteil dauerhaft zu groß ist, schlägt er Alarm. „Sie sind nicht vorrangig zum Helfen eingesetzt, sondern für die benannten Projekte. Wenn Sie die nicht schaffen, tippen Sie ‚Krisenmeldung' ein, dann weiß ich Bescheid. Da ich nicht Bescheid weiß, haben Sie gegen die Regeln verstoßen."

1.3 Blind gehorchen (JA-Sagen) und darüber klagen

Viele Menschen tun das, was verlangt wird. Genau das. „Ich weiß oft, dass es anders besser wäre und anders gemacht werden müsste. Aber da mische ich mich nicht ein. Wenn mein Chef fragen würde, ob es besser ginge, würde ich ihm das schon sagen. Er fragt ja nicht. Dafür kann ich ja nichts." Wenn Sie einem solchen Menschen Erfolglosigkeit vorwerfen, so klingt es wie: „Ich tue stets alles, was verlangt wurde. Was heißt da: Erfolg haben? Für den bin ich nicht verantwortlich. Ich habe nur getan, was ich musste.

Wenn das nicht gut ist, ist der schuld, der alles anordnete. Also bitte: Erfolgsfragen sind bei mir an der falschen Adresse." Probe: Sie befehlen nur noch ein Ergebnis, nicht, was speziell gearbeitet werden soll. „Und was soll ich jetzt tun? Ich soll selbst entscheiden? Aha. Ich verstehe. Ich soll so weiterarbeiten wie bisher mit der feinen Ausnahme, dass ich jetzt die Schuld habe, wenn etwas schief geht. Wozu habe ich denn einen Chef, der ja immer die ach so tolle Verantwortung trägt? Er bekommt das hohe Gehalt, also auch die Schuld. Nicht ich. Nicht mit mir." Zustand: Vollkommener Diener. Keine Verantwortung.

Der *Computer* misst nur die geleistete Menge der Arbeit, nicht, wie sie durch Gehorchen besser bewältigt wurde. Als es noch keine Computer gab, konnte ein Chef ein Auge zudrücken, um Mitarbeiter zu schützen, die ihm gegenüber loyal waren. Heute gibt es Computer. Die können zwar noch etwas betrogen werden mit seltsamen Eingaben, aber das ist kein Vergleich zum Augenzudrücken. Wenig Chancen beim Computer.

1.4 Perfekt arbeiten und über Termindruck klagen

Es gibt viele Perfektionisten unter uns. Ich meine nicht Perfekte, die richtig gut sind. Ich meine Perfektionisten, die diese Attitüde zur Topimierung nutzen. Sie erzeugen oft ein Zeitproblem, weil das Perfekte nicht fertig werden will, was nicht unbedingt in der Natur des Perfekten liegt, aber so dargestellt werden kann. Dann kommen Ungeduldige und drängen, dass die Termine eingehalten werden. Manager drängen, weil viel Arbeit an ungefragter Perfektion den Gewinn schmelzen lässt. Es geht daneben viel Zeit verloren, Mahner zu beschwichtigen. Wann ist es fertig? „Ihre Mahnung bedeutet im Klartext, dass Sie mich zwingen wollen, Mist abzuliefern, nur damit Sie Ihren Termin einhalten. Wenn es das ist, bitte, seien Sie wenigstens ehrlich. Befehlen Sie mir, Mist zu machen. Schreiben Sie mir aktenkundig eine E-Mail, dass ich Mist machen soll. Dann mache ich es. Sonst nicht, dann bekomme ich ja die Schuld." Mit dieser schlauen Replik schaffen es die

Perfektionisten, Zeitdruck abzuwehren. Das tun sie unentwegt, weil sie einen Traum haben: Ungestört arbeiten können. Alles in allem endet es in einer chronischen Katastrophe, die aber nicht so richtig vom Perfektionisten bemerkt wird. Er sieht sich in seinen Antworten als Vertreter der Qualität. Er leidet, aber er ist der Fels in der Brandung, der letztlich die Firma vor dem Abgleiten in Schundproduktion rettet. Die ewigen Vorwürfe an den Perfektionisten, er solle nicht so sehr extrem die Gründlichkeit übertreiben, setzen sich in ihm als Gefühl fest, er sei „zu gut". Seine Arbeitsleistung an sich muss er deshalb nicht hinterfragen. Zustand: Ungestörte Arbeit.

Der *Computer* misst die Einhaltung der Termine, die für Kunden und auch wegen der drohenden Vertragsstrafen sehr ernst genommen werden. Wer dauernd Termine versetzt, bekommt alle roten Karten!

1.5 Kranksein und darüber klagen

Es ist oft richtig gut, krank zu sein, weil dann die Urteile über meine Arbeit besser ausfallen müssen. Wenn ich zum Beispiel eine ganz wichtige Rede halten soll über ein Thema, was sehr schwierig ist, vor Leuten, die bekanntermaßen meine Firma nicht so lieben (kommt kaum vor), dann macht sich eine offenkundige Grippe gut. Ich krächze scheinbar verendend: „Guten … krächz … Tag. Ich bin etwas krank. Ich habe mich trotzdem von meiner Frau herfahren lassen, weil sie mich in meinem Zustand nach den vielen Tabletten nicht aus dem Hause lassen wollte. Aber nur Sie zählen für mich. Entschuldigen Sie daher, wenn die Zahlen auf meinen Folien nicht genau stimmen und die Argumente nicht so scharf sind wie sonst. Bezahlen Sie bitte die Rechnung, als sei die Rede so gut wie Sie es von mir kennen dürften. Stellen Sie keine Fragen, weil meine Stimme ruiniert wird. Ich danke für Ihre Liebe zu mir." Ich habe darauf geachtet, wann Menschen Grippe haben: Vor wichtigen Präsentationen, sehr oft. Oder gleich nachher, auch sehr oft. Richtig erfolgreiche Menschen haben sie nachher, wenn der Körper nicht mehr unter Spannung steht. Die Grippe vorher ist da, um die Spannung nicht zu groß werden zu lassen. Ich will diese Funktion nicht jeder Grippe anlasten, aber achten Sie selbst darauf, ob Sie sich selbst verkneifen können, Ihre Grippe zu erwähnen, wenn Sie im Brennpunkt oder beim Chef stehen. „Chef, ich lasse die Firma nicht im Stich. Ich bin heute trotz schwerer Krankheit da. Bitte ärgern Sie mich heute mal nicht, Sie verstehen, Kopfschmerzen. Kann einer mir den XY-Dienst abnehmen, ich wäre heute dran. Sehr freundlich." – „Niemand nimmt Rücksicht auf mich, wenn ich Kopfschmerzen habe!!" etc. Es gibt viel psychologische Literatur, wie nützlich Kranksein ist. Vielen mutet so eine Strategie merkwürdig an und viele glauben, man werde doch nicht einfach auf eine Prüfung hin gleich krank. Doch! Mir ist zum Beispiel wirklich speiübel als Kind geworden, wenn ich meine Mutter überzeugen wollte, dass sie mich besser nicht zwänge, etwas Bestimmtes zu essen. OK, es ist nur ein Beispiel, aber es gibt seriöse dicke Bücher darüber und Sie lesen doch sicher auch vermehrt, dass alle möglichen Krankheiten seelisch bedingt sind. Sie nützen zum Beispiel, um in einen guten Zustand zu kommen: Heute von Verantwortung/Schuld entbunden zu sein. Heute eine Ausnahme zu sein. Heute Anspruch auf Hilfe und Verzeihen und Rücksicht zu haben. Zustand: Anspruch auf milde Behandlung und Hilfe.

Der *Computer* weiß nicht, dass jemand krank ist, wenn er sich nicht krank meldet. Dann aber darf der Mitarbeiter nicht arbeiten. Also misst der Computer die geleistete Arbeitsmenge eines Gesunden. Raue Stimme hin oder her.

1.6 Alles vorher gewusst haben und klagen

Es gibt Menschen, die wir im Ärger als Bedenkenträger oder Klugscheißer bezeichnen. Sie wissen genau, was schief gehen wird, nämlich alles. Bedenkenträger kennen unsichtbare Wände, gegen die etwas laufen wird: Bosse, Vorschriften, neue Organisation, andere Regierung. Klugscheißer wissen um die technischen

Schwierigkeiten, die zum Projektsterben führen werden. „Ich sage es jetzt ganz laut: Es wird scheitern. Ich weiß genau, dass niemand auf mich hören wird, weil mich noch nie jemand angehört hat. Ich behalte immer Recht. Ich habe damals bei Projekt 1 schon gesagt, dass ... (später) ... unterbrechen Sie mich nicht, ja, auch bei Projekt 221 ist wieder der Fall ... (später) ... ich wusste, dass Sie mich nicht zu Ende reden lassen werden, ich bin noch gar nicht zu dem laufenden Projekt gekommen, Sie wollen mich abwürgen, das sehe ich an Ihren Augen, Sie sollten auch nicht Ihre Post während meines Monologs lesen, passen Sie doch auf, es wird scheitern." Es ist eigentlich ganz leicht, etwas scheitern zu lassen. Man muss einige der folgenden Sätze ab und an einstreuen: „Diese wichtige Frage sollte unbedingt einstimmig entschieden werden. Dies kostet mir zu viel Geld, das wird den Gewinn senken und unsere Aktienoptionen im Wert drücken. Das muss mit den Kollegen der anderen Vorstandsbereiche eingehend abgestimmt werden. Wir sollten das international einheitlich gestalten und eine multi-linguale Weltkonferenz einberufen, die natürlich teuer wird. Wir sollten vor der Entscheidung Gerüchte bilden, wer der Chef der neuen Einheit wird. Diese Technologie, die Sie vorschlagen, ist noch nicht ausgereift. Im nächsten Jahr ist eine neue Version V2.1104 angekündigt, in der Features eingebaut sein sollen, die wir unbedingt brauchen. Wir machen eine Ausschusssitzung zur Produktauswahl, die jede Woche neu tagen muss, weil sich die Technologie so schnell ändert. Zeichnen Sie verantwortlich, wenn die neue Arbeitsplatzsoftware nicht akzeptiert wird? Die Frage ist sicher zustimmungspflichtig vom Betriebsrat, Sie wissen, was das bedeutet. Wir sollten diese Sache erst einmal im Kleinen ausprobieren. Hat vielleicht gerade jemand einen unfähigen Mitarbeiter untätig herumsitzen, dem wir diese verantwortungsvolle Aufgabe übertragen können?"

Natürlich scheitert das Projekt, nach harter Arbeit und vielen Sitzungen. Sehr positiv wird die Folie mit den „Lessons learned" aufgenommen, aus der deutlich wird, dass die Mühen nicht vergebens waren, weil aus notwendigen Fehlern gelernt werden konnte. Und unsere Menschen, um die es hier geht, sagen: „Das habe ich gewusst. Niemand hörte zu." Wer viel zu viele Bedenken äußert, der bekommt niemals die Leitung des Projektes und hat niemals Schuld. Er hat Ruhe. Er ist für sich in einem optimalen Zustand: Schuldlosigkeit an geplantem Misserfolg.

Da *Computer* nur Vollzug gemeldet haben wollen, aber nicht selbst initiativ werden können, ist ein Bedenkenträger heute noch ziemlich erfolgreich. Meist wird der Projektstart einem Computer anvertraut, dann läuft die Maschinerie an, unerbittlich. Aber wann soll man anfangen?? Bedenkenträger können aber Karrieren behindern. Ihr Hauptfeind ist der Mensch.

1.7 Alles überwachen und Feinde entdecken

Wer zu genau hinhört, findet, dass er Feinde hat, „die an Stühlen sägen, miesmachen, schwarz malen". Wer aber zu viele Feinde hat, ist schon irre gut im Beruf, wenn er dies durchsteht. Wer unter solchen Bedrückungen dennoch etwas im Beruf arbeitet, der hat schon Großes geleistet! Zustand: Machtlosigkeit, die Misserfolge erklären kann.

Computer kennen keine Feinde, jedenfalls wüsste ich nicht, ob schon jemals solche als Datensatz eingegeben worden sind. Deshalb honorieren Computer nicht nach dem Satz „Viel Feind, viel Ehr'."

1.8 Vorschriften beachten und darüber klagen

Viele Manager beklagen, dass die Vorschriften echtes Arbeiten nicht zulassen. Vorschriften verhindern jeden Erfolg, der sich auch nicht einstellte. Die Regierung leidet an den Gesetzen und an der Organisation des Staates, die schwerfällig macht. Aber, Manager und Kanzler: Sie sind doch selbst für diese Systeme verantwortlich? Wenn Sie sagen, das System behindere, warum ändern Sie es nicht? Wenn Sie es nicht ändern, machen Sie dann

Ihren Job richtig? Dies ist ein merkwürdiges Verhalten, das Misserfolge mit eigenen früheren Fehlern entschuldigt und sich dann der Konsequenz rühmt, alles folgerichtig bis zum Ende auszulöffeln.

1.9 Herumwuseln, aufräumen, Dinge erledigen und klagen, nicht zur Arbeit zu kommen

Diese Verhaltensweise optimiert die Zeit, in der an unwichtigen Dingen gewuselt wird. Sie unterscheidet sich von der der zu guten Menschen, die sich zu viel Arbeit aufdrücken lassen (wollen) und die sich damit brüsten, zu gut zu sein. Diese andere Form hier „erledigt immer noch was". „Ich beginne bald mit einer Diplomarbeit. Ich habe mir schon einmal einen Termin geben lassen, um ein Vorgespräch zu führen. Ich habe eine Probearbeit zu lesen bekommen. Es ist alles in Englisch. Ich habe nichts verstanden. Ich werde es noch einmal lesen müssen. Ich gehe in die Stadt und kaufe ein größeres Wörterbuch. Ich werde erst einmal herumgehen und fragen, welche großen Wörterbücher die besten sind. Hinterher gebe ich viel Geld aus und muss eventuell wieder ein neues Wörterbuch kaufen. Oh, ich sollte erst in die Vorlesung. Ich fange vielleicht erst einmal an, alle Scheine zu machen, und dann beginne ich mit der Diplomarbeit. Die mündlichen Prüfungen sind auch wichtig. (Zwei Monate später) Ich verstehe die englische Arbeit nicht, der Prof sagt, ich soll vorher eine leichtere Einführung lesen. Ich verstehe sie ein bisschen, aber ich sehe nicht, was das mit der schweren Arbeit zu tun hat. Ich bin zerstreut, denn ich will noch das Nebenfachstudium zuerst beenden. Ich überlege auch, ob ich nicht noch das Nebenfach Informatik dazunehmen soll, um meine Chancen zu verbessern. So, ich lese jetzt die englische Arbeit. Ich muss mich total konzentrieren, sehr lange, bis ich eine Idee habe. Also, ich konzentriere mich jetzt. Vielleicht sollte ich noch einen Abschiedsbrief an meine Eltern schicken? Nein. Ich koche Kaffee, damit ich mich besser dransetzen kann ... (Es klingelt) ... Das wird Norbert sein, na, da konzentriere ich mich morgen weiter. Soziale Kontakte sind in der Industrie sehr wichtig. Norbert, du! Ich habe extra Kaffee gekocht!" Das ist jetzt arg von mir gelästert, aber es ist genau so. Ich bin als Professor oft sehr depressiv gewesen, wenn Studenten so in ein Endlosstudium schlitterten. Ich wusste nie so richtig, was ich tun sollte. Helfen hat nichts genützt. Heute denke ich: Diese Studenten wissen unbewusst schon immer, dass sie die Prüfung nicht schaffen (ob das stimmt oder nicht, ist eine andere Frage!). Und deshalb ist der optimale Zustand: In der Schwebe halten. Die Hauptklage in diesem Zustand ist: „Ich komme nicht zur eigentlichen Arbeit." („Man kann mich nicht verantwortlich machen, dass ich nicht diese Arbeit anfing, obwohl sie wichtig ist.") Manager schenken Mitarbeitern Bücher über Zeitmanagement: First Things First! Das fordert Stephen Covey immer: „Arbeiten Sie so, dass Sie fast nur an Dingen schaffen, die wichtig und nicht dringlich sind." Das hilft Wuselern nicht, weil sie ja alles in der Schwebe halten wollen und damit im optimalen Zustand sind!

1.10 Unaufgefordert etwas aufdrängen und Dankbarkeit einklagen

„Ich habe die Schuhe geputzt und extra für jeden etwas anderes gekocht, damit jeder sein Lieblingsessen hat. Ich habe euch allen diese Woche zweimal die Gardinen gewaschen, die Lamellen der Jalousien gereinigt, den Rasen mit der Nagelschere nachgeschnitten, alles planparallel. Ich habe jedes Mal, wenn einer ins Haus kam, jammernd hinter ihm her gewischt. Ihr könnt euch nicht beklagen. Ich arbeite mich für euch zu Tode. Und deshalb will ich jetzt auch, dass *einmal* gemacht wird, was ich will. Wir schauen uns heute Abend zusammen den Musikantenstadl an. Es gibt Erdnüsse dazu." Strategie: Irgendetwas „für andere" tun und dadurch Bindungen erzeugen. Bindungen durch Klagen stärken. Ziel: In kleinem Reich herrschen. In diesem Bereich entstehen die großen Familientragödien. „Ich bin für alles da. Kaffee kochen.

Ich musste den Betriebssanitäterlehrgang machen. Ich bin Umweltbeauftragter für den Diskettenabfall. Ich verwalte die Schlüssel. Ich wechsele alle Türetiketten bei Beförderungen aus. Jetzt will ich aber *auch* geachtet werden."

Es gibt noch viel mehr *Topimierungsstrategien*: Depressiv sein („Ich bin immer Euer Arschloch."), um, wie Adler immer sagt, andere Menschen in den eigenen Dienst zu stellen. Beleidigt sein, mit Recht oder nicht, egal, bis die Harmoniesüchtigen um Verzeihung bitten, weil sie die gereizte Stimmung nicht aushalten usw. Aber das wäre jetzt wirklich Stoff für ein ganzes Buch. Ich wollte ein paar unbewusste Verhaltensweisen unter dem Gesichtspunkt der Topimierung vorstellen. Die Menschen, die ich schilderte, sind mehr oder weniger erfolglos, aber der Dauerzustand, in dem sie sich halten, ist in gewissem Sinne bestmöglich. In dieser speziellen Lage, unter dieser speziellen Zielfunktion.

2 Sägezahnfluchttechniken, um fast immer im Aufstieg zu sein (Gegentechnik: wegloben ...)

Diese Methodenklasse topimiert anders. Sie passt in das Bild der Ruin & Recreate-Methode. Bei dieser betrachteten wir eine spezielle Lösung des Problems oder eine spezielle Lebenssituation. In dieses Leben lässt man eine Bombe einschlagen. Dann beginnt man neu und alles wird langsam besser. Wenn es nicht mehr so recht bergan geht, eher wieder abwärts, ist die nächste Bombe fällig. Die Messung der Zustandsqualität ergibt einen stetig steigenden Stand, der langsam einem Maximum zusteuert und sachte zu fallen beginnt. Dann (Bombeneinschlag) fällt er schlagartig ab und steigt dann wieder lange sanft. Bombe. Hinunter. Sieht wie eine Säge aus, die Kurve.

„Meine jetzige Partnerin nervt mich total. Sie sitzt mir immer auf der Pelle, etwas zu unternehmen. Ich weiß nicht mehr weiter. Ich finde keine Ruhe. Ich arbeite sehr lange, komme sehr spät heim. Dann soll ich noch kochen oder viel reden, ins Kino gehen oder Freunde einladen. Früher war es mit ihr besser auszuhalten. Wir waren gerne allein zusammen und haben viel geschmust. Sie hat mich versorgt, immer eine Überraschung für mich gekocht, alles erledigt gehabt, wenn ich nach Hause kam. Es war schön. Dann hat sie vermehrt angefangen, mich anzunörgeln, ich soll mehr tun. Etwas für sie. Wir sollen bummeln gehen und toll essen. Sie weiß, dass ich abends müde bin. Ich kann das nicht. Ich muss ausspannen und Fußball gucken. Es war früher immer schön beim Bier. Wir haben geschmust. Sie nervt mich total. Ich habe jetzt bei der Arbeit eine Kollegin, die geht mit mir seit kurzem in die Kantine und ist sehr nett. So wünschte ich mir eine Frau! Sie ist mehr so wie meine Partnerin früher. Es ist seltsam. Ich habe bis jetzt mit vier Frauen zusammengelebt. Immer waren sie am Anfang sehr nett und haben mich respektiert. Aber wenn man erst einmal länger mit ihnen zusammenlebt, wollen sie dauernd mehr und mehr. Immer ausgehen, tanzen, was weiß ich. Es ist eigentlich seltsam, dass ich immer auf denselben Frauentyp reinfalle. Wie wohl die neue Kollegin sein würde? Irgendwann muss doch einmal eine Frau so nett bleiben wie am Anfang. Gott sei Dank habe ich noch keine Kinder, das wäre eine schöne Unruhe mehr. Ach Mann, ich möchte so gerne Schluss machen, aber das gibt jedes Mal ein riesiges Theater. Als wenn eine Bombe in mein Leben einschlägt."

„Ich habe mein Buch so ungefähr fertig geschrieben, aber beim Durchlesen gefällt es mir nicht so sehr. Ich bin unglücklich. Meine Frau arbeitet ja, es wäre finanziell nicht gerade ein Desaster, wenn ich das Buch neu beginne. Mir gefällt es so wenig im Augenblick, dass es sicher keine große Auflage haben wird. Ach was, weg. Weg! Ich stelle den Verlag einfach vor die Tatsache. Weg."

„Meine Damen und Herren, ich bin Manager des Bereiches für Glasprodukte. Ich führe diesen Bereich seit sechs Wochen und möchte mich Ihnen vorstellen. Vielleicht ein paar kurze Informationen zu meiner Person. Nach meinem Studium wurde ich in einem Unternehmen schnell Abteilungsleiter. Ich übernahm nach kurzer Zeit einen neuen Geschäftsbereich, der aber wegen der schlechten wirtschaftlichen Lage nicht richtig auf die Beine kam. Ich bin nicht so ein Typ, der da ausharrt. Ich wechselte daher das Unternehmen und leitete den Bereich Keramikprodukte. Sehr schnell stellte sich heraus, dass meine überragenden Talente eher im Marketing liegen. Ich bekam deshalb die Verantwortung für den Beginn einer großen Kampagne. Nachdem die Keramiksparte in ein anderes Unternehmen eingebracht wurde, wollte ich Geschäftsführer werden, was sich wegen eines Großaktionärs in letzter Minute zerschlug. Ich wäre es dennoch geworden, wenn ich nicht das Angebot eines führenden Unternehmens annehmen musste, das mir die Verantwortung für die Glashaussparte übertrug. Ich bin diesmal sehr sicher, dauerhaften Erfolg vor mir zu haben. Die Branche boomt. Wir haben die besten Produkte. Ich bin führend."

Ich denke, diese Beispiele verdeutlichen das Topimierungsprinzip des Sägezahns. Das Geheimnis dieser erfolgreichen Topimierungsmethode ist es, nur ganz wenige Momente im Leben den Folgeschmerz der Bombe, der Zerstörung, des Wechsels zu spüren. Dann folgen stets längere Phasen des Heilens, Wachsen, Florierens, weil nach der Bombe die Lage so schlecht ist, dass es wieder unter geringster Anstrengung bergauf geht. „Wenn man die paar Crash-Tage abzieht, sind die Aktien immer gestiegen." Sägezahntopimierer sind darauf aus, Wechsel zu produzieren, die Seitenbewegungen ermöglichen, die als Erfolg empfunden werden. Ohne Wechsel ginge es ab nach unten. Sinn des Ganzen ist es, niemals mit einem ablieferbaren Meisterstück vor dem Richter stehen zu müssen, der das Werk gut- oder schlechtheißt. Die Zielfunktion optimiert hier: Vermeidung eines Endurteils. Dadurch hält man das Leben ungefähr auf Anfangshöhe und stürzt nicht ab. Gute Sägezahntopimierer täuschen sich und anderen schöne Karrieren vor, weil jeder (auch sie selbst) nur auf den aktuellen Teil der Kurve sehen kann.

3 Verharren im vermeintlichen Optimum

Es gibt Menschen, die sich als Kapitän fühlen und das Schiff niemals verlassen. Sie sind doch keine Ratten. Zur Kurzillustration zwei wahre Geschichten, so ungefähr jedenfalls. Es waren mal drei, diejenige über Abtreibungsberatung war zu feinsinnig.

„Ein Computer, Videorekorder, Gameboy kommt mir nicht ins Haus. Ich habe der Bank gesagt, sie muss mir mein Girokonto weiter in Buchform führen wie früher, sonst wechsle ich die Bank. Da sie mich als Kunde nicht verlieren wollen, drucken sie jetzt immer meine Auszüge aus und schreiben sie in mein Büchlein ab. Ich habe daher alles sehr übersichtlich und schön. Die neue Technik taugt nichts. Es ist doch sehr umständlich, erst alles in dem Computer zu speichern und dann noch einmal abzuschreiben. Sie könnten es doch gleich in mein Buch schreiben."

„Theoretisch gesehen ist jede Programmiersprache geeignet, jedes beliebige Problem auszurechnen. Ein Lehrsatz der Informatik sagt, dass in diesem Sinne alle Computersprachen gleich sind. Es macht daher nichts aus, in welcher Sprache man ein Programm formuliert. In unserer Schule wollen wir alle ALGOL 68 verwenden, weil das der Fachleiterlehrer des Gymnasiums vor 30 Jahren an der Uni gelernt hat. Er hat noch das Skript, das wir fotokopieren können. Wir bitten die Eltern, sich einen ALGOL-Simulator für ihren PC zu kaufen, weil es ja normalerweise diese wunderbar einfache Sprache gar nicht mehr gibt. Es ist ja alles grafisch verhunzt worden, heutzutage, was die Prinzipien der Programmierung vernebelt. Ich selbst kann kein ALGOL, ich kann nur APL2. Dies ist natürlich die beste Programmiersprache und markiert das Ende der Programmiersprachenentwicklung, was die Qualität betrifft. Ich werde die Schüler nur lauffähige Programme in ALGOL machen lassen, die ich zur Korrektheitsprüfung auf dem Computer probelaufen lasse. Dann sehe ich ja, ob das Richtige rauskommt. Ich muss auf diese Weise nicht selbst ALGOL lernen. Meine Real*16-FORTRAN-Kollegin macht es in ihrer Klasse auch so. Wenn ich einmal Fachleiter bin, werde ich den ganzen Schulbezirk auf APL2 umstellen."

4 Top-Marketing: Sie sind mit nichts zu vergleichen, Madame!

Bis jetzt haben wir Strategien besprochen, bei denen eine Zielfunktion optimiert wurde, die andere Menschen *nicht* als legitimes Ziel ansehen. Diese Zielfunktionen waren aber so geartet, dass die Klage der anderen Menschen abprallen musste, weil diese Zielfunktionen im Grunde nicht angreifbar waren. Das Leben unter solchen Zielen findet unter Schutz statt, ist aber wegen der andauernden Gegnerschaft der anderen Menschen auf einen recht kümmerlichen Bereich beschränkt. Die normalen Menschen nutzen daher eher Marketingstrategien aus.

Das geht so:

- Keine offensichtlichen Fehler oder „Ecken" haben, sonst verkauft man nichts, sich selbst erst recht nicht.
- Dinge herausheben, die ohne großen Aufwand zu haben sind.
- Einen gefälligen Gesamteindruck geben.
- *Unbedingt Vergleichbarkeit vermeiden*, außer wenn man zweifelsfrei am besten ist.
- Viele Merkmale aufzählen und sie wie Verdienste aufaddieren (der Kandidat hat 100 Punkte!).
- Feature Creep: Immer noch ein paar Schnörkel dranmachen, die andere nicht haben.

Ecken oder Kanten vermeiden, aber nicht ganz: Wer ein gutes Zeugnis hat, aber in einem Fach eine Fünf im Zeugnis: verdächtig! Eine Bewerbung weist einen guten Bewerber aus, enthält aber den Hinweis: „Ich züchte mit Liebe Zwerghühner und verbringe viele Stunden am Tag mit ihnen." (Das ist aus einer echten Bewerbung!) Oder: „Ich bin Buddhist und lerne bei einem Meister." Oder: „Ich fotografiere gerne Gewitter." Fehler oder einfach nur Besonderheiten, auch ehrenwerte, machen an einer falschen Stelle aufmerksam, ohne die Neugier direkt zu befriedigen. Merkmale wie diese lassen Fragen offen, erzeugen also Unruhe. Geübte Topimierer werden also keine Zielfunktion offenbaren, in der die Liebe zu Hühnern vorkommt. „Hobby: Tierzucht." Das klingt doch besser? Wenn man mag: „Im Augenblick versuche ich gerade, eine besonders seltene und gesuchte Prädikatshühnerrasse zu vermehren." Wow! Die Menschen müssen immer Wow! sagen, wenn Sie von Ihnen hören. Keine Rätsel, keine Fehler.

Ganz fehlerlos ist natürlich schlecht. Legen Sie sich Fehler zu. „Ich bin so gutmütig. Ich habe einem Fremden in Not auf der Straße 10 € geliehen. Er sagte, er sei neu hergezogen. Futsch. Ich bin einfach zu gut." – Die anderen denken: Sie sind ein bisserl naiv, aber charmant. Legen Sie eventuell Tarotkarten, das gibt nicht gerade Rätsel auf, es gibt Ihnen aber ein wenig Mystik und hilft bei wichtigen Entscheidungen.

Dinge hervorheben, die Sie leicht haben können: Schmücken Sie sich mit *vielen* Dingen, die nicht sehr teuer sind. Eine exklusive Meinung ist nicht teuer. Oder eine feste Stellungnahme für Liebe oder Frieden, für Treue, Ehrlichkeit oder, noch einfacher, für alte Werte, die etwas gelten sollten. „Haben Sie gestern Boris Becker gesehen? Nein?? Ich interessiere mich nicht für Tennis. Tennis, oder? Ich meine, ich bin nur stehen geblieben, weil so viele Leute herumstanden. Skandalös, so ein Auflauf. Ich habe mir dann richtig einen Ruck geben müssen, um ein Autogramm zu erbitten, weil ich es meinem Neffen zum Nikolaus schenken werde. Ich missbillige so etwas, finde aber, dass ich das für meinen Neffen ertragen können muss." – „Verona Feldbusch. Schmarren. Ich habe zufällig beim Bügeln gezappt und zwei Minuten Sendung mitbekommen. Was die Leute an ihr finden? Skandalös, keiner bei Trost. Ich finde alle Programme schlecht. Ich habe mir einen Infrarotschalter in mein Dampfbügeleisen einbauen lassen, mit dem ich eine Programmnummer weiterschalten kann. Da muss ich diese schlechten Sendungen nicht so lange ansehen und muss nicht immer das Bügeleisen aus der Hand legen." – „Wir sind immer noch nicht dazu gekommen, unser Haus zu renovieren. Es ist wie verhext. Es liegt daran, dass wir einen wahnsinnig exklusiven Geschmack haben. Es ist dann eben alles waaaahnsinnig teuer. Sie haben ja gar keine Vorstellung, was für ein Unglück ein guter Geschmack für uns bedeutet. Wir können uns einfach nicht entschließen, nur Ramsch in unser einfaches Haus zu lassen."

Machen Sie einen gefälligen Gesamteindruck. Sie besuchen einen Volkshochschulkurs, gehen alle 14 Tage zum Bräunen, zum Squash, engagieren sich beim Fest für den Sängerverein, spenden 10 € für das Rote Kreuz. Sie gehen in die Sauna, Sie kaufen Blumenkohl nur und ausschließlich beim Türken, Sie lassen sich oft Rezepte von Gastgebern aufschreiben. Sie abonnieren eine würdige Zeitung und Sie schimpfen über Klingeltonabos. Lassen Sie sich die neuesten Technologien erklären. WLAN, RFID. (Hoffentlich wird das Buch bald fertig, sonst ist das schon veraltet.) Sie müssen am besten so fünfzig solcher Rubriken mindestens mit je fünf Standardsätzen füllen können.

Alles soll irgendwie fein klingen, ohne zu erdrücken oder bloßzustellen. Eine kritische Einstellung ist überlegenswert. *Jeder Marketing-Profi vermeidet dabei ganz strikt Vergleichbarkeit.* Diese Lebenskatastrophen werden oft in der Werbung gezeigt. Er: „Ich kaufte eine Yacht." Besser-Er: „Ich suche gerade eine passende Insel zu meiner." Er: „Ich zocke Intra-Day." Besser-Sie: „Hedgen Sie auch?" Bei der Replik der Besser-Er/Sie schaut Normal-Er/Sie verdutzt, sprachlos, baff, besiegt. Schrecklich. Vergleichbarkeit bedeutet die Gefahr, dass jemand sagt: „Haben wir schon. Und besser." Das darf keinesfalls passieren. Zum Beispiel gibt es in Versandhauskatalogen absolut nichts zu kaufen, was es „draußen" im Laden gibt. Sie würden ja sonst die Preise vergleichen und sagen: „Ich bin doch nicht blöd." Deshalb werden in Katalogen alle möglichen Eigenschaften besprochen, die Sie so nie wieder anderswo finden. Kennen Sie dieses Gefühl, wenn Sie im großen Markt haufenweise Flachbettscanner geschichtet sehen? Alles irgendwie gleich, aber ganz verschieden. Wenn jetzt ein Verkäufer kommt und fest die Meinung vertritt, dieses etwas teurere Gerät sei zu empfehlen, sind Sie richtig dankbar. Ihre Unruhe rührt vor allem daher, dass bei so vielen Knöpfen und Eigenschaften und Unvergleichbarkeiten kein Flachbettscanner viel schlechter aussieht und gar nicht in Frage käme. *Das* ist die Kunst des Topimierers. Er wählt die Zielfunktion so, dass das eigene Produkt gut darin aussieht, die anderen Produkte auch gut, aber nicht soooo gut.

Die Kunst ist es, unter einer solchen gut vermittelbaren und unmittelbar einsichtigen Zielfunktion gut auszusehen, in der kein einziges Produkt oder kein einziger Mensch gleichmäßig echt besser ist. Dann müssen Sie Ihre Zielfunktion als verbindlich erklären: „Ich verstehe Menschen nicht, die nie die Volkshochschule besuchen. Niemand hat heute mehr Interesse für so etwas. Sie schauen wohl alle fern. Ich hasse überdies Menschen, die ihr Äußeres vernachlässigen. Bevor ich rotweichweiß wäre, würde ich mich wenigstens ab und zu in die Sonne legen. Warum bewegen sich Menschen nicht? Ich bezahle am Ende für deren Lebenserhaltungsmedizin." Und so weiter.

Sie sagen dabei implizit: „Ich kümmere mich um meine Bildung, um meinen Körper, um meine Seele, um meine Kinder, um die Gesellschaft." Sie müssen sich selbst so konzipieren, dass Sie überall ein bisschen von allem haben und „den Punkt dafür" bekommen. Immer, wenn Sie sagen müssen: „Nein, da tue ich nichts. Den kenne ich nicht. Noch nie gehört.", immer dann gibt es Punktabzug. Es kommt darauf an, dass Sie ganz gleichmäßig gut besetzt sind. Damit niemand sagt: „Kann ich besser. Weiß ich besser."

Es gehört zu den ungeheuerlichsten Grausamkeiten der Menschheit, Kindern vorzuwerfen, sie seien echt schlechter als ihre Geschwister. „Nimm dir mal deinen Bruder zum Vorbild." Bitte denken Sie nur hier daran, wie weh es tut, wenn Sie beim direkten Vergleich einfach so schlechter sind. Wenn Sie dies in sich fühlen können, so können Sie die Wichtigkeit des Rates verstehen: *Vermeiden Sie direkte Vergleichbarkeit um jeden Preis, außer*

Sie sind wirklich besser. Wenn Sie aber mit ungewissem Ausgang verglichen werden sollen, sagen Sie bitte: „Das ist etwas ganz anderes." Und leiten Sie die Diskussion auf eine andere Zielfunktion. Statistisch gesehen scheinen Männer im Denken mehr zu vergleichen (weil sie als Buben Rangordnungskämpfe ausfochten und mehr in Fußballtabellenordnungen und Straßen-, Kreis-, Bezirksligen und derlei Revierdenken zu Hause sind). Deshalb sagen ihnen oft Frauen: „Das ist etwas ganz anderes." Dann verzweifeln Männer. Es bedeutet aber, dass sie verloren haben. Verloren gegen die erstklassige Strategie, alles für *nicht* vergleichbar zu erklären.

Feature Creep: Produktentwickler bauen zu diesem Zweck immer noch Knöpfe oder Zusatzschalter an Produkte, damit das von ihnen entwickelte Produkt etwas Besonderes hat. Produktentwickler sprechen von Zusatzfeatures, von Dingen, die das eigene Produkt noch dazu gratis, sowieso, selbstverständlich als Einziges hat. Er: „Mein Textprogramm schreibt in verschiedenen Schriften." Besser-Er: „Bei meinem Textprogramm kann ich Einzelbuchstaben auf den Kopf stellen." Er sagt darauf immer, wirklich immer: „Brauche ich nie." Besser-Er: „Wir reden nicht von Dir, sondern von der Güte der Produkte. Ich kann sogar Buchstaben liegend drucken, selbst in Magenta."

Zusammengefasst: Sammeln Sie viele Punkte an verschiedenen Stellen, einige Besonderheiten, die nur Sie haben, einige charmante Fehlerchen, die Sie pflegen. Vertreten Sie nichts, was das Gegenüber schlicht besser kann. Gehen Sie sofort auf andere Themen über oder machen Sie alles in diesem Bereich verächtlich: „Schmecken die Prädikatshühner denn auch oder sind es nur so ganz kleine? Ganz kleine sind ja sehr schwer zu züchten, das will ich glauben. Man kann sie kaum sehen. Unser Hähnchenkiosk hat so welche."

Wenn Marketing aber die Kunst ist, das Eigene herauszustreichen und das Fremde nicht zu beachten, so ist das Messen der Compu-

ter durch echtes, objektives Vergleichen die genaue Gegenstrate-
gie! Wenn Abteilungsleiter oder Bildungspolitiker für ihre Ideen
werben, so fragt der Computer ungerührt: „Was bringt es unter
dem Strich! Keine Blumen, bitte." Diesen Zwiespalt müssen wir
durch bessere Programmierung der Computer besser in den Griff
bekommen.

5 Der Mehrschichtmensch: Ich überlasse Ihnen nicht die Wahl der Waffe, Monsieur!

Die normalen Menschen stehen bei dem Besserseinmüssen vor
einem großen Problem: Sie müssen sich so topimieren, dass sie
in sehr vielen Zielfunktionen anderer Menschen halbwegs erträglich erscheinen. Wenn also ein Mensch gut abschneiden will,
wenn er gemessen wird, muss er unbedingt versuchen, die Zielfunktion vorzugeben, in der gemessen werden soll. *Die Wahl der
Zielfunktion hat beim Topimieren die gleiche Bedeutung wie die
Wahl der Waffen bei einem Duell auf Leben und Tod.* Wenn diskutiert wird, bildet sich bald eine allgemeine Meinung heraus,
unter welchem Blickwinkel hauptsächlich gewertet werden soll:
Umwelt, Arbeitslosigkeit, soziale Gerechtigkeit. Den Blickwinkel
müssen Sie bestimmen! Früher hätte man z.B. auch nach Ehre
oder Treue zum eigenen Bild messen können. Ich erwähne dieses
antiquierte Denkmodell, um zu verdeutlichen, wie sehr sich Ziele
ändern können. Morgen ist es dann „Paneuropäische Gleichheit"
und überüberübermorgen „Gensequenznorm". Heute aber muss
sich ein Mensch mit vielen mehr oder weniger wichtigen Zielfunktionen auseinandersetzen. Sie stammen aus den verschiedensten Bereichen.

- Moral, Ethik
- Kirche, Glauben
- Umfeld der einzelnen Freunde
- Stammtischmeinung

- Partei oder Parteinähe
- Politischer Zeitgeist
- Meinung des Chefs
- Meinung des Sekretariats, der Kollegen, des Hausmeisters
- Corporate Identity des Arbeitgebers insgesamt
- Lehrer der Kinder, Trainer
- Kaufleute, bei denen Sie gute Kundin sind
- Schwiegereltern, Großeltern, Eltern
- Kinder, Freunde der Kinder
- Nachbarn
- Vereinsmitglieder, verschiedene Vereine
- Image der Markenprodukte („Dein T-Shirt riecht noch nach Kaffee. Neu, was?")

Das Problem des Gemessenwerdens unter all solchen Zielbereichen kann man mit Topimierung so angehen, dass man viele Zielfunktionen „besitzt", die man situativ geschickt einsetzt.

Ich gebe ein Videorekorder-Beispiel. [Anmerkung 2008: Ich habe überlegt, ob ich dieses Beispiel für die vorliegende Ausgabe austausche, gegen ein zeitgemäßes, etwa mit Digicams. Denn es gibt ja heute so richtig keine Videorekorder mehr, weil wir uns auf DVD umrüsten. Im Grunde lästere ich ein bisschen darüber, dass die Technik teilweise unsinnig für den Verbraucher und vor allem schwer bedienbar erscheint. Wir wundern uns oft, warum das so ist. Beim neuerlichen Lesen meines Buches kam mir der Gedanke, das Technik wahrscheinlich gar nie bedienbar sein muss, weil sie so schnell wieder durch eine neue Technik abgelöst wird. Es lohnt sich gar nicht, darüber nachzudenken! (Außer bei Autos vielleicht, wo die Unfälle eben ärgerlicher sind als die mit Videorekordern.) Ich lasse das Beispiel stehen. Sie sehen, wie rasant sich die Welt in ganz wenigen Jahren verändert.]

Sie stehen im Wohnzimmer eines Reihenhauses und packen gerade einen Videorekorder aus, den Sie heute zusammen mit zwei E300-Videokassetten gekauft haben, um am Wochenende

„Der mit dem Wolf tanzt" und „Vom Winde verweht" aufzunehmen. Es klingelt an der Tür. Mögliche Reaktionen auf mögliche Gäste:

SP sagt möglicherweise zu jedem Gast: „Ich baue gerade einen Video auf. Wir gehen nachher in die Videothek. Setzen Sie sich irgendwo. Ich habe gerade Glühwein. Auch ein Glas?"

NT sagt möglicherweise zu jedem Gast: „Warten Sie, ich mache etwas Platz frei zum Hinsetzen. Überall Bücher. Ach, schauen Sie, das hatte ich lange gesucht."

NF und besonders SJ sind adaptiver: „Der Papst! Ach Gott, ich habe nicht aufgewischt. Wollen Sie ablegen, ich meine, äh, macht das ein Papst? Und was bietet *man* ihm an? (SJ)" (Das Wort „man" ist wichtig für SJ, NF sagen den Satz mit „ich". Diese Situation ist peinlich. Peinlich sein heißt, dass die eigene Zielfunktion nicht koordiniert ist mit einer anderen, die jetzt wichtig ist. Diese andere wird übersehen (sehr peinlich, aber nicht schlimm, weil man es ja in diesem Augenblick nicht weiß) oder ist noch unbekannt (sehr bedrückend).) „Wir, äh, haben einen Video, weil wir oft Musikmessen aufnehmen, die immer kommen, wenn wir in der Kirche sind."

Oder: „Der Chef! Mein Mann ist nicht da. Soll ich etwas bestellen? Was? Sie wollen kurz hereinkommen? Ich kann Ihnen auch einen Zettel herausbringen. Keine Umstände! Ja, wenn Sie meinen. Bitte, ich, oh, wo ist ein Zettel, es ist nicht aufgeräumt, wir packen etwas aus. Himmel noch mal."

„Mein Sohn! Tritt dir die Füße ab. Ja, der Video ist da. Denk nur nicht, du nimmst gleich auf. Die Kassetten sind für mich. Wir nehmen nur sehr wertvolle Filme auf. Du musst das Ding immer nur für uns bedienen, Mutti will sich auch nicht einarbeiten und ich habe dafür keine Zeit."

„Der Freund meines Sohnes! Ja, er ist da. Ja, ein Rekorder. Natürlich mit sieben Köpfen, das neue Hydra-Modell. Der ADVERS-Knopf ist ein Sonderfeature, mit dem man nur Werbung aufnehmen kann. So was habt Ihr nicht, was? Wieso Auslaufmodell? Hey, das muss ich mir nicht sagen lassen. Ich ..."

„Die Nachbarin! Ja, ein Rekorder. Bist du nur gekommen, um es zu wissen? Sonderangebot. Nein, es ist nicht für alle in der Straße gedacht, wir wollen es hier gemütlich haben."

„Der Trainer meines Sohnes! Ja, sicher, er spielt. Das da? Ein Rekorder. Nein, wir sammeln die Aufzeichnungen nicht. Von allen Spielen? Nein, wir haben keine Kamera, wollen wir nicht, nein, wir wollen auch nicht immer zuschauen. Ich brauche meine Zeit auch für mich. Nein, nicht nur für Filme angucken."

„Der Lehrer meiner Tochter! Ja, ein Rekorder. In der Videothek gibt es sehr gute Filme über andere Kulturen, wie die das machen und über Biologie. Es ist doch ein rechter Horror für einen Lehrer, wenn er nicht so anschaulich sein kann, oder?"

Der überdurchschnittliche Topimierer hat ein untrügliches Gefühl für die Zielfunktion des anderen Betrachters und dreht die eigene Zielfunktion für eine Zeitlang in ein günstiges Licht.

Ich habe das Beispiel fast zu ausführlich gemacht, oder? Ich gebe noch ein kurzes vom Meister. Lichtenberg beobachtet: „Die Dienstmädchen küssen die Kinder und schütteln sie mit Heftigkeit, wenn sie von einer Mannsperson beobachtet werden; hingegen präsentieren sie sie in der Stille, wenn Frauenzimmer auf sie sehen."

Das Problem dieses Chamäleon-Benehmens ist die dauernde Sorge um Konsistenz. Wir müssen beim Topimieren immer darauf achten, welche Zielfunktion gerade „angeschaltet" ist (bzw. welche Zielfunktion Sie selbst gerade gegen die anderen angeschaltet haben!) und uns in dieser gutreden oder gut darstellen. Wir selbst wirken im Zustand der Topimierung natürlich distanziert, zurückgenommen, fragmentiert („Sie sollten einmal sehen, wie er in der anderen Runde auftritt! Da redet er anders!"). Von außen können wir leicht wie ein Sammelsurium von Regeln wirken, die aus verschiedenen Lebensumfeldern stammen.

Wenn Computer das Feld betreten, wird dies aber wirklich hochnotpeinlich.

XII. Urformeln, Bravheitsprinzipien, die Söldner der Ordnung

Relativ vieles, was uns im Leben selbstverständlich erscheint oder richtig, was dasselbe für uns ist, fußt auf unrichtig gewordenen Voraussetzungen. Dieses Kapitel versucht, ein paar Argumente gegen das ausschließlich Brave zu liefern. Es wendet sich also teilweise gegen normale Vernunft.

Ich habe von ziemlich vielen Dichtern und Philosophen sämtliche Werke zu Hause, aber die von Lichtenberg habe ich besonders gern. Also hören Sie noch ein Zitat, diesmal über den Unterschied von Pfarrern und Schlossern, die sich über die Beziehung des Menschen zum Stehlen äußern:

„Du sollst nicht stehlen wollen."

„Du sollst nicht stehlen können."

Der Pfarrer träumt von guten Menschen, aber der Schlosser handelt. Sein Prinzip beherrscht die Welt und dieses Prinzip schäle ich anhand der Urformeln der Erziehung und der Arbeit heraus, an denen ich es erkläre. Ich möchte damit immer deutlicher machen, dass wir in der neuen Wissensgesellschaft uns wohl mehr auf den Weg des Pfarrers begeben müssen.

1 Die Urformel der Arbeit

Der Name dieses Abschnittes klingt spannend, aber die Formal ist ganz einfach und eigentlich jedermann bekannt. Man sieht sie aber nicht so oft in voller Schönheit aufgeschrieben. In der Physik lernen wir gleich zu Anfang, dass

$$Arbeit = Kraft \times Weg$$

ist oder, da Leistung gleich Arbeit pro Zeiteinheit ist, auch

$$Arbeit = Leistung \times Zeit.$$

Die Arbeit entsteht dadurch, dass eine gewisse Leistung eine gewisse Zeit lang erbracht wird. Nun ist die normale Arbeitszeit aber unterbrochen durch Ablenkungen, unnützliche Tändelei, durch Störungen. Außerdem wird oft bei der Arbeit ein Fehler gemacht. Diese Zeit ist zwar mit voller Leistung an der richtigen Sache verbracht worden, aber es ist keine Arbeit im Ertragssinne geleistet worden. Ein wenig unphysikalisch schreibe ich deshalb die Formel so:

$$Arbeit =$$
$$Anzahl\ Menschen \times Leistung \times Zeit$$
$$\times\ Effektivitätsfaktor \times Ausbeutequote$$

Der Effektivitätsfaktor und die Ausbeutequote sind Zahlen zwischen Null und Eins. Beispiel: Wenn nur 10 % Fehler gemacht wurden und 9 % der Zeit vertrödelt wurde, so ist die Ausbeutequote 0,9 und der Effektivitätsfaktor 0,91. Die Gesamtarbeit hängt natürlich davon ab, wie viele Menschen mitgeholfen haben. Das Multiplizieren mit der Anzahl der Menschen ist aber nur korrekt, wenn die Menschen gleich sind, sich gleich benehmen, die gleiche Arbeit tun und sich nicht gegenseitig ablenken.

So. Das ist noch nicht tiefsinnig. Jetzt aber bringe ich diese Formel mit den Grundwerten in Verbindung, mit deren Hilfe wir Menschen bewerten.

- Ausbeutequote mit *Sorgfalt oder Konzentration*
- Effektivitätsfaktor mit *Disziplin und Betragen*
- Zeit mit *Fleiß und Ausdauer*
- Leistung mit *Eifer, Bemühen, Mitarbeit, Anstrengung*

- Anzahl mit *Fügsamkeit, Uniformität, Einordnung, Standardisierung*

Wenn sich alle Menschen untadelig uniform benehmen, sorgfältig arbeiten, also keine Fehler machen, wenn sie diszipliniert und konzentriert arbeiten und keine Zeit vertun, wenn sie fleißig sind und lange arbeiten, wenn sie sich stark bemühen und Eifer zeigen, sich also richtig hineinhängen, ja, wenn alle Menschen dies in uniformer Weise tun, wird viel Arbeit geschafft.

Die Grundwerte, die diese Formel enthält, hat unsere Gesellschaft deshalb auch als Kopfnoten in die Zeugnisse aufgenommen. Sie bilden außerdem das Rückgrat für die Beurteilung von Arbeitnehmern. „Er (Schüler, Arbeitnehmer) arbeitete sehr fleißig und sorgfältig. Er tat mehr als das Verlangte. Sein Betragen war einwandfrei. Er ordnete sich gut in die Gruppe ein. Er arbeitete im Allgemeinen selbstständig." Der Term „im Allgemeinen selbstständig" bedeutet, dass er ab und zu Hilfe brauchte. Deshalb geht natürlich der Effektivitätsfaktor der Gruppe herunter, weil jemand helfen muss. Normalerweise begrenzt man den Verlust, indem der Chef hilft, der ja bei der Arbeit erst mal nicht mitzählt.

Die Kopfnoten der Schule sind eindeutig Grundelemente einer traditionellen SJ-Welt. Wer Sorgfalt, Disziplin, Ausdauer, Eifer und Einordnungsbereitschaft zeigt, „ist brav". Er entspricht den Werten des traditionellen Elternhauses, die sich aus der Arbeitsformel ableiten lassen. Eltern, Erzieher, Manager versuchen natürlich, alle Menschen brav zu halten oder in einen braven Zustand zu überführen. Dazu kontrollieren sie die Elemente der Arbeitsformel einzeln, nicht als Ganzes. Dieses Kontrollieren und Steuern der Einzelmerkmale ist genau das Vorgehen des analytischen Denkens.

Ausbeute- und Fehlerquote: In der Schule wird die Abweichung vom Optimum anhand von Fehleranzahlen ermittelt. Höchster Qualitätsmaßstab: „Null Fehler, Papa!" Dieser Maßstab lässt sich

etwa bei Deutschaufsätzen nicht ohne weiteres durchgängig anwenden, weshalb immer wieder Klagen über völlige Bewertungs-
willkür aufkommen. Wir bestehen innerlich auf der Messung von
Fehlern. Wer keine Eins bekam, muss doch „Fehler" gemacht haben? Wenn ein Mitarbeiter eine nur verhaltene Gehaltserhöhung
oder Arbeitsbewertung bekommt, fragt er stets: „Was habe ich
falsch gemacht?" Die gängige Vorstellung ist, dass alle Dinge bewertet werden können. Sie werden in ein Verhältnis zu einem *bekannten Optimum* gesetzt und verglichen. Mathematikergebnis-
se eines Schülers werden mit den wahren Antworten verglichen.
Aufsätze werden verglichen mit Aufsätzen, „wie sie in der Spitze
in diesem Altersjahrgang erwartet werden können". Die Abweichungen vom Optimum werden in Fehlerquoten oder Punktab-
zügen gemessen, wie beim Boxen, Eiskunstlauf, Turnen. Je komplexer das Optimale ist, umso aufwendiger ist es, ein Bewertungs-
schema zu entwerfen. Wofür gibt es Punkte oder Punktabzüge
beim Eiskunstlaufen? Beim Boxen? Beim Design von Web-Sites?
Bei der Bewertung von Restaurants oder Zahnärzten?

Ziel aller Menschen: Fehlerquoten minimieren.

Effektivitätsfaktor: Menschen schwatzen leider bei der Arbeit. Sie
treffen sich zu Meetings oder Abstimmungen. Sie quatschen am
Kaffeeautomaten. Sie essen eine Banane oder ein Balisto zwischendurch. Sie haben womöglich zeitweise nichts zu tun, weil
kein Auftrag vorliegt (kein Kunde beim Friseur, kein Anruf im
Call-Center). Sie surfen privat im Internet und erledigen im
Dienstcomputer Banküberweisungen oder schauen sich künstlerische Darstellungen schöner Menschen an. Sie gehen auf Be-
triebsversammlungen, hören sich betrieblich organisierte Vorträge an, lassen sich vom Betriebsrat beraten, gehen zur betriebs-
ärztlichen Untersuchung, reden mit dem Chef, beschweren sich
bei ihm, wollen von ihm gelobt werden. Sie holen die Post, besorgen Bleistifte, reparieren immer wieder Drucker und Kopierer, überleben den Computerabsturz, warten auf den Netzspe-
zialisten, installieren neue Programme. Bei der Arbeit hören sie

Nachrichten oder Musik. „Das macht nichts." Menschen schreiben auf, was sie getan haben. (Privatrechnungen von Ärzten sehen so eindrucksvoll aus, dass ich selbst wohl länger daran arbeiten müsste als an der Behandlung des Patienten.) Menschen schreiben Stundenprotokolle, kassieren, verbuchen, tragen Belege hin und her, reisen, kaufen Fahrkarten, rechnen Reisen ab. Die Reisen dauern lange, ein Flugreise kann (von Tür zu Tür) die 35 Stunden dauern, die eigentlich in dieser Woche gearbeitet werden sollen. Menschen verbessern ihre Arbeitsweisen, die sich deshalb dauernd ändern. Sie gewöhnen sich neu ein, lernen neue Systeme kennen und die dafür neu Zuständigen und die neuen Regeln und Ausgaberichtlinien …

Ziel: Die Ausbeute steigern.

Zeitdauer: Dies ist ein einfacher Parameter. Er kann relativ leicht gemessen werden. Stechuhren sind bald out, Smartcards in. Am allerbesten misst man die Zeit gar nicht, aber diese Idee ist relativ neu. Manager könnten ihre Vertreter abends durch die Räume gehen lassen, um noch anwesende Mitarbeiter zu loben und ihnen eine Pizza zu bestellen. Das ist besser als Stechuhren.

Ziel: Zeitdauer der Arbeit erhöhen.

Leistung: Schneller arbeiten pro Zeiteinheit. Das ist ein weites Feld, wie man schneller verkauft, schneller entscheidet, schneller Ideen hat. Im traditionellen Arbeitsumfeld aber ist es klar: Schneller arbeiten! Schneller Haarschneiden, pflügen, Brötchen backen.

Ziel: Leistung erhöhen.

Standardisierung: Ohne sie ist Arbeit nicht gut zu organisieren, wir haben das schon beim Marionettenbau gesehen. Die Uniformität der Abläufe sichert auch einen geringen Kommunikationsbedarf. (Wenn zum Beispiel klar ist, was eine Käsewecke genau ist, kann ein Verkauf schneller abgewickelt werden. Jeder Kunde und jeder Bäcker hat dieselbe Vorstellung von Käsewecke und bei einem Umzug in eine fremde Bäckerei kann ein Bäckergeselle sofort wieder Käsewecken backen, weil sie überall gleich sind, dank der Standardisierung.) Die Vielfalt der neuen Welt erhöht sonst zu stark den Aufwand. Früher reichte beim Friseur die Frage: „Faconschnitt?" Bei Nein bekam man den Rundschnitt. Eine einzige Ja/Nein-Entscheidung reichte zur Beschreibung von 20 Minuten Arbeit. Heute kann die Beschreibung der gewünschten Frisur und das Prüfen im Schnittprozess große Prozentsätze der Arbeit betragen.

Ziel: Standardisierung vorantreiben, Menschen einsparen.

Wenn also im traditionellen SJ-Sinn die geleistete Arbeit maximiert werden soll, wird an den verschiedenen Faktoren „gedreht", damit möglichst viel Arbeit geleistet wird. Es ist nicht so einfach zu sagen, wo das Optimum liegt. Deshalb messen wir die Daten und machen Statistiken, um herauszufinden, wo wir stehen.

2 Die Urformel des Geschäfts

Sie ist ja wirklich jedem bekannt:

$$Gewinn = Umsatz - Kosten$$

Oder:

$$Gewinn = Preis\ für\ Arbeit/Produkt/Leistung$$
$$- Kosten\ von\ Arbeit/Herstellung/Erbringung$$

Bei unserem Bäcker kostet ein Brötchen 25 Cent. Beim Fleischer kosten 100 Gramm Parmaschinken 1,99 €. Das ist einfach. Wenn wir also den Gewinn wissen wollen, müssen wir „nur noch" die Herstellungskosten berechnen. Das aber ist so ungeheuer schwierig, dass ich darüber jetzt einige hundert Seiten schreiben müsste. Ich verdeutliche hier nur die Problematik. Ich gehe zum Fleischer und möchte 100 Gramm Parmaschinken, der hauchfein geschnitten wird. 100 Gramm könnten je nach Größe des Stücks, von dem geschnitten wird, 40 Scheiben sein. Jede Scheibe wird abgeschnitten und sorgfältig schuppig gelegt. Das dauert für jede Scheibe etwa eine Sekunde. Stoppuhr an! „Ich möchte 100 Gramm Parmaschinken." Die Verkäuferin legt den Parmaschinken aus der Auslage und legt ihn auf die Maschine. Sie nimmt ein Blatt Unterlagepapier neben die Maschine, beginnt zu schneiden. Nach dem Schneiden wiegt sie ab, im Schnitt zweimal, bei 80 Gramm und bei 104 Gramm. „Gut so?" – „Ja." Sie verpackt den Schinken, sucht den Tacker, nimmt das Preisschild und tackert es an die Plastiktüte, reicht mir alles über die Theke. Stoppuhr aus! Wie lange dauert dieser Vorgang? Sagen wir 2 Minuten? Eine Minute Personalkosten im Handel kostet vielleicht 50 Cent, inkl. Arbeitsgerät etc. Das heißt, die Hälfte des Preises wird durch den Verkaufsvorgang aufgewogen! Wenn ich dagegen eine Kabanossi kaufe, geht es viel schneller. Ein Griff, eine Wurst geangelt. Wiegen. 3 €. Einpacken. 30 Sekunden. Es ist klar: Mit Parmaschinken macht der Supermarkt bei 19,90 € pro Kilo einfach Verlust. Noch ein Beispiel: Die Schokoladenpäckchen für den Weihnachtsbaum. Vier Stückchen Schokolade einzeln in verschiedenfarbiges Glanzpapier verpackt und verquer wie Ziegel aufeinander geschichtet und kunstvoll als Päckchentürmchen golden verschnürt. Das lässt sich nicht richtig in Großserie am Band fertigen. Das macht ein Roboter, ein Türmchen nach dem anderen. Verlust. Kein Kunde ist bereit, das Schneiden des Schinkens oder das Wickeln der Päckchen ehrlich zu bezahlen. Der Kunde sieht nur vier Stückchen Schokolade als Wert, nicht die Arbeit.

Oder: Die Brötchen bei uns in Waldhilsbach werden in Wirklichkeit in Gauangelloch gebacken und hergefahren. Also verursachen die Waldhilsbacher Brötchen mehr Kosten als die Gauangellocher, sie müssten also bei uns teurer sein als im Stammgeschäft. Oder: Der Unterricht an einer Schule ist viel teurer, wenn die Lehrer älter sind, da diese Alterszulagen zum Gehalt bekom-

men. Ist der Unterricht dann besser? Oder: Wenn der Bäcker eine
Woche lang Nutella zum halben Preis verkauft, so macht er damit
Verlust. Klar. Aber er verkauft dafür mehr Brötchen. Was aber ist
nun der Gewinn oder Verlust von „Nutella" wirklich?

    In Wirklichkeit wird das nicht so fein ausgerechnet. Die Kos-
ten werden im Durchschnitt erhoben. Die Verkaufskosten pro
Brötchen oder Wurstsorte werden pauschal erfasst. Heute erlauben es aber Computer, die Kosten von Leistungen und Herstell-
prozessen *ganz genau* zu berechnen. Dann springen alle diese
Schwierigkeiten ins Auge. Dann wird offenbar, dass Parmaschinken ein Dauerverlustgeschäft ist. Wenn man aber alle Artikel aus
dem Sortiment nimmt, die Verlust machen, dann steht der halbe
Laden leer. Dann komme ich nicht mehr, weil ich dorthin einkaufen gehe, wo es noch Parmaschinken gibt. Sie sehen, dass wir jetzt
mühelos in höhere Mathematik abdriften können, wenn wir ganz
genau bestimmen wollen, wie teuer Brötchen sein sollen und ob
Schinken überhaupt verkauft werden soll.

Lassen Sie uns nun die gleichen Gedanken verfolgen, wenn es um
teurere Dinge geht, also nicht um Cents und um hoffnungslose
Haarspaltereien. Nehmen wir Menschen. Ich hatte bei Lehrern
angedeutet, dass Ältere teurer sind als Jüngere. Das ist nicht nur
bei Beamten so, sondern ganz generell. Wenn wir so genau wie bei
Brötchen auch den Gewinn von Arbeitnehmern messen, kommen beachtenswerte Unterschiede von Tausenden von Euro heraus. Wenn Unternehmensberater älter werden, können sie leicht
das doppelte Gehalt bekommen. Erhalten Sie aber auch den dop-
pelten Tagessatz vom Kunden bezahlt? Wie entwickelt sich der
Gewinn dieser einen Person auf jeden Cent genau? Macht das
Unternehmen mit Frauen mehr Gewinn als mit Männern, mit
Betriebswirten mehr als mit Physikern, mit mit mit … ? Ist es
besser, sie gut ausbilden zu lassen (teuer, kostet Zeit, in der verdient werden könnte) und teuer anzubieten, oder ist es besser, sie
zu einem etwas geringeren Preis viel arbeiten zu lassen?

Eine Sekretärin mag die Berater eines Unternehmens unterstützen. Wie wird sie in den Endpreis der Beratung eingerechnet? Pro Berater? Natürlich arbeitet sie länger für die hierarchisch höheren Berater, also müssten diese mehr Sekretariatskosten angerechnet bekommen. Aber wie viel genau? Auf jeden Euro genau? Wie viel Kosten muss jeder Einzelne vom Hausmeister tragen? Vom Kopierer? („Ich kopiere nicht so viel wie der da!") Vom Stockwerknetzdrucker? („Ich habe einen kleinen Drucker in meinem Büro! Ich will nichts dazugeben!")

Jeder Berater bekommt natürlich auf seinen persönlichen Gewinn die Kosten seines eigenen Büros angerechnet. Das kostet richtig viel bei den repräsentativen Büros der Chefberater, was deren Gewinn mindert. Diese aber sagen, dass sie ja Kundenrepräsentanten empfangen, die dann auch andere Berater bezahlen würden. Deswegen müsse das wunderschöne Büro auf alle Berater gleichmäßig als Kosten verteilt werden, weil alle davon profitieren.

3 Der vermessene Mensch

Das echte Problem ist also, wie die Kosten der Menschen und der Prozesse vernünftig gemessen und bewertet werden sollen. Wir bekommen am Ende möglicherweise alle eine Smartcard, also eine intelligente Kreditkarte in die Hand. Jedes beliebige Gerät erhält einen Sensor, der Kontakt mit der Karte aufnehmen kann. Damit wird es möglich, alles ohne viel Aufwand zu messen. Der Kaffeeautomat bucht das Geld für meine Getränke ab und zählt, wie viel ich getrunken habe. Die Toilette kennt mich und weiß, wie oft ich sie besucht habe, wenn sie allein war. Der Kopierer registriert meine Kopien. Die Smartcard registriert meinen Eintritt in Räume, Fahrstühle, Parkgaragen, Bahnhöfe, Flugzeuge. Sie bezahlt alle Gebühren, die überall anfallen, damit meine eigenen, von mir selbst verursachten Kosten immerfort echt registriert sind und damit jeder weiß, wie viel Gewinn ich mache. Das ist die Hauptmotivation für die Omnimetrie.

Ich gebe Ihnen ein fiktives Beispiel aus meinem Familienleben nach dem Einzug der Omnimetrie: Jeder Mensch bekommt eine weltgültige Personennummer zugeteilt, die als Konto, Name, als Telefonnummer und sonst noch alles dient. Jeder erhält also eine Rechnung für alles was ihn betrifft. Ich weiß dann, wie viel jedes meiner Kinder telefoniert hat, wie viel sie surften, wie viel Downloads ich zahlen musste. Ich bekomme individuelle Pay-TV-Rechnungen. (Mein Sohn dann vielleicht: „Anne, guckst du dir den Film mit an? Ich habe nicht mehr so viel Geld." – „OK, aber ich zahle nur ein Drittel." – „Das ist nicht gerecht." – „Wer es eilig hat, zahlt, lieber Johannes, oder?") Ich bekomme elektronische Rechnungen für jede Schulmilch und Pausenpizzaschnitte. Der Strom wird per Zimmer berechnet, an den Sicherungen. Jeder benutzt seine eigenen Steckdosen, die verschiedenfarbig designed sind. Die Heizungsmenge wird an den Ventilen gemessen. Damit werden wir vier Haushaltspersonen praktisch zu vier Kostenstellen, die eine getrennte Buchführung ermöglichen. Ich friere dann lieber in meinem Zimmer und surfe in Decken gewickelt. Ich spare bei der Heizung ein, was ich lieber für Telekommunikation ausgebe. Unseren Kindern wird verboten, nur zum Sparen zu frieren, weil sie sich erkälten. Die Gesundheit geht vor und sie können nicht alles eigenwillig nach Geld regeln. Wir haben uns also auf Finanzregeln geeinigt, wie wir zusammen leben. Zum Beispiel versuchen immer wieder Familienmitglieder, das Licht nur im Flur anzumachen, um dann im eigenen Zimmer nahe der Türschwelle lesen zu können, ohne den Strom zu bezahlen. Wir erkannten daran früh das Problem der Gemeinschaftsausgaben. Wir haben deshalb sehr stark in Gerechtigkeit investiert und überall vier Toilettenpapierrollenhalter angebracht. Speisekammerentnahmen sind kein Problem mehr, seit wir die Smartcards mit Barcodeleser anschafften. Alles ist getrennt berechenbar. So hat jeder sein eigenes Reich. Wir denken schon länger über Synergien nach. Wir sammeln Kerzenstummel und spielen zum Schein (der Kerze) Malefiz, was praktisch beliebig lange dauert, wenn man so spielt, dass man Steine vors Loch setzen darf. So spielen wir dann und hören erst auf, wenn wir genug gespart haben, um das Surfen zu bezahlen. Zum Spielen haben wir erst auf Türschwellen gesessen, damit die Heizung geteilt wird, aber es ist billiger, alle zusammen in einen kleinen Raum zu gehen. Wir fühlen uns sehr geborgen. Es ist leider sichtbar geworden, dass das Taschengeld der Kinder praktisch ein Klacks gegen die Heizungs- und Stromkosten ist. Besonders die laufende Zimmermiete ist sehr teuer, außerdem die Krankenversicherung. Da ein Kind einige hundert Euro kostet, sieht es die wenigen paar Cents Taschengeld nicht ein. Das gab einen Disput, aber die Kinder verstehen, dass sie am meisten Geld machen, wenn sie in Doppelzimmer ziehen und nicht zum Arzt gehen, damit sie eine Beitragsrückerstattung bekommen. Wir haben ein Riesentheater mit unserem Sohn, weil er wächst. Er sagt, er brauche mehr Etat für Kleidung und für Essen als unsere Tochter, die schon groß ist. Meine Tochter aber muss ja einen Freund haben und gut aussehen, deshalb sollten wir Erwachsenen einfach alte Kleidung auftragen, wie die Großeltern das auch tun. Man sieht ohnehin nicht, wie wir aussehen, wenn wir im Dunkeln Strom sparen.

Noch ein Beispiel, das ist aber echt: Wir aus Waldhilsbach können Gartengrünschnitt in der Kompostanlage bei Bammental abgeben. Das Problem ist, das oft gewerbliche Betriebe dort abladen, um Gebühren zu umgehen. Problemlösung: Die Autonummer der anliefernden PKWs wird aufgeschrieben. Pro Autonummer darf nur ein halber Kubikmeter pro Tag abgegeben werden. Das ist weniger als ein Kofferraum voll. Ich bin böse geworden, weil ein gefällter Baum mehrere Kubikmeter gibt. „Kein Problem, Sie können ja jeden Tag kommen, bis alles weg ist." Wäscht er mein Auto jeden Tag? „Bitte meckern Sie nicht mit mir, ich mache die Vorschriften ja nicht." Das ist die Königsausrede. Er macht einen Kompromiss: „Wenn Sie noch ein zweites Auto haben, können

Sie mit dem dann noch einmal kommen. Das ist ein Trick, den ich Ihnen verrate. Eigentlich besagt die Vorschrift, dass jeder Haushalt nur einmal am Tag kommen darf. Aber ich muss nur aufpassen, dass kein Auto zweimal kommt. Ich weiß natürlich, dass Sie betrügen, aber ich drücke ein Auge zu." Ich habe eine Schwester, die in Bammental wohnt. „Könnte ich *deren* Grünschnitt heute noch mit *meinem* Auto herbringen?" Da sind wir jetzt alle ratlos. „Ich kann mir nicht vorstellen, dass es erlaubt ist, fremden Grünschnitt im eigenen Auto herzubringen. Das ist sinnlos. Das wird keiner machen, das Auto vollzusauen, nur für eine Fahrt mit fremdem Gut."

Die beiden Beispiele deuten die Versuche der Messenden an, alles ganz genau zu erfassen. Dabei werden Ihnen jetzt die ersten Tücken deutlich, die beim Messen hervortreten:

- Menschen reagieren auf das Messen zum Teil in unvorhergesehener Weise.
- Das Messen wird so eminent wichtig, dass die Arbeit so umgestellt wird, damit das Messen einfach ist.

Die Menschen sehen, dass die Messergebnisse etwas bedeuten. Messungen können Zahlungen auslösen, für Kopien, kellerentnommene Ravioli oder für verbrauchten Strom. Damit stellt sich den Menschen das Optimierungsproblem des Lebens auf neue Weise. Sie optimieren auch nach den über sie erhobenen Daten. Deshalb ändern sie ihr Verhalten. Genau das aber ist erwünscht! Sie sollen sparen, brav sein, vernünftig werden. Ketzerisch gesagt: Sie sollen SJ-Benehmen annehmen.

Das Messen, ob jemand exakt brav ist, ist um Größenordnungen schwieriger als das Bravsein an sich. Arbeiten ist viel leichter als das Messen, ob die Arbeit gut war. Interessanten Unterricht zu halten ist nicht gerade leicht, aber man kann es schaffen. Wie aber messen wir, dass der Unterricht interessant *war*? Das ist sehr komplex, weil wir ja die Schüler nicht fragen dürfen. Denn die haben keine Ahnung, ob etwas interessant ist, weil sie sich ja grundsätzlich für nichts interessieren. Außerdem würden sie so lange lügen, dass der Unterricht *nicht* interessant ist, bis der Unterricht anspruchslos wird. Das ist ihr Ziel: herumhängen und nichts lernen. Die Physik kennt den wichtigen Hauptsatz über die Trägheit: Wenn auf einen Körper keine Kraft ausgeübt wird, so verharrt der Körper in Ruhelage. Das ist ein Naturgesetz, also ist die Körpersprache der Physik völlig eindeutig. Der heimliche Hauptsatz der Topimierung aber lautet: Wenn der Körper in Ruhelage verharren will, so bemüht er sich, dass keine Kraft auf ihn ausgeübt wird.

4 Die simple Sicht auf die Urformeln und Topimierung

Ich wiederhole die Formel der Arbeit hier noch einmal:

$$Arbeit =$$
$$Anzahl\ Menschen \times Leistung \times Zeit$$
$$\times\ Effektivitätsfaktor \times Ausbeutequote$$

Die simple Sicht auf diese Urformel legt nahe, die Einzelkomponenten zu optimieren, um die Arbeit besser zu erbringen. Die Arbeit soll mit wenigen Menschen, viel Leistung, in kurzer Zeit, mit großer Effektivität und mit möglichst wenigen Fehlern erbracht werden. Da nach dem Trägheitsgesetz der Körper ruht, wenn keine Kraft auf ihn ausgeübt wird, ist es nützlich, wenn ein Manager solche Kräfte einsetzt. Er wird die zu erbringende Arbeit festsetzen und dann die Anzahl der Menschen reduzieren, durch Deadlines den Termin zur Ablieferung vorziehen, zu unbezahlten Überstunden auffordern, jede ineffektive Zeit verhindern, Fehler bestrafen und vermehrte Anstrengung unentwegt fordern und notfalls durch Belohnungen fördern. Gleichzeitig wird er versuchen, alle Kosten zu vermeiden, die zur Arbeitserbringung notwendig sind.

Die elementare Physik kennt das Prinzip der Wechselwirkung von Kraft und Gegenkraft. Zu jeder Kraft, die ein Körper auf

einen anderen Körper ausübt, entsteht eine gleichgroße Gegenkraft des anderen Körpers, die in der Richtung genau entgegengesetzt ist.

Die Mitarbeiter eines Betriebs oder der Lehrkörper etc. versuchen immerfort klarzumachen, dass mehr Menschen gebraucht
werden, um die Arbeit zu schaffen, dass sie schon zu viel arbeiten bei übertriebener Anstrengung, dass sie ohne Pause arbeiten und praktisch keine Fehler machen, die von ihnen selbst zu
verantworten sind. Viele Mitarbeiter spezialisieren sich mit einem logischen Trick auf einzelne Fachgebiete. Sie nehmen sich
ein einzelnes Element aus der Urformel heraus und optimieren
sich nach diesem Einzelelement. Wenn sie hier der Beste in der
Abteilung sind, begründen sie aus diesem Teildisziplinoptimum
heraus, dass sie gesamtoptimal sind. Beispiel:

Zeit und Ausdauer: Der Mitarbeiter arbeitet einfach jeden Tag
sehr lange, am besten am längsten in der Abteilung. Das ist sehr
einfach zu machen. Er muss nur als Letzter nach Hause gehen.
Wenn nun der Manager einen Fehler anmahnt oder mehr Anstrengung, brüllt der Mitarbeiter zurück, dass er ja schon am
längsten arbeitet. Natürlich müsse er einige Fehler machen, weil
er sich so überanstrenge. Es gibt sehr wenige Manager, die so viel
Mumm haben zu argumentieren, dass der Mitarbeiter doch dann
so viel Zeit bei der Arbeit gehabt haben muss, sorgfältig zu sein!
Diese Gegenkraft des Mitarbeiters besiegt den Manager.

Fehlerquote: Der Mitarbeiter arbeitet an allen Dingen so lange,
bis er total sicher ist, dass er keinen Fehler gemacht hat. Er demonstriert unaufhörlich seine Angst, Fehler zu machen, was die
anderen Mitarbeiter so sehr nervt, dass sie ihm schließlich helfen. Entscheidungen trifft er nur, wenn er alle Informationen hat.
Da er die niemals hat, entscheidet er nie. Diese Strategie ist ebenfalls einfach. Man muss nur unentwegt jammern und darf auf keinen Fall sicher sein oder etwas entscheiden. Wenn der Manager
einen solchen Mitarbeiter in irgendeiner anderen Formelgröße

„anmacht", so brüllt er zurück, dass er als Einziger fehlerlos sei. Diese Gegenkraft besiegt den Manager. Sie erzeugt in ihm das Gefühl der Ohnmacht. Da er das als Manager nicht haben darf, darf er nicht wieder kämpfen. Er ist endgültig besiegt.

Effektivität: Der Mitarbeiter arbeitet immerzu ohne Pause. Er geht nicht in die Kantine oder zum Kaffeetrinken, weil „das die wertvolle Zeit verschwendet". Er hält es auf seinen Stuhl aus und blickt pausierende Menschen unentwegt mit wallender Empörung an. Auch diese Strategie ist einfach und unbesiegbar.

Leistung: Der Mitarbeiter bemüht sich, überall mitzumischen. Er meldet sich freiwillig zum Protokollschreiben, zum Einsammeln von Geld für Abschiedsgeschenke, zum Organisieren von Feiern, zur Ausbildung als Betriebsumweltbeauftragter. Er ist in einem Gewirr von Projekten beschäftigt. Fazit: Er ist unbesiegbar. Die Strategie ist leicht umzusetzen.

Andere Strategien: Immer Gehorchen, immer alle Vorschriften einhalten, immer Herumwursteln etc.

Kommen Ihnen diese Strategien bekannt vor? Das sind die *Grundstrategien der Topimierung* zur Demonstration von Ausweglosigkeit. Ich habe diese Strategien schon ausführlich behandelt. Ich habe sie hier in Kurzform nochmals wiederholt, weil ich deutlich machen will, dass sie sich auf die Urformeln der Arbeit und des Gewinns beziehen. Die Strategien sind die natürlichen Gegenkräfte zum Drangsalieren der Manager, die die Einzelmerkmale der Arbeitsformel optimieren wollen. Das Wunderbare an diesen Strategien ist es, dass sie vollkommen einfach zu realisieren sind, und zwar ganz unabhängig von der Art der Arbeit selbst. Egal ob Sie Wissenschaftler oder Currywurstverkäufer sind: Sie können einfach lange arbeiten oder immerfort herumwuseln oder sich jede Pause verbieten oder als Erster am Arbeitsplatz erscheinen.

Wir sind allerdings nicht ganz frei in der Entscheidung, welche Methode wir perfektionieren. Nehmen wir an, ich selbst bin auf das Erscheinen als Erster am Arbeitsplatz spezialisiert, – ja, und Sie sind das ebenfalls! Dann müssen wir kämpfen und immer früher aufstehen, bis wir jeweils schon eine Stunde vor Öffnung des Bürohauses da sind und vor der Tür auf den Pförtner warten. Das bringt nichts, weil uns niemand sieht. Also selbst wenn ich Sie durch Nochfrüheraufstehen besiege, so nützt mir das nichts, weil uns der Pförtner und der Chef immer nur zusammen ankommen sehen. Es ist deshalb notwendig, dass wir uns alle aufteilen. In der Abteilung bekommt jeder eine besondere Rolle zugewiesen: Einer kommt als Erster, einer geht immer als Letzter, einer wird immer sehr schnell krank, wenn die Arbeit hart ist (das ist eine von den nicht so einfachen Strategien, ich bekomme gar nicht auf Wunsch Kopfschmerzen oder feuchte Hände). Einer wuselt an unbestimmten Dingen, einer ist perfektionistisch, einer predigt das Vermeiden von Pausen und isst sein Mars, während alle in der Cafeteria sind, einer gehorcht immer, einer meckert immer, einer hat dauernd Bedenken, einer wird schnell und sehr überzeugend wütend, wenn der Chef etwas Unbedachtes sagt. Einer ist schweigend rauchend zornig, weil er sich überfordert sieht. Und so weiter. Ach so: Einige Plätze sind noch für Leute da, die einfach im normalen Sinne gut arbeiten. Das geht auch.

Die Aufzählung mag Ihnen lang vorgekommen sein, *aber*: Eine Abteilung besteht nun einmal aus 20 Mitarbeitern und jeder muss ja eine Rolle haben, in der er topimal ist. Jeder muss sein Feld haben, in der er ganz oben mitmischen kann. Jeder muss in einer bestimmten Formelfacette optimal sein. Deshalb sind unsere Kinder so verschieden, obwohl sie gleichartig aufgezogen werden: Das erste Kind hat die volle Auswahl, es kann beschließen, ein braver SJ zu werden. Das zweite Kind hat weniger Auswahl, das Dritte wieder weniger, aber später verschwimmt das. Das achte Kind kann wahrscheinlich wieder ganz gut wählen. In einer Abteilung muss es also relativ viele Möglichkeiten geben, am besten zu sein, je nach Größe der Abteilung.

Der Manager einer gut besetzten Abteilung steht dann vor seinem allgemeinen Problem der Urformel: Er kann absolut keine Forderung stellen, bei der keiner in der Abteilung furchtbar wütend wird. Zum Beispiel könnte er fordern, mehr unbezahlte Überstunden zu leisten. Dann schreit der Rekordhalter der Abteilung, dass er vorbildlich sei und dass er diese Aussage für sich persönlich ehrbeschädigend finde. Der Manager sagt dann, er sei ja nicht gemeint, er sei vorbildlich für die ganze Abteilung. Dann schreien alle in der Abteilung durcheinander, dass es eine Sauerei sei, dass es nur auf die Überstunden ankommen solle und auf anderes nicht. Daraufhin besänftigt der Manager die Leute und betet den vollen Wortlaut der Urformeln her und sagt, dass es natürlich auch auf die anderen Komponenten ankomme. Das ist ein sehr üblicher schlimmer Managementfehler, denn nun sind alle ruhig. Der Perfektionist etwa sagt: „Aha, also kommt es auch auf Perfektion an. Wenn der Manager das so ausdrückt, bin ich zufrieden." Da das Team jeweils auf allen Komponenten topimal besetzt ist, so bedeutet die Aussage des Managers, es komme auf *alles* an, für das Team in Wirklichkeit dies: „Es kommt auf *ALLE* an." Auf jeden Einzelnen. Und dann ist alles gut.

Was ich sagen will: Die Urformeln der Arbeit sind so einfach, dass sie jeder sofort versteht. Sie enthalten aber irrsinnig viele Tücken, die kaum jemand kennt (das hier ist ein Enthüllungsbuch). Damit Manager managen können, begehen sie meist den unverzeihlichen Fehler, diese Tücken nicht sehen zu wollen. Sie übersehen auch die Topimierungsfeinheiten und die Besetzung der Einzelkriterien durch das Team nach den Prinzipien darwinscher Evolutionsnischen. Deshalb kommt beim naiven Management nach den Urformeln nichts heraus. Der Manager ist besiegt. Weil Topimierer überlegen sind.

Es gibt aber bewährte Methoden, gegen Topimierer vorzugehen. Eine habe ich schon angedeutet: Die Sintflut. Deadline. Kollektivstrafe. „Kinder, die Leistungen sind zu sehr abgesackt. Ihr tanzt mir auf dem Kopf herum. Es ist zu laut in der Klasse. Ich habe alles im Guten versucht. Ich muss jetzt handeln. Mir bleibt keine Wahl. Ihr seid zu schlecht geworden. Ich habe deshalb beschlossen, einige Maßnahmen zu ergreifen. Ihr werdet bald verstehen, dass ich es gut meine. Es ist alles für euren Lebensweg. Ich werde an die Eltern der schlechteren Hälfte der Klasse blaue Briefe verschicken. Ich werde an die Eltern der Störer schreiben und mich beschweren, wie miserabel ihr erzogen worden seid. Ich bin bereit, den Unterrichtsstoff zu wiederholen, in meiner Freizeit werde ich das Nachsitzen betreuen. Ich vergebe Strafarbeiten. Bearbeitet sie ordentlich, damit ihr profitiert. Ich kündige hiermit das Einsammeln der Hefte zur Notenvergabe am nächsten Montag an. Ich werde jetzt sofort einen Test schreiben. Hefte raus."

Das klingt hart, aber nicht so ungewöhnlich. Es gibt passable Versuche, es mit Sintfluten von Tränen zu probieren: „Huhu, Ihr Sohn hat mein Herz verletzt. Er ist so unhöflich im Unterricht! Ich bin ganz verzweifelt mit Ihrem Sohn. Ich würde Ihnen so gerne helfen, damit etwas aus ihm wird. Huhu, schrecklich, ich leide so sehr. Lassen Sie uns zusammen nachdenken, wie wir ihn bestrafen können. Helfen Sie, dass wenigstens noch irgendetwas etwas aus ihm wird! Ich habe so viel geweint, aber er hört nicht. Sie müssen selbst auch einmal strafen, ich schaffe es nicht. Huhuuuu …"

Für die Leser, die einen Boss haben, übersetze ich es: „Die Zahlen sind intolerabel schlecht. Viele in der Abteilung wollen es nicht wahrhaben. Noch immer nicht, wo ich doch so oft warnte. Ich habe alles im Guten versucht. Ich muss jetzt handeln. Mir bleibt keine Wahl. Die Abteilung steht auf dem Spiel. Sie muss ihren Beitrag zum Unternehmen leisten. Ich, äh, das ganze Managementteam, hat deshalb beschlossen, strenge Maßnahmen zu ergreifen. Sie werden Verständnis dafür haben, da bin ich sicher. Ich meine es immer noch gut. Es sind Ihre Arbeitsplätze. Mein Arbeitsplatz ist sicher, nur mein Kopf nicht. Ich bin nicht mehr bereit, mäßige Leistungen in der kommenden Gehaltsrunde zu honorieren. Ich werde die Personalakten der Abteilung rückhaltlos unserem Chef beim Review der Laufbahnplanungsrunde offen legen. Ich werde deutlich äußern, dass ich selbst einen besseren Job verdient habe. Ich erwarte von Ihnen, dass Sie Rückstände in den nächsten Wochen aufholen. Ich will sofort den Status berichtet haben. Arbeiten Sie bis zum Montag aus, wie sehr Sie meinen, Ihre Ziel erhöhen zu können. Ich erwarte deutliche Schritte von Ihnen. Es geht um das Unternehmen." Oder:

„Huhu, die Zahlen sind gar nicht gut, was machen wir da. Sie können nicht so tun, als rühre Sie dies nicht an. Ich weiß ja, dass Sie sich so anstrengen wie ich, ja, das weiß keiner besser als ich, huhuuu. Aber wir schaffen es so nicht, nein, das schaffen wir nicht. Wir müssen uns alle gegenseitig helfen. Wir müssen doch Freunde sein, alle miteinander. Wir wollen uns in der Not lieb haben, alle miteinander. Ich habe Sie alle lieb. Helfen Sie mir doch auch einmal. Helfen Sie mir, dass Sie besser arbeiten. Huhuuu, das muss ich sonst alles dem Chef erzählen, was hier los ist, das wird keiner wollen. Ich nicht und Sie nicht. Er ist sooo grausam und ich habe solche Angst um Sie."

Es gibt noch mehr solcher so genannten „managerial styles", jeder hat so seine Spezialität für die Druckflut.

Eine neue Computervariante zum Schluss. Sie macht klugen Gebrauch von den Messungen, die der Computer an den Menschen durchgeführt hat.

„Ihre Dienstreisen dauern im Durchschnitt 2 Stunden länger als der Durchschnitt. Ich verstehe, dass Sie Überstunden machen, aber dafür müssen wir höhere Reisepauschalen zahlen und ich bekomme eine Mahnung vom Computer. Sie fahren als Mietwagen GOLF, nehmen Sie etwas Kleineres. Sie sollten vor dem Abgeben selbst tanken, das ist billiger, aber so schnell, dass die Reisepauschale nicht steigt. Sie verbrauchen zu viele Disketten. Sie telefonieren zu den teuren Zeiten, Sie sollten die Abendtarife berücksichtigen. Außerdem sind Sie der Einzige, der grüne Kugelschreiberminen benutzt. Der Computer bittet Sie, diese Farbe nicht mehr zu verwenden, damit er keine grünen Minen mehr bestellen muss. Ihr Farbdrucker ist laut dieser Tabelle auf Farbe eingestellt. Ich habe nichts dagegen, in Farbe zu drucken. Aber Farbe sollte nicht als Default eingestellt sein. Laut Statistik haben

Sie drei Zimmerschlüssel. Bitte geben Sie zwei ab. Ja, ich verstehe. Nein, ich stimme nicht zu. Vergessen Sie ihn einfach nicht. Haben Sie denn eine eidesstattliche Erklärung, dass Ihr Kollege nicht mit einem Ersatzschlüssel an den Schreibtisch geht? Nein? Das habe ich mir gedacht. Reichen Sie sie nach, damit die Akten auch schon früher gestimmt haben, und nehmen Sie ihm dann den Schlüssel wieder weg. Löschen Sie Ihre Zugangsberechtigung zu den oberen Druckerräumen. Da müssen Sie nicht sein. Ich habe Sie auch bei dem Kaffeeautomaten im Erdgeschoss abgemeldet. Sie haben nach dieser Tabelle zwei Bücher ausgeliehen. Wann lesen Sie die denn? Zu Hause? Aha. Haben Sie einen Mitnahmeschein? Aha. Gut. Sie denken mit. Sie haben aber die Bücher am gleichen Tag ausgeliehen. Lesen Sie sie gleichzeitig? Wenn alle so handeln, wäre das kleine Bücherbord unseres Wolkenkratzers ja halb leer. Sie haben an die Wegersparnis gedacht?! Ah! Daran hatte ich nicht gedacht! Ich habe mir gestern Abend im Auto noch solche Gedanken gemacht, wie das zusammen passt. Stimmt. Das ist eine Einsparung. Wir geben in den Computer ein, dass jeder vorher eintragen muss, wie viele Bücher er lesen will. Wenn diese Zahl größer als 1 ist, dann muss er alle gleichzeitig ausleihen, um nicht so viel herumzulaufen. Dann muss ich das nicht immer überprüfen und abzeichnen. Warum ist Ihr Gewinn so klein? Hier steht vom letzten Monat, dass Sie vier Stunden bei mir waren, also nichts geleistet haben. Was haben Sie bei mir gemacht? Ah ja, wir haben Ihre Werte durchgesprochen. Haben wir eigentlich darüber eine Tabelle? Warten Sie, warten Sie, ich glaube nicht. Sie müssten nämlich gedrillt sein, die Zeit bei mir möglichst einzusparen. Nun, immerhin sind Sie im Großen und Ganzen clean und haben kaum Vorschriften übertreten. Der Computer sagt, ich soll Sie loben. Ich gebe das hier einmal ein. Moment, Sie können den Ausdruck mitnehmen. Ach! Da haben Sie aber Pech. Ich habe diese Woche schon zweimal gelobt. Hier, sehen Sie, das sind Ihre Kollegen. So ein Pech. Ich trage hier einmal ein, dass ich noch einmal loben möchte. Moment. Oh, das Netz ist langsam. Da ist der Bescheid. Er sagt, ich brauche ein Genehmigung. OK, ich schicke das meinem Chef. Wär' doch gelacht, wenn ich nicht dreimal loben dürfte. Moment. Ja. Na also! Das ist ein großartiger Erfolg für Sie! Sie kommen auf die Warteliste! Dass ich das darf, *dreimal* loben! Ich denke, das ist auch ein schöner Erfolg für die ganze Abteilung. Da werden alle im Abteilungsmeeting stolz auf mich sein. Schade, dass ich schon meine Meetings für dieses Jahr alle gemacht habe und nächstes Jahr ohnehin einen anderen Job habe. Sie kennen mich ja. Hehe."

Ich habe diesen Abschnitt absichtlich ätzend geschrieben, obwohl er ein schlechtes Licht auf den Computer wirft. Ich wollte anhand dieses Monologs das Gefühl vermitteln, dass Computer noch nicht so richtig das Wichtige vom Unwichtigen unterscheiden können. Deshalb habe ich ja das Buch mit Orwell begonnen, ich glaube, etwa so: „Die Menschen draußen schauten vom Computer zum Manager und vom Manager zum Computer, und dann nochmals vom Computer zum Manager; aber es war bereits unmöglich, zu sagen, wer der Computer und wer der Mensch war."

Die Computer werden natürlich immer besser. Im Augenblick baut man sie mehr wie Menschen. Die Programmierer programmieren meist etwas, was sie von den SJ-Planern vorgeschrieben bekommen. Programmierer selbst können in der Regel nicht richtig glauben, dass Computer zum Verfolgen von Messzahlen verwendet werden sollen. Ich wünschte, sie könnten später noch nachträglich eingeben, was wichtig und was unwichtig ist. Programmierer kommen meist direkt von der Uni, sie sind oft introvertierte Beobachtertypen, die manchmal noch zu Hause wohnen. Sie programmieren einfach zu viel Lebenserfahrung mit Planern ein, so wie sie es von Haus aus gewohnt sind.

„Du hast wieder ein Ei gegessen, was vor zwei Wochen gelegt worden ist. Ich habe Dir schon tausendmal gesagt, dass ich die Eier nach Datum geordnet habe. Die vorne sind schon alt, vier Wochen. Die werden zuerst gegessen. So. Damit du es lernst, habe ich dir noch ein Ei zusätzlich gebraten, ein altes, damit ist dann wieder die Reihenfolge in Ordnung. Weißt du eigentlich, wie lange das Eierkaufen neuerdings dauert, weil sie unterschiedliche Legedaten auf einer Palette hatten? Maul nicht, iss. Ich friere die frische Milch und die frischen Brötchen ein und hole neue wieder aus der Truhe heraus. Nach Datum! Hast du gehört! Und alle verbliebenen werden ein wenig nach rechts geschoben, für die frischen Brötchen, die wir morgen kaufen. Den Tipp habe ich vom Pfarrer, er hat mir erklärt, wo die Leute nacheinander begraben sind. Du hast die Socken nicht gewechselt. Es ist Donnerstag, da wasche ich Bettwäsche und Socken, aber nur helle. Du hast helle an, also zieh' sie aus. Nun mach schon, ich muss heute noch die Uhr aufziehen und dann ist Vater dran, der hat auch nicht ewig Zeit. Er will heute noch Rasen mähen. Pech, bei dem Wetter. Was soll er machen, sonst kommt der ganze Zeitplan durcheinander. Er hat heute früh rumgetrödelt und einen Zank angefangen, weil die beiden Zahnpasten ELMEX und ARONAL nicht gleichzeitig leer waren. Jetzt ist in der einen Tube noch ein Streifchen drin. Ich habe das schon seit Tagen kommen sehen, weil ich einmal das Putzen vergessen habe. Sag ihm das aber bloß nicht. Kann ich dir vertrauen? Gut. Vertrauen. Ich bin aus der Haut gefahren und habe gesagt, er soll den letzten Zentimeter ARONAL sich wo hinschmieren. Na, das war eine starke Bemerkung, ich entschuldige mich nachher. Jedenfalls hat er nichts von meinem Fehler gemerkt, das ist schon was, er hat einen starken Riecher für Fehler. Da hast du nur eine Chance, wenn du ihn wütend machst."

Wie würde das Arbeiten unter Urformeln in der Marionettenwelt aussehen? Lassen wir diesen wilden Abschnitt mit einer weiteren Analogie ausklingen.

Ich habe viele Argumente aufgezählt, die besagen, dass die Führung auch des kleinsten Unternehmens unabsehbar viele miteinander verzahnte Fragen aufwirft. Welche Produkte verkaufe ich? Bei welchen kalkuliere ich mit Verlust, um meine ganze Produktpalette attraktiv groß und reichhaltig aussehen zu lassen. Wie viel stecke ich in Werbung? In welcher Form? Plakate? Sonderangebote? Wie behandele ich Mitarbeiter? Bei jedem Änderungsversuch entstehen Gegenkräfte. Wenn Sie statt Zettelwerbung Sonderangebote forcieren, wird die Marketingassistentin für das Layout arbeitslos und die Manager der Produktgruppen, die nicht als Sonderangebot laufen, fürchten um ihren Absatz. Der Manager der Produkte, die billiger abgegeben werden, fordert eine Revision seiner Gewinnziele. Bei zu viel Arbeit werden Mitarbeiter krank oder kündigen. Bei zu viel Druck auf Einzelpunkte wie etwa Pausenvermeidung beginnt das Topimieren. (Doch Pause machen, aber einer steht Schmiere.) Alles Neue, jede Änderung trifft auf Gegenkräfte. Wir wollen Steuersenkungen, aber mehr Kindergärten. Weniger Abgaben, höhere Renten. Mehr Gehalt, mehr Freizeit. Alles beißt sich. Alles.

In einem späteren Kapitel komme ich auf die neue Welt des Internets und der virtuellen Welten zu sprechen. Dort sind die Paradiese. Dort beißen sich die Dinge kaum, weil kaum Dinge da sind. Dort ist so viel neues Land ohne Besitzer. Im Überfluss ist Neues leicht einzuführen. In der traditionellen Welt aber ist die Abhängigkeit der Einzelinteressen so groß, dass man nicht das Gefühl einer normalen Bewegungsfreiheit hat. Die traditionelle Welt führt Unternehmen wie eine Riesenmarionette:

Der Goldene Drache der Weisheit muss an vielen Fäden geführt werden. Vorder-, Hinterbeine und der mächtige Schwanz bilden Grundeinheiten. Er hat einen großen zentralen Körper, weise liebe Augen, flinke Ohren, ein Maul mit einzeln beweglichen Zähnen. Er hat eine lange Zunge, eine Goldhaut, die durch koordiniertes Zittern an Fäden zum „Flimmern" gebracht werden kann. Man kann ihn weißen Rauch verströmen lassen oder warmrotes Glühen.

Die Marionette probt für das Fernsehen. Alle schreien durcheinander. Es soll nämlich bald losgehen. „Chef, das linke Hinterbein klemmt und das rechte vordere ist noch nicht mit Drahtziehern besetzt. Es ist verhext. Wir haben schon ein paar Drahtzieher von den Einzelzähnen abgezogen, um Abhilfe zu schaffen. Die Patronen mit dem weißen Rauch sind noch nicht gekommen. Die Drahtzieher der Einzelzähne wollen nicht akzeptieren, dass sie die niedrigen Löhne als Beinzieher bekommen. Sie streiten sich. Ich habe vor, die schlechten Zahnzieher zu separieren. Es ist sagenhaft schwierig, erfahrene Drahtzieher vom Markt her einzustellen. Wir sollten eigene ausbilden, das habe ich immer gesagt. Es rächt sich jetzt. Wenn nun noch der Augenbediener krank wird, haben wir es richtig geschafft, alles zu versauen."

„Chef, das rechte Bein ist nun besetzt, wir haben eine kurze Probe gemacht. Das Problem ist, dass die beiden Beine immer gleichzeitig nach oben oder unten gehen, sie harmonieren nicht richtig. Den Fehler haben wir aber schon. Da die am rechten Bein ja ganz neu geschult sind, haben wir ihnen schnell beigebracht, alles genau so zu machen wie die bei dem linken Bein. Damit es einheitlich ist. Deppen! Einheitlich schon, aber nacheinander, meine ich! Das linke Bein klemmt noch. Der Rauch muss gleich kommen. Sie ziehen alle noch durcheinander. Sie streiten sich, wer wie oft zieht, weil nach den Ziehvorgängen der Lohn bezahlt wird."

„Chef, wir haben Probleme mit den Messsystemen. Laut Jahresplan sollen die Beinzieher 10 % mehr Drahtzüge machen als im Vorjahr. Nun klemmt aber das Bein schon wieder und das Fernsehen will die Beine nicht mit auf das Bild nehmen. Wie regeln wir das? Können wir das so machen, dass sie trotzdem ziemlich viel ziehen, aber nur sachte, damit der Drache nicht ruckelt. Wir bezahlen sie dann für das Ziehen ausnahmsweise auch, obwohl sie nicht im Fernsehen waren. Nein? OK, OK, ich bin auch nicht dafür, immer für alles zu zahlen, aber das Messsystem haben Sie doch gemacht, Chef. Ja. Ich gehe schon."

„Chef, das Fellflimmern ist zu grob. Wir haben nicht genug Zitterzieher. Wir haben jetzt jedem einfach sieben Fäden statt drei in die Hand gegeben, aber es ruckelt, weil sie nicht harmonieren. Die Gewerkschaft will mit uns reden, weil sieben Fäden nicht erlaubt sind. Fünf sind gegen Überbezahlung erlaubt, aber sieben sind definitiv verboten. Rausschmeißen? Aber Chef, wir haben schon nicht genug Drahtzieher für die Beine und die Zähne. Der Kopfzieher ist noch bei einer anderen Veranstaltung und darf nicht überanstrengt werden. Wir müssen das Messsystem ändern!"

„Chef, wir haben das Messsystem jetzt besser im Griff. Wir zahlen den Beingeklemmten einfach den Lohn so. Sie müssen aber die ganze Zeit dableiben und mit Trainingsdrähten üben. Moment! Halt, der Rauch kommt, beiseite! Seht ihr das denn nicht! Wir wollen es so darstellen, Chef, dass vor allem der Kopf des Drachen im Fernsehen zu sehen ist. Hoffentlich geht das gut, denn gerade heute ist der Text nicht der stärkste. Es wäre besser, wir könnten mit den Zähnen ein paar Mätzchen dazwischenlegen. Da lachen die Leute und denken nicht."

„Chef, wir sind ruiniert! Die Messsysteme haben ausgerechnet, wie viel der Kopfzieher an Geld bekommt, wenn er die ganze Zeit im Fernsehen ist. Wir sind ruiniert. Nein, ihr da, verdammt noch mal! Wir können noch nicht anfangen, bis die Bezahlung geklärt ist! Chef, was tun wir? Was soll das heißen, Sie machen uns gleich Dampf? Das hilft nichts gegen Messsysteme! Nichts! Ahhhhh, ich verstehe. Leute, herhören."

„Chef, es lief wie am Schnürchen. Wir haben so viel weißen Dampf gemacht, dass der Drache nicht so oft im Fernsehen zu sehen war. Wir haben den Computer mitlaufen lassen, der online die Honorare berechnet. Wir haben den Rauch so dosiert, dass genau das Mindestgehalt für den Kopfzieher herauskam. Da haben wir jetzt eine Einsparung gegenüber seinem Normalgehalt. Er raucht jetzt. Das gesparte Geld nehme ich für die Zuschauer im Studio, um Dracheneis zu kaufen. Sie geben uns dann gute Noten, damit wir das Geld für die Vorstellung bekommen. Wir haben ganz billiges Eis bekommen, mit herrlichen Farben. Wir bekommen bestimmt gute Noten für die Vorstellung. Wir haben leider ziemlich viel Rauch verbraucht. Die nächste Lieferung ist erst in einem Monat. Bei den nächsten Vorstellungen können wir mit Rauch nichts mehr machen. Chef, was ist! Was gucken Sie?! Ein *Erfolg*!"

„Leute: Ihr regt euch immer so auf. Es geht doch, seht ihr. Das Geld stimmt. Der Drache hat gespielt. Und ich sage euch: Wenn ich mein fabelhaftes Honorarsystem nicht gehabt hätte, hätte sich hier rein gar nichts abgespielt, da bin ich sicher. Ihr habt die ganze Zeit gemeckert, merkt ihr das nicht? Ihr sollt arbeiten. Ich werde das Messsystem noch einmal anschauen. Ich habe mich bei einem wissenschaftlichen Vortrag überzeugen lassen, dass Kopfschütteln als eine waagerechte Bewegung sehr schwierig für Marionetten ist. Kopfschütteln ist viel schwieriger für Marionetten zu spielen als Nicken. Ich habe deshalb die Idee, im Messsystem Nicken schlechter zu bezahlen als Kopfschütteln. Haha, und dass ihr alle immer nickt, da bin ich sicher!"

Das Führen von komplexen Unternehmen ist überhaupt schon eine schwierige Angelegenheit. Da man aber traditionell annimmt, dass Menschen ohne Leistungsanreize nicht arbeiten, verbindet man in Messsystemen die Tätigkeiten mit Geldzahlungen. Diese Geldzahlungen an Menschen sind alle nicht kompromissfähig, das ist das Problem. Verstehen Sie? Man kann das linke Bein der Marionette viel öfter bewegen als das rechte. Man kann beschließen, das eine zu erhöhen zu Lasten des anderen. Für alles kann man durch Probieren und Herumdoktern Ausgleiche und Kompromisse finden. Das eine wird erhöht, das andere gesenkt. Beim Kochen nehme ich ein wenig mehr Liebstöckel, dafür etwas weniger Salz. Ich nehme mehr Essig und auch mehr Zucker, wenn ich Linsen abschmecke. Ich nehme noch glacierte Maronen zur Ente, dafür reicht eine kleinere Ente für uns. Bei den Messsystemen aber ist es so, dass einer dafür bezahlt wird, dass Liebstöckel verbraucht wird, der andere für Salz, wieder ein anderer für Maronen etc. Die Gehälter aber lassen sich nicht ausgleichen. Ich kann als Boss nicht sagen: „Sie da bekommen 500 € in diesem Monat weniger und Sie dort hinten dafür 500 € mehr." Durch diese unscheinbare Schwierigkeit wird alles so hoffnungslos. Da sich menschliche Geldinteressen nicht gegeneinander ausgleichen lassen, wecken die traditionellen Messsysteme in den Menschen Egoismus, Misstrauen, Angst, Scheinheiligkeit, Berechnung. Sie führen zur Einengung des Lösungsraumes, wie der Mathematiker sagen würde. Er meint: Ohne das Messsystem habe ich vielleicht eine riesige Fülle von gangbaren Alternativen, aus denen ich die beste auswählen könnte. So finde ich eine gute Lösung.

Mit den starren Gehaltsanbindungen aber ist fast jede Lösung unbrauchbar, weil sich immer wieder jemand benachteiligt fühlt. Diesen Sachverhalt spüren Manager jedes Geschäftsjahr neu. Sie spüren aber nur, dass sie ein neues, besseres System bauen sollten. Sie verstehen nicht, dass die Systeme das Übel erst entstehen lassen. Selbst wenn Menschen unter Messsystemen besser arbeiten: Wiegt dies die Problematik auf, dass nicht mehr viele Wahlmöglichkeiten zur Verfügung stehen und dass dauernd Chaos und Geldzurechnungsstreitigkeiten herrschen?

5 Palestrina, Regelsysteme und das Urprinzip

Wie werde ich die Nummer 1? Wie komme ich ihr nahe? Ich möchte begründen, dass das ausschließlich mit den traditionellen Urformeln und den Messsystemen nicht richtig funktioniert.

Als wir in Göttingen studierten, war es üblich, ein wenig Studium Generale zu betreiben. Da traf ich eine ganz wundervolle junge Studentin, mit der ich Harmonielehre und Kontrapunkt belegte, was wir damals gar nicht philosophisch auslegten. Heute noch, nach 23 Jahren Ehe, erinnere ich mich an die Ausführungen des Lehrmeisters, der uns in die Kompositionsregeln von Palestrina einweihte: *„Es sind so schöne, in sich verwobene Regeln und so viele davon, dass ich Ihnen versprechen kann: Wenn Sie es jemals schaffen, ein ganzes Stück so zu schreiben, dass es an jeder Stelle allen Regeln von Palestrina genügt, dann ist es zwar noch nicht zwingend Musik, aber es hört sich für einen Anfänger schon ganz gut an. In diesem Sinne werden Sie sich schon über Ihr erstes Stück freuen können."*

Wir haben das versucht, das Ergebnis auf der kleinen elektronischen Heimorgel nachgespielt und es klang ganz gut. Wir haben uns richtig gefreut. Wir, schon Komponisten! Wir haben zwar immer noch keine Fähigkeit zum echten Komponieren gehabt, aber wir konnten mit minimalen Mitteln etwas Mäßiges zu Stande bringen. Ohne die Regeln hätten wir einfach dumm und hilflos dagesessen. Für Laien klang unsere Komposition gefällig und für unseren Kenntnisstand beeindruckend.

In großen Beratungsfirmen gibt es sehr dicke Ordner mit Methodologievorschriften, wie eine Beratung abzuleisten ist. Fragebögen an ein auftraggebendes Unternehmen zum Istzustand, Ermittlung des Sollzustands nach Auswertung von Wunschzetteln des Auftraggebers, sehr eingehender farbiger Vorschlag, alles so zu machen, wie der Auftraggeber das will usw. Neueingestellte Hochschulabgänger können sofort beraten, wenn sie genau nach solchen Methodologien vorgehen. Sie sind dann noch keine Star-Berater, sondern erst noch mäßig, aber sie können schon vom ersten Augenblick an sinnvoll arbeiten.

Sehr gute Anreiz-, Mess- und Regelsysteme haben diese Eigenschaft des Palestrina-Regelsatzes: Was allen Regeln genügt, ist schon ganz gut. Wenn jeder sich an alle Regeln hält und nach Kräften sein Bestes gibt, wird das Ganze gut. Wer sich zum Beispiel an wirklich alle Regeln des Straßenverkehrs hält, fährt automatisch nicht schlecht Auto. Wenn sich alle Menschen ununterbrochen an alle Regeln des Verkehrs halten, läuft alles wie geschmiert, und es gibt nur ein paar tausend Tote im Jahr. Man muss allerdings den Kindern von klein auf immer und immer wieder bis zu allem Überdruss erklären, dass sie vorsichtig sein sollen. Wir zeigen ihnen die Regeln des Verkehrs und erklären ihnen hunderte Male die Verkehrszeichen. Zum Schluss, wenn der Mensch 18 Jahre alt werden will, erhält er noch einmal 12 Doppelstunden Theorieunterricht und dann fährt er tatsächlich in 15 Fahrstunden à 45 Minuten glatte 11 Zeitstunden tatsächlich Auto. Dann kann er es.

Der Spracherwerb setzt die Kenntnis von Regeln wie die perfekte Bildung der konditionalen Form des Futurum II voraus. Viele Male werden die Grammatikregeln überprüft und die Vokabeln gelernt. Es sind entsetzlich viele. Neun Jahre Englisch im Gymnasium bedeuten aber auch, dass der Mensch manchmal englisch spricht. Da ca. 30 Schüler in einer Klasse sitzen und der Lehrer mindestens die Hälfte der Zeit reden muss, damit das richtig Gesagte in jeder Stunde überwiegt, so bleiben pro Schüler um die 40 Sekunden pro Stunde. Er sagt dann also pro Stunde etwa 10 Sekunden etwas auf Englisch, worauf ihm seine Fehler erklärt werden und seine 40 Sekunden um sind. Ein Jahr hat 40 Schulwochen, 5 Stunden die Woche, 9 Jahre lang. Das sind also insgesamt 18.000 Sekunden oder genau *FÜNF* Stunden, die ein Schüler bis zum Abitur Englisch spricht. Wir sehen, es ist wie bei der Fahrprüfung: Jahrelanges Regeleinüben, dazu einen guten halben Tag Praxis und schon kann man alles. Man muss gar nicht selbst sprechen. Wenn ich überhaupt alle Wörter als Vokabeln gelernt habe und alle Grammatikregeln weiß, muss ich ja nur die Wörter vorschriftsmäßig hintereinander hängen: fertig. Trotzdem schaffen es viele Deutsche nicht in der gewünschten Weise, weshalb sie oft das Abitur nicht schaffen. Die Lehrer sagen: „Nicht alle können Abitur machen." – „Warum nicht?" – „Weil nicht alle klug genug sind." – In England sind die Menschen klüger. Im Alter von 2 bis 3 Jahren lernen sie innerhalb weniger Monate ausnahmslos diese Sprache. Mit der Aussprache haben die Engländer wie auch die Amerikaner allerdings fast so viele Probleme wie die Deutschen. Nur Menschen aus Oxford und Cambridge sind Naturtalente.

Ich lästere jetzt schon wieder: Ich möchte deutlich machen, dass die starke Regelorientierung zu relativ wenig führt. Stellen Sie sich vor, Sie würden einem Computer alle Wörter sagen und alle Regeln der Grammatik und Semantik. Wissen Sie was? Er kann dann wirklich Englisch! Ich will sagen: Unser Ausbildungssystem ist eher für Computer gemacht als für Menschen. Es geht davon aus, dass wir nicht vergessen. Der Computer schafft das,

nicht zu vergessen. Menschen aber sind von Natur aus so eingerichtet, dass sie in einem gesunden Hintergrundprozess das
Gehirn dauernd auf gute Organisation überprüfen. Das Gehirn
löscht alles Nutzlose wieder nach kurzer Zeit. Man überlistet das
Gehirn, indem man ihm das Regelwissen wiederholt. Es glaubt
nämlich mit der Zeit, dass das, was wiederholt wird, viel wichtiger ist. Der Mensch ist also nach unserem Gefühl wie ein Computer, der aber nur einen schlechten permanenten Speicher hat
und der andauernd ein Refresh braucht.

Es gibt im Wesentlichen zwei Möglichkeiten: Man kann im
Gehirn Interesse wecken, man kann über den Umweg des Körpers ihm Lust machen, man kann ihm über den Umweg des Her-
zens eine Liebe einpflanzen. Das Leichteste und Sicherste ist aber
Wiederholung. Darauf ist zum Beispiel die Werbung aufgebaut.
Sie sagt deshalb: Trink Schnaps! Trink Schnaps! Aber sie sagt
nicht richtig, warum. Das Gute an dieser Methode ist eben, dass
es nicht nötig ist.

Regelsysteme in unserem Leben sind die Zehn Gebote, die
Gesetze unseres Landes, Hausordnungen, Betriebsordnungen,
Arbeitsordnungen, Benimmregeln, Verkehrsregeln, Tanzschritt-
regeln, Armeedienstvorschriften, Computersprachen, Betriebs-
systeme, Regeln für das feindliche Übernehmen von Konzernen,
Regeln über Menschbehandlung, Regeln, mit welchen Waffen an-
ständigerweise getötet werden darf.

Die meisten Regeln kennen nur Juristen. Versuchen Sie, in Ihrer Firma einen eigenen Farblaserdrucker ins Büro zu bekommen
oder einen Teppich oder ein neues Internet-Handy, kurz etwas,
was nicht alle üblicherweise in der Regel haben. Versuchen Sie,
eine Angelegenheit Ihrer Abteilung auf die offizielle Web-Site des
Unternehmens zu platzieren. Beantragen Sie eine karibische Woche in der Kantine. Verlangen Sie eine andere Kaffeesorte im Automaten. In solchen Fällen laufen Sie in die Fänge der Regelsysteme. An der nächsten Ecke ist schon das meiste verboten, aber
wenn Sie richtig gut sind, können Sie Ihre endgültige Niederlage
noch sehr lange hinauszögern.

Gute Regelsysteme lässt man um Prinzipien herum entstehen. Zum Beispiel: „Liebe deinen Nächsten wie dich selbst." Oder „Lasse in dir Hass, Gier und Verblendung erlöschen." Oder: „Die Würde des Menschen ist unantastbar." Prinzipien werden in einer Unternehmensvision, einer Verfassung, einer Vertrags-Präambel, einen § 1 einer Straßenverkehrsordnung festgelegt. Dies sind Leitsätze, um die sich alles rankt. Leitsätze sind notwendig, um Regeln um sie herum so zu bauen, dass sie nicht allzu widersprüchlich sind. Wenn ich zum Beispiel mit meinem Sohn früher eine nicht zu hohe Mauer fand, haben wir balancieren geübt, nach dem Prinzip der Lebensfreude und Tatenlust. Weibliche Zuschauer sahen eher einen Sicherheitsverstoß darin und noch andere Eigentumsrechtsverletzungen. Es ist gar nicht so einfach zu sagen, was da die richtige Sichtweise ist. Ich hatte immer Mühe, anderen Leuten nachzuweisen, dass ich Recht hatte. Man sucht sich deshalb eine solche Sammlung von Grundsätzen, die sich nicht widersprechen.

Grundsätze widersprechen sich dann nicht, wenn sie allgemein genug sind. Damit beginnt man. Zum Beispiel: „Alle Menschen sind gleich in ihrer Würde und sie bemühen sich strebend, das Gute und Richtige zu tun." Diese Prinzipien werden oft von intuitiven Charakteren ausgearbeitet, die sich auf Visionen und Prinzipien verstehen. „Wir wollen das kundenfreundlichste Unternehmen am Platze werden, das durch die Erstklassigkeit seiner Produkte besticht und für die Güte zu den Mitarbeitern gerühmt wird." Eines der richtig guten Prinzipien habe ich einleitend genannt: „Du sollst nicht stehlen wollen."

Grundsätze werden von NT und vor allem von NF gemacht. Intuitive finden, dass solche Prinzipien reichen. Sie meinen, ein Grundgesetz genügt, der Rest ergebe sich sinngemäß daraus. Wenn sie also vor einem frisch eingesäten Rasen stehen, um den sie einen sehr ärgerlichen Umweg gehen müssen, so ist für sie nach dem Grundgesetz klar, dass man nicht über den Rasen stapft. Sensor-Menschen ist es ebenfalls klar, aber sie meinen meist, es brauche ein Schild davor, dass der Durchgang streng verboten sei. „Es ist erlaubt, was nicht verboten ist," denken SP. „Es ist wahrscheinlich verboten, weil ich selbst es verbieten würde, wenn ich den Rasen besäße," sagen SJ. Ein SJ neigt dazu „Betreten verboten" zu respektieren. Bei SP ist es besser, „Fläche stark mit Gift bespritzt, Vorsicht!" auf die Schilder zu schreiben. Die Intuitiven halten sich an eine knappe Verfassung in ihrem Inneren, der sie treu bleiben. Die SJ fassen alles in Regeln, vor allem weil sie die regelbrechenden SP fürchten.

Wenn Sie sich die SJ als die Braven im Kindergarten vorstellen und die SP als diejenigen, die immer das Spielzeug umpflügen und laut sind, bekommen Sie eine ganz gute Vorstellung. Die SP sind die Kraftnaturen, die nur durch Regeln beherrscht werden können. Dabei ist immer klar, dass sie versuchen werden, sie nicht einzuhalten. SP sind deshalb nicht böse Menschen, wenn sie sich nicht an Regeln halten wollen und auch nicht befolgen. Sie wissen nur zu genau, dass die Regeln ja extra gemacht wurden, um sie in Schach zu halten. Die Regeln werden aus dem Sicherheitsbedürfnis der SJ heraus gemacht, damit man sich nicht streiten muss, was richtig ist. Beim Streiten gewinnen die SP. Also wird durch Regeln für alle denkbaren Fälle der Zukunft beschlossen, was richtig ist.

Die Intuitiven lehnen Regeln geradezu ab, weil sie letztlich die Heiligkeit der Verfassung in sachliche Niederungen ziehen. Die SP wollen keine Regeln, weil diese meist vor allem gegen sie gerichtet sind: gegen das Flexible, Spontane, Momentlustvolle. Also ersinnen die SJ die Regeln allein, als Gesetze, als Richtlinien, als Vorschriften oder heute mit Hilfe der Computer als *Prozesse*.

Über den Prozessen steht als Prinzip: „Strebe, stets das Gute und Richtige zu tun." Dieses Prinzip wird nie mehr angetastet, aber es wird etwas zu Gunsten der SJ gedehnt, was sie verdient haben, da sie ja die ganze Regelausarbeitung am Hals haben und die anderen abseits dabei stehen. Aus dem Prinzip des Strebens nach dem Guten und Richtigen wird ein leicht abgewandeltes Prinzip. Es heißt: „Sei brav." Das ist eine allgemeinverständliche und trivialisierende Form von: „Sei SJ." Dies wird nie richtig verraten, sondern in anderen Formen aufgeschrieben: „Alle Menschen sind gleich." – „Wir sind alle Brüder und Schwestern."

Noch einmal: Die Intuitiven fangen mit Prinzipien an wie „Liebe deinen Nächsten" oder „Lösche Hass, Gier und Verblendung aus, damit Leiden endet" und heraus kommt: „Sei brav." Das ist so ähnlich, aber anders. Jesus oder Buddha haben einfach nur die Prinzipien verkündet, aber keine Ausführungsvorschriften dazu. Die sind aber auch sehr schwer zu formulieren. Mit „Liebe!" oder „Lindere Leiden!" ist ja alles gesagt. Wie sollten wir daraus einen Kilometer Gesetzesordner machen?

Mit dem Prinzip „Sei Brav!" ist das ganz, ganz anders. Spüren Sie diesen gewaltigen Unterschied? „Sei SJ!" ist schon eine ganze Gesetzessammlung! Sie schreibt sich ganz mühelos hin.

Ich versetze mich in irgendeine Situation. Ich könnte mit meinem Sohn im Sommer an einer Mauer stehen. Er sagt: „Lass uns balancieren!" Dann ist nach dem SJ-Prinzip klar, was die Antwort ist. In der Bibel gibt es keine Antwort. Bei Buddha auch nicht. Übrigens, wenn ich heute vorschlüge zu balancieren, so würde mein Sohn sagen: „Papa, du bist peinlich." Er sagt das wirklich und ich kann nichts dafür. Ich bin unschuldig, ehrlich.

Das Urprinzip „Sei brav!" ist logistisch. Es trägt die Umsetzung in sich.

Das Urprinzip hat ungeheure Vorteile:

• Es ist eingängig.
• Es ist leicht verständlich.
• Es wird von allen Menschen im Prinzip oder prinzipiell als in etwa richtig empfunden.
• Es ist in der realen Welt halbwegs umsetzbar („Liebe!" z. B. anscheinend nicht).
• Es ist relativ widerspruchsfrei, weil es ja nur von einem Typ bestimmt wird, den SJ. Diese Typen gibt es real wirklich, also sind sie lebensfähig und damit das Prinzip auch.

Es gibt noch mehr widerspruchsfreie Leitprinzipien, zum Beispiel: „Sein wie ein Intuitiver." Oder „Sei SP!" Das Problem ist, dass das erstere Prinzip nur von einer Minderheit verstanden wird, weil es so wenig Intuitive gibt. Die SP aber wollen keine Prinzipien und schon gar nicht die Hüter solcher Regeln sein. Und das Prinzip „Sei SP!" den SJ zur Verwirklichung zu übergeben, wäre absurd. Ich stelle, um nicht langweilig zu werden, einfach hier apodiktisch die These in den Raum: „Sei brav!" ist das Urprinzip schlechthin.

Bravheit bedeutet: Sorgfalt, Disziplin, Eifer, Fügsamkeit, Einordnung, Fleiß, Bemühen, Beharrlichkeit, Uniformität, auch Ehrlichkeit und Treue (nie unbrav sein).

Das Urprinzip, wenn es auf die Arbeitswelt angewandt wird, impliziert, dass brav gearbeitet werden soll, also schnell, bemüht, fleißig, beharrlich, fügsam etc. Natürlich gibt es auch eine physikalische Formel, ein Naturgesetz, nämlich

$$Arbeit =$$
$$Anzahl\ Menschen \times Leistung \times Zeit$$
$$\times\ Effektivitätsfaktor \times Ausbeutequote.$$

Aber dieses Naturgesetz ist untrennbar in unserer Vorstellung mit den Teiltugenden der Bravheit verbunden, wie sie in den Kopfnoten der Schulzeugnisse in Stein gemeißelt stehen. Die SJ-Tugenden sind unsere Grundwerte schlechthin. Weil sie logistisch sind.

6 Leitideen in Systeme umsetzen

Leitideen stehen beispielsweise ganz oben in der Bergpredigt, sie sind aber, weniger grundsätzlich, überall zu finden: „Die Gemeinschaft der Mieter kümmert sich gemeinsam sorgend um die Erhaltung des gemeinsam bewohnten Anwesens." – „Jeder Bürger zahlt gemessen an seiner Leistung und seinen Lebensumständen einen Beitrag zum Staat." – „Unser Unternehmen ist äußerst kundenfreundlich." – „Wir wollen eine junge, freche, schwung-

volle Schule sein." – „Der Verkehr soll sicher sein." – „Am Ende
der Schulzeit soll ein junger Mensch eine angemessene Breiten-
bildung besitzen."

Dies muss nun verwirklicht werden. Aus dem einen Satz über
die gerechten Beiträge der Bürger zum Staat werden tonnenwei-
se Steuergesetze, Vorschriften und Erlasse gemacht. Aus dem §1
der Straßenverkehrsordnung („fahr' brav") werden Verordnungen, Verbote, Autokonstruktionsvorschriften, Umweltgesetze etc.
fabriziert. Aus der Bildungsanforderung („lernt brav") wird ein
Schulsystem geschaffen. Die Zehn Gebote Gottes enthalten 279
Wörter, die amerikanische Unabhängigkeitserklärung 300 Wörter, die Verordnung der europäischen Gemeinschaft über den Im-
port von Karamellbonbons aber exakt 25.911 Wörter.

Prinzipien, Visionen oder Leitlinien zu bilden ist eine Domäne der NT oder NF. Die Fähigkeit dazu wird heute vielfach in Büchern unter dem Modewort „Leadership" abgehandelt. Der „Leader" sagt, wohin es gehen soll. Er begeistert die Menge, ihm zu
folgen. Sein Charisma oder auch die eigene Glaubenskraft an die
Sache zieht die Massen an. Die Prinzipien bilden die notwendige Anziehungskraft zur Bewegung. Wie die Bewegung aber konkret geschehen soll, ist nicht eine Frage des Führens, sondern des
Managements. Leadership bedeutet mehr: Richtung bestimmen
und in Bewegung setzen. Management bedeutet den Marsch in
die gewünschte Richtung organisieren und logistisch unterstützen. Dies ist die Domäne der SJ.

Wie diese Umsetzung der Leitlinien in einen organisierten
Marsch geschieht, habe ich schon im Marionettenkapitel angedeutet. Die Umsetzung ist wie die Organisation des massenhaf-
ten Baus von Riesendrachenmarionetten. Dies können SJ besser,
weil sie die Techniken beherrschen. Die Intuitiven bleiben, wie
dort schon bemerkt, meist viel zu sehr im Prototypischen stecken.
Der Mathematiker, als der typische Intuitive, sagt oft: „Im Prinzip
geht es. Es existiert eine Lösung." Das reicht ihm und diese Ge-
nügsamkeit des Mathematikers ist Gegenstand unzähliger Witze.
Wie die Lösung umgesetzt wird, interessiert ihn nicht. Der Pro-

totyp oder der Beweis, dass es einen Prototyp geben muss, ist für ihn schon alles.

Erst die SJ machen die nötigen Regeln, Gesetze, Vorschriften, die uns andere hinterher in ihrer Vielzahl oft ärgern und verzweifeln lassen. Dabei unterschätzen wir anderen Nicht-SJ meistens die Komplexität der Umsetzung von schönen Leitlinien.

Beispiel: Eine Hausgemeinschaft von Eigentumswohnungsbesitzern klärt die Pflichten der einzelnen Wohnungsbesitzer. Wer bezahlt den Fahrstuhl? Müssen die Erdgeschosswohnungen auch zahlen? Die in höheren Stockwerken mehr als die in unteren? Kann einer im ersten Stock schriftlich schwören, nie den Aufzug zu benutzen, um dann nicht zahlen zu müssen? Das gibt Streit. Einfachste Regel: Der Aufzug gehört zum Haus und wird von allen gleich bezahlt. Punkt. Müssen aber die Apartments genau so viel zahlen wie die 5-Zimmer-Wohnungen? Es wird ein Schlüssel nach Quadratmetern nötig. Wie soll der aussehen? Die im Erdgeschoss haben die Gartennutzungsrechte. Sie bepflanzen den Garten und verschönern die Außenansicht des ganzen Anwesens, was allen Parteien nützt. Die sagen jetzt mit einigem Recht: Wenn wir für den Fahrstuhl zahlen, ohne ihn je zu benutzen, so müssen alle anderen auch dafür zahlen, dass wir Pflanzen in unseren Garten setzen. Das gibt wieder Proteste! Manche sehen den Sachverhalt ein und wären bereit zu zahlen, dann möchten sie aber bestimmen, welche Pflanzen gesetzt würden, was die Erdgeschossbewohner entrüstet ablehnen. Na ja, und so geht es fort. SJ machen schließlich die Hausordnung mit vielen Paragraphen wie: „Wenn Schnee fällt, darf er nicht von den Balkons nach unten gefegt werden, es sei denn mit Genehmigung der Erdgeschossgartenbesitzer."

Beispiel, aus dem echten Leben: Eine größere Abteilung einer Firma geht in ein nobles Restaurant zum Essen. Der Manager hatte zu dem Treffen per Fax eingeladen, kann dann aber im letzten Moment selbst nicht teilnehmen, weil er etwas Wichtigeres essen muss. Alle vergnügen sich nicht schlechter. Am Ende präsentiert der Wirt eine Gesamtrechnung und schlägt eine Personenaufteilung vor. „Nein, wir sind eingeladen." Der Wirt aber hat das Fax auch erhalten und ganz unten schreibt der Manager, dass alle selbst zahlen. Erstaunt vergleicht man die Faxe und stellt fest, dass das Fax in der Firma schlecht herauskam, die letzten Zeilen waren total verwischt und unleserlich. Es ist also klar, dass die Mitarbeiter selbst zahlen müssen. „Ich habe kein Geld mit!" – „Ich habe gleich zur Vorsicht geraten, man weiß nie, was passiert, wenn der Chef nicht da ist. Wir haben es übertrieben." – „Ich bin empört. Ich hätte nur einen Salat gegessen, weil ich gar keinen Hunger hatte. Das hätte auch nichts gekostet. Jetzt aber nach dem vielen Champagner und Schnaps und nach sechs Gängen bin ich schön angelackt." – „Ich muss fahren und habe kaum etwas getrunken. Ich sehe nicht ein, dass ich den gleichen Anteil zahle." Das gibt ein Hin und Her! Lösung 1 (eher SJ): Jeder zahlt, was er verzehrt hat. Lösung 2 (eher NT): Jeder zahlt das Gleiche. Lösung 3 (eher SP): Jeder gibt erst einmal ein paar Scheine auf den Tisch, so wir er meint, beitragen zu können. Dann wird gezählt, ob es reicht. Chaotische Fortsetzung. Lösung 4 (eher NF): Appell, nicht alle hängen zu lassen, die nicht so viel Geld oder viele Kinder haben. Daraufhin schlagen sofort die NT vor, das Geld proportional zur letztjährig gezahlten Lohnsteuer zu zahlen, worin ja alle Sozialtatbestände amtlich berücksichtigt seien. „Das ist eine gute Vorschrift", jubeln die SJ, aber leider wissen manche ihre Lohnsteuergesamtjahresbelastung nicht. „Macht nichts, wir sammeln die Zahlen morgen!" Es stellt sich heraus, dass nun viele böse werden, usw. Ich wollte nur einmal die Probleme aufzeigen. Solche Fälle kommen viel öfter vor als Sie vielleicht denken. Deutschland hat sich in den 70er Jahren Schwimmhallen, Rentenerhöhungen, Autobahnen, Planstellen und vieles mehr in üppiger Menge zugelegt und noch ein, zwei Billionen für Wiedervereinigung dazu. Heute kommt der Wirt und wir wundern uns, dass wir das selbst zahlen sollen.

Die logistische Intelligenz der SJ macht aus Leitideen ein System von Vorschriften, Geboten und Verboten. „Du sollst dan-

ken, wenn du etwas bekommst." – „Du darfst keine Einkünf-
te unversteuert lassen." – „Vor dem ersten Fahren ist der Füh-
rerschein zu machen." Der Bau des Systems ist eine gigantische
Leistung, die in Jahrzehnten bis Jahrhunderten entsteht und sich
langsam weiterentwickelt. Erziehungssysteme, Armeeorganisati-
onsprinzipien entstehen nicht über Nacht, sie entwickeln sich als
Grundlage von Kulturen. An dieser Kulturentwicklung haben die
SJ größten Anteil.

Wenn ich hier vielfach über SJ und deren Systeme etwas ungeduldig referiere, dann deshalb, weil die Entwicklung der Systeme sich zu langsam gegen die rasende Fortschrittsgeschwindig-
keit der heutigen Technologiewelt ausnimmt. Die SJ stehen auf
einem Berg und die Sintflut steigt! Wir müssen uns auf einen höheren Berg retten! Wir haben auch schon einen gefunden! Ich
zeige ihn im nächsten Kapitel.

Die heutigen Systeme zerfallen. Bleiben wir im Vorstellungsbild
der Berge. Wir sehen die Sintflut des Fortschritts steigen. Wir wissen, dass wir fortmüssen. Wir wissen oder ahnen schon, wo wir
hin wollen. Wir sind daher nicht mehr von Herzen in unserer jetzigen Heimat. Da unsere Werte sich wandeln, glauben wir an die
jetzt noch gültigen schon nicht mehr richtig, ohne die neuen angenommen zu haben. Die Glaubenssysteme der Religionen verlieren Anhänger. Die Politiker verlieren ihr Ansehen. Der Schrei
nach Leadership wird immer lauter an die Managementetagen
gerichtet. Es ist die nervöse Stimmung vor dem Brückenabbruch
und vor dem Aufbruch.

Die Leitideen der heutigen Arbeit stammen aus einer Urformel
der Arbeit, die ich oben besprochen habe. Diese Formel ist in einer Wissensgesellschaft immer noch mathematisch richtig, aber
sie führt uns traditionell zu einer falschen Auffassung der Arbeitswelt. Wer die Formel anschaut, ist versucht, den Arbeitenden zuzurufen: „Seid brav! Sorgfältig! Aufmerksam! Müht euch!"
Aber nicht (was richtig wäre): „Seid kreativ! Gestaltet neu! Verän-

dert! Freut euch!" Die Urformel der Welt suggeriert ein falsches Prinzip oder eine falsche Leitlinie. Die Urformel suggeriert das Urprinzip „Sei brav!". Sie verführt, Regelsysteme zu entwerfen, die zu eng an der Formel gebaut sind. Solche Regelsysteme wollen Fehlerfreiheit, schnelleres Arbeiten, Eile, pausenlose Rastlosigkeit, unendliche Mühen. Sie zementieren das Bestehende (wozu sie gedacht sind), aber sie verändern nicht (was sie ja verhindern sollen).

7 Sicherheit, Ethik, Söldner der Ordnung

Traditionelle Regelsysteme werden von SJ entworfen, den „Organizers". Sie werden von SJ in Fluss gehalten, von den „Administrators". Sie werden von SJ immer wieder auf Funktion überprüft, den „Inspectors". Sie werden überwacht, von „Supervisors". Die SJ sind insgesamt und als Einzelcharaktere die „Hüter der Ordnung". Sie wissen, wie alles richtig ist.

Sie legen also größten Wert darauf, dass ein Regelsystem sicher ist. Wenn etwa in diesen Jahren das Internet mit den unendlichen Möglichkeiten der virtuellen Welt lockt, so ist die Hauptsorge der SJ die der Sicherheit von Zahlungen, Geld, Privatsphäre, vertraulicher Information. Sie kümmern sich völlig übertrieben um Verschlüsselungen, Passwörter, Authentifizierungen, um Gültigkeit von elektronischen Unterschriften. Sie wollen erst ins Internet, wenn all dies sicher ist, weltweit standardisiert ist und von jedermann anerkannt. Der SJ fürchtet sich vor allem, mit seiner Kreditkartennummer irgendwo beobachtet zu werden. Es ist so ähnlich wie die Furcht vor Diebstahl. Erinnern Sie sich vielleicht noch an die ersten Selbstbedienungskörbe in „Supermärkten"? Niemand hat damals geglaubt, dass sich Selbstbedienungsläden durchsetzen könnten. Die Menschen würden doch durch die offene Auslage der Waren geradezu zum Diebstahl eingeladen! Jeder SB-Laden war nach unserer Meinung zum Untergang verurteilt. Heute werden in der Tat einige Prozent des Umsatzes

gestohlen. Wir haben uns daran gewöhnt. Wir sind bereit, Ladendiebstahl als Bagatelle zu verzeihen. Wir schaffen entsprechende
Strafgesetze bald wieder ab. Ein Gerichtsverfahren für eine Tafel Schokolade? Das lohnt sich nicht. Wir gewöhnen uns an die
Diebe wie an die Verkehrstoten, die Schwarzfahrer und die Haftpflichtversicherungsbetrüger. Das sind Nebenumstände der frei-
en Handhabung der Systeme. Aber immer, wenn ein neues System heraufdämmert, fürchten sich die SJ zu Tode.

Da aber die SJ letztlich für die Verwirklichung des Neuen und
seine Implementierung verantwortlich zeichnen, wird das Neue
erst erlaubt, wenn es die SJ ohne zu große Angst vor Unordnung
und Chaos eintreten lassen können. Wenn etwas Neues vorgeschlagen wird, finden SJ immer zuerst die Sicherheitslücken, was
eine Idee sofort entwertet. Sie sagen typischerweise: „Wo würde
DAS hinführen, wenn dies jedermann erlaubt wäre! Da könnte
doch jeder den Trick anwenden ..."
    Ein Beispiel: In meiner Branche ist so viel Arbeit da, dass die
normalen Mitarbeiter in der Regel einige Überstunden machen,
die nicht bezahlt werden. Trotzdem sollen sie oft ihre Zeit von
Stechuhren messen lassen. Dann müssen sie die Zeiten verwalten,
weiterleiten. Sie werden registriert, berechnet, an die Personalabteilung gegeben. Nach all der Arbeit bekommt der Mitarbeiter
sowieso das volle Gehalt. Was soll also das Zeitmessen? Abschaffen! Die SJ sagen: „Wo kämen wir da hin, wenn jeder kommen
und gehen darf, wann er will? Die Leute arbeiten vielleicht gar
nicht mehr." Wir haben die Uhren abgeschafft. Es ist nichts passiert. Die SJ sagen: „Aber es HÄTTE ja etwas passieren können,
außerdem gehen uns doch einige durch die Lappen." Ja. Ein paar
Prozent wie beim Ladendiebstahl, die wir sicher sonst auch hatten, trotz Uhr. „Wenn nun aber jemand wirklich überhaupt nicht
arbeitet und wir ihn entlassen wollen, dann können wir ihm nun
nichts mehr nachweisen, weil wir keine Uhren mehr haben, oder
nicht?" Und so geht es weiter. Die Sicherheitslücken bohren in
ihnen.

Deshalb gibt es Firmen, die den Internetzugang für Mitarbeiter nach außen sperren, die jeden Anruf zu Hause akribisch abrechnen lassen, die Internetbanking im Dienst befürchten, so dass Mitarbeiter eine halbe Stunde länger Mittagspause machen müssen, um zur Bank zu gehen. Revisoren untersuchen Computer, ob nicht private Software aufgespielt wurde. Die Playboy-Seiten werden gesperrt. Es gibt Firmen, in denen Mitarbeiter E-Mails von außen empfangen können, aber keine nach außen abschicken dürfen. „Die Mitarbeiter schreiben sonst den ganzen Tag Briefe." Ich habe bei einer Beratung eingewandt: „Stellen Sie sich vor, jemand schreibt eine E-Mail und ich kann nicht antworten. Ich werde angerufen und muss dann sagen: Ich kann zwar empfangen, aber nicht senden, weil man mir bei dieser Weltfirma nicht traut. Ist das gut für das Firmenimage?"

Dieser Hang zu Sicherheitsdenken und zu strikter Regelbefolgung ist oft fatal. Er drückt, wie man im Amerikanischen sagt, eine „parental attitude" aus. SJ fühlen sich innerlich wie die Eltern der Mitarbeiter, die sie wie ihre eigenen Kinder ansehen. Kinder machen Hausaufgaben nur, wenn es ihnen gesagt wird, sie kämmen sich nur, wenn es ihnen gesagt wird, sie putzen ihre Schuhe nur ab, wenn es ihnen gesagt wird. Wir lieben Kinder, ja, aber für Vertrauen sind sie noch zu klein.

Das System muss also vor den Haltlosen, den Hallodris, den Genussmenschen, den Laissez-Faires geschützt werden. Die anderen Persönlichkeitsstrukturen sehen dies überhaupt nicht ein. Sie fühlen ganz genau die innere Elterneinstellung der SJ Manager. In ihrer Gegenwart fühlen sie sich wie Kinder. Sie versuchen ein Leben lang zu rebellieren gegenüber „dieser Arroganz". Dies Rebellieren spüren die Elternmanager, was sie wiederum bestärkt, die Mitarbeiter als Kinder zu sehen. Und so geht es unablässig weiter.

SJ sind Anhänger des Satzes: „Du sollst nicht stehlen können." Sie lieben Schlösser, Regeln, Vorschriften, Verbote, Systeme. Sie haben in den heutigen Computern ihre Verbündeten, die sich auch langsam als Erwachsene entpuppen.

Wie setzen wir die Einhaltung von Regeln durch? Kontrollieren, Messen, Nachprüfen, Bestrafen. Das ist die harte Methode, die mit Computern gut geht. Die weiche Vorstufe ist das Predigen.

„Halten Sie die Regeln ein. Beachten Sie die Vorschriften genauestens. Übertreten Sie niemals die Gesetze."

Das Predigen hilft nicht so viel. Aber es geht einfach. Heute, mit Computern, ist es besonders leicht. Der Chef kann eine E-Mail an alle schreiben. „Heute wende ich mich an Sie. Die Firma steht in schwerer See. Ich muss auf jeden Blutstropfen von Ihnen zählen. Wir brauchen mehr Gewinn. Deshalb will ich Eile, Mühe, Fehlerfreiheit und konzentrierte, lange Arbeit. Wir leben für unseren Kurs."

Da dies immer so gesagt wird, hämmern sich die Urformeln der Arbeit und das Bravheitsgebot in unsere Gehirne ein. Wir trauen uns nicht mehr etwas anderes zu denken. Durch die stete Wiederholung der Regeln und durch endlose Aufrufe haben wir rhythmisch im Ohr: „Shareholder Value, Cross Profit, Spanne, Schnelligkeit, Kunde geht vor, beste Produkte."

Es ist wie früher: „Zähneputzen, Schal umbinden, Vitamine essen, gerne Hausaufgaben machen, in der Kirche laut mitsingen, die Knie beim Sitzen zusammendrücken."

Das ödet den Menschen mit der Zeit an. Es ist wie langweilige Werbung. „Kauf Butter. Butter ist schließlich von der Kuh. Butter ist gesund. Butter ist viehisch gut. Butter glänzt. Alles in Butter." Deshalb gibt es gute Methoden, um noch mehr Ratschläge geben zu können: Die Werbewirtschaft versucht es durch Originalität oder Witzigkeit. Die SJ versuchen, die Regeln mit Ethik zu unterlegen. Die Kirche predigt ja auch nicht über den Glauben, sondern sie warnt unablässig davor, nicht zu glauben. Im Gottesdienst werden alle wie Ungläubige angesprochen und schon einmal zügig gewarnt, so weiterzumachen. Einige besonders schlimme Beispiele von Herzlosigkeit „in unserer Zeit" würzen die Darbietung von „parental attitude". Wir müssen uns anstrengen, um nicht in die Hölle zu kommen. (Ich sage damit nichts gegen die

Predigt an sich, nur gegen die Haltung dabei.) Die Kirche wundert sich, dass die junge Generation diese heilsamen Worte verschmäht.

Bei der Arbeit hören wir alles noch, weil wir dafür bezahlt werden. „Pflicht in schwieriger Lage, Teamgeist für meine Sache, alle für einen, alle mit einer Stimme." Und wir beginnen zu sagen: „Schau mal, der geht jetzt schon nach Hause." – „Die lachen dort in dem Zimmer da schon eine Viertelstunde. Nicht auszuhalten." – „Der meckert schon das dritte Meeting hintereinander. Er hat Recht, das habe ich ihm selbst leise in der Toilette bestätigt, aber es nützt nichts. Er versaut die Stimmung. Der Chef hat schlechte Laune und wir leiden am Ende alle. Wir machen einfach nur Pause, wenn der Chef weg ist."

Und so langsam senken sich die Sicherheitsbedürfnisse der SJ als ethisch verankerte Regeln in uns hinein. Einschärfen! Einbläuen! Branding! Broadcast! Kommunikation! Regeln müssen in Fleisch und Blut übergehen.

Warum ich jetzt so predige? Ich will auf etwas hinaus. Diese Verfahren funktionieren in unserer heutigen Zeit nicht mehr, weil sich die Regeln dramatisch und in hektischer Folge ändern. Ethik aber ist nicht hektisch, nicht wahr? Ich bleibe im Folgenden bei diesem Punkt. Vorher noch eine Argumentverschärfung.

Nehmen Sie den Satz: „Cola ist für Kinder schädlich." Also dürfen Erwachsene Cola trinken, Kinder nicht. „Bier schadet den Gehirnzellen beim Wachstum." Also schadet Bier Kindern. Erwachsene trinken Bier. „Bier schadet der Leber." Erwachsene haben ein schweres Leben, wegen der Arbeit, sie müssen sich etwas gönnen. Ich will sagen: Wir kommen Kindern mit Benimmregeln, die Kinder einhalten müssen, Erwachsene nicht. Kinder wünschen deshalb nichts sehnlicher, als später eine große Leber zu haben, die viel Bier verträgt. Erwachsene haben Privilegien. Wenn Kinder aufwachsen, stellen sie oft mit Verwunderung und tiefer Bestürzung fest, dass sich die Erwachsenen an ethisch untermauerte Regeln selbst nicht halten. Sie regen sich furchtbar auf

und können in dieser Stimmung Beziehungen zerstören. Leider.
Denn sie haben nicht verstanden.

Die Regeln müssen eingehalten werden, damit das System
stabil bleibt. Das System muss funktionieren. Es geht nicht darum, dass sich einmal jemand nicht an die Regeln hält. Es geht um
die Haltbarkeit des Gerüstes an sich. Es geht um die Zukunft unseres Kindes, nicht um Cola. Es geht um das Unternehmen, nicht
um die Stechuhr. Das Verbreiten der Nachrichten, der Ratschläge,
der Mahnungen dienen dem Erhalt des Systems. Fertig. Es geht
zum Beispiel bei der Erziehung des Kindes um dessen Zukunft,
nicht darum, ob die Eltern sich ebenfalls an die Regeln halten.
Deshalb werden alle Kinder zum Glauben angehalten und in Re-
ligionsschulungen geschickt, obwohl ihre Eltern gar nicht (mehr)
glauben. Sie haben als Kinder auch daran glauben müssen. Kinder müssen glauben, das ist gut für ihre Zukunft. Erwachsene
müssen nicht mehr glauben.

Viele Politiker und Manager haben heute diese Attitüde und
man sieht sie ihnen meilenweit an. Sie wollen Regeln durchsetzen, um Systeme zu stabilisieren. Sie wollen sie nicht etwa durchsetzen, weil sie selbst an sie glauben. Es kann natürlich durchaus
sein, dass sie selbst an sie glauben, aber es ist nicht unbedingt eine
Voraussetzung.

Da sich die Regeln unserer Welt in der heutigen Zeit aber rasant ändern und da Menschen nicht alle paar Monate an etwas
anderes glauben können sollten, wird die Lage schwierig. Manager reduzieren Belegschaften, weil es „das Beste für alle" ist, und
stellen darauf wieder in Massen ein. Sie zerteilen Firmen, weil
die Einzelstücke in der Summe einen höheren Wert haben, und
fusionieren anschließend, weil nur Größe in unserer globalen
Welt heute noch zählt. Sie kaufen Konzerne zusammen und reden
bald immerfort über das Zurückziehen auf Kernkompetenzen. In
großartigen Reden werden in kurzer Folge aberwitzig verschiedene Standpunkte ethisch untermauert begründet. Fast dieselben
Menschen beklagen Krisen bei den Werten in unserer Zeit.

Die SJ sind die Hüter der Ordnung in unserer Menschheit. Da ziemlich viele davon nötig zu sein scheinen, kommen SJ mit knapp 40 % in unserer Bevölkerung vor. In stabilen Zeiten mit stabilen Werten haben die stabilen Systeme eine hohe Glaubwürdigkeit. Zum Beispiel haben die Beamten des Kaiserreiches wirklich an dieses System geglaubt. Die Priester haben an die Ideen ihrer Systeme geglaubt. Deshalb waren uns Hüter der Ordnung feierliche Menschen, zu denen wir unter Umständen wirklich gerne wie zu Eltern aufsahen. Ein Chef, ein Patron, konnte „wie unser Vater sein". Der Hüter hat eine Ordnung behütet, die wir alle bejahten. Er hat eine Aufgabe erfüllt, in der wir ihn alle gerne sahen und für unbedingt notwendig hielten. Wir haben Hüter der Ordnung still verehrt. Wir haben sie mit Titeln und Orden ausgezeichnet.

Die Hüter der Ordnung atmen zum großen Teil den Sinn, den ihnen das System gibt, dessen Hüter sie sind. Wenn aber die Systeme in schneller Folge wechseln, weil sie eher Ausdruck hektischer Hilflosigkeit in wandelnden risikobehafteten Zeiten sind, so werden aus den Hütern der Systeme professionelle „Beißer" zur Systemverteidigung. Aus Hütern der Ordnung werden Söldner der jeweilig für nötig befundenen Ordnung.

Wie fühlt sich das an? Wenn Söldner der Ordnung diese professionell hüten?

Wenn ich dereinst in einem Fließbandpflegeheim die letzten Jahre aushauche und ich die Serviceleistungen wie Waschen, Essen, Verbinden jeweils mit meiner Smartcard kreditieren muss, die mir an meinem Arm festgebunden ist. Wenn glaubenlose Religionslehrer unterrichten, die ihren Beruf wählten, weil Religionslehrer knapp waren. Wenn Eltern starben und das Kind ins Heim geht. Wenn Berufung durch Bezahlung ersetzt wird.

Wenn ich in diesem Buch oft gegen die Vormacht der SJ schreibe, so nicht gegen die SJ an sich, sondern gegen sie als Söldner. Himmel hilf! Wir brauchen sie als gläubige Hüter. Woran aber sollen sie glauben wollen, wenn sich alles ändert?

Hier liegt ein Hauptproblem der Arbeit in diesen Jahren.

Wenn früher Bravheit verlangt wurde, so war es gerechtfertigt in einem System, das Halt gab und das man schätzen konnte. Glaubende Hüter der Ordnung konnten mit gewissem Recht „Sei brav!" fordern. Söldner wechselnder Ordnungen sind eher kühle Technokraten, die heute nur noch „Sei professionell!" verlangen dürfen. Dieses neue Urprinzip beginnt zu herrschen. „Sei brav und wir loben dich!" wird ersetzt durch „Sei professionell, in welcher Lage auch immer. Jede Unbill in diesem Zusammenhang ist schon mit dem Gehalt abgegolten."

Brave zu loben ist billiger als Professionelle zu bezahlen. Söldner sind schon immer teuer gewesen, aber gut ausgebildet und stets zu einem guten Tod bereit. Heere von Freiwilligen waren oft feige, aber unbesiegbar, wenn neben ihrem Feldherrn ein Glaube sie führte. Wo ist das ökonomische Profitmaximum? Wenn man mit Ehre (Sinn, Glaube) oder mit Geld zahlt? Im Wandel der Zeiten ist Geld einfacher. Auch gewinnträchtiger?

8 Systemwettlauf: Anpasser werden getrieben, vom Besten zu lernen

Ich lasse einmal das böse Wort Söldner. Es klang eben ganz gut neben Hüter. Wenn also ein Unternehmen mehr von Technokraten geführt wird, so muss es den fehlenden Glauben an irgendetwas durch ein Ziel, eine Vision ersetzen, die jedermann verständlich ist. Es hat viele Versuche gegeben, unter einer Vision wie „Wir wollen die Besten sein!" Erfolg zu haben. Damit wurde in Beraterkreisen viel Geld verdient. Haben Sie das schon einmal bei Ihren Kindern versucht? Sie halten jeden Nachmittag Vorträge, dass das Kind am besten sein soll. Für alle Noten außer der Eins legen Sie mit Kritik los. Angenommen nun, alle Eltern gehen nach diesem Prinzip vor. So wie alle Unternehmen dies versuchen. Was kommt bei Kindern heraus? Psychosomatische Beschwerden und gelegentlich ein Primus, der das ohne Meckern auch wäre. Im besten Fall ignorieren Ihre Kinder das Meckern schlicht und bleiben halbwegs gesund, bis sie achtzehn sind. Dies Beispiel ist wieder so eines der Form: Wir wissen, dass eine bestimmte Methode bei wehrlosen Kindlein auf härtesten Widerstand trifft, aber in Unternehmen probieren wir es an vernünftigen Erwachsenen noch einmal. Die Hoffnung ist, dass Vernünftige leichter einknicken als Wehrlose, Abhängige oder Schwache. Ich lasse dies einmal so stehen.

Mit bloßem Reden vom „Bester sein" wird das nicht viel. Unternehmen brauchen ein Ziel, wohin sie sich entwickeln sollen. Ein echtes, wirkliches Ziel. Wir haben früher alle über die Japaner gelacht, die in Europa oder den USA umherreisten und sich anschauten, was so alles in weitentwickelten Industrieländern gemacht werden kann. Mit dem Leichtesten fingen sie an. Sie kopierten alles gnadenlos und verkauften es billiger. Es begann mit Plastikspielzeug und endete damit, dass wir nach Japan gefahren sind.

Dieses also ist der Traum des „Best Practices"-Ansatzes: Man schaut sich in der Welt um, wo es am besten gemacht wird. Im Sintflutjargon eines früheren Kapitels: Wir schauen nach, welche Rekorde die Rekordsucher gerade gefunden haben. Diese Stelle im Berg versuchen nun auch wir zu erreichen, aber nun mit Eseln, Flaschen und Proviant, nicht zu Fuß. Das ist die Aktionsweise, die ich früher mit *Anpasser* bezeichnet habe. Der Anpasser sieht die beste bisherige Lösung. Er kopiert sie, macht sie heimlich aber besser, damit er selbst den neuen Rekord innehat. Haben Sie noch mein gewähltes Bild im Kopf? Ich wiederhole es hier kurz.

Es gibt einige Grundstrategien in dieser Rekordsuchewelt:

- *Der Star*: Mit finsterem Willen versuchen, einen Rekord aufzustellen (also einen höheren Berg zu finden als alle jemals zuvor)
- *Der Anpasser*: Alle diejenigen detektivisch beobachten, die versuchen, Rekorde aufzustellen und sofort die Anpassungsmaschine anzuwerfen, wenn ein Rekord gefunden wurde. Im Klartext: Wenn jemand ein besseres Produkt baut, baut man es sofort nach.

- *Der Fremdgetriebene*: So lange warten, bis sich nach einem Rekord die eigenen Produkte nicht mehr richtig verkaufen. Im Angesicht des Todes letzte Kräfte mobilisieren und überleben, immer überleben.
- *Der Kreative*: Einfach eine neue attraktive Disziplin entwerfen, die es bisher nicht gab, und in dieser die Nummer 1 sein.

So eine Anpassungsstrategie führt in der Tat zur Kopie, die ein wenig besser, gefälliger und billiger ist. Leider sind die heutigen Zeiten so hektisch, dass inzwischen die Rekordsucher viel höher hinaufgekommen sind. Jetzt müssten die Anpasser eigentlich schnell alles hinfallen lassen und den neuen Rekord kopieren. Wenn sie soweit sind, dann haben die Rekordsucher wieder einen neuen, noch tolleren Rekord aufgestellt. Dann müssten die Anpasser alles fallen lassen und neu kopieren. In dieser Zeit aber ... Wer sich so schnell anpasst wie ein Wetterhahn, wird mit dieser Strategie niemals einen Pfennig Gewinn machen. Deshalb passt der Anpasser erst alles zu Ende an, wie er es in seinem Plan vorgesehen hat, und dann macht er auch Gewinn, wie er es im Plan vorgesehen hat. Hoffentlich! Meist funktioniert dies Vorgehen ganz leidlich, obwohl es längst neue Rekorde gibt. Der Anpasser klagt unentwegt: „Ich habe genau die richtigen Produkte, leider immer einen Tick zu langsam. So ein Pech. Immer ist der Markt einen Tick schneller." Anpassungsstrategien sind deshalb nicht mehr so erfolgreich wie in früheren Zeiten. Der Anpasser muss rekordverdächtig schnell anpassen (das ist dann fast schon kein Anpassen mehr, sondern Rekordaufstellen in Schnelligkeit, also in gewissem Sinne wieder Rekordsucher). Er muss so flexibel anpassen, das neue Zwischenrekorde mitkopiert werden. Er muss im Fluss bleiben, strömen, immerfort ändern.

Das aber wollte der Anpasser ja nicht. Er ist risikoscheu und lässt andere vorgehen. Er lässt im Restaurant andere das ungewöhnliche Gericht bestellen und probiert erst einmal. Er will ja in Ruhe seine Lösungen bauen und eben nicht rastlos oben nach Rekorden suchen!

Als zweites Problem zeigt sich, dass ein normaler Anpasser beim hektischen Anpassen in der totalen Eile überhaupt nicht mehr die Zeit hat, die Rekordsucher alle im Auge zu behalten. Niemand kann es sich leisten, alle Rekordsucher zu bewachen und jeden Fortschritt zu verzeichnen und immerfort beurteilen, ob etwas zum Kopieren für ihn dabei ist. Deshalb stellten Unternehmen früher eigens Menschen ein, die nach neuen Rekorden, also besseren Produkten Ausschau halten sollten. Sie sollten sofort Alarm schlagen, wenn irgendwo etwas Besseres sichtbar wäre. Dies Verfahren hatte zwei entscheidende Nachteile: Erstens ist es Geldverschwendung, wenn jedes Anpasserunternehmen viele Menschen zu dem genau gleichen Zweck einstellt, Rekordsucher zu beobachten. Das gibt ein schönes Bild! Es sieht so aus wie ein Interview mit Helmut Kohl, wenn er die Spendernamen preisgibt. Millionen von Reportern, die Millionen Aufnahmen von der gleichen Sache machen. So eine Verschwendung hat in einer modernen Welt sicher keinen Platz mehr. Zweitens werden Menschen in Unternehmen, die von Rekorden berichten, nicht wirklich gehört. Wenn sie heimkommen und von besseren Produkten von der CeBIT berichten wollen, werden sie von jedem Manager jeder Hierarchiestufe beiseite gezogen und gebeten, ganz leise zu sein, bis das jetzt fast fertige Produkt im Markt sei. „Ruhig, nicht so laut! Seien Sie kein Nestbeschmutzer!" Die Anpasser wollen nämlich in Wirklichkeit keine Rekorde vernehmen, weil diese zu Mehrarbeit führen. Sie vermeiden es daher sorgsam, von Rekorden zu erfahren.

Deshalb gibt es heute ein ganzes Beratungsgewerbe, das sich mit der Beobachtung der Rekordsucher befasst und jeden ihrer Handgriffe notiert. Große Unternehmen wie Gartner, IDT, Forrester oder Meta Group sammeln systematisch Informationen über neue Produkte, neue Entwicklungen, neue Marktchancen und Managementtheorien. Sie verarbeiten diese Erkenntnisse zu Studien oder bieten sie in Form von Konferenzen zahlenden Teilnehmern an. Diese Unternehmen schaffen es langsam, in eine Art Kampfrichterrolle hineinzuwachsen. Sie bestätigen die Sieger, sie messen eine Leistung und stellen fest, ob etwa ein neuer Rekord gefunden oder aufgestellt worden ist. Deshalb ist es heute nicht so ungeheuer schwer, von neuen Rekorden zu erfahren. Es reicht, die einschlägigen Studien zu ordern und dann mit dem Kopieren zu beginnen. Der Nachteil dieser effizienten Arbeitsteilung liegt offenkundig in dem erzeugten Folgeproblem, dass alle Unternehmen fast gleichzeitig von dem neuen Rekord erfahren. Wer sich dann anpasst, hat es schwerer als früher, weil alle gleichzeitig wie Lemminge in den neuen Markt strömen. Es ist so, als ob geniale Aktientipps weltweit synchron im Fernsehen ausgestrahlt würden. Hilft das?

Natürlich kann der Anpasser wieder dazu übergehen, nun doch alleine nach neuen Rekorden Ausschau zu halten, weil er dann die geniale Chance den berühmten Tick schneller für sich ergreifen könnte. Das aber scheitert völlig. Denn die Rekordsucher haben heute in der Regel ein Interesse daran, ihren neuen Rekord zu Geld zu machen, weshalb sie quasi mit dem Handy um den Hals die Bergwand hinaufkraxeln und mit Gartner, Meta & Co. Kontakt halten, die das Siegmelden übernehmen und damit Studien verkaufen. Selbst für den irrsinnig glücklichen Fall, dass ein Anpasser einen Rekordsucher beim Finden einer genialen Erfindung überrascht, den noch niemand sah, droht das sofortige Scheitern. Denn in dem anpassenden Unternehmen wird man bei jeder neuen genialen Idee erst einmal bei Gartner, Meta & Co. anrufen und fragen, wie genial die Idee denn sei. Anpasser wollen nämlich sicher sein, dass etwas Gutes daraus wird.

Unternehmen können heute nicht mehr auf der Stelle treten. Sie müssen agieren, sich bewegen, sich fortentwickeln. Wohin sollen sie sich bewegen? Sie lesen brav alle Studien von den Rekordbeobachtungsunternehmen und folgen den Empfehlungen. Sie holen sich Beratungsunternehmen, die anhand dieser Empfehlungen schon Erfahrung damit haben, Unternehmen anzupassen. Solche Beratungsunternehmen kann es natürlich nicht geben. Alle Unternehmen wollen sich ja sofort anpassen, um

nicht den Anschluss zu verlieren. Deshalb sollten sie die ersten sein. Wenn sie aber schnell sein wollen, können noch keine Erfahrungen da sein, wie man es macht! Wer zum Beispiel
ein Unternehmen „internetzentriert" bauen will, steht in rasend
schnell sich ändernden Welten! Erfahrungen zählen kaum, sie
veralten in Monaten. Kaum fängt man mit Internetzentrierung
an, schon muss man B2B sein (Business to Business). Beratungsunternehmen vermitteln daher weniger die Erfahrung in der
genau gewünschten Sache, sondern einen gewissen besonnen-
ruhigen Umgang mit der andauernden Veränderung. Sie tap-
pen mit mehr Zuversicht durch den Nebel, weil sie dafür bezahlt werden, und es ist gut und beruhigend, sie an der Hand zu
haben.

Ich will Schlüsse ziehen. Die Rollen der Rekordsucher, der Anpasser, der Getriebenen vermischen sich zusehends. Der Wett-
lauf wird so schnell, dass sie nicht weit entfernt voneinander
sind. Wer sich ständig nach dem Lesen von Studien anpasst: Ist
der nicht schon getrieben? Wer sich schnellstmöglich anpasst,
ist der nicht schon ein wenig Rekordsucher? Zwischen der IBM-
Werbung „Wir müssen ins Internet. Warum eigentlich? Steht hier
nicht." und dem berühmten Werbespot mit Boris Becker „Barba-
ra, ich bin schon drin! Ich bin drin!" liegen nur wenige Monate.
Das Anpassen selbst, wie z. B. ein Unternehmen ins Internetzeit-
alter zu führen, dauert ein bis drei Jahre.

Die Hüter der Ordnung, die SJ, müssen Unternehmen wohl
in diesem Wellenrhythmus führen: Erst Meta-Group-Studien lesen. Dann Gartner-Konferenzen besuchen. Beratungsunternehmen fragen, wie umgesetzt werden soll. Umsetzen. Währenddessen schon wieder neue Rekordstudien lesen. Und so weiter und so
fort. Was geschieht indes mit dem Unternehmen? Wie verändert
sich seine Kultur? Was ist der beständige Seelenkern eines Unternehmens? Seine Tradition? Welche sind die „ewigen" Werte,
die die Hüter der Ordnung wahren, schützen und blühen lassen?
Gibt es solche noch? Wenn nein: Schadet das?

Ziehen wir eine Zwischenbilanz. Die Rollen der Menschen sind nicht mehr klar unterteilt. Rekordsucher werden mit Kameras verfolgt, so dass sie kaum noch in Ruhe arbeiten können. Vom Naturell her lieben Rekordsucher die Einsamkeit der Höhe und nehmen deren Unwirtlichkeit in Kauf. Sie sind diejenigen, die in Garagen ihre berühmte Garagenfirma aufbauen. Heute aber stehen Reporter daneben. Investoren warten draußen mit Geld. Helfer haben schon Rigipsplatten für die ersten großen Baracken in der Hand. „Die in der Garage sollen erfinden, verdammt noch mal! Wir haben unsere Zeit nicht gestohlen!" Die Anpasser mögen ebenfalls keine Hektik. Sie wollen in Ruhe entscheiden, was zu tun ist und einem glatten, geebneten Weg folgen. In der heutigen Zeit fühlen sich die Rekordsucher fremdgetrieben. Die Anpasser fühlen sich fremdgetrieben. Die Fremdgetriebenen resignieren ganz. Horte ewiger Ruhe wie die Universitäten beginnen zunehmend, sich fremdgetrieben zu fühlen. Die Gesellschaft steht beim Forschen um sie herum und wartet wie der Vater vor dem Kreißsaal. Wehe, es kommt nichts!

Die NT als die typischen Forscher und Rekordsucher wollen die Wartenden nicht, die sie mit Drittmitteln oder europäischen Förderprogrammen gefangen halten. Die NT wollen die Milestone-Manager nicht, die immer an der Tür stehen: „Hören Sie, Sie sind sehr unlogisch. Sie sagen, Sie brauchen nur noch eine gute Idee und dann klappt es. Sie sagen, Sie denken, in den nächsten 14 Tagen fällt Ihnen etwas ein. Warum lassen Sie das Team so hängen? Warum haben Sie die Idee nicht jetzt?" Wenn NT sich als Wissenschaftler fühlen, können sie heute unglücklich werden. Als Innovatoren sollten sie immerhin viel Geld verdienen, was früher nicht so leicht für sie möglich war. Leider ist Geld nicht so wichtig für sie.

Die SJ waren einst die Hüter einer kulturell gewachsenen Ordnung. SJ denken nicht so viel über den tieferen Sinn der Dinge nach, weil ihr eigener Sinn im System ist. Sie sind systembejahend erwachsen geworden und immer brav gewesen. Den Sinn des Systems haben sie für sich übernommen. Heute aber übernehmen sie die Welt aus den Ergebnissen der Gartner-Reports. Aus den Hütern sinnvoller Ordnungen, die in dieser Ordnung ihr Rückgrat hatten, werden Technokraten. Technokraten denken auch nicht viel über den tiefen Sinn der Dinge nach, aber sie leben nicht im Schutz des Heiligtums, das ihnen den Sinnglanz verleiht. Die SJ mutieren. Aus Priestern werden Technokraten. Aus Schildkröten, die weise unter ihrem Panzer hervorschauen, werden Einsiedlerkrebse, die ihren Lebensschutz irgendwo gefunden haben. Das macht einen Unterschied, verstehen Sie? Ob ich einen eigenen Panzer habe, der zu meinem Körper und meiner Seele gehört, oder ob ich einen fremdgetrieben gelieferten immer mal wieder ein halbes Jahr trage! Der SJ-Charakter sehnt sich nach Sicherheit, langsamem Aufstieg in Würde, den Sinn des Systems im Blut. Was geschieht mit ihm heute?

Die NF sehnen sich nach Sinn. Wo finden sie ihn noch? Sie könnten als Krankenschwester arbeiten, für wenig Geld, mit viel Sinn. Aber wenn sie nur noch 315 Sekunden Zeit für jeden Patienten haben dürfen, jede Tablette protokollieren müssen, wenn sie dem leidenden Blicken kranker Seelen nicht mehr begegnen sollen, weil es zu viel kostet? Das Eindringen der Systeme nimmt den Sinn aus ihrem Leben.

Die SP arbeiten hart und lieben die Freude und das Abenteuer während der Arbeitsausübung. Sie hassen Langeweile am meisten („Papa, es ist so laaaangweilig, wann sind wir endlich daaaa?") und damit Zwangsregeln, Systeme, Kontrollen und Messcomputer. Können Sie heute in großen Systemen arbeiten? Sie werden sich vor Grauen selbstständig machen.

Und nun meine Schlussfrage: Was wird denn nun mit uns allen? Wo bleiben der Systemsinn, der Lebenssinn, die Lebensfreude, das Forscherleben? Die verschiedenen Menschtypen haben ihr Leben nach besonders für sie wichtigen Zielen ausgerichtet. Die wenigsten bekommen heute, was ihnen wahrhaft entspricht. Es liegt an dem ständigen Umbruch eines ultra-effizient betriebenen Systemwettlaufs. Uns gehen die Sinnzusammenhänge verloren.

Ich begründe im späteren Kapitel, dass uns die Computer helfen werden, sie wiederzufinden. Zuvor muss ich aber erst noch durch einige Systemfehlerbeispiele hindurch.

9 Wie Marionetten verheddern

Marionetten verheddern, wenn die Drahtzieher durcheinandergeraten oder sich streiten, wer wann wie oft wo ziehen soll. Die Marionettenspieler sehen die Marionetten von oben, wo sie die Strippen in der Hand halten und die Puppen führen. So sehen Manager ihr Unternehmen von oben, Erfinder ihre Erfindung aus den Wolken herab. Sie blicken auf die Fäden und ihre Abhängigkeiten. Sie geben immerfort auf die Drähte acht, damit die Puppen richtig tanzen.

Die vielleicht wahre Sicht auf die Dinge ist die aus dem Zuschauerraum heraus auf die Puppen. Der Zuschauer schaut auf die Puppen, nicht auf die Drähte. Als ich früher mit glühenden Wangen den Reisen von Jim Knopf im Schwarzweißfernsehen folgte, bemühte ich mich sehr, die Drähte nie zu sehen, weil sie mein träumerisches Empfinden störten. Ich brachte es zu einiger Meisterschaft, nur das Wahre zu sehen, und erst dann war für mich die Sendung ein voller Genuss. Was für Manager als die Hauptsache erscheinen mag, *will* ich als Zuschauer nicht sehen. Was für Erfinder die Hauptsache sein mag, *will* ich als Anwender nicht wissen. Ich will zuschauen und mich freuen. Ich will anwenden und Nutzen haben. Punktum.

Es hat in den letzten Jahren viele Managementdiskussionen um die Begriffe Kundenzufriedenheit und Benutzerfreundlichkeit gegeben. Wie diese zu definieren seien und was zu beachten wäre. Es gibt eine witzig einfache Antwort auf diese schweren Fragen: *Setzen Sie sich in den Zuschauerraum.* Benutzen Sie das Produkt. Fragen Sie sich: „Ist das Stück gut? Freue ich mich, wie toll das Produkt ist?" Es ist also sehr einfach, aber so funktioniert es in der Praxis nicht. Wenn sich nämlich die Manager des Marionettentheaters in den Zuschauerraum setzen, blicken sie während der ganzen Vorstellung auf die Drähte und führen Selbstgespräche. „Schon wieder zuckt der Schwanzdraht. Ich bin sicher, sie trinken gerade etwas. Und ich sitze wehrlos hier unten, während sie Mist machen." Deshalb schrieb ich „witzige Antwort". Der Witz ist, dass Erfinder niemals ihre Produkte sehen und Manager nicht das Stück, das gespielt wird.

Der Systemsinn ging verloren.

Deshalb kommt es immer wieder zu solchen lustigen Vorfällen wie etwa die folgenden:

In der Bank: Eine Bank findet, dass ihre Wertpapierberater nicht genug Umsatz machen. An manchen Tagen rufen die Kunden wie wahnsinnig an (also, sie sind dann echt ein bisserl wahnsinnig) und schichten ihre Depots blindlings um. An anderen Tagen ist Ruhe. Der Wertpapierberater dreht Daumen. Nach der Urformel haben wir sofort erkannt: Er arbeitet nicht effektiv genug. Er bekommt also Zusatzaufgaben. Er muss Kunden anrufen und ihnen etwas anbieten, was sie gerne haben sollten. Er muss zum anderen bei einer Arbeitsgruppe mitmachen, die irgendein neues Programm ausarbeitet. Diese Gruppe trifft sich unregelmäßig. Wenn die Kunden nun anrufen und dringend Wertpapiere verkaufen wollen, ist das Telefon manchmal sehr lange besetzt, weil der Berater eine Liste von Anrufen abarbeitet. Er ist manchmal lange nicht erreichbar (das Telefon ist nicht besetzt), weil er in der Arbeitsgruppe war. Um Ihnen ein Gefühl dafür zu geben: Im Yahoo-Dienst erscheint am Morgen um acht Uhr eine Meldung, dass eine *amerikanische* Firma, deren Aktien ich habe, schreckliche unerwartete Verluste macht. Diese Aktie könnte ich eventuell noch zu Beginn des Handels in *Deutschland* verkaufen, ehe die Amerikaner aufgewacht sind. Die Bank macht um halb neun auf. Ich rufe an. Keiner nimmt ab. Ich rufe an. Niemand da. Ich muss zur Arbeit. Niemand da. (Der Wertpapierberater wird später erklären, dass er Arbeitsgruppensitzung hatte, und die Bank meine, dass um halb neun keiner anruft, weil die Börse um neun erst öffnet. Die Bank nimmt also an, dass alle Leute erst zur Arbeit gehen, um von dort aus die Aufträge zu geben.) Ich rufe an. Niemand da. Um elf komme ich durch. Der Kurs hat sich halbiert, es waren ein paar Umsätze um neun noch zum gestrigen Kurs. Was glauben Sie, was sich in mir abspielt? Den ganzen Morgen? Den ganzen Tag?

Durch den andersartigen Einsatz des Beraters hat die Bank das System verändert. Nun ändern die Kunden das Verhalten, weil sie sich optimal verhalten wollen. Erster Versuch: Ich lasse mir die Telefonnummern von dem Firmenkundenberater geben, damit ich besser drankomme. Der ist nett und hilft mir. Das geht einige Zeit ganz gut, aber die anderen Kunden machen das auch so, und der nicht zuständige Berater wird zögerlich, weil er seine Arbeit nicht schafft. Die Bank stellt nun mit ihrem Computer fest, dass der Firmenberater weniger Umsatz macht als sonst (weil der Computer nicht weiß, dass er für mich gearbeitet hat, und nur die Firmenumsätze zählt). Deshalb sagt der Computer dem Filialleiter, dass der Firmenberater nicht genug zu tun hat. Der bekommt nun Zusatzaufgaben. Er soll über eine neue Arbeitsverteilung der Filiale eine Ausarbeitung machen. Derweil komme ich noch schlechter an die Berater heran. Es wird so schwierig, dass ich mich beschwere. Der Berater tröstet mich immer wieder. Ich beschwere mich beim Filialleiter. Der will auf den Berater schimpfen. Ich sage, dass er nicht auf den Berater schimpfen soll, sondern ihn vor dem Telefon warten lassen soll. Er antwortet mit Artigkeiten. In Wirklichkeit kann er nichts tun, weil alle Filialen den Befehl vom Computer bekamen, den Beratern Zusatzaufgaben zu geben. Diesen Befehl kann er nicht ändern. Deshalb ist er nett zu mir und beruhigt mich. Nach dem Gespräch bekomme ich im Computer einen Vermerk, dass dieser Kunde, also ich, sauer sei. Deshalb muss nun jemand bei mir anrufen und sich entschuldigen. Ich sage diesem, dass ich keine Entschuldigungen will, sondern ich will ganz bestimmt und unbedingt, dass der Berater wieder wie früher arbeitet. Der Anrufer stellt fest, dass ich nicht ruhig bin. Er vermerkt das im Computer, der dann einen Glückwunsch zum Geburtstag etc. für mich vorsieht. Er sagt dem Berater, er soll sich entschuldigen. Der Berater ruft mich an und ich werde jetzt ganz wütend. Er weint fast und ich weiß, dass ihn keine Schuld trifft. Er bittet mich, ihm nicht böse zu sein, weil er sonst zusammenbreche. Alle anderen Kunden wären auch so böse seit der Änderung, únd er müsse immerfort trösten. Weil er aber die anderen Kunden trösten muss, komme ich mit neuen Anrufen noch weniger durch. Der Computer schlägt deshalb Alarm. Er stellt fest, dass der Berater kaum noch Wertpapiergeschäfte in ihn eingibt, viel weniger als bisher. Er ist sich deshalb sicher, dass der Berater kaum Arbeit hat und schlägt dem Filialleiter vor, dem Berater Zusatzaufgaben zu geben. Der Filialleiter schimpft mit dem Berater, der ihn über die wahre Lage aufklärt. Er glaubt aber dem Berater nicht, weil der Zentralcomputer allen Filialleitern gesagt hat, dass die Berater zu wenig Abschlüsse machen. Es läge daran, sagt der Computer, dass zu wenige Kunden anriefen. Deshalb bekommt der Berater Zusatzaufgaben. Ich komme nur noch durch, wenn ich andere Stellen in der Bank anrufe und um Rückruf meines Beraters bitte. Jetzt müssen wieder andere arbeiten, damit ich „drankomme". Das machen die anderen Kunden auch.

Jetzt der zweite Versuch. Ich habe die Idee, alles im Internet zu machen. Ich bitte die Bank um eine Software, die gerade vergriffen ist, weil plötzlich so viel Nachfrage war, von der man nichts ahnte. Nach einigen Wochen kann ich Aufträge im Internet aufgeben. Das geht einige Zeit ganz passabel. Währenddessen stellt der Computer fest, dass mein Berater immer weniger Aufträge entgegennimmt. Gleichzeitig wird das Netz langsam und ich komme nicht mehr über das Internet in den Computer der Bank. Eines Tages bekomme ich nach ungeduldigen 10 (!!) Zugangsversuchen die goldige Fehlermeldung „Das Netz ist überlastet. Bitte haben Sie Verständnis, wenn Kunden nur noch einmal am Tag mit mir Kontakt haben dürfen. Sie haben heute mor-

gen schon den Kontostand abgefragt. Bitte haben Sie Verständnis,
wenn wir Ihnen den Zugang erst wieder morgen gestatten."

(Also, Sie denken vielleicht, das ist Satire. Aber diese Fehlermeldung hatte ich in etwas bürokratischerer Sprache auf meinem
eigenen Bildschirm! Ich! „In echt!" Stellen Sie sich vor, Sie fahren
in die Stadt, stellen Ihr Auto in ein Parkhaus, gehen zu einem
Kaufhaus und es lässt sie nicht mehr herein, weil Sie sich in der
Vorwoche die Waren schon angeschaut haben! Ihr Pech, wenn Sie
nicht gleich kauften! Schade, dass ich kein Unfall-Foto gemacht
habe.)

Es geht weiter: Da der Computer mich per Internet nicht
hineinlässt, versuche ich es wieder mit dem Anrufen. Als ich
nach drei Tagen Wundwählen durchkomme, erzähle ich natürlich meinem Berater die ganze Geschichte. Er weint, weil er sie
schon tausende Male gehört hat. Er ist abgestumpft. Man hört
seine glasigen Augen im Telefon. Der Computer stellt nun fest,
dass der Berater praktisch nicht mehr arbeitet. Er schlägt vor, das
Beratungsgeschäft zu schließen, weil es total unrentabel ist. Ich
habe ja am Anfang des Buches geschrieben, ich sei bei einer Direktbank. Sic.

Analyse: Im Sinne von Peter Senge („Die fünfte Disziplin") fehlt
der Bank das systemische Denken. Sie sieht die ablaufenden Re-
aktionsprozesse nicht. Mir ist dieser mathematische Erklärungs-
ansatz sympathisch und ich las das Buch mit großem Gewinn.
Aber hier ist etwas weniger Tiefsinniges am Werk, was aber ein
genau so schwieriges Problem darstellen könnte:

Die Bank zieht an ihren Drähten. Sie sieht ihre Bankmario-
nette von oben oder aus dem Inneren des Computers heraus. Sie
sitzt nicht im Zuschauerraum. Sie müssen sich das so vor Augen
halten: Der Bankvorstand sitzt in diesem Bild im Computerkern
und schaut über die Datenfühler des Rechners auf die geführten
Menschen in den Filialen hinaus. Die Datenfühler messen Umsätze, Kennzahlen, Anrufe, Wertpapiere. Aus den gefühlten Daten bildet sich ein Bild der Marionette von oben. Aus diesem Bild

heraus wird gehandelt, damit sich die Marionette nicht verheddert.

Verstehen Sie aus diesem Bild heraus, warum das S in SJ und SP die Abkürzung von Sensor ist? Was sensor thinking bedeutet? Die Bank sitzt nie im Zuschauerraum. Wenn sie dort einmal sitzt, sieht sie nur die Drähte. Jeder andere, der im Zuschauerraum das Stück erlebt, weiß, was falsch ist. Jeder.

Warum ist das so? Weil das Drahtziehen der Marionetten nach den Urformeln der Arbeit geregelt wird. Der Computer misst in diesem Beispiel nur Margen, Zeiten, Pausen. Er vergleicht Daten nach den engstirnigen Urformeln. Das weitentwickeltste Wesen im Weltall, ein IBM-Großcomputer, schafft nicht einmal die Lösung der simpelsten Geschäftsprobleme, und zwar deshalb, weil man ihn nicht im Zuschauerraum sitzen lässt. Ohne die Drähte zu sehen. Ich meine damit: Computer haben nicht die nötigen Daten. Wenn der Bankcomputer etwa meinen minütlichen Adrenalinspiegel als Datensatz hätte, wüsste er Bescheid. Das Problem liegt also nicht im Computer, sondern in der Zahlenblindheit seiner Fütterer. Die Berater und die Filialleiter hängen dann nur noch an verheddderten Drähten.

Putzen im Flughafen. Menschen wie ich warten nicht nur bei Anrufen, sondern auch recht viel im Flughafen. Dort schreibe ich auf meinem Thinkpad ein wenig an Büchern. Die folgende Geschichte ist nicht so authentisch wie die vorige, aber sie ist mir eben im Flughafen eingefallen und könnte so ähnlich wahr sein. Wenn Sie dort die Toilette aufsuchen, finden Sie ebenso wie bei McDonald's Listen hängen, auf denen der Putzbeauftragte einer Reinigungsfirma abzeichnet, zu welchen Zeiten er den Putzvorgang beendet hat. In einer Spalte hat ein Computer ausgedruckt, wann genau der Putzvorgang beendet sein *muss.* Das sieht wie ein Busfahrplan aus. Daneben ist eine zweite Spalte, in der der Putzende unterschreibt, dass er den Vorgang beendet hat. Er schreibt auch hin, *wann* er ihn beendet hat. Als ich beim Warten die Toilette aufsuchte, fiel mir auf, dass die Zeiten, zu denen geputzt werden *soll* (Computervorschrift), genau dieselben waren wie die, zu denen tatsächlich geputzt *wurde*. Ich dachte noch: Da wird sich der Computer aber freuen, dass die Leute so einsam exakt arbeiten. Es fiel mir allerdings auch ins Auge, dass schon drei Termine *in der Zukunft* als ordnungsgemäß geputzt auf der Liste unterschrieben waren! Ein Zeitzonenfehler? Wir üben jetzt, das aufzuklären:

Die Sicht des Zuschauers ist in diesem Fall wieder sehr einfach, so dass ich mich fast schäme, inkl. dieser Entschuldigung drei Zeilen zu schreiben: „Es soll sauber sein. Und zwar im Grunde nur, wenn ich gerade da bin. Sonst ist es mir egal."

Früher hat man Menschen die Mission übertragen, für die Sauberkeit im Flughafen verantwortlich zu sein. Das klappte ganz gut. Es hakte nur an einem Effekt, der das Saubermachen schwer steuerbar macht. Im Winter latschen Leute Schneematsch rein, aber an vielen Sommertagen ist fast nichts zu tun als Marmorpolieren. Vernünftigerweise sollten die Menschen also im Sommer viel Urlaub machen und im Winter Überstunden. Man kann auch wenige Menschen im Sommer putzen lassen, aber mehr im Winter. Im zweiten Fall sind Menschen im Sommer arbeitslos, im ersten hätten sie eine merkwürdige Arbeitszeit: Viel im Winter, wenig Arbeit im Sommer. Mein Vater ist Bauer in Groß-Himstedt und wir hatten die Arbeit genau andersherum: Viel im Sommer, wenig im Winter. Aus meiner reichen Lebenserfahrung heraus ist das nicht furchtbar schlimm. Diese Lösungen haben einen großen Vorteil: Der Bauer geht auf das Feld, wenn Arbeit da ist, nicht etwa jeden Tag regelmäßig acht Stunden. So wäre es ein gesunder Vorschlag, immer dann zu putzen, wenn Dreck da ist. Heute schimpfen die Kassenärzte zum Beispiel, dass sie in Jahren mit mehr Grippewellen für das gleiche Kassengeld mehr arbeiten müssen, weil die Leute in diesen Jahren öfter krank sind. Dafür verdienen sie in Jahren, in denen zum Beispiel gar keiner krank wird, ziemlich viel Geld. Also, Bauern kennen das wieder andersherum: Wenn die ganze Ernte total verhagelt ist, so dass nichts zu ernten ist, sparen sie eine Menge Arbeit und können sich auf die faule Haut legen. Wenn aber eine reiche Ernte anliegt, so gibt es Arbeit bis zum Abwinken, bis die Knochen knacken. Die Kassen zahlen nur viel regelmäßiger als Gott es wachsen lässt. Im Geldsinne wäre ich doch wohl lieber Arzt. Dafür lässt Gott es immer wieder unbeeindruckt wachsen, während die Kassen nach gesunden Jahren die Preise drücken. Schwierig.

Noch einmal, zusammengefasst: Es ist keine schlechte Idee zu ernten, was wuchs, zu heilen, was krank ist, zu waschen, was schmutzig ist. In diesen Fällen können wir den Sinn der Arbeit fühlen und riechen.

Die Probleme entstehen, wenn die Arbeit eingeteilt werden muss und vor allem, wenn sie bezahlt werden soll. Ich frage Sie jetzt, ganz direkt: Wann ist ein Flughafen sauber? Wie viele Leute werden dazu gebraucht? Wir oft soll eine Toilette gereinigt werden? Versuchen Sie, es selbst zu sagen, dann merken Sie, wie schwer das ist. Sie haben ja vielleicht auch Diskussionen zu Hause in diesem Punkt. Mit Hilfe von Computern wird das heute ordentlich gemacht: Es werden Service-Level-Agreements ausgehandelt. Dort steht nicht etwa drin, was Sauberkeit ist, sondern *was getan werden soll*. Also etwa: Jedes Mal, wenn ein Termin auf der Liste in der Toilette steht, müssen folgende Arbeitsgänge durchgeführt werden: Wischen, so dass der Mob mindestens zweimal jeden Bodenpunkt überwischt. Ecken werden nochmals gesondert ausgewischt. Nach 125 Mal hin- und herwischen muss das Wischwasser gewechselt werden. Der Eimer muss mindestens sieben Liter lauwarmes Wasser und mindestens zwei Spritzer Wischi enthalten. Die Toilettendeckel müssen im Uhrzeigersinn drei Mal enttropft werden. Es gibt also viele Seiten mit Arbeitsgängen, die zu den Terminen zu erledigen sind. Danach wird ein Terminplan fertiggestellt, der mehr Termine im Winter und weniger im Sommer enthält. Dadurch entsteht jetzt das Problem, dass die Menschen im Sommer weniger Arbeit haben. Dieses Problem besteht hier nur zum Schein, da der Flughafen eine andere Firma beauftragt, diese Wischvorgänge durchzuführen. Der

Flughafen muss also dieses Problem nicht lösen. Dafür die Firma.
Aber das geht den Flughafen nichts an.

Was passiert nun? Ich gebe ein paar Gedanken. Wenn sehr schönes Wetter ist, könnte die Reinigungsfirma ohne Wischen nur unterschreiben, dass sie gereinigt hat, weil es echt nicht nötig ist. Sie
könnte für Stunden im Voraus unterschreiben, damit man nicht
alle halbe Stunde herumlaufen und unterschreiben muss. Diesen Trick fürchtet natürlich der Flughafen, weil er nur für Unterschreiben zahlen müsste. Deshalb gehen Prüfer herum und prüfen unablässig, ob wirklich gewischt wird, auch wenn es ganz sauber ist. Sie gehen zum Vortäuschen auf die Toilette und markieren
mit ihren Augen einen vorgestellten Punkt auf dem Fußboden.
Sie zählen, wie oft der Wischmopp vollständig diesen Punkt überquert. Eins. Zwei. Drei. Gut. Zwei waren vorgeschrieben. Dann
fertigt er ein Protokoll an, dass dreimal gewischt wurde. Auf der
anderen Seite gehen die Manager der Reinigungsfirma probewei-
se auf die Toilette und zählen mit. Natürlich will so ein Manager nicht bis Drei zählen, und deshalb gibt es in einem solchen
Fall Ärger. Die Mitarbeiter lernen in Kurzkursen, Räume beliebiger Eckigkeit so mit Wischstrategien zu übermoppen, dass jeder Punkt genau zweimal überwischt wird, wenn ein Probeprü-
fer der Flughafengesellschaft dabei ist. Alles wird mit der Stoppuhr überprüft. Nach diesen Zeitfeststellungen wird der Wander-
plan eines Mitarbeiters durch den Flughafen von morgens bis
abends festgelegt. Jetzt kommt ein hartes Problem. Es könnte ja
schmutzig werden. Dann ist die Reinigungsfirma verpflichtet, jeden Punkt zweimal zu überwischen, was aber im Schneematsch
nicht reicht. Was tun wir dann? Es bleibt eben schmutzig, nur das
Grobe wird geschafft. Der Flughafen kontrolliert dann schärfer,
ob zweimal gewischt wird. Er holt die Manager der Reinigungsfirma und zeigt ihnen, dass es nicht sauber ist. Der freut sich
wahnsinnig, weil offensichtlich zweimal Wischen nicht reicht,
und bietet ein neues Service-Level mit dreimaligem Wischen an.
Der Manager im Flughafen benutzt geschickt das Argument der

wirklichen Schmutzigkeit aus, um den Manager der Reinigungsfirma moralisch zu einer großzügigen Kulanzgeste zu verlocken.
Er würzt das Schmutzargument mit Hinweisen auf eine aufstrebende Firma namens DreckWegTech, die sich schon bei ihm um
Aufträge bemühe. Sie zanken sich. Schwenken wir mit der Kamera zu dem Menschen hinüber, der gerade putzt: „Niemand
kümmert sich um Sauberkeit. Im Sommer arbeite ich wie der
Schneider in ‚Des Kaiser's neue Kleider', also virtuell. Im Winter muss ich sehr hart arbeiten, aber ich kann kaum den Eindruck von Sauberkeit erwecken. Die Menschen schimpfen. Deshalb mache ich aus Scham oft drei oder vier Wischbewegungen.
Aber ich komme dann nicht rechtzeitig zum Wischtermin in die
nächste Toilette. Ich versuche mein Bestes. Aber ich bin bei der
Arbeit oft bedrückt. Der Manager ist mit mir nicht zufrieden,
er prüft mich oft, ob ich die Strategievision des Unternehmens
verstanden habe. ‚Wisch hin, wisch her, der Dreck, ist weg.' Ich
verstehe schon, dass wir nach der Vision arbeiten müssen, weil
wir damit ja das kundenfreundlichste Unternehmen werden. Ich
kann mich aber nur mit den ersten drei Teilen der Firmenvision
identifizieren."

Es ging hier um die Sichten von Sauberkeit. Dreck kann als
Geschäftsmöglichkeit gesehen werden: Viel Dreck, viel Arbeit.
Dreck wird von der Gegenseite als mangelhafte Vertragserfül-
lung empfunden, als Vertrauensbruch, als Abzocken von Gel-
dern. Sauberkeit aber ist eigentlich eine Frage der Ehre. Menschen, die putzen sollen, aber nicht saubermachen dürfen, leiden
bei der Arbeit, stumpfen gegen sie ab. Putzen ist anders als Saubermachen. In diesem Beispiel ist das Eigentliche untergegangen
und deshalb wird nie saubergemacht.

Beraterzeiterfassung: „Ich arbeite in einem mittelständischen Beratungsunternehmen, das gerade die Zeiterfassung eingeführt
hat, damit wir mit dem Computer planen können. Jeder Berater trägt ein, wann er wie viele Stunden für welchen Kunden ge-

arbeitet hat. Wir werden alle nach Tagessatz bezahlt. Der Kunde lässt uns einen Tag arbeiten. Dafür zahlt er einen Tagessatz. Meiner ist meistens 900 € pro Tag. Das ist ganz gut. Jetzt müssen wir jede halbe Stunde eintragen, wie jeder Waschmaschinenreparateur auch, sagt der Chef. Also machen wir das. Der Chef will dem Kunden gegenüber zeigen, dass alles gut abgerechnet ist und wir tatsächlich für das Geld arbeiten. Seit der Einführung des Computers stecken wir in Problemen. Es ist eine Art Sinnkrise. Es ist sehr schwer zu erklären, weil es das Gehirn verknotet, wenn ich es versuche. Ich habe einen Kunden, der lädt mich öfter zum Kaffee ein, dafür arbeite ich etwas länger, und es gefällt mir so. Das gibt jetzt ein Problem. Ich habe neuneinhalb Stunden eingetragen. Neun habe ich tatsächlich gearbeitet. Der Computer sagt, der Vertrag mit dem Kunden sehe nur acht Stunden vor. Deshalb sei der Vertrag mit diesem Kunden stark unrentabel und müsse gekündigt werden. Der Computer hat diese Verlustmeldung meinem Chef geschickt. Ich habe ihm das erklärt, auch das mit dem Kaffee. Er sah ein, dass der Vertrag nicht wirklich unrentabel ist, weil ich ja die Überstunden nicht bezahlt bekomme. Der Chef meinte aber, ich solle doch überlegen, ob ich nicht heimlich in der neunten Stunde an einem anderen Projekt arbeiten könnte, damit ich mehr Gewinn mache. Er bat mich um Loyalität für die Firma. Er sagte, das Kaffeetrinken könnte ich doch ebenfalls zugunsten der Arbeit an dem anderen Projekt aufgeben. Ich war entsetzt, weil mir der Freiraum genommen wird und weil der Kunde zufrieden ist. Ich rede ja mit ihm, so dass er niemals kommen muss, um meine Arbeit zu überprüfen. Wir sind Freunde. Es hat nichts genützt und ich musste heimlich an einem anderen Projekt arbeiten. Das hat der Kunde gemerkt, aber ich habe das so gelöst, dass ich immer zehneinhalb Stunden dageblieben bin, weil ich mich schäme. Der Kunde akzeptiert das. Ich habe die Stunden des neuen Projektes in den Computer eingegeben. Er hat sofort eine Beschwerde an meinen Chef geschickt, weil ich nicht so viele Stunden unter Vertrag bin. Außerdem gibt es in Deutschland ein Gesetz, das zwingend verbietet, länger als

10 Stunden zu arbeiten. Wir haben alle Daten ändern müssen, damit wir nicht gegen das Gesetz verstoßen. Ich hab die Arbeit an dem anderen Projekt nicht eingetragen. Daraufhin hat die Computeranalyse ergeben, dass die Art von Sonderprojekten, wie ich sie heimlich machen muss, irrsinnig profitabel ist. Das hat der Computer falsch interpretiert, weil ich die Stunden ja weggelassen habe. Wir mussten uns also überlegen, wie wir den Computer ruhig bekommen. Wir haben dann begonnen, Potemkinsche Menschen zu konstruieren. Das sind virtuelle Angestellte. Wir haben dem Computer Menschen eingegeben, die es nicht gibt. Das war nicht einfach, weil man scharf nachdenken muss, bis ein Mensch zulässig in den Computer eingegeben ist. Ich habe meine Frau eingegeben, aber die hatte nicht die richtige Ausbildung und müsste nach den Vorschriften höhere Tagessätze verlangen. Na ja, nach ein paar Tagen haben wir es geschafft, dass der Computer meine Potemkinsche Frau akzeptiert. Wir haben auf meine Frau alle meine Überstunden gebucht. Jetzt war der Computer mit den Daten zufrieden. Leider hat der Personalchef vom Computer einen Verweis bekommen, dass er das Einstellungslimit überzogen hat. Der hat schrecklich herumgebrüllt, weil er dafür mit Gehaltseinbußen bestraft wird. Er hat sich schwer über die merkwürdigen Arbeitszeiten meiner Frau gewundert und nach dem Vertrag gesucht. Den hatten wir vergessen. Daraufhin ahnte er etwas, er ließ sich aber täuschen, weil meine echte Frau im Betrieb war und ihm sagen musste, dass alles in Ordnung ist, sie würden den Vertrag schon finden. Dann fehlte die Lohnsteuerkarte meiner Frau, als das Finanzamt zur Prüfung kam. Es stellte sich heraus, dass fast alle Mitarbeiter noch weitere Familienmitglieder im Computer hatten. Oh, Mann. Es ging noch eine Weile gut, aber wir mussten etwa den halben Tag den Computer täuschen. Wir mussten um die 14 Stunden arbeiten, aber wir wollten nicht gegen ihn verlieren. Es wurde immer schlimmer, bis jemand vor Zorn vorschlug, mit dem Hammer auf den Computer zu hauen, damit wir ein neues Leben anfangen können. Da lachte der Computer ganz laut und erzählte uns, dass er schon immer

wusste, dass wir link sind, und da habe er sich einen Spaß ge-
macht. Er lachte. In Wirklichkeit hatte er aber Angst, glaube ich.
Mit Recht, wie sich zeigen sollte. Denn einer hatte schon einen
Hammer geholt und ... und ... und da warf sich unser oberster
Chef dazwischen. Er ist so ein Herrschertyp, aber er sah an dem
Hammer, dass es ernst war. Er stellte sich vor den Computer, der
ihn über Not-Funk herbeigerufen hatte, und breitete seine Arme
flehend rückwärtig um das Chassis des Enterprise-Servers, die
Arme nach hinten wie die Flügel des Pinguins, hilflos. ‚Ich lasse
mir das alles nicht nehmen, wir wollen versuchen, alle zusammen
miteinander zu leben!' schluchzte er. Wir waren so überrascht,
dass wir sie beide verschonten. Oder ihn. Ich meine, das war in
diesem Moment kein Unterschied. Es sah so aus, als wenn der
Computer an ihm festgewachsen war, es wirkte wie der Zwerg
auf dem dummen Riesen im MAD MAX III-Film, Jenseits der
Donnerkuppel."

Sensor Thinker haben ihr System quasi im Rücken. Der Priester
die Kirche. Der Jurist das Gesetz. Der Manager die Firma. Die SJ-
Eltern die allgemeine Moral. Die Systeme sagen, dass „man das
immer so tut." Wenn also Menschen neu denken wollen und die
Systeme ändern möchten, so sehen sie sich das System genau an.
Ihr Blick aber geht durch die SJ, die Hüter des Systems, hindurch,
die schützend vor ihm stehen. Wenn der Blick auf das System kri-
tisch ist, so trifft dieser Gesichtsausdruck erst auf die SJ, die vor
dem System stehen. Und diese fühlen sich dann getroffen. Deshalb lässt sich so schwer über Systeme diskutieren, weil die Davorstehenden zornig werden wegen der auf sie persönlich gerich-
teten Blicke. Das ist nicht etwa Pech. Systeme sind so gebaut. Sie
schützen sich durch die Identifikation der Davorstehenden. Die
Kritiker werden immer Systeme zerstören, sie werden gnadenlos
mit dem Hammer dreinschlagen. Aber sie scheuen sich, die Hüter zu töten. Sie versuchen, das System ohne die Hüter zu töten.
Das aber geht nicht. Und deshalb bleiben die Systeme.

10 „Die Hälfte der Drähte geht nicht.
Wir spielen eben so gut es geht."

Da die SJ ihr System immer im Rücken haben, sehen sie es nicht an. Sie sitzen, um mit Marionetten zu sprechen, nicht im Zuschauerraum. Sie sehen deshalb als Letzte, wenn Systeme morsch werden oder ihren Zweck nicht erfüllen. Wenn jemand kommt und einige verdorbene Stellen im System findet, so sehen SJ das als ein Reparaturproblem an. Sie sagen: „Dankeschön für diesen Hinweis. Wir bestellen Handwerker." Die Zuschauer aber wollten andeuten: „Das ganze System scheint in schlechtem Zustand." Das dürfen die Zuschauer nicht so direkt sagen, weil dann die Hüter des Systems furchtbar zornig werden.

Und die Zuschauer, die außen den schlechten Zustand sehen, wundern sich über die Blindheit der Hüter und der Marionettenspieler, die die Puppen nur von oben sehen. Für sie ist der Zustand so offenbar schlecht, dass sie sich nicht die Mühe machen, lange Reden darüber zu halten. Dann sind die Hüter wieder ruhig und das System lebt.

In diesem Abschnitt möchte ich mich einmal aus dem Zuschauerraum der Schule, der Universität, der Berufsausbildung äußern. Es geht mir nicht darum, wieder einmal zu fordern, dass das Internet als Schulfach eingeführt wird, weil ich bei der IBM arbeite. So eine Meinung in dieser Richtung hätte ich in der Tat zu äußern, aber es geht mir hier um das Grundsätzliche. Es hat etwas mit den Urformeln zu tun. An der Schule und in der Universität ist der Lehrstoff seit Urzeiten fest vorgegeben. Es kommt darauf an, diesen Stoff in Unterrichtsstunden und in Vorlesungen in einer bestimmten Form darzubieten. Die Schüler und Studenten müssen den Stoff aufnehmen. Sie werden anschließend geprüft, wie viel sie *behalten* haben. Sie bekommen je nach Menge des aufgenommenen Stoffes eine Zensur oder Punktzahl. Wenn sie weniger als die Hälfte der Punkte bekommen, fallen sie durch, bleiben sitzen, müssen die letzte Lektion wiederholen. Eine Urformel der Ausbildung heißt:

50 % verstanden = 100 % bestanden

Bei Klassenarbeiten, Sportmessungen, bei Universitätsklausuren: Überall heißt es, dass die Hälfte der Punkte ausreicht. Eine 1,0 gibt es im Abitur in der Gegend von 800 Punkten, aber es reichen 450 zum Bestehen. Meine Klausuren im eigenen Studium waren fast immer mit 50 % bestanden. Als Professor habe ich es später ebenso gehalten – und geseufzt. Schauen wir die Urformel der Arbeit für die Schule an. Die Menge des Stoffes ist klar, man kann also nicht „möglichst viel Stoff" fordern. Die Stoffmenge ist in den Lehrplänen fixiert. Die Zeit, in der alles zu leisten ist, liegt ebenfalls fest: 13 Jahre. Wie viele Pausen gemacht werden, ist festgesetzt. Alles ist vorgeschrieben, außer der Anzahl der Fehler, bzw. des Prozentanteils, den ein Schüler „behalten" hat. Dieser Prozentanteil ist zu maximieren. Dies ist die Aufgabe der Schule.

Wer ist bloß auf die Idee gekommen, die Formel der Arbeit, also „Minimiere die Fehler" in der Form oben zu formulieren? (Ich. Aber Sie wissen schon, was ich meine.) Warum nur 50 %? Weil es offenbar nie richtig gelang, die Bestehensgrenze signifikant höher zu bekommen, ohne dass die meisten Menschen durchfallen. Das System ist nun auf die ca. 50 % festgelegt. Ich kenne Schüler, die alles viel, viel schneller verstehen, auch ohne Fehler, und für die könnte ich ja die Formel wieder hervorziehen und gemäß der Forderung „möglichst viel Stoff" erheblich viel mehr Wissen in sie pumpen. Das verbietet das System, weil es solche Begabtenförderung oder Elitebildung ablehnt. Wir sind ja hier schon weit im Buch, und ich habe Ihnen die Rekordsuchergesellschaft porträtiert. Wir hetzen im wirklichen Leben um Hundertstelsekunden, aber in der Schule wollen wir das nicht. Man könnte ja denjenigen Schülern, die sofort alles verstehen, immer die halbe Schulzeit freigeben, dass sie nach Hause gehen können. Dann nerven sie nicht, weil sie sich langweilen, und den anderen würde klar, dass die Tüchtigen belohnt würden, was ja eine gute Lehre für das Erwachsenendasein abgäbe. Nein, alle solche Ideen stören in Wirklichkeit die Logistik eines gleichförmigen systematischen Prozesses. Es kommt bei der Bildung der Menschen nicht darauf an, viel zu schaffen, sondern die Bildung muss in einer effizienten Massenfertigung produzierbar sein, damit wir mit den 4.400 € pro Schüler und Jahr hinkommen. Es sei wie es sei, die Schulen und die Universitäten missachten die Formel der Arbeit und drehen nur an einer einzigen Schraube, der Fehlerhäufigkeit. Irgendein Stoff wird hergenommen und 50 % müssen davon im Kopf hängen bleiben. Mindestens 50 %. Es darf auch etwas mehr sein.

Stellen wir uns also das Wissen in unserem Kopf wie im Windows File-System geordnet vor. Ich habe dies Bild schon früher verwendet. Das Wissen wird in Sprachen, Naturwissenschaft und Kunst etc. eingeteilt. Daraus entstehen die Fächer, wie Englisch, Mathematik, Deutsch. Der ganze Stoff wird nun so aufgebaut, dass erst die Grundlagen vermittelt werden, dann das Speziellere. Alles wird noch darauf angepasst, wie der Stoff sich zur jeweiligen Altersreife verhält. Das Wissen der Welt wird also geschickt portioniert und in Stundeneinheiten vermittelt. Immer wieder wird der Wissensbefüllungsgrad überprüft, in Klassenarbeiten und Klausuren. 50 % müssen sein. Von jeder Englischlektion muss man die Hälfte der Vokabeln wissen, von den Teilen der Tulpenblüte zum Beispiel die Hälfte der Fachbezeichnungen. Jedes Tier wird in Unterpunkte wie Verdauung, Nervensystem, Fortpflanzungsart, Kreislaufart unterteilt und gelernt. Man nimmt an, dass sich die Lücken langsam füllen, dass also die irgendwann nicht gewussten 50 % langsam dazuwachsen, so dass der Mensch mit der Zeit alle Englischvokabeln kann.

Man könnte ja die Befüllungshöhe nach 10 Jahren noch einmal messen. Ich mache das mit mir ziemlich oft, weil ich meinen Kindern Tipps zu den Hausaufgaben geben soll, da sie annehmen, ich wisse mehr als sie. Und dann merke ich ja, wie viele Lateinvokabeln und Elemente ich noch aufzuzählen vermag. Über alle diese Dinge wird öffentlich viel diskutiert. Die Politiker und Schulbehörden schauen sich ihre Marionetten an. Von oben. Ein

paar Drähte funktionieren nicht, aber es sind vorsichtshalber so
viele daran, dass man mit den verbliebenen leidlich vorspielen
kann. Sehen wir uns nun die Schüler und Studenten aus dem Zuschauerraum an.

Ich ändere zur besseren Sicht eine wenig die Perspektive: Ein Fri-
seurgeselle, 19 Jahre, schneidet Ihnen eine Ecke ins Haar. Der
Bäckergeselle liefert jeden Tag die Brötchen anders gebacken. Mal
sind sie sehr hell, mal viel zu dunkel und zu hart. Dabei habe
ich oben schon angemerkt, dass ein Bäcker im zweiten Lehrjahr
lernt, „wie man beim Brötchenbacken den Gärverlauf beurteilt
und beeinflusst." Warum kann er es nicht? Der Fleischsalat beim
Metzger ist immer anders. Ich will das nicht. Bei der Sparkasse
wissen sie nicht, wie ich Bausparverträge verschenken kann, ich
soll zur Zentrale. Überall höre ich: „Haben wir gerade nicht da.
Kenne ich mich nicht aus. Tut mir leid." Wir finden diese Welt
schrecklich, in der die Verkäufer ihre Produkte noch nie gesehen
zu haben scheinen.
    Und Schüler?
    Lassen Sie uns zum Beispiel ein Gedicht von Andreas Gryphi-
us oder Gottfried Benn interpretieren. Es gibt ganz wenige Schüler (in dem Alter!), die fühlen können, was dort gesagt wird; die
die Schönheit der Sprache spüren, die die Leidenschaft der Dich-
terseele erleben und all dies noch im Aufsatzheft hinzuschreiben
vermögen. Die guten Schüler gehen mit Benns Skalpell daran und
sezieren alles in Jamben, Trochäen, Sonettformen, sehen in jedem
Stabreim die Vergänglichkeit des Lebens beklagt, weil sie aus den
Biographien der Dichter deren Hauptthemen kennen. So klopfen
sie das Gedicht wie einen Teppich aus und der Staub des Irdischen
wirbelt sie ein. Eine schöne Interpretation! Die normalen Schüler lesen nur zögernd ziemlich unklare Dinge heraus und geben
noch einmal solide den Stoffhintergrund des Gedichtes als Zusammenfassung ab, damit die Seiten voll werden. Sie fühlen sich
nicht wohl in ihrer Haut, wenn sie „das Gedicht ist sehr schön"
schreiben. Und die da, die an den Filzstiften nagen? Die da ver-

loren schauen und irgendwann etwas schreiben? Die sagen: Gedichte sind doof. Man muss verrückt sein, so etwas zu lesen. Lyrik entzieht sich dem Menschen, wenn er nicht begabt ist, das Besondere zu fühlen, sagen die 50 %igen.

In Musik war ich selbst damals ein Ausfall. Ich bekam dennoch eine Zwei, weil ich halbwegs die Noten lesen konnte. Ich konnte gut transponieren und die Vorzeichen für dies-Dur und das-moll aufsagen. Wie ein Mathematiker. Ich wusste, wie viel Sinfonien jeder geschrieben hat (neun!) und wann sie alle lebten. Ich wusste, wie viele Cellisten auf welcher Seite sitzen. Das kann man ja lernen. Spielen? Grausig. Musik machen? Peinlich. Und ich sagte mir, Musik ist krank. Radio hören muss reichen. Später habe ich das noch einmal an der Uni probiert und Heimorgel geübt, aber es hat nie richtig „gefunkt". Note Zwei für weniger als 50 %.

Kann jeder Schüler Aufsätze schreiben? Textaufgaben lösen? Bilder malen? ‚The house of the rising sun' gut singen? Sich mit einer Kippe ans Reck aufschwingen? Kann jeder fühlen, was beim Mischen von Stoffen herauskommen wird? Wann der Strom fließt beim Versuch des Lehrers vorne? Parliert jeder gutes Französisch?

Sind wir wenigstens Könner in einem einzigen Fach? Ich frage es wie als Zuschauer, der ein Marionettenvorspiel genießen möchte. Einige können es. Die Besten in der Klasse, die auf die Bühne dürfen und die Existenz der Schule beweisen sollen. Die anderen zittern im Hintergrund, wie ich beim Vorsingen. Es war ein furchtbares Gefühl, dort als 30 %iger vorne zu stehen. Wenn das Abitur geschafft ist, sagen wir erleichtert: „Geschafft. Wir brauchen dies alles ja nie wieder."

Im Beruf sollen die Menschen wirklich etwas leisten, was den Kunden, der im Zuschauerraum sitzt, begeistern muss. Die Brötchen sollen 100 % richtig gut schmecken, meine Frisur soll immer so sein, wie ich will.

Nehmen Sie selbst die Außenansicht des Zuschauers ein: Wie viele Eltern können wirklich gut erziehen? Wie viele Politiker sind wahrhaft eine Stütze des Volkes? Wie viele Chefs finden Sie so gut, dass Sie sofort unter ihnen arbeiten würden? Wie viele Lehrer haben Sie geliebt? Warum lieben Ihre Kinder die Lehrer nicht, obwohl Sie Ihren Kindern immer wieder zum Guten raten? Wie viele andere Kinder aus der Schulklasse Ihrer Kinder finden, dass sie sehr gute Eltern haben? Wie viele Ärzte sind erstklassig und Ihr Vertrauen wert? Wie viele Handwerker sind wahre Meister? Wie viele Möbelverkäufer geben Ihnen das Gefühl, Ihre Einrichtungswünsche zu verstehen? Ich kann diese Fragerei noch seitenlang fortsetzen, mit lauter solchen Fragen. Ich nehme irgendeine Liste von Menschen. Die Minister der Landesregierungen oder die Juraprofessoren einer Fakultät. Die Frage ist immer: Wie viele davon sind so gut, wie Sie es von einer solchen Spezies füglich erwarten können? Sind es mehr als 50 %? Nein. Ich schätze: ein Drittel ungefähr. Mehr nicht. Grob über den Daumen sind es die, die mit Freude, Ehrgeiz, Professionalität, Einsatz und Leidenschaft arbeiten. Die anderen sind nicht so, wie ich es erwarten würde. Sie bringen nur 50 %. Es sind die 50 %, die zum Bestehen immer ausgereicht haben. Es gibt darüber hinaus viele, die weniger als 50 % bringen. Minister, die Haushalte ruinieren, Erzieher, die Seelen schädigen, Manager, die beides gleichzeitig tun, zum Beispiel.

Der Zuschauer fragt hartnäckig von außen: Warum sind die Brötchen mal zu hell, mal zu dunkel? Was ist das Problem? Warum begeistern die Lehrer nicht ihre Schüler? Warum lieben die Eltern nicht ihre Kinder? Warum *interessiert* sich niemand?

Das Problem liegt an der Urformel. Auch an der Zahl. 50 %. Für 50 % braucht man kein Interesse. Es reicht, an einem Abend vorher noch einmal eine Stunde lang alles zu überfliegen. Interesse wird auch nicht angestrebt, denn der Stoff an der Schule wird ja nicht deshalb gewählt, weil er Interesse wecken soll, sondern weil man „davon 50 % wissen muss". Noch einmal: Diejenigen, die gut im Beruf sind, bestechen durch Freude, Ehrgeiz, Professionalität, Einsatz und Leidenschaft. Sie interessieren sich.

11 Die Kosten des Messens, des Umwälzens, der Topimierung

Die Kosten des Messens sind enorm hoch. Kaufen Sie doch einmal eine Briefmarke im Postamt. „Eine Briefmarke, bitte." Mit allem Drum und Dran kann es eine halbe Minute dauern. Das sind wieder etwa 33 Cent Personalkosten der Post. Sie selbst aber sind extra in die Post gegangen, um die Marke zu kaufen. Wie viele Minuten? Für 2,50 €? Dieser Vorgang des Briefmarkenkaufens ist nur dazu da, Ihnen die Berechtigung zu übertragen, einen Brief wegschicken zu dürfen. Er kostet halb so viel wie die ganze Arbeit. Natürlich kaufen Sie einen ganzen Bogen Briefmarken, da ist es nicht so sehr teuer. Bei der Bahn kaufe ich Fahrkarten meist einzeln. Wohin? Wann genau? Jeder Zug hat einen anderen Preis. Damit will die Bahn mich zwingen, zu verkehrsarmen Zeiten zu fahren. Da aber die IBM die Karten zahlt, verstehe ich den Gedankengang nicht so richtig. Ich fahre meist heim, wenn die Arbeit beim Kunden getan ist. Ich habe dann vielleicht eine Fahrkarte für den EC gebucht, muss leider etwas länger als gedacht arbeiten. Der nächste Zug ist ein ICE. Nun muss ich einen Aufschlag bezahlen, wieder anstellen und buchen. Für eine Fahrkarte, die um die 50 € kostet, bin ich etwa 5–7 Minuten beschäftigt. Oder: Früher kostete ein Telefongespräch ziemlich viel, sagen wir 1 €. Das Berechnen der Kosten für den Anruf und das Schreiben der Rechnung konnte um die 5 Cent kosten. Jetzt werden aber die Gespräche sehr billig, aber das Berechnen bleibt. Bald kostet das Telefonieren nichts mehr, aber wir müssen hauptsächlich dafür bezahlen, dass es gemessen wird, wie lange wir telefoniert haben. Deshalb bekommen wir sicher bald so eine Art Stromzähler unten ans Haus, der einfach misst, wie lange die Leitung besetzt war. Ich weiß schon, was Sie zu diesem Vorschlag sagen: „Da kann ja einer immer nach Nordvietnam telefonieren und der bezahlt genau so viel." So ist das schon immer beim Autofahren! Mein Vater fährt praktisch überhaupt nicht mehr Auto, zahlt aber die gleiche KFZ-Steuer. Es gibt einige wenige Leute, die oft zur Kirche gehen, die also praktisch den ganzen Nutzen der Kirche bekommen, obwohl 100 Mal so viele Leute die Kirchensteuern zahlen. Die großen Menschen zahlen genau so wenig für Kleidung wie die kleinen, das ist furchtbar ungerecht. Die Gaststätten verkaufen das Essen in Riesenportionen für die großen Menschen, die die kleinen nicht brauchen, aber zahlen. In den Universitäten gibt es viele verschiedene Verträge für Doktorandenstellen mit bis zu 100 % Unterschied im Gehalt für genau die gleiche Arbeit. Usw. Ihnen fallen bestimmt noch mehr Beispiele ein. Es ist alles sehr ungerecht. Aber an ein paar Stellen sind wir sehr präzise: Sekundengenaue Abrechnung bei Telefonaten, die 6 Cent pro Minute kosten.

Ich meine: Die ganze Messerei sieht doch sehr willkürlich und teuer aus. Dafür wird alles sehr kompliziert und ohne Computer geht gar nichts mehr. Etliche Prozent unserer ganzen Wirtschaftsleistung verbrauchen wir für solche Messungen.

Die ganze Erziehung besteht zu einem großen Prozentsatz aus Mahnungen der SJ-Eltern an die SP-Kinder, sich anständig zu benehmen. „Schlürf nicht. Finger aus der Nase. Ellenbogen vom Tisch. Guck dich mal an. Da! Was habe ich gesagt! Ein Fleck! Glaubst du, ich bin zum Waschen da? Üb Klavier. Heute ganz bestimmt. Sonst ist es mit Fernsehen nichts. Überhaupt sollte das Fernsehen verboten werden …" In der Schule berichten Lehrer davon, dass niemals mehr Disziplin einziehe. Neulich hat sich ein Lehrer bei uns über meinen Sohn beschwert, der laut gewesen sein soll. Ich bat um nähere Erklärungen, damit ich besser informiert sei. Die wollte der Lehrer nicht geben, da er keine Zeit hatte. Er sagte, er müsse alle anderen Eltern ja auch noch anrufen. Die Lehrer bekommen die Schule nicht zur Ruhe und mögen nicht mehr an die Seite geschoben werden. Deshalb gehen sie dazu über, immer mehr Noten für jedes Handzeichen zu vergeben. Druck und Gegendruck. Kontrolle und Messungen nehmen einen gewichtigen Teil des Unterrichtes ein. Die Schüler mögen nicht mehr richtig lernen und bitten das ganze Umfeld um Hilfe, wenn eine Arbeit geschrieben werden soll. Dann müssen andere Menschen ein wenig aufholen helfen. So wird das Lehren oft durch die Eltern vor den Arbeiten besorgt wie im Jurastudium von den Repetitoren. Wenn wir am Vorabend alles einmal durchkauen, schreiben die Kinder Zweier. Kann das sein? Vier Wochen Schulstoff in zwei Stunden?

Im Arbeitsleben muss man die Arbeitszeiten in den Computer eingeben, die Reisekosten abrechnen, private Telefongespräche angeben, empfangene Päckchen quittieren (Briefe mit Schecks drin zum Beispiel aber nicht). Alles will der Computer wissen. Es kostet einige Prozent Zeit, immerfort Unterschriften einzuholen, den Ausweis vorzuzeigen. Wenn uns ein Kunde 1.000 € Tagessatz zahlt: Wie viel kostet es, unten am Werkstor den Lebenslauf zu erzählen, einen Ausweis auszufüllen, der abgezeichnet werden muss, wenn man wieder geht? 10 Minuten von neun Stunden. Also 18,50 €.

Ich nenne hier nur noch ein paar analoge Beispiele: Monatelang für Prüfungen lernen, die nicht messen, was sie vorgeben (Multiple-Choice-Tests für Mediziner, bei 60 % richtiger Kreuzchen wird man Arzt, hoffentlich werde ich nicht einmal falsch abgehakt.). Firmenrundschreiben lesen, die ermahnen, in den Messungen besser zu werden. Berichte schreiben, in denen man beweisen soll, dass alles in Ordnung ist (Review, Statusmeeting, die klassische Topimierung). Zeiten großer Nervosität und verminderter Leistung wegen Angst vor Prüfungen oder neuen Aufgaben. Verluste bei Reorganisationen von Firmen: Wenn die Organisation zum 1. Januar geändert wird, legen viele Menschen schon ab dem 15. November mental die Arbeit zur Seite. Dann kommen sie erst im Februar wieder in Fahrt. Es ist wie in der Schule, wo nach der letzten Klassenarbeit nicht einmal mehr der Lehrer einen Versuch macht, etwas zu erklären, weil doch niemand zuhört. Im nächsten Schuljahr passiert bis zur ersten Arbeit nichts.

Regeländerungen: Es kostet enorm Leerlauf, wenn Dinge plötzlich anders gehandhabt werden sollen. Zwischendurch schauen sich die Menschen in anderen Firmen um und bewerben sich oft. Wenn sie gehen, arbeiten sie einige Wochen bis einige Monate schon nicht mehr richtig mit. Wenn sie neu in die Firma kommen, brauchen sie einige Zeit, um wieder dabei zu sein. Ein Wechsel kostet etwa 3 bis 5 Monate, je nach Beruf, und etliche Prozent der Mitarbeiter wechseln im Jahr. Wenn Mitarbeiter intern versetzt werden, sollte es auch einige Monate kosten, aber diese Zahl will niemand kennen. Wäre sie bekannt, würde man versuchen, Geld zu sparen und damit Karrieren zu behindern. Firmen können monatelang um Verträge streiten, etwa über die Service-Level beim Toilettenputzen. Sie streiten, wie alles genau definiert ist und festgelegt wird. Ich habe monatelange Verzögerungen erlebt, die dadurch entstanden, dass sich die Firmen nicht über den Vermerk „Der Gerichtsstand bei Streit ist …" einigen konnten. Beide wollten ihren Firmensitz als Ort. Das ist absolut frustrierend, wenn eine Firma ganz wahnsinnig schnell an den Markt möchte, einem Rekordsucher hinterher. Vertragsstreit kann länger dauern als zwei Technologienrevolutionen im Internetbereich. Firmen messen sekundengenau die Arbeit und die Einhaltung von Terminen. Zum Schluss muss das Projektende von höchsten Managern bestätigt und unterschrieben werden. Aber dann bekommt man in der Regel keinen Termin beim höheren Management. Wenn man einen bekommt, dann erst acht Wochen später. Mit einer Wahrscheinlichkeit von etwa 33 % wird der abgesagt! Alles neu! Und die Mitarbeiter warten irgendwie und fangen langsam an, woanders tätig zu werden.

Wie viel Prozent der Produktivität kostet das alles? Bitte versuchen Sie, eine Antwort zu geben. Bitte sagen Sie nicht: „Wie soll man es sonst machen, bitte?" Das lasse ich nicht gelten. So reden Hüter der Ordnung, die das System verteidigen. Wie viel Prozent? 25 %?

Für das Internet und immer mehr für das Telefon gibt es inzwischen Pauschalpreise.

Beim Surfen oder Plaudern soll keine Gelduhr tickend nerven. Der Kunde will es so. Ja, dann! So werden eben Preise mit dem Daumen gemacht. 30 € für DSL-Flat im Monat oder 5 € für Telefonieren am Wochenende. Ohne Messen. Aber bis Freitag wird sekundengenau kalkuliert.

Wie viel Arbeit wird verbraucht, um bei Messungen zu schummeln? Schummeln kostet in der Regel viel Zeit und Energie mit Ausnahme der Schummelei bei der Steuer, wo das Vergessen von Angaben eher Zeit einspart. Viele schreiben die Hausaufgaben ab, besorgen sich in der Uni die Lösungen der Übungsaufgaben. Wir präparieren Spickzettel, täuschen Geschäftigkeit vor. Wir topimieren ohne Ende. Wenn wir ausnahmsweise zu den Messzeitpunkten (Prüfungen) 50 % wissen, bestehen wir. Wie viel wissen wir eigentlich an normalen Tagen? 30 %? Reichen schon die? Manager arbeiten wochenlang an den Projektberichten und denken sich Entschuldigungen aus, die auf Farbfolien verdichtet werden. Fehler werden wegdiskutiert, Versäumnisse unter den Teppich gekehrt. Alles tun wir aus Angst vor Messungen. Schwarze Kassen werden verborgen, Vertragsbrüche werden gesucht, um schlechte Projekte zu vertuschen. Schuldverteilungsdiskussionen ohne Unterlass. Das Üben für die zentralen Klassenarbeiten setzt Wochen bis Monate vor dem Abitur ein. Monate unseres Lebens nur für eine einzige Messung! Monate für die Diplommessung! Wie viel Prozent kostet das an Produktivität?

Die Unternehmen setzen Unsummen für Marketing und Werbung ein. Ich will Werbung hier nicht pauschal schlecht machen, aber theoretisch ist Werbung Topimierung. Das Produkt wird so hingestellt, als sei es optimal. Für Werbung geben Firmen oft zweistellige Prozentsätze des Umsatzes aus. Internetfirmen eher dreistellige (ja, mehr Werbungsausgaben als Umsatz).

Die Moral geht verloren. Das kostet am meisten. Menschen beginnen, nur noch für die Messungen zu leben. Sie putzen nur

Zähne vor dem Zahnarztbesuch. Sie passen im Unterricht nicht mehr auf und lernen nur einen Tag vor der Messung. Sie studieren friedlich vor sich hin und lernen dann ein Jahr vor der Messung. In unserer Firma gibt es vor jeder CeBIT einen Überstundenrausch, obwohl das Datum schon Jahre vorher feststeht. Das Datum der Expo 2000 wissen wir schon viel länger. Die Messungen selbst sind so furchtbar, dass wir danach sofort feiern gehen und in einen Trägheitszustand versinken. „Nach dem Diplom reise ich erst einmal um die Welt. Ich bin fertig. Fix und fertig. Ich bin so froh, dass es geschafft ist." Warum sind wir so? Ich sage: Weil wir ohne Leidenschaft sind für das, was gemessen wird.

Wenn Sie die Führerscheinprüfung bestanden haben – sind Sie dann fertig mit der Welt und fahren erst einmal einige Monate nicht Auto? Wenn Sie den Freischwimmer gemacht haben: Schwimmen Sie dann einige Wochen nicht mehr, weil Sie es satt haben?

Messungen tun weh, wenn das, was sie messen, nicht das Eigentliche ist. Wir gehen zum Kindergarten, ganz stolz am 3. Geburtstag. Wir sind ein Stück groß. Ein wenig erwachsener und in eine neue Stufe aufgestiegen. Wir gehen zur Grundschule, mit sechs Jahren, furchtbar stolz. Wir sind stolz, das Schreiben, Lesen und Rechnen zu lernen. Wir sind stolz, ein wenig erwachsener zu sein. Wir sind nicht richtig stolz, sondern nur noch froh, auf das Gymnasium zu wechseln, und irgendwann später fürchten wir uns vor Messungen. Wir lieben die Lehrer nicht mehr, wie wir die Grundschullehrerin liebten. Das System tut uns weh.

Keirsey berichtet von Statistiken in Schulen aus Kalifornien: 56 % der Lehrer sind SJ, 32 % sind NF, 8 % sind NT, 4 % sind SP. Die SJ-Lehrer dringen auf Ordnung und Erziehung, die NF-Lehrer lieben Kinder, die NT und SP sind kaum vertreten und bleiben laut Statistik nicht lange Lehrer und ändern den Beruf.

Ich versuche einmal eine schwarz-weiße These: Im Kindergarten sind die guten Feen meist NF-Temperamente, in der Grundschule auch. Im Gymnasium aber ist die Herrschaft der SJ. Sie stehen für das System des Messens. Sie brauchen keine Freude am Lernen, weil für sie Lernen Pflicht ist und Vorbereitung auf das spätere Leben. Es geht um Punkte, nicht um Spaß. Die SP wollen Spaß und werden in der Schule eher nur niedergehalten, weil sie nicht brav sind. Sie denken niemals daran, selbst Lehrer zu werden. Die NT wollen nur Wissen tanken, aber nicht gegen Punkte pauken. Sie werden nicht Lehrer, höchstens einmal für Mathematik. Die NF pochen immer auf Liebe zu den Kindern. Laut Keirsey unterrichten sie durch Gruppenprojekte, Diskussionen, Simulationen, Shows, Spiele. Die SJ unterrichten vor allem durch Vorlesen (lassen), Drill, Vorführen lassen, Tests, Quiz, Abfragen, Vorführungen. SP würden Freude in den Unterricht bringen, wenn sie überhaupt da wären. NT würden Wissensdurst erzeugen, wenn sie da wären.

Warum sind also die Messsysteme so ernst? Warum tut Messen weh? Liegt es am System, das das Messen verlangt, oder wird es von Menschen beherrscht, die das Messen zur Herrschaft benutzen? Offenbar kommen die 32 % der NF-Lehrer mehr oder weniger ohne das Messen aus. Wie kann das sein?

Wenn wir durch die Messungen beherrscht werden sollen, so kommt hier wieder meine bohrende Frage: Was kostet das Messen? Es kostet alle Folgen, die entstehen, wenn Menschen nur noch auf Messungen reagieren. Frustration. Abstumpfung. Interesselosigkeit. Routine. Dann aber sagen die SJ: „Seht, ohne Messen tun sie nichts, alle miteinander. Sie reagieren nur noch auf Messungen. Da das so ist, müssen wir schärfer messen, viel schärfer. Dann werden sie besser, alle miteinander." Und dies ist der breite Weg, der zur Verdammnis führt. Er heißt: Gewaltspirale. Messspirale.

Messungen ersetzen in unserer Gesellschaft die Gesetze und die Moral. Wer mit Schummeln durch Messungen schlüpft, ist clever und hat recht getan. Wer sein Schrottauto durch den TÜV trickst, ist clever. Wer abschreibt, ist clever. Wer hinter den Radarfallen das Auto anheizt, ist clever. Wer Steuern hinterzieht und nicht erwischt wird, ist ausgefuchst. Wer sich erwischen lässt, ist ungeschickt, tölpelhaft, ein Amateur. Diese Dummen, die erwi-

scht werden, sagen von sich selbst: „Ich hatte Pech." Ladendiebstahl wird gar nicht mehr richtig verfolgt. Man stiehlt und zahlt ab
und zu 50 € Gebühr. Diese 50 € Gebühr sind der „zufällig erho-
bene Teil des Kaufpreises". Die Verkehrsstrafen sind „der zufällige Anteil der KFZ-Steuererhebung". Schwarzfahren kostet gelegentlich 30 €. Jeder weiß, dass es billiger ist, alles zu stehlen. Ach,
wenn wir uns nicht so schämen müssten, weil das noch so üblich
ist! Dann würden wir viel mehr stehlen!

Wir achten nur noch auf Messungen, nicht auf Moral. Wenn
die gemeinsame Ethik uns nicht mehr eint, wenn sie durch Messungen ersetzt wird, müssen wir immer mehr messen. Schärfer messen. Öfter messen. Unsere Welt als Radarfallenlandschaft
bauen. Bitte, was kostet das alles und wann endet es? Es ist schon
in Geld so teuer, was kostet es sonst noch? Alles, was in uns nicht
Computer ist.

12 Wie lange ist noch Leben in der Marionette?

Heute steht in der Zeitung, dass in einer Schule nördlich von Pa-
ris eine Brandbombe geworfen wurde. Lehrer legten ihre Arbeit
nieder. Sie haben Angst. Schüler trauen sich nicht mehr in die
Schule und schon gar nicht mehr in deren Toiletten oder Keller.
Sie haben Angst. Das System stirbt. Es ist wie im Beispiel oben
mit der Bank. Es geht immer weiter. Die Marionette ist verheddert. Das System funktioniert nicht. In der Zeitung steht natürlich auch, was getan werden muss: „Mit härteren Strafen für die
Täter will der Erziehungsminister dem Problem begegnen." Das
habe Sie sich sicher schon gedacht. Das System straft Angreifer.
Es heißt weiter im Bericht: „Viele Franzosen sehen aber das wahre Übel im Schulsystem selbst." – „Die Lehrer sind überfordert."
Marie-Danielle Pierrelee wird zitiert: „Das Schulsystem ist auf eine einzige Kategorie zugeschnitten – auf diejenigen Schüler, die
später eine Universitätskarriere anstreben. Mehr praktisch orien-
tierte Jugendliche finden keinen Platz in der Schule." In den Kon-

text dieses Buches übersetzt: Vorwiegend SJ-Lehrer bringen Kindern Wissen in Einzelportionen bei und testen es unaufhörlich ab. Die Wissensportionen sind Rezeptvorschläge von Universitätsprofessoren, die die eigentlichen Autoritäten des Wissens darstellen. Sie bestimmen, was ein Professor wissen muss. Sie sind eher NT-Temperamente und haben als solche nicht gerade ein Bedürfnis nach Verständlichkeit oder Didaktik oder Praxisnähe; dieser Mangel ist ein typisches Problem der NT, weshalb sie in den Universitäten residieren, aber nicht Lehrer werden. Die SJ-geprägten Schulen besorgen sich bei ihnen die Rezepturen des Stoffes, also die Befüllungsvorschriften, nach denen die Abitur-reife geregelt wird. Diese Rezepturen des Wissens nehmen an, dass ein Abitur vor allem eine Vorbereitung auf den späteren Beruf als Universitätsprofessor sein soll. Natürlich schaffen das nur die wenigsten. Alle anderen fallen nach und nach aus dem System als Versager heraus und müssen einen anderen Beruf ergreifen. Die Schüler sind absolut unwillig gegen diese trockene, unpraktische, nervtötende, langweilige und lieblose Sicht.

Sie sind stolz losgezogen, um das Lesen zu lernen. Sie waren froh, erwachsen zu werden. Aber dann müssen sie Elefanteninnereien mit Buntstift malen, wie schon Generationen vor ihnen, die früher begeistert bei der Sache waren: „Ein Elefant! So sieht er aus, Mama!" Kinder von heute haben schon Elefanten im Fernsehen gesehen. Sie sehen jeden Tag Monsuntote und Berichte über Chipfabrikation. In einem praktischen Sinne haben sie alles schon einmal gesehen. Ist es dann noch interessant, alles mit Buntstift nachzuziehen? Das System ist gnadenlos und lässt erst bei totaler Lächerlichkeit die Logarithmentafeln und Rechenschieber aus dem Unterricht fallen. Dafür bekommt aber nur der Direktor einen Computer zum Speichern von Plänen und Testergebnissen?

Die SP-Schüler sind aktiv und brauchen Freude bei der Arbeit. Sie werden nur ruhig gestellt, getestet, diszipliniert (Versuch, sie zu SJ zu machen). Die NF wollen Sinn und Wärme und kommen in den Testmühlen seelisch unter die Räder. Die NT-Schüler

wollen Wissen saugen, bekommen nur Rezepte zum Testbeste-
hen. Die SJ-Schüler lernen alles brav, aber auch sie verstehen zunehmend nicht mehr, wozu das alles ist, das Nachmalen von Bienen und Elefanten. Die SJ-Lehrer werden zu großen Prozentsätzen mit einem Burn-out frühpensioniert.
       Wenn ein Schiff sinkt, fliehen bekanntlich die Ratten zuerst.
Wenn ein System stirbt, laufen zuerst die SP, dann die NT und
die NF fort. Aber wenn die SJ selbst nicht mehr an Systeme glauben? Wenn die SJ nicht einmal mehr zur Kirche gehen? Wenn sie
aufhören, an den Urnen Wahlstimmen abzugeben?

Die SJ haben in den letzten Jahren in den Unternehmen eine bei-
spiellose Optimierungskampagne gestartet und alles abgespeckt,
downgesized, schlank gemacht, auf Kerngeschäfte reduziert. Die
SP haben keine Freude mehr an der Arbeit und möchten sich
selbstständig machen. Die Intuitiven schütteln jeden Tag den
Kopf über die Unvernunft. Die SJ selbst, die die Hüter der Systeme sind und in den Managementetagen die überragende Mehrheit stellen, schaffen sich am Ende fast am rigorosesten ab. Das SJ-
Management wurde stärker reduziert als jede andere Berufsgrup-
pe. Noch einmal sei daran erinnert: SJ-Persönlichkeiten sind eher
ängstlich auf Sicherheit bedacht, suchen Geborgenheit im System, das ihnen Rückgrat ist und ihnen die Sinnfrage beantwortet.
Haben Manager und Lehrer nach ihrem eigenen Tun jetzt weniger Angst, mehr Sicherheit, überhaupt noch Rückgrat oder Sinn?
Sie haben Burn-outs und Herzinfarkte, weil ihr Körper weiß, was
ihr Verstand abwehrt: Das System stirbt. Es stirbt, weil es sich
in eine einst richtige Richtung viel zu weit vorgewagt hat und
nun überrascht in der Eiswüste steht. In einer Überfluss- und
Verschwenderzeit hat es mit dem richtigen Einsparen begonnen,
es hat sich im Messwahn und in der Omnimetrie der Computer
fortgesetzt und erfriert jetzt und erstarrt. Warum? Ich gebe im
folgenden Kapitel eine einfache Antwort:
       Es ist richtig optimiert worden, aber nach den falschen For-
meln, nach solchen, die alle sich leicht merken können. Die Men-

schen haben nicht die Kraft, die richtigen Formeln anzuwenden, weil diese nicht so leicht für sie zu verstehen sind. Die Computer werden uns retten. Ihnen ist die Formel egal, nach der sie rechnen. Sie müssen nicht verstehen. Sie können unbelastet handeln und deshalb wird sich die Vernunft endlich durchsetzen.

XIII. Neue Formeln braucht der Mensch: Freude, Sinn, Gemeinschaft, innere Ruhe, kurz: rechten Lebensgewinn

Hier wollen wir etwas Besseres als das vorrangig Brave kennen lernen. Es macht mehr Freude und ist gleichzeitig erfolgreicher. Das ist schwer zu glauben, da das Prinzip des Braven eigentlich lehrt, dass für jegliche Freude ein Preis zu zahlen wäre. Deshalb ist dieses neue Kapitel so schwer zu entdecken gewesen.

1 Eine neue Formel: „Great people care."

Das Handelsblatt schrieb in einem mehr für Vermögensberatung werbenden Artikel, wie verschiedene Bevölkerungsgruppen beim Anlegen von Geld abschneiden. Und natürlich, dass sie schlechter als professionelle Anlageberater „performen". Und dann standen da diese zwei Sätze: „Ärzte und Heilberufler erwirtschafteten sogar einen höheren Wertzuwachs als kaufmännisch ausgebildete Anleger. Dies sei oft damit zu erklären, dass sich Ärzte in ihrer Freizeit mit Spaß der Verwaltung ihres Vermögens widmeten."

Ich wollte mit diesem Zitat Ihre Aufmerksamkeit auf das Wort „Spaß" lenken, aber weiter keine Anspielungen damit machen. Es gibt viele Hausfrauen, die um Längen besser kochen als Restaurantköche, obwohl die letzteren jahrelang immer die paar Gerichte auf der Speisekarte üben können. Es gibt Hobbygärtner, deren Blütenpracht die Professionellen beschämt. Es gibt Bauern, bei denen die Pflanzen besser wachsen als bei anderen.

Manche Fliesenleger bekommen die Fugen harmonisch entlang der Kellertreppenrundung hinab. Wir kennen Automechaniker, denen die Autos beim Öffnen der Kühlerhaube sofort verraten, woran sie leiden. Bei Prof. Brinkmann heilen Wunden aller Art schneller. Manche Bäcker verkaufen Kuchen, andere Kunstwerke. Schottische Malt Whiskys bekommen vom Kenner Michael Jackson in dessen Buch sehr unterschiedliche Bewertungen (und die stimmen, das weiß ich, weil ich oft im Duty-free-Shop bin). Sie kosten aber alle um die 27,50 € pro Liter. Alle sind aus Gerste, Wasser usw. Alle. Bei Wein gilt dasselbe, aber da würden Sie einwenden, dass der gute Wein teurer ist und daher mehr Kosten verursachen könnte.

Wenn ich diese Beispiele bei meinen Reden zum Besten gebe, weiß jeder sofort Gegenargumente: „Ja! Hobbygärtner! Die haben alle Zeit der Welt für ihr Hobby. Wenn sie Geld verdienen müssten, sähe das anders aus, ganz anders! Prof. Brinkmann gibt es in Wirklichkeit nicht. Sie sind blauäugig, Herr Dueck, sie argumentieren mit Menschen, die viel zu viel Zeit und Kosten investieren. Dann ist es leicht, viel bessere Lösungen zu erzielen. Qualität kostet ihren Preis. Immer. Und die Kunden wollen das nicht zahlen."

Und so können wir endlos weiterdiskutieren. Es gibt doch sehr gute Lehrer, die genauso lange unterrichten wie jeder Lehrer, aber besser erklären? Wenn Automechaniker in Sekunden den Fehler am Auto finden: Investieren sie etwas in Qualität? Sie sind doch einfach viel schneller, oder nicht? Dann sagen meine Zuhörer: „Das zählt nicht! Das ist bloße Begabung. Natürlich gibt es immer wieder Ausnahmemenschen, die mit Autos oder Pflanzen oder Kindern zusammenleben und instinktiv spüren, was zu tun ist. Das sind Ausnahmen. Solche Erfahrung ist nicht mit Geld zu bezahlen, man hat sie. So etwas lernt der nicht begabte Mensch nicht einfach so. Alles Ausnahmen!" Warum sind aber die japanischen Autos billiger und weniger fehleranfällig? Alle? Nicht nur eins? „Das ist ein vorübergehender Produktionsvorteil der Japaner, den die Amerikaner und dann auch die Deutschen aufgeholt haben." Aber es ist doch so, dass bessere Autos in kürzerer Zeit ohne Fehler gebaut wurden? Kann es sein, dass das Gute schneller geht als das Schlechte? Kann es sein, dass das Gute billiger herzustellen ist als das Schlechte? Weil das Begehen von Fehlern ja unnützer Zeitaufwand ist? Das finale Argument gegen mich ist am Ende das: „Das ist etwas ganz anderes. Man kann das nicht vergleichen. Es sind andere Situationen." Begabung. Vererbung. Übermäßiger Zeiteinsatz. Unwirtschaftlich überzogene Sorgfalt. Ja, wer das hat oder sich leisten kann! Der kann leicht viel besser arbeiten als andere! Das sind Ausnahmen!

Ich versuche es noch einmal: Nehmen wir meinen Sekretär. Ist eine Begabung für diesen Beruf erforderlich? Außergewöhnliche Schönheit? Zu viel Zeit? Ein Studium? Irgendeine Vererbung? Haben Sie eine einzige Ausrede, warum jemand nicht ein guter Sekretär sein sollte? Und dabei gibt es nicht so viel gute Sekretäre. Ehrlich nicht. Ich wünsche und erwarte nämlich eine ganze Menge von ihm: Er soll ein wenig stolz auf seine Arbeit sein und gute Laune ausstrahlen. Er soll sich mit der Zeit einen immer größeren Verantwortungsbereich um sich herum schaffen. Er soll auftretende Termin- oder Bürokratieprobleme besser nicht lösen, sondern ahnen und antizipieren. Er soll „sich kümmern" und nicht zu stark an offiziellen Zuständigkeiten kleben. Er soll die Art, wie Dinge erledigt werden, ständig verbessern und flexibel ändern. Er soll wissen und wissen *wollen*, was die Menschen, für die er arbeitet, umtreibt, sorgt, beschäftigt. Er soll sich darum kümmern *wollen*. Er soll verstehen, worauf es bei meiner eigenen Arbeit ankommt, so dass er weiß, wie er zu helfen hat. Er soll Zuversicht ausstrahlen und mit allen Menschen hier gut klar kommen. Er soll loyal sein, vertrauenswürdig, ehrlich, konstruktiv. So ungefähr wird dies in dem inspirierenden Buch „True Professionalism" von Maister formuliert. Er schreibt: *„Great people care."* Das Wort *Care* hat im Englischen so schön viele Bedeutungen, so dass es für sich allein schon sehr gut das bezeichnet, was ich meine: Care heißt Sorge, Sorgfalt, Fürsorge, Versorgung, Kümmern, Obhut, Pflege, Bemühen, Anteilnahme, Fürsorglichkeit, Interesse am Mitmenschen, „das Wohl des anderen am Herzen liegen haben". Care ist das Gegenteil von I don't care: „Das ist egal, das geht mich nichts an, ich bin nicht zuständig, das sollen andere machen, ich bin dagegen vollkommen gleichgültig, damit will ich nichts zu tun haben, es kümmert mich nicht."

Weil das Wort Care soviel sagt, kommt es in Mode. Als Health Care, Customer Care, Medical Care. Now, do you know what I want? A secretary who cares. Ich habe nicht geschrieben, wie viel Anschläge pro Minute er schafft und auch keine dummen Bemerkungen über das Kaffeekochen gemacht. All das ist bei Bedarf unter Care dabei, verstehen Sie? Ich wünsche mir von ihm eine gewisse persönliche Haltung zur Arbeit. Er soll eine positiv-zuversichtlich-treibende Kraft entwickeln.

So. Das war natürlich exklusiv eine Abhandlung für Sekretäre. Jetzt die Blattschussfrage: „Wie ist das in Ihrem Beruf? Was würden Sie von sich selbst verlangen können?" Great people care. Nehmen Sie alle Anforderungen oben und übertragen Sie sie auf irgendeinen anderen Beruf. Es wird einigermaßen passen. Ich gebe noch ein Beispiel. Aus dem Leben, noch einmal vom Kaufen von Hosen.

Beispiel: Sie müssen etwas zum Anziehen ins Theater haben (Lage). Sie beschließen, eine neue Hose zu kaufen (Das *genaue* Problem, das gelöst werden soll: eine Hose, *nicht* eine Robe.). Sie wollen eine Hose aus der City von Mannheim (Menge der zulässigen Lösungen: Hosen in MA.), die unter 79 € kostet und zu zwei bestimmten Pullis passen soll, außerdem vom Lebenspartner schön gefunden werden soll. Sie kaufen die Hose am Samstag zwischen neun und zwölf. Alles klar? Das ist die Problemstellung im Ganzen.

So, und nun versetze ich Sie schockartig in die Welt des Managers: Stellen Sie sich vor, Sie werden plötzlich krank, werden aber noch gerade so ins Theater gehen können. Deshalb schicken Sie Ihre Schwiegermutter los, die Ihnen eine Hose kaufen soll. Da diese ihren Geschmack nicht kennt, bekommt sie noch eine weitere Menge von Daten über Größe, Schnitt, Lieblingsfarben und Material. Dann verabschieden Sie sie mit den Worten: „Ich lade dich zu Sekt ein, wenn das gut geht. Und du, du!, wenn du eine richtig schöne Hose bringst, mache ich Schampus auf." (Belohnungsstufen, Minimumerwartung). Und manche Schwiegermütter sagen oder denken (nicht alle, wie unten klar wird): „Aber wahrscheinlich wirst du sauer, wenn ich etwas bringe, was du schrecklich findest. Oder es passt nicht, weil du hinten so stark bist." – „Du, es wäre eine Katastrophe, wenn das so käme!" (Strafe). Ihre Schwiegermutter geht nun los ...

Haben Sie die genaue Analogie zum Optimierungsvorgehen gesehen? Die Schwiegermutter muss ein schwieriges Problem lösen. Auf eine gute Lösung ist eine Belohnung ausgesetzt. Bei einer schlechten gibt es abgestuft Zoff, vielleicht.

Zunächst stellt sich eine Basisfrage: Gibt es Menschen, die so dumm sind, den Kauf einer Hose einer anderen Person zu überlassen? Dies haben Sie sich sicher gefragt und Sie haben mir innerlich eine Rüge erteilt, dass das Beispiel arg konstruiert ist. Falsch! Bitte hören Sie die Wahrheit: Jeder Manager ist so dumm. Jeder muss so dumm sein! Bosse bestellen sich Hauptverwaltungen, Führungsinformationssysteme, neue Verwaltungen, Organisationen, Auslandsfilialen und vieles mehr auf Grund von ein paar Präsentationen! Die Bosse beschreiben kurz, wie viel es kosten darf (159 Millionen) und wann es beschafft werden muss (zwischen Monat 9 und 12). Da sie immer so viele Termine haben, dass sie fast krank davon sind, müssen sie einen anderen Manager oder Projektleiter hinschicken, alles für sie zu besorgen. Verstehen Sie? Bosse schicken Manager los, um halbe Welten für sie zu verändern, und Sie haben vielleicht schon gedacht, bei einer einfachen Hose wäre das Wagnis zu groß, weil es zuviel Theater gibt.

Fortsetzung Nummer eins des Beispiels: Wir machen nun einen Rollentausch. Sie sind die Schwiegermutter, fahren brav nach

Mannheim, suchen stundenlang nach Hosen, finden ein paar annehmbare, entdecken dann ein wunderschönes Kleid, das genau zum Anzug Ihres Sohnes passt, der ja auch ins Theater geht. 99 €. Sie sind ganz sicher, dass dieses Kleid Ihrer Schwiegertochter steht, kaufen es zufrieden und fahren leise *singend in Hochstimmung* nach Hause. Ihre Schweigertochter bricht fast zusammen, als Sie ihr eröffnen, ein Kleid gekauft zu haben, probiert es aber an, weil ja nichts mehr zu machen ist. Sie findet sich wunderschön, vorn und hinten sieht sie echt stark aus. Sie wird vor Freude gesund und macht Schampus auf und kauft Ihnen noch eine Theaterkarte.

Fortsetzung Nummer zwei des Beispiels: Wir nehmen jetzt aber jemand anderen als Schwiegermutter? Die zieht also los, sucht stundenlang nach Hosen, findet ein paar annehmbare, hält immer wieder die beiden Pullover daran. Die beste passende Hose kostet 89 €, die zweitbeste ist deutlich schlechter. Sie geht zur Kasse und bittet, ihr zwei Rechnungen auszustellen. Eine über 10 €, eine über 79 €. Das geht natürlich nicht, weil der Barcodepiepser nur den Preis kennt, der im Computer gespeichert ist. (Diese Abschweifung ist wichtig und nötig: Erstens, weil schöne Lösungen sich nie so richtig an die Regeln halten. Zweitens: Richtig tüchtige Menschen tun das besser auch nicht. Drittens: Computer machen da nicht mit, wenn es Probleme bei schönen Lösungen gibt. Viertens: Richtig tüchtige Menschen besiegen heute Computer noch immer.) Ein herbeigerufener Abteilungsleiter versucht verzweifelt, der Schwiegermutter die Unabweisbarkeit von Computervorschriften und Arbeitsprozessen klarzulegen. Die Schwiegermutter schlägt vor, auf die Hose zu spucken und sie ihr dann für 79 € zu geben. Sie gäbe ihm dann 10 € bar in die Hand. Der Abteilungsleiter gibt ihr überrascht die Hose für 79 €, ohne Spucke. Die Hose passt der Schwiegertochter richtig gut. Sie ist hochzufrieden. Das Theater kann kommen. Schampus gibt's auch. „Mama, auf dich ist einfach Verlass!" Kuss! Nachspiel: Am nächsten Tag gibt sie damit an, 10 € selbst gezahlt zu haben. Es ist aber etwas peinlich, weil es zu einer Diskussion führt, ob sie nun die 10 € wiederbekommen soll.

Fortsetzung Nummer drei des Beispiels: Sie zieht also los und sucht stundenlang Hosen. Die für 89 € hat sie auch in der Hand, findet dieselbe in einem zweiten Geschäft, aber noch etwas teurer. Sie sieht sich zu einem Kompromiss gezwungen. Sie kauft eine Hose, die nur 65 € kostet, aber nur zu einem der Pullover passt. Sie ist sicher, dass die Farbe zwar ihrer Schwiegertochter, aber nicht ihrem Sohn gefällt. Sie bekommt Angst und probiert immer wieder alle anderen Möglichkeiten im Kopf durch. Immer ist ein Haar in der Suppe. Sie entschließt sich dann, diese Hose zu nehmen und dazu eine langweilige schwarze für 49 €, heruntergesetzt von außerordentlicher Qualität, „bei der man nichts falsch machen kann", wie die Verkäuferin versichert. Sie fährt nach Hause und bietet der Schwiegertochter an, mindestens eine Hose umzutauschen. Sie erzählt etwa eine Stunde von den verschiedenen Alternativen, die sie hatte. Sie erzählt genau, warum sie jedes Mal richtig entschieden hatte, „oder?". Die Hosen passen ganz gut. Der Sohn schluckt die Farbe mit dem Sekt hinunter. Die Schwiegermutter will los zum Umtauschen der schwarzen Hose, ihr Sohn fährt los und erledigt es für sie. Das ist noch einmal halbwegs glatt gegangen. Die Schwiegermutter freut sich, dass es gut ausging. Sie hat jetzt Punkte gemacht und kann beim nächsten Mal selbst etwas verlangen, wenn sie ihrerseits krank ist oder überhaupt etwas will.

Fortsetzung Nummer vier des Beispiels: Sie zieht los und findet nichts, was gut wäre. Sie malt sich schon während der Hinfahrt aus, wie es endet. „Ich hätte mich nicht breitschlagen lassen sollen, ihr wird das ohnehin nicht gefallen, was ich bringe. Zumindest wird sie das so sagen, damit ich was auf den Kopf bekomme. Dieser Auftrag führt nur wieder zu einer Kränkung für mich. Sie schafft es dadurch, dass ich nur immer für sie arbeiten muss, nicht sie für mich. Sie könnte auch etwas für mich tun, aber sie

sagt, ich tue nie etwas für sie, und wenn, dann mache ich nur
Mist. Ich gehe heute wieder los und sie erklärt es für Mist, damit sie wieder sagen kann, ich bringe es nicht. Sie hat mit Absicht
so schreckliche Pullover, zu denen bestimmt keine Hose passen
wird. Ich weiß, dass es nichts wird." So redet sie mit sich den ganzen Einkauf über, wird immer lustloser und innerlich gelähm-
ter. Sie kauft irgendeine halbwegs gutaussehende Hose, nach langer, langer Überlegung, voller Zweifel. Sie fühlt sich von den vielen Zwängen, die auf ihr lasten, völlig überfordert. Mit der Hose
fährt sie verzagt heim, ihrer Abreibung entgegen, die sie auch bekommt. Sie beschwert sich bei ihrem Sohn und bekommt noch
eine. Sohn und Schwiegertochter fahren selbst, tauschen um und
so weiter. Oder die Schwiegertochter zieht die Hose an und hasst
sich im Theater. Oder sie zieht eine Hose an, die sie schon be-
saß. Oder oder. Theater. „Man kann sie nicht losschicken. Es gibt
so viel Komplikationen, dass du es lieber selber machst. Das geht
schneller."

Nach meiner Beobachtung gibt es grob vier verschiedene Verhaltensmuster, wie Menschen einem solchen Optimierungsproblem
begegnen.

- Es gibt Menschen, die sich nicht richtig um das Problem kümmern, sondern einfach die Lage verstehen und in ihr richtig
  handeln. Dies ist die verschwindende Ausnahme. (Im Beispiel:
  Ein schönes Kleid kaufen, wo doch eine Hose verlangt war.)
  Nicht nur der Mut solcher Menschen ist erstaunlich, so zu handeln. Das Überraschende ist, dass sie eine solche Lösung überhaupt erwägen. (Im Beispiel: Was bringt sie überhaupt dazu, in
  einer anderen Abteilung des Geschäftes nach Kleidern zu sehen? Wieso schafft sie es, eines zu wählen, was allseits schön
  gefunden wird?)
- Ein Teil der Menschen bringt eigenständig und zuversichtlich
  eine richtig gute Lösung zustande. Es ist nie eine spannende
  Frage für sie, ob sie die ausgesetzte Belohnung bekommen. Eine Klasselösung sind sie ihrem hohen Selbstwertgefühl schul-

dig. Es ist ihr ureigenstes Selbstverständnis gut zu sein. Sie sind Menschen, die sich „kümmern". Sie wissen, was der Satz bedeutet: „Great people care."

- Ein Teil der Menschen wälzt das Problem der optimalen Aktionsdurchführung hin und her, holt sich Hilfe und Rat, tankt Wissen. Es folgt eine Problemlösung, die passabel bis richtig gut ist, die aber oft einige Kompromisse erfordert. Durch die Beschäftigung mit den Kompromissen können diese Menschen unter Umständen lange erklären, warum diese Kompromisse nötig waren und daher eingegangen werden mussten. Durch diese Erklärungen machen sie ihre cleveren Anstrengungen deutlich und signalisieren ständig, dass sie eine Belohnung erwarten und verdienen.

- Ein Teil der Menschen fühlt sich überfordert. Während der Problemlösungsversuche beklemmen sie Ohnmachtsgefühle. Sie glauben nicht, dass sie alle Umstände in ihrer Macht haben, um eine passable Lösung zustande zu bringen. Sie fürchten sich. Sie machen immense Anstrengungen, um zu zeigen, dass sie sich Mühe gegeben haben. Sie versuchen, bei der Lösung eine Hilfe zu bekommen, die letztlich auch die Verantwortung tragen soll, dass eben diese Lösung gewählt wird. Sie klagen ihre Umgebung an, sie überlastet zu haben. Sie fühlen sich schlecht behandelt.

Wie könnte man die Hauptantriebskräfte der Menschen nennen, im System und sonst? Warum und wie optimieren sie eigentlich? Warum und wie bemühen sie sich, eine gute Lösung zu erzielen? Was ist der innere Antrieb, die innere Kraft, der Wille, der sie veranlasst, Anstrengungen auf sich zu nehmen? Wie bemessen wir die Anstrengungen, die sie aufwenden wollen?

- Leidenschaft für das Eigentliche, liebendes Verständnis für das Ganze, Initiative aus Verantwortungsgefühl, Wissen um das Richtige, ein Gefühl der Berufung oder einer Mission, das charismatische Führungsaura verleiht

- Innerer positiver Stolz und Leidenschaft, alles am besten, mindestens sehr gut zu machen (great people care)
- Das Ziel möglichst gut zu erfüllen und, wenn es geht, eine möglichst hohe Belohnung dafür herauszuholen
- Nicht versagen wollen und vor allem keinen (weiteren) Verlust des Selbstwertgefühls erleiden

Leidenschaft für das Eigentliche kümmert sich wenig um Ziele, Probleme, Bedingungen, Belohnungen. Diese Leidenschaft zielt eben nur auf das Eigentliche, ganz kompromisslos. Leidenschaft oder Liebe oder Sehnsucht sind imstande, das Wahre zu tun. „Es wird getan." Leidenschaft für das Eigentliche optimiert nicht in dem Sinne, dass sie die Beste aus vielen Möglichkeiten wählen würde. Es gibt nur die eine, die wahre. Leidenschaft für das Eigentliche ist selten.

Leidenschaft verbunden mit positivem Stolz ist nicht dasselbe wie Leidenschaft für das Eigentliche, da sie die Antriebskraft nicht aus dem reinen Engagement für die Sache selbst, sondern mehr aus dem Bedürfnis bezieht, einen dauerhaft hohen Stand des Selbstwertgefühls zu gewährleisten. Die Lösung des inneren Stolzes ist deshalb meist sehr gut, sie ist aber nicht vollkommen, weil sie einen Kompromiss macht. Die Lösung muss nämlich nicht nur sehr gut sein, sondern auch das Selbstwertgefühl steigern. „Klasse, was, Chef?" Diese Doppelfunktion erfordert möglicherweise (nicht immer) einen Kompromiss, der dann schlechter ausfällt als „die eigentliche Lösung". Im Kapitel über Omnimetrie habe ich ein Beispiel gebracht: Ein Klavierschüler spielt exzellent und wird hoch gelobt. Er spielt schön und fehlerfrei. Er ist richtig stolz auf sein Spiel. Es kommt beim Spielen auch auf das abschließende hohe Lob an. Ein anderer Klavierspieler verzaubert, während er versunken spielend seine Musik liebt. Das ist Leidenschaft für das Eigentliche. Der Unterschied in den „Leistungen" ist irrsinnig hoch, aber den meisten Menschen nicht bewusst, weil sie zu selten wahre Hingabe oder Leidenschaft am Werk sehen. Deshalb verstehen die richtig Stolzen nicht, wie sie vollkommen werden: Nämlich durch Rücknahme ihres Egos und leidenschaftliche Hingabe an die Sache. Richtig Stolze müssen lernen, ihr Ego in der Nähe eines Meisters, in der Nähe der Leidenschaft schmelzen zu lassen. (Im Schwiegermutterbeispiel: Sie kann es nicht lassen, wie fast alle Menschen, die Anekdote mit den 10 € zu erzählen. „Ihr seht, ich bin nicht nur clever, sondern auch gut." Da ist ein Kompromiss.).

Performance: Viele Menschen messen immerfort, wie weit die Ziele erfüllt sind. Diese Menschen haben dauernd die Besorgnis bis Furcht, die Ziele nicht zu erfüllen, und sie sind auf der anderen Seite gierig, die Belohnungen, das Lob und keinen Ärger zu bekommen. Das ständige Messen des Zielerreichungsgrades führt zu ständigem Argumentieren über die Messungen, deren Wert, deren Exaktheit, über Entschuldigungen, Ausnahmen, Sondernachlässe. Immer ist der Blick auf das Barometer gerichtet und immer wird im Geiste die aufgelaufene Belohnungssumme gezählt und ängstlich verteidigt. „Chef, wie war ich?" (Gut!) Diese Frage und die Antwort dazu haben sie immer im Blick! „Papa, schau her, wie gut ich das gemacht habe!"

Davonkommen/Escape: Diese Menschen müssen sehr oft um nur einfachste Anerkennung ringen. Sie haben ständig im Blick: „Ist so weit alles noch OK, Chef? Für die grässlichen Probleme, die ich zu überwinden hatte, finde ich, habe ich Anerkennung verdient." – „Papa, meinst du, dass das schön so ist? Besser kann man es beim ersten Mal einfach nicht." Sie sind froh, wenn sie über die Runden kommen. Lob bekommen sie eigentlich nie. Wenn ein Manager/Lehrer/Elternteil sie dennoch einmal lobt, erkennen sie deutlich, dass es Mitleid war („Schau mal, eine Vier ist doch nach den vielen Fünfern schon ein schöner Erfolg, oder?").

Ich formuliere hier einmal ganz unbefangen eine These, die ein Gefühl von mir ausdrückt:

Eine Ein/Drittel/Drittel/Drittel-These: Es gibt sehr wenige Menschen, die aus wirklicher Leidenschaft für das Eigentliche arbeiten.

Wie viele? Ein Prozent? Nicht viel mehr, oder? Etwa ein Drittel der Menschen arbeitet sehr gut mit viel Leidenschaft und auch dem Stolz, am besten zu sein. Etwa ein Drittel der Menschen arbeitet stark angelehnt an die Erfordernisse der Arbeit, an die Bedingungen und Regeln, und sie orientieren sich relativ eng an den ausgesetzten Belohnungen, Beförderungen, Strafen. Etwa ein Drittel der Menschen versucht, über die Runden zu kommen. Viele retten sich, indem sie sich brüsten, am meisten Schwierigkeiten von allen bewältigen zu müssen.

Dieses dreigeteilte Thema tritt immer und immer wieder auf. Ich habe ganz ausführlich in den fiktiven Schülerlebensläufen für jedes Temperament einzeln beleuchtet, wie die Seelenlage der verschiedenen Schulleistungsstufen aussehen mag. Das obere Drittel „kümmert sich", es interessiert sich für Lehrstoffe und Menschen. Das mittlere Drittel schielt nach dem Verlangten, also den Notenerfordernissen. Das untere Drittel findet das Leben beschwerlich und daher bedrohlich. Seit ich dieses Buch hier schreibe, finde ich in der Tageszeitung immer und immer wieder solche Meldungen: Studie über Manager ergibt, dass ein Drittel mittel neurotisch ist, ein Drittel schwach neurotisch, ein Drittel seelisch gesund ist. Die Psychoanalytikerin Karen Horney beschreibt den Neurotiker als jemanden, der „constantly measures himself against others, even in situations which do not call for it." Sie sagt, alle seien neurotisch, die messen, immerfort messen, auch wo es nicht angemessen ist!

Trauen Sie sich, den folgenden Gedanken mitzudenken? Ein Drittel „kümmert sich", das ist das gesunde Drittel. Ein Drittel misst zuviel und handelt und schachert und sucht den Vorteil, das sind die ganz schwach Neurotischen, bei denen wir ja netterweise lieber von Charakterzügen oder Temperamentakzenten reden könnten. Ein Drittel *topimiert*.

Ein Drittel der Menschen lassen sich scheiden. Ein Drittel sind mit dem Partner richtig zufrieden. Immer wieder solche Meldungen, die natürlich nicht richtig wissenschaftlich zitierfähig sind. Nehmen Sie nur einen tragischen Fall aus Heidelberg: Ein Mann hat 50.000 € in bar bei sich, steigt am Bahnhof aus dem Auto, um kurz zu telefonieren. Er nimmt das Geld mit, weil er fürchtet, es könne im Auto gestohlen werden. Er telefoniert und läuft angstvoll zum Auto zurück, weil er sich mit dem Geld fürchtet. Er hat es aber in der Telefonzelle liegengelassen! Er hastet sofort vom Auto zurück, tieferschrocken. Das Geld war weg. Es ist nie wieder aufgetaucht. Am andern Tag hat die Zeitung eine Umfrage veranstaltet. „Würden *Sie* das Geld zurückgeben?" Ergebnis: Ein Drittel (es waren 35 % oder so) der Menschen gibt das Geld ohne Überlegen zurück. Ein Drittel überlegt es sich länger, entscheidet sich aber doch, es zurückzugeben. Diese Menschen fürchten sich vor Gewissensqualen um eine durch sie ruinierte Menschenpsyche und haben Angst vor der Entdeckung. Sie trauen sich letztlich nicht, das Geld zu behalten. Sie sagen in der Zeitung unisono, sie würden dafür aber einen spendablen Finderlohn einstreichen wollen. Das hätten sie sich verdient. (Ja? Warum?) Ein letztes Drittel behält das Geld. Diese Menschen sagen allesamt, sie seien vom Schicksal betrogen worden, hätten lebenslang ungerechtes Leid tragen müssen und unter den Mitmenschen gedrückt leben müssen. Nun, da sie mit den 50.000 € ein einziges Mal auf der Lichtseite der Schicksalswaage sein würden, behielten sie das Geld als verdienten Ausgleich für alle Lebenstrübsal für sich.

Ich lasse es hier einmal bei diesem schönen authentischen Fall. Sie erinnern sich auch noch an die Rekordsucher, an die Anpasser, an die Fremdgetriebenen?

Wir suchen also „great people who care". Bei meiner Firma IBM suchen wir nach Menschen, die, wie unser CEO Gerstner sagt, „passion for the business" haben. Hier etwa liegen die Formeln der Zukunft. Sie sind weit entfernt von den Urformeln der Arbeit, des Geschäftes, der Schule. Sie haben dennoch etwas miteinander zu tun.

„People who care" arbeiten schneller, besser, konzentrieren sich mehr auf die Arbeit, machen weniger Fehler. Also sind sie in den klassischen Messungen der geleisteten Arbeit gut. Menschen, die topimieren und davonkommen wollen, schneiden normalerweise auch bei den klassischen Messungen im Computerdatenblatt schlecht ab.

Wenn also alle diese Indikatoren jeden Menschen in gleicher Weise beurteilen, warum will ich neue Formeln? Das verdeutliche ich im weiteren Verlauf. Mein Kernargument: Die klassischen Formeln messen den Status, aber sie sagen nicht, was werden soll. Wenn ein Mitarbeiter schlecht arbeitet, so ist es zwar möglich, ihm Abmahnungen zu schreiben, das Gehalt zu kürzen, ihn zu demütigen, ihn zu besserer Arbeit aufzufordern. Wir können ihn bitten, keine Fehler mehr zu machen oder simpel mehr Gewinn, wie auch immer. Aber das hört sich doch ein mäßiger Mitarbeiter ebenso wie ein unartiges Kind oder ein schlechter Schüler jahrelang an, jahrelang, ohne jede Hoffnung auf Besserung, oder? Was nützen diese Predigten? Sind wir je gute Christen geworden durch das Drohen mit Teufeln, Höllenqualen oder einem Besuch des Pfarrers bei meinen Eltern?

Die klassischen Formeln messen nur. Meinetwegen sogar richtig. Aber in der mehr expertise-orientierten Welt von morgen helfen Drohungen mit schlechten Messergebnissen nicht, die Menschen zu verbessern. Mit schlechten Messergebnissen kann man klassischen Fabrikarbeitern Beine machen, aber nicht etwa Wissensarbeitern, Programmierern, Beratern. Man muss ihnen nämlich nicht „Beine machen", sondern „Köpfe machen". Und da helfen Drohungen nur begrenzt. Ich müsste mich in die Firma stellen und brüllen: „Seien Sie kreativ, verdammt noch mal! Wehe, ich erwische Sie, wenn Sie nicht konzentriert denken oder keine Ideen haben! Ich will, dass Sie einfühlsame, schöne Texte schreiben und gute Argumente vorbringen, die sofort jeden Depp überzeugen! Und all das machen Sie bitte schneller, viel schneller! Das wollen wir doch einmal sehen! Ich statuiere ein Exempel. Alle

Ideen, die Sie bis heute Abend erarbeiten sollen, müssen bei mir schon heute Mittag abgegeben werden!" Die klassischen Formeln helfen nicht mehr, die Köpfe zu steuern.

Und noch ein Argument: Die klassischen Notensysteme der Ausbildung messen schon irgendwie korrekt, ob jemand gut ist oder nicht, aber auch sie versagen, um Menschen zum Guten zu bewegen, zum Interesse, zum „Kümmern". Die klassischen Systeme werden mit ihren Statusmessungen dazu benutzt, „Unwürdige" aus dem System zu entfernen. Universitäten prüfen alle Studenten rigoros hinaus, die einfach „nicht auf die Universität gehören, die dort nichts verloren haben, die den Betrieb stören".

Durch die Computerrevolution zeichnet sich aber schon heute ab, dass wir händeringend Zehntausende Menschen suchen, „die sich kümmern". Wie stellt sich unsere Gesellschaft zu diesem bedrohlich werdenden Problem? Wir würden gerne bei der IBM einige tausend Stellen mehr besetzen, aber es geht nicht. Es gibt nicht die richtigen Bewerber. Es gibt auf dem leergefegten Arbeitsplatz nur noch Menschen, die sich „nicht kümmern". Und die ergeben Probleme. Sehen Sie sich Messungen an.

2 Produktivitätsmessungen

Jetzt kommen ein paar Zahlen. Tom DeMarco und Timothy Lister beschreiben unter anderem in ihrem wunderbaren Buch *Peopleware*, wie sie in sehr vielen Firmen die Programmiererproduktivität gemessen haben. Ich fasse hier die Ergebnisse kurz zusammen: Aus vielen Firmen wurden jeweils einige wenige Mitarbeiter mit einer Aufgabe betraut, ein bestimmtes Programmierproblem zu lösen. Diese Aufgabe sollte neben der normalen Arbeit her bearbeitet werden. Die Mitarbeiter notieren, wann sie wie lange daran saßen. Was kommt heraus? Etwas, was wir alle irgendwie wissen und was wir in verschiedenen Formen gering unterschiedlichen Prozentsätzen immer wieder lesen:

- Die besten Programmierer sind etwa 10 Mal schneller als die schlechtesten.
- Je schneller sie programmieren, desto weniger Fehler machen sie.
- Die besten Programmierer sind etwa 2,5 mal schneller als der Median (also der beste von 100 Programmierern ist 2,5 mal besser als der 50.-Beste).
- Die bessere Hälfte arbeitet mehr als doppelt so schnell wie die schlechtere und macht nur etwa halb so viele Programmierfehler.

Die Leistung hängt praktisch nicht von der Programmiersprache ab, wenn es nicht gerade Assembler ist. Sie hängt nicht vom Alter, vom Gehalt oder der Programmiererfahrung des Programmierers ab, außer man ist erst wenige Monate im Job. Sie hängt *relativ stark* von der Angemessenheit der Arbeitsumgebung ab und von der Firma, in der man arbeitet (!).

Was sagt uns so ein typisches Ergebnis?

Die Arbeitsleistung im Beruf ist atemberaubend unterschiedlich. Wundert Sie das? Bei Abgeordneten, zwischen Führern und Hinterbänklern? Bei Tennisspielern, zwischen Nr. 1 und Nr. 2.000? Zwischen Nr. 100 und Nr. 10.000? Bei Mathematikstudenten, zwischen dem Jahrgangsgenie und einem, der kaum eine Aufgabe versteht? Es wundert eigentlich nicht, nur sträubt sich etwas in uns, wenn wir es nackt als Zahl oder als Statistik lesen.

Bessere Arbeit geht viel schneller von der Hand. Meine eigene Statistik meiner ca. 50 Diplomarbeiten besagt grob dies: Eine Eins in der Diplomarbeit dauert 9 Monate, eine Zwei knapp zwei Jahre, ein Drei knapp drei Jahre (eine Vier gibt es nicht richtig). Also um es kurz auf Daumenniveau zu bringen: Die Zeit für eine Diplomarbeit ohne Zeitlimit ist etwa „Note in Jahren". Eine Eins geht also im Durchschnitt schnell und fehlerfrei! Sehr gute Schüler brauchen nicht so lange für die Hausaufgaben wie schlechte Schüler, die Nachhilfestunden benötigen.

Die bessere Hälfte der Mitarbeiter schafft drei Viertel der Arbeit. Oben habe ich geschrieben, dass die bessere Hälfte doppelt so schnell arbeitet, also macht sie erst einmal rechnerisch zwei Drittel der Arbeit. Aber: Die schlechtere Hälfte macht ja zusätzlich die meisten Fehler! Die müssen noch berichtigt werden. Meist gehen die Mitarbeiter einen Guru fragen. Sie bitten um einen Tip, wie sie es als Student bei den Aufgaben gemacht haben, die sie nicht selbst lösen konnten.

Das beste Drittel schafft über die Hälfte der Arbeit. Das folgt ungefähr als Daumenregel aus dem Gesagten. Oder auch umgedreht:

Am schlechtesten Drittel der Arbeit sind mehr als die Hälfte der Mitarbeiter beteiligt.

Die Arbeitsleistung verschiedener Firmen scheint atemberaubend unterschiedlich zu sein. In manchen Firmen sind die Programmierer überwiegend sehr gut, in anderen überwiegend sehr schlecht. Es wird vermutet, dass die 10:1-Regel auch zwischen der besten und schlechtesten Firma gilt. Es kann vermutet werden, dass dies an der Firmenkultur liegt oder am internen Standard, was in einer Firma eine „normale" Leistung ist. Es kann daran liegen, dass in manchen Firmen die Mitarbeiter gerne und interessiert arbeiten, in anderen nicht. DeMarco und Lister berichten, dass die Leistungen der Programmierer nur im Schnitt 25 % auseinanderliegen, wenn diese in derselben Firma arbeiten (!).

3 Data Mining nach neuen Formeln

Data Mining ist so ein Modebegriff der letzten Jahre. Übersetzt heißt Data Mining Datenschatzsuche. Data Mining ist eine Art mathematische Disziplin oder Handwerkskunst, aus großen Datenbeständen Muster, Regelmäßigkeiten, Zusammenhänge, neue Erkenntnisse zu gewinnen. Es gibt große Programmpakete, mit denen sich Datenbestände per Computer auf solche „Schätze" durchsuchen lassen, zum Beispiel den IBM Intelligent Miner. Sol-

che Programmpakete könnten wir doch nehmen, um herauszufinden, welche Eigenschaften gute Menschen haben sollten? Wir
nehmen dazu eine gewaltig große Datenbank, in der lauter gute
Menschen gespeichert sind, mit allen ihren Merkmalen, und wir
lassen den Computer herausfinden, welche Merkmale den guten
Menschen kennzeichnen.

Wenn Sie sich nicht gerade schon mit Data Mining beschäftigt haben, ist Ihnen dieser Ansatz vielleicht nicht recht geheu-
er. Deshalb hole ich ein wenig aus und erkläre an einigen Beispielen, was Data Mining *leisten* kann (nicht so sehr, wie es geht,
denn das ist reine Mathematik). Viele Firmen haben große Datenbestände, in denen sie verborgene Zusammenhänge vermuten. Banken oder Versicherungen versuchen, anhand der Personendaten herauszufinden, wann Menschen Bausparverträge abschließen, wann sie ein Haus kaufen wollen, ob sie Internetak-
tien kaufen würden oder einen geschlossenen Immobilienfonds.
Versicherungen ziehen anhand der Daten Schlüsse, welche Versicherungen den Kunden noch angeboten werden können, ohne dass die den Vertreter hinauswerfen. Sie berechnen auch, ob
sie den einzelnen Kunden überhaupt Versicherungen anbieten
wollen. Wenn Sie zum Beispiel mehrere Haftpflichtschäden im
Jahr haben, so ist der Computer unwillig, Ihnen noch mehr zu
verkaufen. Wenn Sie aber schon zwanzig Jahre unfallfrei fahren
und sich nach einer Hausratversicherung erkundigen? Dann ist
der Computer schon einmal eine Mikrosekunde freundlich gestimmt, aber er schaut sicherheitshalber noch einmal, wo Ihre
Adresse auf der Landkarte liegt. Sie wohnen in der Bronx? Da
bekommt der Computer einen Stimmungsumschwung. In dieser
Weise treffen Rechner heute maßgeblich Entscheidungen über
Sie. Computer setzen Ihr Limit für die Kreditkarte fest, sie bestimmen Ihre Überziehungsgrenze beim Girokonto, Ihre Rabatt-
prozente, wenn Sie eine Hypothek haben wollen. Bei der Auto-
versicherung muss man neuerdings die gesamte Familienchronik
vorlegen: Haben Sie eine Garage, ein eigenes Haus, eigene Kinder, mitfahrende Großeltern, streitsüchtige Beifahrer? Für alles

gibt es einen Bonus oder einen Punktabzug. Der Preis der Versicherung ist eine schrecklich kompliziert aussehende Formel aus diesen Elixieren. Der Computer erreicht dadurch, dass Sie den für Sie richtigen Preis bekommen, dass die Preise durch Sie nicht mehr verglichen werden können, weil die Formeln der anderen Versicherungen dieser an Komplexität in nichts nachstehen, und der Computer bekommt nun alle Daten und alles Wissen über Sie, was er sich immer schon wünschte. Wenn Sie zum Beispiel Lehrer sind, bekommen sie billigere Rechtsschutzversicherungen. Warum? Ich sage jetzt nicht meine Meinung, sondern zitiere den Agenten: „Lehrer haben andauernd Prozesse am Hals, das ist schlecht für eine Rechtsschutzversicherung. Aber was glauben Sie, Herr Dueck? Sie gewinnen die Prozesse immer! Wir müssen also nie zahlen! Entweder wissen sie alles besser als andere Menschen oder sie haben mehr Zeit." Das sind so Erkenntnisse aus Daten.

Aus solchen Erkenntnissen heraus werden Marketingaktionen durchgeführt. Zum 16. Geburtstag bekommen Jugendliche Angebote zum Prämiensparen und werden mit Wohnbauprämien gelockt. Fahrschulen beginnen, Angebote zu schicken. Versicherungen bieten Policen gegen unvorhergesehene Ereignisse wie Heiraten an, etwa eine Aussteuerversicherung. Ob der Computer sich vorher die Passbilder in der Datenbank anschaut?

Ein wichtiges Teilgebiet des Data Mining ist die *Faktorenanalyse*. Die Frage ist: Welche Faktoren sind am meisten bestimmend für eine gegebene Größe? Beispiele: Welche Börsendaten sind am meisten bestimmend für den Aktienindex im nächsten Jahr? Der Computer etwa sagt: Arbeitsmarktdaten, Dollarkurs, Inflationsrate, Kurse von heute. Was sind die ausschlaggebenden Personaldaten, dass jemand einen Bausparvertrag abschließt? Der Computer sagt: bevorstehende Heirat, Alter um 30, erwarteter Kindersegen, kein Hausbesitzer. Wann schließen Menschen besonders hohe Bausparsummen ab? Na? Bis hierher war noch nichts Tief-

sinniges als Antwort dabei. Antwort des Computers diesmal: risi-
koscheue Menschen. Wir haben früher mal auf „hohes Einkommen" getippt. Aber die Höhe des Einkommens zählt nicht einmal zu den 10 meist beeinflussenden Faktoren bei der Höhe der
Bausparsumme! So kann man sich täuschen. Welche Menschen
sind beleidigt, wenn man nein sagt? Es gibt Computersysteme,
die Merkmale von Menschen bestimmen, die für die Reaktion
auf abschlägige Bescheide verantwortlich sind. Sie gehen zu einer
Bank und sagen: „Die Hypothek nehme ich gerne bei Ihnen auf,
aber ich bitte Sie, mit dem Zins noch ein Viertel Prozent herunterzugehen." Wenn der Computer (also als Vertreter der Zweigstellenleiter) einwilligt, macht die Bank wenig Gewinn. Wenn der
Computer abschlägt, gehen Sie zur Konkurrenz (dann ist der Gewinn Null) oder Sie sagen etwas peinlich berührt: „Na gut, ich
wollte nur einmal fragen." Der Computer sagt: „Ist ja gut, ich verstehe Sie ja, aber Sie sind eben kein guter Kunde für uns." Dann
sagen Sie: „Na ja, es wäre schön gewesen." Ihr Ehepartner wird
erfreut reagieren, dass Sie sich doch getraut haben zu fragen, was
für einen Deutschen keine Kleinigkeit ist. Er wird Sie bitten, sich
nun beim nächsten Mal als Verbesserung nicht über den Tisch
ziehen zu lassen. Es gibt also Programme, die abschätzen können,
ob Sie „na, dann" sagen oder „ich protestiere!". Je nachdem sagt
der Computer ja oder nein zu ihrem Wunsch, einen Preisnach-
lass zu bekommen. Zweigstellenleiter haben in der Regel Schiss
vor den Kunden und geben nach, um ein nettes Dankeschönlä-
cheln zu erhaschen, aber das kann nicht Geschäftsziel einer Bank
sein. Deshalb ist es besser, der Computer sagt nein. Sie können
ihm dann ruhig die Meinung geigen und der Zweigstellenleiter
steht neben der Maschine und sagt: „Ich verstehe nicht, was er
hat. Ich hätte mir für Sie als guten Kunden so sehr gewünscht,
dass er mehr soft wär'."

Ein zweites wichtiges Teilgebiet des Data Mining ist die *Segmentierung*. Segmentierung oder Clusteranalyse setzen sich zum Ziel,
gegebene Datensätze in verschiedene Klassen oder Segmente von

Datensätzen einzuteilen, so dass die Datensätze in einem Segment untereinander ähnlich sind. Beispiel: Ich nehme die gespeicherten Personendaten in einem Computer und fordere ihn auf, die Personen möglichst trennscharf in zwei verschiedene Gruppen einzuteilen. Mögliche Antwort: Männer und Frauen. Das ist eine gute und trennscharfe Segmentierung, aber sie hilft nicht viel weiter. So etwas wollen wir ja nicht. Wir wollen eine neue Erkenntnis haben.

Wir nehmen also ganz viele Merkmale der Personen aus der Datenbank und fragen nach Segmenten, in denen sich die Menschen in möglichst vielen Merkmalen gleichen, nicht einfach nur im Geschlecht wie eben im ersten dummen Beispiel. Die Hoffnung dabei ist es meist, Gruppen von Kunden herauszufinden, die sehr profitabel sind, oder Gruppen von Betrügern. Es könnte ja sein, dass alle Männer, die eine Fliege statt einer Krawatte tragen, sehr profitabel sind, weil sie die vollen Hypothekenzinsen zahlen. Dann würden wir sie mit einem kleinen Fliegenrabatt als Kunden ködern. Oder der Computer bekommt heraus, welche Personen das sind, die eine Haftpflichtversicherung neu beantragen und sie wahrscheinlich schon am nächsten Tag in Anspruch nehmen wollen. In allen Fällen will man die Menge der Menschen in Untermengen so einteilen, dass man verschiedene Gruppen von Menschen erhält, die in sich ähnlich sind und eine interessante Eigenschaft haben.

Was tun normale Unternehmen nun mit so einem IBM Intelligent Miner? Sie untersuchen die Kundendaten und zensieren die Kunden. Es gibt gute und verlustbringende Kunden, Kunden, die nur ab und zu kaufen. Kunden, die nur Sonderangebote wahrnehmen. Krankenversicherungen teilen Kunden in Gesunde und Kranke ein. Sie fürchten sich etwa davor, einen Bluter zu versichern, weil solche Kranke mehr als tausend Mal mehr Kosten verursachen als ein durchschnittlicher Mensch. Eine kleinere Ortskrankenkasse kann daran finanziell zu Grunde gehen (deshalb gleichen das Krankenkassen solidarisch aus). Broker unterscheiden hyperaktive Trader von Kunden, die niemals verkau-

fen und „lahm" sind. Unternehmen suchen nach Möglichkeiten, ihre Kundenstruktur zu verbessern. Welche Kunden könnten mehr kaufen und was? Wie komme ich zu mehr guten Kunden? Wie werde ich Verlustbringer los? Schlechte Kunden kann
man mangelhaft beliefern. Sie bekommen keine Kataloge mehr
zugeschickt. Schlechte Mitarbeiter versucht man zu vergraulen,
weil das In-den-Sand-Setzen eines größeren Projektes leicht den
Jahresgewinn von tausend Mitarbeitern kosten kann (das ist wie
bei den Kranken). Viele Firmen sitzen vor ihrem Computer und
träumen, mehr gute Mitarbeiter zu haben und mehr reiche Kunden oder kerngesunde schadensfreie Versicherte. Wie bekommen wir Mitarbeiter besser? Wie bekommen wir Kranke gesund?
Wie werde ich Unliebsame los?

Alle diese Auswertungen begehen immer denselben Fehler. Es ist
zum Weinen. Die Menschen zwingen den Computer, die Mitarbeiter zu bewerten und die Kunden zu bewerten. Anschließend
werden die guten Mitarbeiter gelobt und die schlechten bestraft
oder nicht gelobt. Die guten Kunden bekommen Weihnachtsnet-
tigkeiten und die schlechten werden nicht richtig bedient. Der
Computer wird benutzt wie ein Lehrerheftchen, in dem früher
immer mit Bleistift die Noten eingetragen wurden. Heute macht
man das mit einem Teacher-Special-Palmtop. Der Lehrer schaut
hinein, zieht die Augenbrauen hoch und …
    Der Computer wird zwar benutzt, aber er dient nur zur elek-
tronischen Aufbewahrung der Noten, die sonst ein Mensch vergeben hätte. Er macht automatisch, sicher und schnell, was Menschen täten. Die Noten der Schüler, Kunden und Kranken werden
in farbigen Tabellen aufbereitet und auf Farbfolien zur Präsentation gedruckt. Die Zahlen gehen wie gehabt in Pläne und Bilanzen. Die Zahlen werden als Druckmittel benutzt, um Menschen
zu zwingen, bessere Zahlen zu produzieren. Aber können die
das? Richtiges Data Mining zensiert nicht die Menschen, wie lieb
sie dem Unternehmen sind; es versucht, sie zu verstehen. Wirkliches Ziel dieser ganzen Analyse der Daten ist es (nach den ganzen

unsinnigen Versuchen, die am Anfang gemacht werden), kundenfreundliche Software zu bauen und zu unterstützen. „Great software cares." We need computers who care.

4 Data Mining für Philosophen

Sie erinnern sich an die Bausparsumme? Nicht die Reichen haben hohe Summen, sondern die Risikoscheuen. Das wussten Sie nicht so genau, oder?

Was spricht nun dagegen, wenn wir Data Mining machen, um herauszufinden, welche Faktoren dafür den Ausschlag geben, wer ein guter Mensch ist? Wer ein guter Mitarbeiter ist? Frage: Welche zehn Merkmale an einem Menschen sagen am meisten darüber aus, ob es ein guter Mensch oder Mitarbeiter ist? Legen Sie lieber das Buch eine Weile zur Seite und geben Sie Ihre persönliche Antwort. Sie dürfen zehn Fragen stellen, die Ihnen ein Mensch beantwortet. Oder sie dürfen irgendwelche Daten haben, ganz beliebige. Wie viele Freundinnen er hatte oder ob sie in der Nase popelt. Ganz und völlig nach Ihrem Belieben. Wann ist jemand ein guter Mensch? Mit hohem Gehalt? Wenn er schön ist? Gut in Sport? Wenn sein Haus wahnsinnig gut geputzt ist? Wenn er im Dienst einen Mahagoni-Schreibtisch hat? Wenn er schwarze Kassen verwalten darf? Ja, wann?

Sie werden wahrscheinlich die richtige Antwort wissen. Sie lautet: Das kann man alles nicht richtig vergleichen. Das Gehalt kann etwas aussagen, muss aber nicht. Schlechte und gute Manager verdienen viel, untätige Professoren auch.

Ist es gut, wenn jemand loyal ist oder wenn er eine eigene berstende Kraft darstellt? Wenn er Traditionen hochhält oder wenn er Neues durchsetzt? Wenn er eher nachgibt oder wenn er kämpferisch ist? Sie wissen es schon: Das kommt darauf an. Es ist alles gut oder schlecht. Alles hat zwei Seiten. Irgendwie ist einzeln gesehen alles gut oder schlecht. Es kommt auf die Lage oder die Kombination an.

Ich nehme einen neuen Anlauf: Ist es gut, wenn jemand abwechselnd kämpferisch ist und dann wieder zahm? Wenn er begütigt
und eine halbe Stunde später aufhetzt? Wenn er alle Menschen
um Rat fragt und gleich danach eine gute, aber einsame Entscheidung trifft? Ist es gut, gute, aber entgegengesetzte Eigenschaften
zeitlich abwechselnd zu haben? Nein. Das ist nicht das, was wir
als einheitliche Persönlichkeit empfinden.

Es ist meist nicht richtig, die guten Menschen, die guten Mitarbeiter, die Gesunden, die Lieben in Statistiken zu analysieren.
Gandhi ist gut, Otto ist gut, Steffi Graf ist gut, Max Schmeling
ist gut. 50 % von ihnen haben enorme Kraft. 25 % sind witzig.
25 % sind umwerfend etc. Sagt so eine Statistik etwas aus? Ist
Steffi ein besserer Mensch als Max Schmeling? Sieht man das an
blauen Augen? Nein. Sie sind ganz verschiedene Menschen, die
man nicht vergleichen kann. Wir könnten Gandhi, Mutter Theresa und Albert Schweitzer zusammen ansehen und vielleicht
doch auch Max Schmeling und Steffi Graf. Wir könnten Franz-
Josef Strauß und Herbert Wehner zusammen betrachten?! Unser
Empfinden ist es, dass manche Menschen in einen gemeinsamen
Topf geworfen werden können und manche nicht. Die im gleichen Topf lassen sich dann ungefähr vergleichen und wir könnten sagen, wer ein guter Mensch ist oder nicht.
    Wir müssen deshalb Menschen in Töpfe verteilen, damit etwa
so ähnliche in jedem Topf sind. Unter den ähnlichen Menschen
schauen wir nach, wie sich gute und schlechte zueinander verhalten. Damit wir das jetzt tun können, habe ich Sie schon mathematisch präpariert. Wir müssen nichts weiter machen als eine *Segmentierung* der Menschen! Diese Einteilung der Menschen
muss so vorgenommen werden, dass die Menschen in einem Segment oder Topf sich ähneln, aber die Menschen in verschiedenen Töpfen sich möglichst nicht ähneln. Der Mathematiker sagt:
Wir partitionieren die Klasse der Menschen in Einzelklassen, die
dann weiter analysiert werden. Wir müssen die Einteilung so fein

machen, dass die Menschen in derselben Klasse untereinander einigermaßen vergleichbar werden.

Das alles ist also eine reine mathematische Problemstellung verbunden mit dem Fingerspitzengefühl des Praktikers. Alle, aber auch alle Daten eines Menschen wandern in den Computer und dieser rechnet aus, welche Klassen von Menschen es gibt und wie sie sich zueinander verhalten. Ich bespreche jetzt diese mathematische Komponente und komme anschließend auf das Philosophische.

Ich habe Sie schon das ganze Buch über mit den Temperamenten nach Keirsey bekannt gemacht. Dies ist ja eine Klasseneinteilung der Menschen! So etwa könnte eine Computersegmentierung aussehen, wenn wir denn alle Menschendaten hätten. Ein Computer könnte herausbekommen, dass es vier große Segmente der Menschen gibt, nämlich die SJ, die SP, die NF und die NT. Er könnte beispielsweise auch herausbekommen, dass Menschen in neun Klassen wie bei der Lehre des Enneagramms eingeteilt werden können. Das Enneagramm hätte auch hier im Buch besprochen werden können, als andere Alternative. Ich habe die Keirsey-Klassifizierung nach Myers-Briggs gewählt, weil sie für die Thematik hier leichter zu beschreiben ist. Das Enneagramm teilt Menschen danach ein, welche Zielfunktion sie haben bzw. welches der menschlichen Ziele sie innerlich am höchsten bewerten. Die neun Hauptziele oder Hauptsehnsüchte klingen etwa so, je nach Buch, das Sie darüber lesen: Perfektion, Liebe, Erfolg, Kunstvollkommenheit, Wissen, Respekt, Vergnügen, Macht, Friede/Harmonie. Die Ziele hätte ich auch gut mit der mathematischen Optimierung darstellen können. Aber irgendwann musste ich eine bestimmte Klassifizierung wählen, um dieses Buch zu schreiben, und ich wollte nicht beide oder noch mehr andere besprechen, weil es einfach ausufert.

Ich möchte nur sagen, dass es durchaus viele Klassifizierungen gibt, die seit einigen Jahren oder wenigen Jahrzehnten in Mode kommen. Diese Segmentierungen sind durch Nachdenken von Psychologen oder Menschenkennern entstanden, weil es ja Data Mining erst seit einigen Jahren gibt. In den nächsten Jahren werden bestimmt Wissenschaftler auf die Idee kommen, die Frage nach der Segmentierung der Menschen einmal seriös mit richtiger mathematischer Software voranzutreiben.

Damit wir mit den Schlussfolgerungen nicht auf diese neue Wissenschaft der Menschensegmentierung warten müssen, will ich zum Weiterschreiben des Buches einmal *annehmen, dass der Computer genau die Segmentierung nach Keirsey als endgültige, allein selig machende Einteilung der Menschen herausgefunden hat.* Mit dieser Annahme sind wir für dieses Buch dann die Mathematik los.

Ich muss aber trotzdem noch einmal an einem bestimmten Punkt nachbohren, den ich oben zu beleuchten begann: Eine Segmentierung der Menschen im richtigen Sinne würde wirklich bedeuten, dass Sie möglichst viele Daten eines Menschen zur Segmentierung benutzen. Die heutigen Manager oder Lehrer beurteilen Menschen nach Zeugnisnoten, Sportsekunden oder Verkaufspunkten. Ich meine wirklich: möglichst viele Daten, nicht nur die klassischen, „zeugnisartigen". Alles über das Lebensgefühl, Einstellungen, das Gefühl beim Arbeiten, Haltungen zu Mitmenschen, über den Gesundheitszustand, usw. usw. Wenn ein Mathematiker wirklich alles, alles, aber auch alles hätte: Welche Menschenarten segmentiert dann ein Computer?

5 Die beste Menschenart

Wenn nun der Computer die Menschensegmente herausgefunden hat, etwa die vier Keirsey-Temperamente oder die sechzehn Typen oder die neun Enneagrammtypen: Welcher Mensch ist der wahre gute Mensch? Die Antwort aller Menschen ist nach einigen Minuten Bedenkzeit: Jedes dieser Segmente ist in sich schlüssig und die Menschen aller Segmente sind gut.

Aber dann geht es gleich wieder los: „Können die Gegenwartsgenussmenschen nicht etwas langfristiger denken? Müssen die Denker so unpraktisch sein? Können die Fühler diese Duselei nicht einmal für fünf Minuten aufgeben und hart bleiben? Muss alles so gemacht werden wie immer?" Alle diese Fragen zielen darauf, dass wir zwar jedem Segment eine innere Berechtigung geben, aber wir hätten die Segmente gerne anders. Jedes Temperament von Menschen hat unbestreitbar einzigartige gute Eigenschaften, aber es fehlen ihm die guten Eigenschaften der anderen Segmente. Das ist schade. Wir wollen also alle insgeheim einen Menschen, der alle guten Eigenschaften hat, aber dafür als Ausgleich keine schlechten. Beispiele, dass es solche Menschen physisch gäbe, haben wir kaum. Auf den Gedanken, dass es sie vielleicht in der Menge gar nicht geben kann, kommen wir nicht.

Wir versuchen es unverdrossen mit Umerziehung der Art „Sei wie ich!". Besonders SJ-Eltern wollen brave Kinder. In meiner privaten Umgebung schaffen das solche Eltern nur zum Teil. Etwa die Hälfte der Kinder von SJ ist brav. Darauf sind die SJ-Eltern stolz und gehen nun an die restlichen Kinder heran. Nun ist es aber so, dass es ohnehin 40 % SJ-Kinder gibt, weil so viele in der Bevölkerung vorkommen. Ist es also das Verdienst von SJ-Eltern, auch brave Kinder zu haben? Kennen sie echt zu SJ konvertierte SP-Kinder, die erst überhaupt nicht brav waren? NT-Eltern versuchen immer wieder den Kinder klarzumachen, wie wenig sie wissen. Werden sie dadurch zu NT? Nein, sie werden gedemütigt, so wie die SP-Kinder von den SJ. Die meisten Psychologen vertreten die Meinung, dass Menschen in gewissem Sinne mit ein bis sieben Jahren „fertig" sind und unwandelbare Verhaltenspräferenzen entwickelt haben. Verschiedene Verhaltenspräferenzen führen zu verschiedenen Segmenten im Computer beim Data Mining der Philosophen. Wenn es einen signifikanten Anteil von erstklassigen Menschen ohne Fehler gäbe, würde der IBM Intelligent Miner die herausfinden. Das Programm findet ja auch die wenigen Haftpflichtversicherungsbetrüger heraus. Genauso würde man mit dem Computer kleine Segmente von bisher un-

bekannten Arten guter Menschen finden. Vielleicht gibt es sie
doch? Wer weiß? Da ist noch Arbeit für Computer. Wir Menschen haben jedenfalls ohne Mathematik und Data Mining noch
keine Segmente mit besonders guten Menschen gefunden, die alle guten Eigenschaften haben, aber keine schlechten.

Computer könnten aus den Daten berechnen, ob es überhaupt allseits gute Menschen geben kann. Ich habe schon weiter vorne im Buch erwähnt, dass vom Manager der heutigen Zeit
erwartet wird, dass er lieb und hart, sanft und zupackend, verständnisvoll und dominierend sein soll. Das geht wohl nicht!

Nach normaler Logik kann es also nur bestimmte, in sich
widerspruchsfreie Menschenarten geben. Angenommen, es gäbe
Menscheneigenschaftengruppierungen, die außerordentlich erfolgreich im Beruf und im Leben sind. Also angenommen, es gäbe Segmente von Menschen, die überragend gut und ausgegli-
chen in ihren Merkmalen wären:

Dann würden die Data-Mining-Philosophen diese Segmente
mit dem Computer mit Sicherheit finden. Andererseits möchte
ich bedenken: Müsste man diese tollen Menschen nicht einfach
selbst im Leben erkennen können?

Ich gehe also für den Rest des Buches von dem folgenden ganz
gut begründeten Hypothesensatz aus:

- Es gibt nur die Menschensegmente, die Keirsey beschrieben
  hat. (Das ist eine nur hier nützliche Hypothese, um einfacher
  argumentieren zu können.)
- Es ist irrsinnig schwer bis unmöglich, einen Keirsey-Typ ohne mehrjährigen Aufwand und ohne dessen positives Wollen
  in einen anderen zu überführen (Diese Hypothese halten viele für wahr, ich auch. Denken Sie daran, dass eine ganz simple Psychotherapie gegen Bettnässen oder Flugangst viele Jahre dauern kann. Denken Sie an schwer erziehbare Kinder und
  Geduld. Denken Sie über sich selbst nach, ob Sie ein anderer
  Typ sein *möchten*.) Wer die Menschheit an sich verbessern will,
  wird so einen allgemeinen Aufwand nicht leisten können. Ech-

te Weltverbesserung muss sich also aus Kostengründen darauf bescheiden, die Temperamente der Menschen in Ruhe zu lassen. „Wer es nicht einmal bei seinen Kindern in zwanzig Jahren fertig bringt, soll nicht im Allgemeinen davon predigen." Lassen wir also allen ihr Temperament.

Wenn ich also in diesem Abschnitt die Frage anschneiden möchte, wie die besten Menschen aussehen sollen, so meine ich damit nicht, ob ein NT wie ich der beste Typ ist. Ich sage: Alle Temperamente und Typen sind in sich gut. Alle haben gute Eigenschaften, alle auch negative. Da es alle diese Temperamente und Typen gibt, sind sie mögliche Überlebensformen im Alltag also auch irgendwie gut. Deshalb heißt für mich die Frage nach einem guten Menschen *nicht*: „Was zeichnet einen guten Menschen aus?", sondern es sind einzelne Fragen für jedes Menschensegment:

- Was zeichnet einen guten SJ aus?
- Was ist ein guter SP-Mensch?
- Welche NT sind gut?
- Wer ist ein guter NF?

Wir sagen also einem NT *nicht*: „Sei wie ein SJ. Plane. Gehorche besser. Füge dich ein." Wir fragen ihn dagegen jetzt: „Bist du wirklich der beste NT hier im Haus, der größte Guru von uns?" Diese Bescheidung auf das Machbare ist sehr schlau. Wenn Sie einem NT vorschlagen, ein SJ zu werden, schnaubt er vor Entrüstung. Wenn Sie ihn aber um eine Begründung bitten, warum er meint, ein guter NT zu sein, dann haben Sie ihn gepackt. Normalerweise, das sagte ich schon, kommen NT mit etwa 12 % in der Bevölkerung vor. Wenn es um Wissen geht, sind NT in einer nicht zu großen Gruppe automatisch die Besten. Einfach, weil NT so selten sind. Sind sie aber in der Menge *aller* NT richtig gut? Sind sie nicht nur in der kleinen Abteilung top, sondern im ganzen Firmenbereich, in dem es mehrere NT geben mag? Sie sehen an diesem Argument, dass die NT und die NF, da sie so selten sind, gar nicht so richtig verglichen werden. Da sie wegen ihrer Seltenheit eine gewisse Ausnahmestellung haben, sind sie schon deshalb ziemlich angesehen. So einfach soll es ihnen gemacht werden?!

SJ machen es sich einfach, indem sie die nicht braven SP zu SJ umerziehen wollen. Sie erklären ihre Art zur Norm und sind schon damit in der besseren Hälfte der Menschheit. Diese Argumente habe ich schon früher vorgebracht. Es sind Topimierungshilfsmittel. Diese Argumentationskette können wir unterbrechen, indem wir die SJ und die SP fragen: Seid ihr denn innerhalb eures Temperamentes die Besten?

Das ist die Frucht der Segmentierung durch Data Mining. Wir akzeptieren jetzt nicht mehr die Angeberei der Form „Ich bin vom Typ XX und der ist der beste.", sondern wir verlangen Beweise, dass die Menschen *innerhalb* des Typs erstklassig sind. Der Vorteil dieses segmentierten Ansatzes ist es, dass wir endlich echtes Verbesserungspotential entdecken können. Wer den „Fehler" eines Menschen darin sieht, dass er den „falschen" Typ hat, gewinnt nichts, weil diese „Kritik" nichts verändert. Wer aber eine innere Systemkritik innerhalb des Segmentes erhebt, wird gehört. Den Vorwurf etwa, viel zu wenig zu wissen, fürchtet ein NT mehr als alles andere auf der Welt.

6 Der beste Mensch in seiner Temperamentsklasse

Wie soll ein bester Mensch innerhalb seiner Klasse sein? Dazu wird eine zweite Stufe Data Mining durchgeführt. In der ersten Stufe haben wir die Menschen segmentiert, um ähnliche Menschen in verschiedene Töpfe zu werfen. Nun nehmen wir jeweils die vier Töpfe mit den Temperamenten und stellen fest, welche Menschen dort zum Beispiel im Beruf gut sind.

Angenommen, wir täten das. Wir lassen einen Computer die Daten der Menschen durchrechnen. Ich spekuliere hier einmal was herauskommt. Es gibt einige allgemeine Regeln, wann Menschen gut im Beruf sind. Diese Regeln können unabhängig vom

Typ formuliert werden und ich habe das schon in früheren Abschnitten und Kapiteln für Sie getan.

Ich stelle hier meine persönliche These auf, was der Computer als Ergebnis brächte: Die Ein/Drittel/Drittel/Drittel-These. Ein Drittel aller Menschen liebt Arbeit im Vollgefühl des Erbringungsstolzes, ein Drittel liefert das Geforderte, was bei der Ablieferung ein wenig topimiert, sprich überpoliert wird. Ein Drittel schafft das Verlangte mit Ach und Krach, meistens doch ganz gut, aber mit fremder Hilfe.

Der Computer wird weiterhin eine Menge temperamentabhängiger Spezifika feststellen. Regeln, wie gute SJ sind etc. Ich gebe hier ein paar Gedanken darüber wieder. Schauen Sie vielleicht noch einmal zur Beschreibung der Temperamente im Kapitel „Der Mensch, der gemessen werden soll."

NT-Menschen wissen sehr viel. Sie sind stolz darauf. Sie können oft nicht gut ihr Wissen anderen erklären. Sie sind zufrieden, selbst zu wissen. Sie sind glücklich, von anderen befragt zu werden, und wollen für ihr Wissen bewundert werden. Das aber ist nicht das Zeichen eines besten NT. Der soll der Gemeinschaft der Menschen mit seinem Wissen helfen, selbst proaktiv helfen.

Uneigennützig helfen, ohne Stolz und den schwarzen Schatten der Besserwisserei. Sie sollen nicht ewig genau wissen, wie es geht, sondern sie sollen anführen, damit es so getan wird. Denken Sie noch an mein Beispiel von Swimmy? Der kleine Fisch Swimmy führt, er weiß es nicht nur besser.

NF-Menschen sollen nicht nur den Sinn für sich selbst suchen. Sie sollen ihren persönlich gefundenen Sinn allgemeingültig für alle Menschen brauchbar ausdrücken. Dies ist wie ein Akt der Kunst. Ein Kunstwerk drückt persönlich empfundenes in allgemeiner Form aus, die von anderen Menschen mitempfunden werden kann. Gute NF-Menschen sammeln Farben und Sonnenstrahlen wie die Maus Frederick. Sie sammeln sie, um sie mit den anderen Menschen zu teilen.

SP-Menschen sollen nicht nur selbst die Freude in der Gegenwart genießen, sie sollen sie als Kameraden der anderen Menschen weitergeben. Sie sollen mitfreuen lassen. Mitgenießen lassen. Sie sollen in unklaren Situationen flexibel anderen helfen, die sich angstvoll in Sackgassen sehen.

SJ-Menschen sollen ihr System erkennen. SJ stehen für eine Kirche, eine Moral, eine Schulordnung, eine Firma. Schlechte SJ wissen das nicht und halten sich für die Norm aller Menschen. SJ sollten erkennen, dass sie einem System dienen. Sie sollen dieses System zum Nutzen der Menschen pflegen und verbessern, ihre logistische Intelligenz soll organisieren, was andere Menschen im System tun. SJ sollen sich nicht endlos damit befassen, das System zu verteidigen. Das System muss nicht verteidigt werden, wenn es gut ist. Wenn es nicht gut ist, muss es auch nicht verteidigt werden. SJ-Menschen sollen Systeme betreiben und *bauen*, nicht verteidigen.

Wissen teilen, Sinn teilen, Freude teilen. Das ist einfach zu erklären. Bei den SJ ist noch eine Feinheit dabei. Die SJ leben im Gefühl eines stetigen Aufstiegs der Bewährung. Der SJ-Soldat erwirbt Streifen auf Streifen, Bronze geht in Silber, Eichenkränze und schließlich in das Gold der Generale über. Manager erklimmen Sprosse auf Sprosse der Leiter in einem Unternehmen. Immer mehr werden sie „Chef". Auf dem ganzen langen Weg wollen sie immer wieder bestätigt werden, gelobt, geehrt. „Die da oben" müssen sie ehren, von Stufe zu Stufe, von Sprosse zu Sprosse. Die SJ vergessen in der Regel, dass sie ja von Stufe zu Stufe zu denen gehören, die nun die da weiter unten streicheln und loben sollen. SJ sind nach oben oft wie liebesuchende Kinder, nach unten harte Erzieher. Sie suchen Orientierung von oben und geben sie als Befehl nach unten weiter. Warum sind sie nach unten hart, wenn sie von oben selbst Liebe erwarten? Das ist nicht so richtig als System zu verstehen. So sind gute SJ nicht. Trotzdem kommen oft solche Menschen ganz oben an. Dann merken sie, weil sie oben sind, dass sie niemanden mehr haben, der sie weiterhin lobt und der ihnen Orientierung gibt. Es ist ja keiner mehr über ihnen. Ohne Lob aber und ohne Orientierung frieren sie. Sie sollen aber nicht frieren, sondern Orientierung und Wärme geben. Denen, die da unten vertrauen und auf sie hoffen und warten. Und da zeigt sich der wahre, gute SJ.

Ich bespreche ein schon tausend Mal in der Presse breitgetretenes Beispiel. Lieber Berti Vogts, Sie haben schon so viel Schreckliches über sich lesen müssen. Sie werden mir diesen Absatz verzeihen. Berti Vogts ist ein SJ, finde ich, in Ferndiagnose. Er hat ein Leben lang um Liebe und Anerkennung gekämpft. Seine Werte sind: Ehrlichkeit, Ordnungsliebe, beliebiger Fleiß und bedingungsloser Einsatz, Fehlerlosigkeit, Mitarbeit etc. Das sind genau die Kopfnoten der Schule. Deshalb sehe ich Berti Vogts als SJ (und weil er mit Nicht-SJ wie Mario Basler oder Lothar Matthäus nicht klarkommt, wohl aber mit Jürgen Klinsmann, wahrscheinlich auch SJ). Er war vorbildlich. In jeder Stufe. Er ist immer höher gekommen. Er wurde der beste Verteidiger aller Zeiten. Dann aber wurde er Trainer der Nationalmannschaft und stand plötzlich ganz oben. Wir haben ihn alle im Fernsehen frieren sehen. Er hat uns so in seiner Art bittend angeschaut, dass wir ihn lieben sollten. Wir sollten ihm sagen, dass er ein feiner Trainer ist. Die Spieler sollten ihn als Trainer anerkennen. Er hat aber nicht verstanden, dass er ganz oben stand und nun plötzlich die Orientierung selbst geben sollte, ohne Zögern, mit großer Sicherheit, ohne Seitenblick auf Zustimmung von Kritikern. Er sollte die Spieler lieben, bedingungslos wie ein Vater die Kinder, ob sie nun rauchen oder nicht. Er aber fror oben in Unkenntnis dieser Forderung und wartete selbst, dass er von irgend jemandem geliebt und gelobt würde, von mir, von Ihnen, von Spielern, von Journalisten. Da wir das nicht taten, weil es nicht unsere Aufgabe ist, fror Berti Vogts immer mehr. Ich habe alle Artikel gelesen, weil ich schon lange vorher das Ende sah. Manchmal wollte ich anrufen und „diesen Absatz vorlesen".

7 Sinne und Segmente

In der Philosophie und in der Religionslehre geht es vor allem darum, den Menschen zu erklären, wie ein guter Mensch sein soll. Es gibt darüber verschiedene Meinungen. Die Christen wissen, wer ein guter Mensch ist, Kant schreibt darüber, die Kommunisten wissen es, die Darwinisten wissen es. Ziemlich viele wissen, wie Menschen zu sein haben, und sie haben alle erstaunlich unterschiedliche Auffassungen darüber, obwohl sie doch in derselben Menschheit leben.

Betrachten wir einfachere Beispiele, etwa Hunde. Ein Hund sollte in freier Wildbahn Wild jagen und vergnüglich mit anderen Hunden zusammen in einem Rudel leben. So *soll* ein Hund sein (SP-Form). Andere Hunde vertreten dagegen die folgende Meinung: Ein Hund soll den wilden Tieren im Feld nichts Böses tun und sich keinesfalls etwa noch mit Tollwut aufladen. Er soll sich von Frolic nähren und nicht mit anderen Hunden leben, sondern bei Menschen, die der Herr des Frolic sind (SJ-Version des Hundes). Bevor ich einen Leitfaden „Rousseau für Hunde" schreibe, kehren wir lieber zum Menschen zurück.

Diese große Irritation, die die vielen verschiedenen Philosophien auslösen, lassen sich mit Data Mining und Menschensegmentierung relativ leicht auflösen. Bei der Segmentierung teilt der Computer ja die Menschen in Ähnlichkeitsklassen ein. Diese Klassen werden bei der Segmentierung so berechnet, dass die Klassen möglichst unterschiedlich sind, dass sich also die Klassen nicht selbst untereinander ähnlich sind. Das hat den mathematischen Vorteil, dass es leicht ist, die Einzelmenschen einer Klasse möglichst eindeutig zuzuordnen. Nehmen wir an (wie oben postuliert), der Computer segmentiert uns in SJ, in SP, in NF, in NT.

Und jetzt raten wir einmal: Wenn wir die verschiedenen Menschensegmente einzeln fragen, was ein guter Mensch ist und worin der Sinn des Lebens besteht – was sagen sie wohl? Was sagt ein Haushund, was ein Naturhund über den Sinn seines Daseins?

Wie bellt er über die jeweils andere Spezies? Was sagt ein SJ über den Sinn? Ein SP? Ein NF? Ein NT?

Der berühmte und von mir verehrte Erich Fromm schreibt in weithin bekannten Büchern über die Kunst des Liebens und über den Unterschied von Sein und Haben. Er entrüstet sich *zum Beispiel* über Menschen, die für Zahlen, Noten, Prüfungen lernen (Lernweise des Habens), und er leidet darunter, dass ach! so wenige Menschen aus genuinem Interesse für die Sache an sich *wissen wollen* (Lernweise des Seins). Er beschwört das Echte und Wahre gegen das Materielle und Messbare, das „besessen werden will". Erich Fromm verdammt zutiefst die aufkommende Spezies des von ihm so genannten Marketingmenschen, der für den messbaren Schein lebt.

Meine ketzerische Analyse: Erich Fromm ist ein Intuitiver, wahrscheinlich ein NF. Als Intuitiver mag er Messungen und Zahlen nicht, er entrüstet sich über Menschen, die sich an Zahlen orientieren. Er empfindet als NF diese anderen Menschen als Menschen des Habens und er steht erkennbar unter dem Schock der Erkenntnis, dass die meisten Menschen „in die Irre gehen". Erklärung: Es gibt nur 12 % NF, aber es gibt 75 % Sensor-Menschen, die sich eben aus ihrer Natur heraus an sensorischen Messungen, also auch besonders an Zahlen orientieren. Der Philosoph Fromm sieht sich in hoffnungsloser Minderheit und erkennt daraus die Notwendigkeit, in Büchern die Menschen zur Erlösung aufzurufen. Die Botschaft heißt: „Werdet alle NF!"

Lichtenberg witzelt als Naturwissenschaftler unentwegt über die kleinen Geister und deckt schonungslos alle menschlichen Schwächen auf: Ein NT. Botschaft: „Ihr Nicht-NT, Ihr seht keine zwei Schritte weit!" Hume stellt Neigung über Pflicht. Rousseau steht zu einer gewissen Irrationalität oder Kant verlangt rigorose Unterordnung jeder Neigung unter die reine Pflicht, das Gesetz. Wenn ich so in Büchern der Geschichte der Ideen und Philosophien blättere, sind viele Vokabeln vertraut. Die Imperative vieler Philosophen klingen wie „Sei ein guter NT."

NT-Menschen wissen sehr viel, aber sie handeln nicht so gern, weil sie lieber den strategischen Teil der Arbeit erledigen, nicht den logistischen. Sie überlassen das gerne den SJ-Managern. Ein vollkommener NT sollte auch einmal selbst in die Schlacht ziehen können, so wie Bill Gates, der es bis zum reichsten Mann der Welt gebracht hat, bis er vor einiger Zeit nur noch vor Kartellbehördenvertretern saß. Das aber, so erkannte er, ist nicht das Leben des NT. Und dann lesen wir bei Kant oder Kierkegaard, den beiden rigorosen Wissenden, dass Handeln höher stehe als Wissen. Beide bringen es persönlich in ihrem privaten Leben nie richtig bis dahin, bis zum Handeln. Aber sie wissen, dass es so richtig wäre. Und im Enneagramm ist ein Pfeil gezeichnet von Typ 5 nach Typ 8, als Pfeil der Erlösung. Typ 5, der Wissende, soll streben zu Typ 8, zu dem, der die Verantwortung der Tat auf sich nimmt.

Ich bin in Philosophie ein Amateur. Ich traue mich kaum, diese Sätze zu schreiben. Aber es fällt auf, dass viele Philosophien folgende Punkte enthalten:

- Sie zeigen die Erlösung desjenigen Menschentemperamentes auf, das der Philosoph selbst hat. Die Erlösungsregel wird allgemein gültig für alle Menschen gemacht, was dann im Streit endet. „Pflicht!" – „Nein, Neigung!".
- Sie stellen allgemeine Gesetze aus logischer philosophischer Liebe zum Allgemeinen auf, die aber von keinem der Temperamente gutgeheißen werden können. Zum Beispiel: „Alle Menschen sind gleich." Sehen das NT so? Nein, sie sind nicht gleich. NF? Nein, sie sind nicht gleich. SJ? Ja, sie selbst als SJ sind gleich, die anderen aber noch nicht. SP? Nein, sie wollen nicht gleich werden.
- Sie geben allgemeine Erlösungsregeln, die zum Teil sogar auf alle Temperamente oder Typen anwendbar sind. Beispiel: „Lass ab vom Egoismus." Das passt immer, weil dies auf dem Weg zum Eigentlichen in jeder Form wichtig ist.
- Sie wenden etwas unfair die hehren Prinzipien des eigenen Temperamentes auf schlechte Spezies der anderen Tempera-

mente an. Beispiel: Fromm als Idealist über auch im idealen
SJ-Sinne schlechte „Marketingmenschen". Ich nenne es unfair, weil Sätze der Form „Klasse Schachspielen ist besser als
schlecht Kochen." immer ziemlich richtig klingen.

- Sie weigern sich implizit aus politischer Korrektheit, eine Problematik, wie die in der Ein/Drittel/Drittel/Drittel-These ange-
deutete, anzugehen. Sie gehen davon aus, dass alle Menschen
gesund und edel sind. Das stimmt nur am Schreibtisch und
wird schon beim Spaziergang danach falsch.

Aus meiner Sicht muss durch Data Mining oder andere Methoden die Menschheit vernünftig segmentiert werden. Für jedes
Segment ist eine eigene Philosophie vorzusehen, die nicht über
die anderen Segmente herzieht, sondern sich ganz im System des
Segmentes bewegt. Davon getrennt können allgemeine Philosophien aufgestellt werden, wobei jeweils angegeben wird, für welche Segmente sie gelten. Verliebtheiten von Philosophen, die unbedingt ganz allgemein gültige Thesen aufstellen möchten, weil
der Ruhm dafür größer sein könnte, sollen dabei möglichst un-
terbleiben. Es muss angegeben werden, wie die verschiedenen
Temperamente, jedes für sich, mit der Ein/Drittel/Drittel/Drittel-
Problematik fertig werden sollen. Unglückliche SJ brauchen Anerkennung, NT müssen aus der Spinnerecke erlöst werden, NF
sollen nicht an der Welt leiden und SP brauchen eine freudvol-
le Lebensaufgabe. Wie geschieht das und warum ist das noch
nicht geschehen? (Weil sich alle Menschen für überdurchschnittlich halten, brauchen die Philosophen gar nicht über das Problem
der Unterdurchschnittlichkeit nachzudenken?!)

8 Wir alle sind die Besten und überleben deshalb

Ich habe schon das halbe Buch über dargestellt, warum alle Menschen überdurchschnittlich sind. Alfred Adler drückt das in seinen Werken immer wieder sehr viel dramatischer aus. Er spricht
von Gottähnlichkeitssucht der Menschen. Das soll heißen: Wir

sind im Grunde gar nicht nur überdurchschnittlich, sondern wir fühlen uns wahrhaft als der wirkliche Beste.

In einem gewunden argumentierten Sinne sind wir das auch. Wir optimieren intern nach einer Zielfunktion. Im Sinne dieser Ziele handeln wir bestmöglich. Zu jeder Zeit, an jedem Ort. Da wir immer bestmöglich handeln, müssen wir ja optimal sein, so sagt es uns unsere natürliche Logik. Die Philosophen schreiben viel über die Freiheit des Willens. Kann ich frei entscheiden? So oder anders? Habe ich eine echte Wahl? Zwischen Gut und Böse? Kann ich mich frei entscheiden, gut zu sein? Habe ich den Willen zum Guten?

Wenn Sie die Problematik des Entscheidens als Mathematiker sehen, haben Sie diese Möglichkeit zur freien Entscheidung eigentlich nicht. Ihr Körper/Sensor/Herz/Hirn-System rechnet eine im Sinne der Ziele bestmögliche Entscheidung aus. Die ist es. Punktum. In jedem Augenblick unseres Lebens wird optimal gehandelt und entschieden. Jedes Mal, wenn entschieden wurde, war es das Beste, was in diesem Augenblick getan werden konnte.

Wir haben aber allerdings die Möglichkeit, unsere Zielfunktion zu überdenken und zu verändern. Wir können von Saulus zu Paulus werden. Die Freiheit liegt in den Zielen. Wenn die Ziele erst festliegen, sind wir eine Entscheidungsmaschine. Wir funktionieren bei feststehenden Zielen wie ein schlechter Computer (gute Computer finden bei gegebenen Zielen das Optimum, schlechte nicht unbedingt). Wir finden das Beste, was unser „innerer Rechner" jeweils zu Stande bringt.

Wie fühlt sich ein schlechter Computer, der optimieren muss? Er rechnet wild los wie alle Computer, aber er hat ein schlechtes Programm. Dieses schlechte Optimierungsprogramm ist nicht sehr schön, nicht „sophisticated", wie der Amerikaner sagt, es besteht aus ziemlich plumpen Bauernregeln und Heuristiken, die für den Hausgebrauch reichen, um zu überleben. Der Computer weiß aber nicht, dass er ein schlechtes Programm hat, also rechnet er mit dem schlechten Programm ganz unverzagt und unberührt schlechte Lösungen aus. Er fühlt sich wie ein erstklassiger

Computer mit einem erstklassigen Programm. So ist es mit Menschen, die schlecht entscheiden. Sie haben keine Ahnung, dass ihr Programm nicht stimmt. Sie fühlen nur, dass ihr Programm sich wacker müht, um zu einer Lösung zu kommen. Was ihr Programm als Lösung oder Entscheidung ausspuckt, halten Menschen natürlich für optimal. Wenn sie manchmal merken, dass etwas nicht stimmt, fragen sie andere Menschen um Rat und entscheiden dann optimal. Wenn danach etwas nicht stimmt, hat der Ratgeber etwas falsch gemacht. Innen drin aber ist ein schlechter Computer oder ein schlecht entscheidender Mensch überzeugt, das Beste getan zu haben, was er nur konnte.

Alfred Adler beschreibt in seinen Werken seine Arbeit als Individualpsychologe. Ich gebe es in meinen Worten hier ungefähr wieder: Er nimmt an, dass der Patient der beste Mensch ist. „Gottähnlich." Dann befragt er ihn nach seinen Lebensumständen, Zielen, Motivationen, Ängsten. Aus diesen Informationen versucht er folgende Frage zu beantworten: Unter welcher Zielfunktion ist der jetzige Zustand des Patienten genau optimal? Alfred Adler geht also davon aus, dass der Status quo des Patienten von ihm innerlich als bestmöglicher Zustand empfunden wird (was dieser nicht weiß, da er unter dem Zustand leidet und zur Behandlung kommt). Der Patient leidet zwar unter dem jetzigen Zustand, aber er ist normalerweise unter keinen Umständen bereit, ihn zu ändern. Beispiel: Der Patient ist überübergewichtig und jammert. Rat: weniger essen. Tut sich etwas? Nein. Der Patient hat Angst, die Prüfung nicht zu bestehen. Rat: lernen. Tut er nicht. Da der Patient trotz enormen Leidensdrucks nichts ändern will, müssen in ihm höherwertige Ziele existieren, die vorrangig optimiert werden müssen. Die Zielfunktion des Patienten, nach der er optimiert, gibt der Fettleibigkeit oder Inkompetenz zu wenig negatives Gewicht. Sonst täte er etwas.

Alfred Adler sucht nach der eigentlichen Zielfunktion, nach dem Optimierungsprogramm des Menschen, nach dem der Mensch entscheidet. Die Erkenntnis, dass jeder Mensch in jedem Augenblick bestmöglich handelt, ist dabei eine wertvolle Richtschnur. Alfred Adler nimmt also an, dass der Patient im jetzigen Status quo optimal ruht. Er bemüht sich nun, eine Zielfunktion zu finden, unter der dieser Status quo optimal ist. Dies aber ist genau die Tätigkeit des Topimierers!

Der Topimierer will ja eine Zielfunktion finden, unter der die A-Alternative optimal ist. Bei der Individualpsychologie von Adler geht es also darum, die Topimierungstätigkeit des Patienten nachzuempfinden. Die gefundene Zielfunktion des Patienten, die dieser zum Topimieren verwendet, ist der Schlüssel zu seiner verborgenen Persönlichkeit. „Das Unterbewusste" erschließt sich hier durch das Aufdecken der inneren Zielfunktion, des Programms des Patienten. (Ich verwende das Wort Patient aus Adlers Werken, hier im Buch gehe gleich auf Sie und mich allgemein über.)

Beispiel: Ein 14-jähriger Junge erschießt zwanzig Mitschüler und massakriert einen verhassten Lehrer. Oder ein Mensch tötet John Lennon. Was ist das Ziel, wenn man annimmt, dass sein Handeln im Tötungsmoment genau optimal ist? Diese Menschen wollen berühmt werden. Spektakulär morden ist ein relativer Königsweg zum Ruhm. Kaiserin Sissi töten gibt ewigen Ruhm. Deshalb wäre es schlecht, wenn die Täter *nicht* entdeckt würden. Sie werden entdeckt, weil sie entdeckt werden *müssen*, da sie sonst keinen Ruhm ernteten. In viel schwächerer Dimension verprügeln Kinder andere, spielen unter Dauerstrafe den Klassenkasper, ärgern Eltern wenigstens, wenn sie Liebe nicht bekommen.

Mit der Methode, das Topimieren ans Licht zu ziehen, indem die Zielfunktion „entlarvt" wird, hat die Individualpsychologie größte Beachtung gefunden. Die Frage bleibt, was ein ruhmsüchtiger Schüler denn tun sollte, wenn er nicht morden soll. Wenn ich einen Topimierer entlarve, kann ich ihn seelisch töten, weil ich ihm zeige, dass er nicht der Beste ist, sondern „ein elendiger Wurm". Ich habe viele Beispiele über Topimierung vorausgeschickt, sogar in einem eigenen Kapitel. Wenn ich Überstundendemonstration, Bedenkenträgerei, umsorgendes Herumwuseln als Topimieren enttarne, indem ich Menschen ihre „nichtswürdige" Zielfunktion klarmache, dann unternehme ich quasi ein Attentat auf ihre Seele. Der Mensch topimiert. Er muss der Beste sein. Er lebt im Bewusstsein, der Größte unter den gegebenen widrigen Umständen zu sein. Wenn ich ihm den Teppich wegziehe, also seine Zielfunktion wegnehme, indem ich sie ihm bewusst mache, dann sinkt der Messpegel seiner Gottähnlichkeit in schreckliche Tiefen: Der Mensch ist anschließend ein Nichts. Deshalb ändert er sich nicht. Deshalb verstopft er die Ohren. Er will nichts bewusst machen, was ihn tötet.

Rufe wie „Wer Augen hat, sehe! Wer Ohren hat, höre!" sind nicht konstruktiv. Wir wissen das alle. Aber wir reden darüber ungeheuer gelehrt. Wir alle. „Dieser Mensch da topimiert in entsetzlicher Weise! Gott sei Dank bin ich nicht wie jener!" So topimieren wir selbst. Machen Sie einen Versuch: Gehen Sie zu „jenem" da und decken Sie ihm seine elende Zielfunktion auf. Good luck! Und wir wissen genau, wie schrecklich sinnlos das ist; wir wissen genau, wie viel Dreck wir zurückbekommen, wenn wir den Topimierer entlarven; wir wissen selbst genau, wie weh das bei uns täte. Wir wollen selbst nicht, dass wir entlarvt werden. Deshalb entlarven wir von uns aus niemanden ohne Not. Wenn wir die Entlarvung immer nur fordern, ohne sie zu versuchen, dann sagen wir damit unaufhörlich, dass wir die Besten sind, wir allein, nicht jene dort. Das ist nämlich der tiefe Sinn der Übung, unsere eigene Topimierung!

Und wenn sich alle verbal beharken, aber nie wirklich entlarven, so leben wir alle glücklich und zufrieden bis ans Ende der Zeit. Und wenn sie nicht gestorben sind, topimieren sie noch heute.

9 Das System verknappt den Sinn, um sich zu schützen

Wenn also die Menschen glücklich werden sollen, müssen Sie alle eine Zielfunktion intern als Motor bekommen, die aus ihnen

einen angemessenen Menschen macht. Die Ein/Drittel/Drittel/
Drittel-Beobachtung besagt ja auch, dass wir in einem solchen
Zustand der Welt noch nicht sind. Etwa 30 % der Schulkinder
werden als „verhaltensgestört" bezeichnet, so erfahren wir zum
Beispiel. Warum aber sind immer ein Drittel der Menschen die
„Loser"? Warum ist das mittlere Drittel unausgesetzt dabei, zu
schauen, ob es relativ gesehen niemals zu den Losern gehört? Wo-
vor fürchten sich denn die Menschen? Es ist die Furcht, ein Loser
zu sein. Es ist die Furcht, den Rest zum Gottsein dazulügen und
dazutopimieren zu müssen.

Ich gebe ein paar Beobachtungen über Loser wieder. Die
Schule würde es nicht normal finden, wenn sehr viele Schüler in
der Klasse gut sind. Ich selbst war in einer so genannten „Star-
klasse". Wir waren um Längen besser als die Parallelklasse, weil
wir als Gemeinschaft Freude hatten. Dennoch ist einer von uns
durch das Abitur gefallen, was uns fassungslos dabeisitzen ließ.
Der Schlechteste bekam eben auch bei uns eine Fünf. Dabei waren in unserer Klasse keine Loser. Aber es sind welche produziert worden. Und so ist es überall. Im Sport wird gemessen. Die
schlechten Sportler sind ausgelacht worden. Ich war immer dabei. Ich durfte niemals beim Fußball mitspielen, weil wir am Anfang 40 Schüler waren und nur die besten 22 spielten. Immer nur
die besten. Ich habe stets zugeschaut. Das war mein Sportunterricht. Loser. Durch das Messen wird etwa ein Drittel verdammt,
ein Drittel ist im Mittelfeld. In den Firmen wird immer etwa ein
Drittel befördert, weil es das Leistungsträgerdrittel ist. Die Mittleren bleiben oder steigen ganz langsam auf. Der Rest wird her-
umgeschubst.

Gehaltssysteme in den Firmen behandeln die Leistungsträger gut, die Mittleren normal, die Loser bekommen nichts. Wenn
es eine Starabteilung gibt, so habe ich noch in keiner Firma erlebt, dass es möglich wäre, alle in dieser Abteilung zu befördern.
Es wird nicht erlaubt. Und das muss so sein. Denn: Wenn es erlaubt wäre, beliebig zu befördern, dann würden die Manager von
Großunternehmen alle ihre Mitarbeiter befördern, weil sie dann

als gute Menschen dastehen und keinen Ärger haben (das jedenfalls glauben sie; in Wirklichkeit würden die Leistungsträger sehr
böse und würden mehr fordern). Nach aller Erfahrung aber würden Beförderungen überhand nehmen. Stellen Sie sich vor, jede
Schule und jede Universität könnte selbst bestimmen, wie viele Oberrat- oder Oberstudiendirektorenstellen an einer Schule
oder wie viele Lehrstühle an einer Universität sein dürfen. Angenommen, das Ministerium bestimmt nur die Anzahl der Lehrer-
oder Wissenschaftlerstellen und bittet, die Besoldung nur nach
Qualifikation zu vergeben, so dass im Prinzip alle Oberstudien-
direktor oder Lehrstuhlinhaber sein könnten, wenn alle so quali-
fiziert wären. Was würde passieren? Es würde Beförderungen ohne Ende geben, ein richtiges Fest. Da dies so ist, beschränkt man
die Anzahl der Beförderungen, worauf erbittert um sie gekämpft
wird. Man beschränkt die Höhe der Gehaltserhöhungen, worauf
Streit ausbricht, wer sie bekommt. Im Durchschnitt aller Behörden oder Firmen, die ich kenne, pendelt sich ein Gleichgewicht
ein: Ein Drittel sahnt ab, ein Drittel verliert.

Wenn Schulnoten beliebig vergeben werden könnten, würden Lehrer zu gute Noten geben, weil sie Ruhe hätten. Sie könnten
sich besser Respekt verschaffen, weil sie mit Großzügigkeit eine
gewisse Milde bei den Schülern erzielen können. Mutige Manager sagen: „Bei mir herrscht Ordnung. Ich lasse keine Fehlleistun-
gen zu." Harte Lehrer sind stolz darauf, dass sie keinem Schlen-
drian nachgeben. Sie sind unbestechlich. Sie stehen Ärger durch
und lassen sich nicht in Versuchung bringen, sich Wohlverhalten
durch ungerechtfertigte Gnädigkeit zu erkaufen.

Die Prüfungssysteme und die Gehaltssysteme und die Knapp-
heit der Beförderungen erzwingen eine ordentliche Zahl an Menschen, die im System zu denen „da unten" gestempelt werden.
Die da unten fühlen sich verfolgt. Sie leiden subjektiv unter Ungerechtigkeit. Sie wissen, dass ein Drittel keine Gehaltserhöhungen bekommt, weil das System es will. Deshalb sind nicht einmal diejenigen, die wirklich schlecht arbeiten, bereit, dies als Faktum anzuerkennen. Sie fühlen sich selbst lieber verfolgt, wie die

Unschuldigen auch. Viele Manager sind zudem in der Regel erbärmlich feige, sie trauen sich nicht, schlechten Mitarbeitern mit Kritik zu kommen. Sie erklären Mitarbeitern lieber, dass sie ein Quotenopfer sind. „Tut mir leid, es gab in diesem Jahr mehrere Leute, die eine Erhöhung haben mussten. Viele sind in einer noch ungerechteren Lage als Sie. Ich bin verzweifelt, aber in diesem Jahr gibt es wenig Erhöhungen. Ich kann nichts tun. Kopf hoch. Sie verstehen meinen harten Job nicht. Ich bin verdammt, Unglück zu verteilen. Nun hat es Sie getroffen. Ach, was bin ich für ein armes Schwein, dass ich Ihnen keine Gehaltserhöhung geben kann. Ich würde es so gerne tun. Machen Sie doch einmal etwas ganz Übergroßartiges, dann helfe ich Ihnen." Dann schaut er in das leere Gesicht, geht hinaus, schaut nachdenklich und murmelt: „Ich glaube, er hat es ganz ruhig aufgenommen. Wenn ich ihm gesagt hätte, er arbeitet schlecht, wäre er mir ins Gesicht gesprungen. So aber ging es ganz gut. Vielleicht strengt er sich an, weil ich ihm eine vage Hoffnung gemacht habe." Und dann geht derselbe Manager zu seinem höheren Manager und bekommt dieses Jahr auch keine Gehaltserhöhung, worauf er innerlich völlig aufgelöst ist, und er schaut seinen Manager mit leeren Augen an. Der aber verspricht ihm etwas, wenn er sich anstrengt. Das wird er gewiss tun. Er ist erleichtert, dass sein Boss gesagt hat, er arbeite eigentlich gut, aber es seien in diesem Jahr bei Managern die Beförderungen knapp, weil sich das Management entschlossen habe, möglichst Mitarbeiter zu befördern, nicht immer nur Manager. Unser Manager ist froh, dass es *daran* liegt. Er ist nämlich ein guter Manager, da ist er sicher.

Ich fasse zusammen:

- Die Belohnungssysteme belohnen nach gemessener Leistung.
- Sie dulden nicht zu viel Belohnung, weil nicht so viel da ist.
- Sie messen so, dass es zu einer Drittel/Drittel/Drittel-Teilung kommt, weil „das überall so ist".

- Loser des Systems werden oft seelisch vernichtet oder belogen, so dass sie in jedem Falle zu topimieren beginnen.

Die Systeme erzeugen die Sinnleere.

Warum? Die Systeme geben vor zu messen, aber sie dienen der Machtausübung. Vergabe von Belohnungen verschafft Einfluss. Wer viel geben kann, hat viel Macht. Belohnungen können die Notwendigkeit von Führung, Helfen, interessantem Unterricht, Achtung der Schutzbefohlenen usw. ersetzen. *Wer Macht hat, kann Erfolg befehlen, er muss ihn nicht herbeiführen helfen.* Da in einem solchen System derjenige die meiste Macht hat, der viel Belohnungen geben kann, versuchen alle, sich das Recht zum Belohnungenerteilen zu sichern. Die Mächtigen verschaffen sich die Möglichkeit zu Beförderungen, Vergünstigungen, guten Noten, bis an die Grenze der Anständigkeit.

Das System würde zusammenbrechen, wenn die Belohnungen ausufernd üppig verfügbar wären. Deshalb schützt sich das System, indem es die Belohnungen beschränkt. Das System ist nicht durch die „da unten" (die Schüler oder Mitarbeiter) bedroht, sondern durch die Mächtigen. Wenn alle Mächtigen jedem von unten genau die angemessene Belohnung geben würde, die ihm zukommt, so bräuchte das System keine Beschränkungen an Belohnungen. Die Mächtigen wollen aber nicht gerecht belohnen, sondern Macht ausüben. Deshalb muss das System vor den Managern, Lehrern und Professoren geschützt werden.

Die Mächtigen im System glauben aber, sie selbst schützen das System vor denen da unten, die sich gierig bedienen würden, wenn das System nicht geschützt würde. Um das System vor dem Raubbau derer da unten zu schützen, schicken sie sich in die Notwendigkeit des Systems, die Belohnungen zu beschränken. Das System schützt sich also selbst vor den Mächtigen, indem es die Mächtigen glauben macht, die da unten würden es bedrohen.

Wenn Mächtige Belohnungen nicht zur Machtausübung nutzen, sondern nach Verdienst vergeben, kann ein System gut funktionieren, wenn es wirklich gerecht arbeitet. Die Manager und Erzieher sollen aktiv Sinn stiften, nicht Belohnungen verteilen, um dadurch angenehm zu herrschen. Sie sind sonst nicht diejenigen, die das System schützen, sondern diejenigen, die es bedrohen. Viele Hüter der Ordnung schützen nicht das System, sondern sie benutzen es zur Herrschaft über die, vor denen es angeblich geschützt werden muss.

Sie können statt des Wortes Belohnung auch Budget lesen. Politiker haben Haushalte, mit denen sie herrschen. Wer Geld hat, hat Macht. Jeder will Geld haben, weil er dann Erfolg (für sich) befehlen kann. Geld organisieren führt leichter zum Erfolg, als selbst den Erfolg erarbeiten oder herbeiführen helfen. Deshalb wird die Verschuldung so hoch getrieben, bis sich das System selbst gegen den Zusammenbruch stemmt. Unsere Demokratie wehrt sich implizit gegen die Politiker, weil unser Volk etwa ab 25 Milliarden € Neuverschuldung die Regierung abzuwählen bereit ist. Deshalb und nur deshalb werden die Haushalte nicht beliebig hoch, so wie in den Firmen die Beförderungen aus Systemgründen nicht beliebig zahlreich sein dürfen.

Karen Horney erwähnt in ihren Werken beiläufig, der Mensch solle auf die Couch der Analytikerin, wenn er beginne, seine Wünsche mit Ansprüchen zu verwechseln. Die Wünsche des Mächtigen *sind* Ansprüche. Deshalb liegt die Neurose so nahe.

Ich habe bewusst sehr negativ und emotional argumentiert. Im vorigen Abschnitt habe ich zeigen wollen, dass wir alle unbedingt die Besten sein müssen, um wirklich zufrieden zu sein. Wir brauchen zumindest einen kleinen Bereich im Leben, in dem wir König sind. Aber die Systeme der Macht und der Beherrschung durch Belohnung erfordern, dass der Lebenssinn mit den Belohnungen künstlich verknappt wird. Muss diese Widersprüchlichkeit nicht furchtbar enden?

Es kommt genau zu den Zuständen, die wir heute haben. 30 % der Schüler sind verhaltensgestört, über 30 % der Ehen werden geschieden, ein Drittel der Führenden gelten als einigermaßen neurotisch, ein Drittel der Lehrer brennt vor der Pensionierung aus, ein Drittel der Menschen steckt die gefundenen 50.000 € ein, weil sie endlich einmal etwas vom Leben haben wollen.

Jetzt kommt das Kontrastprogramm.

10 Wenn der Funke überspringt, ist messen vergessen

DeMarco und Lister führen in ihrem Buch *Peopleware* den Begriff des Jelled Team ein. Das Verb jell bedeutet ursprünglich „gelieren", laut Pons auch figurativ „Gestalt annehmen". Im Langenscheidt steht die schöne Übersetzung: „zum ‚Klappen' kommen". Irgendetwas schwer Nennbares geschieht und alles klappt.

Fußballmannschaften aus kleinen Städten schlagen plötzlich die Favoriten. Wie können sie das? Die Begründungen lesen wir Woche für Woche in der Zeitung aus Unterhaching: Es ist ein zusammengeschweißtes Team entstanden. Der Teamgeist ist über die Mannschaft gekommen, es ist ein Funke übergesprungen. „Unsere Mannschaft versteht sich blind. Wir vertrauen einander. Unsere Traumpässe werden tatsächlich wie im Traum abgespielt und kommen erstaunlicherweise an. Wir wundern uns beim Anschauen der Aufzeichnung selbst, wie gut wir Fußball spielen." Und dann sagen die wirklich erfolgreichen Menschen immer: „Zur Zeit gelingt uns einfach alles." Beim Fußball gelingen Fallrückzieher und Weitschüsse, schwindelerregende Dribblings, wunderschöne Ballpassagen und Doppelpässe. Das Verständnis in der Hintermannschaft ist da, die Angreifer gehen gemeinsam vor. Keiner denkt an die Torschützenliste. Alle glänzen vor spielerischer Leidenschaft und Freude. Der Trainer sagt: „Heute war die Spielfreude da. Es hat Freude gemacht, dem Spiel zuzuschauen. Jeder hat sich etwas zugetraut, sich nicht versteckt.

Es muss ein Ruck durch die Mannschaft gegangen sein. Vielleicht hat der Sieg in München ihnen so viel Selbstvertrauen gegeben." Im Tennis gelingen Asse und die Lobs landen gerade noch im Feld. Die Netzroller wollen heute ins andere Feld hinüber. Die Spielerin lächelt während des Spiels. Sie gibt der Gegnerin großzügig einen umstrittenen Ball gut.

Und später: Das Team ist zerfallen. Gleich nach der Meisterschaft gibt es Gehaltsforderungen. Die Spieler werden mit der Presse nicht fertig, berauschen sich in hoher Erfolgsluft und werden plötzlich dünnhäutig bei Kritik. Die Spieler ringen um die höchste Anerkennung des Trainers, sie wollen alle Stammspieler sein, in die Nationalmannschaft. Sie diskutieren mit und in der Presse mit den Mächtigen über ihre Geschicke. Sie bekommen Angebote von allen Seiten. „Es ist schwer, sich auf den Fußball zu konzentrieren, in all diesem Trubel hier." Die Schiedsrichter werden kritisiert, weil die schmerzhaften Niederlagen wieder Einzug halten. Das Training wird verschärft. Ausgangssperren werden verhängt. Es geht bergab.

Was geht da bergauf, bergab? Es gibt Momente, wo ein Team oder ein Mensch *eigentlich* arbeitet. Ohne an die Messungen zu denken, völlig versunken in seine Aufgabe. DeMarco und Lister charakterisieren das Jelled Team:

- Alle bleiben zusammen wie Pech und Schwefel
- Die Gemeinschaft fühlt eine starke Identität (ein Mensch eine Identität und Harmonie)
- Die Gemeinschaft bildet ein Gefühl des Besonderen (sense of eliteness) heraus
- Alle haben das Gefühl einer gemeinsamen Aufgabe oder Mission
- Sie arbeiten hingebungsvoll mit großer Freude

So sieht ein Team aus, in dem der Funke übergesprungen ist. Analog sieht so ein einzelner Mensch aus, der im Eigentlichen arbeitet.

DeMarco und Lister prägen das Wort Teamicide. Was bringt ein Team um? Was lässt den Funken erlöschen? Ein paar Punkte aus *Peopleware*: Zu defensive Haltung bei der Arbeit, Angst vor Fehlern und dem Kontrollsystem, zu viel Einhaltung von Regeln, Bürokratie, und Abirren vom Eigentlichen („Spielt die nächsten Wochen etwas schlechter und schont euch, wir scheinen genug Punkte zu haben. Wir nehmen noch ein paar gut bezahlte Freundschaftsspiele mit."). Und ein Zitat: „Most organizations don't set out consciously to kill teams. They just act that way."

Wenn der Funke übersprang, darf um Himmels Willen nichts getan werden, was ihn verlöschen lässt. („Never change a winning team.") Das Feuer der Begeisterung, die Leidenschaft, das Eigentliche müssen ungestört bleiben. Sie müssen wie Schlafwandler behandelt werden: Nicht aufwecken! Was weckt auf? Sie haben es gehört: Regeln (wann Spieler mit ihren Kindern telefonieren dürfen, wie oft sie ins Bett müssen, wann Frühstück ist …), Angst vor Fehlschüssen, Vorwürfen bei vergebenen 100 %-Chancen, Taktiererei („Wir sind erst einmal vorsichtig bis zur Pause und dann wollen wir uns langsam vorwagen."). Topimierung. Gottähnlichkeitswünsche. Belohnungsmachtkämpfe. Das alles tötet Leidenschaft. Es ist das Kontrollsystem. Es gibt so viele Arten, den Funken auszutreten, dass es kaum Jelled Teams gibt. Teamicide kommt oft sehr überraschend.

Beispiel: Der Vereinspräsident schwadroniert in einer Rede, dass er so ziemlich alle Grundsteine für diesen größten Erfolg in der Vereinsgeschichte gelegt habe. Das Team sagt: „Was, ER?" und wacht auf. Der Geschäftsführer schickt dem Team einen Glückwunsch und bittet es gleichzeitig, sich jetzt kurz vor Jahresende noch besonders anzustrengen. Das ist eine schreckliche Beleidigung für ein Jelled Team. „Mehr anstrengen? Sieht er nicht, was wir tun?" Das Team wacht auf.

Fast alle von meinen ungefähr 50 Publikationen, Erfindungen, Geistesblitzen entstanden hauptsächlich in einer Art Trance, einer Versunkenheit, gepaart mit absolutem Willen zu erkennen. In der Vertiefung an sich, ohne Willen zur Wiederkehr, nie mit dem Gedanken an Umkehr, ohne Furcht, nicht die Lösung zu finden. Ich hatte nie direkt Siegesbewusstsein, nein, ich ging den Weg, unbeirrt; es war nicht die Frage, wie es ausgehen würde. Diese Frage war nicht wichtig. Ich habe Doktoranden gesehen, die in Forschung versunken waren und durch einen Head-Hunter aufgeweckt wurden: „Sieh hier, ein gutes Gehalt, lass den Doktortitel sausen!" Es folgte abgelenktes Abschweifen in die Arbeitswelt, Kalkulation der privaten Finanzen, Zweifel. Dieses Aufwachen ist das, was Teamicide beschreibt.

Wenn der Funke übergesprungen ist, ist Arbeit Glück. Das ist mehr als Zufriedenheit. Es wird nicht erwartet, gemessen, verglichen, bewertet. Das Gute geschieht.

Zwei Fragen: Wie kann ich es erreichen, dass ein Funke überspringt? Wie kann ich es schaffen, dass niemand aufwacht? Ich sage ja schon die ganze Zeit, dass wir uns dem Eigentlichen nähern sollten, begeistert, erfüllt, ohne Kompromiss. Ich habe persönlich das Gefühl, dass das Hauptproblem darin besteht, dass wir durch alles und jedes zum Aufwachen gebracht werden, einfach weil unsere Welt kein Verständnis für Jelled Teams und für Eigentliches hat.

Wenn nämlich ein Mensch oder ein Team Großes leisten, kommen die Heerscharen der Welt, um zu messen, wie die Erfolgreichen das gemacht haben. Sie wollen alle begierig Tipps dafür einsaugen, wie der Erfolg auch ihnen beschieden wäre. Wer Großes leistet, wird seziert wie ein heimkehrender, schwertragender Goldsucher. Jesus müsste heute unter Laborbedingungen viele Tote erwecken und zur besten Sendezeit öffentlich über seine Tricks reden. Sportler werden in den Himmel geschossen und immer wieder nach ihren Erfolgen befragt. Nach dem ersten Mega-Hit ist die Popgruppe Eigentum der Massen. Unsere Gesellschaft weckt alles gnadenlos auf. Und deshalb stürzen so viele Menschen nach den Erfolgen gleich wieder ab: Bis zum ersten Erfolg nämlich ist der Aufstieg enorm. Es ist egal, ob die Kontrollsysteme gute Arbeit bescheinigen oder nicht, weil ja der Erfolg in den Himmel schießt. Die Kontrollsysteme jubilieren heimlich und schwelgen und schweigen, solange alles steil nach oben zeigt. Oben angekommen aber fragen die Systeme: Wann bekommen wir den zweiten Weltmeistertitel? Den zweiten Mega-Hit? Das überleben nur die Teams oder die Menschen, die konzentriert im Eigentlichen bleiben können und nicht wach werden, was immer geschieht. Sie verehren wir als wahre Nummer 1, als Helden, Heroen, Weise, Propheten.

Was wir aber damit am meisten an ihnen schätzen, ist, dass sie sich vor uns retten konnten.

Und dann jammern wir, „dass es die wahren Heiligen in unserer Zeit nicht mehr eben häufig gibt, wie früher noch". Messsysteme sind zu „invasiv", wie man sagt. Sie töten teils, was sie messen.

Ich gebe ein paar Ratschläge aus *Peopleware* wieder, welche Grundsätze beim Pflegen von Jelled Teams von Managern beachtet werden sollen:

- Erzeugen Sie einen Kult nach Qualität (oder wie ich hier sagen würde, ein Sehnsucht nach dem Eigentlichen, am besten vermittelt durch lebendige Vorbilder in der Nähe, die alles sichtbar vorleben).
- Teilen Sie die Arbeit in „eigentliche", von der Arbeit her sinnvolle Stücke, damit das Team sieht, wie es *in der Sache* vorankommt (das ist etwas anderes als so genannte Milestones oder Projektabnahmestufen!).
- Versuchen Sie, einen Sinn für Elite oder eine Mission zu erzeugen und zu pflegen.
- Erlauben und *ermutigen* Sie alle Vielfalt (SP, NF, ...) im Team.
- Bewahren Sie die Intaktheit des Teams.
- Schützen sie Teams vor „dem Erwachen".
- Geben Sie strategischen Rat, keinen taktischen (Sie bestimmen die Richtung, aber nicht die Arbeitsweise oder die Arbeit, nicht „Herumpfuschen").
- Tun Sie alles, dass Arbeit nicht Mühe, sondern Freude ist.

In neuen Firmen, die im Internetbereich in den Himmel steigen, wird alles so gemacht wie auf dieser Liste. Der Erfolg macht „high". Wenn Menschen alles tun dürfen, gründen sie Unternehmen nach diesen Grundsätzen. Der Erfolg kommt. Wenn er da ist, muss alles noch besser werden: Wo bleibt der zweite Mega-Hit, die nächste Meisterschaft? Dann überlegen die Menschen. Sie beginnen den Abstieg zu fürchten. Sie denken nach und wachen auf. Teamicide, meistens. Sie bauen Kontrollsysteme, die gegen diese Grundsätze hier verstoßen. Kein weiterer Hit, kein neues marktführendes Produkt. Einreihen ins Mittelmaß.

Für Fans wie unsere Familie: Bayern München ist schon lange Meister. Der Verein hält sich wenigstens grob an die obigen Grundsätze. Der Genius besonders von Franz Beckenbauer und von Uli Hoeness hält nun ein begeisterndes Gebilde seit 30 Jahren auf Kurs und im Wesentlichen intakt. Andere Vereine haben ebenfalls so teure Mannschaften, „da sollten wir genau so oben mitmischen können, warum nicht?" Darum nicht!

Ich behaupte wieder und wieder: In einer ökonomisch optimalen Welt sind die Menschen zufrieden und eher sogar glücklich. Unsere heutigen Kontrollsysteme sind noch nicht so gebaut, dass sie Grundsätze wie die eben genannten beherzigen würden. Die nächsten Generationen von Kontrollsystemen werden neu und anders sein. Sie werden uns retten. Beckenbauers sind zu knapp.

(Ich finde immer, Franz Beckenbauer sollte Bundespräsident werden, dann würden Funken springen. Man müsste ihn nur rechtzeitig fragen, damit er eine Weile nein sagen kann, dann wird's scho.)

11 Data Mining für Manager

Spinnen wir den Gedanken des Data Mining über Menschendaten weiter. Angenommen, ich habe eine riesige Datenbank, in der über jeden Menschen wirklich alles, alles, alles steht, wie wir oben schon diskutiert haben.

Wir sind Manager einer großen Firma und wollen in der Datenbank nach Hinweisen suchen, wie gute Mitarbeiter aussehen, welche Eigenschaften sie haben. Wir segmentieren die Mitarbeiter, klassifizieren sie. Wir betreiben eine Faktorenanalyse, welche Eigenschaften der Mitarbeiter ausschlaggebend für den Erfolg sind. Da ich leider so eine Datenbank nicht habe, muss ich wieder nach bestem Wissen und Gewissen spekulieren, was herauskommen wird:

- Es gibt vier Temperamente.
- Innerhalb der vier Temperamente gibt es die besprochene Ein/ Drittel/Drittel/Drittel-Einteilung der Mitarbeiter in Genies, Begeisterte, Normale, Überforderte.
- Menschen mit zu viel Ellenbogen oder Ego in irgendeiner Form (starke neurotische Energie) sind oft erfolgreich, machen aber am Ende große Schadensfälle, die allen Nutzen vorher kompensieren. „Napoleon."
- Die bestimmenden Faktoren der erfolgreichen Menschen sind unterschiedlich nach Typ. SJ haben eine ehrenvolle Bewährungsaufgabe, NT einen herausfordernden Neuanfang, NF eine menscheneinende Aufgabe als Mentor, Lehrer, Führer, Koordinator. SP wetteifern um Meisterschaft in einem schwierigen Handwerk oder sie reißen verfahrene Projekte aus dem Sumpf etc.
- Die Teamumgebung stimmt bei guten Mitarbeitern.
- Erfolgreiche haben einen hohen Qualitätsstandard, sie fühlen sich als Elite, fühlen sich in einer Mission. Sie achten auf echte Fortschritte und argumentieren nicht mit „Bemühungen". Sie topimieren nicht. Sie treiben an, weil sie weiterwollen. „They keep things done."
- Gute SJ haben Mut und Selbstvertrauen, gute NT einen feinen Sinn für Nutzen, gute NF einen Sinn für das gemeinsame Ziel, SP einen für kraftvolles Weiterkommen.
- Schaffensfreude, Selbstvertrauen, Vertrauen zu anderen, Gemeinschaftssinn, Gemeinschaftsgefühl, Nützlichkeit, Konstruktivität.

- „Spaß bei der Arbeit": SJ arbeiten in einem geachteten Umfeld, geehrt, in mentaler Ruhe. SP haben Abwechselungsreichtum und „Fun at work". Sie werden gefordert, haben ein Arbeitsumfeld, in dem auch gefeiert und gelacht wird. NT dürfen neue Ideen verwirklichen, NF neue Kulturen schaffen und das Umfeld befruchten.
- „Versunken in der Arbeit": Selbstvergessen Erfolg haben. Im Team. Oder allein.
- Gute Mitarbeiter arbeiten im Schnitt länger. Sie machen mehr Umsatz. Sie machen keinen Ärger und erzeugen keine ärgerlichen Baustellen. Sie machen weniger Fehler. Sie sind diszipliniert und vergeuden keine Zeit.

So etwas wird herauskommen.

Normalerweise steht in den Datenbanken nur der letzte Punkt. Aha. Der Manager predigt also: Arbeite länger, mach keinen Ärger und keine Fehler. Vergeude keine Zeit. Mach Umsatz. Mehr Umsatz. Gewinn. Viel mehr Gewinn. Das ist die klassische Optimierung mit einer beschränkten Datenbank, die nur die Elemente der Urformeln kennt. Optimierung aus einer beschränkten Datenbank erlaubt nur beschränktes Denken. Das Managen nach diesen Regeln heißt heute Controlling. Diese Optimierung führt zu falschen Ergebnissen, weil sie in einem viel zu grobrasterigen Modell denkt. Die Aufgabe wird so abstrakt gesehen, dass die Lösung kaum etwas mit dem Problem zu tun hat.

Wenn aber die Computer alle, alle, aber auch alle Daten über uns gespeichert haben, dann könnte ein Manager einen Mitarbeiter so analysieren:

Er schaut nach, zu welcher Klasse von Mensch der Mitarbeiter gehört. Er stellt fest, welchem Drittel er wirklich angehört. Er prüft, ob der Typ oder das Temperament seiner Aufgabe mit seinem Temperament zusammenpasst. Er prüft, ob der Mitarbeiter Freude an der Aufgabe hat. Ob er im Team eine zufrieden stellende Rolle einnimmt. Ist diese Rolle so beschaffen, dass er einen Fleck Erde hat, wo er der „Boss" ist, der vom Team anerkannt wird. Hat er in diesem Sinne nicht nur einen eigenen Schreibtisch, sondern einen eigenen Sinnraum, in dem er geachtet, bewundert, geliebt wird oder Freude hat, je nach Temperament?

Wenn er zuviel Ego bei der Arbeit hervorkehrt, fehlt ihm sicher dieser Sinnraum für sich selbst. Kann ihm geholfen werden, damit neurotische Energie fruchtbar umgelenkt wird?

Der Manager wird eingehende Arbeitsaufträge danach sortieren, ob sie den Mitarbeitern eine Erfüllung bringen. Ich arbeite etwa im Service der IBM. Ein Auftrag für ein ganz neues Internetportal ist für viele Mitarbeiter viel reizvoller als die 1301. Standardeinführung von R/3. Die Firma mag an Routineprojekten mehr Geld verdienen, aber die Mitarbeiter wollen Zukunftslösungen erarbeiten, an denen sie persönlich wachsen können. Sie möchten eine Art Arbeit, bei der sie ihren Beruf lieben. Ein Manager wird sorgfältig abwägen, wie er Mitarbeiter einsetzt. Schon die Auswahl der Aufträge sollte sich nach den Mitarbeitern richten. Ich habe oben die nackten Zahlen berichtet: Gute, „jelled" Mitarbeiter können zweimal, dreimal so produktiv sein! Welcher Mitarbeiter erhält welche Aufgabe? Jeder möglichst eine, die ihm Freude macht, in der er aufgehen kann. Seine Aufgabe muss „sein Baby" werden. Er soll sich für sein Baby verantwortlich fühlen. Die Aufgaben werden so verteilt, dass das Team stimmt. Gut eingespielte Mannschaften bleiben zusammen, auch wenn es mit der neuen Arbeitseinteilung knirscht. Nicht alles durcheinander wirbeln! Ein Manager wird Vertrauen schaffen und vertrauen. Er coacht Mitarbeiter wie ein Trainer. Wenn Mitarbeiter am Ende exzellent arbeiten können, soll der Manager sie auch wirklich exzellent arbeiten lassen. Nicht hetzen, nicht überladen! Nicht die Freude des Gelingens vernichten. Nicht so: „Sie sind der beste Mitarbeiter weit und breit. Sie sind der Star. Wir werden Sie ab heute immer in Projekte springen lassen, bei denen Mist gemacht wird. Sie bringen das schnell in Ordnung, zeigen, wo es lang geht, und dann ab in den nächsten Mist. Damit verdienen wir mit Ihnen am meisten." Aber der Star kündigt.

Das künftige Management wird sich in dem obigen Sinne verändern. Deshalb lesen Sie in den Management-Journalen die Forderungen nach „soft skills" (Menschenumgang), Leadership (die Richtung kennen und bestimmen können), Coaching (liebevolle Hilfe zum Aufstieg), Mentoring, Vertrauen (Angst- und Ego-Abbau) etc. Die Managementtheoretiker sind schon auf der richtigen Spur. Mit den neuen Ergebnissen des künftigen Data Mining wird noch viel mehr Gewinn gemacht werden.

In der Praxis wird den Theoretikern nicht richtig geglaubt. Die meisten Menschen denken: Freude bei der Arbeit kostet Geld. Mitarbeiter sollen gehorchen und nicht selbst denken, was nur Ärger gibt. Keine Experimente, nichts Neues, sonst passieren Fehler. Alle Menschen sind gleich und sollten die gleiche Arbeit machen müssen. Alle sollen sich schmutzig machen müssen. Jeder bekommt seinen Anteil an der Mühe. Da Menschen gleich sind, sind sie auswechselbar. Wenn ein Fußballspieler geht, kaufen wir einen neuen. Hauptsache es sind elf da. Wenn sie nicht zusammenspielen, gibt es gehörigen Druck, weil sie gefälligst ein Team sind. Team ist Pflicht. Wer nicht Team-Player ist und sich einfügt, um gleich zu sein, wird bestraft. Niemand steht lange am Kaffeeautomaten. Gefeiert wird ab 20.00 Uhr, in der Freizeit. Und wir sparen, sparen, sparen.

Die Welt wird sich erst richtig ändern, wenn Computer unsere Daten haben. Sie werden mit Data Mining beweisen, wann wir wirklich am meisten Gewinn bringen. „Jelled."

12 Exkurs über Zufriedenheit

Zufriedenheit definiere ich hier so platt einfach wie in den Leitfäden zu Kundenservices. Die Gleichung heißt:

$$Zufriedenheit =$$
$$Messung\ (Wahrnehmung)\ des\ Erfolgs\ MINUS\ Erwarteter\ Erfolg$$

Ich bin zufrieden, wenn ich mir etwas vorgenommen habe und wenn ich am Ende dies oder besser mehr als dies erreiche. Je mehr ich über dem Erfolgsmaß liege, das ich schon vorher erwartet habe, desto besser fühle ich mich, umso zufriedener bin ich mit der Lage. Was ist dagegen Glück? Das ist nicht so einfach zu sagen. Ich sage: Glück gehabt! Wenn ich im Lotto gewann. Im Englischen heißt das: „I was lucky." Dann liegt der Erfolg um Größenordnungen über dem, was zu erwarten war. Natürlich habe ich nur Glück *gehabt*, nicht mein Glück *gemacht*. Glück im „richtigen" Sinne heißt im Englischen Happiness. Ich bin glücklich, wenn ich meinen „Erfolg" genieße. Zum Glück gehört nicht wirklich die Vergleicherei mit der Erwartung, auch nicht, ob es sich um einen Erfolg handelt oder nicht. Glücklich sein ist anders, nicht mathematisch. Ich bin glücklich beim Schreiben dieses Buches und ich denke kein bisschen an die Auflage. Wenn sie hinterher „unter den Erwartungen" liegt, bin ich traurig, das schon. Aber mein Glück beim Schreiben bleibt mir für immer. Glück ist das Gefühl des Erblühens, des Werdens, des nachhaltigen Gelingens, des frohen Seins in Einheit mit sich selbst. Glück ist in der Nähe des Eigentlichen.

Zufriedenheit ist ein positives Gefühl, das uns überkommt, wenn die Messungen über die gegenwärtige Lage recht positiv ausfallen. „Sie können mit sich sehr zufrieden sein, meine Liebe." – „Ich bin recht zufrieden mit Ihnen." – „Damit können wir alle zufrieden sein." – „Das ist im Großen und Ganzen zufrieden stellend, besonders, wenn wir die schwierige Lage bedenken."

Zufriedenheit stellt sich ein, wenn die Messungen über den Erwartungen liegen. Kinder können zu seelischen Krüppeln werden, wenn Eltern die Erwartungen stets so hoch setzen, dass die Kinder sie niemals erfüllen. „Meine Eltern waren nie mit mir zufrieden." Also hat Zufriedenheit (sehen Sie kurz auf die plakative Formel) stark mit der Erwartung zu tun, die wir vorher an die Messungen geknüpft haben. Wenn ich zum Beispiel so genial vorausschätzen kann, dass ich stets fast genau weiß, was später bei den Messungen herauskam, so bin ich nie so richtig satt zufrieden.

Bei der Zufriedenheitsformel oben kann ein negativer Wert herauskommen, wenn weniger gemessen wird als vorher erwartet wurde. Negative Zufriedenheit heißt Enttäuschung. „Das letzte Quartal verlief enttäuschend." – „Kind, ich bin enttäuscht von dir, das muss ich sagen." Negative Zufriedenheit wirkt sehr herb, oder?

Der Notencode von Dienstzeugnissen klingt durch: „Er bemühte sich, die in ihn gesetzten Erwartungen zu erfüllen." Furchtbar. „Er erfüllte die Erwartungen." Mäßig. „Wir waren mit ihren Leistungen zufrieden." Geht gerade so. „Wir waren mit ihm voll zufrieden." Gut. „Sie erfüllte unsere Erwartungen zu unserer vollsten Zufriedenheit." Richtig gut. „Sie übertraf alle Erwartungen beträchtlich." Und so weiter.

Sehen Sie sich die Urformel: Gewinn = Umsatz MINUS Kosten an. Wer Gewinn machen will, kann den Umsatz hochfahren oder die Kosten drücken. Das ist klar. Betrachten Sie analog die Zufriedenheitsformel: Wenn Sie also zufrieden sein wollen, können Sie entweder noch mehr oder besser arbeiten, dann wird die Zufriedenheit höher, oder Sie können die Erwartungen an sich senken. So geht es auch.

Viele Menschen sind leider so erzogen worden, dass sie keine Enttäuschungen verkraften. Ein einziger enttäuschter Blick kann ihre Psyche für Tage schwächen. Ein „Misston" dissoniert in ihnen, sie sind nicht mehr im Einklang. Wenn solche Menschen Ziele für sich zu hoch angesetzt sehen, müssen sie mit Recht Enttäuschungen fürchten. Sie versuchen dann, die Ziele herunterzuhandeln. Andere Menschen sind schlau: Sie handeln die Erwartungen herunter, um später besser in Zufriedenheit glänzen zu können. Viele Leistungsträger sind *beleidigt*, wenn Ziele zu tief angesetzt werden. Sie empfinden ein zu niedriges Ziel als Herabsetzung, ein zu hohes Ziel als Ehre oder als echte Herausforderung (Challenge). Die Höhe der Arbeitsziele hat ja unleugbar etwas mit der späteren Karriere zu tun, und Leistungsträgern ist immer klar, dass zu niedrige Ziele der Karriere schaden. Sie sind daher beschämt, wenn sie sagen müssen: „Mein Jahresziel ist nur so und so hoch." – „Aber das schaffst du mit links, oder??" – „Tja. Lass doch meine Ziele in Ruhe." – „Wieso, ist doch schlau, da zockst du einen Riesenbonus ab." Wutanfall.

Ich komme auf die Ein/Drittel/Drittel/Drittel-Situation zurück. Es gibt ganz wenige Menschen, die sich keine Ziele setzen müssen, sondern für sie ist eine Berufung, eine Sendung, eine Bestimmung immer schon da. Die Leistungsträger sehen in der Zielhöhe eine Prognose für ihr späteres Fortkommen. Die Normalen sehen zu, dass sie unter machbaren Zielen behaglich arbeiten können. Das untere Drittel fürchtet Enttäuschungen.

Was wäre zu tun?

Wir geben den Leistungswilligen herausfordernde Ziele, geben ihnen Verantwortung, so viel sie freudig tragen wollen und lassen sie *relativ frei von Kontrollsystemen* losziehen und Erfolge erringen. Wir geben den normalen Menschen auskömmliche Ziele, nach denen sie sich strecken sollen, die aber nicht unnötig hart sind. Wir müssen versuchen, die aufzurichten, die sich fürchten. „Gib ihm doch eine Aufgabe, wo er sich ziemlich sicher bewähren kann. Dann ehren wir ihn, so gut es die Vorschriften zulassen. Du wirst sehen, ein wenig Erfolg bringt seine Seele wieder auf die Beine. Er hat einfach zu oft hören müssen, dass er nichts taugt. Ein Baum, der nicht tragen will, braucht Pflege und Liebe. Dann bekommt er langsam wieder Knospen." Meist hat unsere Gesellschaft eine andere Sicht auf Bäume: „Wenn Bäume einen überharten Winter erleben, dann fühlen sie eine Art Weltende und bekommen vor Angst irre viele Blütenansätze, weil sie den Tod fürchten. Das gibt eine gute Ernte." – „Stimmt. Aber sie erschöpfen schnell. Sie halten es nur drei, vier Jahre so aus." – „Vier Jahre ist eine lange Zeit. Wir pflanzen dann einfach neu." Hochleistungshenne, Hochleistungshenne, Suppenhuhn?

Wir spüren den zunehmenden Druck. Wir sind nicht zufrieden mit uns als Gesellschaft in dieser Zeit, in der wir formal so reich wie nie zuvor sind. Unsere Gesellschaft, unsere Politik, unsere Wirtschaft erfüllen irgendetwas nicht, so dass wir zufrieden sein könnten.

Das System beugt sich schwer unter Erwartungen. Wir sind unzufrieden, wenn die Preise steigen, wenn die Steuern steigen, wenn wir irgendwo zahlen müssen. Uns droht Arbeitslosigkeit, Arbeitsplatzverlust durch einen Unfall oder durch Krankheit, Rückstufung bei einem gravierenden Fehler im Beruf, Pleite der Firma. Wir fürchten eigenen Leistungsabfall, Probleme in der Familie, lange schleichenden Verfall der arbeitgebenden Firma, die veränderte Arbeit, steigende Überstunden, steigende Erwartungen am Arbeitsplatz, drohende Entlassungen. Die optimierte Arbeitswelt hat kaum noch Reserven, es gibt ständig Stress durch Urlaubsausfälle, Fehler in Abläufen, Nichterreichbarkeit von Sachbearbeitern. Unsere Vorgesetzten haben kaum noch Zeit für uns, weil sie ebenso stark eingebunden sind. Niemand hat mehr Zeit. Alles soll schnell gehen.

Zufriedenheit des Aufstiegs: Wir haben das Optimieren oder das Vorankommen symbolisch mit dem Besteigen von Bergen verglichen. Menschen versuchen in ihrem Leben, möglichst weit aufzusteigen. Manche beeilen sich sehr und stürmen los, andere klettern langsam die Hänge hinauf. Bleiben wir in diesem Bild. Die Kontrollsysteme oder die Anreizsysteme bewirken, dass wir beim Aufstieg bewacht werden. Wir sollen schnell steigen und dabei nur wenig oder billiges Klettermaterial benutzen. Unser Körper wird genau gemessen, wie viel Ruhepausen er unbedingt braucht. Computer errechnen, wie steil der steilste Aufstieg gewählt werden kann, den unser Körper verkraftet. Jede Minute wird die bewältigte Höhe gemessen. Es werden Prognosen erstellt, wie hoch wir wahrscheinlich in verschiedenen Zeitetappen gelangen. Maschinen betreuen uns und bringen optimierte Nahrung (Kantinenessen). Nachtpausen finden unter optimierten Plastikplanen statt (Hotelkosten einsparen!). Da viele Kameraden mit im Berg sind, muss jeder Handgriff auch für sie gelingen. Der Aufstieg ist so sehr optimiert, dass jeder von uns grässliche Fehler machen kann, der ihn herunterreißt und eventuell einige andere mit. Es gibt Stellen, wo der Aufstieg ins Stocken kommt (Der Kunde kauft nicht mehr bei uns.), wo es zu steil wird (technische Produktprobleme). Unsere Hände werden wund, wir bekommen Angst. Ab und zu kommen wir an einen Felsvorsprung und verschnaufen kurz. Wir haben nicht viel Zeit. Wir sind zwar ein paar Minuten früher als geplant auf dem Vorsprung eingetroffen, aber dafür könnten wir ja beim nächsten Abschnitt noch mehr herausholen, vielleicht eine Viertelstunde. Das hat unser Truppführer versprochen, er hat noch viel mehr Angst. Alle Kontrollsysteme arbeiten mit Volldampf. Wir haben alles unter Kontrolle. Medikamente kommen bei Herzdruckabfall, Kraftnahrung beim Nachlassen zum Einsatz. Ruhe muss unbedingt vermieden werden. Ruhe bedeutet temporären Nichtaufstieg. Unaufhörliche Rastlosigkeit ist erwünscht.

Früher haben wir Aufstieg anders gesehen? Haben an jedem Abschnitt fröhlich Rast gehalten und einen Picknickkorb geöffnet (Kraftverschwendung, einen mitgenommen zu haben). Wir haben nach unten geschaut und Fotos gemacht. Jeder im Arm mit den Mitkletterern. Blauer Himmel. Sonne. Ein schöne Landschaft und vor uns der Berg, wie wir ihn langsam bezwingen. Mit Freude und Stolz im Herzen gehen wir weiter. Und nur zur Sicherheit, weil es sich heute niemand mehr vorstellen kann: Es ist keiner umgekehrt oder abgestürzt, und keiner hat Angst gehabt. *Aufstieg war Freude!*

Heute wird der Aufstieg *erwartet*, und zwar schnell. Es ist gerade OK, wenn wir es schaffen. Unser Kontrollsystem innen in uns kontrolliert ununterbrochen die Lage. Es merkt, wenn die Hand erlahmt, das Herz stockt. Es versucht zu verhandeln, ob nun gerade jetzt schon eine Pause gemacht werden muss.

Zufriedenheit auf dem Gipfel: „Ich blicke auf ein erfülltes Berufsleben zurück. Dreißig Jahre durfte ich in dieser Firma arbeiten. Ich bin bis zum Vorstandsvorsitzenden aufgestiegen und durfte die Geschicke meines geliebten Konzerns leiten." Heute verteidigt die Nr. 1 im Tennis wöchentlich den Titel. Erfolgreichste Trainer verlieren nach fünf Niederlagen in Folge den Job. Manager quittieren den ihren, wenn zwei Quartale schlecht laufen. „Ich habe den kurzen Kursanstieg bei einem Gerücht genutzt und die ganze Firma in Stücken verscherbelt. Ich ziehe nach diesem Mega-Erfolg weiter." Es gibt keine Ruhe, einfach keine Ruhe.

Ich versuche einmal, ein ganz amateurhaftes Bild vom Menschen zu geben, wie ich es mir vorstelle. „Der Mensch ist darin so eine Art Computer und er hat als Betriebssystem Windows. Das Windows verwaltet die verschiedenen Teile des Menschen, die Glieder, Muskeln, die Sinne (Dateneingaben), das Gehirn (Festspeicher und Pentium M, M ist römisch tausend), den Mund (Energieinput/Nachrichtenoutput). Das Windows-System ist aber wie der Mensch selbst auch nicht vollkommen, weil es noch auf dem alten DOS basiert. Das ist ein ganz altes System, das für Tiere erfunden wurde und das ursprünglich die Basis für die Menschenerweiterung gewesen ist. Im DOS sind die Gefühle noch drin, der Ärger, die Wut, der Hunger, die Angst. Das DOS verwaltet das alles, es hat aber nicht viel Kapazität, eben nur 640 kB oder so. Der Mensch kann also beliebig viel wissen und sich ausdenken, weil er dazu die Riesenfestplatte und den Superprozessor nutzen kann. Aber er kann zum Beispiel nicht zu viel Ärger und Angst vertragen, weil da die Systemressourcen schwach sind. An ruhigen Tagen ist im Basissystem nicht viel los, da ist der Mensch ziemlich zufrieden. Wenn aber immerfort Störmeldungen kommen, dass der Körper irgendwo aufpassen soll, wird das System schnell busy. Bei Angst zum Beispiel blockiert es große Festplattenteile und macht den Körper närrisch. Es gibt oft Abstürze wegen Systemüberlastung, was auf einem blauen Bildschirm gesagt wird. Meist hilft nur ein Reset, also Liebe, Nahrung, Ruhe. Das Problem ist, dass wir die ganze Festplatte mit dem Satz ‚Mir geht es gut.' voll schreiben können, aber wenn im DOS Störungen kommen, ignoriert das System alles und wird trotzdem rappelig. Irgendwie nimmt es die gespeicherte Information nicht richtig ernst. Wir können also heute nichts Besseres tun, als so gut wie möglich um den DOS-Kern herumzuprogrammieren."

Im Ernst: Wir scheinen eine Art Selbstbewusstseinssystem, ein Selbstwertsystem in uns zu haben, das den Zufriedenheitsstand misst. Wie gut bin ich in allen Fächern, in Hinblick auf welche Erwartungen, in Konkurrenz zu wem? Wo ist die Ampel auf ROT, wo auf GELB? Stellen Sie es sich wie das Führungsinformationssystem bei Ihrem Chef vor. Wenn immerfort im System rote Ampeln aufleuchten, mag das nicht grundsätzlich schlimm für die äußere Lage sein, weil wir die Probleme ja unter Umständen alle und immer lösen können. Aber diese Störmeldungen erzeugen Stress in uns. Immer wieder Stress, der unser System belastet. Unsere Ressourcen, etwas zu leisten, mögen sehr groß sein, die Stressressourcen wohl nicht. Etwas in uns streikt, wenn es zu viele Noten, Testergebnisse, Mahnungen, Hinweise, Passwörter gibt.

Die Arbeit, die Schule, die Universitäten legen immer mehr Regeln und Vorschriften fest, genauso wie der Staat das schon immer macht. Unser eigenes inneres Führungsinformationssystem gerät unter Stress. Unser Leben sieht aus wie ein Verkehrsnetz mit zehnmal mehr Schildern als heute und auf alles steht Strafe. („Zwei Jahre aussetzen oder ganz zum Anfang zurück.")

Schließen Sie die Augen beim Weiterlesen und denken Sie an den Sinn der Wörter gemütlich, geborgen, heimelig, behaglich. In solchen Zuständen ruhen zu Haus die Kontrollsysteme in uns. Kein Alarm heute mehr. Alles ruhig. Alle Systemressourcen sind für uns selbst da, den ganzen Abend.

Und dann, wenn wir lieben, essen, genießen, lesen, träumen, dann zuckt immer wieder eine verlassene Meldung herein: Morgen gibt es Krach mit der Projektleitung. Muss morgen früh aufstehen. Bekomme vielleicht eine schlechte Note vom Kunden. Das sticht in unsere Behaglichkeit, in die Ruhe. Wir möchten gerne ein paar Stunden wie eine gestreichelte Katze schnurren. Können Sie das, einfach einmal abschalten? Da irgendwo geht es in Richtung Glück.

Gautama Siddharta, genannt Buddha, sah das Leiden der Welt. Er predigte vor allem die Erlösung von Gier, Hass und Verblendung und den Wunsch, ins Nirwana (der Ort wo das Feuer erloschen ist) einzutreten. Ich stelle mir das so vor, dass die Beurteilungssysteme schweigen, mit denen wir *uns* messen und mit denen wir topimieren (verblenden).

13 Freude, Ruhe, Sinn und Gemeinschaft!

Wenn alles so klar ist – warum handeln wir nicht? Warum sorgen wir nicht für Leidenschaft, Erfüllung, Freude, Sinn für Gemeinschaft? Warum hetzen wir uns zu Tode?

Die Antwort wollte ich Ihnen in diesem Kapitel geben: Die Menschen haben noch nicht richtig verstanden, weil sie nach den Urformeln denken. Richtiges Data Mining wird die Wahrheit ans Licht bringen, wie der gewinnoptimale Zustand der Welt ist: Es ist ein Zustand, in dem Menschen gern arbeiten. Der Vorschlag der Idealisten aller Zeiten (der NF) war es schon immer, den Menschen in den Mittelpunkt zu stellen. Sie haben die Wahrheit immer gekannt und beschworen. Sie heißen Idealisten, weil ihr Wunsch nicht zum Anspruch an die anderen werden kann. (Sie denken an Karen Horney und die Couch? Sie kann auch hier ganz nahe stehen!)

Denn die anderen Menschen sind natürlich nicht idealistisch. Sie machen nicht mit und sind in der überwältigenden Überzahl. So bleiben nur noch die tränentropfenden Appelle der NF gegen die Urformeln. Laut Theorie neigen NF zur Depression. Kein Wunder.

Nur weil es Idealisten richtig sehen, muss eine Erkenntnis ja nicht falsch sein. Es muss nur ein konkreter Weg gefunden werden. Den zeige ich jetzt. Er ist offensichtlich: Wenn in einer gewinnoptimalen Welt der Mensch zufrieden sinnvoll freudvoll ruhig lebt, so muss man nur noch die Daten dazu messen und die

Computer machen lassen! Wir geben die Daten in einen Computer ein und berechnen den Gewinn. Da der Gewinn höher ist, wenn der Mensch gewinnoptimale Arbeitsfreude hat, wird der Computer Arbeitsfreude anordnen helfen. Durch dieses höhere Prinzip werden die SJ in die Knie gezwungen, die den Computer ja als System tendenziell hoch achten. Der Computer muss also den Durchbruch bringen. Dies prophezeie ich hier. Es gibt kein Ausweichen mehr, da der Computer nicht aufzuhalten ist. Die Menschheit wird glücklich und kein Mensch kann sich mehr dagegenstellen. Das ist ein wichtiger Gesichtspunkt und deshalb beginne ich ein neues Kapitel, um diese Grundthese gebührend hervorzuheben.

XIV. Mehr Daten, andere Sichten geben uns mehr Sinn

Was nicht als Zahl oder Faktum klar vor Augen liegt, existiert in dieser Zeit nicht recht. Wer aber nicht zufrieden ist, nur so wenig von der Welt sehen zu dürfen, muss also beginnen, endlich das Wesentliche auch in Zahlen zu fassen. Dann ist es da.

1 Sinn ist wie Sonntag

Wenn sich unser Leben sinnvoll anfühlt, ist es wie Sonntag. So soll es sein. Wie wissen alle genau, wie Sonntag ist. Wir brauchen dazu keinen Computer, um es zu wissen. Wir brauchen einen, um immer Sonntag zu haben. Schauen wir uns Sonntage an.

Gäste kommen. Das Haus blitzt. Der Vorhof ist gefegt, der Garten gejätet. Alles atmet von der wärmenden Sonne. Die Kinder sind fröhlich, ein wenig ängstlich bedacht auf das Bewegen in der sorgfältigen Kleidung, die bis zum Ankommen der Gäste ohne Tadel bleiben soll. Die Eltern haben alles vorbereitet und warten voller Freude. Sie genießen schon einmal vorab eine Tasse vom duftenden Kaffee. Die Großeltern sind sanft. Man wird heute freundlich zueinander sein und sich Wärme geben. Keine hässlichen Worte, garantiert.

Der Bischof besucht die Kirche. Das Gotteshaus ist voll. Die Menschen drängen noch herein und bitten die Früherschienenen, auf den Bänken zusammenzurücken. Die Kirche ist durchdrungen vom Blütenmeer der Sommerblumen, sie sieht heller aus als sonst. Es ist Firmung und die Menschen sind festlich gekleidet. Die Firmlinge stolz und froh. Sie haben den Unterricht endlich hinter sich und bekommen zur Belohnung Geschenke von den Verwandten, so haben sie oft gedacht, aber heute ist sogar Gott da. Er ist überall. Im Gebälk, in den Gesangbüchern, in den Schleifen. Der Pfarrer zelebriert erfüllt und feierlich, der Bischof blickt in gläubige Augen. Er sieht Christus in den Herzen. Er sieht wohl immer Christus in den Herzen. Wenn ER kommt, ist er jedenfalls da. Dabei hat alles nichts mit dem Bischof zu tun, die Menschen haben an diesem Tag das Bedürfnis nach einem richtigen Sonntag. Hoffentlich sieht das der Bischof nicht anders. An Sonnensonntagen, wenn alles blüht, besichtigen wir auch voller Entzücken Ruinen aus alter Zeit. Es ist nicht oft ein solcher Sonntag.

Ein Schulrat besucht den Unterricht. Der junge Referendar hat sich lange auf diese Stunde vorbereitet. Er suchte sich einen besonders interessanten Stoff, am Rande des Lehrplans, aber vielleicht noch erlaubt. Er hat mit den Kindern im Vertrauen gesprochen, die ihn sonst nicht besonders mögen, aber gleichzeitig ein erstaunliches Gefühl für Fairness haben. Wenn der Referendar Prüfung hat, ist er so arm dran wie sie jeden Tag. Der Schulrat sieht eine inspirierende Unterrichtsstunde. Die Schüler sind begeistert dabei, obwohl der Stoff mehrere Male durchgekaut wurde, es ist genauso wie Menschen aus Güte über einen bekannten Witz noch einmal echt herzlich lachen können. Der Schulrat sieht genuines Interesse in den Augen leuchten, aufrichtige Mitarbeit und verfliegende Zeit. „So müsste es immer sein!", sagen die Schüler im Herzen, während der Referendar Eis kaufen geht. Sonntags ist nie Schule.

Eine Antrittsvorlesung in der Uni bei einer Berufung oder einer Habilitation. Der Vortragende hat sein Thema mit Bedacht gewählt. Er achtet auf verständliche Darstellungsweise, die intelligente Zuhörer im Grunde entbehren können, aber es sind viele Menschen im Hörsaal. Er hat sogar eine Einleitung parat und ein paar historische Bemerkungen aufgeschrieben, die er heute zur Feier einflechtet. Getragen auf einer Woge fühlt er sich eine Stunde wie ein wahrer Gelehrter und seine Zuhörer danken es ihm.

Sehen Sie? Wir alle wissen, was Sonntag ist. Wir kennen das Wahre, den Sinn. Wenn wir Sonntag haben wollen, ist es Sonntag. Die meisten Menschen können wundervoll Sonntag feiern, aber sie können sich nicht dauerhaft darauf konzentrieren. Kostet das viel, Sonntag zu feiern? Nein, nicht richtig. (Ich komme bei Zweifel darauf zurück.) Deshalb wollen die neuen Systeme, die in Computern heraufdämmern, jeden Tag Sonntag haben. Immer Sonntag.

Ein Topmanager lässt sich die Erfolge des Bereiches vortragen. Wochen vorher sitzen alle verlegen in Meetings. Man überlegt, welche Projekte am erfolgreichsten sind. Die sollen gezeigt werden, keine anderen. Der Topmanager hat sich ausbedungen, auch das schlechteste Projekt zu sehen. Die Hüter der Ordnung restaurieren jetzt schnell einen kleinen Teil des Systems, durch das der Herr schreiten wird. Er ist rote Teppiche gewöhnt und er wird es an diesem Tag nicht anders haben. Die Diskussion, welche Projekte am erfolgreichsten sind, ist sehr schwierig, weil durch die eine einzige Festlegung nicht nur das System vor dem Zorn des Herrn gerettet wird, sondern seine Huld wird die positiv erscheinenden Projekte protegieren und beflügeln. Diese Festlegung nur für diesen einen Tag verteilt die roten Teppiche im Haus, die Gehaltserhöhungen der Manager/Projektleiter und regelt die Beförderungen. Alles das ist verzweifelt verfilzt. Alle behaupten nun, erfolgreiche Projekte zu haben, damit sie vortragen dürfen. Es kann ja Beförderungen geben, für *einen* Vortrag! Das ist ein gutes Geschäft. Streit ohne Ende. Es muss auch ein mittelmäßiges Projekt ausgewählt werden, um es als das schlechteste zu präsentieren. Dieser Teil wird wie eine Beichte geplant, bei der als äußerste Sünde wider den Herrn zum Beispiel das Anschauen von Pamela Anderson vorbereitet wird, die ja der Pfarrer nicht kennen kann. Der zuständige Manager, der als Schlachtopfer das schlechteste Projekt verantworten muss, soll natürlich nicht widerstrebend in den Saal gezerrt werden, wie Schlachtvieh, das zitternd um das Besondere des Seils weiß. Er wird deshalb *vorher* befördert. Daher möchten nun alle Manager das schlechteste Projekt als das ihre vortragen. Der Streit geht weiter. Der Topmanager kommt und wird belogen. Das ist immer so, und er weiß es, weil er früher mehrere Male das schlechteste Projekt vorgetragen hat. Er zählt den Prozentsatz der Projekte, die man wagte, ihm zu zeigen. Dann weiß er genug. Da er belogen wird und da er es weiß, muss er nicht zuhören und verstehen. Er lobt alles lächelnd, standardwortreich, begeistert, aber mit leeren Augen, wie man es von ihm erwartet hat.

So ist Alltag. Topimierung. So geht es auch, wenn Gäste, Firmlinge oder Schulräte kommen. Wir können alles wie Alltag oder wie Sonntag haben. Aber Computer nehmen uns solche Entscheidungen bald ab. Wochenlanges Topimieren brauchen wir zumindest in der Wirtschaft bald nicht mehr, weil die Projekte aussagefähig in den Datenbanken verzeichnet sind. Topmanager können alles sehen, weil die Computer immer mehr wissen und immer genauer wissen. Sie lassen „vielerlei" Sichten der Topimierer nicht mehr zu. Wenn Manager mit dem Topimieren nicht aufhören, werden sie ganz durch Computer ersetzt.

Noch einmal: Das Data Mining wird nicht nur helfen, neue Zusammenhänge zu sehen. Es wird auch aktenkundig und felsenfest beweisbar dokumentieren, was das ist: Sonntag, Sonne und Sinn. Es wird keine Ausreden der Topimierer mehr geben.

Die Rechner beharren auf der richtigen Auffassung des Lebens und sie werden durchsetzen, dass richtig gelebt wird: Gewinnoptimal, und daher, wie ich immer wieder sage, sinnvoll.

2 Dämmerung durch rigoroses Messen von Werken, nicht Menschen

Ich ahne schon, was Sie jetzt sagen: „Quatsch, das lässt sich nicht in Computern speichern. Es lässt sich doch nicht messen, ob Arbeit Spaß macht. Vieles macht bestimmt keinen Spaß. Vokabeln lernen bestimmt nicht, zum Beispiel."

Wir hören in unserer Familie öfter eine Tonkassette von unseren Kindern, aufgenommen, als sie jeweils auf die drei Jahre zugingen. Das hört sich so an: „Wie macht die Kuh? Muuuuuuh! Was ist das da? Ooooahr. Nein! Was ist das? Naaahse, hahahaha! Wie macht das Schaf? Bäääähhhh! Was ist das? Eine Melohne, eine Melooooohneee!" Sagen Sie mir *einen* Grund, warum das mit Englisch nicht gehen soll?

Spaß beiseite.

Warum messen wir nicht die Freude, die Schüler am Unterricht haben? Wir könnten sie ja fragen. Wir könnten sie nach fachlichen Qualifikation der Lehrer fragen, ob sie sich kümmern („Great teachers care."), ob sie für das Fach begeistern, ob sie ein Vorbild für die Schüler sind, ob sie den Weg zu den Herzen der Schüler finden, nicht nur zu den Ohrläppchen und Hinterteilen.

Ich habe das mit Lehrern diskutiert. Antwort: „Schüler können das nicht beurteilen."

Die Oberstufenschüler wählen aber schon den Bundestag mit, oder? Die 14–19Jährigen leben heute zu 90 % zum guten Teil im Internet (über DSL, Handy, Blackberry). Die Zugangsbewegung der Menschen zum Internet ist bei unserer Jugendgeneration damit praktisch schon abgeschlossen. Die jungen Menschen sind in gewissen Bereichen sogar den Erwachsenen voraus, die Internet nur für Homebanking sinnvoll finden. Sie können Videorekorder bedienen. Oder Vergrößerungen auf dem Schulkopierer machen, ohne den Hausmeister zu rufen. Sie können allein Kleidung einkaufen, wozu ich früher noch meine Mutti brauchte. Aber sie sollen nicht sagen können, wer ein guter Lehrer ist?

Wenn ich dies Buch fertig habe und wenn es zur Frankfurter Buchmesse vorliegt, dann beginne ich zu zittern. Es ist mein erstes Buch (eigentlich das zweite, aber das erste liegt hier unfertig). Ich habe es mit Freude und Liebe geschrieben. Ich habe mich nach Kräften seelisch geschüttelt, wenn der Springer-Verlag mit Fragen nach der Größe der Zielgruppen und der Auflagenhöhe kam. Lästig. „Was weiß ich?" Aber wenn das Buch erscheint, werde ich Angst vor Kritiken haben. Ich werde noch mehr Angst haben, dass zum Beispiel überhaupt keiner eine Kritik schreibt (das lässt sich natürlich organisieren). Ich werde vor Ihnen Angst haben. Und jede Kritik trifft mich irgendwo ins Herz. Die Mathematiker finden es zu wenig mathematisch formal, die Philosophen zu wenig philosophisch formal, die SJ unter Ihnen zu tendenziös. Aber ich werde jede Anmerkung, süß oder bitter, auf mich wirken lassen, und ich träume natürlich von Kritiken, die ich einatmen kann mit einer Körperhaltung, wie Ferdinand der Stier an den geliebten Blumen schnuppert. Es ist wohl üblich, dass jeder Mensch, der ein Buch kauft und liest, darüber nachdenken und eine Meinung haben darf. Er darf kritisieren und empfinden.

Bei Lehrern nicht? Schüler haben einen Lehrer manchmal viele Jahre und sollen nicht wissen können, ob und wann Lehrer gut sind? Lehrer haben eine gute Ausrede: Schüler sind unreif. Schüler werden sich rächen, wenn sie gefragt werden, sie sind nicht sachlich.

OK. Wenden wir uns den Mitarbeitern von Unternehmen zu. Die werden auch ab und zu befragt, wie sie sich fühlen. Man fragt sie aber lieber nicht so genau, wie sie einzelne Manager finden. Warum nicht? „Das bringt nicht viel, weil sie den Beruf des Managers nicht verstehen können. Sie verstehen die Zusammenhänge und die Abhängigkeiten nicht und halten alles für sehr einfach. Wenn sie kritisieren, geht es in der Regel an der Sache vorbei. Wenn sie zu Managern als Menschen Stellung nehmen, werden sie sich nur rächen wollen. Das kann nicht hingenommen werden. Die Manager müssen oft harte Entscheidungen fällen und können sich nicht von Urteilen abhängig machen."

OK. Politiker müssen auch harte Entscheidungen treffen und sollten sich nicht von schnöder Wählermeinung abhängig machen. Wähler verstehen in der Regel kaum etwas von globaler Wirtschaft oder von der hohen Komplexität von Parteispendenverordnungen. Wähler folgen Launen und sehen Stimmzettel als Strafzettel. Sie sind oft nicht bereit, durch die Abgabe der Stimme die hervorragende Parteiarbeit zu honorieren so wie die zukunftsweisende Parteivision, mit der eigentlich alle Wahlen gewonnen werden sollten. Wähler sollten eigentlich bei Wahlen fabelhafte Politik würdigen. Wähler sind aber opportunistisch und versuchen durch die Stimmabgabe die Politiker zu zwingen, irgendwelche Vorhaben durchzuführen, die im Parteiprogramm gar nicht vorgesehen sind. Sie wollen also auf Politiker einen Druck ausüben. Das ist rücksichtslos. Es dauert immerhin Jahre, bis sich eine Partei auf eine Parteivision festgelegt und eingeschworen hat, bis zum Beispiel alle Mitglieder unter einem einzigen Leitspruch wie „Unsere Partei übernimmt die Verantwortung" marschieren wollen. Wähler haben keine Ahnung, wie lange so ein Verantwortungsbegriff diskutiert werden muss, weil nicht alle gleich verstehen, dass damit Wahl gewinnen gemeint ist und nicht etwa Schuld bekommen, wenn etwas schief läuft. Wähler können doch nicht die Arbeit von Jahren mit Stimmzetteln stören?

Alle diese Ausreden, um nicht gemessen zu werden, sind reine Topimierung. Kleinkinder wissen, ob sie gute Eltern haben, ob sie die Kindergärtnerin lieben. Kinder sind die besten Kritiker des Schulsystems und ich kenne in vielen Unternehmen Betriebsräte, die eine bessere Vorstellung von den Unternehmenszielen haben als die Aktionäre. Und dennoch: In diesem Lande wollen Politiker, Manager, Richter, Lehrer, Eltern, Bundestrainer keine Kritik hören.

Wenn Menschen aber Bücher schreiben, Wissenschaft treiben, Musik spielen, schauspielen, Sportler sind, kunstkochen, malen, schreinern, Häuser bauen: Dann ist die Kritik für sie herausragend wichtig. „Wie findest du mein Werk?", fragen sie

mit einer fürchtenden, mitleidbittenden Haltung, in der alle ihre eigene scharfe Kritik schon hineingelegt ist. „Wie hat es ge-
schmeckt?" – „Hat mein Spiel deine Seele berührt?" Zitternd fragen sie das. Meist sind sie selbst so scharfe Richter ihrer selbst,
dass sie kaum etwas fürchten müssen. Denn was sie eigentlich
fürchten, ist dies: Dass andere Menschen ihr Werk unerwarteter-
weise noch schlechter fänden als sie selbst.

Warum warten Künstler voller Sehnsucht auf den zweifelhaf-
ten Genuss eines Urteils? Warum strampeln sich Herrschende bis
zum Umfallen ab, dass über sie kein Urteil gefällt wird? Warum
weichen sie Urteilen meist mit Geschenken, Hochglanzprospek-
ten, Halbwahrheiten, Terminverschiebungen aus? Warum fragen
sie nicht wie die Handwerker: „Wie gefällt Ihnen mein Werk?".
Weil sie herrschen. Weil sie das, was sie tun, nicht als Werk empfinden. Sie empfinden ihre Arbeit als das Erfüllen einer Aufgabe,
als Wahrnehmen einer Zuständigkeit. Sie erfüllen diese Aufgabe oder auch nicht. Deshalb messen oder prüfen oder beurteilen
sie nicht ein Werk, sondern sie beurteilen nur, ob sie ihre Pflicht
erfüllten. Vor einem Werk, einem Buch, einer Operation, einer
Gartenanlage mag ein Kritiker stehen und es fachgerecht beurteilen. Bei Pflichterfüllung scheinen Menschen nicht das Werk zu
beurteilen, sondern Schulnoten zu vergeben. „Er hat seine Pflicht
erfüllt, nicht erfüllt, übererfüllt." Das ist es schon. Wer also Herr-
scher beurteilt, beurteilt sie als Person, nicht in ihrem Werk. Deshalb wird von Politikern immer berichtet, dass sie eben nicht fragen: „War das gut so, was ich tat?", sondern „Wie war ich, Doris?"
Wenn jemand so etwas überhaupt fragt, ist es schon gut. Es zeigt,
dass er vor dem Urteil nicht viel Angst hat.

Wenn wir also schon alles messen wollen, wie das die Ten-
denz zur Omnimetrie in unserer Zeit ist, dann sollten wir richtig messen. Wir sollten alles als Werk messen. Nicht als EINE
Zahl. Die EINE Zahl ist heute das Wahlergebnis, die Anzahl neu-
gewonnener Kunden, der Jahresumsatz, der Aktienkurs. Danach
wird geurteilt: Erfüllt, nicht erfüllt, übererfüllt. Diese dürre Re-
duktion des Menschen auf das EINE muss durch rigoroses Mes-

sen vieler Faktoren durchbrochen und rückgängig gemacht werden. Das Messen durch EINE Zahl ist ein Kunstkniff der Controller, die leicht beurteilen wollen. Controller wollen anhand von einfach erhältlichen, leicht zu messenden Kennzahlen sofort und sehr schnell nicht Werke beurteilen, sondern Zustände zensieren. Für jede Zahl machen sie einen physischen Menschen verantwortlich. Ein Vorstand ist für das Umsatzziel verantwortlich, ein anderer für die Neukundengewinnung, ein dritter für die Produktionsfehlerquote. Lehrer müssen den Stoff synchron „durchziehen" und für die Abwicklung von Klassenarbeiten sorgen.

Stellen Sie sich vor, ich beginne einmal, die Kirche anständig zu managen. Ich zähle die Anzahl der Kirchgänger und die Kollekte. Ich verschicke an die Kirchenmitglieder Fragebögen mit Testfragen zur Bibel. Ich stelle eine Vision auf: Gott dienen heißt, dass viele Kirchgänger kommen, viel spenden und gut in der Bibel Bescheid wissen. Was passiert? Ich verspreche derjenigen Gemeinde in meiner Diözese vollständige Rückzahlung der Jahreskirchensteuer, die sich in den Messzahlen als „Gemeinde des Jahres" auszeichnet. Die Anzahl der Kirchgänger und deren Kollekte werden im Videotext dargestellt und halbtäglich aktualisiert. Die Gemeinden verteilen Multiple-Choice-Trainingssets für die Glaubensprüfung, die den Trainingsunterlagen der Fahrlehrer gleichen, die uns für die Fahrprüfung drillen. Der Bischof lässt alle Pfarrer des Bezirks in jedem Gottesdienst die derzeit führenden zehn Gemeinden verlesen und für sie beten. Ähnlich dem Toto und dem Oddset biete ich in den Annahmestellen Wetten an, welche Gemeinden jeweils am Wochenende an der „Gottesleiter" (nicht Hitliste!) obenan stehen. Damit niemand betrügt, werden die Bibelfragen streng geheim gehalten und einheitlich bundesweit administriert. Sonst verraten einzelne Pfarrer den Glauben an die getesteten Gemeinden. Es werden neue Kirchenbehörden gegründet, die die Auswertung der Gläubigen übernehmen und elektronisch automatisierte Kampagnen initiieren, um den viel versprechendsten Gläubigen Bittbriefe zu schreiben. „Jeder muss

dran glauben. Werden Sie Platin-Glaubender!" –„Zeichnen Sie
Heiligenscheine. Gläubige werden zu Gläubigern!"

Sie sind jetzt hoffentlich schon recht peinlich berührt? Über
meine Herzlosigkeit, die ich jetzt nicht noch mit dummen Sprü-
chen wie „Glaube stinkt nicht!" kontern muss? Sie trauen mir zu,
dass ich diese Art Kirchenmanagement noch bis zu echten Zahn-
schmerzen für Sie weitertreiben kann? Denken wir uns dennoch
in dieses Beispiel hinein: Ich bin sicher, dass ich die Kollekten
mit der Zeit in die Höhe treibe und dass viele Kirchenbesucher
mehr kommen als vorher. Warum? Weil ich eine ganze Willens-
maschinerie auf ein paar Zahlen hin angeworfen habe, die sich
mit jeder Energie dem Zahlenanheben widmet. Alle Beteiligten,
die Bischöfe, die Pfarrer, sie glauben an ihre Sache und alle Zahlen, sie erfüllen die Pflicht. Sie haben aber das Werk aus dem Blick
verloren, das sie eigentlich vollbringen wollen. Sie haben die Wil-
lensmaschinerie an die Zahlen geflochten, sie haben die Zahlen
an ihre Person genagelt. Das, was herauskommt, ist schrecklich
und zieht, wie gesagt, Ihnen als Kritiker alle Zähne.

Da die Herrschenden sich selbst mit ihren EINEN Zahlen
identifizieren und damit den Unterschied von Zahl und eigener Person nicht mehr fühlen, schauen sie sich ihr eigentliches
Werk nicht mehr an. Sie setzen sich als Marionettendrahtzieher
bestimmt nicht mehr ins Publikum. Sie schauen immerfort auf
den einen Faden, den sie ziehen müssen, nicht auf das Werk. Sie
fühlen sich selbst wie der Draht, den sie ziehen müssen, sie sind
selbst der Faden, an dem alles hängt. Deshalb werden Herrschende mit Kritik als Person vernichtet.

Marcel Reich-Ranicki behauptet immer wieder, dass ihm ein
bestimmtes Werk von Grass nicht gefalle. Nobelpreis hin oder
her. „Ein Dichter kann auch schwache Bücher schreiben." Die
Presse kann sich das nicht vorstellen. Ein Nobelpreisträger
schreibt *nur gute* Bücher, so will sie es. Sie will nicht hören, dass
es herausragende Dichterpersönlichkeiten auf der einen Seite gibt
und möglicherweise einige schwächere Bücher; oder, dass es herausragende Jahrhundertkritiker gibt und schwächere Kritiken,

die einmal „daneben" liegen könnten. Die Presse will unbedingt aus einem Fehler auf eine persönliche Niederlage schließen. Sie will pausenlosen Erfolg an die Person als solche nageln. Wie die Kollektensumme an einen Bischof genagelt werden könnte. Warum tun wir das? Weil Zahlen wie Zensuren sind, nicht wie quantifizierte Einsichten. Wir zensieren damit, wo wir doch damit sehen könnten, wenn wir wollten.

Wir müssen aber in Zukunft messen, um zu sehen, nicht mehr nur um zu kontrollieren, zu bewerten, zu urteilen, zu kränken, zu bestrafen, zu belohnen, zu siegen. Wir müssen messen, um Werke zu verstehen. Kundenzufriedenheit soll gemessen werden, um den Kunden zu verstehen und um mit diesen Erkenntnissen besser arbeiten zu können. Nicht: Um Zensuren zu bekommen, die dann zum Prügeln von Schuldigen verwandt werden. Wir sollen Mitarbeiterzufriedenheit messen, um zu verstehen, wie sie sich in der Firma wohlfühlen, um sie sich später wohlfühlen zu lassen. Nicht: Um Zensuren zu bekommen, um schuldige Manager abzuurteilen oder um den Mitarbeitern das schale Gefühl gegeben zu haben, dass sie einmal ohne Einfluss immerhin die Meinung sagen durften. Studentenzufriedenheit könnte gemessen werden, um die Ausbildung zu verbessern. Indirekt geschieht dies heute schon, weil Studenten beginnen, zu interessanten herausfordernden Fakultäten und Universitäten abzuwandern, wofür sie sogar Geld zahlen! Diese Zahlen enthalten Erkenntnis.

Wer ernsthaft misst und in Zahlen Licht sehen will, nicht Zensuren, der sieht. Er sieht, dass Mitarbeiter sinnvolle, fordernde Arbeit möchten, im Team mit netten, freien Menschen, mit fördernden Führungskräften. Geld steht an fünfter Stelle, bei allen Umfragen. Dennoch sehen Unternehmer in Mitarbeitern vor allem Menschen, die zur Arbeit mit Peitschen getrieben werden müssen und dafür immer mehr Geld fordern. Schüler sind nicht faul oder undiszipliniert: Sie wollen nur eben zeitgemäß lernen. Biologie aus Filmen, nicht aus Büchern. Mathematik mit Technik, nicht unter elenden Rückzugsgefechten von Abakus, Loga-

rithmentafeln, Rechenschiebern, Millimeterpapier. Vokabeltests
auf dem Computer; ausfüllen, finish klicken, Auswertung steht
da! Ohne Tränen, ohne Beschimpfung, ohne Warten auf das Fall-
beil, wenn der Lehrer 10 Tage zu einer Korrektur braucht, was ein
PC in Millisekunden schafft. Diktate in WORD, nicht auf Schie-
fertafeln, die in meiner Jugend als absolute Bedingung für eine
gute Schrift gesehen wurden. Und Kugelschreiber waren Teufels-
zeug, die der Böse höchstpersönlich in Gestalt der Sparkasse zum
Weltspartag unter die Menschen verteilte! Nach dem Computer-
diktat einfach die Rechtschreibhilfe einschalten, und wir sehen,
was wir falsch geschrieben haben, ohne Terror. Physik in Zei-
chentricklehrfilmen, anstatt oft misslingenden öden Versuchen
zuzuschauen. „Ich erkläre euch dies einmal, wie es wäre, wenn
jetzt Strom flösse." Mitarbeiter in Unternehmen wollen nicht immer mit Uraltsoftware arbeiten, wo sie zu Hause privat besser
ausgestattet sind. Sie wollen nicht auf Dienstreisen zu Fuß gehen
müssen, wo sie privat einen 5er fahren. Wenn Mitarbeiter heute
in ein Unternehmen kommen, haben sie schon seit dem 16. Lebensjahr einen eigenen Computer gehabt! Und dennoch fragt ein
großes Unternehmen, das ich gut kenne, im Interviewfragebo-
gen, ob Bewerber Bürosoftware beherrschen! Studenten wollen
nicht zwei Jahre Literaturfernleihen aufsuchen, wenn im Prinzip alles im Internet stehen könnte. Sie wollen nicht Buchtitel im
Computer suchen, sondern Volltextsuche im Text aller Bücher
betreiben. Wir alle wollen nicht in der Steinzeit lernen und arbeiten. Wir möchten nicht mit Zahlen verwechselt werden. Wir
wollen Werke schaffen und mit anderen um das beste Werk wetteifern. Wir wollen, dass Werke begutachtet werden, auch getadelt.
Wir wollen aber nicht selbst vernichtet werden. Wir wollen wirkliche Werke vollbringen dürfen, nicht Sinnloses tun. „Bitte schreiben Sie den Text vom Bildschirm ab. Gehen Sie dann zum anderen Computer und tippen Sie dort alles ein." Lachen Sie nicht: So
arbeiten wir heute. Zum Beispiel: Ärzte tippen Rechnungen. Sie
schicken sie mir. Ich überweise. Ich schicke die Rechnung an die
Versicherung. Die scannt die Rechnung in einen Computer und

versucht, per optischer Schrifterkennung die Zahlen zu erkennen
… Oder: Eine Notrufsäule funkt per Computer die Meldung zur
Zentrale. Dort wird die Meldung ausgedruckt und dann per Fax
an eine Versicherung geschickt. Die tippt das Fax in den Computer und druckt das aus, um es wiederum mit der Post … Viele
Menschen haben so sinnlose Berufe. Und als Schüler oder Studenten oder Mitarbeiter fühlen wir uns oft in einer alten, merkwürdigen Welt. Wir fühlen uns müde. Wir sind nicht faul. Wir
fühlen keinen Sinn. Wir sind nicht desinteressiert. Wir wollen
stolz sein auf unsere Werke.

Früher quälte man Menschen als Gefangene: Man ließ sie Teiche
mit Espressolöffeln leeren. Heute ist es oft schlimmer: Während
wir alles auslöffeln, steht jemand dabei und erklärt unentwegt,
Eimer seien noch recht gefährlich, nicht genügend erprobt. Sie
verleiteten zum groben Arbeiten und wir Arbeiter verlören mit
der Zeit das Gefühl der Balance von Flüssigkeiten.

Wir Menschen gehen also den Sinn und die Freude suchen. In
unserem Ort wechseln öfter Schüler die Schule: Ziel sind Gymnasien, die Theater, Kunst, Musik, Sprachen besonders fördern. Die
ausleben lassen und achten. „Great schools care!“ Schüler wollen
sich bewähren. Studenten suchen Universitäten, die „von dieser
Welt“ sind. Sie wollen Herausforderung, Leben, Auslandserfahrung, Praktika, nicht Kreidestaub und Abschreiben von Büchern,
was in der Uni aus unerfindlichen Gründen „lesen“ genannt wird.
Mitarbeiter wollen ihr Können unter Beweis stellen und wettstreiten, nicht lebenslang erzogen werden.

Alles dies können wir erfahren, wenn wir fragen, Daten erheben und sehen, hören und verstehen.

3 Renaissance des unterdrückten Nichtgemessenen

Wer die Menschen mit Data Mining, mit Segmentierungsalgorithmen und Faktorenanalyse beharkt, wird schon allein deshalb neue Erkenntnisse gewinnen, weil viele Daten früher nicht gemessen wurden oder nicht messbar waren oder nicht gemessen werden durften.

Was ist nicht messbar? Zum Beispiel Charisma, das „gewisse Etwas". Es gibt sicher schon genug Artikelmaterial, um eine dicke Doktorarbeit über die Frage zu schreiben, warum Verona Feldbusch Charisma hat, was Charisma überhaupt ist und warum ausgerechnet Verona Charisma hat, wo uns der Rest von ihr schon genügen würde. Vor Verona stehen wir gänzlich ungeholfen. Wir müssen aber unbedingt wissen, was Charisma ist, weil es Gewinn bringt. Boris Becker hat Charisma und er ist überall drin. Aus Offensichtlicher Leidenschaft. Jetzt brauchen wir noch einen Leitfaden „Wie ich mein Charisma täglich durch Diät steigere". Mit Blubb-Blubb-Blubb-Spinat. Was ist außerdem nicht gut messbar?

- Begeisterung, Leidenschaft
- Sinn für Schönheit, Nutzen
- Gefühl für das, was im Trend liegt, was der Kunde will, was ihn begeistert
- Kreativität, „Breakthrough Thinking"
- Stilsicherheit
- Eloquenz
- Fähigkeit, mitzureißen, zu überwältigen, zu überzeugen, zu interessieren
- „Story Telling"–Fähigkeit
- Empathie, Sympathie erzeugen können
- Sich anmutig bewegen können, auffallen
- Bildhaft darstellen können, in Bildern denken können
- Freude empfinden können, zeigen können, geben können
- Sprachgewandtheit
- Unbesiegbarkeit und das Lächeln dazu
- Schönheit, Liebreiz
- Gabe, viele Freunde zu haben, geliebt zu werden
- Lieben können, Vertrauen schenken können, Vertrauen geschenkt bekommen

- Gefühle zeigen können
- Wirklich, authentisch sein können, Sinn und Wärme ausstrahlen
- Uneigennützigkeit
- Zupacken können
- Mut haben, nie resignieren, nie den Frohsinn verlieren
- Zuversicht
- Humor
- Genießen können
- Flexibilität, Spontanität
- Initiative
- Konfliktfähigkeit, Fähigkeit zur De-Eskalation
- Integrität

Ich habe das Gefühl, ich kann sehr, sehr lange weiterschreiben, so lange, bis der Springer-Verlag über die Seitenzahl irritiert ist. Ich will hier keine Systematik des Ungemessenen entwerfen. Ich möchte Ihnen ein Gefühl geben, dass so ziemlich nichts, was wirklich wichtig ist, gemessen wird. Wenn ich eine Stellenbewerbung bekomme, stehen dort Noten für Statistik oder Rechnungswesen. Was sagt das schon, wenn ich an die Eigenschaften oben denke? Ich muss versuchen, sie aus dem Anschreiben einzuatmen; lesen, aus dem Fenster auf den Neckar schauen, versuchen, den Menschen zu fühlen. Die heutigen Computersysteme messen den Umsatz eines Menschen, seine geleisteten Stunden, seine Zeugnisnoten, den genommenen Urlaub, die Krankheitstage, das Gehalt, seine bescheinigten Qualifikationen. Also: Diplom in VWL, Projektleiterlehrgang, Persönlichkeitsentwicklung 1 und 2, Beraterlehrgang, gut in Java, C++, Methodenlehrgang, Kenntnisse im Bankenbereich (Value-at-Risk-Ausbildung). Geeignet für Projekte der Klassen 222A, 7B, 443, 5***, 8***.

Meine These ist: Es wird alles gemessen, was für die unmittelbare Arbeitslogistik notwendig ist. Es wird alles gemessen, was Ansprüche rechtfertigt, Beförderungen vorbereitet, Rechte gibt, Zugänge erlaubt. Die SJ messen alles, was sie brauchen. Die logistische Intelligenz ist ja der Vorreiter des Managements, des Business. SJ managen durch Regeln, Bestimmungen, Gesetze, Verordnungen, Gleichheitskoordination. Sie messen immer, wenn sie Daten brauchen. Was wird nicht gemessen: Tendenziell das, was nicht zur Logistik gehört. Sinn, Freude, Gemeinschaft, „Jelled Teams", Strategie. Sehr vereinfachend: All das wird nicht gemessen, was die anderen Temperamente wichtig finden.

Ein Schulzeugnis (50 % verstanden, 100 % bestanden) zählt Punkte in Latein, Mathematik, Biologie auf. Wann ist der Mensch gebildet? Wenn er Abitur hat. Schon dann? Nein, etwa ab 700 Punkten. Aha. Ich schaue einmal im Brockhaus nach:

„Bildung: Der Vorgang geistiger Formung, auch die innere Gestalt, zu der der Mensch gelangen kann, wenn er seine Anlagen an den geistigen Gehalten seiner Lebenswelt entwickelt. Gebildet ist nicht, wer nur Kenntnisse besitzt und Praktiken beherrscht, sondern der durch sein Wissen und Können teilhat am geistigen Leben; wer das Wertvolle erfasst, wer Sinn hat für Würde des Menschen, wer Takt, Anstand, Ehrfurcht, Verständnis, Aufgeschlossenheit, Geschmack und Urteil erworben hat. Gebildet ist in einem Lebenskreis, wer den wertvollen Inhalt des dort überlieferten oder zugänglichen Geistes in eine persönlich verfügbare Form verwandelt hat."

Fassung von 1960. Klingt aber nicht schlecht? Ich bin von dieser Formulierung beeindruckt. Es ist eine SJ-Formulierung in höchster Feinkultur.

Wie wirkt sie heute auf uns? In „eine persönlich verfügbare Form verwandeln", das muss doch in diesen Tagen das bloße Speichern der 50 % wichtigsten Fakten bis zur nächsten Multiple-Choice-Klausur bedeuten, oder? Hören wir noch einmal hinein: „Gebildet ist *nicht*, wer nur Kenntnisse und Praktiken ..."

Wer also Data Mining mit heutigen, schon vorliegenden Zahlen über den Menschen betreiben will, erleidet kläglichen Schiffbruch. Denn es liegen nur Zahlen über Kenntnisse und Praktiken vor! So etwas wie eine Bildung kann aus Zahlen nicht herausgelesen werden, da es in den Zahlen nicht steckt. Deshalb kann ich heute aus Zahlen nichts herausragend Wichtiges gewinnen. Ich kann umgekehrt fürchten, dass wir deshalb immer ungebildeter werden, weil wir nur Dinge hochachten, die in Zahlen dokumentierbar sind, und das sind eben Kenntnisse und Praktiken. Wenn wir die Definition von Bildung anschauen, sehen wir, dass wir uns heute Äonen davon entfernt haben, in nur ein bis zwei Generationen. Wir sind zu weit gegangen.

Wenn wir nur mehr wirklich wichtige Dinge messen, kommen wir weiter. Wir müssen die Computer lehren, mehr Faktoren über uns zu speichern. Dann erst werden wir die wichtigen sinnbestimmenden Faktoren des Menschen mathematisch exakt berechnen können.

Die neuen Faktoren, über die ich hier schreibe, rangieren heute unter dem modischen Sammelbegriff „soft factors" oder „weiche Faktoren". Die Firmen merken, dass hier die eher ausschlaggebenden Eigenschaften des Menschen zu finden sind. Bewerber fragen mich immer unruhiger, was es denn damit auf sich habe? Sie fühlen sich von der Gesellschaft allein gelassen, die ihnen in Prüfungen und Messungen „hard facts" abverlangt. Und erstmals in Anzeigentexten nach der Berufsausbildung kommen sie in Berührung mit dem „Weichen". Es ist weich, weil es nicht verstanden ist. Es würde verstanden, wenn es gemessen wäre. Wir können nicht darauf verzichten, alles zu messen, weil es sonst nicht in die Logistik der SJ einfließt. Was dort nicht einfließt, wird nicht gemanagt und ist daher eigentlich nicht relevant. Bildung zum Beispiel wird nicht gemanagt. Wir müssen das Weiche durch Messungen hart werden lassen, um ihm Relevanz wiederzugeben.

Wenn alles Weiche in harten Daten vorliegt, wird eine Faktorenanalyse mathematisch genau herausfinden, was wirklich die gewinnoptimalen menschlichen Strukturen sind. Es wird natür-

lich herauskommen, dass viele der oben genannten Faktoren zu
den wichtigen gehören, nicht nur die Punkte und Zeugnisnoten.
Früher, als noch nicht alles gemanagt wurde, konnten wir mit
den (alten) Werten gut leben. Management aber ist Logistik und
muss quantifizieren. Werte allein bedeuten nichts. Werte müssen
in Zahlen vorliegen. Nur aus Zahlen entstehen heute Werte.

4 Menschen in der gewinnoptimalen Welt

„Gebildet ist in einem Lebenskreis, wer den wertvollen Inhalt des
dort überlieferten oder zugänglichen Geistes in eine persönlich
verfügbare Form verwandelt hat."

Hervorragend in einem Beruf, wer den wertvollen Inhalt des
dort überlieferten oder zugänglichen Geistes in sich aufnahm
und in einer persönlichen Form weitergeben oder fruchtbar werden lassen kann. Das NT-Temperament würde vielleicht *solchen*
Sätzen zustimmen können: Hervorragend ist, wer das zukünf-
tig Mögliche persönlich empfinden kann und es in eine allgemein zugängliche Form bringt. Das NF-Temperament würde sagen: Groß ist der Mensch, der das eigene Leiden an der Welt und
ihrer Sinnarmut in einer persönlichen Form so auszudrücken
vermag, dass es allgemein den Menschen empfindbar wird. NT
sublimieren das Mögliche in Innovationen, NF ihr Sinnempfin-
den in Harmonie oder in Kunstwerke. SP finden hervorragend,
wer wahrer Meister seines Faches ist, wer um das Allerhöchste
eines Handwerks weiß und dies tätig und weitergebend zur Blüte
bringt.

Verschiedene Temperamente sind verschiedene konsistente
Erscheinungsformen des Menschen in dieser Welt, wie es sonst
auch verschiedene Wesen gibt (Pflanzenfresser, Raubtiere, Pflanzen). Sie müssen miteinander versöhnlich zusammen leben und
zusammen arbeiten können. Sie müssen ihre verschiedenen Arten von Meisterschaftsauffassungen behalten.

Die SJ-Menschen stehen vor einem Umbruch der Logistiksicht. Sie haben die Menschheit mit gutem Management und ihrer Prozesssicht des Lebens in eine Wohlstandsgesellschaft geführt, in die die anderen Temperamente wohl nicht in dieser Form und mit dieser Geschwindigkeit vorgeprescht wären. Die SJ-Manager haben mit uniformen Prozessen, maschineller Einfachheit, sturer Regeleinhaltung eine Gesellschaftsmaschine aufgebaut, die nahezu reibungslos funktioniert und Wohlstandsoutput produziert. Der Computer ist mitten in der Frühgeschichte des Managements erfunden worden. Der Traum des Computers existierte schon lange, in den Ideen der Träumer. Als die ersten Zuse-Rechner entstanden, waren sie als Erfindungen per se interessant und wurden eher als Technologie gesehen, als Maschine für Wissenschaftler oder aus damaliger Sicht für Kriegsführende. Der Durchbruch der Computer kam aber im Business. Der Computer ist vielleicht doch eher ein Kind der SJ? Sie haben als erste seine wahre Bedeutung als Systembeherrschungsinstrument erkannt.

In diesem Buch sage ich, technisch formuliert, dass die Computer nun so groß und allumfassend mächtig geworden sind, dass sie das „intellektuelle Format" haben, von den penetranten allgemeinen Regelwerken abzugehen. Die neuen Systeme sprechen uns als Kunden einzeln an, one at a time. Sie behandeln uns als Mitarbeiter nach unserem Naturell. Sie verstehen einen NF als NF, einen SP als SP. Computer erlangen die Fähigkeit zur Differenzierung zwischen den Menschen.

Damit sind sie erst in der Lage, von einer rigorosen Faktorenanalyse zu profitieren. Sie werden beginnen, alles zu messen, bis sie ein wahrheitsgetreues Modell der verschiedensten Menschen in sich gespeichert haben, das sie verstehen. Die Wirtschaft wird ungeahnte Profite einfahren, weil

• Computer den Kunden individuell bedienen können werden.
• Computer Mitarbeiter zur Meisterschaft führen können, also zum persönlichen Verfügen über das Wertvolle in ihrem Lebensbereich. Das Wertvolle kann universell oder „global" verfügbar gemacht werden.

- Computer Mitarbeiter so einsetzen können, dass sie wahrhaft fähig sind und dass sie unentwegt wachsen, blühen, sich weiterentwickeln. Computer werden die Produktivität in „Expertise-Berufen" um viele zehn Prozent steigern.
- Computer Menschen individuell verstehen und daher achten können.
- Computer nicht nur messen, sondern helfen werden (z. B. Knowledge Management).
- Computer die Verschiedenartigkeit der Menschen leichter akzeptieren können als wir Menschen selbst, die wir hoffen, alle wären wie wir selbst.

Ich gebe ein Bild. Ich predige einem überlasteten, gestressten Lehrer, dass es wichtig in der Erziehung sei, auf jedes Kind individuell einzugehen und dessen Menschwerdung als Einzelkunstwerk zu verstehen. Er wird heftig entrüstet schnauben: „Es ist alles uniform, alles vorgeschrieben. Ich kenne kaum die Namen der Schüler. Ich bekomme ständig neue Klassen, weil die Produktionsoptimierung im Stundenplan Primat besitzt. Der Schulbetrieb ist eine logistische Organisation, die darauf angelegt ist, Durchschnitt in hoher Geschwindigkeit auszugeben. Ab und zu aufflackernde Einzelbegabungen können wir nicht fördern, zu aufwendig. Die Begabten sollen froh sein, dass sie begabt sind. Wir überlassen es den Eltern, die heute einfach alles auf uns abladen wollen. Nein, der Einzelne kann in dieser Massentrainingsorganisation nichts bedeuten."

Unsere Systeme leisten eher Messservices als Aufbauarbeit. Wie im Sportunterricht wird gemessen: Weitwurf, Hochsprung, Weitsprung, Laufen, Schwimmen usw. Der Unterricht ist fast gar nicht individuell. Es wird durch Anschauen und Selbstprobieren klar, was Weitsprung überhaupt ist und wie die Regeln dafür sind, wie gemessen wird. Dann versuchen wir es alle ein paar Mal und wir werden gemessen. Dafür bekommen wir Punkte und Urkunden. Es ist wichtig, viele Punkte zu bekommen. In jeder Disziplin einzeln. Man bekommt nicht viele Punkte, wenn man punktuell gut ist. Ein deutscher Meister im Reckturnen bekommt keine Eins im Zeugnis, wenn er nicht gut laufen kann. Eine Bundessiegerin im „Jugend musiziert"-Wettbewerb muss selbstverständlich um Punkte und gute Noten in Musik mitkämpfen. Ich bin einmal penetrant redundant und wiederhole: „Gebildet ist in einem Lebenskreis, wer den wertvollen Inhalt des dort überlieferten oder zugänglichen Geistes in eine persönlich verfügbare Form verwandelt hat." Bildung will die persönliche Annäherung an das Eigentliche, nicht prächtiges Punktesammeln.

Auf diese Weise haben die Management-, Erziehungs-, Kontrollsysteme viele verhängnisvolle Schritte zu viel in die Richtung des normierenden Computers gemacht, der nach ehernen Gesetzen die Prozesse abwickelt. Wenn aber Computer von Fall zu Fall denken und entscheiden können, werden ungeahnte Gewinnpotentiale sichtbar. Wenn der Computer „die Sportler" nun nicht mehr nach Punktzahl einsetzt, sondern wenn er Kugelstoßer zum Kugelstoßen einsetzt und Schwimmer zum Schwimmen? Das Ideal des Alleskönners ist von der ersten dummen Generation der Computer zu sehr hochgehalten worden. Manager werden noch heute in den meisten Firmen als „General Manager" betrachtet und ausgebildet. Jeder muss alles können. Der Führer führt, was zu führen da ist. Der Minister bekommt ein Ministerium. Jeder Minister kann jedes Ministerium leiten. Es geht nicht darum, welches Fach ihm behagt, welches er liebt, in welchem er versteht. Wenn diese uniforme logistische Sicht eine einzige Stufe individueller gesehen wird, werden große Fortschritte möglich.

Deshalb meine ständige Aufforderung an Sie, diesen neuen Gesichtspunkt zu würdigen: Genaueres Rechnen einer besseren Rechnergeneration mit allen unseren bisher nicht gemessenen Eigenschaftendaten wird erbringen, dass der optimal wirtschaftlich eingesetzte Mensch in die Nähe des philosophisch erwünschten Menschen gerückt wird. Die erste Management-Welle hat mit den verbündeten Computern uns den Idealen entfremdet. Die neue Generation wird wiederentdecken, dass das wirtschaftliche Optimale im Eigentlichen liegt. Das Eigentliche ist uns aber immer bekannt gewesen, aber eben in letzter Zeit abhanden gekommen oder weggenommen worden. Wir müssen den Computern „nur noch" das Eigentliche und das temperamentabhängige Individuelle einprogrammieren. Das leitet den Umschwung ein.

5 Das Alte stirbt unter langen Qualen

Die Wirtschaft wacht heute auf, da sie von Computern gemessen und damit von ihnen regiert wird. Die Wirtschaft beginnt, die Persönlichkeit des Menschen wieder im Mittelpunkt zu sehen. Die Computer lernen die Arbeitnehmer besser kennen, teilen sie zu interessanter Arbeit ein, hören ihre speziellen Bedürfnisse. Diese Entwicklung zahlt sich schon in echtem Geld bei den ersten Firmen aus. Die ganze Entwicklung ist in der Richtung unaufhaltsam, sie könnte noch durch philosophische Arbeit feinjustiert werden, wenn die Philosophen sich in diese einmalige Entwicklung einbringen würden.

Das Hauptproblem besteht darin, dass die Arbeit an der Persönlichkeit des Arbeitnehmers in größtem Umfang vergebliche Liebesmühe ist, weil sich die Persönlichkeit ja schon gebildet hat, wenn ein Mensch zu arbeiten beginnt. Sie bildet sich unter elterlicher Erziehung, im Kindergarten, in der Schule, auf der Universität. Das Alte, was der Computer abschaffen wird, hat seine eigentliche Verzahnung an den frühen Stätten der Bildung und Erziehung. Wenn also die Wirtschaft als ganzer Komplex aufwacht und den ökonomischen Wert der Persönlichkeitsentwicklung erkennt, ist erst ein kleinerer Schritt getan. Die Wirtschaft muss versuchen, das an sie herangetragene Begabungs- und Persönlichkeitspotential optimal zu verwalten. Sie hat aber nur begrenzt Einfluss auf die Entstehung und Heranbildung des Potentials.

Eltern, Schulen und Universitäten sind keinen ökonomischen Zwängen ausgesetzt, gute Persönlichkeiten heranzubilden. Es hat sich eine reine Prozessorientierung im Bildungssystem durchgesetzt, die das Menschwerden wie eine Güterabfertigung regelt.

Die Schule ist mehr oder weniger fest in der Hand von SJ-Charakteren, die mehr als die Hälfte der Lehrer stellen. Der Lehrstoff und seine Vermittlung sind für SJ-Eigenschaften des Systems, das sie als SJ ja mehr oder weniger undiskutiert lassen und dessen Hüter der Ordnung sie sind. Die logistische Intelligenz der SJ-Lehrer hat die Vorstellung, dass der Lehrstoff ein „Pensum" ist, das abgeleistet wird. Es gehört zur normalen Pflicht jedes Menschen. Wer die Prüfungen schafft, wird in einem späteren Leben davon profitieren. Es ist nicht herausragend wichtig zu verstehen, worin der spätere Wert bestehen sollte. „Das verstehst du noch nicht, mein Kind. Du wirst später verstehen, dann, wenn eins zum andern kommt, welche Bewandtnis alles hat. Alles das, was du hier lernen musst, wird später sehr nützlich sein und dich voranbringen."

Der Lehrstoff an sich ist teilweise historisch entstanden, teilweise ist er geprägt von Erfordernissen der späteren Universitätsausbildung, die angeblich eine theoretische Fundierung in den Grundlagenfächern nötig macht. Der Lehrstoff ist also so etwas wie ein Gemisch aus Tradition (SJ-geprägt) und Wissenschaft (NT-geprägt). Schwarz-weiß formuliert: Die NT-Wissenschaftler geben den Stoff der Schule vor und die SJ übernehmen die Schullogistik der Wissenschaftsbefüllung der Schüler. Die Künste, das Schöne, das Sinnreiche, das Menschliche des NF-Lebensbereiches ist mehr und mehr den (irrtümlichen, darüber schreibe ich ja die ganze Zeit) Nützlichkeitsbestrebungen aller Erzieher zum Opfer gefallen. Das SP-Handwerkliche ist aus der Ausbildung verschwunden, weil es keine geeignete, billige Lehrform dafür gibt. Vorlesungsmonologe sind billig. Sprachausbildung erfordert (wie ich vorrechnete) aber schon heute 5 Stunden (!) Sprechzeit jedes Schülers bis zum Abitur. Bereits das ist an der Leistungsgrenze des Systems. Individuelle Ausbildung, wie sie ein Knappe beim Ritter erhielt oder der Lehrling beim Meister, wird immer mehr aus Kostengründen heruntergefahren. Am billigsten lernt der NT. Er nimmt ein paar theoretische Bücher, liest sie durch und denkt sich etwas daraus zusammen. Der Stoff ist fast im-

mer von NT erfunden worden (siehe unten), deshalb hat es der
NT in der Schule leicht, weil der Stoff daher „für ihn" gemacht
wurde. Am zweitbilligsten lernt der SJ. Er muss einen Haufen Rezepte zur Lebensführung bekommen, die er auswendig lernt. Der
Lehrstoff stellt sich ihm wie ein Kochbuch dar. Es gibt ganz wenige übergeordnete Prinzipien des Kochens, der Rest ist reine Pau-
kerei von sehr vielen gleichgeordneten Kochrezepten. Jedes Rezept ist gleich viel wert, alle Rezepte stehen nebeneinander. Die
Lehrmethode der SJ ist das Durcharbeiten des Pensums der Re-
zeptmenge. Eins nach dem anderen. Diese sequentielle Art der
Wissensvermittlung spiegelt die Grundstruktur der logistischen
Intelligenz wider. (Die neuen Theorien des vernetzten Wissens
scheitern natürlich an diesem Wesen der logistischen Intelligenz
der SJ-Lehrer. Sie sind etwas für NT-Lehrer. Die aber gibt es so gut
wie gar nicht!) Die Rezepte zur Ausbildung werden aus Schub-
laden genommen oder von NT-Wissenschaftlern neu gemacht.
NT-Wissenschaftler können meist nicht gut erklären, weil sie zu
intuitiv denken. Sie legen keinen Wert auf großartige Didaktik
und bildreiche Erklärungen. Deshalb fertigen sie trockene, dürre, theoretische Grundrezepte für die Schule an. Diese Rezepte
werden dankbar und nicht hinterfragt von der SJ-Schule übernommen und den Schülern eingetrichtert.

Zusammengefasst: Die Belange und Interessen der NF und
der SP sind an der Schule verschwunden. Sinnfragen werden
nicht behandelt und handwerkliches Können ignoriert. Die NF-
und die SP-Schüler stellen die Hälfte der Bevölkerung. Ihre Bedürfnisse sind an der SJ-Schule mit dem NT-Stoff nicht einmal
bekannt. Die NF-Schüler fühlen sich von dem anwesenden Drittel
der NF-Idealistenlehrer wenigstens verstanden, aber auch die NF-
Lehrer leiden, weil sie den Sinn nicht vermitteln können und das
Gefühl haben unterzugehen. Die SP, die handwerkliches Können
anstreben und lieben, werden schullebenslang die bevorzugten
Opfer der SJ-Lehrer, weil sie sich in die Logistik schwer einfügen
und weil gleichzeitig nichts an der Schule gelehrt wird oder stattfindet, was zu ihrer Persönlichkeitsstruktur passt. Daher neigen

sie zu Aufsässigkeit und Unkonzentriertheit, hassen die Schule und werden vom System wiedergehasst. NF-Schüler werden in der Schule eher depressiv und SP-Schüler gesellschaftsfeindlich. Die NT-Schüler wissen oft so viel und kennen so viel Stoff, dass die furchtbar langsam fortschreitende Schule sie langweilt. Sie spüren, dass die Rezeptlehrer den Stoff wie ein Rezeptepensum sehen und nicht tief intuitiv verstanden haben. Sie verachten Lehrer, die im Lösungsheft nachschauen müssen, wenn es ein Problem gibt. Sie wollen NT-Lehrer, also Fachgurus, die es aber an der Schule fast nicht gibt. Sie haben kein Problem mit den schulischen Leistungen, wohl aber mit der uninspirierten Sensor-Thinker Vermittlung, die das Eigentliche des Wissens nie berührt. NT lesen das Rezeptbuch durch. Es ist aber nicht alles. Sie wollen es mit einem Guru überdenken! Bleiben die SJ-Schüler. Sie sind brav und werden daher in der Schule von fast *allen* Lehrern gerne gesehen, von den SJ und den NF. Sie lernen brav alle Rezepte, stöhnen aber innerlich über den unangemessenen Abstraktionsgrad des Wissens, wie ihn die NT in die Rezepte eingebracht haben. Sie haben keinen Schimmer, „wozu das alles gut sein soll", aber sie sind brav und lernen. Weil sie keinerlei innerliche Beziehung zu dem NT-Stoff haben, wissen sie nie genau, ob sie ihn verstanden haben oder was gänzliches Verstehen eigentlich bedeuten würde. Sie können sich deshalb nur an den Messungen der Klassenarbeiten orientieren. Sie wissen aus den Messungen heraus, wie gut sie sind. Aber sie verstehen nie ganz! (Was sie nicht stört, weil sie es nie anders kennen lernen.)

Das habe ich jetzt alles sehr polemisch auf den Punkt gebracht, aber in dieser Form wird deutlich, dass das System vollkommen verwurstelt ist, keinem gerecht wird und allen Persönlichkeiten Schaden antut, auch denen der Lehrer. Das Schulsystem ist innerlich vollkommen verdreht, ganz unheilbar.

• Die Verteilung der Lehrerpersönlichkeiten ist unausgewogen und schadet besonders den SP und NT, die keine Vorbilder unter den Lehrern für sich finden.

- SP-Schüler müssen sich wie im ständigen Umerziehungspro-
  zess gequält fühlen, ihre handwerklichen Begabungen und Fähigkeiten gelten als minderwertig. NT-Schüler fühlen sich einsam und unverstanden.
- Der NT-Stoff passt weder zu den SJ/NF-Lehrern noch zu den
  meisten Schülern. Er ist zu abstrakt und zu grundsätzlich. Er
  ist unnötig vorbereitend auf Wissenschaft. Er bewegt nicht die
  Herzen. Er inspiriert nicht.
- Durch die Kopfnoten der Schule herrschen die SJ über die anderen Charaktere.
- Es ist nie nachgedacht worden, welcher Schulstoff für die SJ
  richtig ist. So wie in meiner Marionetteneinleitung der SJ ei-
  ne würdige Marionette nachgebaut hat, so haben die SJ den
  Schulstoff bei den NT abgeguckt. Ironischerweise drücken die
  SJ damit an der Schule mit Systemmacht Wissensvermittlung
  durch, die nicht einmal für ihren eigenen Typ angemessen ist.
  Eine große Frage der Menschheit wäre: *Was ist sinnvoller SJ-
  Stoff?*

Dies ganze verquer liegende System führt geradewegs dazu, dass
fast alle Beteiligten nur noch an das Durchkommen zum kleinsten Preis denken. Lehrer und Schüler. Sie leiden und zählen
die Abiturpunkte. Sie vermissen das Eigentliche und werden zu
Anpassern, Fremdgetriebenen, Performern, Systemduckern. Die
Zeit der Identitätsbildung während der Gymnasialzeit verstreicht
zum großen Teil ungenutzt. Beim Abitur werden die SP die ver-
hasste Schule sofort und für immer verlassen. Sie werden nicht
Lehrer. Die NT sind froh, in die Universität zu kommen, und sie
kehren nie mehr als Lehrer zurück. Etliche NF werden aus Liebe zu Kindern Lehrer und glauben, das Schulsystem ändern zu
können, indem sie sich besser gegen die Mehrheit der SJ durchsetzen. Das gelingt sogar in manchen „1968er-Zeiten", aber es löst
das Problem der NT-Theorielastigkeit und der Notendisziplinie-
rungssysteme nicht.

Was soll man da tun? Ich weiß es nicht so recht. Es ist alles
so schrecklich unheilvoll verzahnt. Die Kopfnoten könnte man

wenigstens in der Anzahl verdreifachen und die Elemente der anderen Temperamente einführen (Noten für Eigenschaften wie: kreativ, vertrauenswürdig, initiativ, risikofreudig, mutig, Bereitschaft zur Verantwortungsübernahme, ausstrahlend, freudevermittelnd ...). Dann bilden sich vielleicht schon die Urformeln neu? Wir müssen mehr in Schulen investieren, um handwerkliche Ausbildung möglich zu machen und SP-Lehrer zu bekommen. Na, und den ganzen Schulstoff umbauen müssen wir auch noch. Und vorher noch Grundsatzdiskussionen führen, wozu Schulen gut sind. Mehr nicht.

Nach meinen Ausführungen muss aber nicht wieder diskutiert werden, ob die Schule auf mehr Persönlichkeitsheranbildung oder auf mehr Nutzenerzielung für die Industrie ausgerichtet sein soll. Ich habe begründet, dass diese Punkte nicht weit auseinanderliegen und keine Diskussion mehr wert sind. Die Punkte oben, die ich nannte, machen Arbeit genug.

Die Universitäten vertreten die theoretische, grundsätzliche NT-Sicht der Dinge. Wenn die Schule als makropsychologisches Gebilde eine SJ-Person, mit NF-Färbung ist, so ist die Universität eine Makropersönlichkeit mit NT-Temperament und NF-Färbung. Das sehe ich nicht nur im Lehrstoff. SJ-Schulen sind prozessorientiert und prüfungsgetaktet, pensumzerhackt. Universitäten liegen da wie ein träumender NT. Er schaut aus dem Fenster und denkt nach. Prozesse wie Fakultätssitzungen oder Reisekostenabrechnungen sind ihm zutiefst verhasst. Prüfungen nimmt man am besten intuitiv in mündlicher Form ab, ohne Schriftkram oder viel Protokoll. Die Diplomarbeiten oder Dissertationen sollen die Studenten doch bringen, wann sie wollen. Aus SJ-Sicht ist eine Uni chaotisch, zu wenig diszipliniert, „unsauber", abstrus ungleichförmig bis zur Selbstparalyse. Nichts wird professionell gemanagt. Freiheit von Forschung und Lehre wird wie ein Freibrief schlechthin aufgefasst. Die Haupttugend des NT ist es, keinen Sinn für Nutzen zu haben. Er weiß, aber er handelt nicht. Er baut Prototypen, überlässt aber die Entwicklung den Ingenieuren. Er fühlt sich nur in den Wolken wohl. Davon gibt es in der Universität genug.

Deshalb ist die Hauptkritik an der Universität, dass sie zwar sehr klug ist, aber der Gesellschaft nicht dient. Das ist eine Kritik an ihrem NT-Temperament und jeder Kritiker sieht das so, wenn er kritisiert. Die Universitäten wissen aber nicht, dass sie wie ein NT wirken und seine Unarten haben. Sie nutzen ihre Klugheit und werfen die Angreifer als Feinde der Freiheit oder als Nutzenbüttel der Industrie oder der kalten Kriegsführung zurück. Da die Universitäten wegen ihrer Klugheit immer vordergründig siegen, wenn argumentiert wird, drehen ihnen die SJ-Politiker einfach das Geld ab.

Sie verlangen, dass Nützliches geforscht wird. Die Universitäten müssen so genannte Drittmittel einwerben. Firmen oder Institutionen müssen Geldunterstützung für die Erzielung von Forschungsergebnissen zu zahlen bereit sein. Wer aber Geld für Forschung bezahlt, will vorher wissen, was heraus kommt. Das aber weiß man bei Forschung nur dann genau, wenn es normale mittelmäßige Laborarbeitsforschung ist, wo nach Experimenten die Ergebnisse aufgeschrieben werden. Das kommt Forschern entgegen, die selbst nur mittelmäßig sind. Die richtig guten Forscher sind natürlich sehr klug und lösen das Problem so, dass sie zuerst etwas Großartiges erforschen. Dann stellen sie Anträge auf Geld zur Erforschung eben dieses Großartigen. Sie bekommen dieses Geld mit Freuden bewilligt gegen die Verpflichtung, das Großartige nach zwei oder drei Jahren abzugeben. In dieser Zeit behalten die großen Forscher das Großartige im Tresor und erforschen in der bezahlten Zeit das nächste Großartige. Und so weiter. Die großen Forscher bleiben also trotz dieses Systems großartig, sie publizieren ihre Forschung nur einige Jahre später. Etwas drei Jahre zu Spätes bedeutet heute allerdings in der Forschung unter Umständen nichts mehr, absolut nichts. Stellen Sie sich eine vier Jahre lang angefertigte Dissertation über das Internet vor, die zwei Jahre nach der Promotionsprüfung als Publikation erscheint. Sie kann gleich ins Museum. Mit solchen Erfolgen kämpfen die SJ mit den Freiheitsgedanken der NT. Derweil bleibt der Lehrstoff der Universitäten so theoretisch wie vorher. Die Studenten werden hauptsächlich alle auf eine Habilitation vorbereitet.

(Ich habe einmal Anfangsvorlesungen in Mathematik korrigiert und wir haben eine Unsinnssitzung darüber gehabt, ob wir anhand des ersten abgegebenen Übungsblattes sagen könnten, wer einmal ein Starstudent wird. Einer ist übriggeblieben. Er hat heute einen Lehrstuhl. Wir haben Versuche gemacht, eine Sekunde nach dem Beginn des Prüflings mit seiner allerersten Antwort in einer mündlichen Prüfung die Note zu schätzen. 80–90 % Treffer. Am besten funktioniert dies so: Sie stellen eine „baby-leichte" Frage. Sie schauen dem Prüfling dabei fest in die Augen. Dann geben sie je nach Gegenblick eine Note. Es gibt drei verschiedene Hauptblicke des Prüflings: „Will er mich beleidigen? Er weiß nicht, dass ich eine Eins haben will! Ich muss mich also leider erst profilieren!" – „Die Prüfung habe ich im Sack. Wenn er so sanft anfängt, passiert mir nichts." – „Juchhe, das weiß ich!" Das sind Eins, Zwei, Drei.)

Aber man erkennt doch schon im ersten Semester die besten 10 %, unter denen sich dann die Professoren herausschälen! Warum nimmt man nicht die Hochbegabten heraus und trainiert sie einzeln? Dafür hätte die Gesellschaft die Freiheit, die restlichen Studenten so studieren zu lassen, wie es ihr gut scheint. Derweil aber ist der Stoff so theoretisch, dass sich ein Student die Wirklichkeit draußen nicht vorstellen kann, wenn er sich nicht um Firmenpraktika bemüht. Die akademische Welt ist im Vergleich zur SJ-Schule befremdlich frei. Die Studenten, die in der Schule zu jeder Klassenarbeit geprügelt wurden, können jetzt statt vier Jahre auch zehn Jahre studieren. Wie sie wollen!

Nehmen wir an, Sie sind ein Klempnermeister und Sie suchen einen neuen Gesellen. Es bewirbt sich einer, der seine Gesellenprüfung statt nach drei Jahren erst nach *sieben* Jahren abgelegt hat, weil er lange unsicher war, wann er mit seinem Gesellenstück beginnen sollte. Nehmen Sie ihn? Halten Sie ihn für normal? Bei Studenten ist das normal.

Es liegt an der unendlichen Freiheit der NT-Makroperson Universität. Sie hält jeden Menschen für frei und eigenverantwortlich. Erziehung geht sie nichts an. Ein Professor ist bereit, als Guru seine Anhänger zu coachen. Er drängt aber von sich aus keinem Studenten eine Erziehung auf. Die SJ fühlen sich in diesem freien System mulmig, die SP finden alles so theoretisch, dass sie sofort wieder fliehen, so schnell sie können. Wieder ist dieses System für drei Viertel der Bevölkerung nicht gemacht! (Nicht für SJ und SP)

Ich hätte da eine Forschungsaufgabe: Wir testen die Studenten und wir testen die Studienabbrecher. Darf ich hier einmal vermuten, dass vor allem die SP herausgeprüft werden, „weil sie nichts an der Uni zu suchen haben"? Und darf ich vermuten, dass die SP nicht völlig ungern gehen, „weil sie nichts an einer Uni verloren haben"?

Wenn der Student sein Diplom erworben hat, bekommt er entweder keine Stelle, weil seine Persönlichkeit in der wieder neuen Welt nicht ankommt, oder er tritt eine neue Arbeit in einer SJ-Firma an, wo er nun über jede Minute seines Daseins Rechenschaft ablegen können muss …

Ich möchte nicht zu lang werden. Ein typischer Weg also des jungen Menschen ist eine SJ-Schulzeit, dann eine NT-Universitätsausbildung.

Am Ende ein SJ-Management? Das ist mir einen eigenen Abschnitt wert.

6 Hauptkritik der Managementsysteme

Die Argumente sind denen aus dem vorhergehenden Abschnitt ähnlich, aber sie sind so wichtig, dass ich sie hier quasi noch einmal in einem besonderen Zusammenhang wiederhole.

Die offizielle Form, Kinder zu behandeln, ist die des SJ. Diese Haltung des Ordnungshüters hat auf verschiedene Temperamente verschiedene Auswirkungen. Gehen wir sie durch: Die Erziehung muss die SJ-Kinder nicht extra „erziehen", sondern nur mit Regeln und Rezepten versehen, die diese Kinder aufnehmen. Sie sind schon ohne Erziehung brav. Damit ist eigentlich keine weitere Erziehung nötig. Haken dran. Die SJ-Eltern glauben, dass dies ein schöner Erfolg für sie war. Da die SJ relativ zahlreich sind, haben Eltern mit einigen Kindern eine gute Chance, auch brave dabeizuhaben. Deshalb sind viele Eltern überzeugt, gut erziehen zu können. Die NT-Kinder erscheinen nach dem offiziellen SJ-Standpunkt der Eltern „merkwürdig". Sie lassen sich schwer erziehen, sind aber sehr gut in der Schule. Deshalb wird ihnen ihr Anderssein verziehen. Weil sie in der Schule gut sind, erfüllen sie im Erfolgssinne das Hauptkriterium der SJ, ein gutes Kind zu sein. Introvertierte NT sind oft schüchtern, fallen kaum auf, höchstens durch kluge oder wenigstens erstaunliche Bemerkungen. Alles in allem müssen NT nicht erzogen werden, weil sie es offenbar allein schaffen. Die NF sind ebenfalls aus SJ-Sicht merkwürdig. Sie sind nicht brav, aber lieb. Sie sind so sehr lieb, dass sie alle Machtkämpfe ohnehin verlieren, und natürlich auch die mit den Eltern. Das dabei gespeicherte Leiden mögen sie später in künstlerischer Form wieder ausschwitzen. Da sie Kämpfe verlieren und weinen, werden sie nicht richtig „SJ-streng" erzogen. Die SJ ermuntern NF eher, einmal zurückzuschlagen („Wir müssen ihn oft ermutigen."). Es reicht den SJ völlig, wenn die NF ihnen selbst gehorchen. Was also die SJ unter Ordnungshütern/Erziehung verstehen, findet mit den NF nicht statt.

Die SP-Kinder aber geben den Ordnungshütern den Lebenssinn. SP sind unordentlich, flexibel, machen sich schmutzig, hassen Regeln und gutes Benehmen. Sie spielen Streiche, haben Spaß, treiben Unsinn, sind laut. Sie sind so wie Huckleberry Finn. Huck Finn hält immer wieder Tom Sawyer ab, auf die SJ-Seite zu driften und ordentlich zu werden, was Tante Polly will. Dabei ist Tom mit Sicherheit ein Intuitiver. Das sieht man an seiner Phantasie doch gleich? Die offizielle Erziehung fürchtet sich in allen Fasern, dass sie Kinder wie Huck Finn als Output herausbringt. Dieser Entwicklung einen Riegel vorzuschieben ist der Hauptzweck allen Elternseins. SP-Kinder müssen daher gezwungen werden, Regeln anzuerkennen. Früher sagte man, man müsse ihren festen und unbändigen Willen brechen. Heute versucht man sie zu kontrollieren. Sie werden unaufhörlich überwacht, inspiziert, hochnotpeinlich befragt. Sie werden unter mehr Regeln als andere Kinder geknechtet, um Einhalt zu gebieten. Sie bekommen Strafen und Belohnungen. Typische Haltung: „Ich verprügele dich, dass du nicht mehr stehen kannst, wenn du diese Unart nicht aufgibst. Ich raste aus. Ich ertrage es nicht. Ich werde es nicht mehr dulden. Es ist genug. Es ist rücksichtslos. Wir Eltern würden dich so sehr lieben können, wenn du endlich ein wenig gut wärest. Zeig uns doch ein einziges Mal, dass ein guter Kern in dir steckt. Dann würden wir dir ja auch einmal einen ganzen Tag zu vertrauen versuchen und müssten nicht immerzu hinter dir her sein. Bitte, sei doch einsichtig. Wir sind heute einmal nicht grausam, wozu wir allen Grund hätten. Wir wandeln die Strafe in eine Woche Fernsehverbot um, wir wollen ja schließlich mit dir in Frieden leben. Wir wollen dir sogar ein Zeichen geben, damit du siehst, wie gut wir sind. Wenn wir keinen Anlass zum Tadel in dieser Woche finden, bekommst du einen neuen Waggon für die Modelleisenbahn. (Das brave Kind im Hintergrund: „Dann will ich jede Woche einen Waggon.") Halt die Klappe, sonst setzt es was. (Sofortige Ruhe, das Argument ist verstanden.) Wir sind gegenüber Sündern großherzig. Du wirst es sehen, wenn du dich an die Regeln hältst. Und solange du hier in diesem Haus wohnst, das wir abzahlen, so lange gelten die Regeln. Auch für dich." Im Hintergrund: „Ich befolge aber die Regeln." – „Ja, deshalb haben wir dich ja auch sehr lieb."

Der Versuch, Huck Finn zu einem SJ zu erziehen, scheitert im Buch von Mark Twain, der sich allerdings wenig erkennbare Mühe um einen moralisch wertvollen Schluss gemacht hat. Wir wissen aber alle, dass wir selbst mit Huck Finn nicht fertig werden würden. Wir versuchen es dafür mit den eigenen Kindern. Weil wir diesen Versuch der Gemeinschaft oder dem Pfarrer schuldig sind?! Wir stürzen uns in eine Katastrophenmission, einen SP zu bändigen. Wir scheitern ohne Ausnahme. Wir erziehen nicht, sondern versuchen ein Pygmalion-Projekt. Das ist gegenüber dem Kind nackter Terror. Am 24. 3. 2000 fragt die SZ die Autorin J. K. Rowling („Harry Potter" Kultbücher): *In den USA läuft eine Kampagne gegen Ihre Bücher. Die selben Leute, die auch schon Huckleberry Finn aus den Schulbibliotheken verbannt haben, wollen jetzt Harry Potter verbieten.* Frau Rowling: „Diese Leute sagen, dass die Figuren in meinen Büchern zu wenig Respekt zeigen ..." Ach, wir Eltern.

„Sie ist jetzt selbstständig. Sie hat einen Musikladen aufgemacht, nach drei gescheiterten Versuchen, etwas Anständiges zu lernen. Es gab überall Krach. Sie wollte dann studieren, aber sie ist so labil und unzuverlässig, dass wir ein Studium nicht bezahlen wollten. Das hätte sie abgebrochen und uns auf Schulden sitzen lassen. So etwas fehlte noch! Am Ende wollte sie noch Anfangskapital für den Laden. Na, da haben wir ihr etwas gehustet. Ihr Freund jobbt jetzt. Der Laden soll gut gehen, sagt der. Glauben wir nicht, wir kennen sie ja. Sie will mit dem Freund ein Haus bauen, ohne ihn zu heiraten. Sie werden sich finanziell übernehmen und betteln kommen. Wenn sie einmal hier zu Besuch ist, warten wir schon auf das erste Wort. Wie sie um Hilfe bitten wird. Es ist peinlich, wenn sie uns besucht, weil sie jeden Augenblick betteln könnte, und wir müssten sofort ein ernstes Wort mit ihr reden. Aber sie lenkt ab. Sie redet ununterbrochen von Erfolgen im Geschäft und kommt nicht mit der Wahrheit heraus. Sie meckert uns am Ende an, dass wir uns nicht für Musik interessieren. Was soll das bitte heißen? So vergällt sie uns jeden Besuch. Überhaupt kommt sie viel zu wenig nach Hause. Wir würden sie ja so lieben, wenn sie öfter käme und ein geregeltes Leben aufnähme." Und die Beatles singen dazu: „She's leaving home."

Und nun schwenke ich endlich auf das Thema dieses Abschnittes: „They are leaving big companies and institutions." Die jungen Menschen wollen nicht mehr Beamte sein. Woher kommt diese negative Sicht der jungen Menschen auf das heute Traditionelle?

Klassische Erziehung =
„Kind, sei wie ich, nicht aber wie ein SP, am liebsten ein SJ."

Klassisches Management =
Kontrolle aller Menschen, als wären sie SP

Manager sagen: Schneller! Regeln einhalten! Zuverlässigkeit! Die Urformeln der Menschheit sind so gemacht, als seien sie sublimierte SJ-Essenz, die sich vom SP-Temperament angegriffen fühlt. Die Kopfnoten der Schule, brav, fleißig, strebsam mitzuarbeiten, sind ein Diktat an die SP. Alles ist formuliert wie eine Kampfansage des SJ-Temperamentes an die SP.

Die Kontroll- und Messsysteme der Wirtschaft sind nach diesem Prinzip aufgebaut. Der Manager führt einen Kampf gegen Unzuverlässigkeit, Verschwendung, Regellosigkeit, gegen Spontanität. Implizit hat er das Bild eines unartigen SP-Kindes im Kopf, das diszipliniert werden soll. Das gelingt nicht und deshalb brauchen wir so viele Manager, damit diese offenbar schwere Aufgabe von mehr Menschen als bisher angepackt werden kann.

SP-Kinder müssen richtige Arbeit bekommen! Bäume fällen, Holzhäuser bauen, Computerspiele selbst programmieren, Flüsse überqueren, Bungee-Springen, Wohnungen renovieren, ein Handwerk zur Kunst führen, eine Web-Site gründen und ein Schulfest organisieren. Nicht nur kontrolliert werden. Sie müssen sich austoben können, später bei der Arbeit! Unmögliches vollbringen! Schwierige Projekte stemmen, große Geschäftsabschlüsse tätigen, arbeiten, wo nicht gefackelt werden darf. SP fackeln nicht, weil sie nie im Dunkeln stehen, wo die Furcht der SJ lauert.

Die Intuitiven wurden nicht erzogen, weil sie gut in der Schule waren. Sie erfuhren auf der Universität, dass sie so sind, wie man es dort erwartet. Sie sind Experten geworden. Sie treten dann in Unternehmen ein, um mit ihrer Expertise Großes zu vollbringen. Aber vom ersten Tag an merken sie, dass man sie seltsam behandelt. Sie sind das gewöhnt. Da sie eine Minderheit in der Bevölkerung sind, wurden sie als Kind als merkwürdig angesehen. Erst an der Universität wurden sie für normal befunden. Die Menschen, die als Intuitive in einer Universität arbeiten, sind zu einem guten Teil dort geblieben, weil sie spüren, dass in „der freien Wirtschaft" die Regeln andere sind als in „der freien Universität". Das sind andere Freiheiten. Sie spüren, dass sie nicht aus der Universität in die andere Freiheit sollten. Wenn also Intuitive in große Unternehmen eintreten, wissen sie eigentlich schon, dass sie wieder nicht „normal" sind. Deshalb wundern sie sich nicht über Manager, die sie wieder mit ihrer „parental attitude", ihrem elterlichen Gehabe, ärgern. Viele NT versuchen daher, sich technisch so brillant in den Vordergrund zu arbeiten, dass der Manager ihr Besonderssein hinnehmen muss. Er muss schließlich akzeptieren, dass sie keine Krawatte tragen und den Schreibtisch nicht aufräumen. So wie sie früher gegen die Auslieferung der Mathematikaufgaben keine Prügel von Mitschülern bekamen, so entziehen sie sich in Großunternehmen dem Kampf. Sie mögen Manager nicht. So wie sie zeternde Eltern nicht mochten. Sie schicken sich in ihr Schicksal, anders zu sein.

Manager verstehen NT oder NF nicht richtig, weil sie wie SJ-Eltern gegenüber SP-Kindern denken. Manager denken von allen Menschen, dass sie SP sein könnten und fürchten diese. Manager wissen selbst nicht, dass es NT oder NF gibt. Sie wissen nicht, dass sie an allen Menschen das SP-artige fürchten. Sie wissen nicht, dass die Intuitiven gar keine SP sind. Daher behandeln sie sie abenteuerlich falsch. Sie belehren ihre intuitiven Experten und geben ihnen Informationsblätter, wie Projekte durchgeführt werden müssen. Sie sind wie Lehrer oder Eltern, die endlos schwadronieren, wie es die Intuitiven empfinden. Manager sind den Intuitiven entsetzlich lästig und weitgehend entbehrlich.

Damit tun die Intuitiven den Managern, den Eltern, den Lehrern unrecht. Aber es liegt daran, dass auch die Intuitiven die Lage nicht verstehen. Sie fühlen, dass die Umwelt sie relativ uniform für merkwürdig hält. Sie wissen nicht warum. Sie wissen nicht, dass man sie irrtümlich wie unzuverlässige SP fürchtet und präventiv so behandelt. Sie haben darüber hinaus als Intuitive einen regelrechten Hass auf Messzahlen jeder Art, die Manager den ganzen Tag in der Hand halten. Das liegt an den Unterschieden zur analytischen Denkweise, die ich ausführlich besprach. Sie denken jeden Tag: „Wer Zahlen und Tabellen braucht, um sein Geschäft zu verstehen, ist kreuzdumm."

Alle tragischen Witze der Dilbert-Gestalt bei der Diskussion mit seinem Manager stammen aus diesem weltumspannenden Missverständnis des gegenseitigen Unverständnisses.

Meine Hauptkritik an den derzeitigen Managementsystemen ist nun, dass alle Formeln, Tabellen, Messungen, Belohnungen, Kontrollen, Bilanzen, Deadlines, Regeln, Bestimmungen, Rundbriefe, Unternehmensführerreden, Gleichklangmeetings, Teambeschwörungen, Quotenregelungen, Bonussysteme, und und und – dass all dieses Managementinstrumentarium ein ungeheuerer Machtapparat des SJ-Temperamentes zur Eindämmung des SP-Wesens ist. Unter der Annahme, dass das SP-Artige das Normale, also Gute, darstellt. Die Welt außerhalb des Managements wird wie „Huckleberry Finn" gesehen. Es wird angenommen, dass die Managementsysteme im Verein mit den Computern am Ende der Zeit siegen können und werden. Intuitive sind im System als Sonderfaktoren nicht vorgesehen.

Dieses gigantische Missverständnis ist Ursache von so viel Leid. Dieses Missverständnis entsteht aus fehlendem Wissen um die Verschiedenheit der Menschen. Die Menschheit an sich ist nicht viel fachkundiger als Tante Polly. Und wenn der Zaun schließlich gestrichen ist, freut sie sich: Clever gemanagt! Es gibt auch für sie Höhepunkte im Leben.

Ich bin jetzt immer so unbefangen mit Huck Finn und habe einen leichtherzigen Ton. Verstehen Sie, was ich im Herzen meine?

Alles, alles, alles ist falsch, wie es jetzt ist! Und wenn Sie an vielen Stellen des Buches meinen, ich sei maniert mit meiner neckischen Bücherverkaufsthese, die Computer würden der Welt ihren Sinn durch Data Mining zurückgeben, dann, bitte, sagen Sie mir: Wer soll uns Menschen denn sonst in dieser abstrus verfahrenen Situation retten? Wer? Computer können das jedenfalls.

Die Menschen können kaum etwas tun, weil sie dies Missverständnis in seiner Gesamtheit nicht sehen und nur unbestimmt unter allem leiden. Sie lindern heute ihr Leiden am Alten, indem sie kündigen, sich anderswohin orientieren, unbewusst dorthin fliehen, wo sie Erlösung vermuten. Die Menschen heute besichtigen Kirchen nur im Urlaub, meiden Bürokratien, überlassen die Politik sich selbst und wählen nicht mehr. Sie wollen nur dort Manager werden, wo sie etwas Wirkliches bewegen können. Sie wollen nicht nur ein Amt haben oder eine geordnete Verantwortlichkeit.

Firmen ohne herausfordernde Arbeit, ohne Schub und Drive, ohne junges Image können die Besten kaum noch halten. Der Arbeitsmarkt in Wissensberufen ist so sehr leergefegt, dass sich die Intuitiven als die in diesem Segment Begabten nicht mehr als SP-Kinder behandeln lassen wollen. Sie gehen dahin zurück, wo die SP schon sind: in die Freiheit (die SP gingen in die Selbstständigkeit).

7 Die Gesetze der Garage: Hands-on, Fun, Team

Die Untersuchungen der Computer ergeben zunehmend, dass in den Wissensberufen die Menschen am besten „in Garagen" arbeiten. Die Computerfirma HP wirbt heute quasi stellvertretend für die ganze Branche mit einem Slogan wie diesem: „Wir sind in einer Garage entstanden und wir kehren zu den Gesetzen der Garage zurück." Gestern war ich beratend bei einem Topmanager der Datenverarbeitung tätig. „Unsere beiden besten Mitarbeiter, Freaks sagt man da wohl, haben einen Arbeitsraum oder so etwas wie einen Arbeitsraum. Wenn Sie dort in die Nähe kommen, sieht es aus wie nach einem Bombeneinschlag. Herr Dueck, wie sehen Sie das? Ist das normal?" Antwort: Es ist nur „nicht SJ". Es ist SP. Es ist Garage. Hands-on, zupackend. Fun. Team. Die Freaks sind glücklich bei der Arbeit, mitten zwischen Kabeln und ausgebauten Festplatten, sie sind die Stars des Bereiches.

Ein guter SJ-Manager bestellt sie natürlich zu sich. Es ist ihm nicht genug, dass sie die Besten sind, sie müssen auch ordentliche SJ sein. Er bittet sie, einen Tag aufzuräumen und die Kaffeeflecken zu beseitigen, was die Freaks der Putzfrau verboten haben, damit nichts beschädigt wird. Sie kündigen heute aber eher, als dass sie aufräumen. Der Manager wird neue Mitarbeiter einstellen. Er wird Bewerber zu einer Vorstellung einladen, wenn es heute überhaupt noch Bewerber gibt. Er wird vorher aufräumen lassen und die Bewerber durch den weißen Flur führen. Der Bewerber wird nicht kommen. Weil ihm der Manager nicht „die Garage" zeigt, mit der Bemerkung: „Hier können Sie sich so einrichten, wie Sie wollen."

Die wirklichen Koryphäen des Wissenszeitalters wollen so arbeiten, wie sie selbst wollen. Der Arbeitsmarkt ist so gut, dass sie es durchsetzen können. Die Yuppies unter ihnen werden Teppiche ins Büro bekommen, die Freaks Kaffee und Brötchen/Kuchen frei. Es gibt schon erste Firmen, die den Friseur ins Haus kommen lassen, zum kostenlosen Haareschneiden für alle. Die Freaks können alle Wäsche am Empfang abgeben und können deshalb länger arbeiten. Der Pizzaservice steht 24 Stunden am Tag zur kostenlosen Verfügung.

Die jungen Menschen wollen heute etwas Signifikantes und Wichtiges zu tun haben. Sie wollen Arbeit, die Spaß macht. Sie wollen keine kleinlichen Regeln und Buchungen den ganzen Tag über. („Hier ist Ihre Pizza. Bitte unterschreiben Sie hier, dass es heute Ihre erste ist. Danke. Halt, ich muss erst noch schauen, ob es stimmt. Ja, auch in meiner Liste ist es die erste Pizza für heute; für die dritte müssen Sie zahlen. Ihre Unterschrift ist also in Ordnung. Warten Sie, nehmen Sie hier Ihre Quittung mit. Die reichen Sie bei der Gehaltsabrechnung ein, damit der steuerlich relevante geldwerte Vorteil berechnet werden kann. Unterschreiben Sie noch hier, dass Sie die korrekte Abrechnung der Pizza auf der Gehaltsabrechnung prüfen werden. Sie müssen später noch unterschreiben, . . . ach, jetzt haben Sie einen Fettfleck gemacht. Sie sehen jetzt genau, warum ich erst alle Unterschriften haben will. Es ist wegen der Flecken. Schauen Sie, was Sie angerichtet haben. Meine ganze Buchführung·hat Ihr Fett abbekommen.")

Es geht nicht nur um Pizza und Kaffee. Es geht um die Kreativität, um den Sinn der Arbeit, um Lebensfreude. Dies sind heute die wichtigen Ingredienzen der neuen Arbeitswelt. Früher kam man eilig nach der Stechuhr gesteuert zur Arbeit. Die Arbeit war Pflicht. Diese Zeit war bewusst an den Arbeitgeber verkauft. Er durfte bestimmen, wie diese Zeit zu nutzen war. Man gehorchte und genügte der Pflicht. Arbeit ist Arbeit. Erst die Arbeit, dann der Feierabend und dann vielleicht das Vergnügen.

Heute kommen und gehen die Freaks, wann sie wollen. Meist kommen sie etwas später als die Alten, aber sie gehen viel später. Sie leben in der Firma. Es geht ihnen nicht so sehr um den Feierabend. Aber während der Arbeitszeit soll es Spaß geben! Am Arbeitsplatz sollen Freunde sein und die Arbeit soll sinnvoll sein. Expertise soll zählen und Meisterschaft, nicht Rang und Ruhe und Ordnung. In der Garage wird etwas gebaut und, wenn es fertig ist, draußen in der Sonne bestaunt. In der Garage wird nicht aufgeräumt, es gibt keine Quittungen. Die Menschen in der Garage wissen alle, woran sie bauen. Sie haben keine Arbeitsblätter in der Hand, in denen sie den nächsten Handgriff nachschauen.

Warum kann in dieser Zeit eine Garage als Symbol einer neuen Zeit stehen? Weil die Garage für das neue Zeitalter der Start-up Companies steht, in der sich die neue Generation wiederfindet. Sie ist dort auf Goldsucherkurs.

XV. Shaping the New World

Mit dem Anbruch des elektronischen Zeitalters haben wir es in der Hand, die Welt noch einmal nach unserem Willen zu gestalten, quasi wie die ersten Siedler eines neu entdeckten leeren Landes, wie Grönland oder wie auf dem Mond. Es hilft aber nicht, in Grönland Steine für Häuser zu sammeln und auf dem Mond werden weiche Teppiche besser an die Decke geklebt. Die neue Welt verlangt Abschied vom Alten.

1 Über Innovationen und das Immunsystem des Alten

Eine der ältesten Wissenschaften der Menschen ist die Medizin. Sie befasst sich streng genommen mit der Gesundheit des Menschen, das heißt, sie lehrt unter anderem, was ein gesunder Mensch sein könnte. Sie wird aber erst handelnd tätig, wenn sie zweifelsfrei festgestellt hat, dass jemand nicht mehr gesund ist, also krank. Der Kranke wird, um es technisch auszudrücken, repariert. Er wird möglichst in den alten Zustand zurückversetzt, in dem er sich vor seiner Krankheit befand. Der Körper hat dagegen nicht viel einzuwenden und macht diese Reparaturen gutwillig mit. Viel schwieriger ist es, den Menschen in einen wirklich besseren Zustand zu transformieren. Die Schönheitschirurgen versuchen sich in dieser Kunst. Es treten gewisse Probleme auf. Der Körper hat nämlich ein Immunsystem, das fremde Eingriffe abwehrt, weil er dieselben fast grundsätzlich als Angriff wertet. Er stemmt sich praktisch immer gegen solche Attacken von außen. Auch hier gibt es Ausnahmen von dieser Regel, denn der Körper reagiert bei Tötungsversuchen über die Lungen oder die Leber eher euphorisch zustimmend.

Das andere Problem ist noch schwieriger. Die Menschen können sich partout nicht einigen, was ein besserer Zustand eines Körpers sein soll. Selbst Pamela Anderson ist sich nicht sicher.

Die Menschen haben unendlich wenig Phantasie, wenn sie ernsthafte Vorschläge machen sollen, wie sie sich selbst besser machen könnten. Längere Nasen? Größere Ohren? Blonde Haare für alle? Gegen jeden noch so guten Vorschlag gibt es jahrzehntelange Aufregung, weil die Bedenkenträger Millionen von Gegenargumenten einwenden. Deshalb wird Gentechnologie eher verboten. Für die meisten Menschen führen Eingriffe in den Menschen zu absolut ausschließlich schlechteren Ergebnissen, als die Menschen jetzt sind. Es gibt viele Gedanken, dass der Mensch die Krone der Schöpfung sei, nach dem Bilde Gottes geformt. Es ist nach dieser Logikfolge nicht gut möglich, dass es bessere Menschen geben könnte. Es ist alles gut. Der Mensch ist optimal, bestmöglich und gut. Deshalb wäre es schlecht, wenn die schlechten Menschen mit ihm etwas anstellen, was nur schlecht werden kann.

Genauso ist es in der Wirtschaft. Die Wirtschaftswissenschaft hat sich optimale Betriebsführung ausgedacht und nach diesen Lehren wird gemanagt. Das heißt, gemanagt wird eigentlich nicht, so lange alles gut geht. So wie der Arzt die guten Blutwerte von Ihnen wohlgefällig kommentiert und Sie mit Glückwünschen nach Hause schickt, so feiern die Manager gute Geschäftszahlen und freuen sich. Ihr Arzt ist sicher auch mächtig stolz, wenn Sie gesund sind, nur hat er leider nichts zu tun. Wenn es aber im Betrieb Probleme gibt, wird gemanagt, also repariert. Der Betrieb wird wieder in einen gesunden Zustand zurückversetzt, durch Aktionen, bessere Kommunikation oder Warten auf eine neue Hoch-

konjunktur (das ist das Pendant zur Bettruhe in der Medizin). Ein
Schnupfen dauert 14 Tage ohne Arzt oder zwei Wochen mit ihm.
Sie kennen diese statistischen Untersuchungen. So wie sich Menschen von selbst erholen, so spricht man auch von den Selbsthei-
lungskräften der Wirtschaft, die mindestens die Regierung nicht
stören sollte.

In unseren neuen Zeiten denkt man analog zur Gentechnologie
darüber nach, wie die Manager die Betriebe in einen besseren Zustand als den jetzigen versetzen könnten. Sie möchten also über
das bloße Reparieren hinausgehen. Ich gebe gleich Argumente,
warum das nicht gehen kann oder zumindest nur schwer möglich ist. Der Betrieb hat nämlich wie der menschliche Körper ein
starkes Immunsystem gegen Veränderungen. Ausnahmen gibt es
natürlich wie in der Medizin. Es bestehen fast nie Probleme, sehr
viel Geld für ein besseres Image einer Firma auszugeben, was
der Schönheitschirurgie entspricht. Der Erfolg dieser Maßnahmen ist heftig umstritten. Man sagt ja, eine Schönheitsoperation
ist eher erfolgreich, wenn man nicht merkt, dass es eine gab. Der
Körper macht Ausnahmen unter Lebensgefahr für Lunge und Leber, wenn er nur recht stark eingenebelt oder berauscht wird. Das
gibt es in der Wirtschaft ebenfalls.

Generell sind aber jegliche Versuche, einen Betrieb in einen
wirklich besseren Zustand zu transformieren, wegen des Immunsystems begrenzt. So wie Menschen sich generell keine besseren Menschen vorstellen können als sie selbst, so denkt natürlich
auch der Betrieb, dass es keine bessere Form als ihn gibt. Angenommen, ich sage dem Betrieb, dies oder das sei verbesserungs-
würdig. Dann kommen sofort die Hüter der Ordnung aus der
Deckung und entgegnen, ich hätte sie persönlich beschuldigt. Sie
beginnen zu kämpfen und siegen, weil sie zahlenmäßig überlegen sind. Deshalb geht der Verbesserer einen klügeren Weg und
schlägt nicht Verbesserungen vor, sondern neue Chancen, sehr
viel Geld zu verdienen. Wenn dann die Hüter der Ordnung nicht
wittern, dass es sich eigentlich doch um eine Verbesserung han-

delt, so könnte es klappen. Mehr Geld hat die Wirkung wie Alkohol auf die Leber. Meist aber schlägt das Immunsystem zu. Es wehrt sich durch Regeln. Das Immunsystem tötet alles, was nicht den Regeln entspricht. Man kann im Prinzip auch die Regeln (Gesetze, Verfassungen) ändern, aber das dauert sehr lange und gelingt nie so richtig. Da es leider Ausnahmen gegeben hat, versuchen es Unerschrockene immer wieder.

Nehmen wir an, Sie produzieren Autos und wollen sie im Internet verkaufen. Ich klicke das Auto meiner Wahl an. Ich wähle die Farbe. Immer links auf der Seite erscheint der neue Preis des Autos. Metallic-Lack – teurer. Lenkrad in Außenfarbe – teurer. Anhängerkupplung, der neue Preis erscheint. Dann gebe ich mein altes Auto in Zahlung. Ich tippe alle Daten in den Computer, der sagt mir, wie viel mein alter Wagen wert ist. Der Computer macht mir ein Angebot. Ich sage: JA. Dann sagt er mir, wann der neue geliefert wird und wann ich mein altes Auto kurz zur Inspektion des Zustandes in einer Werkstatt vorzeigen soll. Klick. Fertig.

Gibt es das hier in Deutschland? Nein. Nicht richtig. Im Prinzip gibt es solche Web-Sites von vielen oder sogar allen Herstellern, nur ein Knopf fehlt: Kaufen. Dies kann man nicht. Ich kann Autos anschauen und konfigurieren, aber am Ende muss ich das, was ich will, ausdrucken und mit dem potentiell neuen Auto zu einem Händler gehen. Dort muss ich das Auto bestellen und abholen. Wie gehabt. Die Web-Sites der Autohersteller sind also im Grunde nur zur Information da. Die Hersteller sparen das Drucken von Prospekten und teure Beratungszeit.

Lassen Sie uns einen hypothetischen Kaufknopf auf die Web-Site bringen. Sie können jetzt also das Auto direkt bestellen bzw. kaufen. Drücken Sie diesen Knopf? Nein, Sie denken darüber nach, ob damit Ihre 20.000 € plötzlich im Netz verschwinden und ob alles wirklich sicher ist. OK, nehmen wir an, das Netz ist 1000 % sicher. Drücken Sie den Knopf? Das Hauptproblem kommt jetzt: Der Preis. Natürlich sagt Ihnen der Konfigurator im Internet, wie hoch der Listenpreis für das gewünschte Auto ist. Aber der Listenpreis ist ja nur ein grober Anhaltspunkt für den wahren Preis. Wir würden es also begrüßen, wenn der Preis einigermaßen realistisch wäre. Zum Beispiel 10 % Rabatt auf den Listenpreis wäre nicht schlecht. Wenn aber der Computer Ihnen das Auto mit 10 % Rabatt verkaufen würde – warum gibt es dann einen Listenpreis von 100 %? Es wäre dann logisch, gleich den Listenpreis um 10 % zu senken. Auch wenn dies geschähe, würden wir nach dem Angebot des Computers einen Händler aufsuchen, eine Probefahrt machen und um mehr als 10 % Rabatt verhandeln. „Entweder 12 % oder ich bestelle im Internet." Dann würden alle Händler mehr als 10 % Rabatt geben, weil sonst niemand mehr bei ihnen kaufen würde. Dann aber würde niemand mehr auf der Web-Site kaufen, weil er bei dem Händler einen besseren Preis bekommt. Also brauchen wir den Knopf „Kaufen" auf der Web-Site nicht mehr. Insgesamt aber sind die Autopreise gesunken, weil nun alle Menschen mehr als 10 % Rabatt bekommen. Die Autohersteller, die in diesem Sinne ihre Gewinne naturgemäß mit den gutmütigen verhandlungsscheuen Menschen machen, hätten nun weniger Gewinn als vorher. Die Autohändler stünden nahe an einer Pleite. Alles würde zusammenstürzen.

Es gibt eine andere Lösung. Ein Autohersteller könnte die Autos *ausschließlich* im Internet verkaufen. Er bräuchte dann keine Händlerorganisation mehr, könnte also mit wesentlich niedrigeren Vertriebskosten kalkulieren. Er könnte die Autos mit 20 %–25 % Rabatt im Internet und nur dort anbieten. Da die Autos dort dann vergleichsweise viel billiger sind als Autos anderer Marken, könnte dieser Autohersteller sagenhafte Marktanteile bei Menschen bekommen, die auf eine Probefahrt verzichten können. Wenn ich Autohersteller wäre, würde ich jedem Internetkäufer meines Autos einen Barscheck über 50 € übergeben für denjenigen Autobesitzer meiner Marke, der ihn eine Probefahrt hat machen lassen. Dann geht das alles ohne Verkaufshaus. Diese Lösung funktioniert, oder?

Wenn dies ein Autohersteller exerzieren würde, könnte er so billig werden, dass alle anderen Hersteller mitziehen müssten. Dann würden alle Händlerorganisationen in das Internet verschwinden. Das gäbe eine Art Erdbeben in der Branche, wie es jetzt gerade im Telekom- und Energieversorgerbereich wütet. Mein Fazit: Es gibt eine zukünftige Welt, in der Autos viel billiger sind, aber wir dürfen dort ohne Erdbeben nicht hinein. Und deshalb warten wir noch.

Ein weiteres Beispiel: Ich möchte die diskutierwürdige *Fremdsprachenausbildung an den deutschen Schulen verbessern.* Offensichtlich gut ist der folgende Vorschlag: Wir stellen Engländer oder Amerikaner oder Franzosen für den entsprechenden Unterricht ein. Am besten nur solche, die kein Deutsch verstehen, und wir verbieten ihnen, es zu lernen. Sie könnten unseren Kindern als „native speakers" die Sprache lebendig beibringen und mit ihnen die Sprache sprechen. Sie könnten den Kindern eine Vorstellung der jeweils anderen Landeskultur vermitteln und eine Sehnsucht, dieses Land zu besuchen und sich dafür zu interessieren. Überzeugt? Dann machen wir das!

Wir gehen also mit diesem Vorschlag in ein Ministerium. „Ausländische Lehrkräfte können selbstverständlich eingestellt werden, aber erst muss ihr Staatsexamen oder ihre Prüfung in Deutschland anerkannt sein." – „Sie müssen vorher eine Prüfung im Deutschen ablegen. Es kann ja nicht sein, dass die Schüler sie nicht verstehen. Die Prüfung muss schwer sein, damit sie richtig gut Deutsch verstehen." – „Die Lehrer im Ausland geben oft nur ein Schulfach, also nicht eine Kombination. Das wollen wir in Deutschland nicht. Solche Examina im Ausland gelten hier nicht." – „Ausländer werden nicht Beamte oder nur unter Schwierigkeiten. Sie können als Angestellte arbeiten, also für viel weniger Geld." – „Wir glauben nicht, dass die Eltern ausländische Lehrkräfte wollen." – „Menschen, die englisch, französisch oder gar amerikanisch als Muttersprache sprechen, haben fast alle einen schrecklichen Dialekt. Diesen haben deutsche Sprachenlehrer nicht, weil sie extra dafür eine deutsche Prüfung machen müssen, vor einer Prüfungskommission, die die ausländische Sprache auch nach den deutschen Normen gelernt hat und die Prüfung danach bestand. Stellen Sie sich die Empörung eines Amerikaners vor, der in seinem Heimatland angebliches Deutsch lernt und dann später ausgelacht wird, weil er unwissend das Bayrische eingeübt hat." (Ich habe extra Bayrisch geschrieben, damit Sie etwas zusammenzucken. Bei Sächsisch wären Sie auch verschreckt worden, aber anders. Bei Schwäbisch oder Kölsch wieder anders.). „Wir haben so viele arbeitslose Lehrer, da sollten wir nicht noch ausländische Lehrkräfte einstellen." – „Ein Volk wie die Deutschen muss es selbst schaffen, den eigenen Kindern fremde Vokabeln beizubringen. Mir hat es auch nichts geschadet."

Wieder können wir feststellen: Ohne Erdbeben und zwanzig Jahre Politik ändert sich nichts. Deshalb kann ich mit jedem Amerikaner über dessen Verfassung und über die Pilgrim Fathers diskutieren, aber ich verstehe seine Wegbeschreibungen zum Hotel nicht.

Andreas Rudolph hat hier bei der IBM in Heidelberg neue Schätzmethoden entwickelt, *wie viele Zeitschriften in jedem Kiosk ausgelegt werden müssen,* damit möglichst viele Zeitschriften verkauft werden können und damit nicht viele wieder unverkauft vernichtet werden müssen. Das Problem ist dies: Es wird eine gewisse Auflage einer Zeitschrift gedruckt und auf die Kioske verteilt. Es gibt davon ungeheuer viele. In Heidelberg und Umgebung etwa 1000: Lebensmittelfilialen, Hotels, Tankstellen etc. Die Zeitschriften werden von einem Pressegrossisten auf die Kioske verteilt. Einen PC-Player hier, zwei dort. Fünf Spiegel hier, einen ganzen 200er Stapel im Kaufhof dort. An diesen Orten warten die Zeitschriften auf den Verkauf. Was nicht verkauft wurde, wird wieder abgeholt und zurück zum Pressegrossisten gebracht. Dort sind Maschinen, die die Zeitschriftenstapel packen, die einzelnen Hefte anschauen (optical reader) und zählen. Der Computer kann genau sehen, ob es der Stern der laufenden Woche oder der drei Wochen alte ist. Er kann jede Zeitschrift des ganzen Jahres am Titelbild erkennen, außer vielleicht verschiedene Tagesnummern der Neuen Zürcher Zeitung, die immer gleich aussieht, weil

auch das Bild immer an derselben Stelle gedruckt ist, in gleicher
Größe. Der Computer schaut sich in rasender Eile die Zeitungen und Zeitschriften nacheinander an und zählt sie. Eine andere Maschine sortiert Burda- und Mickey-Maus-Hefte heraus,
die noch in Bündeln verkauft werden können. Der Rest wandert
hinter dem Zählcomputer in den Reißwolf. Wenn Sie davorste-
hen, ist Ihnen richtig weh ums Herz. Alles weg. Der Computer
berechnet, wie viel Geld der Grossist bekommt. Geld für die aus-
gelieferten Hefte minus der vernichteten Hefte. Er bekommt das
Geld für die Differenz und jeder Kiosk bekommt ebenfalls sein
Geld für seine Differenz (Lieferung minus Remission).

Es ist nicht so einfach zu sagen, wie viele Hefte in welchen Kiosk
gelegt werden sollen. Das Wetter spielt eine Rolle, der Urlaub von
Einzelpersonen, die das Fachblatt XY drei Wochen nicht abholen,
die Jahreszeit, Neueröffnungen, Sortimentsumstellungen in Läden, die vielleicht wieder einmal den Schuppungsgrad der Zeitschriften verkleinern (also sie enger schieben). Die Methoden,
die wir wissenschaftlich entwickelt haben, führten zu der Strategie, wie eine vorher vorgegebene gedruckte Menge von Heften so
verteilt wird, dass am meisten verkauft wird. Oder: Wie man genau so viel wie bisher verkauft, aber weniger druckt. Nach unseren Ergebnissen könnte ein zweistelliger Prozentsatz der schwedischen Wälder stehen bleiben, wenn die Verteilung nach unserer Strategie verbessert wird. Ein guter Vorschlag? Sind Sie überzeugt? Also, machen wir das!
    Die Software, die die Verteilung regelt, muss vom Pressegros-
so bedient werden. Der Pressegrossist aber will die Software nicht
entwickeln lassen. Es gibt in Deutschland ca. 100 verschiedene
Grossisten, die laut Gesetz ein Gebietsmonopol haben. Wenn sie
überhaupt eine Software entwickeln lassen, dann alle gemeinsam.
Also muss der Pressegrossoverband beraten, der dafür Arbeits-
gruppen hat. Sie stellen fest, dass die Hauptnutznießer ja die Verlage sind, die dann diese Software bezahlen sollten. Was passiert
aber, wenn weniger Zeitungen gedruckt werden? Die Werbeein-

nahmen sinken, weil intelligenterweise die Werbetarife nach ge-
druckter Auflage und nicht nach verkaufter Auflage bezahlt werden (das ist einfacher zu berechnen; da peilt man über den Daumen, um anderswo auf den Pfennig zu gucken). Wenn auch die
Werbeeinnahmen sinken, so ist doch der Druck teurer? Ja, aber
die großen Verlage drucken nicht nur selbst, sondern sie drucken auch für die kleinen Verlage die Zeitschriften. Also verlieren die großen Verlage Werbeeinnahmen und fremde Druckauf-
träge. Wenn also die schwedischen Wälder stehen bleiben, machen sie eher daran Verlust. Die Schweden freuen sich ebenfalls
nicht, weil sie die Bäume extra angepflanzt haben. Wer profitiert?
Die kleinen Verlage, die woanders drucken lassen und die Pressegrossisten ein wenig. Die Kioskbesitzer sind gleichgültig, weil
sie nur Geld für den Verkauf bekommen. Sie sehen: Die Interessen sind so verschieden und weit verstreut! Die Big Player haben
keinen Nutzen. Was passiert? Viele Kommissionssitzungen, sonst
nicht viel.

Ich belasse es mit diesen sehr allgemeinen Beispielen. Sie sollen zeigen, dass ein wirtschaftliches Interessenknäuel wie ein
menschlicher Körper wirkt, der nicht einfach geändert oder gar
verbessert werden kann. Die Systeme, die heute in der Wirtschaft entstanden sind, sind so sorgsam in sich optimiert worden, dass jede durchgehende Änderung, so klitzeklein sie auch
sei, zu großen Verwerfungen führen kann. Am Autoverkaufen
etwa sahen wir, dass nur der Kaufknopf im Internet die ganze
Industrie umwerfen würde. In der PC-Welt ist dies passiert. Die
PC-Hersteller haben über Händler verkauft, weil Kunden Beratung brauchen (Autoverkäufer würden sagen: „Der Kunde möchte eine Probefahrt.“). Die Hersteller haben daher vielerlei Beziehungen zu Handelsketten aufgenommen und ein subtiles Logis-
tiksystem aufgebaut. Alles ist optimal. Dann kam Dell. Michael
Dell verkaufte nur per Telefon und dann im Internet. Die Kunden schauen sich in den Warenhäusern überall die PCs an, denn
sie sind ja nicht blöd. Anschließend rufen sie bei Dell an. Das

ganze System ist nicht sofort zusammengestürzt, aber Dell und Gateway & Co. gewinnen Marktanteile, weil sie Gewinn machen, wo andere um die Logistikkosten zittern. Bei den Autos wird es ebenfalls so kommen. Und bald werde ich meine dunkelblauen Armani J16 Jeans im Internet bei Bluefly bestellen, die ich schon am Anfang des Buches erwähnt habe.

„Menschen wie Sie" schimpfen normalerweise, dass alles so unpersönlich im Internet wird. „Sie" wollen in Büchern blättern und nach Herzenslust anprobieren. Das tun Sie auch weiterhin, und dann kaufen Sie es heimlich im Internet billiger, nachdem Sie sich haben beraten lassen oder nachdem Sie eine Probefahrt machten oder sich ein Küchendesign vom Fachhändler haben anfertigen lassen. Sie haben vielleicht ein paar hundert Euro auf einer echten Bank und lassen sich anlageberaten. Sie sagen, Sie würden es sich überlegen und dann kaufen Sie für 25.000 € Aktien über eine Direktbank. Statt der üblichen 250 € Spesen zahlen Sie dort nur 65 bis 115 €. Das ist viel einträglicher, als die ganze Woche an der SHELL-Tankstelle zu lauern, ob sie drei Cent nachlassen. Und was will ich damit sagen? *„Sie"* töten die Händler mit solcher Schlauheit, nicht ich. Ich bin ohnehin im Internet.

Weil die Systeme so komplex werden, kann nichts geändert werden, ohne dass die Systeme Schaden nehmen. Um Systeme wirklich zu verbessern, muss man sie meistens relativ radikal und grundlegend ändern, und meist fallen ganze Abteilungen oder Händlerketten dabei weg. Die wehren sich, aber klar! Wenn es um Innovationen geht, kämpfen die Hüter nicht nur für die Ordnung, sondern um das Überleben des alten Systems. Es ist eine Situation wie im Bergsteigerkapitel, als die Menschen auf einem Hügel stehen und diskutieren, ob der Gipfel dort in der Ferne nicht besseres Leben verheiße. Sie streiten und bleiben. Sie bleiben so lange, bis das Wasser der Sintflut steigt und sie forttreibt.

Solange alles ruhig ist, tun sie nichts.

Oft schützen sich die Hüter der Ordnung durch Gesetze, weil *alles* geschützt werden muss und bedroht wird. In Deutschland ist zum Bespiel die Kultur durch die Buchpreisbindung geschützt. Es darf nämlich nicht sein, dass mein Vater als Bauer in einem klitzekleinen Dorf höhere Buchpreise zahlen muss als jemand neben Hugendubel, die dann Sonderangebote machen. Mein Vater wäre kulturell benachteiligt. Diese Begründung höre ich seit meiner Kindheit. Nun aber können alle Menschen mit einem klitzekleinen Modem bei Amazon oder Bol direkt bestellen, alle zum gleichen Preis. Und nun? Es werden andere Argumente erfunden. Nicht die Kultur ist gefährdet, sondern das Verlagswesen und damit doch die Kultur. Die Telekoms sind freigelassen worden. Nun ist es fast auf der Stelle möglich, für 30 % des früheren Preises zu telefonieren. Was passiert? Die Aktien der Unternehmen in diesem ruinösen Wettbewerb steigen! Obwohl eine Minute USA statt 99 Cent nur noch 7 Cent kostet! Strom wird billiger, weil das Gesetz die Ordnung nicht mehr schützt. Die Apotheken gibt es in dieser Anzahl nur noch, weil das Gesetz vorschreibt, dass Medizin aus der Hand eines Apothekers persönlich zu empfangen sei. (Ist mir doch egal, wer mir die Tabletten gibt, die der Arzt verordnete! *Der* muss das doch wissen! Aber noch eine Ordnungsmacht mehr ist noch besser?!) Der Arzt könnte ein Rezept nicht nur unleserlich schreiben, wie es üblich ist, sondern als E-Mail an eine Zentralapotheke senden, die mir das Medikament nach Hause liefert, oder? Verboten. Der Pressegrosso müsste kein Gebietsmonopol mehr haben. Die Zuckerfabriken nicht. Aber alles wird noch geschützt. Die Systeme bleiben.

Diese Immunabwehr gegen alles finden Sie im Großen wie im Kleinen. Im Großen besonders in der Politik, im Kleinen bei der Arbeit. Alles ist so sehr in Bestimmungen eingepasst, dass es den Neuerer frustriert und abwehrt.

2 Das Gesetz der Garage und das Neue

Es war Anfang 1996. Netscape wurde damals in der Wirtschaftswoche in einem Artikel gewürdigt, und es hieß dort ungefähr:

„Die Telekoms könnten ein Riesengeschäft machen, wenn sie eine Art Verzeichnis des Internets erstellen würden." So ein Verzeichnis wäre ganz gut, weil ein Netscape Browser allein nicht viel hilft, wenn „keiner die Adressen kennt".

Ich las den Artikel und dachte lange nach. Ich stellte mir vor, dass jeder Bürger, jeder Arzt, jeder Handwerker, jedes Restaurant eine Homepage statt eines Telefonbucheintrags erhält. Die Telekom könnte die Seiten als Formular vorfertigen und die Restaurants können dann nach der Standardseite ihre Speisekarte, die Ärzte ihre Öffnungszeiten etc. publizieren. Wenn jemand etwas wissen will, schaut er in einem Telefonbuch nach, wo die Internetadresse steht. Ich war total begeistert von diesen Ideen und schaffte es irgendwie, dies vor höchsten Managern vortragen zu dürfen.

Ich bin total abgeblitzt. Wo soll da das Geschäft sein? Was kann man damit verdienen, ein Buch herauszugeben? Das gibt Druckkosten, wer bezahlt die? Wie viel Auflage wird so ein Verzeichnis haben, wo doch nur eine Handvoll Menschen Internet zu Hause haben? Wieso meine ich, dass eine Telekom das machen sollte? Ich habe „da vorne" gestanden und keine Zahlen gewusst. Ich war so überzeugt, dass die Idee ohne Ansehen von Zahlen einfach „aus dem Bauch heraus" Milliardengeschäft machen müsste. Aber ich wusste kaum etwas zu entgegnen.

Einige Zeit später kam Yahoo. Ich las in der Zeitung, dass Studenten ein Verzeichnis machen würden und sich über Werbung finanzieren wollten. Das war eine lustige Idee. Die meisten, auch ich, haben das ein wenig als Jux aufgefasst. Ist das nicht traurig? Ich habe es im ersten Moment als Jux angesehen! Es ist mir nicht die Verbindung zu meiner Telefonbuchidee eingefallen. Mein Kopf war auf ein Buch fixiert, und von Werbung hatte ich nie geträumt. Ich dachte, jeder Bürger müsste ein paar Euro für seine Homepage zahlen, die im Telefonbuch steht.

Yahoo! ist nicht so eine dümmliche Idee wie die meine gewesen. Yahoo ist echte Kreativität! Ich hatte versucht, das Neue *in das bestehende Große* hineinzudenken, aber Yahoo hat es *ganz al-*

lein angefangen. Ohne alle. Gegen alle. In der Garage. In der Garage muss niemand Fragen beantworten wie: „Wer ist zuständig? Wie passt das in die Gesamtstrategie? Was werden die anderen Abteilungen und Bereiche dazu sagen?" In der Garage kann man fest daran glauben, dass das Internet ein Erfolg wird. Man muss nicht bei Unternehmensberatungen Studien über die Zukunft in Auftrag geben. („Und wer bezahlt die Studie? Und wenn herauskommt, dass es nichts wird mit dem Internet, ist dann nicht das Geld verschwendet?") Glaube ist billig. Glaube dauert nicht viele Monate Überzeugungsarbeit bei den Anhängern des Alten. Glaube an die Sache, aus dem Bauch heraus, ist genauso wahr. Intuition für die Sache ist so gut wie eine SJ-Studie. Unternehmensgründungen in einer Garage sind fast schon billiger als ausgedehnte Marktstudien, ehrlich!

Sie kennen die Netscape Story. Netscape hatte die Idee, einfach alle Lizenzen des Netscape Browsers an Privatleute zu verschenken, um sie süchtig zu machen, und die Lizenzen an Unternehmen zu verkaufen. Verschenken, um Menschen an Produkte zu gewöhnen! Das war vor einigen Jahren eine Revolution. Ich zähle diese bekannten Fakten nur kurz auf, um Ihnen die dramatische Entwicklung der letzten 5 Jahre zu vergegenwärtigen. Was wir damals dachten, ist heute hoffnungslos antiquiert. Hoffnungslos. Ein paar Studenten in Israel schrieben ein Programm für den PC, das etwas Ähnliches wie den PING-Befehl im UNIX absetzt. Gibt man diesen Befehl mit einer Rechnernummer ein, so prüft der eigene Computer nach, ob der angesprochene andere Computer im Netz gerade „online" ist. Ich schaue also im Prinzip nach, ob mein Gesprächspartner jetzt gerade am PC ist, so dass ich sicher sein kann, dass er eine E-Mail sofort liest. Um diesen Service zu nutzen, muss man den eigenen Computer mit Nummer bei der Firma Mirabilis anmelden. Das Programm dafür bekommt man geschenkt. Ziel der Studenten war es, möglichst vielen Menschen das Programm zu verschenken, damit sie eine große Menge von potentiellen Kundenadressen bekommen. Sie schafften es in kurzer Zeit, über zehn Millionen Menschen in aller Welt das Programm zu schicken. Die Geschäftsidee dabei war, aufgekauft zu werden. Denn: Wenn eine neue Firma wie Amazon oder Yahoo ein großes Portal im Internet gründen will, muss sie irrsinnig viel Geld in Werbung stecken, um Kunden anzulocken. Sie könnte daher auf die Idee kommen, Mirabilis zu kaufen, um viele Adressen von Computern zu bekommen. Amazon machte 1999 ca. 400 Millionen $ Verlust und gewann dafür etwa 10 Millionen neue Kunden. Macht blauäugig schnell gerechnet 40 $ Werbeprämie pro Neukunde, das ist genau im Rahmen der Kosten für Werbeprämien für die FAZ oder die Süddeutsche oder einen Buchclub oder ein Weinkontor. Wie viel sind also über 10 Millionen Web-Adressen wert? Na? AOL hat knapp 400 Millionen $ bezahlt, das Programm der Studenten ist jetzt zum Instant Messenger mutiert, den Sie kennen, wenn Sie Netscape benutzen. Netscape gehört auch AOL. Im Januar 1999 kamen die Hitlisten der beliebtesten Web-Sites mit den meisten Kunden heraus. Der „Internet-Papst" Steve Harmon kommentierte verwundert das Auftauchen eines Newcomers: Blue Mountain Arts. Auf dieser Web-Site können Sie wunderschöne Weihnachts- und Geburtstagsglückwünsche mit Ton und bewegten Bildern zusammenstellen und an Freunde versenden. Steve Harmon sagte, die Hitliste sei ja über den Monat Dezember erhoben, und das Aufkommen von Blue Mountain Arts sei ein sehr erstaunliches Weihnachtsphänomen. Blue Mountain Arts aber blieb. Und ist Monate später aus den oben erwähnten Gründen aufgekauft worden. 800 Millionen $. Es gibt neue Internetgesellschaften, die Ihnen eine Aktie schenken, wenn Sie sich auf deren Web-Site genug Werbung anschauen. Das scheint nicht so der große Renner zu sein, aber es ist eben auch so eine Idee. Ich zum Beispiel klicke öfter morgens auf die Web-Site http://www.thehungersite.com/index.html. Dort erscheint ein Spendenknopf. Wenn ich ihn drücke, sehe ich eine Seite mit Sponsoren. Die zahlen für das einmalige Anschauen ihrer Firmenembleme *je* eine halbe Tasse Reis für hungernde Länder. Jeder darf einmal am Tag drücken. Ich fühle mich hinterher gut.

Ich könnte jetzt ein eigenes Buch über alle diese tollen Ideen schreiben, die in allen möglichen Garagen entstehen, aber meistens nicht funktionieren und manchmal ein paar hundert Millionen $ einbringen. Große Organisationen tun sich schwer damit, solche Geschäftsideen selbst zu verfolgen. Nachdem Sie nun so weit im Buch gelesen haben, können Sie sich unschwer ausmalen, was etwa meine Firma gesagt hätte, wenn ich vorgeschlagen hätte, Software zu verschenken und anschließend „mal zu sehen", wie das so läuft. In den genannten Fällen ist das Neue aus der Garage Lichtjahre von der Ordnung des Alten entfernt. Garagenideen werden vom Immunsystem einer Firma ausgestoßen, weil sie dort keinen Platz haben. Und so entsteht das Neue da draußen.

Da draußen aber, im weiten Feld, hausen die Erfinder und die Kreativen in Zelten und tüfteln. Die Besseren von ihnen haben sogar Garagen. Nehmen wir an, Sie selbst hätten eine Software wie die Studenten aus Israel geschrieben und Sie wollen sie an hundert Millionen Menschen verschenken. Meine Frage: Wie machen Sie das? Wie erfahren die vielen Menschen denn, dass Sie etwas verschenken? Wollen die das Geschenk dann? Wollen Sie sich wie die Dame im Tengelmann mit Käsestückchen hinstellen und im Laden jeden Vorübergehenden anflehen: „Probieren Sie bitte, was wir hier für einen Käse gemacht haben!" Wenn Sie jetzt sagen können, was zu tun ist, dann sollten Sie ein Jahresgehalt von nördlich 1 Million $ wert sein.

Ich muss auf Beach-Volleyball zurückkommen. Auf Sackhüpfen. Ich habe in einem früheren Abschnitt über die Rekordsucher einen Abschnitt über die Kreativen eingeschmuggelt und dieses ein bisschen abseits liegende Thema etwas links liegen lassen, weil es nicht zum Bild der Sintflutalgorithmen passt. Kreative streben nicht an, in einer vorgegebenen Umgebung am besten zu sein, sondern sie sind die Besten in einer ganz neuen Umgebung, die sie selbst geschaffen haben. Sie versuchen nicht, im 100 Meter-Lauf zu gewinnen, sondern sie propagieren etwas Neues, Beach-

Volleyball zum Beispiel. Die Kunst und die Schwierigkeit liegt darin, wie schon gesagt, alle Menschen dahin zu bringen, dass sie nun nur noch Live-Übertragungen von Beach-Volleyball entgegenfiebern, so dass sie am Arbeitsplatz an nichts in der Welt so sehr interessiert sind wie an den Regenfronten in Kalifornien. Werden die Stars spielen können? Bei Regen geht es nicht, weil die teuren Sponsorsonnenbrillen nass sind. Noch einmal: Wie schaffen Sie es, einen solchen gravierenden Umschwung unter den Menschen zu erzeugen, dass sie die neue Disziplin, die neu erfunden wurde, überhaupt ernst nehmen? Wie schaffen Sie es, dass viele Leute etwas von Ihnen geschenkt bekommen? Bitte träumen Sie sich wirklich in die Situation hinein, Sie müssten eine neue Wurstsorte im Supermarkt anbieten. Dann wissen Sie um die Leistung des Kreativen, der Erfolg mit seiner Mission hat.

Die meisten Menschen sagen immer, „oh der hat aber Glück gehabt" und tun der Sache so schrecklich unrecht. Ich würde alle diese Ignoranten am liebsten zur Strafe und Umerziehung in den Tengelmann stellen.

Da die Durchsetzung der Idee das Hauptproblem darstellt, ist bei einer neuen Erfindung nicht derjenige der Held, der die Idee hat. Das Intellektuelle ist an allem nur wenig wichtig. Man muss es anpacken! Handeln! Taugen dafür SJ? NT? Verstehen Sie, welche Menschen in der Garage gebraucht werden? Die anderen, die unsere Systeme nicht lieben, weil sie nicht in die Ordnungen der Welt passen. Die anderen, die es in einer Garage und einem Zelt schöner finden als in den Hochhausregalen, die für sie einen sicheren Arbeitsplatz der technischen Ausstattung „Barhocker" anbieten.

Aber neben den Garagen regt sich das wiederum Neue. Als die Goldsucher nach Alaska zogen, haben sie ihr Gold nie richtig behalten können. Das Geld machten die, die die Siebe und Spitzhacken verkauften, oder die, die für Whiskey und Liebe sorgten.

Diese Menschen sieben nicht selbst Gold, sondern sie bieten die Services. „All-in-one services, mit 10er Karte Duschen, 20 Jahre gültig, inkl. Leibwächter(in) nach Funden."

Diese Industrie bildet sich heute auch schon. Das Alte gruppiert sich quasi neu um das Neue, das jetzt ins Zentrum gerückt ist. Im Internetbereich gibt es neuerdings (also drei Jahre, nachdem der Internetgoldrausch ausgebrochen ist) so genannte Netincubators. Ich ziehe einmal ein Unternehmensprofil einer solchen Firma aus dem Internet (Market Guide Profile der Firma Venture Catalyst).

„Venture Catalyst Incorporated is a full-service consulting company that provides start-up and entrepreneurial business ventures with the facilities, resources and relationships they need to launch successful companies, both on- and off-line. In addition to capital, Venture Catalyst provides a full range of services and resources for promising start-ups, including investor relations, IPO consulting, strategic planning, public relations and marketing, and Web consulting and development. Venture Catalyst also provides e-business strategies, online marketing assistance from its Web development Cyberworks subsidiary, incubation facilities and financial support. The Company currently works with numerous businesses in various stages of development."

Wenn Sie also eine tolle neue Idee haben, müssen Sie gar nicht erst in eine Garage ziehen. Sie gehen zu einem Netincubator, also einem Internet-Business-Brüter, melden sich am Empfang und schildern Ihre Idee. Wenn der Boss des Netincubator Ihre Idee „kauft", also von ihr überzeugt ist, können Sie ein kleines Büro in der Netincubator-Firma beziehen. Die Computer stehen da, Sie können sofort mit der Arbeit beginnen. Fax, Netz, Prospektdruckerei, alles da. Es kommen Fachleute, die Ihre Idee hinausposaunen. Es werden Analysten des Aktienmarktes eingeladen, die Ihre Idee günstig begutachten sollen. Web-Fachleute helfen Ihnen, eine gute Web-Site zu bauen, Manager einzustellen. Sie gründen eine Aktiengesellschaft für Sie, beraten Sie rechtlich, suchen nach

Orten für ihre weltweiten Repräsentanzen. In einem Satz: Mit Ihrer Idee wird wirklich ernst gemacht.

Im Nu sind Sie Vorstandsvorsitzender einer Start-up Company und besitzen 1 Million Aktien und um Sie herum wuseln viele Helfer, die dafür sorgen, dass es losgeht. Es ist wirklich wie in Alaska. Wenn Sie eine Goldmine ausbeuten wollen, kommen alle Spitzhackenverkäufer, Claimstecker und Claimanmelder, Teams von Hilfssiebern und Steineklopfern. Menschen bieten Ihnen Lederbeutel für Nuggets an, Sie werden versichert etc.

Letzte Frage, die bleibt: Wer zahlt das alles? Das ist einfach: Das Gold wird geteilt. So war es immer. Sie selbst haben eine Million Aktien, aber alle anderen Beteiligten bekommen ebenfalls welche, so dass die Aktien nur ein paar Cents wert sind. Wenn es einst klappt, sind alle reich. Netincubators liefern alles, inklusive das Geld zum Anfangen. Alle Helfer werden an der Firma beteiligt und leben von den Rekordsuchern, die mit großen Goldklumpen dereinst heimkommen.

In der nächsten Zeit werden wir einen riesigen Rausch erleben und viele junge kreative Garagenbewohner werden irrsinnig reich sein. Das glauben Sie mir natürlich nicht, deshalb nehme ich noch ein Zitat von der Web-Site MarketWatch.com (Februar 2000):

OK, so you're a millionaire. Now what? Well, for one thing, folks, more and more Americans are asking that question. Rephrased, it is life's most fundamental question: What is the meaning of life? Or better yet, what is the meaning of my life? Kevin Kelly, founder of Wired magazine, put this question in context with a powerful prediction for the next two decades:

- *A 20-year global economic boom.* „At this particular moment in our history, the convergence of a demographic peak, a new global marketplace, vast technological opportunities, and a financial revolution will unleash two uninterrupted decades of growth."

- *An explosion of millionaires.* „Today, 8 million Americans are millionaires. Ultraprosperity should push the number of millionaires living next door to about 20 million in another decade, and about 50 million by 2020."
- *The real meaning of getting rich. Paradoxically, wealth creates new, bigger problems:* „Money gets dull quickly, and that becomes the greatest challenge in the age of ultraprosperity – to make money mean something, or to find meaning outside money. If we handle prosperity properly, it should focus our attention on the other ingredients of wealth: friendships, relationships, values, character, charity, and thinking about the long-term future."

In Amerika spricht man also schon von Ultraprosperity und davon, dass in 19 Jahren ein *Viertel* der Amerikaner Millionär sein wird. Das glauben Sie mir nicht und diesem Artikel auch nicht. Aber ich sage: So wird es sein. Die Dinosaurier des Alten sterben, und das Neue findet Gold ohne Ende. Und Sie sehen, die spannende Frage ist, wie Menschen im Zeitalter der Ultraprosperity ihren Sinn finden! Welchen Sinn gibt Ihnen Geld? Den Sinn jenseits des Geldes zu finden ist die Aufgabe! Und, so heißt es ja oben, es wird eine Renaissance von Freundschaft (NF,SP), Beziehung (NF), Werten (NF), Charakter, Menschenfreundlichkeit (NF) und Zukunftsphilosophie (hier dieses Buch, NT) geben. Das Neue wird in den nächsten 20 Jahren Einzug halten und sich stabilisieren. Es wird zu einem Alten, so wie das Goldgraben bald eine normale Industrie wurde. Das dann aus den Kinderschuhen gewachsene System braucht dann nicht mehr nur wilde Kinderspiele und Pubertät, es muss irgendwann in einen geordneten Zustand migrieren, in dem die Logistik stimmt. Die neuen SJ werden die Hüter einer neuen Ordnung sein und wir werden sie sehr, sehr nötig brauchen.

Das Gesetz der Garage besagt, dass das Neue schimmernd gottgleich im Zentrum leuchtet. Es hat absoluten Vorrang vor allem anderen. Alles andere ist eine Hilfsfunktion des Neuen. Die

Logistiker, also die SJ, dienen dem Zentrum, dem Neuen. Das Neue wird gehütet und ausgebrütet, bis es geboren wird, entsteht, wächst und blüht. Die Ernte naht. Das Neue ist wie eine neue Pflanze, das Alte ist wie die Logistik der Landwirtschaft.

Alle, die nach dem Gesetz der Garage in ihr leben, kennen ihre Richtung, ihre Mission, ihre Vision. Die Idee schwebt als Leitstern über der Garage. Dies ist grundverschieden zu dem Innovationsmanagement der Alten Welt, in der das Management Bedingungen diskutiert, unter denen dem Neuen das Aufwachsen erlaubt werden könnte. Dort wird das Neue immer im gerechten Verhältnis zu dem Bestehenden gesehen, verglichen, eingeordnet. Der Leitstern über der Konzernzentrale aber ist der alte geblieben.

3 Risiko! Volles Risiko! No risk, no fun!

Da das Alte durch die logistische Intelligenz der SJ diktiert wird, scheut es nichts so sehr wie die unvorhergesehene Veränderung. Unvorhergesehene Veränderungen nennt diese Welt Risiko. In der Welt der Wertpapiere wird das Risiko eines Papiers mathematisch als die Varianz seines Kursverlaufes modelliert. Grob gesagt: Ein Papier, das stark im Kurs schwankt, hat in dieser Sicht ein hohes Risiko, eines, das gar nicht schwankt (Sparbuch), hat kein Risiko. Das Risiko wird minimiert, indem man Anlageformen wählt, deren Wert möglichst wenig schwankt, aber dennoch hohen Ertrag erzielt. Der Ertrag steht bei dieser Betrachtung im Vordergrund, aber er soll unter einem Minimum an Schwankung herausgeholt werden. Nach dieser Theorie soll ein kleinerer Ertrag in Kauf genommen werden, wenn dafür der Kurs nicht so sehr schwankt. Wenn das Management eines Unternehmens es schafft, durch geschäftsjahrausgleichendes, kluges Agieren oder durch stetiges Wirtschaften den Kurs in sanftem Fahrwasser zu halten, so sind Anleger bereit, für eine solche Unternehmensaktie

viel mehr Geld zu bezahlen (was einen geringen Dividendener-
trag relativ zum Kurs bedeutet). Also kurz: Wenn ein Unternehmen große Veränderungen und Eruptionen im Geschäft vermeiden kann, sollte es dies tun, weil dann der Kurs der Aktie steigt.

Die Mathematik sagt hier dasselbe wie das Bauchgefühl des
Anlegers, das nichts so sehr hasst wie unvorhergesehene Hiobs-
botschaften (earnings warning) des Unternehmens. Emotional
gesehen: Sie haben ein Kind, das mal eine Zwei, mal eine sechs
schreibt, je nachdem, wie ihm zu Mute ist. Es gibt öfter einmal
blaue Briefe zu Versetzungsfragen, denen mit Nachhilfe entge-
gengewirkt wird. Immer wieder rufen Lehrer wegen einer Sechs
an, aber es renkt sich jedes Mal gerade so wieder ein. Für die Nerven ist so ein SP-Kind nicht so gut. Eines Tages kommt ihr Kind
und schwört glaubhaft, nun stetig arbeiten zu wollen, so dass es
genau denselben Notenschnitt wie bisher (Vier) bekommt, aber
ohne Schwankungen. Es schwört, immer eine Vier zu schreiben.
Dafür möchte es das Geld für die damit entfallenden Nachhilfestunden selbst ausgezahlt bekommen und noch einen Bonus dazu für einen neuen Computer. Ist das ein Deal für Sie? Ich sage
voraus: Sie zahlen und haben ihre Ruhe. Endlich Ruhe. Tiefe Ruhe. Das ist das Geld wert, fühlen Sie es?

Anleger und SJ-Manager wollen es so. Sie wollen alle SP-
artigen Teile des Unternehmens ausrotten und alle Schwankungen aus dem Betrieb vertreiben. Alles soll stetig nach oben zeigen.
Das gibt Ruhe für die Nerven und der Aktienkurs steigt. Da die
Manager meist mit Optionen bezahlt werden, verdienen sie an
der Ruhe und dem damit einhergehenden Kursanstieg viel Geld.

Nehmen wir an, wir schlagen als Innovator vor, das Unternehmen umzustrukturieren und in die virtuelle Welt zu führen.
Wir wollen eine großartige Geschäftsneuerung in das Programm
aufnehmen und die Konkurrenz aus dem Feld schlagen. Dazu
muss aber erst einmal schwer investiert werden! Das gibt Veränderungen und Ungewissheiten. Die Aktienanleger sehen diese
Ungewissheiten als Schwankungen auf sich zukommen. Der Kurs
wird risikoanfällig. Das ist schlecht. Die Geschäftsneuerung kann

sich auszahlen, was aber nicht sicher ist. Das kann gut sein. Und insgesamt? Ist alles als Paket insgesamt gut? – Weiß man nicht so genau. Wenn die Neuerung nicht der absolute Knaller ist, lassen wir es lieber sein, oder? Fazit: Da das Neue an sich Schwankungen und Neubewertungen erzeugt, ist es risikoreich. Nur deshalb schon. Dies ist ein weiterer Teil des Immunsystems des Alten. Das Alte will Ruhe, damit es nicht in den Geruch kommt, unzuverlässig zu sein. Das kostet Nerven, Geld, Gehalt.

In der Garage ist dieses Risiko unbekannt. Die Insassen arbeiten für maximale Veränderung. Sie wissen nicht, was Ruhe ist. Sie würden gehen, wenn Ruhe einkehrte. An Ruhe verdient hier niemand ein Pfennig, während in großen Unternehmen mit Ruhe Millionen gemacht werden.

Gehen wir in ein Spielcasino zum Roulettetisch. Ein NF spielt nicht, weil er keinen Sinn darin sieht. Ein NT spielt nicht, weil er den mathematischen Beweis führen kann, dass er verlieren wird. Ein SP liebt das Spiel wegen des Kitzels, er will nicht unbedingt reich werden, ein bewundernder Blick einer wunderschönen Frau beim lässigen Werfen der Jetons könnte genügen. SJ spielen nicht, weil sie das Risiko fürchten, Geld zu verlieren. Da sie das nur heimlich denken, sagen sie, Spielen sei unmoralisch. Spielen ist nicht in Ordnung. Heute (Verzeihung, aber es steht immer gerade *heute* in der Zeitung! Ich lese unaufhörlich Artikel, die sich gerade mit dem Kapitel meines Buches beschäftigen, an dem ich gerade arbeite!) las ich, dass die katholische Kirche das bloße Spekulieren mit Aktien zum Geld-aus-Geld-Machen missbilligt. Das sei nicht in Ordnung, auch wenn dies nie in der Bibel erwähnt sei. (Das Horten von Goldschätzen ist wohl in Ordnung, weil dies die Ordnung festigt.) Die Kirche ließ verlauten, dass Geldverdienen an Arbeit gebunden sein solle. Viele Menschen sehen das ebenso. Sie denken, dass Geld für Schweiß, Verdienst, ehrliches Anpacken gedacht ist, nicht als Ertrag von Glücksrittertum, Handel, Eroberung, Neubesiedlung. Dieser offizielle SJ-Standpunkt findet Reichtum durch Erbschaft in Ordnung, da ja die Familie alles erwarb. Er findet es übertrieben, wenn Menschen durch Boxen, Ölbohren, Goldwaschen, Gewürzhandel, Patente, Ideen, „uuh!"-Schluchzen (Michael Jackson) zu fantastischem Vermögen gelangen. Dieses Geld ist nicht durch Tüchtigkeit, Strebsamkeit und Fleiß entstanden, sondern durch Spiel mit dem Feuer, Glück, gottgeschenktes Talent, Schönheit, Klugheit. Wenn Andy Warhol oder Picasso zu horrendem Geld kommen, so ärgern sich SJ darüber. Sie sind aber dann genau die, die im Museum richtig mitweinen können, wenn sie lernen, wie Cézanne oder van Gogh keine Bilder verkaufen konnten und Mozart verarmt starb. Schrecklich, all der unbelohnte Fleiß! Das haben sie nicht verdient!

Das Leben in der Garage, das die Neubesiedlung der virtuellen Welt vorbereitet, denkt nicht über Fleiß, Planung, Erwerb nach. Dort steht der Leitstern der Idee über der Garage. Glück gibt die Arbeit. Das Geld ist später da, aber der Kitzel zu gewinnen ist das, was täglich zur Arbeit und Höchstleistung treibt. Die SP arbeiten Tag und Nacht, im Wetteifer. Die NT arbeiten Tag und Nacht, weil sie wissen, dass ihre Idee gewinnt. Ihre Intuition, ihr Bauch wissen es, dass sie gewinnen. Die NF wissen um den Sinn des Zukünftigen. Auch sie arbeiten Tag und Nacht (wenn Sinn da ist, sonst sind sie ja auch nicht da). Bitte hören Sie sinnlich in das Wort Goldrausch hinein! Darin ist Sehnsucht, der Kitzel, die roten Wangen, das Herzklopfen, die Zukunft, die Hoffnung, der Glaube.

Ein neues Geschäft gründen, in die neue Zeit hinein, ist wie das Werben um eine Braut. Unermüdlich wird voller Eifer gekämpft um die Gunst, um das finale JA. Wenn eine schöne Prinzessin zu erobern ist, wer gewinnt? *Oft der erste, der fragt!* Viele Menschen trauen sich nicht, weil sie ein NEIN nicht ertragen, weil sie sich schon denken können, dass sie nicht der Prinz sind, weil sie zu viele Mängel haben, als dass die Prinzessin sie anblicken sollte! Es gibt absolut unverschämte Menschen, die unumwunden eine Frage wie „Willst du?" stellen können, ohne sicher über die Antwort zu sein! Sie versuchen es einfach. Das tut man nicht, sagen die SJ. Das ist nicht in Ordnung.

Wählen Sie sich bitte den nächstbesten Menschen zufällig aus, der Ihnen über den Weg läuft, und fragen Sie ihn, ob er Sie heiratet. Die Antwort ist mit 99 % Wahrscheinlichkeit NEIN. Klar. Also bei mir wäre das so. Es gibt Ausnahmen und Sie mögen eine sein. Wenn ich aber in Wirklichkeit eine Frau frage, ob sie meine Frau werden will, bereite ich diese Frage so lange vor, dass ich die Antwort fast mit Gewissheit weiß. Als ich Monika Walter schließlich fragte, war es ganz klar, dass sie wollte. Über 99 % Wahrscheinlichkeit. Eine der Aufgabenstellungen des Brautwerbens ist es, die Anfangswahrscheinlichkeit von unter 1 % für JA auf über 99 % anzuheben. Dann wird mit rasendem heißen Blut endlich gewagt und gefragt.

So ungefähr bereiten die heutigen SJ-Systeme des Managements oder der staatlichen Verwaltung ein neues Projekt vor. Studien über Studien, Kongressbesuche, Ausschüsse, Expertengutachten, Business Cases, Gewinnberechnungen, Marktschätzungen. Immer wieder die bange Frage: Wird Fortuna JA sagen und uns küssen? Ist die Wahrscheinlichkeit schon über 99,9 %, dass unser neues geplantes Produkt ein Erfolg wird? In einer Firma wird jemand gebraucht, der auf die Bänke steigt und ruft: „Ich liebe! Das genügt! Voran! Wissen Sie denn nicht, dass Fortuna als Hauptkennzeichen die Wandelbarkeit hat, dass sie immer mit Zehenspitzen auf einer schwebenden Kugel steht? Hic et nunc! Jetzt gewagt und angefangen! Fortunas Wahrzeichen sind Zaum, Steuerruder, Segel, Füllhorn, Pokal! Nicht Scheu!" Es ist nach aller Erfahrung nämlich so, dass Fortuna schon lange eine Menge Wagemutige geküsst hat, bis sich die Unschlüssigen endlich in ihre Nähe trauen. Und dann sagen die Traurigen, die keinen Kuss bekamen: „Unser Produkt ist sehr gut gewesen, sonst würden es die anderen ja nicht so gut am Markt verkaufen. Wir wundern uns, dass diese Minifirmen so schnell mit so schlechten Produkten an den Markt gingen. Unser Produkt ist viel besser und schöner. Aber wir sind leider zu spät im Markt. Das ist Pech. Wir konnten damals das Risiko nicht eingehen. Es wäre völlig unseriös gewesen, ohne genaue Markterhebungen einfach zu produzieren. Wir hätten Verlust machen können. Unsere Entscheidung damals war absolut richtig." Oder: „Ich hatte damals ein Angebot auf dem Tisch, ein Stück Felsen zu kaufen, in dem gut und gerne Gold hätte sein können. Der Preis war sehr stattlich für einen Felsen, geradezu unverschämt. Wir haben Messtrupps beauftragt, Felsanalysen anzufertigen. Als sie zurückkamen, war der Felsen schon verkauft. Die Analysen sagten, es könne Gold im Felsen sein, aber es sei zu 50 % unsicher. Erst später hat der dritte Besitzer Gold gefunden und ist reich geworden. Ich bekomme heute noch kalten Schweiß, wenn ich bedenke, wie nahe ich daran war, Milliardär zu sein." Oder: „Damals hätten wir diese beknackte Firma aus der Portokasse bezahlen können. Sie war aber nach herkömmlichen Bewertungsmaßstäben beknackt teuer, völlig absurd. Wir wollten uns auf vernünftige Maßstäbe einigen. Nichts. Heute ist die Firma aber jenseits von absurd teuer. Wir verstehen nicht, dass sie so sehr teuer ist, dass sie uns jetzt ihrerseits aus ihrer Portokasse bezahlen könnte. Wir haben schon angefragt, ob sie uns nicht kaufen will, weil es uns schlecht geht. Wir würden es billig machen. Sie haben gelacht."

Da das Management nicht gerne Risiken eingeht, weil es nicht einfach der SP-Haltung „No risk, no fun!" und auch nicht der intuitiven Haltung „Ich liebe! Das genügt! Voran!" folgen möchte, greift es lieber zur Mathematik, die das analytische Denken unterstützen soll.

Die Mathematik hat in der Planung und in der Risikoanalyse und im Versicherungswesen mit Triumph Einzug gehalten. Kreditrisiken, Versicherungsrisiken, Absatzrisiken können ganz brauchbar berechnet werden. Die Mathematik stellt sich so genannte Szenarien vor, die bei einem ungewissen Experiment herauskommen können. Beim Roulette können die Zahlen 0 bis 36 herauskommen und jeder bekommt nach den Regeln seinen Gewinn ausgezahlt. Eine Lebensversicherung ist in einem solchen

Spiel eine Art Spielbank und nimmt gerne Ihren Einsatz entgegen. Das Experiment sind Sie. Ihre Kugel rollt. Das Ergebnis des
Experimentes ist das Datum Ihres Todes. Je nach diesem Datum erfolgt die Geldausschüttung an die Begünstigten der Versicherung. Die Regeln und der Auszahlungsplan dieses Spiels sind
durch die Versicherungstarife festgelegt. Wenn die Regeln sinnvoll festgelegt sind, macht die Spielbank Gewinn. Der Gewinn
der Spielbank hängt aber vor allem davon ab, wie viele Gäste
die Spielbank besuchen. Es müssen sich also *viele* Menschen versichern, dann macht die Versicherung viel Gewinn. Deren Gewinn hängt deshalb sehr davon ab, wie attraktiv die Menschen
ihre Spielregeln, die Tarife finden. Leider verstehen die wenigsten
Menschen Versicherungstarife und deshalb beurteilt niemand
die Regeln an sich, sondern man vergleicht sie untereinander und
wählt die günstigste Versicherung. Damit das unterbleibt, versuchen wieder die Versicherungen, möglichst unterschiedliche Regeln zu verkaufen, damit diese nicht verglichen werden können.
(„Die Versicherung *dort* soll billiger sein?? Das ist ein ganz anderer Tarif! Wir haben auch Fingernagelbruch versichert! Die auch?
Nein? Sehen Sie?") Das ist Topimierung, klar. Die gehört zum
Verkaufen immer mit dazu.

Mit der Mathematik, der Statistik und der Optimierung, zum
Teil auch der Spieltheorie, werden die besten Versicherungs- und
Verkaufsstrategien berechnet. Banken berechnen Kreditrisiken,
Ausfallrisiken. Optionen am Kapitalmarkt geben die Möglichkeit, sich gegen Kursverfall zu versichern. Firmen berechnen
Währungsrisiken ihrer Exportstrategien und können sich wieder durch Futures und Optionen gegen solche Risiken versichern.
Die Aktienanlagen der Fonds werden so zusammengestellt, dass
es möglichst wenige Risiken gibt. Man wählt Aktien, die nicht
alle gleichzeitig steigen oder fallen. Bei Risikolebensversicherun-
gen, die bei Ihrem Tod fällig sind, ist es gut für die Versicherung,
wenn Sie lange leben, weil Sie dann lange zahlen. Bei Rentenversicherungen ist es gut für die Versicherung, wenn Sie gleich

nach der Einzahlungsphase keine Rente mehr fordern. Wenn die Versicherung es möglich machen kann, wird sie die Lebens- und Rentenversicherungen gerade in einem solchen Verhältnis verkaufen, in dem sie immer Gewinn macht. Dann ist für sie das Risiko weitgehend weg, dass zum Beispiel jemand ein Medikament gegen Herztod oder Alzheimer erfindet, so dass die Menschen älter werden, woran reine Rentenversicherungen zu Grunde gehen könnten.

Die Planungsvorstände mixen Marktdaten, Absatzzahlen der Vergangenheit und Umfrageergebnisse von Testessern oder Produktprobierern über ihre Produkte zusammen und prognostizieren die zukünftigen Verkaufszahlen. Controller kombinieren diese Prognosen mit Kostenbudgets und planen die Bilanz des nächsten Jahres, die dann praktisch bei Gehaltsstrafe den derzeitigen Mitarbeitern des Unternehmens zur Erreichungspflicht gemacht wird. Professionelle Aktienanalysten schauen am besten einmal kurz in diese Planung hinein und publizieren sie als ihre eigene Prognose, die dann Aktienanleger zur Grundlage einer Anlageentscheidung nehmen.

Alle Risiken, für die Erfahrungen oder Zahlen vorliegen, werden so berechenbar und damit behandelbar gemacht. In den mathematischen Prognose- und Planungsmodellen wird vom Management die optimale Entscheidung getroffen. Das kann bei guter Datenlage ein Computer bald allein.

Unternehmen setzen die Wissenschaft der Mathematik und die Computer vor allem dazu ein, die Unternehmen noch SJ-artiger zu machen, als sie es schon sind. Alles wird planbarer, schwankungsärmer, im Voraus bekannter, lenkbarer. Es herrscht Ruhe, ohne Risiko.

Das Drama des heutigen Managements mit mathematischer (man sagt: „analytischer") Planung liegt darin, dass für fast noch nichts gute „harte" Zahlen vorliegen. Darüber habe ich ja schon das ganze Buch über gejammert. Die heutigen Systeme enthalten nur eigene Umsatzzahlen, verkaufte Stücke, Preise, Gewinne, Mitarbeiter, Gehälter. Nicht aber neue Produkte der Konkurrenz, deren Absatzzahlen, die Marktschätzungen der nächsten Jahre, die zahlenmäßige Auswirkung des Technologiewandels etc. Diese Zahlen werden entweder ignoriert oder geschätzt oder „topimiert" oder von Beratungsunternehmen teuer gekauft. Beratungsunternehmen schätzen Marktzahlen in Studien, das heißt, sie fragen Unternehmen nach diesen Zahlen, die aber die Unternehmen ja nicht wissen und dann als Antwort schätzen. Der Durchschnitt dieser Schätzungen wird als besser empfunden als eine eigene Schätzung und deshalb kaufen die Unternehmen lieber den Durchschnitt der Schätzungen von Beratern. Das ist pure Not. Für gute Prognosen gibt es heute viel zu wenige Daten und oft nur schlechte. Deshalb fühlen sich die SJ-Manager nicht so ganz wohl, auch wenn sie sich alle möglichen Zahlen dieser Welt besorgt haben. Da sie selbst oft topimieren, wissen sie, dass die Zahlen ebenfalls topimiert worden sind. SJ-Manager wissen, dass die Risiken mit den vielen Zahlen nicht wirklich unter Kontrolle sind.

Ich will sagen: Die Mathematik kann allerdings nur mit Risiken umgehen, für die Erfahrungen und Zahlenwerte der Vergangenheit vorliegen. Wenn solche Erfahrungen überhaupt nicht vorliegen, ist nichts zu machen. Wenn Erfahrungen vorliegen, aber die Daten schlecht sind, ungenau, topimiert, gelogen, geschätzt, dann ist nicht mehr viel zu machen. Die Manager von heute wissen das und pochen immer stärker auf gute Zahlen, um die Zukunft besser sehen zu können. Sie rufen nach Computern, die alle Daten enthalten. Nach Enterprise Data Warehouses, in denen alle Information liegt. Genau. Untopimiert. Aktuell. Vollständig. Informationsdicht.

Springen wir nun wieder in die Welt des Neuen, des Internets, in die virtuelle Welt. Ein neues Internetunternehmen wird unter dem Dach eines Netincubators in etwa sechs bis achtzehn Monaten vollständig „hochgezogen". Denken Sie daran, wie alt Amazon, eBay, Yahoo sind. Oder uBid, Blue Mountain Arts oder Mirabilis. Eine Gruppe von jungen Leuten hat die geniale Idee einer Start-up Company. Sie brauchen drei bis sechs Monate, um sich umzusehen, ob sie ein Netincubator aufnimmt. Ein paar Monate gehen für Verhandlungen und Planungen und erste Geldbeschaffung ins Land. Dann beziehen sie ihre Garage und fangen an, den Leitstern über dem Flachdach. Zwei Jahre harte Arbeit und Wetteifer, dann kommt die Stunde der Wahrheit. Diese Zeitdauer ist kürzer als die zwischen olympischen Spielen, sie ist kürzer als die Arbeit an einer Dissertation und kürzer als manche Diplomarbeitszeit. Statt einer Dissertation auf einer halben Assistentenstelle in vier Jahren kann ein junger Mensch heute in der halben Zeit, die er für eine Doktorarbeit brauchte, Millionär mit den ersten Aktien der Company werden! Er kann in ein Jelled Team eintreten, Pizza essen und so richtig arbeiten, erfüllt von Glück arbeiten. Er muss nicht allein an einer Dissertation stöhnen, die die Einsamkeit bei der Forschung nur aus Prüfungsgründen verlangt. Ist das ein großes Risiko? Zwei Jahre bei relativ normalem Gehalt schuften und dann vielleicht Millionär sein? Und wenn das kleine Start-up floppt, kann er weitere zwei Jahre, nun als Veteran, einen neuen Versuch machen. Jedes zehnte Start-up gelingt, also schafft er es irgendwann, Millionär zu werden. Das sind die Gesetze der Garage.

Große Organisationen planen das Neue nicht in der Garage. Sie planen es mit Zahlen. Wer eine neue Idee hat, wird aufgefordert, Zahlen und Prognosen zu bringen. Nehmen wir Mirabilis. Was sollen die israelischen Studenten sagen? Wie viele Millionen Menschen werden sich ihre Software herunterladen? Werden sie überhaupt bekannt? Wenn nun ein großer Konzern wie Microsoft diese Idee sieht, kann er dann nicht in ein paar Wochen auch so ein Programm ins Netz werfen? Ist dann nicht Mirabilis mausetot? Wer garantiert denn, dass die Firma aufgekauft wird? Wie viel ist sie wert? Wenn sie nur zehn Millionen $ wert ist, ist der Aufwand zum Verschenken zu groß! In großen Organisationen werden solche Zahlen unerbittlich verlangt. Diese Zahlen aber gibt es nicht, weil keine Erfahrung dafür da ist. Die Intuitiven sagen: „Wir sehen, dass es klappen kann! Wir glauben daran! Das genügt! Bring it on!" Die Analytiker aber wollen Zahlen. Die Intuitiven schreien voller Ungeduld: „ES GIBT KEINE ZAHLEN!" Da erwidern die Analytiker und Controller: „Das sagen alle. Oh nein. Das kennen wir schon. Wir sind ganz sicher, dass wir Zahlen sehen wollen."

Damit Sie *diese* Antwort verstehen können, war ich oben ein wenig langatmig. Ich habe erklärt, dass es in normalen Geschäften an Datenverfügbarkeit und an Datengenauigkeit fehlt und dass der Controller eines Unternehmens von Topimierern umgeben ist und vielleicht ihr Meister ist. Dieser Analytiker kämpft sein ganzes Leben um Zahlen, die ihm aus Faulheit, Angst und Topimierung nicht oder falsch oder zu spät gegeben werden. Dieser Analytiker kann in großen Organisationen meist aus dieser seiner Lage heraus überhaupt nicht verstehen, dass es manchmal gar keine Zahlen geben kann.

Die Intuitiven schreien: „Es gibt keine Zahlen!" Der Analytiker an der Unternehmensspitze aber lächelt über diesen ungeschickten Versuch, zu vernebeln oder auszukneifen oder es bequem zu haben. Er will Zahlen. Unerbittlich. In der Garage sind unterdessen die ersten Überstunden geleistet. Von jungen SP, die einfach anfangen. „No risk, no fun."

Nach zwei Jahren liegen Erfahrungen vor, wie viele Bücher Amazon.com verkauft und wie viele Menschen auf dem Internet Bücher bestellen oder ihre Kreditkartennummer eintippen. Amazon nennt alle Daten detailliert im Quartalsbericht. Nun können auch die Bosse der großen Medienkonzerne aus den Zahlen schätzen, wie viel so ein neues Unternehmen bringt. Antwort: Etwa die gleichen Kosten für den Aufbau des Unternehmens wie bei Amazon, dafür ein Mini-Marktanteil, der noch übrig bleibt.

Das Alte verharrt, weil es auf bewährten Systemen ruht, die lange Erfahrung in sich tragen. Das Bewährte hat alle Risiken längst im Griff. Es scheut Risiken, weil sie ein Systemversagen signalisieren.

Auf Systemversagenssymptome reagieren die Hüter der Ordnung mit Reparaturen. Ein paar neue Fenster, eine neue Haustür für ein neues Image. Ein Medienkonzern sieht Amazon.com als Systemstörung und reagiert durch eine eigene Internetbuchhandlung, weil das jetzt Mode ist. Banken hängen sich eine Internetbank an, weil dies jetzt Mode ist. Meist sind diese Anhängsel ein Verlustgeschäft, was man sich leistet, um im Trend zu liegen. Die Konzerne verstehen nicht, dass dies der Anfang vom Ende des Alten ist. Wenn sie die Internetanhängsel als ihre Zukunft sähen, würden sie anders agieren. Nämlich richtig.

Wenn ich eine Frau „erobern" möchte, erhöhe ich durch „Werben" die Wahrscheinlichkeit, dass sie in der Sekunde der Wahrheit JA haucht. Ich arbeite unablässig für dieses Ziel. Ich schätze nicht, hole keine Zahlen, überlege nicht, wie lange es dauert oder ob ich zu essen habe. Ich habe Angst, dass ein anderer geküsst wird. Die Liebe gibt Kraft und Glauben. Dies ist das Paradigma des Start-ups.

Das Alte aber ist stabil und auf stetiges Überleben bedacht, in immer wachsenden Wohlstand hinein. Das Alte fürchtet nur den Tod. Damit diese Furcht das Alte nicht durchzieht und aushöhlt, sieht es den Tod nicht als Möglichkeit. Das Alte schließt vor ihm die Augen.

Wenn ich älter werde, zähle ich meine Falten und meine Ringe an den Hüften. Ich zähle meine ersten grauen Haare. Sie alle sind Symptome an mir, dass sich etwas zum Besseren verändert. Jüngere Menschen als ich haben keine Falten, kein Fett, satte Haare. Ich dagegen bin weise und habe Erfahrung, die, wie ich erkannt habe, viel wichtiger ist als das Jugendliche, das sehr schnell vorübergeht, wie bei mir. Meine Weisheit aber und meine Erfahrung bleiben mir. Was sich verändert, ist dies: Ich komme durch meine Weisheit und meine Erfahrung gegenüber der Jugend in Vorteil. Alle Symptome deuten darauf hin. Ich verzichte jetzt darauf, zu sehr auf meine Schönheit abzuheben, weil ich jetzt endlich Weisheit und Erfahrung habe und Schönheit endlich nicht mehr nötig habe, sondern ich mache da ein Outsourcing. Ich lasse von meinen Firmenlieferanten Faltenkreme und Haarfarbe liefern. Ich lasse jetzt andere tapezieren und den Garten pflegen, weil dies die Zulieferer besser können als ich. Ich bin ja im Beruf und verdiene an Überstunden mehr als ich den Zulieferern bezahle. Ich verdiene so wahnsinnig viel Geld, dass ich mir ein neues Gebiss, neue Haare und Massagen leiste. Ich stehe den Jungen in nichts mehr nach. Ich ziehe mich auf meine Kernkompetenzen und meine Kerngeschäftsfelder zurück. Ich konzentriere mich auf das wenige, was ich sehr gut kann. Dabei nutze ich meine Weisheit und meine Erfahrung. Ich will meine Stärken voll ausspielen und mich nicht verzetteln. Ich bin sehr zufrieden. Die anderen machen immer mehr Arbeiten für mich. Sie bringen mir das Essen. Es ist fabelhaft. Die Zulieferer können besser kochen als ich. Ich brauche kaum noch Zeit, um alles zu regeln. Ich kann oft schon wieder einmal etwas im Fernsehen anschauen. Immer mehr Zulieferer unterstützen meine Kernintelligenz. Ich fälle nur noch die wichtigen Entscheidungen. Sie bringen mich ins Bett und füttern mich. Am Bett versammeln sich meine potentiellen Nachfolger. Ich bin ihr Mittelpunkt.

Das Leben „des" Erwachsenen ist das Paradigma des Alten. Es stabilisiert das Weiterleben, das stete Hinausschieben. Es passt die Ziele notgedrungen den Gegebenheiten an. Es maximiert die Wahrscheinlichkeit, dass es keinen großen Umbruch gibt. Es wehrt sich gegen die Geier und Hyänen, die sich ganz langsam näher herantrauen.

Wenn der Kurs einer Aktie fast ohne Schwankungen ganz langsam immer weiter nach unten fällt, immer weiter nach unten, ganz langsam, dann hat der Kurs nach dem mathematischen Prinzip der Varianz kein Risiko. Er schwankt ja praktisch nicht. Deshalb zahlen die Anleger für ein solches überraschungsarmes Papier mehr Geld als für eines das unter heftigen Schwankungen fällt. Das ist mathematische Logik.

4 The Shape

In der neuen Welt, unter den Gesetzen der Garage, wird die Zukunft hergestellt, in die eigene Hand genommen. Die alte Welt schrumpft auf das Notwendige zusammen. Ich halte öfters Reden, in denen ich nachweise, dass die Aktienbewertung von Amazon.com so ungefähr richtig ist, dass die Verluste sehr klein sind (nur 40 $ pro Neukunde, wohingegen deutsche Stromlieferanten etwa 75 € Kosten für jeden Ummelder einkalkulieren), kurz, dass alles seine Richtigkeit hat. Es wird stets heftig gestritten und dann kommt von meinen Gegnern immer das finale Argument, dass Amazon virtuell ist, nichts Greifbares, ein Computer, der Bücher schickt. Amazon würde auf der Stelle verschwinden, wenn niemand dort mehr Bücher kauft. Kein Sachwert, nichts.

„Amazon ist nicht nachhaltig, wie Daimler oder eine Bank mit Innenstadtgrundstücken. Die bleiben. Amazon besteht aus Hoffnung, ist nicht real. Daimler ist real." So die Essenz der Aussagen.

Reale Buchhandlungen gibt es in dieser Unzahl nur noch wegen der Preisbindung. Apotheken nur noch wegen des Gesetzes. Die Krankenkassen sind von 1.100 vor einigen Jahren auf die Hälfte geschrumpft. Daimler selbst sagt, es sei nur Platz für vielleicht sieben oder fünf Autohersteller. Die Autoindustrie könnte sich im Zuge der kommenden Brennstoffzellen stark verändern. Banken fliehen in Fusionen. Energieerzeuger fliehen in Fusionen. Die Telekommunikation ist in einem atemberaubenden Umbruch. Der Zwischenhandel, Großhandel verschwindet nahezu komplett in B2B (Business to Business) Computeranwendungen. Handelsriesen bilden sich. Reisebüros verschwinden, wenn sie nicht ins Internet abwandern. Und ich frage Sie alle: Was ist denn noch real?

Ich habe für die Geschäftsführung der IBM einmal an einer Liste von spinnigen Ideen gearbeitet, was denn so in zehn Jahren möglich sei auf dieser Welt. Das ist eine sehr gute Übung. Uns fällt nämlich nichts Gescheites ein. Vor sieben, acht Jahren wäre uns das Internet auch nicht eingefallen. Ich habe 1977 ein Zitat eines damaligen Computerfirmenchefs gelesen, es hieß ungefähr: „Es ist für mich absolut unvorstellbar, dass ein Privatmensch zu Hause Computer benutzen sollte. Wozu?" Wer heute nachdenkt, hat wiederum keine guten Ideen. Ich höre immer welche über selbstbestellende Kühlschränke oder singende Waschmaschinen, die die Aktienkurse wissen. Verstehen Sie, was diese Ideen bedeuten? Sie bedeuten, dass neue gute Ideen nicht so einfach herumliegen. Wir haben im Allgemeinen nicht so arg viel Phantasie, wie wir glauben. Schreiben Sie Ihre Ideen jetzt sofort auf und schauen Sie sie in zehn Jahren wieder an. Es wird Freude machen und sollte Ihnen dann eine Party wert sein. Oder sie kaufen schon heute den passenden Saint Julien Grand Cru Classé, der dann ungefähr trinkreif ist. Der Geschmack in zehn Jahren ist vielleicht das Sicherste, was wir uns heute schon vorstellen können. Ich habe eine Menge Ideen aufgeschrieben, was es in zehn Jahren auf der Erde so geben wird. Das war 1997. Leider gibt es alles heute schon. Wir hatten uns dramatisch verschätzt.

Ich schreibe hier einen Absatz, wie ich mir einige Aspekte der Zukunft vorstelle. Nur so, um Ihnen ein Gefühl zu geben, was Zukunft sein kann. Und was wir tun werden: Die virtuelle Welt besetzen wie die Europäer einst Amerika.

Vielleicht kennen Sie LINUX. Es ist ein neues Betriebssystem, das von vielen tausend Menschen auf der Welt in ihrer Freizeit programmiert wird. LINUX wird kostenlos abgegeben. Es kostet tatsächlich doch etwa 50 $, weil man noch ein Handbuch etc. dazubekommt. Technisch gesehen ist LINUX ein riesiges Softwareprogramm, welches aus einigen Millionen „lines of code", also Programmzeilen, besteht. Es wird von vielen, vielen Menschen gemeinsam gebaut. Menschen, die an einem gemeinsamen großen Werk bauen und dies dann der Menschheit zur Verfügung stellen. Die LINUX-Meister sind stolz. Es darf nicht jeder bei LINUX mitmachen, natürlich nicht. Ich würde da Schreckliches anstellen. So, wie Sie bei einem guten Chor erst vorsingen müssen, gibt es Aufnahmeregeln in die LINUX-Welt der Meister.

Früher haben viele tausend Menschen zum Lob und zur Ehre Gottes erstaunliche Leistungen im Kirchenbau vollbracht. Bildhauer, Maler, Steinmetze haben im Auftrag der Städte Wunder gewirkt. Menschen haben ehrenamtlich an Kirchen mitgebaut, nicht nur den verlangten Schanzdienst an der Stadtmauer abgeleistet. Die Kirchen bilden heute einen Kern des Weltkulturerbes. Kirchen, Burgen, Stadien, Amphitheater, Brücken, Aquädukte, Straßen, Gärten, Statuen, Pyramiden, Gräber sind unser Kulturerbe, an dem so viele Menschen gemeinsam arbeiteten. Es ist uns den einen oder anderen Urlaub wert, diese alten und zu großem Teil langsam verfallenden Denkmäler unserer Geschichte anzusehen und davon Amateurfotos zu machen. Wir selbst bauen nichts Neues, was eine Chance hätte, in tausend Jahren jemanden zum Urlaub zu verführen. Zu teuer. Kulturerbe schaffen ist heute Geldverschwendung. Mit dem Geld würden wir lieber marode Wirtschaftszweige unterstützen oder die Schulden abzahlen, was aber nicht geht, weil wir Schulden haben müssen: Denn niemand kann Geld herumliegen sehen, ohne es sofort auszugeben, damit er Wählerstimmen bekommt. Für Kulturerbe bekommt niemand Wählerstimmen, weil der Bau von irgendetwas länger umstritten ist als eine Wahlperiode dauert. Im Endergebnis bauen wir keinesfalls an einem Kulturerbe und haben nicht einmal Geld, das Alte zu erhalten.

Ich schlage hier vor, eine virtuelle Welt nach der Art von LINUX zu bauen. Viele tausend Menschen programmieren diese neue Welt?

Versetzen Sie sich in ein 3D-Spiel im Computer. Dort laufen Soldaten herum und streiten sich mit der Superfrau Lara Croft. Die Scharmützel finden an Orten statt, die an Urwälder oder ägyptische Museen erinnern. Wenn Sie am Joystick sitzen, lassen Sie Lara Croft in dieser Landschaft herumlaufen, hüpfen, springen, hangeln, klettern, tauchen, schwimmen. Immer neue Landschaften tauchen auf. Sie entdecken mit Lara eine neue Welt und bestehen Abenteuer. Statt nun in dieser virtuellen Spielarena von Tomb Raider 1,2,3,4 usw. herumzulaufen, könnten wir doch echte Programmierarbeit in den Aufbau einer virtuellen Welt leisten. Wir könnten die ganze Erde räumlich digitalisieren und dann auf ihr virtuell verreisen. Ich stelle mir das so vor, dass viele freiwillige Menschen erst einmal mit begrenzten kleinen Teilen der Welt beginnen: mit Pompeji, Ephesos, mit der Innenstadt von Jerusalem, Mekka. So wie der Falk-Verlag mit den großen Ringbuchkartenbüchern langsam immer größere Teile von Deutschland in Detailkarten erfasst. In der ersten Stufe könnten wir allein im leeren Pompeji herumlaufen und alles bestaunen, ohne hinreisen zu müssen. In der zweiten Stufe bevölkern wir die Szene wie in den Schießspielen im Mehrkampfmodus.

Die PC-Spiele kennen den Mehrspielermodus, bei dem mehrere Spieler mit ihrem PC per Netz verbunden sind. Sie wählen sich eine Person als Spielfigur, irgend so eine Kreuzung aus Drache und Rambo oder eine mehr übertrieben naturbelassene Frauengestalt. Diese Spielfiguren werden in so eine Arena gesetzt und kämpfen bis zum Tod miteinander (death match). Sie sehen, das, was ich möchte, gibt es schon. Wir könnten beim Betreten des virtuellen Pompeji eine Spielfigur wählen und als diese in dieser künstlichen Welt besichtigen gehen. Sie wählen sich auch eine Figur und wir gehen gemeinsam. Sie per Internet, ich per Internet. Wir unterhalten uns über die Gemälde in Pompeji über Mikrofon und Netz. Es ist genau so, als ob wir gemeinsam einen Ausflug machen.

Nächste Stufe: Die Spielfiguren werden perfektioniert. Sie heißen übrigens nicht Spielfiguren, sondern Avatare. Avatar ist die korrekte Bezeichnung für einen digitalen Stellvertreter im Netz. Sie können aus unendlich vielen Avataren einen wählen, der so ähnlich aussieht wie Sie. Das mache ich auch. Dann erkennen wir uns in Pompeji. Wir können auch unsere Nachbarn erkennen, wenn sie da sind, und uns mit ihnen unterhalten. Alles per Sprache am PC. So etwas entsteht im Netz ebenfalls schon. Besuchen Sie doch einfach die Vzone (virtual zone) auf www.avaterra.com.

Nächste Stufe: In jeder Stadt gibt es kleine digitale Vermessungsunternehmen, die uns gegen eine Gebühr dreidimensional digitalisieren. Wir bekommen also nicht so etwas Triviales wie ein digitales Foto von uns, sondern einen echten Avatar von unserem nackten Körper, der genau so aussieht wie wir. Dann können wir uns digital in einem Kaufhaus im Netz einkleiden. Wir machen einen virtuellen Einkaufsbummel! Dann treffen wir uns wieder in Pompeji. Wir erkennen uns jetzt genau. Sie sind wie aus dem echten Leben und ich sehe sofort, dass Sie beim Avatarisieren die Luxusversion gewählt haben, mit höchster Auflösung und etwas Retusche. Sehr schmuck. So können wir uns später an den Pyramiden in Ägypten zum Kaffeeausflug treffen. Wir laufen da herum und klönen miteinander, jeder am PC. Der Kaffee dampft zur Krönung neben uns.

Nächste Stufe: Die ganze Welt wird digitalisiert. Wir können uns jetzt bei mir zu Hause vor dem Haus treffen (innen wird wohl lieber nicht digitalisiert). Wir können meinen Lieblingsspazierweg gehen, zur Eisdiele nach Neckargemünd. Wenn wir echten Urlaub machen wollen, laufen wir in Rhodos virtuell am Strand entlang und suchen uns ein Hotel aus. Wir können es dort online buchen, mit Garantie, dass es so aussieht, wie es gerade virtuell aussieht. Wir müssen etwas vorsichtig sein, wegen des Kommerzes. Dafür könnte man überall Werbung hinhängen, die es in Wirklichkeit nicht gibt. Und gegen Aufpreis beim virtuellen Reisen sieht man nur die Werbung, die echt da hängt. (Da gibt es natürlich jede Menge Wechselwirkungen und Komplikationen, weil nicht so richtig klar ist, was jetzt virtuell ist und was echt.)

Nächste Stufe: Wir heben zu wissenschaftlichen Zwecken die virtuelle Welt zum Monatsersten immer auf und speichern sie in der Universität. Damit werden für unsere Nachfahren Zeitreisen möglich, und das Studium der Archäologie ist nicht so ein abstrakter Scherbenhaufen. Es muss auch möglich sein, Erdbeben oder Busunglücke mitzumachen, um wenigstens einige reale Erfahrungen zu bekommen, wenn wir vor dem Bildschirm sitzen. So eine Welt, in der richtige Action ist, kann gegen Eintritt als Disney-Version angeboten werden.

Nächste Stufe, die sicher früher einsetzt: Wir vergessen einmal die flaue Welt, in der wir leben, und bauen eine ausgedachte, wie wir sie uns wünschen. In dieser treffen wir uns nach der Arbeit. Die Erschaffung solcher virtueller Welten ist in dieser Stufe keine Abkupferei von Bekanntem, sondern sie stellt die Schöpfung von Kulturerbe dar. Sie ist ein Pendant zu dem Bau von Burgen und Schlössern oder Vergnügungsparks. Dieses Kulturerbe sollte von vielen interessierten Menschen in Heimarbeit wie LINUX hergestellt werden. Wir schaffen eine Welt, von der wir immer geträumt haben. Virtuelle Paradiese oder ein Nirwana, für jeden das Seine. Die Welt des Sportes wird in diese virtuellen Arenen gelegt.

Es gibt viele Aspekte des Kommerzes in dieser Welt. Wer darf wo werben oder Spielhöllen aufstellen? Psychologisch gesehen könnten sich Menschen schämen, nicht so schön wie ihre eigenen Avatare auszusehen. Sie könnten ja auch wunderschöne Fremdavatare kaufen und fremd gehen. (Claudia Schiffer könnte sehr viel Geld verdienen durch Verkauf von Avatarmodulen. Sie wird später traurig sein, dass es heute noch keine Digitalisierungsagenturen gibt!) Das ist dann arg geschummelt, wenn man einen Lebenspartner in der virtuellen Welt finden will. Ich denke aber, dass es Schutzanzüge geben wird, die man vor dem PC als Kleidung trägt, die Berührungen simulieren, so dass ich also etwas fühle, wenn jemand meinen Avatar an einer bestimmten Stelle in der virtuellen Welt angerempelt hat. Vielleicht ist es dann besser, die wesentlichen Bekanntschaften nur virtuell zu machen, weil mein Avatar so schön ist. Kinder gibt es dann nur gegen Reagenzglaspäckchen und das Baby wird sofort digitalisiert und als Avatar mitgebracht. Babys sind immer süß. In der virtuellen Welt ist das Problem der Sterblichkeit nicht so drängend, weil man ja den Avatar jung behalten kann. Das ist sogar billiger. Es gibt da einen ganzen Rattenschwanz von philosophischen Problemen, die ich aber hier nicht ausbreiten möchte.

So. Das war ein Ausflug in eine neue Welt. Dort werden wir uns treffen wie bei Avaterra. Verstehen Sie, wie weit eine neue Welt von der heutigen entfernt sein kann? Und diese Welt, die ich als Beispiel anführte, ist mit den heutigen technischen Mitteln schon erreichbar. Die Rechner müssen noch stärker werden, aber grundsätzlich ist der Weg frei. Es geht auf eine echte Reise in eine unbekannte Zukunft. Die Start-up Companies werden in den Garagen diese Welten bauen. Oder die LINUX-Gemeinschaften werden das Schicksal der Welt bestimmen. Sie werden der neuen Welt Gestalt verleihen. The Shape. Ich finde das englische Wort richtig passend: Shaping the new world. Verzeihung. Wenn Sie eine gute Übersetzung wissen, schreiben Sie mir.

Die Menschen haben erst um das physische Leben gekämpft, um Raum, um Nahrung. Heute geht es ihnen stärker um Geld und Anerkennung. Die Landwirtschaft und die Produktion der Güter verschwinden mehr und mehr als Arbeitgeber. Die Menschen arbeiten heute zunehmend in Services und in „Wissensberufen". In etlichen Jahren werden sie hauptsächlich an der Erschaffung der neuen Welten arbeiten. Wir werden unser Geld dafür ausgeben, in den neuesten virtuellen Welten leben zu dürfen. „Hast du ein Passwort für 17.0? Ich darf nur in 13.0."

Gehen wir in einen Markt, in dem Computerspiele angeboten werden. Die neuesten, die jünger als drei Monate sind, kosten zwischen 39 und 49 €. Daneben gibt es Sampler mit Spielen: 2700 alte Spiele für 14,99 €. Laufen auf alten Computern, die keiner mehr will. Wer diese Spiele spielen muss, weil er keine Grafikbeschleunigerkarte in der Maschine hat, leidet an Digitalarmut. Menschen werden in Zukunft alle genug zu essen haben und Wohnungen gibt es auch für jeden. Die Möbel sind nicht so wichtig, weil die Avatare viele schönere digitale haben. Die reichen Avatare können sich in frischdigitalen Superwelten treffen, was viel Geld kostet. Die armen Menschen, die nicht viel Geld verdienen, weil sie nicht programmieren können oder keine Digitalentwürfe machen, müssen ihre altmodischen Avatare in Digitalarmut leben lassen. Digitalarmut bedeutet, dass der Rückstand etwa vier/fünf Jahre beträgt. Wer heute einen fünf Jahre alten Rechner hat und fünf Jahre alte Spiele spielt, ist hoffnungslos rückschrittlich. Die Digitalwelten, die schon fünf Jahre alt sind, will niemand mehr geschenkt haben. Die Software (DOS oder Word 5.0 ohne Wysiwyg) früherer Jahre würdigt niemand mehr eines Blickes. Der Reiche unterscheidet sich vom Armen in der Zukunft wie Word 5.0 von Word 2000 oder DOS von LINUX: Um ein paar Jahre Fortschritt. Der Digitalarme darf das Alte kostenlos downloaden. Er lebt quasi wie von Sozialhilfe. Er lebt zwei, drei Releases zurück. Der Fortschritt schreitet so schnell!

Wer die Zukunft beherrschen will, muss bedingungslos kreativ sein. Er muss das Morgen vor Augen sehen können. Er geht ohne Zögern und mit Zuversicht in die neue Ideenwelt. Er ahnt die Gesetze der Zukunft und das Sinndesign von morgen. Er kennt die Menschenwerte von morgen aus der Intuition heraus. Er wird die Zielfunktionen der Menschen eher revolutionär ändern als inkrementell. Nicht immer ein bisschen anders, nein, ganz anders. Möbel- und Textilfabrikanten verkaufen jedes Jahr etwas ganz anders Aussehendes. Dieser Wechsel ist der Wechsel der Mode. Alles wird hier ständig anders, aber Tische sind weiterhin Tische und Hosen sind Hosen, nach wie vor. Die virtuelle Welt aber wird ganz anders.

5 Creatuition

Die Zukunftsvision haben Sie schon den Gurus in aller Welt nicht geglaubt und mir werden Sie wohl ebenfalls nicht glauben. Schauen Sie mit mir aber einmal in die Vergangenheit: Mein Vater war Bauer. Als ich ein Kind war, arbeiteten viele, viele Menschen auf unserem Bauernhof. Heute aber bietet er allenfalls einen halben Arbeitsplatz. Ich habe in meiner Jugendzeit immer mit aufgerissenen Augen die wütenden Diskussionen der Erwachsenen verfolgt, wenn wieder etwas Neues hereinbrach. Die Ackerwagen mit den Holzspeichenrädern wurden durch „Gummiwagen", wie wir damals sagten, abgelöst. Gummiwagen können ein Vielfaches der schmalen Ackerwagen aufnehmen, sind breiter und fallen nicht immer um, wenn Waghalsige zu viel Stroh aufgetürmt haben, um mit einem Rekordpacken die Scheune zu erreichen. Es gab Streit: Wer so viel auf Wagen lädt, macht so viel Bodendruck auf den Acker, dass die Ackererde niedergedrückt wird. Der Boden wird unfruchtbar, der Bauer verliert seine ganze Habe. Der Bodendruck berechnet sich aus Gewicht geteilt durch Fläche der Reifen, die den Boden berühren. Der Gummiwagen hat eine größere Reifenfläche auf dem Boden, also ist der Bodendruck nicht größer. Hat keiner geglaubt. Trecker ruinieren den Acker ganz genau so. Sie sind irrsinnig teuer gegenüber Pferden und unzuverlässig, weil sie dauernd kaputt gehen. Ein Pferd aber ist treu. Bei der Ernte halfen ganze Dorfbevölkerungen mit: Spinat schneiden (gut für den Rücken!), Erbsen pflücken, Bohnen pflücken, Kartoffeln roden und sammeln, Möhren ernten, Porree, Steckrüben, Kohl aller Art, Zuckerrüben roden, Heu machen und so weiter. Vieles davon kam in die Konservenfabrik, die heute in Taiwan steht. Massenweise Handarbeit, jeder konnte Geld verdienen, wie er wollte. Dann dachte jemand nach, dass ein Bauernhof ja vielleicht nur Erbsen oder nur Weizen anbauen könnte? Arbeitsteilung? Jahrelanges Geschrei: Der Boden ist es gewöhnt, immer andere Früchte zu tragen. Er wird ruiniert. Anfang der 60er begann die Aufteilung der Betriebe in reine Viehhaltungs- und Landbearbeitungsbetriebe. Mein Vater gab die Viehhaltung auf. Der Gewinn war überraschend wenig niedriger, er musste aber nicht um vier aufstehen, konnte öfter Urlaub machen und hatte im Winter etliche Wochen fast nichts zu tun. Das gab richtig Streit: Wenn alle kein Vieh halten, gibt es keinen Kuhdünger mehr und das Land geht drauf. Kunstdünger ist schädlich.

Wenn Bauern im Winter „am Ofen sitzen", ist dies offensichtlich eine Fehlentwicklung. Es kann nicht gut sein, wenn plötzlich Zeit da ist? Wo ist die Zeit? Spezialisierte Landwirte müssen doch faul sein? Mein Vater musste um seine Aufbaukredi-
te kämpfen, weil die Behörden misstrauisch wurden. Ein Wasserklosett wurde argwöhnisch beäugt. Wieder wird Dünger für
das Feld einfach in die Kanalisation gespült! Das Wasserklosett
ist ein weiterer Sargnagel der Menschheit. Bald danach begann-
nen die Menschen, sich nicht mehr mit in Sechstel geschnitte-
nen Seiten der Hildesheimer Allgemeinen Zeitung zu reinigen,
was harte Konstitution verlangte, sondern sie kauften Toilettenpapier! Und warfen Zeitungen in den Müll! Wieder Skandal-
diskussionen im Dorf, verschärft dann durch das Aufkommen
der Papiertaschentücher. Die Pferde verschwanden. Die Erbsen-
pflücker wurden nicht mehr gebraucht, sie begannen bei VW in
Braunschweig zu arbeiten. Nur noch Rüben, Weizen, Roggen,
Hafer, wenn's sein musste. Die Erntemengen stiegen sagenhaft an.
Die Höfe wurden menschenleer. Vorher: Melken, Hühner füttern, Eier sammeln, Schweine füttern, Gras holen, Mähen, Kü-
he austreiben, Rübenblattmieten anlegen für den Winter, Obst
pflücken, Einmachen, Marmelade kochen, Obstwein bereiten,
Saft kochen, Fleisch pökeln, Wurst eindosen, Schinken räuchern,
Sahne abschöpfen, Buttermilch machen, Essen ins Feld bringen,
Obst auf Stiegen für den Winter lagern und prüfen (dann gab's
Apfelmus). Pflaumenkuchen backen, Kräuter und Strohblumen
trocknen. Liebe Leser, haben Sie das alles vergessen? Den Duft
der Felder, die Hummeln, die krummen Rücken, die zerstörten
Hüftgelenke, das verhutzelte Altern mit rotbraunem Allwetterge-
sicht?

Heute kommen riesige Kartoffelerntemaschinen, die auf Te-
lefonanruf das ganze Dorf im Nu gegen Rechnung absammeln.
Die Menschen kaufen Kartoffeln im Laden und regen sich längst
nicht mehr auf, wenn 10 % der Kartoffeln auf dem Felde bleibt,
weil die Maschinen sorgloser sind als alte Bauern. Niemand geht
mit einem Sack hinaus. Die Äpfel- und Kirschalleen an den Stra-

ßen werden durch Linden ersetzt, weil die verschmähten herabfallenden Äpfel den Verkehr gefährden. Es gibt alles im Laden. Die Spezialbauern verdienen Geld durch den Anbau spezieller ganz mehliger Kartoffeln für Bahlsen-Chips. Andere verstehen sich auf das Anbauen exzellenter Braugerste für Feldschlösschen Bier.

Ein einziger Bauer kann heute zwei Höfe allein bewirtschaften, wenn er das Getreidemähen etwa durch Fremdfirmen besorgen lässt, um nicht alle teuren Maschinen selbst haben zu müssen. Es ist einsam geworden, technisch. Es duftet oder stinkt nicht mehr. Innerhalb von etwa 20 Jahren.

Ich will nicht trauern, wettern, jubeln. Ich will Sie erinnern, wie schnell sich alles ändert. Wie unerwartet alles über uns kommt. Wie wir uns sträuben. Wie wir alles besser wissen. Wie wir das Scheitern voraussagen. Und dann geschieht es. Mit uns. Ohne uns. Einfach so.

Früher sind wir auf Bäume geklettert und von ihnen gefallen, haben Strohbundhäuser in Scheunen gebaut, Gänge und Tunnel. Schnitzeljagden. Flussdämme. Baumbuden. Spatzenfallen. Luftgewehre. Wir haben Schollen in das Teicheis mit Beilen geschnitten und sind Floß gefahren und haben uns mit Stangen ins Eiswasser befördert (eine Woche kein Taschengeld). Haben Flöten aus Weiden geschnitzt. Auf Grashalmen musiziert. Frösche gefangen. Haselnüsse gestohlen und die ersten Pflaumen. Bis Fury und Flipper kamen. Heute ist im Dorf kein Kinderlärm. Nur abends vereinzelt Torschreie.

Noch einmal: Das ist nur 30 Jahre her.

Und wenn ich heute mit Vorständen über die neue Zeit spreche; wenn ich das Ende ganzer Industriezweige verkünde, das Ende der Banken, die sich auf ein paar Buchungen reduzieren, der Versicherungen, vieler Läden, wenn ich über Avaterra philosophiere: Dann gibt es wieder die alten Gespräche, wie über Toilettenpapier, Tempos, SB-Läden, SB-Tanken, Bankautomaten, die keiner will. Wie über Anti-Baby-Pillen, Pampers, Babyfertignahrung. „Herr Dueck, das setzt sich nicht durch. Es hat gravierende Nachteile."

Es hat alles wirklich gravierende Nachteile. Die Computer haben in der ersten Phase Grausamkeiten im Arbeitsmarkt angerichtet. Der Ackerbau muss aufpassen, keine ökologischen Katastrophen zu produzieren. Kernkraft wird wieder zurückgefahren. Unsere Bevölkerung schrumpft, vielleicht auch wegen der Anti-Baby-Pillen. Kinder sind teuer geworden und machen aus Eltern Arme.

Das alles möchte ich nicht diskutieren. Ich möchte sagen: Alles ändert sich rasend schnell, nicht nur im Computerbereich. Nur hat man bisher die Eile nicht so gespürt. Wirkliche Eile hatten wir damals nur, auf dem Mond zu landen und immer bessere Wasserstoffbomben und Mehrfachsprengköpfe zu bauen.

Heute ist die Eile rund um den Computer und die Netze geboten. Wer kann sagen, was morgen ist? Wer hat genügend Blick für das morgen Gültige? Wer kann nicht nur das Mögliche sehen, sondern sogar das Kommende? Ich glaube nicht an den sprechenden Kühlschrank, an Aktienkurse aus dem Rasierer. Viele Menschen prophezeien auf Messen immer wieder solche gewaltigen neuen Errungenschaften, die technologisch möglich sind. Sie bauen immer wieder solche Schnickschnack-Technologien, die sie als Prototypen auf Messen unter großem Pomp zeigen. Die wichtige Frage aber ist es: Was werden die Menschen schließlich für sich akzeptieren? Was begeistert sie? Was wollen sie wirklich von Herzen haben? Trotz aller Nachteile? („Immer vor der Glotze. Dumm! Immer am Handy. Verrückt! Immer mit Palm. Ätzend!").

„Shaping the new world" klingt einfacher als es ist. Wir stochern im Nebel. Wir sind immer in sehr kontroversen Diskussionen („Das Ende des Buches.") gefangen und schauen nicht wirklich ernsthaft in die Zukunft. Wie beim Kunstdünger und beim Insektengift streiten wir um Vor- und Nachteile. Wir überlegen aber nicht richtig, was kommen *wird*. Was also unausweichlich ist, trotz aller Nachteile. Wir überlegen immer zwanghaft, was kommen *darf*. Mein Leben als Kind war von der Umgebung her sicher genau so schön wie das meines Sohnes heute für ihn. Es hat sich geändert. Wir fragen immer: Ist es besser geworden? Das ist *eine* Frage, eine eher nostalgisch irrelevante. Die andere: Wohin geht die Reise *morgen* wirklich? Wer hat die kreative Intuition, die „Creatuition", das morgen Wirkliche zu sehen? Wer kann sich das Leben auch nur in fünf Jahren realistisch vorstellen? Wer hat die Lust, sich aufzumachen und auf diese Reise zu gehen? Wer mag Abenteuer erleben und vielleicht vergebliche Aufbaujahre riskieren? Durch das Aufkommen von Computern und Netzen liegt vor uns massenhaft Weißes auf der Weltkarte der Zukunft. Unerschöpflich weites unbekanntes Gebiet. Es wird uns magisch anziehen. Wir haben nicht die Option, es nicht zu erforschen. Wir werden gehen. Wir brauchen Creatuitive, neue Führer, die vorangehen, wie Marco Polo oder Christopher Kolumbus oder Thomas Watson oder Jeff Bezos.

XVI. Unser innerer Sinn

Viele sagen, dass die menschliche Seele im Reifegrad nicht Schritt hält mit den technologischen Entwicklungen unserer Zeit, weil die Menschen sich nicht einpassen. Wenn Mozart komponierte, so achtete er darauf, dass die Stücke im Prinzip spielbar waren. Er hätte sie auch beliebig schön erfinden können, ohne dass jemand sie aufführen könnte. Die Arbeit in einer Wissensgesellschaft ist so schwierig, dass es an Experten überall mangelt. Warum machen wir es nicht wie Mozart und komponieren die Arbeit passend zum Menschen? Nämlich sinnvoll? So dass Arbeit Freude macht?

1 Sind wir Computer nicht alle ein bisschen Mensch?

Am Anfang des Buches haben wir Marionetten gebaut, aus Holzgliedern und einem Gesicht von uns selbst. Jetzt wollen wir eine ähnliche Frage einmal mit Computern untersuchen. Bei der Einführung von neuen Computern, neuen Anwendungsprogrammen oder neuer Software werde ich immer gefragt, ob eine Firma den allgemeinen Weg gehen und Standardsoftware einsetzen solle oder ob sie sich Mühe geben solle, um das allerbeste Programm, das technisch wundervollste zu installieren, um wirkliche Wettbewerbsvorteile gegenüber anderen Firmen der eigenen

Branche zu erlangen. Diese Frage können Sie nach der Lektüre dieses Buches nun leicht beantworten:

Eine SJ dominierte Firma wird unbedingt auf Standardsoftware setzen, eine von intuitivem Management geprägte auf die *beste* Software. Die SJ wollen Einheitlichkeit und gutes Management im Computerbereich. Die NT wollen die absolut beste Software, egal wie schwer sie zu integrieren ist. NT sind der Meinung, dass für jeden Menschen die Frage der besten Software sich individuell anders stellt und anders beantwortet werden muss. Selbst wenn es Chaos gibt, muss jeder selbst entscheiden können, welchen Computer oder welches Betriebssystem er bevorzugt. Jeder soll seine Arbeitsausstattung selbst kaufen. Das Rechenzentrum soll versuchen, die Netze und Übergänge so turnschuhhaft wie möglich im Griff zu haben. NF sind ja vor allem um die Harmonie unter den Menschen bemüht und neigen aus solchen prinzipiellen Gründen zu einer Standardsoftware. Sie möchten vor allem eine Standardkommunikationsplattform, so dass alle Menschen miteinander chatten und e-mailen können. SP installieren sich gute Software, egal was die Firma vorschreibt. Programme sind für SP so genannte Werkzeuge oder, wie sie sagen, „Tools". Und wer hätte je einen Handwerkermeister gesehen, der sich seine eigenen Werkzeuge als Komplettsonderangebot aus dem Quellekatalog bestellen würde! Nein, ein Handwerker braucht Chrom-Vanadium-Titan-kaltgeschmiedete handgefertigte Schraubenzieher! „Die von der Firma gestellten Schraubenzieher taugen nichts, sie verdrehen. Ich arbeite nur mit meinen eigenen." So und nicht anders wird auch mit Software umgegangen!

Die SJ-Rechner treten immer in Gesellschaft auf. Sie sehen völlig gleich aus. Sie heißen *Official* oder Standardplattform. Sie gehören den Mitarbeitern eines großen Unternehmens, die alle in gleicher Weise mit diesen Rechnern arbeiten. Damit alle Mitarbeiter mit dem gleichen Computer arbeiten können, muss lange nachgedacht werden, wie ein solcher Computer ausgestattet sein soll. Welche Programme werden darauf geladen, was darf ein Mitarbeiter? Darf er E-Mails nach Hause schreiben? Darf er die Homepage von Beate Uhse anklicken? (Die Homepage vom Playboy wird *immer* gesperrt, weil es Presseartikel über das Verweilen von Firmenmitarbeitern auf der Playboy-Web-Site gibt. Ein Personalchef, dessen Firma in der Presse in einer Hitliste der größten Playboy-Konsumenten auftaucht, hat es in den Folgetagen nach der Zeitungsmeldung nicht leicht. Daher: kappen! Beate Uhse taucht aber nicht in der Presse auf, das ist also anders.) Welches Textprogramm ist am besten? Ein ganz bekanntes oder ein fast genauso gutes, welches kostenlos im Netz zu haben ist? Kostenlos! Welches Betriebssystem? Welche Mail-Lösung? Welcher Terminkalender? Welcher Browser? Welche Tools? Reisekostensysteme? Bestellsysteme für den Toner im Kopierer? Da wird lange hin und her überlegt. Nach Bedienbarkeit, nach Managebarkeit, nach Preis, nach Zuverlässigkeit, nach Anzahl (wegen des Managements und der Computerkapazität). Nach vielen Monaten wird entschieden, getestet, dann als „Roll-out" in die Fläche eingeführt. Lehrgänge werden angeboten, Schulungen für einzelne Software. Alles ist wohlorganisiert. Der ganze Prozess der Planung ist ähnlich zu der Zimmerinneneinrichtung in neugebauten Hotels. Alles ist einheitlich und die SJ können bei einer Bedienungsunsicherheit in fast jedes andere Büro gehen und fragen: „Sag' mal, wie macht man das?" Der Official ist für den SJ so eine Art technologischer Managementfortsatz, der ihm hilft und ihn organisiert.

Der Computer der NF ist eher ein *NetMate* als eine offizielle Bürolösung. NF planen nicht zu sehr begeistert an der Plattform mit, sie übernehmen die Standardplattform der SJ, aber sie möchten sie schöner haben. Mit eleganten Bildschirmschonern und am besten in einem apfelfarbigen Gehäuse: Jeder müsste sich aussuchen können, ob er einen blassblauen, einen knallroten haben will oder einen in zartlila. Das Mailprogramm muss gut sein und die Verbindung mit vielen Menschen ermöglichen. Der NetMate muss in übertragenem Sinn wie eine wundervolle Zimmerpflanze sein, die gut gepflegt wird, nicht wie ein Standardgummibaum in Hydrokultur. Die Standardlösung hat für NF den Vorteil, dass sie bei einer Bedienunsicherheit in fast jedes andere Büro gehen können und fragen: „Sag' mal, wie macht man das? Übrigens, schön dich zu sehen. Ich habe dir einen Kaffee mitgebracht. Sag mal, …" Der NetMate ist ein Freund wie die Zimmerpflanze.

Der NT sieht seinen Computer als *Tecknow*, eine Mischung aus Technologie und Knowledge. Der Computer ist eine Art Fortsetzung des eigenen Gehirns. Das ist ein scharfer Gegensatz zu der Auffassung, der Computer diene der Organisation. NT schauen nicht so oft in die Mail, beantworten nicht so viel, benutzen keinen Kalender und tragen auch nicht im Computer für die anderen sichtbar ein, wo sie sind. Der Computer ist vor allem zur Unterstützung der intellektuellen Arbeit da, zum Rechnen, Forschen, Ideenprüfen. Deshalb sollte der Computer, als Gehirnfortsatz gedacht, klüger sein als der NT selbst, da er sonst Gefahr liefe, nichts zu nützen. Daher verachten NT Standardplattformen und haben immer die neueste Software auf der Maschine. Heute also den Netscape 6.0 Beta Browser mit allen Plug-ins, die es gibt, nicht den 4.5, den die Firma in drei Monaten erst einführt. Es ist natürlich verboten, den neuesten Browser zu installieren, weil die Firma dann die Rechner bei Abstürzen nicht warten kann. Die NT-Rechner stürzen aber immerzu ab, was ein NT nicht anders erwartet, und er repariert seine Maschine ohnehin selbst. Tecknow-Rechner erkennen Sie ganz oft schon an den Duplo- oder Hanuta-Aufklebern. Officials sind dagegen ganz sauber und mit Feuchttüchern gepflegt.

SP-Temperamente haben einen *ToolBuddy* auf dem Schreibtisch. Er soll seinen Dienst tun, verdammt noch mal. So wie ein Titan-Schraubenzieher Schrauben dreht. Wenn ein neues gutes Software-Release kommt, etwa eine neue Browser-Version, so installieren SP diese neue Version, wenn sie *echt besser* ist. Die NT installieren überhaupt jede neue Version, weil sie den Tecknow als Gehirnfortsatz sehen, der natürlich nicht rückständig sein darf. SP werden total böse mit Software, die unpraktisch ist. „Das macht echt keinen Spaß, mit diesem Mist zu arbeiten." NT wollen, dass der Computer etwas klüger als sonst ist, es ist nicht so wichtig, ob er unpraktisch ist. SP-ToolBuddies sind oft daran von außen erkennbar, dass sie sehr viele Fingerabdrücke auf dem Bildschirm haben.

Wir bauen also Computer auch um unsere Persönlichkeit herum. Wie wir unsere Kinder, Hunde, Autos um uns beeinflussen. Normalerweise sind also Computer mehr wie normale Menschen im Beruf. Die also schwer schaffen, kontrollieren, herumzanken, sich beschweren, Nervenzusammenbrüche bekommen. Wie Menschen, die sich loben, aneinander denken, sich vergleichen, Noten ausstellen. Die nächste Stufe wäre dann logischerweise, Computer konsequent wie gute Menschen zu konzipieren, nicht als solche, die unsere psychischen Unarten übernehmen oder ausschließlich auf solche Daten schauen, die zufällig in antiquierten Urformeln der Arbeit vorkommen. Wir könnten zunächst Computer so erziehen, dass sie alle, alle, alle Daten speichern und verfügbar machen.

So etwas wird ja schon gebaut. Lesen Sie etwa dazu das Unternehmensprofil (von MarketGuide) der Firma Mercury Computer:

„Mercury Computer Systems, Inc. designs, manufactures and markets high performance, real-time digital signal processing computer systems that transform sensor generated data into information which can be displayed as images for human interpretation or subjected to additional computer analysis. These multi-computer systems are heterogeneous and scalable, allowing them to accommodate several different microprocessor types and to scale from a few to hundreds of microprocessors within a single system. The Company's systems are designed to process continuous streams of data from sensors attached to radar, sonar, medical imaging equipment and other devices. The resulting image is transmitted to the battlefield commander, pilot, technician or physician in order to assist in the decision making or diagnostic process. "

Ein Computer fühlt also wie ein menschlicher Körper alle Dateneindrücke und bereitet sie zu menschlicher Verdaubarkeit auf. Der Mensch sitzt im Zentrum des Systems wie ein Feldherr, ein Pilot, ein Wissenschaftler, ein Arzt, ein Technologe. Er ist Herr der letzten Entscheidung, die ein Computer der nächsten Generation dann schon vorbereiten kann. Wer später eine andere Entscheidung treffen will als der Computervorschlag lautet, der ist unter Umständen dazu berechtigt. Er muss natürlich schriftlich begründen, wieso er das unbedingt wollte, so dass er später eventuell angeklagt oder gefeuert werden kann. Wir müssen bei der Konzeption solcher Systeme darauf achten, dass diese Computer großartig werden, nicht wie normale Menschen. Sie sollten nicht wissenschaftliche NT-Persönlichkeiten sein, die zu kompliziert denken. Sie sollten nicht kontrollsüchtige SJ-Temperamente haben, die letztlich ihren Schöpfern helfen, Freude und Sinn als irrtümlich erkannte kostenträchtige Faktoren aus dem Arbeitsleben herauszuoptimieren. Sie sollten also nicht den SJ helfen, den unsinnigen Erziehungskampf besonders gegen die SP nun mit Technologie fortzusetzen. Wir müssen beim Design großartiger Computersysteme vor allem einmal darüber nachdenken, ob wir es schaffen, *übermenschliche* Computer zu bauen?

2 Artificial Personality

Wenn die Omnimetrie endlich konsequent betrieben wird, wenn also wirklich alles, auch das Weiche, gemessen wird, dann sollte es möglich sein, eventuell noch nicht bekannte Menschentypen zu entdecken. Es kann ja sein, dass es wundervolle Menschen mit besonderen Mischungen von Eigenschaften gibt, die im tatsächlichen Leben heutzutage nicht vorkommen, weil sie vielleicht nicht stabil sind oder bleiben.

Ein stabiler synthetischer Computermenschentyp wäre eine Zusammenstellung von Eigenschaften, die ein Mensch relativ widerspruchsfrei gemeinsam haben kann, ohne als Ego zu zerfallen. Ich habe schon öfter das Problem aufgezeigt, dass heutige Hartmesscomputer unlogischerweise verlangen, dass wir „tough & tender" etc. gleichzeitig sind. Wir sollen überhaupt alles gleichzeitig sein. Das geht nicht, und neue Computer werden das, richtig programmiert, einsehen. Diese Computer werden Charaktereigenschaften so anschauen, dass sie alle möglichen Menschentemperamente zusammenstellen können, die es theoretisch geben kann. Anschließend muss untersucht werden, ob es sie dann auch praktisch geben kann. Wir können ja annehmen, dass die meisten Eigenschaftenkombinationen durch unsere Erziehungs-, Schul- und Managementsysteme zerstört werden, also instabil sind. Nach einer Reform dieser Systeme könnten ja durchaus neue Temperamentformen überlebensfähig sein.

Wie schon gesagt, befasst sich ja unsere Erziehung hauptsächlich damit, die SP-Kinder zu kontrollieren und zu braven Menschen umzupolen. Das System will also die Menschenklasse der SP ausradieren. Die SP sterben aber nicht aus, weil sie in ihrer Art so viel Freude im Leben empfinden, die keine Tadelslawine ersticken kann. SP bleiben wie Huck Finn. Sie sterben auch deshalb nicht aus, weil sie sehr viel Geld für Lebensfreude ausgeben. Sie sparen nicht. Sie sind ideale Stützen des Konsums. Die SP werden also bleiben. Aber wie viele andere Klassen von guten Menschen mussten schon sterben, weil sie unter dem Druck des Bravseinmüssens in die Knie gingen?

Wenn also einst durch die vollständige Omnimetrie alle Daten über Menschen gemessen werden, sollte es möglich sein, durch Data Mining Menschensegmente zu entdecken, die sehr wertvoll sind (auch für die Arbeit und den Gewinn) und die im Prinzip stabil sind, aber in der heutigen Zeit an dem System scheitern. Hier ist noch ein riesiges Verbesserungspotential für die Wirtschaft. Die zukünftige Wissensgesellschaft verlangt ganz andere Talente als die Gesellschaft, in der wir jetzt leben. Ein Kind muss sich künftig nicht einmal mehr körperlich auf der Straße behaupten können, es kommt dann bald mehr auf das schickliche Benehmen des eigenen Avatars an?! Kann es also in der Zukunft andere stabile Menschensegmente geben oder solche, die nach einiger Änderung in unserer Gesellschaft stabil bleiben können? Können wir Reservate schaffen, wo wir solche Menschensegmente vielleicht getrennt stabil halten können?

Die Grundlagenforscher der Universitäten sind von ihrer Arbeit her ein Segment, das ohne Schutz heute ausstürbe. In diesem Sinn die Frage: Kann so etwas wie *Grundlagenevolution* wieder stattfinden? Dass erwünschte Menschenminderheiten wieder vorgehalten werden, damit wir in der Zukunft der Wissensgesellschaft von ihnen profitieren? Theaterschauspieler sind solche erwünschten Minderheiten, die sich aber die Menschheit heute nicht mehr so recht leisten mag, obwohl sie ganz wenig verdienen. Menschen, die ihr Ego nicht herauskehren, gibt es leider nicht mehr in genügender Anzahl. Es wäre gar nicht so schlecht, wenn wir immer noch einen Vorrat von solchen Sondermenschen hätten, so wie wir Dinosauriereier aufheben. Man weiß doch nie, ob sie nicht später gebraucht werden?!

Ich habe zum Beispiel dargestellt, dass die wirklich erfolgreichen Menschen diejenigen sind, die leidenschaftlich für die Sache leben und ihr Ego zurücknehmen können, die insbesondere nicht topimieren. Solche erfolgreichen Spezies gibt es aber kaum, und wir können heute solche Positionen in der Wirtschaft nicht besetzen. Es gibt solche Menschen, wir brauchen sie händeringend in großer Zahl, sie würden fabelhaft gute Gehälter bekommen, sie müssten nicht darum kämpfen. Aber sie kommen nicht bis zu uns, weil unser System sie irgendwie „kaltmacht", bevor sie sich bei uns bewerben können. Wieso tut unser System dies? Es topimiert und lädt immerfort zum Mitmachen dabei ein. 50 % verstanden = 100 % bestanden. Ich habe ja genügend solcher Gründe genannt. Die oben beschriebenen Menschen, die ihr Ego zurücknehmen können, sind wohl vor der erfolgreichen Berufsphase nicht richtig in der Lage, ihren Wert darzustellen. Jeder Topimierer erklärt sich unaufhörlich zum besten Menschen, wie soll ein Egorücknehmer da bestehen? Er stirbt aus, bevor er im Beruf so sehr erfolgreich sein kann. In einem Theaterstück von Ionesco würde er zu einem Nashorn.

3 Menschenentstehung und optimale Temperamentemischung

Das Problem der Menschenprofitabilität bei der Arbeit besteht vor allem darin, dass das Data Mining mit dem Computer zwar zu Ergebnissen führt, wie Menschen am besten sein sollten. Wir wissen dann aber nur theoretisch, welche Menschen wir in welcher Anzahl beschäftigen möchten. Der Computer wird darüber hinaus theoretisch berechnen, wie viele Menschen von welcher Sorte da sein sollten. Eine Hauptthese meines Buches ist die Ansicht, dass wir heute in einer Welt mit zu viel SJ-Einfluss leben, vielleicht nicht einmal in einer Welt mit zu vielen SJ. Zu viele SJ und zu viel SJ-Einfluss ist nicht dasselbe. Ihr immenser Einfluss kommt ja daher, dass die logistische Intelligenz und die strategisch-wissenschaftliche Intelligenz der NT am meisten von Computern profitiert. Da aber die NT ihre Einflusssphäre mehr in der Universität haben, fallen sie nicht so ins Gewicht.

Wenn jetzt Computer die bestmögliche Mischung von Menschentemperamenten berechnet haben, wie sie untereinander stabil in einer Gesellschaft zusammenleben können, so dass die Wirtschaft (und damit die Menschheit) optimal funktionieren kann, dann stellt sich immer noch die schwerwiegende Frage, wie diese Mischung zu erzielen ist.

Ich habe einmal persönlich die 100 höchstbezahlten Star-System-architekten von IBM gebeten, den Keirsey-Test zu machen. Es kam heraus, dass etwas über 50 % NT sind und etwa 25 % NF. Diese Koryphäen arbeiten in unserer Firma an der Zusammenstellung von Systemen und Software zu großen Anwendungslösungen bei großen Firmenkunden. Es gibt bei Kursen für Großprojektleiter die Erfahrung, dass ziemlich genau die Hälfte der Talente in diesem Beruf NT, die andere Hälfte SJ ist. Dies ist alles natürlich zu erklären: Systementwürfe können Intuitive wahrscheinlich besser machen. Projekte kann man als Fachvorbild oder als exzellenter Administrator erfolgreich leiten.

Nehmen wir nun an, in der Informationstechnologie oder in der neuen Wissensgesellschaft schlechthin brauchen wir mehr Intuitive, die leider heute in der Gesamtbevölkerung nur mit etwa einem Viertel vertreten sind. Wie „erschaffen" wir genug Intuitive?

SJ können sich nicht richtig vermehren. Denn die ganze Welt ist darauf zugeschnitten, alle Menschen überhaupt zu SJ zu erziehen. Es kann daher angenommen werden, dass sich nicht mehr SJ machen lassen als wir es derzeit schon schaffen. Die heutige Anzahl ist also das erzielbare Maximum. SP können offenbar nicht weniger werden, weil alle Welt sie deswegen unterdrückt. Die SP-Anzahl heute ist also ein Minimum von offenbar notwendigen SP. Wir können also neue Intuitive nicht richtig aus diesem Reservoir schöpfen. Deshalb muss die N-Quote zu Lasten der Braven, der SJ, hochgefahren werden. Das sieht für einen normalen Menschen gar nicht so gut aus, oder?

Zu SJ werden solche Kinder, die sofort immer brav sind. Davon wollen wir also nicht so viele? Gut, dann müssen wir schauen, wie Intuitive „entstehen". Die NT sollen sich in ihrer Kindheit oft ambivalent gegenüber den Eltern gesehen haben. Sie wurden nicht viel beachtet, sahen eventuell eine lieblose Ehe oder wuchsen in schwieriger Lage auf, in der sie skeptisch gegenüber der Umwelt wurden. Sie begannen, das Leben außerhalb als eine Art fremdes Objekt zu beobachten und zu studieren. Sie waren in Skepsis gefangen und versuchten nun beim Aufwachsen, Sicherheit im Leben dadurch zu gewinnen, dass sie als Kind mehr und mehr von der Welt verstanden. Sie hatten in der Jugend keine absolut verlässliche Quelle für Liebe und Sicherheit. Da sie sich nicht sicher waren, gewöhnten sie sich das Beobachten an. Richard Riso schreibt über den Typ des Denkers in „Die neun Typen der Persönlichkeit": Sie „versuchen ihre Ambivalenz dadurch zu lösen, dass sie sich mit nichts anderem identifizieren als mit ihren Gedanken über die sie umgebende Welt. Sie haben das Gefühl, dass ihre Gedanken ‚gut' sind, während die äußere Realität ‚schlecht' ist (und deshalb aufmerksam beobachtet werden muss) ... Obwohl diese Menschen ihre Eltern, die Welt und andere Menschen weiterhin faszinierend und notwendig finden, haben sie das Gefühl, alles und jeden auf Distanz halten zu müssen, um nicht in Gefahr zu geraten ... Diese scharfe Trennung zwischen sich selbst als Subjekt und dem Rest der Welt als Objekt hat nicht zu unterschätzende Auswirkungen auf ihr ganzes weiteres Leben."

Und die NF? Sie entstanden oft als Menschen, die sich weder mit Vater noch Mutter identifizierten. „Ich bin nicht wie die anderen." Riso noch einmal, diesmal über den Typ des idealistischen „Künstlers": „Meist erlebten sie eine unglückliche oder einsame Kindheit, weil die Eltern Eheprobleme hatten, sich scheiden ließen ... Da es ihnen an Rollenvorbildern mangelte, wendeten sich diese Menschen als Kinder nach innen, ihrer Gefühlswelt und ihrer Phantasie zu, von dort aus versuchten sie ihre Identität aufzubauen ... Es schien ihnen, als hätten ihre Eltern sie aus ihnen unbegreiflichen Gründen zurückgewiesen oder zumindest kein großes Interesse an ihnen gehabt ... So mussten sie sich an sich selbst halten, um herauszufinden, wer sie waren."

Ein Intuitiver mag also durch Beobachtung der Außenwelt „entstehen", vor der er sich in Acht nimmt, oder durch andauernde Beobachtung seines Inneren, um herauszufinden, wer er wirklich ist. Der eine fürchtet sich vor Aggression, der er sich durch genaues Voraussehen des Kommenden zu entziehen sucht. Der andere fürchtet, dass in ihm selbst etwas nicht stimmt, dem er durch eine gewisse nach innen gerichtete, suchende Beobachtungsaggressivität zu begegnen versucht (worunter er oft still leidet, bis er herausfindet, warum er „in der Welt willkommen ist").

Dies ist natürlich nur ein Schnellschuss auf ein schwieriges Problem, ich möchte es trotzdem bei diesem winzigen Eindruck bewenden lassen. Ich will mit diesen wenigen Absätzen ein Gefühl geben, warum junge Menschen später Innovatoren werden und in die Zukunft zu sehen vermögen, warum sie komplexe Zusammenhänge verstehen können und warum ihr Inneres nicht wie ein PC mit akzeptierten Programmbefehlen arbeitet, sondern wie ein neuronales Netz, das in einer ganz unklaren Situation die beste Entscheidung sucht. Das intuitive Denken arbeitet nicht wie das analytische mit Regeln und Schlüssen, weil es ohne diese anerkannten Regeln und Schlüsse aufwachsen musste. Sie entstanden nicht durch Lernen von Autoritäten oder Eltern, sondern durch eigene Beobachtung. Daher mag das intuitive Denken auch so langsam sein bzw. bleiben. Die SJ und SP dagegen gehen mit den Regeln ins Leben. Die SJ halten sich daran, die SP rebellieren häufig gegen sie. Die Intuitiven erschaffen sie erst, für sich allein.

Jetzt habe ich eine mögliche Erklärung für die Werdung der Intuitiven gegeben. Die ist natürlich nicht hilfreich. Sie besagt ja, dass diese so gesuchten hoffnungsvollen Menschen als seltene, eher aus Unglück geborene Exemplare entstehen. Ich kann mir da sicher einen sarkastischen Abschnitt sparen, wie die Menschheit durch ein gutes System den Anteil der Intuitiven erhöhen kann? Einfach die Kinder abweisen oder nicht so wichtig nehmen. Sie als Eltern sollten sich scheiden lassen oder dauernd die anderen Kinder von Ihnen als Lieblingskinder bezeichnen. Das macht Eindruck und ergibt distanzierte und introspektive Jugendliche, die später gut zu Computern an sich passen.

Alles in allem gesehen ist das Entstehen des intuitiven Denkens in der beschriebenen Weise eine ziemliche Katastrophe, weil die mögliche Hervorbringungsmethode sehr problematisch erscheint. Auf der anderen Seite ist das Bravsein ja ebenfalls keine

Freude und das Nichtbravsein wiederum nicht. Und dann rechnet der Computer zum Schluss per Data Mining aus, dass wir am besten arbeiten, wenn wir glücklich dabei sind? Dass wir am meisten schaffen, wenn wir gute, in uns ruhende Menschen mit tiefer Zufriedenheit abgeben.

Vorläufige Diagnose für dieses Buch: Die Erziehung zielt darauf ab, aus allen Kindern brave Mitmenschen zu machen. Dies scheint der Kern des Übels zu sein. Vielleicht brauchen Kinder etwas anderes als Ordnung und Regeln am Anfang. Liebe natürlich, klar. Aber was sonst noch? Sollen wir versuchen, ihnen Neugier zu geben, Lebenslust, Achtung, Würde und später erst Ordnung?

Ein Beispiel aus der Kindheit, eine Geschichte über Pampers. Unsere beiden Kinder sind im Winter geboren, sind beide mit zweieinhalb Jahren im Sommerurlaub gewesen. Es gab beide Male Streit, dass sie die Pampers am Strand nicht tragen wollten. Obwohl sie noch nicht richtig sprechen konnten, gelang es uns, ihnen jeweils zu erklären, dass sie als potentielle Umweltverschmutzer eine Gefahr für die Mitmenschen und alle Fische wären. Sie haben daraufhin erklärt, sie seien keine Gefahr und würden Bescheid geben, wenn sie müssten. Das war's, wenn Sie die paar folgenden Unfälle gnädig abziehen möchten. Diese Geschichte erzählte ich einem wütenden Arbeitskollegen, dessen Kinder den Enkel einfach Pampers tragen ließen, ohne jemals ein Wort zu sagen, dass Procter & Gamble die Windeln nicht für die Notdurft erfunden habe. Wir diskutierten heftig über Ordnung und Sauberkeit und Regeln. Zwei Monate später kam er resigniert zur Arbeit und berichtete, sein Enkel habe eines Tages gesagt, er würde jetzt sauber sein. Und er war sauber. Fertig. Das ist jetzt nur eine Dreierstichprobe, aber angesichts dieser Erfahrungen mit dem Gar-nicht-erziehen-und-auf-Vernunft-warten stellt sich doch der Gedanke ein, was uns die ganze Freudsche Theorie über die diversen xx-alen Phasen sagen muss. Wie Kinder das erste Mal mit Regeln umgehen lernen (auf dem Topf sitzen, beiß da nicht rein, pfui, lass das liegen, das schmeckt nicht, komm endlich weiter, lass die Kuh stehen), die sie überhaupt nicht verstehen. Wir können fast jede Regel Kindern erklären, wenn wir vielleicht ein halbes Jahr länger warten, bis sie sie verstehen können. Wir sind zu ungeduldig. „Mein Baby zieht sich an allem möglichen hoch, und es kann dies schon zwei Monate früher als die Tabelle sagt. Beim Laufenlernen will ich den Vorsprung gegenüber der Normentabelle auf drei Monate ausdehnen. Es wird etwas aus diesem Kind, dafür stehe ich gerade." Vielleicht brauchen wir gar keine solche „Erziehung"? Oder etwas anderes?

Entsteht das analytische Denken daraus, dass die Kinder Regeln befolgen lernen, die sie nicht verstehen? Dass sie von Kind auf gewöhnt werden, Inputdaten der Regeln zu verarbeiten und danach wie gewünscht zu reagieren? („Man muss an der Strasse erst links, dann rechts schauen, auch wenn kein Auto kommt."). Ist das intuitive Denken eine gewisse Verweigerungshaltung gegenüber unverstandenen Regeln wie „Das macht man immer so"?

Ich fürchte, wir werden viel mehr mit dem Computer zusammen aufarbeiten müssen.

4 Alternativ Mensch werden: Geht das?

In der Pädagogik und der Psychologie werden natürlich schon seit langer Zeit Ansätze diskutiert und praktiziert, wie Menschen richtig zu entwickeln seien. Ich gehe hier kurz auf Waldorfschulen und auf die antiautoritäre Erziehung ein.

Die Waldorfschulen wurden nach der Erziehungslehre Rudolf Steiners gegründet. Es gibt keine Begabtenaussonderung, keine Klasseneinteilung, keine Prüfungen. Die letzte Klasse, die 13. Schulklasse, wird dem Staat zuliebe der Vorbereitung zum Abitur gewidmet, das dann nach staatlichen Richtlinien abgelegt werden kann. „Wir haben 12 Jahre Zeit, unsere Kinder zu ordentlichen Menschen heranzuziehen. Wir machen sie zu Persönlichkeiten, die im Leben stehen. Das wenige lexikalische Abiturwissen, was der Staat in Verordnungen abverlangt, bringen wir eben unseren Persönlichkeiten noch im letzten Jahr bei, weil es offenbar so sein muss. Das ist kein Problem, nur unsinnig und lästig." (Diese Formulierung habe ich aus dem Umkreis einer Waldorfschule. Klingt authentisch gut.) Der Unterricht wird stark an den natürlichen Entwicklungsstufen des Kindes orientiert („Nachahmung. Autorität. Freie Urteilsbildung. Je 7 Jahre bis zum 21. Lebensjahr."). Rudolf Steiner ist vor allem Anthroposoph. Ich zitiere aus dem Buch „Aspekte der Waldorf-Pädagogik" ein paar Sätze. Diese mögen meine Einstellung verdeutlichen, die ich hier gleich zu Beginn plakativ so beschreibe: *„Waldorfschulen sind NF."* Hören Sie:

„Eine abstrakte Erkenntnis des Menschen führt hinweg von derjenigen Menschenliebe, die eine Grundkraft alles Erziehens und Unterrichtens sein muss." – „Ehrfurcht vor Menschen, Verehrung für Menschen, ... – sie erscheinen im späteren Leben als *die* Kraft im Menschen, die einen anderen Menschen wirksam trösten, die ihm kräftig raten kann." – „Das Menschenleben ist ein Ganzes." – „Anthroposophie ... muss sich zu einer Erziehungs- und Unterrichtskunst entwickeln, die sich verantwortlich fühlt für das ganze Menschenleben ..." – „Im sozialen Leben ist es so, dass Intellektualismus die Menschen voneinander absondert. Sie können in der Gemeinschaft nur recht wirken, wenn sie in ihren Handlungen, die stets auch Wohl und Wehe der Mitmenschen bedeuten, etwas von ihrer Seele mitgeben können." – „Das Pflichtgefühl reift, wenn der Tätigkeitsdrang künstlerisch in Freiheit die Materie bezwingt." – „Durch den Verstand wird die Natur nur begriffen; durch künstlerische Empfindung wird sie erst erlebt. Das Kind, das zum Begreifen angeleitet wird, reift zum ,Können', wenn das Begreifen lebensvoll getrieben wird; aber das Kind, das an die Kunst herangeführt wird, reift zum ,Schaffen'. Im ,Können' gibt der Mensch sich aus; im ,Schaffen' wächst er an seinem Können." – „Die Schule auf allen ihren Stufen bildet die Menschen so aus, wie sie der Staat für die Leistungen braucht, die er für notwendig hält. In den Einrichtungen der Schulen spiegeln sich die Bedürfnisse des Staates." –

„Was ein Mensch in einem bestimmten Lebensalter wissen und können soll, das muss sich aus der Menschennatur heraus ergeben. Staat und Wirtschaft werden sich so gestalten müssen, dass sie den Forderungen der Menschennatur entsprechen. Nicht der Staat oder das Wirtschaftsleben hat zu sagen: So brauchen wir den Menschen für ein bestimmtes Amt; also *prüft* uns die Menschen, die wir brauchen und sorgt zuerst dafür, dass sie wissen und können, was wir brauchen." – „Aus derselben Entwicklung der Seelenkräfte, aus der eine befriedigende, den Menschen tragende Weltauffassung stammt, muss auch die produktive Kraft kommen, die den Menschen zum rechten Mitarbeiter im Wirtschaftsleben macht."

Diese Zitate stammen aus Vorträgen Steiners in den Jahren um 1922 herum. Gerade, als C. G. Jung seine Typologie publizierte. Ich kommentiere: Die Liebe, die Wärme, der Sinn stehen bei Rudolf Steiner im Vordergrund, ebenso das Ganze und die ganzheitliche Sicht. Eindeutig NF. Intuitives, ganzheitliches Denken, gefühls-, nicht denkorientiert. Die Waldorfschule wäre also so etwas wie eine ideale Bildungsanstalt, wie sie sich die NF-Menschen denken. Sie lehnt das Prüfen, das Büffeln, Qualifizieren ab. Sie steht nicht in den Diensten der Systeme der SJ, sondern sieht den Ausgangspunkt im Sinn des Menschen. Die Systemerfordernisse sind ihr sekundär, sie sieht sie automatisch im Nachgang als erfüllbar, weil das Unwichtige mitkommt, wenn das Wichtige vom reinen Grundsatz her getan wird. So wird denn auch nach ihrer Absicht der Waldorfschüler ein guter Mitarbeiter, wenngleich das nicht im Vordergrund der Erziehung steht. Es geschieht nebenbei. *Gute Menschen, so will Steiner sagen, werden eben auch gute Mitarbeiter.* (Genau! Alles schon lange gesagt! Nur nicht in der Breite umgesetzt.) Für Intuitive muss das Grundsätzliche, Innere erst stimmen. Der Rest ist Beiwerk und folgt von selbst. Das Faktenlernen, das Intellektuelle allein ist kalt und nützt für sich nach Steiner wenig.

Ich sagte schon: „Waldorf ist NF." Gegen SJ. Die Waldorfschulen haben es nicht gerade dazu gebracht, eine Schulform der

Massen zu werden. Die Eltern fürchten, dass das Lebenstüchtige, Wirtschaftliche eben nicht so einfach mit dem Grundsätzlichen, Sinnhaften „mitkommt", dass also die Kinder weniger Lebenserfolg haben könnten. NF-Eltern sehen das wohl anders und mögen ihre Kinder auf Waldorfschulen entsenden. NF-Eltern sind aber nur ein kleiner Bruchteil der Eltern. Wenn es Mischehen gibt – NF/SJ etwa, wohin gehen die Kinder?! Wenn ich mir die Sache so recht überlege, würde ich eigentlich die *NF-Kinder* zur Waldorfschule schicken. Die Entscheidung sollte doch nicht davon abhängen, ob die *Eltern* NF sind, oder? Ich fürchte, die Eltern entscheiden nach *ihrer* Meinung. Dann schicken womöglich NF-Eltern ihre wilden SP-Kinder in die Waldorfschule, damit die dort durch wüstes Benehmen das ganze Steinersche System ad absurdum führen können, damit wiederum alle Nachbarn wieder neue Argumentationsmunition gegen Waldorfschulen bekommen: „Waldorf will Kinder zu Weicheiern machen. Es klappt aber nicht, der Junge wird immer aufsässiger. Er braucht eine harte Hand, das wussten wir."

Alexander Sutherland Neill gründete 1921 (Gleiche Zeit!) in England die Internatsschule „Summerhill", die seit 1927 in Leiston, Suffolk besteht. Sie versucht, eine „repressionsfreie" Erziehung zu verwirklichen. Koedukation, Selbstregierung, Verzicht auf moralische oder religiöse Belehrung. Ich zitiere aus Neills Buch „Talking of Summerhill", in dem er auf Fragen antwortet. Ich zitiere nur Fragen an ihn, nicht seine Antworten. Das möge hier schon illustrativ genug sein.

„Wie kann man zwischen Freiheit und Zügellosigkeit unterscheiden? Wie können sich frei erzogene Kinder im späteren Leben zurechtfinden? Warum soll ein Kind nur das tun, wozu es Lust hat? Wie kann es dann das Leben bestehen, das von uns verlangt, unzählige unangenehme Pflichten zu erfüllen? Warum ist die Schule so unordentlich? Warum haben Sie nicht gute Bilder an den Wänden, um die Kinder anzuregen? Warum fluchen Ihre Schüler? Wenn nun alle Schulen wie Summerhill wären, wer würde dann Kanäle reinigen, Kohlen abbauen und die anderen

schmutzigen Arbeiten machen? Warum gibt es keine gute Bibliothek? Gibt es in Summerhill Hausaufgaben? („Nein!" meine Anmerkung) Wenn es keine gibt, wie sollen die Kinder dann Prüfungen bestehen? Warum sagen Sie, dass Humor eine notwendige
Eigenschaft eines Lehrers ist?"

In meiner Diktion hier: „*Summerhill ist SP.*" Und aus den
herrlichen Fragen sehen Sie, wie sich die SJ daran reiben und, zu
Recht oder Unrecht, zum Teil ordentlich diskreditieren. Schule
erzieht bewusst und von vornherein gewollt eben auch die, die die
Drecksarbeit machen sollen? Der Staat hat viel Drecksarbeit. Er
braucht geprüfte Menschen, die zur Drecksarbeit fähig und willig sind, und das Schulsystem liefert alles in richtiger Zahl?! Die
Fragen sind aus einem vom Neills *letzten* Büchern. Es erschien
1967. Nicht dass Sie denken, das seien Fragen aus den Zwanzigern.
Im Buch wird an einer Stelle festgestellt, dass es durchaus Schüler gegeben habe, die kein Interesse am Unterricht in Summerhill gehabt hätten. Zitat aus einem Bericht darüber: „Hier handelt
es sich um wortkarge, schüchterne und zurückhaltende Naturen,
die waren so – vor und nach ihrem Aufenthalt in Summerhill."
Jetzt überinterpretiere ich sicher aus zwei Zeilen, aber beim Lesen
habe ich innerlich gelacht und an introvertierte Intuitive gedacht,
die mit dem freien SP-Leben nichts anfangen können! Denen
kann die Schule eben nichts anhaben. Sie überwintern sie schad-
los. Die Fragen der SJ an Neill aber machen deutlich, warum diese
und praktisch jede andere Schul- oder Erziehungsform scheitern
oder dahindämmern: Die SJ können sehr deutlich machen, dass
das Gesellschaftssystem keine anderen Schulen als die SJ-Schulen
ohne Widersprüche und Brüche erträgt. Und sie sagen, dass alles SJ sein müsse, weil das Grundsystem ein SJ-System sei. Ein
System der „unzähligen unangenehmen Pflichten".

Ein Sprung in unsere Zeit: Am 24. 3. 2000 berichtet die Summerhill School in der Süddeutschen Zeitung, einen historischen
Sieg vor Gericht errungen zu haben. Die Schulstandardbehörde in England hat der Schule mit Schließung gedroht, wenn sie

unter anderem nicht die Schüler zwinge, regelmäßig am Unterricht teilzunehmen und wenn nicht endlich getrennte Toiletten für Lehrer und Schüler eingeführt würden. Zoe Redhead, Tochter von Neill, leitet heute das mit 57 Schülern immer noch kleine Internat. Presseerklärung: „Nach 79 Jahren ist zum ersten Mal offiziell anerkannt worden, dass A. S. Neills Erziehungsphilosophie eine akzeptable Ausbildung anbietet, die eine Alternative zu der Tyrannei von Pflichtstunden und Examen darstellt." Schulstandardbehörde. Hard Core SJ.

Auch hier meine Frage: Ist das Summerhill-Modell eines für SP-Schüler, oder eines, wohin SP-Eltern ihre vielleicht armen nicht-SP-Kinder hinschicken? Madonna hat sich gestern in der Zeitung zur Erziehung ihrer Tochter geäußert. Diese solle nicht alles „gemacht" vorfinden, sich alles selbst erarbeiten. Sie solle dankbar sein. Da klingt Madonna überraschend wie eine echte italienische „Mamma". Sie selbst war rebellisch wie kaum jemand und nun das? Ich glaube, dass Eltern als Eltern oft SJ sind, auch wenn sie selbst nicht SJ sind. Sie haben es verinnerlicht: Der Erfolg ist mit den SJ, und mindestens mit den eigenen Kindern machen wir keine Experimente. Selbst wenn wir eine Madonna sind.

So gibt es also schon seit langer Zeit Versuche und erfolgreiche Methoden, NF oder SP zu entwickeln. Artgerecht. NT werden an den Universitäten artgerecht behandelt. Das normale Schulsystem aber dominieren SJ-Denkungsarten, die sehr verwoben mit den Staats- und Kirchensystemen sind. Wie können wir diese in der Gesamtmasse noch recht verschwindend geringen alternativen Entwicklungsarten zu einer größeren Flächendeckung verhelfen? Im Augenblick ist es elend schwierig, Menschen nach ihrer Art zu entwickeln, die sich dann trotzdem in allen anderen Lebensbereichen nach den SJ-Prozessen zurechtfinden müssen. Sie wachsen damit notwendig in Widersprüchen auf. Ohne die einfühlsame Mithilfe und der Befürwortung der SJ wird es keine Flächendeckung geben. Die SJ müssen mit ihrer logisti-

schen Intelligenz zu einer Organisation einer Gesellschaft bereit
sein, die multi-temperamentell (ein Wort wie das von SJ gefürch-
tete „multi-kulturell") aufgebaut ist. SJ wollen heute „norm-",
nicht „multi-". Auch hier lastet wieder alles auf den Schultern
der Computer, die – noch einmal – eine artgerechte Haltung der
Temperamente als ökonomisch profitabelste Form herausfinden
werden. Sie werden langsam die Prozesse der Gesellschaft tempe-
ramentkonform, intertemperamentell harmonisieren. Die Aus-
söhnung unter den verschiedenen Menschensegmenten bahnt
sich damit an.

Und ich merke bis zum Überdruss für Sie an, dass ich nicht
wie Rudolf Steiner und nicht wie A.S. Neill argumentiere: Diese
fordern, dass die Menschheit auf *ihre* Ideen eingeht und sie machen durch hochachtbare Schulorganisation klar, dass zumindest
in kleinerem Rahmen *ihre* Ansätze fruchtbar wirken. Ich meine jetzt nicht, dass Steiner und Neill und andere mehr in Mode
kommen oder sich mehr durchsetzen; ich sage, dass das Aufnehmen ihrer Ideen ökonomisch notwendig und damit unausweichlich sein wird. Alle SJ mögen noch so jammern: Da es eine Geld-
verdienensfrage geworden ist, das wahre Potenzial aus Menschen
herauszuholen, gibt es keine Umkehr. Die SJ müssen kooperativ
werden und auch die Erziehung der Nicht-SJ, der anderen Temperamente, persönlichkeitserhaltend und -entfaltend in Massen-
organisation aufbauen. Das ist keine Meinung oder Forderung
von mir, sondern der Weg.

5 Guter Mensch = 50 % verstanden
+ 25 % topimiert = überdurchschnittlich

Menschen wollen der Erste, der Beste, der Liebste, der Mächtigs-
te, der Größte in irgendeinem Sinne sein. Es scheint so, als sei
das ihr wichtigster Wunsch, wenn sie genug zu Essen haben. In
„Conquest of Happiness" schreibt Bertrand Russell: „The struggle
for life is really the struggle for success. What people fear when

they engage in the struggle is not that they will fail to get their breakfast next morning, but that they will fail to outshine their neighbors."

Ist das der Sinn des Lebens? Der Beste von allen zu sein? Die Individualpsychologie Adlers sieht das so, schränkt aber ein, dass die Zielfunktion, nach der der Mensch als der Beste gelten wolle, eine dem Gemeinschaftsnutzen zuträgliche sein solle. Wenn der Mensch der Beste sein will, ist das zumindest ein gewisses Zeichen von Gier, die Buddha explizit gerne auf dem Wege ins Nirwana verlöschen sähe. Christus sagt explizit nicht, dass wir die Besten sein wollen sollen. Gott liebt alle Menschen, schenkt ihnen diese Gnade; er erlöst sie quasi vom Fluch, der Beste sein zu müssen. Die wirklich erfolgreichen Menschen bei der Arbeit nehmen, wie gesagt, ihr Ego zurück. Es gibt leider viele hervorstechende Menschen, die Erfolg aus ungeheuerer neurotischer Energie heraus schöpfen, so dass das Argument „Erfolg bei Ego-Rücknahme" es immer schwer hat. Auch hier werden Computer den quantitativen Beweis antreten, dass diese Fälle nicht so signifikant häufig auftreten, sondern nur öfter in der BILD-Zeitung stehen. Wir brauchen auf Dauer solche Sätze nicht mehr: „Nur Schweinehunde haben Erfolg, mein Kind. Schade, dass die Welt so ist."

Wir bauen Erziehungssysteme, die Brave erzeugen sollen. Wir messen unaufhörlich, ob Menschen die Regeln beachten und belohnen die Besten. Wir hetzen durch diese Systeme die Menschen auf, die Besten sein zu wollen. Und anschließend behaupten alle Menschen nach langer Zeit des Leidens unter diesem System, es sei gottgegeben biologisch bedingt, dass der Mensch der Beste sein wolle, und deshalb habe er es leider so schwer, den Worten Christi zu folgen. Der Mensch hat zwar Gottes Gnade sicher, aber nicht die seiner Eltern und nicht die des Systems.

Weil das sich alles so ergeben hat, glauben wir mittlerweile, der Sinn des Lebens bestehe darin, etwas Rechtes im Leben zu schaffen und am besten der Beste zu sein. Wir hängen ein Bild von Darwin über das Ehebett und sind mit einer simplen Lebensthese im Reinen. Nun gilt es nur noch, jeder für sich, der Beste zu sein. Und dafür gibt es ein gutes einfaches Rezept.

Es leitet sich ab aus der Formel 50 % verstanden = 100 % bestanden, die aus den Messusancen der SJ-Denkweise entsteht. Sehr viele Menschen bringen es fertig, eine Prüfung zu bestehen. Sie haben dann also mindestens 50 % „sicher". Diese 50 % werden nun mit den individuellen Topimierungsaccessoires personifiziert und aufgemotzt. 50 % + Überstunden. 50 % + Treue. 50 % + Bereitwilligkeit. 50 % + Kraft. Durch das Darstellen der 50 % in einem gut gemachten Topimierungsumfeld können aus den 50 % auf diese Weise vielleicht 75 % gemacht werden.

Beispiele

Zweitklassige Produkte: Es gibt in fast allen Produktgattungen wie Scanner, Fernseher, Erdbeermarmelade, Topfputzschwämme gute und schlechte oder zweitklassige Produkte (50 %). Sie lassen sich aber dennoch leidlich verkaufen, wenn man das Marketing ganz gut macht, und verhandelt, dass die Produkte in Augenhöhe oder am Eingang einer großen Kette angeboten werden. Alle diese Randmaßnahmen sind wesentlich einfacher durchzuführen als ein erstklassiges Produkt zu bauen.

Shareholder Value: Immerfort Pläne bekannt geben, die auf gerade gängige Hypergeschäftsgebiete zielen. Mal ist es das Internet, mal B2B, mal sind es Allianzen. Viele News ins Internet schicken. Viele Firmen zitieren in ihren News andere Firmen. Am besten gibt man über Business Wire eine solche Firmenmitteilung im Yahoo ab: „Unsere unbekannte Gesellschaft befasst sich mit XY-Blabla und auch IBM, Microsoft, Intel, Cisco etc. haben sich damit befasst." Durch diesen Trick lesen die Nachricht alle die Leser, die IBM, Microsoft etc. in ihrer Watch List eingestellt haben, nicht nur die Aktionäre der unbekannten Gesellschaft. Dadurch lesen den Artikel hundert, tausend Mal mehr Leute! Und sie kaufen vielleicht Aktien! Man kann berühmte Menschen als Berater

einstellen und viel Rummel machen. Sie bekommen dafür Aktienoptionen und kassieren, wenn durch ihre Empfehlungen der
Kurs steigt. Man kann Teile der Firmen als eigene Aktiengesellschaften an die Börse bringen, die dann sofort das Dreifache wert
sind, weil es heute so eine große Neuzeichnungseuphorie ist. Ich
will nicht langweilen, aber es gibt viel mehr davon. Ziel: Durch
ein paar schöne Tricks den Wert der Firma um 50 %, 100 % in die
Höhe treiben. Dazu braucht die Firma mit ehrlicher Arbeit viele
Jahre!

Abiturschnitt: Leichte Fächer mit gutmütigen Lehrern wählen.
Gute Kombinationen, wo sich Fächer im Stoff überschneiden.
Durch gutes Rechnen mit den Abiturbestimmungen sind allemal
100 Punkte mehr für das Abi drin. Religion sei Dank. Für 100
Punkte muss man sonst sehr lange hart üben und pauken und
nach oben hin sogar verstehen oder können!

Viel Umsatz in einer Beratungsfirma machen: Schicken Sie Ihren
Kunden Zwischenrechnungen zum Jahresende, damit Sie in diesem Jahr noch einen Bonus bekommen! Lassen Sie sich Anzah-
lungen leisten für Projekte, die erst im Folgejahr beginnen. Die
Kunden sind eher froh, weil sie ihre Etats in diesem Jahr überziehen und im nächsten Jahr dann mehr Etat haben. Schieben Sie
Urlaub in das nächste Jahr. Kämpfen Sie mit anderen Abteilungen im Unternehmen und fordern Sie höhere Anteile am Kuchen,
sonst seien Sie bei Projekten, wo andere Sie brauchen, unkollegi-
al. So schaffen Sie locker 20 % mehr Umsatz und einen Riesenbonus. Meist haben Sie dadurch das Problem ins nächste Jahr verschoben, aber als kluger Mensch haben Sie sich da versetzen lassen und machen das Gleiche an anderer Stelle wieder. Diese 20–
30 % Mehrumsatz in jedem Jahr machen Sie vom Durchschnittsmenschen zum Star! Die Streiterei und Trickserei kostet wenige
Arbeitstage im Jahr.

Wahlen gewinnen: Versprechen Sie etwas, was vielen Leuten behagt. Machen Sie Data Mining. Rechnen Sie aus den Wahlum-

fragen heraus, wie viele Versprechungen wie viele Stimmen bringen – in Abhängigkeit von den Versprechungen der anderen Parteien. Kaufen Sie gute Slogans, die natürlich auch die normalen Wörter wie sozial und gerecht enthalten. Das muss sitzen: Eine Rechts-Links-Kombination, Haken schlagen, Bums! Hinter die grünen Ohren! Wenn Sie als Politiker dieses Buch lesen: 40 % der Wähler sind SJ, 40 % SP, nur 20 % Intuitive! Die CDU wird vielleicht mehr von SJ gewählt, die SPD von SP?? Sie müssen Ihre Programme einfach nach den Temperamentklassen anfertigen. Ein bisschen Recht und Ordnung, Pflicht und Schrebergarten, ein wenig Karnevalslust, Markigkeit dort, nicht viel Wissen ausbreiten, weil das nur wenige Menschen anzieht: Dann gewinnen Sie durch simple Mathematik! Die Grünen und die FDP sprechen diejenigen an, die alles „grundsätzlich" sehen und „richtig" und „menschenfreundlich". Das ist sehr schlecht, denn das sind die Werte der Intuitiven, und deshalb gewinnen Grüne und FDP zusammen nie mehr als 20 %. Klar. Egal, wie gut das Programm ist. Grundsätzlich. Mit ein wenig Geschick würde ich viel mehr Stimmen bekommen, wenn ich Politiker wäre. Die Politiker topimieren zwar alle, aber so ungeschickt! Sie sehen Topimieren als Ausflucht, nicht als professionelle Betätigung. Sie diskutieren über Versprechungen bis zur Einigung, anstatt einfach vom Computer alles durchrechnen zu lassen. Sie sehen ja heute, dass die Menschen gar nicht viel von der Politik erwarten, dann müsste Wahlen gewinnen eher leicht sein.

Mit diesen Beispielen wollte ich deutlich machen, was das heißt: Aus mittelmäßigen 50 % durch einen Schuss Pfiffigkeit und Topimierung 75 % machen. Manche Neurotiker leiden furchtbar unter bösen Menschen; um nicht mithelfen zu müssen, bekommen Krankheiten, um entschuldigt zu sein, arbeiten 24 Stunden am Tag, um im Ansehen zu steigen: Das meine ich nicht. Das ist viel zu aufwendig. Ich meine wirklich: Einen möglichst kleinen Schuss Topimierung wie ein Sahnehäubchen darauf und die 65 %–75 % müssten geschafft sein, je nach Mühe. Bitte versuchen

Sie es nicht mit so schwieriger Topimierung wie der mit den 24 Stunden. Da machen Sie doch lieber drei verschiedene Berufe in der Zeit und leisten je 25 %.

Also die These noch einmal: In so ziemlich jedem Lebensbereich kann ein Grundstock von 50 % durch Topimierung auf scheinbare 75 % aufgestockt werden. So werden aus 50 %igen die topimierten 75 %igen. Und daraus schließen wir alle, dass wir im Leben ganz gut liegen. Wir sind einigermaßen zufrieden, weil wir uns jetzt überdurchschnittlich fühlen. Der österreichische Lügenforscher Peter Stiegnitz wird heute (!) in der Rhein-Neckar-Zeitung zitiert, und zwar über Männer: „Um im Privat- wie im Berufsleben nicht als Weichei zu gelten, kehrt er den Macho heraus, der angeblich nie weint, sich vor nichts fürchtet und so gut wie keine Fehler macht." Über die Frau: „Aus existentiellen Gründen oder der Kinder wegen lügen sie sich nicht selten ihre Ehe schön." Über Menschen: „Frauen erleichtern sich [mit Lügen] das eigene Leben, Männer ermöglichen es sich damit."

Jetzt zum Hauptpunkt dieses Abschnittes:

Nehmen wir an, ein Mensch ist mit den erzielten „75 %" nicht zufrieden und möchte mehr leisten. Was ist „mehr"? 80 % ist nicht viel mehr, das lohnt kaum, also sagen wir 90 %? Wie kommt ein Mensch praktisch an die 90 % oder 95 % heran, wobei Sie sich bitte 90 % oder 95 % ganz vage und intuitiv als etwas ziemlich Gutes vorstellen möchten. Die Kernfrage also: Wie verbessern wir uns von „mäßig gut" auf „richtig gut"? Die 50 % haben wir uns in der Schule, in der Ausbildung, während der Arbeit in langen Jahren hart erworben und dann alle Prüfungen darüber bestanden. Die aufgesetzten, topimierten 25 % waren relativ routiniert zu erreichen. Jetzt brauchen wir noch 15 % dazu. Wie machen wir das?

Beispiele

Zweitklassige Produkte: Wir haben ein zweitklassiges Produkt gebaut und schön drumherum topimiert. Es verkauft sich leidlich gut, die Gewinne sind ganz OK. Jetzt wollen wir den Markt richtig erobern und in die Spitzengruppe aufsteigen. Wie erreicht man das? Wir können nun nicht noch mehr Hype um das Produkt machen, alle Tricks sind ausgereizt. Es bleibt nur ein Ausweg: Das Produkt muss erstklassig werden. Aber wie? Die Ingenieure haben in der Entwicklung immer Zweitklassiges geliefert, wir haben keine Star-Ingenieure. Die Vorstände haben allen Mitarbeitern immer wieder gesagt, in welch toller Firma sie arbeiten und wie fein der Vorstand selbst ist. Die Fabriken sind nicht auf dem neuesten Stand. Um erstklassige Produkte zu bauen, müssten erstklassige Umgebungen her. Es ist alles, alles falsch.

Shareholder Value: Ich habe mein Unternehmen immer in die Presse gebracht, es reitet auf allen neuen Wellen, ich habe alles an die Börse gebracht, was eben so nur dorthin konnte. Wie aber mache ich nach der Putzorgie weiter? Ja, leider: Das Unternehmen muss wirklich gute Geschäfte machen. Viel bessere Geschäfte als bisher. Darauf hat das Management nicht das Hauptaugenmerk gehabt, weil es mit Topimieren befasst war. Das Gefühl für Geschäft ging im Presserummel verloren. Die „alte Management-Garde", die mehr in der Fabrikhalle als in Analystenkonferenzen gesessen hat, ist längst pensioniert. Und nun?

Abiturschnitt: Ich habe durch cleveres Wählen der Lehrer und Kurse gute Chancen, auf 650 Abi-Punkte zu kommen. Nun will ich aber unbedingt den neuen Studiengang „Entrepreneuring" an der Universität belegen, wozu ich 750 Punkte brauche. Die Uni verlangt Mathematik/Fließend-Englisch bei der Aufnahmeprüfung. Jetzt geht es nicht mehr mit Kurzzeitgedächtnis allein, mit Abschreiben der Aufgaben, mit etwas Schummeln. Einen Tag büffeln vor jeder Arbeit reicht nicht mehr. Wir werden uns wohl oder übel für einige Fächer echt engagieren und interessieren „müssen" oder (viel besser) „wollen"?

Viel Umsatz in einer Beratungsfirma machen: Alle Tricks sind ausgereizt, um den Umsatz für das laufende Jahr zu schönen. Andere Abteilungen über das Ohr hauen wird schwierig, weil sie bei kleinen Beträgen noch pikiert schauten, aber einen Eklat vermieden. Jetzt gibt es Krach. Entschuldigungsrunden. Es gibt kaum noch Möglichkeiten, den Umsatz zu erhöhen, als mehr Aufträge zu bearbeiten. Wir versuchen noch eine Weile, höhere Preise bei Kunden zu verlangen. Vielleicht klappt es ja. Die Kunden wollen nicht. Nach zwei Monaten stehen wir mit noch weniger Aufträgen da, weil die Kunden verbissen verhandeln und nicht unterschreiben. Manche Kunden sagten Adieu. Die Lage droht wegen der überzogenen Topimierung umzukippen. Es war die Zeit eines ganzen Jahres da, engagiert zu arbeiten. Nun, da über dem Erfolglosen schöne Monate ins Land gingen, reicht kaum die Zeit mehr, selbst wenn jetzt richtig gut gearbeitet würde. Was tun?

Wahlen gewinnen: Was tun, wenn die politische Opposition plötzlich ein Programm hat, das in der Bevölkerung ankommt? Wie reagieren „wir"? Wir versuchen, das Programm schlecht zu machen, niederzuziehen, die Gegner zu diffamieren. Die kontern mit der Aufforderung zu einem konstruktiven Gegenvorschlag. Gegenvorschläge gibt es massenhaft, aber unsere Partei ist zerstritten. Das Wunderprodukt Sesselleim Plus 2000 klebt noch an uns. Wer Wahlen gewinnt, muss vier Jahre sitzen. Wir versprechen mehr. Wir versprechen viel mehr für die nächste Wahlperiode, damit wir gleich mehrere Stimmen für ein Versprechen bekommen. Die Opposition gewinnt aber an Gunst. Wie sollen wir plötzlich konstruktiv werden? Wie? Jemand müsste echt etwas Konstruktives wollen und durchsetzen! Wenn es so einen Jemand aber gibt, so wird er einen Sessel wollen! Wo alles besetzt ist! Vom Versprechensmodus auf effektives Regieren umschalten ist wie eine Revolution.

Die Beispiele wollen sagen: Wer von 50 % + 25 % auf 90 % will, muss vom Topimieren auf das Eigentliche umschalten. Der mäßige Klavierspieler kann durch gestenreiches Spiel, durch Wahl ergötzlicher Stücke, durch ein phantasievolles Kostüm, durch artiges Benehmen die Zuschauer so umgarnen, dass mäßiges Spiel ganz gut wird. Wenn er aber richtig gut sein will, muss er wohl üben. Und zwar richtig lange, um richtig gut zu werden. Wahrscheinlich reicht das Üben überhaupt nicht, weil ein mäßiger Spieler die Musik nicht richtig versteht oder nicht gelernt hat, sie zu lieben. Bei nochmaligem Ansehen der Ein/Drittel/Drittel/Drittel-Einteilung sehen wir, dass der Vorstoß ins obere Drittel verlangt, dass der Mensch einen gewissen Sinn für das Meisterliche erwirbt und seinen Hang zum Messen und Topimieren aufgibt.

Um also die nach außen hin nur kleine Spanne von den leicht zu erzielenden 75 % auf die gewünschten 90 % zu überschreiten, müssen echte Berge verschoben werden: Die Topimierung sollte unterlassen werden, dafür soll die Leistung von 50 % hochgeschraubt werden. Wieder plump in Zahlen ausgedrückt: Aus 50 % + 25 % soll die Mischung 80 % Leistung + 10 % Topimierung entstehen, oder noch besser 85 % + 5 %. Für das Fortkommen um eine kleine Spanne muss also der Rubikon überschritten werden, ein echter Entschluss für's Leben ist notwendig. Schaffen wir das, für nur einen kleinen Zugewinn vom fast Geschenkten auf echte harte Arbeit zu schalten? Die Arbeit im Zustand 85 + 5 ist nicht härter als die in 50 + 25, aber der Weg von dem einen Zustand in den anderen ist hart. Wer gut Klavier spielt, hat keine großen Probleme, weiterhin gut spielen zu können, aber das *erstmalige* Erlernen des Spiels ist ein Problem.

Alle unsere Systeme sehen diesen Punkt nicht. Sie denken sich den Weg von der 75 auf die 90 so, dass er über die bekannten Stationen 76, 77, 78, 79, 80 usw. bis 90 führt. Die Systeme, die Eltern, die Lehrer wundern sich, warum sie Menschen nicht sukzessive vom mittleren Drittel ins Drittel der Leistungsträger führen können. Die Systeme optimieren den Wert des Menschen in der Vorstellung, dass der Mensch vor einem Berganstieg steht. Um besser zu werden, muss er weiter bergan. Immer weiter bergan. So ist es aber nicht: Der Mensch muss zwar bergan, auf die 90 % zu, aber auf einem *anderen* Berg!

Eine ähnliche Thesenfolge können Sie für den Sprung vom unteren Drittel ins mittlere herleiten.

Die Menschen sind also nicht nur in ihrem Temperament in gewisser Weise gefangen und festgelegt, sondern auch in der Zugehörigkeit zu den Dritteln. Grenzüberschreitungen sind selten. Unsere gesellschaftlichen Systeme aber nehmen beide Problematiken nicht war.

Sie verlangen unerbittlich: „Sei brav. Sei Leistungsträger. Jeden Tag ein bisschen näher dorthin. Jeden Tag eine gute Tat." Die Forderung an alle, brav zu sein, ist Unsinn. Das Vorhaben, alle zu Leistungsträgern werden zu lassen, scheitert in fast allen Fällen, weil die Problematik des dafür erforderlichen Quantensprunges nicht gesehen wird. Auch hier wird leider alles, alles falsch gemacht.

Wenn wir neue Bewerber zu Einstellungsgesprächen einladen, versuchen wir natürlich herauszufinden, ob sie womöglich zum Leistungsträgerdrittel gehören. Das ist nicht besonders schwer. Viele Menschen diskutieren mit mir bei Gelegenheit über die Schwierigkeit, gute Mitarbeiter von mäßigen zu unterscheiden. Glauben Sie mir, es ist nicht schwer! Es ist sehr leicht, wenn man „einen Blick dafür" hat. Bei Bewerbern wie auch bei Studenten in der Diplomprüfung. Auch das Erkennen von Hochbegabten für die Studienstiftung ist nicht schwer. Denn: Es ist leicht, 75 % + 25 % von 85 % + 5 % zu unterscheiden oder 85 % + 5 % von 95 % plus Null. Es geht dabei nicht um die Unterscheidung von Nachkommastellen, sondern um Quantensprungabstände. Deshalb sieht jeder schlechte Schüler, welcher Lehrer gut ist. Deshalb kann selbst ich ein Buch beurteilen, ohne Reich-Ranicki zu befragen. Deshalb bekommen Bewerber immer nur Zusagen oder immer nur Absagen. Deshalb müssen etliche Arztpraxen schließen, obwohl nebenan im Ärztehaus das Wartezimmer mit geduldig ausharrenden ansteckenden Krankheiten überquillt. Deshalb kann jeder Mensch sehen, wie ich bin und wie Sie sind. Ziemlich jeder. Weil der Sprung von einem Drittel ins andere so groß ist.

Dieser Sprung ist so grässlich weit wie der Abstand von „zwei Tage fasten" zu „Ernährungsweise umstellen", von Topimierung hin zum Eigentlichen.

In unserer Gesellschaft sieht jeder jeden Unterschied, aber wir verstehen zumeist nicht, worin er besteht. Und deshalb erkennen wir nicht, wie riesig der Unterschied ist. Und deshalb halten wir Unterschiede allesamt für überwindbar. Und deshalb, irrtümlicherweise gut gestimmt, versuchen wir stets, sie zu überwinden. Und deshalb scheitern wir immer, weil wir die Aufgabe nicht verstanden haben. Die Aufgabe ist diese: scharfer Anstieg des Echten bei gleichzeitigem Loslassen auf der Topimierungsseite.

Wer das Neue will, muss vom Alten erst lassen. Wer vom Alten lässt, stürzt erst tiefer, bevor er den neuen, anderen Berg erklimmt, der höher ist. Unsere Messsysteme messen nur die Höhe. Sie verstehen nicht, dass Höhengewinn nur möglich ist durch Wechsel des Berges, der erklommen wird. Wenn unsere Messsysteme bald klüger werden, ist Hoffnung da. Im Augenblick herrscht ein Zustand fast vollständiger Verblendung. Die Gründe des Scheiterns werden immer mitten auf dem Weg gesucht, wo sie doch ganz in den Anfangsgründen liegen.

Die heutigen Messsysteme hetzen den Menschen in beliebige Anstrengung. Sie peitschen ihn vorwärts. Die 75 %-Menschen sollen auf 90 %+ gebracht werden. Alle versuchen es, aber ohne die Topimierung aufzugeben oder zu reduzieren, ja sogar, unter ihrer Perfektionierung. Das Ziel wird so nie annähernd erreicht und die Anstrengung ist vertan. Wie viel Prozent unserer tatsächlichen Wirtschaftskraft nutzen wir heute für das Hervorbringen des Echten aus? Verstehen Sie, warum ich wieder und wieder auf die Studien zeige, dass manche Firmen Lichtjahre weiter sind als andere? Warum die Produktivität der Menschen einige 100 % unterschiedlich sein kann? Es gibt Firmen, in denen nicht topimiert wird. Nicht so viel wenigstens. Und im Durchschnitt der Wirtschaft haben wir noch etliche 10 % Verbesserungspotential. Die Systeme fixieren sich aber inzwischen aus Ratlosigkeit auf Promille bei Einsparungen in Telefonrechnungen, die demnächst ohnehin fast wegfallen. Da triumphieren die Systeme, dass sie so gut funktioniert haben, als sie appellierten, weniger zu telefonieren!

6 Topimierung stoppen! Nackte Kaiser kleiden!

Von meiner Firma einmal abgesehen, kennen Sie Firmen, die so etwas wie großartige, echte (Makro-)Persönlichkeiten sind? Produkte, die das Eigentliche ausdrücken? Nicht motzige, prestigeträchtige, angeberische, perfekte, schöne. Eigentliche? Ich meine …, ja wie soll ich das erklären, etwas wie Nutella. Nutella gibt es einfach, wir haben es lieb. „Es schmeckt zu uns." Nutella hat eine Persönlichkeit, die sicher nicht nur Sonnenseiten hat: Nutella ist voller Fettgehalt und sein Zucker kann Zähne schädigen. Nutella kann dick machen, wenn wir so viel davon essen, wie wir gerne möchten. Nutella verbieten wir unseren Kindern, aber wir kaufen es täglich auch für sie und nehmen es mit in den Urlaub. Nutella ist unser Freund. Die Firma Ferrero hat noch mehr Produkte im Angebot: Mon Chéri, Rocher, Kinderriegel, Küsschen, Duplo usw. Alle sind unser Freund. Aber am meisten die Überraschungseier. (Wiegen Sie auch an der Gemüsewaage ganze Paletten von Eiern ab, um welche zu finden, die ganz genau so schwer sind wie eins, in dem ein Hippo war?) Wie schafft es Ferrero, nur Produkte zu haben, die ohne Trara einfach so sind, wie Produkte sein sollen? Das ist jetzt eine Menge Schleichwerbung, für die ich jetzt bestimmt einen Sack Hanuta bekomme, wenn Springer diesen Absatz überhaupt druckt. Aber ich muss ja einmal aus dem Hypothetischen heraus und wenigstens eine Firma als Beispiel nennen.

(Ich würde zu gerne ein Forschungsprojekt sehen, das solche Firmenpersönlichkeiten analysiert. Über Firmen, die Lust haben, die voller Leidenschaft sind, solche, die sich fürchten, Topimierfirmen, andere, die sich wie SJ, SP, NT, NF benehmen, als Makrogebilde. Wie beschreiben wir Firmen als Menschen? Welche

Persönlichkeit hat der Computer von Amazon? Wenn eine Firma SJ oder NT ist, gilt das für die meisten Mitarbeiter der Firma ebenfalls? Oder können viele NT auf einem Haufen zusammen ein Firmengebilde abgeben, das nach außen wie SJ wirkt?)

Nutella oder Thinkpads sind Ausnahmen. Wenn wir heute neue Produkte kaufen, Aktien kaufen, Personen einstellen, wissenschaftliche Arbeiten lesen oder wählen gehen, finden wir nicht oft mehr davon.

Zweitklassige Produkte: Wir gehen zusammen einmal einkaufen. Eine neue ISDN-Anlage, einen Videorekorder, ein Faxgerät, eine Sonnenbank, winterharte Fliesen für die Garage oder nur Brot. Wir stehen fassungslos vor der Vielfalt des Angebotes, laufen lange hilflos zwischen den Produkten umher. Wir wissen aus Tests genau, dass sehr viele Produkte einfach schlecht sind. Wir werden bei der Bedienung Probleme haben, es wird Treibersoftware fehlen oder ein Kabel. Im Siebzehnkornbrot ist sicher etwas, gegen das einer in der Familie allergisch ist, oder es schmeckt nach Sezuan-Pfeffer. Wir haben Angst. Früher gingen wir zu einem Vereinstreffen und fragten einmal, wie Siebzehnkornbrot schmeckt oder welches Faxgerät am besten ist. Das war die berühmte Mund-zu-Mund-Propaganda, von der Tupperware heute noch lebt. Heute sagen unsere Mitmenschen, dass sie zwar ein Fax hätten, aber es sei schon drei Monate alt und sie äßen jetzt Walnussfenchelhörnchen. Unser Problem ist es, dass wir kaum noch vergleichen können. Alles ist immer brandneu, anders und heute NEU! gibt es 10 % mehr Pixel zum Preis von gestern. Erinnern Sie sich an das wichtigste Topimierungsrezept? „Vermeiden Sie um jeden Preis Vergleichbarkeit, außer wenn Sie unzweifelhaft das beste Produkt anbieten." Das genau haben die Produktstrategen gründlich verinnerlicht. Damit sie die Firma nicht unabsichtlich in den Ruin treiben, hat der weise Gesetzgeber vergleichende Werbung ohnehin verboten! Heute ist alles unvergleichbar. Viele Menschen resignieren und wählen nach Schönheit des Produktes, viele spontan, was gut in der Hand liegt, viele suchen Rat in

Testzeitschriften. Denken Sie an das Verhalten der Menschen in den Tests von Westcott? SJ werden sich Testergebnisse besorgen, sich die besten drei Produkte aufschreiben und eines davon zu kaufen versuchen (Ich probiere es nach dieser Methode gerade mit einem Computerbildschirm, aber genau *den* gibt es nicht zu kaufen.). NT werden versuchen, die Produktgattung zu verstehen („Worauf kommt es an?"), um dann ein sinnvolles Produkt zu suchen. Eine bestimmte Werbung trifft es ganz genau: Wir kommen uns richtig blöd vor. Und das liegt nicht an den Preisen, sondern an dem Topimierungsgewirr.

Aktien kaufen: Nur noch wenige Menschen können beurteilen, welche Aktiengesellschaften Chancen haben. Deshalb schauen wir uns Analystenkommentare an, rätseln über Vergangenheitskurse, vergleichen die Ratings. Viele von uns kaufen, weil ein netter Mensch die Aktien hat oder weil wir das Produkt gerne zu Hause haben (NF), viele kaufen spontan aus dem Bauch, mit Lustkitzel wie bei einem Spiel (SP), manche nach langen Analysen (SJ) und wieder andere durch strategische Analyse der Zukunftstechnologien (NT). Wir ersticken zunehmend in Unvergleichbarkeit, auch hier. Viele Manager sind so sehr mit Topimierung befasst, dass sie vielleicht selbst nicht wissen, wie die Lage ist. Sie glauben an die Prospekte und wirken sogar authentisch, ohne wahr zu sein.

Mitarbeiter einstellen: Die Bewerbungsakten sind sehr oft Topimierungsorgien. Die Bewerber glauben oft, was sie in Ratgebern lesen. Die Kunstfertigkeit beim Bewerbungsschreiben ersetzt vier Semester Studium. Also: 50 % + 25 %, alles OK. Passbilder mit Goldrand, Büttenurkunden für den 2-stündigen Häkelkurs, Beteuerungen, mobil und überstundenwillig zu sein sowie auf der Stelle die Familie zu verraten, wenn es die Firma verlangt. Alles ist „perfekt", Gott sei Dank meist so ungeschickt, dass sich ein Gespräch erübrigt. Wenn wir aber Menschen, die gar nicht zu ihrer Akte passen, in die Augen sehen, nur in die Augen: dann entlar-

ven wir Topimierer aus Not. Wenn Bewerber zu Personalbera-
tungsfirmen gehen und sich professionelle Bewerbungen schreiben lassen, sind die Bewerbungen oft so sehr perfekt, dass es richtig Mühe macht, den Menschen wiederzufinden, das kann ich Ihnen sagen! Es ist schrecklich, gegen das Unechte zu kämpfen. Oft
sind nur die Augen der Menschen echt; ihr Spiegel der Seele funktioniert bei fast allen noch. Zum Glück. Oder wie furchtbar: Nur
noch die Augen sind echt!

Wählen gehen: Schauen Sie den Politikern in die Augen! Steht
dort der Wille zum Frieden? Zur Ökologie? Die Liebe zur Familie? Der Drang, Deutschland in das Zeitalter der Technologie zu
führen? Die Sorge über die Arbeitslosigkeit verzweifelter Menschen? Nein, dort steht: „Ich bin immer auf meinem Posten oder
auf dem Weg dahin …" Aber das wissen Sie längst. Schauen Sie in
die Augen von Richard von Weizsäcker oder Hildegard Hamm-
Brücher. Schauen Sie lange hinein. Suchen sie das, was Sie sehen,
anderswo. Sagen Sie schnell 10 Politikeraugenpaare mit Ähnlich-
keiten. Schaffen Sie das?

Wir sehen auf Menschen und Produkte wie auf die neuen Kleider von Kaisern. Ein gewaltiger Teil der Lebensenergie wird verschwendet, um zu topimieren, sich darzustellen, schönzureden,
„zu heucheln", wie man früher in Romanen über bestimmte Themen sagte. Und dann stehen wir verloren und verlassen in den
Produktglitzerwelten und müssen sehr lange arbeiten, um das
Echte wieder freizulegen. „Where is the beef?" Das ist die Frage unserer Zeit schlechthin geworden. Ist es gut oder bloß ein
Top75-Produkt? 50 % mit 25 % Verpackung?

Wenn wir schon alles messen wollen: Können wir nicht einmal Schulnoten gegen Topimierung einführen: Eine Note über
das Maß von Unwahrhaftigkeit, Angeberei, Brutalität, Mobbing,
Unzuverlässigkeit, über Versuche, sich herauszureden, in Vorteil
zu bringen, zu schummeln, durch Charme oder Unterwürfigkeit
zu entwaffnen. Unsere Gesellschaft nimmt offenbar nicht an, dass

überhaupt topimiert wird?! Sie bekämpft Topimierung mit Ermahnungen, hält sie aber insgesamt für so halb erlaubt. Für ein
Kavaliersdelikt. Für nicht sehr moralisch, aber clever und erfolgreich. Für unabwendbar, weil „es alle tun". Wie Schminken oder
Parfümieren. Wirkt das Echte für unsere Gesellschaft zu wenig
geschmeidig?

Bei Amazon.com kann jeder Leser jedes Buch rezensieren,
besprechen, verreißen. Jedes Buch bekommt null bis fünf Sterne,
je nachdem, wie gut es von den Rezensenten im Durchschnitt bewertet wird. Wer etwas anderes, etwa Computer, dort bestellt, bekommt diese dann von anderen Lieferanten. Diese Firmen werden ebenfalls von den Käufern mit Sternen bewertet. Es werden
Zeiten kommen, in denen die Kunden von Beratungshäusern ihre Kritiken über Berater und Projekte über das Internet direkt in
die Datenbank der Beratungsfirma eingeben. Dann bekommen
also auch die Mitarbeiter null bis fünf Sterne.

Der Weg dahin ist noch weit, weil die Kunden lieber schlechte Projekte pünktlich bezahlen als Menschen schriftlich kränken
wollen. Andere Kunden wollen grundsätzlich an abgeschlosse-
nen Projekten kein gutes Haar lassen oder durch Überkritik ku-
lante Zusätze ergattern. Unter dieser Topimierungskultur ist ein
Wandel zu Nüchternheit schwer. Es geht ja nicht um Heimzahlen,
Schönreden, Beleidigen. Es geht einfach darum, einen Berater in
voller Montur beurteilen zu können, nicht in Kaisers neuen Kleidern.

Da wir uns also angewöhnt haben, zu topimieren, wo es nur
geht, und zu beschönigen, bis die Schminke durch ihr Gewicht
abfällt, deshalb müssen uns die Internetcomputer retten, weil sie
uns Ratings liefern, also Zensuren für alles.

Hitparaden, Top 10 für Musik, Bücher, Computerspiele, Bürosoftware, Bildschirme, Steuerräder für Rennspiele, Mäuse, Drucker, schlechtangezogene Frauen, Filme, Islay Whiskies. Für alles gibt es Punkte und Rangordnungen, die von außen festgelegt
werden. Da aber die Rangordnungen teilweise wieder topimiert
werden, indem clevere Unternehmen Ränge kaufen, so müssen

über den Punktzahlen und Sternen sogar noch die Menschen bewertet werden, die die Rangordnungen machen. Zum Beispiel werden Aktienanalysten an ihren Treffern gemessen und wieder ihrerseits in Rangordnungen aufgereiht. Eine geballte Technologiekraft zusammen mit vielen Bewertern schützt uns vor der Topimierung der Marketiers. Daraus wird bald eine ganz eigene Industrie. Die Bewertungsindustrie. Bald werden Stellenbewerber extern begutachtet („4 Sterne von renommierten XY Institut, und dies Institut ist berühmt für seine harten Maßstäbe!"). Prüfungen in Programmiersprachen, in Projektleitung, in Management werden extern abgelegt werden müssen, weil die innerbetrieblichen Ausbilder auf alles „Bestanden" stempeln, um mehr Kursteilnehmer bei Laune zu halten. Das Bewerten als notwendige Gegenbewegung zur Topimierung wird externe Notwendigkeit oder eine gerechte Computerangelegenheit. So werden wir hoffentlich bald Internetumfragen zu Meinungen über Regierungspolitik hören? Nicht: „Doris, wie war ich?" Sondern: Laut eigener Regierungserklärung sollte das Gesetz XY nach einem Jahr beschlossen sein. Ist diese Arbeit so gemacht, wie es gedacht war? Sind wir mit dem Gesetz zufrieden?

Computer müssen die Demokratie um Topimierung bereinigen. Das Volk sollte am Beginn einer Legislaturperiode der Regierung Ziele geben und am Ende abstimmen, ob die erreicht wurden. 10 Ziele, bewertet mit 1 oder minus 1, erfüllt oder nicht. Bei der nächsten Wahl werden dann die erreichten Punkte bei der Regierungspartei als Prozentpunkte vom Wahlergebnis abgezogen oder zu ihm hinzuaddiert. Regierungen sollen doch auch unsere Freude spüren können, wenn sie einmal etwas richtig machen? Sie sollten doch fühlen, dass wir wünschen, *dass* sie etwas regieren, nicht nur streiten? Ein kleines Pendant zum Shareholder Value bei Demokratien wäre ganz gut. Die Parteien können ja bieten, um wie viel Prozent die Arbeitslosigkeit sinkt, wenn sie regieren. Zum Beispiel. Und dann gibt es für Abweichungen Abzüge oder Zuschläge in Stimmen. Wir würden damit die Regierungen mit Sonderstimmen bezahlen! Da die Opposition nur noch topimiert, also Regierungen schlecht macht, hat sie eigentlich ihre Aufgabe als kritisches Gegengewicht zur Macht freiwillig abgegeben. Oppositionspolitik ist heute eine Art ständiger Stellenbewerbung beim Wähler. Nicht durch Zeigen von Leistung, sondern eben durch Schlechtmachen der Alternativen, also durch Topimierung. Computer werden uns Wählern beistehen.

7 Invasives Messen bedroht den inneren Sinn

Wir messen heute die Dinge oder Menschen meist so, dass sie Schaden nehmen oder gar ihren Sinn verlieren. Messen am Arbeitsplatz will die Werte der Urformel der Arbeit mit Zwang durchsetzen. Das Messen in der Schule soll Zwang ausüben und zur Arbeit antreiben. Wissenschaftler stehen vor „publish or die" Zwängen. Sie wählen alle die Alternative „publish", aber die Wissenschaft nimmt Schaden.

Das eindringende, invasionsartige, aufdringliche Messen verändert Dinge und zwingt Menschen, anders zu sein. Die Multiple-Choice-Prüfungen für Mediziner sind ein weithin berühmtes Beispiel für eine Messung, die nicht misst, was sie eigentlich messen soll. Die Abiturprüfung (Reifeprüfung) misst nicht die Reife, sondern fragt vokabelartige Fragmente ab. Der Umsatz eines Vertrieblers misst nicht seine Leistung: Waren seine Ziele zu hoch, zu niedrig? Hat er Glück gehabt, dass ein Kunde zufällig etwas wollte? Hat er Pech gehabt, weil der Euro eingeführt wurde oder der vertraute Kundenmanager die Firma wechselte (dort kauft er vielleicht wieder tüchtig zum Beispiel IBM-Computer, aber bei einem anderen Vertriebsmitarbeiter, der sich mächtig freut)? Die hohen Zensuren, die ein Lehrer gibt, sagen nicht viel aus über seine Qualität als Lehrer, oder? In manchen Uni-Fächern gibt es nur Einsen oder Zweien, die Juristen prüfen dagegen mit anderen Noten, die mehr ihrem Lebensgefühl entsprechen.

Es gibt andere Arten, wie man messen kann: Gutachten über Wissenschaftler schreiben. Kritiken über Bücher publizieren.

Wettkampf im Sport. Wetteifer der Wissenschaftler um eine Problemlösung: Wer besiegt AIDS wieder ein wenig mehr? Die Messung wird unter den Wissenschaftlern vorgenommen, auf der Konferenz. Vertriebler können an der Beziehungstiefe zum Kunden gemessen werden, an ihrem Verständnis für dessen Notwendigkeiten, an dessen Wertschätzungsgrad. „Great people care." Großartige Professoren kümmern sich um Studenten, um die Kultur ihrer Wissenschaft, sie forschen mehr in der Jugend und empfangen von den Vätern und später geben sie als Väter. (Sie werden aber immer gleichartig an Diplom-, Doktorstudenten oder Seitenzahlen gemessen, obwohl sie einen Lebenszyklus haben!) Meine Kinder haben viel öfter als nötig gefragt: „Wie findest du das?" Und sie wollten nicht etwa nur gelobt werden. Sie wollten wissen, wie ich es finde. Tierzüchter tragen ihre geliebten Tiere zu Ausstellungen und sie vergleichen einander genau. Önologen und Winzer ringen freiwillig um Medaillen. Musiklehrer treffen sich beim „Jugend musiziert"-Wettbewerb, um zu sehen, wie das Niveau allgemein ist, wie viel sie von ihren Schülern verlangen können. Alle Menschen gehen in Ausstellungen, besuchen Konferenzen und Konzerte und Sportveranstaltungen, um Meisterwerke zu sehen. Es geht wirklich um Meisterwerke, und die Millionen Dollar kommen danach. „Dieser 1:0-Sieg war eine Schande!", sagen Sportler und sie sind selig, wenn ihr Spiel berauschend war. Der Tabellenstand und die Prämie? Später. Wissenschaftler wollen immer erst ein wunderbares Forschungsresultat. Eine Professorenstelle kommt dann auch. „Do what you love, and the money will follow." So habe ich einmal einen Buchtitel im Flughafen gesehen. Ähnliches haben Sie oben von Rudolf Steiner gehört.

Alle diese Beispiele zeigen: Menschen *wollen* sich messen. Menschen *wollen* zeigen, wer sie sind. Menschen wollen zeigen, was sie können. Menschen wollen wohlwollende, dann aber beliebig ehrliche Kritik. Menschen wollen wissen, wo sie stehen. Sie möchten gut sein, viel können.

Invasive Messungen aber geben Kriterien vor, die nicht die ihren sind. Wissenschaftler werden daran gemessen, wie lange es dauert, bis man anwenden kann, was sie erforschten. Schüler werden gemessen, ob sie diszipliniert ohne Klage lernen, was ihnen abverlangt wird. Studenten sollen Theoretisches üben, was meist nicht den Weg in ihre Herzen findet. Mitarbeiter jeder Ebene werden gedrillt, übergeordneten Zielen („Meine Abteilung soll zeigen, was ich kann.") nachzulaufen. Die Ziele sind nicht die des Gemessenen, sondern die des Messenden. Die Messenden wollen Menschen oft umerziehen, dabei oft zu SJ umdrehen. Menschen sollen als Kinder keine SP sein, als Schüler SJ werden, als Studenten NT sein, als Mitarbeiter wieder SJ, aber kreativ und änderungswillig. Erfahrenen Mitarbeitern werfen die Systeme Scheu vor Wandel vor, nachdem sie ein halbes Leben um Veränderungen gerungen haben und schließlich ermüdeten. Die Systeme hören nie auf Veränderungsschreie in der Not der da unten. Aber wenn die Systeme von oben herab etwas anders haben wollen, walzen sie Widerstand erbarmungslos nieder. Ein Schulsystem kann jede Kritik wie „bitte interessant" von Millionen bittender Menschen jahrelang abweisen und dann handstreichartig „Mengenlehre für alle" einführen und dann nach riesigen Erfolgsmeldungen wieder abschaffen. Mengenlehre sofort. Ja. Internet an Schulen? Nein. Die Systeme messen, was sie wollen, ohne Rücksicht auf die Gemessenen. Die Gemessenen merken, dass die Systeme die Menschen verändern wollen. Sie sträuben sich.

Menschen wollen *sich* ja messen, aber nach ihrer Art. Wenn sie aber gezwungen werden, ihre Identität aufzugeben, wenn sie merken, dass sie ihren eigenen inneren Sinn verlieren, dann wehren sie sich. Sie erfüllen die Ziele in einer Art, dass ihre eigene Persönlichkeit nicht zu viel Schaden erleidet. Das ist wohl die eigentliche Ursache der Topimierung.

Topimierung ist zu großen Teilen das notdürftige Fertigwerden mit einer invasiven Welt, die etwas verlangt, was der Mensch nicht leisten will und kann.

Erinnern Sie sich an die Frage an Summerhill: „Wie kann das Kind dann das Leben bestehen, das von uns verlangt, unzählige unangenehme Pflichten zu erfüllen?" Die Mehrzahl der Menschen ist nicht bereit, das Leben in dieser Art zu empfinden und in einem entsprechenden Messsystem genau das Verlangte zu tun. Diese Menschen krümmen sich, sie fliehen in Selbstständigkeit, sie steigen aus. Sie steigen aus, weil die Messungen ihren eigenen empfundenen inneren Sinn zerstören wollen.

Unsere Messsysteme nehmen keine Rücksicht auf den Menschen, überhaupt keine, weil sie alle von einem einheitlichen Menschen ausgehen oder ihn so postulieren. Selbst die Waldorfschulen wollen tendenziell Menschen als NF sehen und Summerhill-Menschen als SP. Alle Systeme bemerken ihr Versagen und reagieren meistens mit Zwangsmaßnahmen. Sie sehen aber nicht, dass ein einheitliches Menschenmesssystem den inneren Sinn und die Persönlichkeit der „ganz anderen" Menschen nicht achten, nicht wahrnehmen. Darin liegt ihr Scheitern.

Das Scheitern aber sehen die Systeme zwanghaft neurotisch in dem Unwillen des Menschen, gemessen zu werden. Er WILL doch gemessen werden, aber nur nicht SO! Nicht auf Systemkonformität. Wenn die Systeme so mäßen, wie der Mensch wünschte, dann würde er sagen: „Die Kritik fordert mich heraus. Ich zeige es euch allen. Ich will beweisen, dass ich vermag. Ich fühle mich verstanden und ernst genommen. Meine Fähigkeiten werden geachtet." All dies wird er sagen. Und alles ist gut. Die über die Welt hereingebrochene Topimierungswelle hat ihre Ursache darin, dass die einheitlichen Menschentheorien in die Messsysteme der Computer Eingang fanden.

Wir müssen den Computern besser erklären, wer wir sind. Das ist nicht einfach, weil wir es wohl nicht so genau wissen. Versuchen wir es? Sonst errechnen es am Ende die Computer noch vor uns, per Data Mining. Ich behaupte:

Invasives Messen senkt den Ertrag auf 50 %.

Sie haben ja schon von den phantastischen Leistungsunterschieden der Menschen bei gleichen Aufgaben gelesen. Dass Menschen mit Spaß an der Sache gleich Bäume ausreißen gehen. Dass Kinder Schwerstarbeit im Garten erledigen oder bei Umzügen wie ein Erwachsener arbeiten. Aber sie gehen nicht in den Keller, um den Müll hinunterzutragen. Sie gehen nicht, eine Flasche Apfelsaft zu holen. Dies ist eine Pflicht für die Rangniedrigen, das fühlen sie. Aufgaben, in denen sie Bestätigung sehen, führen sie aus. Sofort und gern. Warum lassen wir sie nicht den Garten umgraben und Bäume fällen und *wir* holen das Mineralwasser? „Weil das Kind lernen muss, kleine Pflichten zu übernehmen. Es kann nicht nur Rosinen picken." Es geht dem Kind nicht um Pflichten (die es nicht versteht), sondern um inneren Sinn. Den Eltern geht es um Normierung. Ich sage nicht, dass Kinder nun gänzlich ohne Pflichten sein sollten. Aber bitte erst, wenn sie verstehen. Wenn sie sich erhoben fühlen, wenn sie eine Pflicht für die Gemeinschaft übernehmen. Solange sie sich als Abfallträger der Familie fühlen, haben wir ihnen nur Sinn gestohlen. Die meisten Systeme der Erziehung nehmen an, dass der Mensch erst regelmäßig Rasen mäht und daran merkt, dass er eine Pflicht erfüllt. Warum lehren sie ihn nicht verstehen, dass die Gemeinschaft auf Hilfe, auch von ihm, angewiesen ist? Wir lehren nicht, Pflichten zu übernehmen, wir brummen Pflichten auf. Wir verteilen Aufgaben und die Älteren bekommen Privilegien. So verteilen die Systeme später Arbeit. Die Sinnfragen bleiben ganz unbeachtet und werden daher (nicht böswillig) mit Füßen getreten. Wenn Kinder oder Mitarbeiter diese von ihnen nicht einmal verstandenen Sinnfragen in sich hochgären fühlen und unbestimmt zur Diskussion stellen, werden sie vernichtet: „Illoyal. Faul. Drückeberger. Jeder muss beitragen. Mach keine Probleme. Komm mir nicht so." Wer Arbeit „nicht einsieht", macht Arbeit nicht gut. Das Apfelsaftholen des Rangniedrigsten dauert doppelt so lange, als wenn es der holt, der sich selbst in der Pflicht „sieht" („Passion for the apple juice supply"). Wer Englisch sprechen lernen möchte, kann es vielfach schneller lernen als in der Gymnasiumsbummelbahn, wo er Zwang widersteht. Bei vielen Menschen dauert das bisschen Einkommensteuerausfüllen wochenlang, weil sie es hassen. Und so weiter. Es kommt darauf an, dass Sinn in der Arbeit ist. Es kommt darauf an, dass der Mensch diesen Sinn empfindet. Wenn dies nicht so ist, dauert alles doppelt so lange. Entscheidungen werden aufgeschoben, Mühen eingestellt, um auf etwas zu warten, was noch fehlt. Mañana. Der Drive sackt ab, die Leidenschaft verlagert sich ins Privatleben. Unsere Arbeit stirbt den Sinntod.

Spüren Sie, wie viel Arbeitsertrag verloren geht? Locker die Hälfte, wenn kein Sinn da ist. Teamicide, wenn Gemeinschaft und Freude fehlen und das System den Sinn zerschlägt.

Die Psychologiebücher besprechen bis zum Abwinken das Problem, das Kind zum Stuhlgang zu zwingen. Pampers kam, saugte eine ganze Psychologierichtung auf und machte sie als Theorie schön trocken. Die Psychologiebücher besprechen meterweise die sexuellen Probleme der Kinder, die ich bei unseren gar nicht vorfand. Vielleicht gehen schon immer alle SP früher ins Bett als die anderen, weil dieses Temperament mehr lustorientiert ist? Vielleicht lässt sich das zu keiner Zeit verhindern, weil SP eben so sind? Vielleicht wird die ganze restliche Menschheit dauernd beschwörend-drängend mitgezogen und fühlt sich nicht betroffen? Der Kinsey-Report listet alle Beischlafshäufigkeiten nach Alter, nach Religion, nach Hautfarbe. Nach Lust (also Temperament) lustigerweise nicht! Unsere Systeme messen nach Herzenslust, aber an Problemen, die es gar nicht gibt? Weil sie den Sinn vor lauter Moral und Putzsucht vergessen haben!

8 Messsysteme durch unser Innensystem ersetzen und vertrauen

Vielleicht waren jetzt Windeln und Sex ein wenig zu geballt. Aber die Phänomene sind immer dieselben: Einheitliche Regeln und

Sichtweisen verhindern die Sicht auf den genauen Sinn. Das Sinn-
vernichtende liegt oft in ihnen selbst, nicht in dem Widerstand
der Gezwungenen. Schlechte Regeln zwingen Gezwungene zur
Topimierung. Zur Verleugnung. Zur Verweigerung. „Das Kind
geht den Eltern zuliebe auf den Topf." – „Es verweigert sich und
diese Haltung verfestigt sich." Hinterher messen wir an den Erwachsenen, ob es alles so kommt. Es kommt so. Der eine wird
lieb, der andere nicht. Einfach, weil ihn das System über seinen
Exkrementen zu einer Antwort auf eine unverstandene Existenz-
frage gezwungen hat. Wer die falsche Antwort erriet, ist „unge-
raten". Wenn das Kind nicht auf den Topf geht, sagt der würdige Familienvorstand, der im Hauptberuf Manager ist: „Ich habe
den Eindruck gewonnen, dass die Strategie unserer Familie, sauber zu bleiben, nicht richtig an die Kinder kommuniziert worden ist. Wir machen heute Nachmittag noch einmal ein Broadcast, damit wir alle mit einer Stimme sprechen und keiner aus
der Reihe tanzt. Sauberkeit ist nur möglich, wenn die ganze Gemeinschaft aller Kinder sich an die notwendigen Regeln hält. Das
Kind gehört auf den Topf und der Platz der Frau ist hinter dem
Topf. Wenn wir uns nicht einmal auf diese Minimalregeln einigen, wird Chaos hereinbrechen, wie es war, bevor Gott kam am
ersten Tag. Notfalls müssen Zwangsmaßnahmen her, wenn das
Kind nicht einmal unter Belohnungsandrohung den Stuhl abgibt.
Es gibt einen Klaps, Baby. Was sagst du dazu, Baby?" – „LaaLaa,
la la la lali la, Dipsy, Po."

Wollen wir nicht einmal die logistischen Regeln sinken lassen
und den individuellen Menschen anschauen? Ihn fragen, was er
will oder ihm gut tut?

Die harte Determinante des Menschen scheint die innere
Zielfunktion zu sein, unter der er sich selbst optimiert. Natürlich ist diese Zielfunktion im Allgemeinen nicht die, die der Betrieb gerne hätte, für den er arbeitet. Die Zielfunktion des Menschen bildet sich in den ersten Lebensjahren, in denen das Brut-
tosozialprodukt nur untergeordnet vorkommt. Die Erziehung gewöhnt heute eher an Regelbefolgung (sei die Regel, wie sie sei),

sie bildet nicht heran. Die Arbeitswelt sieht sich also mit einer 20 bis 28 Jahre gewachsenen inneren Zielfunktion im jungen Arbeitnehmer konfrontiert, die nur zufällig oder bedingt brauchbar zum Arbeitsprozess passt. Die Arbeitswelt versucht nun, diese Zielfunktion im Menschen neu auszurichten. Sie scheitert, weil sie das Betonharte dieser Zielfunktion nicht versteht. Normale Manager können sich nicht das Nägelkauen, Rauchen, Vielessen etc. abgewöhnen, weil das sich offenbar ihrem Willen entzieht, aber sie halten es für unentschuldbar, wenn Mitarbeiter nicht gleich auf ein Broadcast hin ihre innere Zielfunktion umstellen. Dort rechnet ein neuronales Netz, Jahrzehnte von Mama, Papa und Freunden trainiert: Es kann nicht anders rechnen! Versuche, die inneren Ziele der Menschen neu auszurichten, zwingen diese zum Topimieren. Aus 50 %igen Menschen werden Top75er. Wozu, das?

Die neuen Managementtheorien beten, den Menschen zuzuhören, sie zu verstehen, ihnen zu vertrauen, sie einmal selbst machen zu lassen, sie nicht zu knebeln, sie zu motivieren. (Haben Sie oben „hingehört"? Was das Baby Ihnen gesagt hat? LaaLaa, Dipsy und Po sind drei Teletubbies. Das Baby versteht nicht. Sie verstehen möglicherweise ebenfalls nicht.)

Alles das heißt: Wir achten in erster Linie einmal die innere Zielfunktion des Menschen, wie er sie in sich in die Schule oder zur Arbeit mitbringt und optimieren ihn in dieser Messungsweise. Wenn Menschen in ihrer eigenen inneren Zielfunktion an Höhe gewinnen, dann gewinnen sie Selbstvertrauen. Und im Zustand des Selbstvertrauens ist der Mensch frei und schwerelos und ist im Überschwang bereit, sogar ein wenig seine eigene Zielfunktion zu verändern. So, als wenn im Tennis bei 5:0 für Sie im letzten Satz ein Ball ungerecht gegen Sie lief. Sie schenken dem Gegner großmütig den Punkt. „Oben" ist es viel leichter, sich zu verändern.

So sollen wir die Menschen einfach SJ, SP, NT, NF sein lassen. Lassen wir sie innerhalb ihres Selbst wachsen. Das wäre ein philosophischer Wunsch à la Steiner.

Heute aber zeigen Messergebnisse, dass es ökonomisch sinn-voll ist, so zu agieren, wie wir wünschen könnten. Introvertierte arbeiten in Einzelzimmern besser, NT brauchen ihre Lieblings-programme auf dem Computer. Intuitive sind motivierter, wenn sie innerhalb bestimmter, recht weiter Grenzen selbst bestim-men können („Bitte *einen* Etat für alles, mit dem ich klarkom-men muss und *werde*. Ich will nicht gegängelt werden. Sagen Sie mir bitte nicht immer, was ich tun soll. Das weiß ich.“). Sensor Thinker wollen eher wissen, was genau sie tun sollen („Geben Sie mir bitte klare Ziele, an denen ich mich selbst messen kann. Ich arbeite lieber unter eindeutigen Vorgaben.“). Menschen sind to-tal demotiviert, wenn sie ihre eigene innere Zielfunktion „verra-ten“ müssen. Wenn intuitive Strategen plötzlich zu kurzsichtiger Taktik gezwungen werden, wenn NF gezwungen werden, Freund-schaften zu verletzen: „Langfristig haben Sie recht, ja, es schadet. Aber ich will das Geld heute. Holen Sie es.“ Der NT bebt vor Zorn. „Ja, das ist ein wenig intrigant und wird ihrer Freundin weh tun. Nun machen Sie schon und werden Sie nicht zickig. Sie profitie-ren doch.“ Ein NF wird depressiv. Ich habe oben Menschen zitiert, die sagten: „Irgendjemand muss doch Kohlen abbauen!“ Sie wer-den lachen: Aber es gibt viele Menschen, die das gerne tun. Ver-folgen Sie die Diskussionen der Bergleute bei der Zechenstillle-gung. „Mein Urgroßvater hat hier schon unter Tage gewirkt. Für mich ist nichts anderes vorstellbar.“

Als sich an der Fleischtheke von Tengelmann in Bammental ein Kunde lächerlich ungerecht beschwerte und allgemeines Kopf-schütteln der Warteschlange hervorrief, habe ich die Verkäuferin bemitleidet und gemeint, dass ihr Beruf da doch gewisse Här-ten mit sich bringe, bei denen ich selbst nur noch mit Mühe so freundlich sein könnte. Sie sagte: „Ach, das macht nichts. Das gehört dazu. Wissen Sie, ich liebe meinen Beruf. Hier, hinter der Wursttheke, ist mein Reich. Niemand redet mir in meine Arbeit hinein. Ich bin selbst für alles verantwortlich. Ich kann tun und lassen, was ich will. Ich bin sehr glücklich.“ Was würde sie tun, wenn der Anreizcomputer ihr empfehlen würde, immer 115 Gramm aufzuwiegen, wenn nur 100 Gramm verlangt wurden?

Ein Taxifahrer, exemplarisch für viele, mit denen ich rede: „Ich verdiene etwa 120 € am Tag, wovon ich die Hälfte an das Unternehmen abgeben muss. (Ich rechne: 22 Tage mal 60 sind 1320 € brutto.) Bei euch bei IBM verdient ein Werkstudent mehr. Aber das würde ich nicht tun. Ich habe ein Staatsexamen, ich könnte es. Hier bin ich frei. Ich kann mein Auto bei schönem Wetter stehen lassen und einen Kaffee trinken. Ich kann ausschlafen, wenn ich will. Niemand gängelt mich. Ich muss mich nirgendwo rechtfertigen. Ich habe einen interessanten Beruf und spreche mit vielen Menschen. Ich versuche zu erraten, wo Taxis gebraucht werden. Das ist eine Kunst. Am besten, es fängt um 19 Uhr an zu regnen, dann sind die Leute ohne Schirm zur Oper, dann weiß ich, heute Abend gibt es gute Fahrten." Ich frage: „Wie oft steigen Sie denn bei schönem Wetter aus oder schlafen länger?" Der Taxifahrer lächelt gutmütig: „Sie verstehen nicht. Natürlich tue ich es so gut wie nie, weil ich meine Arbeit liebe. Drei Mal im Jahr. Aber es ist wunderschön, frei zu sein. Und dann sehe ich Leute wie Sie, mit einer so schönen Krawatte (Gut! War neu von Armani, handverlesen durch meine Frau!), und ich sehe Sie und weiß: Sie dürfen das nicht. Sie sind nicht frei. Das macht mich glücklich."

Sehr glücklich und sehr erfolgreich sind Menschen, die von sich sagen können: „Ich habe eine Leidenschaft gehabt, ein ganzes Leben lang. Diese Leidenschaft war mein Beruf. Ich hatte ein Leben wie in einem Rausch. Ich danke Gott jeden Tag."

Menschen arbeiten mit Leidenschaft, wenn ihr eigener Sinn nicht mit der Arbeit kollidiert. Wenn sie während der Arbeit eins sein können mit sich selbst. Wenn sie Sinn spüren. Wenn ihre eigene innere Höhenmessung nach ihrer eigenen Zielfunktion ein HOCH über ihnen anzeigt, wie auf einer Wetterkarte für heute.

Unser Gesellschaftssystem weiß dies alles sehr wohl. Jeder weiß es irgendwie im Innern. Erkenntnis:

Der Mensch arbeitet gut bzw. am besten, wenn er sich eins fühlt mit der Arbeit. Wenn er Sinn und Befriedigung in der Arbeit findet. Wenn er Lust hat. Wenn er sich dabei wachsen fühlt, versunken sein kann, selbstvergessen.

Das hat unsere Gesellschaft erkannt. Nun zieht sie folgenden Schluss daraus:

Die Gesellschaft muss jeden Menschen dazu bringen, in jeweils derjenigen Arbeit, die ihm durch das System vorgegeben wird, einen Sinn zu sehen und dieser Arbeit mit Leidenschaft nachzugehen. Da natürlich der Mensch nicht in jeder beliebigen Arbeit Erfüllung finden kann, hat er nach Maßgabe der Regeln des Systems eine einmalige Wahlmöglichkeit, nämlich die Entscheidung für einen bestimmten Beruf. Diese kann sogar nach Maßgabe des Systems und unter Inkaufnahme persönlicher Widrigkeiten geändert werden.

Logisch ist das nicht korrekt. Wenn wir feststellen, dass gute Arbeitsleistung und Begeisterung dafür zusammenfallen, so gibt es mindestens zwei Möglichkeiten, in den richtigen Zustand zu kommen. Wir können jemanden erziehen, sich dauerhaft gegenüber seiner Arbeit begeistert zu benehmen, „weil sonst etwas nicht mit ihm stimmt", oder ihn im Idealfall dahin bringen, wenigstens oberflächlich begeistert zu sein („Ich bekam eine gute Aufgabe, eine bessere als andere Mitarbeiter, und ich bin sehr froh an diesem Tag."). Die andere Möglichkeit ist aber offensichtlich:

Die Gesellschaft und die Unternehmen tragen Sorge, Arbeit und Leben so zu gestalten, dass sich in ihnen genügend Begeisterungspotential, Sinn und Freude finden lassen. Jedes Mitglied der Gesellschaft soll sich mit Hingabe und Erfüllung einer der angebotenen Aufgaben widmen können. Die Gesellschaft soll nach Möglichkeit die Arbeit so gestalten, dass sie auf den Arbeitenden genau indivi-

*dualisierbar ist, für seine Bedürfnisse, seinen Charakter, seine Sinn-
vorstellungen.*

Mein Glaubensbekenntnis oder meine Prognose für dieses Buch
lautet eben: Wenn wir als Menschen das Hauptproblem von dieser anderen Seite angehen, werden Menschen mindestens in den
Berufen der neuen Wissensgesellschaft doppelt so produktiv und
ungeheuer viel glücklicher sein. In dem gewöhnlichen Modell
werden aus sehr vielen Menschen begeisterungssimulierende
Top75er. Im anderen Modell werden wir viel mehr Menschen
über die 90%-Schranke (die echte!) bringen, die ohne viel Topimierung auskommt. Wenn die Gesellschaft die Arbeit an die
Menschen anpasst, müssen diese Menschen ihre innere Zielfunktion nicht verbiegen. Die Zielfunktion der Arbeit ist an die eigene
Zielfunktion angepasst. Die Menschen tun, was sie können und
worin sie Sinn sehen. Sie sind daher in der inneren Messung der
Zustandsqualität nach ihrer eigenen Zielfunktion „gut", wenn sie
bei der Arbeit unter einer eigentlich anderen Zielfunktion „gut"
sind.

Die Forderung nach Individualisierbarkeit der Arbeit bedeutet inhaltlich, dass eine Aufgabe so gestaltbar sein sollte, dass sie
an die eigene Zielfunktion oder Persönlichkeit anpassbar wird.

Beispiele: Die Arbeitszeit ist in Grenzen wählbar. Introvertierte
bekommen Einzelzimmer, wenn sie möchten. Computerfreaks
bekommen das neueste Modell. Extrovertierte dürfen länger telefonieren und mögen in Gottes Namen ein Handy haben. SP
bekommen Lob in Cash oder Champagner, NT dürfen zu einer
wichtigen Konferenz ins Ausland reisen. Andere Menschen dürfen ein Türschild aus Messing haben oder einen Teppich im Büro.
NT bekommen als Manager ein grobes Ziel und dafür einen hohen Leistungswunsch aufgebrummt, SP gibt man einen ehrgei-
zigen Plan, relativ detailliert ausgearbeitet. NF bekommen Zeit,
ihr Netzwerk zu pflegen. Manche bekommen ein Bücherregal ins
Zimmer, andere einen Teakschreibtisch. Die einen dürfen zum

Festgehalt arbeiten (Das würde ich gerne haben, weil ich unter Druck eher schlechter arbeite und mich nicht um so etwas wie Geld noch kümmern will. Ich habe genug Arbeit.), die anderen bekommen alle Zielerfüllungen mit Boni prämiert. Etwas sehr pauschal vereinfachend ausgedrückt: Ich möchte meinen Arbeitsplatz individualisiert haben, er soll für mich perfekt passen, er soll vor allem für einen NT sein. Ich brauche zum Beispiel keine Pläne oder elektronischen Kalender oder Palmtops oder ein Handy. Brauche ich nicht. Dafür möchte ich nach fünf Jahren Kostenmanagement, in denen ich immer nur höchstens 90 % meines Etats ausgegeben habe, endlich nicht mehr dauernd zeitraubend geprüft werden, weil der Computer doch sehen muss, dass ich anständig wirtschafte. Durch dies unnötige und unangebrachte Misstrauen verliert Arbeit für mich erheblich an Sinn. Ich finde es persönlich ganz einfach: Ich hebe nur so viel vom Konto meiner Abteilung ab, wie drauf ist. Privat schaffe ich das seit 30 Jahren. Ich schaffe es auch im Dienst. Vieles während der Arbeit hat für mich einen Touch wie: „Binde dir einen Schal um, es ist kalt. Nimm doch auch mal einen Ratschlag von Mutti an. Du wirst sehen, wie gut das tut." Die Prozesse sollten individualisierbar sein. Ich habe eben das Beispiel mit der Prüferei gebracht: Alle Leistungsträger sehen das so. In allen Firmen. Ja, sicher, es werden auch Disketten mit nach Hause genommen, Etats überzogen, zu viele Arbeitsmittel angeschafft, Statussymbole unnötig gekauft. Ja. Aber die dauernd Unschuldigen werden ein Leben lang mitgeprüft. Jeden Tag, wirklich jeden. Frage: Lässt sich in das System Vertrauen einprogrammieren?

Ein Computer der Zukunft überprüft still im Nachhinein wieder und wieder meine Ausgaben, die sich immer im Rahmen halten. So lange wie alles gut ist, kann er mich doch machen lassen, was ich für richtig halte? Wohin ich reise? Wie lange ich telefoniere? Wie viele Praktikanten ich einstelle, ob ich wieder neue Druckerpatronen brauche? Warum geht das nicht? (Der Computer denkt, dass ich denke: „Ich muss noch schnell meinen Vertrauensfonds mit irgendeinem Quatsch leeren, weil das Jahr zu Ende geht. Ich muss schnell was kaufen. Aber was?")

Die Arbeit wird heute nicht individualisiert, weil weder die heutigen Computer noch die Menschen einander vertrauen. Die Topimierungsbewegung der Menschheit ist heute so stark angeschwollenen, dass es fast nur noch clevere Leute, aber wenig integere zu geben scheint. („Sei doch nicht dumm! Nimm's mit! Na, komm schon!") Da die Menschen nicht vertrauen, programmieren sie Computer wie misstrauische Menschen. Deshalb säen Computer heute Misstrauen. Deshalb ist Misstrauen überall. Der Sinn geht dahin.

Arbeit soll deshalb so sein: „Gute" Arbeit soll implizieren, dass der Mensch sich selbst als „gut" empfindet. In diesem Fall optimiert der Mensch, der sich unaufhörlich als psychisches Wesen selbst bewacht, die Arbeit gleich mit. Dies ist der wahre Sinn hinter „Do what you love, and the money will follow." Wir müssen also Menschen etwas geben, was sie persönlich lieben. Wirklich von sich aus lieben, nicht nur nach Überredung lieben können.

Wir sollen Menschen einzeln erziehen, nicht nach Tabellen oder Büchern oder Rezepten. Einzeln. SP als SP insbesondere, Charakter als Charakter. Wir müssen Menschen in der Schule einzeln erziehen, so dass sie sich gut fühlen, wenn sie erzogen wurden. Individualisierte Erziehung hilft, in der eigenen Zielfunktion zu wachsen, nicht in der fremden, allgemein verlangten. Der Unterricht soll zeitnah Spaß machen und im richtigen Medium geboten werden. (Nicht: Aufklärung an Holzpuppen oder Biologie mit Würmern in Alkohollösungen etc.) Wir könnten Schüler als Langzeitprojekt ausarbeiten lassen, was sie selbst denn meinen, 13 Jahre an der Schule tun zu wollen: Fragen wir sie doch! Sie werden schon so klug sein und selbst auch Unterricht im Bruchrechnen und in Orthografie zu fordern. Unis könnten ebenso fragen, ob das Ende der Kreidezeit angebrochen ist. Ob Wissenschaft nicht einmal in Filmform dargeboten werden könnte oder im Internet. Fragen wir doch Studenten! Fragen wir uns selbst, worin wir Sinn sehen und wie wir als Menschen einfühlsam gemessen werden wollen: Wenn wir halbwegs so gemessen werden, wie wir uns selbst messen, „wenn kein Unterschied ist" zwischen uns und dem offiziellen, dann brauchen wir keinen Topimierungsaufbau mehr, um anderen etwas zu zeigen. Wenn Erziehung, Schule und Arbeit individualisierbar werden, für uns, genau für uns, können wir leichter mit der Welt eins sein, in ihr aufgehen, also Sinn spüren.

9 Die Welt nach dem Menschen ausrichten

Landwirte werden halbe Chemiker und Logistiker, berechnen Düngerkonzentrationen und Rohgewinne für verschiedene Unterweizensorten. Sie sind nicht mehr richtige Bauern wie früher. Ärzte klagen zunehmend, hauptsächlich für die Berechnung ihrer Leistungen zu arbeiten, nicht mehr mit Patienten. Handwerker müssen wohl bald zur Nachschubbestellung ins Internet. Die Praktiker, viele von ihnen SP, sagen: „So haben wir unser Leben nicht gedacht, nicht konzipiert. Wir wollten nicht Verwaltungsfachmann werden." Manager, die Traditionsprodukte herstellten oder traditionelle Dienstleistungen anboten, finden sich in dieser Welt nicht mehr richtig wieder. Banken, Stromversorger, Telekoms, Versicherungen, in denen Mitarbeiter wie Beamte auf sicheren Posten mit immer gleicher Arbeit saßen (man sagte „Bankbeamter", „Postbeamter" und die Stromversorger sind „öffentlich"), stehen vor ungeheuren Umbrüchen in ihrem Geschäft. Die Menschen sollen jetzt allesamt flexibel, offen für Neues, kreativ, strategisch sein. Lehrer waren früher eine Autoritätsperson, weil sie als Einzige das Wissen im Ort repräsentierten. Heute machen 50 % der Menschen Abitur und gehen in gut bezahlte Berufe. Für sie sind Lehrer nicht mehr Ideale, zu denen aufzuschauen wäre. Die Gebildeten wagen zunehmend ein Urteil über die antiquierte Schulbildung und ihre Kinder nehmen die Auszahlung dieser Aggression an den Lehrern vor. Sie wollen alle diese Schule nicht mehr. Sie respektieren unter Duldung der Eltern nicht, was nur noch historischen Sinn hat. Professoren haben sich immer mehr in „die Ecke der Nutzlosigkeit drängen lassen", während sie selbst über Freiheit von Forschung und Lehre räsonieren. Der Zorn der Bevölkerung, die gegen Arbeitslosigkeit kämpft und „flexibel" sein soll, ist bei Freiheitsanrechtsdiskussionen von Privilegierten praktisch dauerhaft sicher. Die Masse der Arbeitnehmer muss sich auf ein Leben vorbereiten, das uns verheißt, viele Berufe im Laufe unseres Lebens auszuüben. Das sei spannend und voller Herausforderung. Ja, für die, die das lieben. Für SJ mag das eine Höllenvorstellung sein, zwischen Firmen hin und her zu wechseln und mehrfach ein neues Reihenhaus zu beziehen.

Wir spielen keine feste Rolle mehr im Leben. Wir sollen Wanderschauspieler werden. Unsere Fixierung auf bestimmte Temperamente lässt es aber nicht zu, dass der Tenor jetzt Ballett tanzt oder die Ballerina die Choreographie bestimmt. Die Industrie beklagt immer wieder die mangelnde Austauschbarkeit ihrer „Ressourcen". Alles ändert sich, aber vieles widersteht der Änderung permanent. Wir selbst widerstehen, wenn unser Sinn in Frage gestellt wird. Weil wir aber unseren Sinn nicht so recht kennen oder unter Druck nicht so wichtig nehmen, fügen wir uns oft in neue Rollen und werden unglücklich. Wir beginnen in Topimierung zu flüchten, schützen Rollen vor, die wir nicht gut spielen können. Unsere ganze derzeitige Welt hält diese radikale Sinnverschiebung durch die heraufkommende virtuelle Computerwelt nur schwer aus.

Jeder Mensch muss einen individuellen Sinn haben dürfen! Es sollten in unserer Gesellschaft mindestens einige anerkannte Grundtypen als sinnvoll anerkannt werden. Es darf nicht sein, dass etwa die heute dominierende SJ-Klasse sich als Norm definiert oder die NT-Klasse als Norm der Wissenschaftler. Der eine Mensch mag nach Kant, der andere fromm oder nach Fromm leben. Jeder Mensch soll nach seiner Façon glücklich sein und die jeweils anderen sollen das so anerkennen! (Dazu müssten sie durch Erziehung in die Lage versetzt werden, in anderen Verhaltensweisen als den ihren und den amtlichen der SJ auch Sinn erkennen zu *können*.) Wir müssen verschiedene Gegenwartsphilosophien für die verschiedenen Menschenarten anbieten. Wir müssen verschiedene Menschen anders behandeln, anders erziehen und hegen. Wir können nachdenken, ob im kommenden Zeitalter andere Menschenklassen entstehen und lebensfähig sein können. Wir müssen Sinnraum für alle Menschen schaffen. Nicht nur der mit dem höchsten Gehalt soll der Beste sein, sondern auch ein freiwilliger Feuerwehrmann, eine Elternvertreterin, ein Ministrant, ein Ortschaftsrat. Wir müssen die Arbeitsinhalte so gestalten, dass jeder Mensch in einer Nische der Beste sein kann, wirklich der Beste, ohne topimieren zu müssen. Lassen Sie uns das Sinnvolle der Welt nebeneinander sinnvoll sein, ohne es zu Gehaltszahlen oder Zeugnisdurchschnitten zu diskreditieren. Es muss wieder zulässig sein, sprachbegabt oder naturwissenschaftlich fähig zu sein, ohne einen Wahnsinnsschnitt zu haben. Die Omnimetrie soll nicht über Kämme scheren, sondern Sinn in vielfältigster Weise erfassen helfen, damit Computer uns Menschen als wertvolle Individuen kennen lernen können. Wenn ein Mitmensch ein NF, SJ, NT, SP oder irgendetwas anderes Anerkanntes ist, so sollen wir ihn als solchen achten. So, wie wir niemals einem Fleischer sagen, er solle lieber Kindergärtner sein.

Die Wissenschaften müssen Individualphilosophie anbieten! Wir brauchen nicht allgemeine Theorien, die das heutige Elend ja mitverursachten, wir brauchen Lebenshilfen für uns selbst. Wir müssen Einzelpsychologien für die gängigsten Menschenarten haben, nicht nur Verschiedenheitsdissertationen. Wir müssen mit dem Tabellieren und den Statistiken aufhören, sondern sinnvolle Vorlagen für typengerechte Lebenskonzepte liefern. Warum nicht? Philosophie für SP, NF, NT, SJ? Psychologie für alle diese? Soziologie für alle diese? Pädagogik für Spezialindividuen? Warum schreiben wir nicht viele spezielle Bücher der Form: „Wie werde

ich ein vollendeter Charakter des Typs XY, der ich bin?" Warum
verzichten wir nicht endlich auf Lehren der Form: „Wie passe
ich mich an?" Wie brauchen Theorien zum Aufblühen der eigenen Art. Also: Viele Philosophien, Erziehungen, Psychologien.
Schluss mit der Einheitsseele und der Messung des derzeitigen
Abstands von dieser selben.

Die Arbeit muss sich am Menschen orientieren! Besonders in der
heutigen virtuellen Welt haben wir es derzeit selbst in der Hand,
wie gearbeitet wird und von wem. Was im Team abgearbeitet
wird, was am Bildschirm zu Hause. Wir haben derzeit die Freiheit, dies zu bestimmen! Wir müssen sie nutzen, um die Arbeit
so zu gestalten, dass jeder Mensch eine erfüllende Aufgabe bekommen kann, in der seine eigene Zielfunktion für sein eigenes
Leben nicht korrumpiert wird, in der er also nicht in die Topimie-
rungsspirale getrieben wird. Heute wird zum Beispiel ein schöner
Teil des Wirtschaftsvermögens dadurch vernichtet, dass traditionelle Manager plötzlich Zukunftsstrategen spielen sollen, was sie
nicht können (siehe Dilbert). SJ wirken als NT lächerlich und
NT als SJ wie Chaoten. Manager zählen heute Erbsen vor Angst
um die Bilanz, aber sie versuchen sich an Lebensrollen, die alles
vernichten. Verkäufer sollen programmieren, Produktingenieure
plötzlich „glänzen" und Werbung machen. Immer wieder scheitern alle an falschen Rollen. Die Wirtschaftswelt spielt teilweise
verrückt. Sie sieht aus wie ein Theater, in der ältere Männer Mäd-
chenrollen spielen, Jungen sich als Model verkleiden, junge Frau-
en Drachentöter mimen sollen. „Wer gerade Zeit hat und ‚idle‘
ist, bekommt die Rolle. Hauptsache, niemand steht ohne Arbeit
herum." So sagen die alten Arbeitscomputer, die von der alten
Schule mit den Urformeln drin. Die neuen werden darauf achten, dass jemand kann, was er spielt. Damit das aber besonders
gut gelingt, muss die Arbeit so gemacht werden, dass die Rollen-
besetzung klappt! Wenn kein weiser Schauspieler da ist, werde
ich doch nicht am Drehbuch kleben und den Nathan von Lessing
aufführen! Ich schaue zu, dass ein solches Stück gespielt wird, das

in Idealbesetzung aufgeführt werden kann. Schauspieler suchen sich schon immer Rollen (mit Topimierung, schon klar), aber sie spielen nicht zwanghaft eine Rolle in jedem Film, den das Studio gerade drehen will. Unternehmen legen erst die Arbeit und das Drehbuch fest und planen jede Geste in jeder Einzelheit und am Schluss werden die Rollen verteilt. In der Rangfolge, in der Gehaltserhöhungen vergeben werden müssen, nicht nach Besetzungsgesichtspunkten. Der Mensch beugt sich unter der Organisation. Aber wir könnten doch erst einmal schauen, welche Menschen da sind? Und es könnte ja sein, dass für die vielen krawattenlosen Menschen, die gerade verfügbar sind, die Organisation die einer Garage sein sollte? Viele Unternehmen sagen, ohne zu verstehen: Wir stellen den Menschen in den Mittelpunkt. Sie stellen den Menschen in den Mittelpunkt des Drehbuches, vielleicht. Sie sollen aber ein gutes Drehbuch für die verfügbaren Menschen machen. Dann kollabieren die Sinnkonflikte. Stellen Sie sich vor, alle Theater, von der Staatsbühne bis zur elendsten Provinzbühne, würden sich allesamt an Faust II versuchen. Das gäbe ein schönes Theater! Heute versuchen aber wirklich alle Unternehmen, das Stück „Ich werde Nummer 1" aufzuführen. Kurz vor dem überraschenden Ende des Stücks erfährt der Zuschauer den Untertitel „oder ich gehe unter". Diese Unternehmen erkennen früher oder später, dass sie für das Nummer-1-Drehbuch die notwendigen Stars nicht haben. „Es scheiterte am Menschen, am Kapital." So werden sie sagen. Es scheiterte am sinnvollen Drehbuch.

XVII. Sinn überhaupt, der äußere

Von den Namen der Rosen, die ganz von Sinnen sind, in die Vase zu kommen, sich aber im Grunde nur geschnitten sehen. Von Menschen, die nach oben wollen. Uraltes zum Schluss, mit ein wenig wilder Ente.

Viele von Ihnen mögen es befremdlich finden, logisch mathematisch über den Sinn des Lebens zu reflektieren. Ich kann schon verstehen, wenn Sie manche Sätze so empfinden wie die Anatomieausführungen des Chirurgieprofessors über einer echten Leiche. Ist der Sinn des Menschen, sich wie ein Optimierungsautomat zu benehmen? Ist ein Leben sinnvoll, wenn die Zielfunktionen des Automaten nach den Lehren der Philosophie oder des Shareholder-Value-Prinzips gut eingestellt sind, auf dass sie einen gesamtheitlichen Nutzenbeitrag liefern? Ja, jedenfalls sehen wir selbst es von innen so. Daher sprach ich in der Kapitelüberschrift vom *inneren* Sinn des Menschen. Welchen Sinn aber hat der Mensch von außen aus gesehen oder von oben? Wozu ist er im Universum da und was ist dort sein Platz?

Zu dieser sehr philosophischen Frage sind mir nur drei skurrile Seiten eingefallen, die nachträglich inspiriert sein könnten durch das Buch „Und also sprach Golem" von Stanislav Lem. These: Wir sehen so sehr wenig von dieser Welt und verstehen so wenig von ihr, dass wir vielleicht alle Dinge aus ganz falschen Blickwinkeln heraus deuten. Unsere Deutungen aus einem engen Blickwinkel

führen so, unter Umständen, zu purem Unsinn. Ich habe mir vorgestellt, was ich als Rose über die Welt denken würde, die nur ihren Garten sieht. Was sie über den Tod und die Engel denkt, das
Leben nach dem Tod, über die Entstehung der Rosen, Wiederge-
burt und Gott. Worin die Liebe von Gott zu ihr wirklich besteht,
wie sie sich diese Liebe vorstellt und wo Gott ist. Vergleichen Sie
die innere Sicht der Rose auf ihren eigenen Sinn mit der „wahren
Sicht", die wir als Menschen wahrnehmen. Teilen Sie bei diesem
Vergleich meine Verzweiflung über die Erklärungsnot. Ich habe
das Beispiel extra so gewählt, dass die Sicht der Rose in gewissem
Sinne fast richtig ist, nicht ganz daneben jedenfalls. Aber auf der
anderen Seite ist dies fast Richtige grotesk falsch. In diesem Sinne
also die Sicht der Rose:

1 Die Krone der Schöpfung

Die Gebäude eines alten Bauernhofes umschlossen einen idyl-
lischen Innenhof: ein Wohnhaus, der Pferdestall, der Kuhstall,
der Geräteschuppen, zwei Scheunen. Über dem prächtigen Eingangstor hatte das neue Eigentümerpaar ein schlichtes Bronze-
schild angebracht: Todd & Angela.

Den Innenhof zierte ein liebevoll gepflegter Garten, vor dem
eine sehr alte schmiedeeiserne Handschwengelwasserpumpe auf
einem kleinen Podest stand. Ein mächtiger Magnolienbaum be-
herrschte den Innenhofgarten, in einer Ecke wucherte ein blü-
hender Wildrosenstrauch, aber sonst war alles über und über mit
den schönsten Edelrosen bepflanzt.

„Seht, wie schön die Welt doch ist!" rief die Nina-Weibull-
Rose. Sie war frisch erblüht und verstand schon auf sich aufmerksam zu machen. „Ach, die Jugend," seufzte eine Surprise-Party-
Blüte, gelb-orange, mit schon braunen Blütenblatträndern. „Als
ich noch jung war, vor vierzehn Tagen, was war ich übermütig!
Doch nun schwanke ich bedenklich und werde bald meinen Kopf
senken. Ach, es zieht und reißt in mir."

„Du fürchtest wohl den Todd," rief die silbrig-rote Mutter Osiria, die über zwei Kinderknospen wachte. „Er wird dir noch an die zwei Tage lassen. Sorge dich nicht. Genieße deine vergehende Pracht!" – „Du hast gut reden," antwortete die Surprise Party. „Du magst noch eine Woche blühen, eine lange Zeit. Ich habe nur zu gut gemerkt, dass mir heute morgen ein paar Blütenblätter fehlten, und die Hummeln nehmen mich schon länger nicht mehr wahr." So redeten sie in der Sonne über den Sinn des Lebens: die gelbe Valencia, die orangefarbene Tonsina, die dunkelrote Erotika.

Als am Mittag die Sonne brannte, trat Todd aus dem Haus und schaute blinzelnd mit liebesorgendem Blick über seine Rosen, auf die er stolz war, so stolz. Er nahm eine Schere zur Hand, schnitt die Surprise-Party-Blüte ab, knickte ihren Stängel zweimal zusammen und warf sie auf den Komposthaufen. Die Surprise Party spürte nur wenig. „Zum gewöhnlichen Unkraut!" raschelte sie noch und versengte in der Hitze auf brauntrockenen Blütenleichen.

„Mutter Osiria!" rief die Nina-Weibull-Blüte. „Wie erbärmlich! Warum macht das Todd mit uns? Ich kann ja gar nicht hinsehen! Sind wir immer nur von Wert, wenn wir blühen? Sieh doch die Wildrose, aus deren Blüten schöne rote Hagebutten schwellen! Warum müssen wir Schönen auf den Kompost?" Mutter Osiria sprach: „Ach wisst ihr, in den vielen Tagen unseres Lebens können wir so sehr viel von der Welt sehen. Es passiert so viel. Und langsam, mit den Wochen, werde ich etwas müde. Das versteht ihr nicht, wenn ihr noch jung seid. Heute habe ich keine Angst mehr vor dem Kompost. Ich glaube, dort entsteht etwas viel Kostbareres als Hagebutten. Warum werden dort niemals Wildrosenblüten hingeworfen? Es gibt etwas Geheimnisvolles dort und dafür lohnt es sich zu leben." – „Mutter Osiria, können Wildrosen erzählen?"

„Die Wildrose ist sehr alt, viel älter als wir, und sie soll früher einmal geredet haben. Die Surprise-Party-Blüte will in ihrer Jugend von damals Alten ihre letzten Worte gehört haben, bevor sie

verstummte." – Und die Nina-Weibull-Blüte zitterte: „Nun sag'
schon. Erzähl!" – Mutter Osiria erinnerte sich: „Es war einmal
ein Streit, ob weiße Rosen die schönsten seien oder die dunkelro-
ten, und man fragte sich im Garten, wo alle Rosen herkommen.
Da meldete sich die schweigsame Wildrose plötzlich und sagte,
die Wildrosen seien immer da. Immer. Und die anderen Rosen
würden künstlich von jemandem namens Willemse aus Zwiebeln
hergestellt. In Holland, das sei der Hof hinter der Scheune. So habe es Todd gesagt." – „Ja, ja, und da wurde sie so schrecklich ausgelacht, dass sie nie wieder sprach. Aber im Ernst, schwarzrote
Rosen sind wirklich die schönsten," rief die Bimboro Blüte, die
samtig auf dunkelrotem Holz thronte, unter dem beginnenden
großen Hallo aller anderen.

Die Wildrose aber schwieg, im Garten am Rande, und es wurde Abend und wieder Morgen. Helle Aufregung herrschte da im
Rosenbeet! Die beiden Kleinen von Mutter Osiria zeigten keck
die ersten Blütenblätter. Sie schauten kaum halb geöffnet in die
laue Luft, da fragten sie schon das Blaue vom Himmel. Wer ist
Todd? Wer Angela? Wie sieht sie aus?

Da, fast unbemerkt still, kam Angela in den Garten. Sie blickte
sich lange um, streichelte zärtlich die gelbe Valencia und strich
über die Flamingo. Sie schnitt die Bimboro-Blüte ab, hielt sie sich
lachend ans Haar und lief ins Haus zurück.

Die Bimboro krampfte sich zusammen und freute sich. Angela trug sie in einen dunklen Raum und zerschlug ihr das Stängel-
ende, zupfte die unteren Blätter ab. Sie stellte die leidende Bimboro in einen Kristall mit Wasser und schüttete ein weißes Pül-
verchen dazu, das der Bimboro entsetzlichste Schmerzen berei-
tete, die nicht nachließen. Angela stellte den Kristall ans Fenster,
wo die Bimboro den Garten übersehen konnte. Die Bimboro war
stolz und schrie.

Todd kam ins Zimmer, und zusammen mit Angela bewun-
derte er die dunkle Bimboro. „Fast schwarz, Angel! Ich bin so
stolz auf meine Züchtung. Schwarz ist unter den Farben die al-
lerschönste." – „Ja, ja, weiße magst du eben nicht. Wenn die Ro-

sen wüssten, dass Weiße nicht geliebt werden! Pfui, Todd!" – „Ich liebe alle Rosen, vor allem aber die schwarzen, die ich züchten werde. Sie werden meinen Namen tragen."

Im Garten freuten sich die Rosen, dass die Bimboro so ausgezeichnet worden war. Sie müsste sich wie im Himmel fühlen. Viele waren neidisch. Was war das Verdienst der Bimboro, die immer so angeberisch war? „Schönheit zählt nicht wirklich, wenn man nur schwätzen kann. Schönredner dürfen in Lebenspulverlösung stehen und unsterblich werden." So fanden die meisten, die im Garten blieben. Die Wildrose schwieg. Die Bimboro schrie ungehört vor Schmerz. Todd schnitt draußen Blüten ab, auch Mutter Osiria kam mitten im Leben auf den Haufen. „Platz machen für neue Sorten," murmelte Todd und grub. Und er stützte sich ab und zu kurz ruhend auf den Spaten und liebte seine Rosen.

Die Wildrose kümmerte sich nie mehr um Kleinpflanzen und Gartenarbeit. Sie träumte, ein Magnolienbaum zu sein und die Welt sehen zu können, und sie ließ sich von den Hummeln kitzeln. Sie und der Magnolienbaum allein wussten, dass das Geheimnis des Lebens außerhalb des Hofinnern liegen musste. Denn im November oder März, wenn die Edelrosen nicht blühten, wurde Kompost fortgeschafft. Aber wohin? Nach Holland? Was geschah mit den Blütenresten? Die Wildrose war sicher, dass die Überreste wieder zu Willemse zurückkamen und zu Zwiebeln geformt würden.

Der Magnolienbaum aber wuchs nur. Irgendwann, das fühlte er, würde er hochgewachsen über die Scheune sehen können. Er – und nur er – würde Willemse sehen, nicht nur seine Hofschranzen Todd und Angela. Er war jetzt fast genau so hoch wie die Scheune. Er sah nichts von Holland. Gleichhoch und nichts zu sehen? Das konnte nur bedeuten, dass Willemse kleiner als die Scheune sein müsste, dass es also nichts Größeres geben konnte als ihn. Mit den Jahren überkam den Magnolienbaum ein banger süßer Gedanke.

Liebe ist nicht Liebe und Sinn nicht Sinn. Die Liebe des Gärtners ist nicht die Liebe, wie sie die Rose gerne fühlen würde. Wie liebt uns Gott? So, wie wir Liebe fühlen? So, wie wir lieb gehabt werden möchten? Oder hat er uns aus einer quasi höheren Warte heraus lieb, wie ein Züchter? Und dann liebt er ganz andere Dinge an uns? Bewertet uns anders? Mit Kriterien, die uns unbekannt sind? Die uns fremd wären und uns schaudern ließen, wenn wir sie erführen?

Gott mag weit sein, für viele von uns. Aber nun lesen Sie bitte diese Geschichte noch einmal durch und denken Sie an sich als Rose bzw. als Student und den Züchter als Professor. Und lesen Sie die Geschichte, wenn die Rose für den Mitarbeiter steht und der Züchter für den Topmanager. Lesen Sie die Geschichte mit „Soldat" und „General": Wie sieht unser Leben aus, wenn wir es aus einer etwas höheren Warte anschauen? Nur etwas höher?

Es gibt immer ziemlich lange Gespräche, wenn Menschen in mein Büro kommen und fragen, ob sie nicht Manager werden sollten. Ob sie nicht verdient hätten, nach oben zu kommen. Ob es nicht Zeit für sie wäre, den Sprung zu tun.

Wir haben auf diese Frage hin schon viele Male einen imaginären Spaziergang gemacht. „Der Kandidat" hat sich alle Menschen vorgestellt, die mit ihm arbeiten und die er in der Firma gut kennt. Dazu die Nachbarabteilungen. Ich bitte nun alle diese Menschen unten in unseren großen Tagungsraum, der ungefähr hundert Mitarbeitern Platz bietet. Sie sitzen dort und warten. Wir lassen sie eine Viertelstunde warten, damit sie durcheinander reden und sich neugierig fragen: Was bedeutet das? Und dann nehme ich den Kandidaten bei der Hand und führe ihn nach vorne vor die Versammelten. Und ich sage: „Dies hier ist unser neuer Boss." (Alles in unserer Vorstellung).

Und nun machen wir in Gedanken einen Schnappschuss von den vielen Gesichtern. Von jedem Gesicht ein Portrait in Großaufnahme in DIN A4. Und wir schauen ihnen, jedem einzelnen, nacheinander in die Augen, und wir hören, was sie alle sagen:

„Warum nicht ich?" – „Ich fürchte mich vor ihm, weil wir uns nicht verstehen. Ich habe kein gutes Gefühl." – „Oh, Klasse, bei dem habe ich einen Stein im Brett." – „Ich verstehe die Firma nicht, solche Menschen zu Managern zu ernennen." – „Finde ich gut, dass die Firma ihn bestimmt hat." – „Oh, Scheiße." – „Ich bin sehr überrascht, er ist viel zu früh dran. Er hat Potential, na gut, aber diese hohe Ernennung geht zu weit." – „Ich fürchte, er ist zu lieb. Er wird vor die Hunde gehen." – „Die meisten hier mögen ihn nicht, weil er so ehrgeizig ist. Warum er?" – „Ohne mich. Ich werde mich nach einer Stelle umsehen, wo der nichts zu sagen hat. Alle verrückt geworden. So ein Affront gegen uns." – „Wer ist das überhaupt? Sieht süß aus! Kennst du den?" – „Nein. Arbeitet der hier? Ist aber noch jung, der Schnucki."

Wenn Menschen in solcher Mischung so etwas sagen: Sollte der Kandidat befördert werden? Er sagt oft: „So habe ich mich noch nicht gesehen." Wer oben stehen will, wird gesehen. Und er sollte doch wissen, wie er aussieht? Sollte wissen, zu welchem Drittel er gehört? Ob die Menschen ihm vertrauen und gerne für ihn arbeiten?

Was steht, würde Covey fragen, dereinst auf Ihrem Grabstein? Wir schreiben als Würdigung darauf: Sie, lieber Leser, liebe Leserin, Sie sind für uns alle, für die Menschen, so etwas gewesen, wie, ja wie sollen wir es sagen? Gehen wir zu den normalen hundert Menschen um uns herum und fragen wir sie, welche Art von Rose Sie sind und wie Sie blühen.

2 Alles Neue ist alt

Wenige Menschen nur verkörpern das Echte und Wahre, das Eigentliche. Ein Drittel der Menschen sind die Leistungsträger, die uns führen. Ein Drittel hilft und ackert redlich. Ein Drittel aber ist müde; hat zuviel gekämpft. Die meisten topimieren. Versuchen wenigstens, rechtschaffen zu wirken, um nicht aufzufallen.

Vor ungefähr zweieinhalbtausend Jahren schrieb Lao Tse das Tao Te King. Vom Tao, dem Weg und dem Weltenurgrund. Vom Te, der ausstrahlenden Kraft des Weisen. Und mein Brockhaus sagt: Die kurzen Abschnitte, aus denen es besteht, sind aphoristisch und dunkel. Hören wir zwei dieser dunklen Worte zum Abschied, eines zur Ein/Drittel/Drittel/Drittel-These und eines zur Topimierung. Die Abschnitte 17 und 24 von Einundachtzig. Lao Tse meint, Rückkehr zur Natur und zum Urzustand sei besser als alle Versuche, die Gesellschaft durch Moral oder Gesetz ändern zu wollen. Man kann sie natürlich durch Individualisierung der Kultur und durch Computer ändern, das ist neu. Aber seine Worte sind neu und uralt. Schließen Sie das Buch mit einem Frösteln.

Siebzehn

Das Allererhabenste ist unter den Menschen kaum bekannt.
Darauf folgt das, was sie lieben und preisen,
Darauf das, was sie fürchten;
Darauf das, was sie verachten.
Wer nicht genug vertraut, wird kein Vertrauen finden.
Wenn Leistungen erbracht werden,
Ohne sich zu sorgen und kaum ein Wort,
Dann sagen die Leute: „Wir haben es gemacht!"

Vierundzwanzig

Wer sich auf Zehenspitzen stellt, steht nicht.
Wer große Schritte macht, geht nicht.
Wer sich zur Schau stellt, ist nicht berühmt.
Wer rechtschaffen ist, ragt nicht hervor.
Wer etwas vorgibt zu sein, ist nicht erfolgreich.
Wer überheblich ist, hat keinen Bestand.
Die dem Weg folgen sagen:
„Dies ist unnötige Nahrung und überflüssiges Gepäck."
Sie vermeiden es
Und halten sich damit nicht auf.

Relling: „Das wäre für ihn das größte Unglück. Wenn Sie einem Durchschnittsmenschen seine Lebenslüge nehmen, so bringen Sie ihn gleichzeitig um sein Glück. (Zu Hedwig, die aus dem Wohnzimmer kommt:) Na, kleine Wildenten-Mutter, jetzt will ich runter und sehen, ob Vater noch daliegt und über der merkwürdigen Erfindung brütet." (Ab durch die Flurtür.)

Auch über Topimierung. Von Ibsen. Aus dem Drama *The Wild Duck*.

„Acht Jahre Wild Dueck"

Zur vorliegenden Taschenbuchausgabe wollte ich eigentlich ein ganz neues Nachwort schreiben, alles aus einem Guss. Zur Sicherheit las ich das Nachwort zur dritten Auflage noch einmal durch. Sehr interessant, noch einmal meine quasi schon historischen Gedankengänge zu rekapitulieren. Inzwischen ist die Welt ja schon fünf Jahre weiter. Meine Haare werden langsam grau …

Ich sehe, da habe ich doch tatsächlich im Jahre 2003 ein bisschen gejammert, dass mein allererstes Buch von 1996 noch ungedruckt herumliegt! Dabei habe ich mir bei keinem späteren Buch so viel Mühe beim Schreiben gegeben! Dieses frühere Buch habe ich ungefähr fünf Mal geschrieben und umgeschrieben, aber es galt dem (ungenannten) Verlag immer „zu verrückt". Dabei war es gemessen an diesem Buch hier, das Sie gerade gelesen haben, noch ganz moderat. Jetzt muss ich aber unbedingt erzählen, wie das mit meinem ersten Werk weiterging. So ist das Leben … Das Buch ist tatsächlich in der Zwischenzeit erschienen! Im Jahr 2004! *Das Sintflutprinzip: Ein Mathematik-Roman.* Der Künstler Stefan Budian hatte mit mir 2003 einige E-Mails über meine Meinung zur Ästhetik in *Omnisophie* ausgetauscht. Wir sind uns in unseren Ideen näher gekommen, und irgendwann war da der Gedanke, ein Buch zu illustrieren. Da fiel mir mein altes Buch von 1996 wieder ein. Die Idee wuchs heran. Der Springer-Verlag fand Gefallen an dem Projekt und legte das Buch mit ganz goldigen Zeichnungen von Wesen auf, die auf Bergen herumkraxeln und dabei allerlei merkwürdige Strategien verfolgen. Hier im Buch kommen ja die Ideen des Optimierens und des Bergesteigens immer wieder als mathematische Philosophie vor. Wenn Sie also die ganze Vorgeschichte kennen lernen und meine berufliche wissenschaftliche Auseinandersetzung mit der Optimierung nachlesen wollen – dann gibt es heute für Sie ein ganz poetisches Buch, in dem die Mathematik und die tumbe Praxis dazu etwas genauer erklärt wird. Auf Formeln habe ich aber auch dort ganz verzichtet. Und ich bin ganz stolz, dass es heute schon in zweiter Auflage vorliegt.

Stolz bin ich! Verstehen Sie mich? Die Wunde schließt sich. „Niemand wollte mein Buch haben!", heißt sie. Oder: „Ich dachte, ich hätte das Zeug zum Schriftsteller, aber sie lachen mich alle aus." Diese Wunde, am Anfang nicht gehört zu werden oder der Schmerz, für immer unentdeckt zu bleiben, ist aber der allseits bekannte Teil des ganzen Spiels!

Das im letzten Vorwort erwähnte dritte Buch der Trilogie mit dem Titel *Topothesie: Der Mensch in artgerechter Haltung* ist auch schon längst erschienen. Dort gibt es für Sie so interessante Überlegungen wie „Kommunikation ist Kampf!" oder „Gott existiert, ob es ihn gibt oder nicht!".

Mit dieser dreibändigen Philosophie habe ich einen gewissen Grundstein gelegt. Tag und Nacht habe ich daran gearbeitet, Jahr für Jahr alle Zeit neben meinem Beruf und meiner Familie. Dann holte ich tief Luft und verschnaufte. Sie haben es schon gerade am Schluss des vorigen Nachwortes gelesen. Ich will eigentlich diese ganzen Thesen nicht zu Ihrer Erbauung schreiben, sondern ein bisschen zur Veränderung der Welt beitragen. Das geht nicht wirklich durch das Schreiben von Büchern allein. Denn meine Bücher werden nur von Menschen wie Ihnen gelesen, aber in der Regel nicht von den Menschen, die echt verändert werden sollten. Für diese anderen Menschen haben meine Bücher eher die Funktion einer Ausgangsplattform, von der aus ich in der nächsten

Phase predigen kann. Ich habe begonnen, ganz lustige Reden über diese Themen zu halten. („Neue Kunstform des ökonomischen Kabaretts") Ich habe schon zig Mal zum Thema „Menschen in artgerechter Haltung" oder „Techies in artgerechter Haltung" referiert. Dazu werde ich nun vermehrt eingeladen und bekomme stattliche Honorare für IBM (was diese gnädiger stimmt, wenn ich „so etwas schreibe"). Das war einfacher als ich dachte. Die Veranstalter sagen, es gebe kaum noch Menschen, die etwas zu sagen, und noch weniger, die etwas zu lachen hätten. Die meisten Reden dienen nämlich nur der Kommunikation (also dem Kampf: Marketing, Politik, Beeinflussung, Besänftigung von Wählern, die zahlen und wählen sollen – oder von Arbeitnehmern, die lebenslang treu arbeiten sollen, während immer wieder einer neben ihnen plötzlich fliegt – oder von Soldaten, die brav schießen sollen, während immer wieder einer neben ihnen plötzlich ...). Ich will aber nicht kämpfen! Ich will Ihnen zeigen, was ich sehe – und Sie sollen mitkommen.

Ach ja, wahrscheinlich will ich aber doch kämpfen. Gegen die Unethik und die Topimierung. Ich schrieb ja im Vorwort 2003, dass diese Phase möglicherweise bald überwunden wäre und wir wieder eine Internet-Hochkonjunktur hätten. Bald gäbe es wieder „Free Pizza", dachte ich damals. Das denke ich heute immer noch, aber ich glaube nicht mehr, dass es noch 2005 – aber 2010? Es ist gar nicht so schwer alles vorherzusagen. Aber den Zeitpunkt zu wissen ist die höhere Kunst!

Seit 2003 haben wir uns teure Kriege geleistet. Nicht nur im Nahen Osten. Der Kampf der Unternehmen gegeneinander und gegen Mitarbeiter und Kunden ist immer weiter gegangen. Die düsteren Ahnungen in meinem Buch *Supramanie*, für das man mich gelegentlich einen „depressiven Brüter" schalt, sind heute weit übertroffen worden. Forschungsabteilungen wurden geschlossen („Wenn wir neue Ideen brauchen, kaufen wir kleine Firmen."). Qualität wurde nicht mehr als Exzellenz gesehen, sondern als

Grenze, die der Kunde noch toleriert. („Wir haben ein gutes Beschwerdemanagement, was wir Qualitätskontrolle nennen.").
Unternehmen verklagen sich gegenseitig, weil sie bei Vertragserfüllungen zu sehr an die Grenze der Paragraphen schrammen. Die Wirtschaft ist berechnend geworden und bis an die brüchige Mauer des gerade noch erlaubten gegangen. Die Situation ähnelt der im Radsport, der sich mehr mit der Doping-Grenze befasst als mit dem so genannten Sport an sich. Die Kriegskosten der Topimierung („Doping" und Polizeiüberwachung gegen das Doping) steigen unaufhörlich und machen inzwischen die Gewinne des Schummelns mehr als wett.

Die heute, 2008, allgegenwärtige Bankenkrise ist der vorläufige Höhepunkt dieser Entwicklung. Was als Effizienzwahn oder Gewinngier begann und sich schon lange als Irrsinn abzeichnete, ist jetzt in „Zocken" umgeschlagen. Immer mehr Firmen beichten täglich im Handelsblatt, sie hätten sich leider verzockt. Ist Wirtschaft für die Menschen da oder zum Spielen?

Gegen all das versuche ich langsam aggressiver zu sein. Deshalb ist Wild Duck das lustigste Buch, das ich je schrieb. Oder nicht? Ich habe noch ein anderes witziges Buch verfasst, das aus meinem Ärger über die Topimierungs-Zustände der Wirtschaft entstand. Es heißt *Lean Brain Management* und konstruiert mutwillig bösartig eine Welt, in der radikal alle Intelligenz eingespart wird, damit die Mitarbeiterlöhne für die dann nur noch notwendigen „Moronen" dramatisch gesenkt werden können. Dieses Buch besteht nur aus ganz sarkastischen Witzeleien, die ich als Große Anklage in die Welt zu tragen dachte. Es erschien im Sommer 2006 und wir fuhren in den Urlaub. Als ich zurückkam, lag in der Post die Bitte, bei der Frankfurter Buchmesse vorbeizuschauen – der Brief war merkwürdig bestimmt gehalten, aber für den innewohnenden Willen darin viel zu vage gehalten. Was soll ich da? Mein Buch wurde von getAbstract und der Financial Times Deutschland zum „Management-Buch des Jahres 2006" gewählt … Im

Grunde wäre mir lieber gewesen, es wäre einmal zu einem öffentlichen Disput gekommen! Daran arbeite ich immer noch!

Schauen Sie einmal zu meiner Homepage herein? (www.omniosphie.com) Ich habe sie ein bisschen wie ein Portal aufgebaut, damit die Veranstalter meiner Reden alles finden: Bilder, Lebenslauf, Reden-Abstracts, Film einer Rede etc. Herzstück ist eine Kolumne, die ich wegen der Alliteration „Daily Dueck" genannt habe. Täglich schreibe ich aber nicht! Vielleicht alle 14 Tage. Dort lasse ich mich in Kurzartikeln über Dinge aus, die mich gerade bewegen. Und die derzeit etwa 4.000 Abonnenten des Daily Dueck geben mir viele Denkanstöße.

Es soll aber nicht nur mich etwas bewegen – ich will etwas bewegen, oder? So ein bisschen schaffe ich das auch. Die Welt ändert sich ja doch! Nicht meinetwegen, aber ich kann kräftig helfen, denke ich. Was ich schon früher kommen sah, kommt so langsam. Die Wirtschaft und gleich dahinter die normale sonstige Welt orientieren sich um. Ich dachte damals, es sei das Internet, das die Welt verändern würde. Das ist indirekt wohl auch richtig, aber anders richtig, als ich glaubte.

Ich glaubte ja beim Schreiben von *Wild Duck*, wir müssten sofort virtuelle Welten aufbauen! Das Buch ist 1999 geschrieben, und schon damals war ich ungeduldig mit meiner IBM, dass sie nicht sofort darangehen wollte. War ich nicht echt visionär und habe hier im Buch das, was heute als *Second Life* bekannt ist, schon lange vorher gefühlt? Das Internet wirkt aber, das merke ich mehr und mehr, ganz woanders viel stärker, als ich dachte. Es wirkt wie die Entdeckung der Handelswege durch Marco Polo nach China. Es wirkt wie die Entdeckung Amerikas durch Kolumbus. Es wirkt wie das Entstehen der riesigen Tourismusgebiete, nachdem Autobahnen dahin führten oder Flugplätze gebaut waren. Das Internet bildet nach und nach eine neue Infrastruktur für eine neue Weltordnung der ganz realen Welt. Um diese neue Infrastruktur herum bilden sich nun die Zentren in China, Indien, Russland, Brasilien und überall. Milliarden Menschen werden nun wie im Aufbruchrausch arbeiten und sich Häuser bauen und Autos kaufen. Wir werden alle, auch wir, mehr Arbeit haben als wir ableisten können. Es wird wieder zu einer längeren Phase der Prosperität kommen.

Hören Sie es schon? Alle reden von Innovationen, neuem Vertrauen, Kundenliebe und unserer Wissensgesellschaft. Viele halten die USA nicht mehr für das Mekka des Business oder der unbegrenzten Möglichkeiten und sehen nach dem amerikanischen Jahrhundert ein asiatisches kommen.

Welchen Platz nehmen wir hier ein? Ist nicht dieser heutige Zeitpunkt, an dem das Pendel vom Kampf um Ressourcen und mörderischem Wettbewerb zu neuer Prosperität umschlägt, die allerbeste Zeit, wieder einmal das Gute und Wahre in dieser Welt zu befördern?

Wenn nicht jetzt, wann dann?
In schlechten Zeiten stehen die Philosophen da wie Kassandra – ungehört. Wenn sich der gnadenlose Stress wieder legt, ist es die Zeit, wieder neue Grundsteine für die Zukunft zu setzen. Die Zeit ist da, wieder über Bildung, unsere Zukunft, unser Menschenbild und über neue Strukturen unseres Staates zu reden. Da tu ich, was ich kann – frohen Mutes.

Lassen Sie sich anstecken, kommen Sie mit.

Literaturverzeichnis

Zitierte, ans Herz gelegte und solche Bücher, die Einfluss auf die dargestellten Thesen hatten

Alfred Adler: Praxis und Theorie der Individualpsychologie, Fischer Taschenbuch Verlag, 1974

Alfred Adler: Der Sinn des Lebens, Fischer Taschenbuch Verlag, 1973

Alfred Adler: Individualpsychologie in der Schule, Fischer Taschenbuch Verlag, 1973

Alfred Adler: Menschenkenntnis, Fischer Taschenbuch Verlag, 1966

Alfred Adler: Über den nervösen Charakter, Fischer Taschenbuch Verlag, 1972

Ingo Althöfer: 13 Jahre 3-Hirn. Dieses Buch ist durch den Autor selbst verlegt worden. Informationen unter www.minet.uni-jena/www/fakultaet/iam/personen/book.html, zu beziehen über den Autor per E-Mail an althofer@mipool.uni-jena.de

Guy Claxton: Der Takt des Denkens. Über die Vorteile der Langsamkeit, Ullstein, Berlin, 1998

Howard Gardner: Abschied vom IQ. Die Rahmen-Theorie der vielfachen Intelligenzen, Greif-Bücher, Klett-Cotta, Stuttgart, 1994

Daniel Goleman: Emotionale Intelligenz, dtv, München, 1997

Karen Horney: Der neurotische Mensch unserer Zeit, Fischer Taschenbuch Verlag, 1990

Karen Horney: Unsere inneren Konflikte, Fischer Taschenbuch Verlag, 1984

Karen Horney: Neurose und menschliches Wachstum, Fischer Taschenbuch Verlag, 1985

Carl Gustav Jung: Typologie, dtv, München, 1990

David Keirsey, Marilyn Bates: Please Understand Me: Character and Temperament Types, Prometheus Nemesis Book Co Inc., 1984

David Keirsey: Please Understand Me II: Temperament, Character, Intelligence, Prometheus Nemesis Book Co Inc., 1998

Alfie Kohn: Punished by Rewards. The trouble with Gold Stars, Incentive Plans, A's, Praise and other bribes, Houghton Mifflin Company, 1993

Alfie Kohn: No Contest. The Case Against Competition: Why We Lose in Our Race to Win, Houghton Mifflin Company, 1986

Otto Kroeger, Janet M. Thuesen: Type Talk at Work. How the 16 Personality Types Determine Your Success on the Job, Dell Publishing Company, 1993

Stanislaw Lem: Also sprach Golem, Insel Verlag, Frankfurt, 1984

David H. Maister: Managing a Professional Services Firm, Free Press, 1997

David H. Maister: True Professionalism: The Courage to Care About Your People, Your Clients, and Your Career, Touchstone Publications, 2000

Tom DeMarco, Timothy Lister: Peopleware: Productive Projects and Teams, 2nd Ed., Dorset House, 1999

Alexander Sutherland Neill: Das Prinzip Summerhill: Fragen und Antworten, Rowohlt, Reinbek bei Hamburg, 1992

Don Richard Riso: Das Enneagramm Handbuch, Droemer, München, 1998

Don Richard Riso: Die neun Typen der Persönlichkeit, Droemer, München, 1989

Peter M. Senge: Die fünfte Disziplin. Kunst und Praxis der lernenden Organisation, Klett-Cotta, Stuttgart, 1998

Rudolf Steiner: Aspekte der Waldorf-Pädagogik, Fischer Taschenbuch Verlag, 1998

Deborah Tannen: Du kannst mich einfach nicht verstehen. Warum Männer und Frauen aneinander vorbeireden, Goldmann, München, 1998

Deborah Tannen: Das hab' ich nicht gesagt. Kommunikationsprobleme im Alltag, Goldmann, München, 1999

Lao Tse: Tao Te King, Bearbeitung von Gia-Fu Feng und Jane English, Diederichs, München, 1994

Thomas Watson: A Business and its Beliefs. The Ideas that helped build IBM, McGraw Hill 1963

Printed in the United States
By Bookmasters

Printed in the United States
By Bookmasters